DIE OPERATIVE TECHNIK
DES TIEREXPERIMENTES

VON

H. F. O. HABERLAND
DR. MED., A. O. PROFESSOR FÜR CHIRURGIE AN
DER UNIVERSITÄT KÖLN

MIT 300 ABBILDUNGEN

BERLIN
VERLAG VON JULIUS SPRINGER
1926

ISBN-13: 978-3-642-89786-3   e-ISBN-13: 978-3-642-91643-4

DOI:10.1007/ 978-3-642-91643-4

MEINER MUTTER

IN DANKBARER LIEBE UND VEREHRUNG

GEWIDMET

Vorwort.

Das vorliegende Buch gibt operativ-technische Anleitungen zu Tierexperimenten an den Vertebraten. Seine Tendenz ist der Verzicht auf jede fremde Hilfe.

Nach dem Weltkriege sind die Zeiten vorüber, in denen geübte, durch Tradition geschulte Laboratoriumsdiener alles ins einzelne zu einer Tieroperation vorbereiten. Ein Schaden bedeutet das meines Erachtens nicht für das wissenschaftliche Arbeiten. Denn der Experimentator wird gezwungen, alles selbst zu machen. Wenn er die grundlegenden Dinge nicht beherrscht, so bleiben seine Arbeiten stets nur ein Stückwerk, oder richtiger gesagt: Blendwerk. Er soll die Anatomie, Lebensweise, Ernährung, Pflege, das Fangen, Halten sowie die häufigsten Krankheiten seiner Versuchstiere und deren Behandlung genau kennen und sich darum kümmern. Ebenfalls muß man mit dem Vorbereiten eines Tieres zur Operation und der Nachbehandlung vertraut sein. Dadurch werden viele Tierverluste und materielle Opfer vermieden. Manche wichtige Kleinigkeiten, welche früher oft nur dem Wärter bekannt waren, erlernen wir aus eigener Anschauung und können sie für die eigenen Arbeiten auswerten. Die Beobachtungsgabe erfährt hier eine gute Schulung. Die Beschäftigung mit Tieren fördert den Wissenschaftler in hohem Maße. Ein Arzt, welcher dem Weidwerk huldigt, verfügt erfahrungsgemäß meist über eine ausgezeichnete Beobachtungsgabe am Krankenbette. Dieser achtet in der freien Natur auf jede Spur und überträgt seine rasche Auffassung auch auf andere Gebiete.

Das Tierexperiment ist ein vortrefflicher Lehrmeister für das Operieren am Menschen. Die Vivisektion in der ursprünglichen Bedeutung lehnt die moderne experimentelle Chirurgie ab. Nur nach den neuesten chirurgischen Gesichtspunkten darf operiert werden. Die kleinen topographischen Verhältnisse zwingen zum sauberen Operieren. Der Chirurg hat Gelegenheit, seine manuelle Geschicklichkeit zu verbessern. Fast sämtliche Tieroperationen sind ohne Assistenz und mit den einfachsten Mitteln ausführbar. Während des Krieges habe ich oft in meiner freien Zeit in Feldlazaretten unter den primitivsten Einrichtungen z. B. Gefäßnähte und Bluttransfusionen an Hunden geübt. Es gehört meines Erachtens nicht viel dazu, in einem gut eingerichteten Institute mit sämtlichen Hilfsquellen etwas zu leisten. Was mit einfachsten Mitteln erreicht werden kann, schildert dieses Buch. Viele Wege führen zu dem gleichen Ziele. Zahlreiche verschiedene Handgriffe erfüllen oft denselben Zweck. Manche Autoren gebrauchen wahrscheinlich bessere als die beschriebenen Methoden. Für Ratschläge zur Verbesserung bin ich stets dankbar. Auf eine Kritik der in dem Schrifttum empfohlenen Verfahren sei hier nicht eingegangen. Vor allem soll sich der Operateur auf eine bestimmte Technik, welche allen Ansprüchen genügt, einarbeiten und dieselbe stets zu verbessern suchen. Die Individualität spielt dabei eine Rolle.

Deshalb habe ich großen Wert auf viele instruktive Abbildungen gelegt und den Text nach Möglichkeit kurz gefaßt. Die Zeichnungen führte während des Operierens am lebenden Tiere Herr Kunstmaler FERDINAND SCHÄFERS, Köln-Ehrenfeld, aus. Sie sind so angefertigt, wie der Operateur, nicht der Assistent, die Technik sieht. Die anatomischen Bilder stellte nach frischen Präparaten Herr Kollege Dr. med. P. MÜLLER, Köln, her.

Die Instrumentenfabriken H a u p t n e r, Berlin, überließen mir liebenswürdigerweise die Klischees zu den Abb. 19, 69, 230, F. & M. L a u t e n s c h l ä g e r, Berlin, zu Abb. 127, 143, die V e r e i n i g t e n F a b r i k e n f ü r L a b o r a t o r i u m s - b e d a r f, Berlin, zu Abb. 33, 79, 121, 292, 293, 296 und W. W i n d l e r, Berlin, zu Abb. 38, 42, 64, 86, 128, 139.

N u r s o l c h e E i n g r i f f e w e r d e n b e s p r o c h e n, w e l c h e w i r a u s e i g e n e r A n s c h a u u n g k e n n e n. Vor allem berücksichtigt das vorliegende Buch diejenigen Fragestellungen, welche ich in meinen Vorlesungen über experimentelle Chirurgie mit praktischen Übungen zu geben pflege. D i e N u t z a n w e n d u n g f ü r d e n M e n s c h e n s t e h t d a b e i i m m e r i m V o r d e r g r u n d e. Bei einigen Operationen, worüber mir genügend Erfahrungen fehlten, die aber der Vollständigkeit halber zu erwähnen waren, hielt ich mich an die Angaben der betreffenden Autoren unter Nennung ihrer Namen, z. B. bei Reptilien, Fischen usw. Das Handbuch für biologische Übungen von P. RÖSELER und H. LAMPRECHT (Verlag Julius Springer, Berlin) ergänzt unsere absichtlich fortgelassenen Ausführungen über die w i r b e l l o s e n T i e r e.

Bei der Schilderung der Tierexperimente war für mich nur das Grundsätzliche maßgebend, nicht der einzelne Versuch. Die Darstellung sämtlicher Einzelversuche würde ein vielbändiges Werk erfordern. Allein an dem Centralnervensystem wurden bisher so viele verschiedenartige Experimente ausgeführt, daß mehrere Bücher zum Aufzählen aller technischen Einzelheiten entständen. Auch auf den Bericht der speziellen Versuchsanordnungen wurde verzichtet. Denn diese beschreiben die pharmakologischen, physiologischen, hygienischen und tierärztlichen Lehrbücher, sowie die Werke, welche die Methodik des biologischen Arbeitens behandeln. Vor allem sei auf L. KREHLS „Pathologische Physiologie" und F. ROSTS „Pathologische Physiologie des Chirurgen" hingewiesen. Diese stellen gewissermaßen den theoretischen Teil des vorliegenden Buches dar. Um Wiederholungen zu vermeiden, sind innerhalb des Textes die entsprechenden Seitenhinweise eingefügt.

Absichtlich finden viele Dinge Erwähnung, welche oft die elementarsten Schulweisheiten bedeuten, aber leicht in Vergessenheit geraten. Bei der kurzen Beschreibung der Anatomie und Lebensweise der Tiere leiteten mich nur die experimentellen Probleme. Die Kenntnis der normalen Anatomie des Menschen wird dabei vorausgesetzt. Mit Rücksicht auf den Umfang des Buches fallen die Literaturangaben fort. Auf Seite 311 stehen die Quellen, welche mir zum Teil als Unterlagen dienten.

Der Verlagsbuchhandlung Julius Springer spreche ich für ihre Bereitwilligkeit, mit welcher sie auf alle meine Wünsche einging, meinen verbindlichsten Dank aus.

Köln, im Mai 1926.   **H. F. O. HABERLAND.**

Inhaltsverzeichnis.

Seite

Einleitung 1

A. Die Versuchstiere (Anatomische Bemerkungen, Lebensweise, Stallung, Nahrung, Fangen, Markierung, Halten, Krankheiten) 6
    I. Affe, Pithecus 6
    II. Hund, Canis 10
    III. Katze, Felis 21
    IV. Kaninchen, Lepus caniculus 27
    V. Meerschweinchen, Cavia cobaya 36
    VI. Ratte, Mus decumanus 39
    VII. Maus, Mus musculus 42
    VIII. Taube, Columba 46
    IX. Eidechse, Lacerta 57
    X. Schlange, Serpens 62
    XI. Schildkröte, Testudo 67
    XII. Froschlurche, Anura 72
    XIII. Schwanzlurche, Urodela 80
    XIV. Fisch, Piscis 82

B. Allgemeiner Teil 92
    I. Das Vorbereiten der Tiere zur Operation 92
    II. Schmerzbetäubung 96
        a) Morphium 96
        b) Urethan 98
        c) Chloralhydrat 100
        d) Lokalanästhesie 101
            1. Oberflächenanästhesie 101
            2. Infiltrationsanästhesie nach SCHLEICH 101
            3. Leitungsanästhesie 102
            4. Lumbalanästhesie 102
            Anhang: Curare 104
        e) Inhalationsnarkose 104
            Intratracheale Insufflation 109
        f) Schmerzbetäubung durch Hypnose 113
    III. Verbandmaterial 115
    IV. Aseptik 116
        a) Die Sterilisation der Instrumente, Abdecktücher, Operationsmäntel, Tupfer, Näh- und Verbandmaterial, Handschuhe, Katheter usw. 116
        b) Die Desinfektion der Hände und des Operationsgebietes . . 117
    V. Allgemeine Bemerkungen über Infektionen bei Tieren . . . 119
    VI. Die Durchtrennung der Gewebe und ihre Wiedervereinigung. Blutstillung 120
    VII. Der Verband 133
    VIII. Die Nachbehandlung 137
    IX. Sektion 143

                                                                    Seite
C. Spezieller Teil 146
  I. Impftechnik 146
    a) Percutan 148
    b) Intracutan 148
    c) Subcutan 149
    d) Intramuskulär 151
    e) Intraarticulär 151
    f) Intraperitoneal 151
    g) In die einzelnen Organe 153
      1. Zentralnervensystem. 153
        α) Subdural S. 153.   β) Intracerebral S. 154.   γ) Intra-
        ventriculär S. 154.   δ) Rückenmarkskanal S. 154.
      2. Auge 154
      3. Lunge 155
      4. Brusthöhle 156
      5. Magen 157
      6. Darm 157
      7. Leber, Gallenblase, Milz, Ovarien, Nieren 157
      8. Harnblase 157
      9. Hoden 158
     10. Blutbahn 158
 II. Blutentnahme 161
III. Operationen am Gefäß- und Lymphsystem 165
    a) Freilegung des Gefäßes 165
    b) Angiostomie 166
    c) Die Unterbrechung des Blutstromes in einem Gefäße 174
    d) Das Einbinden einer Kanüle 175
      1. Blutdruckbestimmung 178
      2. Entblutung 179
      3. Infusion 180
      4. Durchspülung 181
    e) Bluttransfusion 183
      1. Retransfusion 183
      2. Indirekte Transfusion 183
      3. Direkte Transfusion 184
    f) Gefäßnaht 185
      1. Seitlich 185
      2. Circulär 186
      3. End-zu-Seit-Anastomose 190
      4. Seit-zu-Seit-Anastomose 191
    g) Gefäßtransplantation 196
    h) Gefäßplastik 197
    i) Periarterielle Sympathektomie 198
    k) Herzoperationen 199
      1. Freilegung des Herzens 199
      2. Eingriffe am Herzbeutel 202
      3. Aufzeichnung der Herztätigkeit 202
      4. Einführen einer Kanüle ins Herz bzw. in die Aorta . . . 203
      5. Durchspülung des Herzens 204
      6. Verschiedene operative Eingriffe 204
    l) Fistelbildung am Ductus thoracicus 205

Seite

IV. Operationen am Nervensystem 206

   a) Zentralnervensystem 206

     1. Gehirn 206

       α) Trepanation S. 206. β) Hirnfenster und Druckbestimmungen im Schädelraume S. 210. γ) Eingriff an der Hirnoberfläche S. 211. δ) Wärmestich S. 212. ε) Der Zuckerstich, Piqûre S. 213. ζ) Die Exstirpation der Hypophyse S. 213. η) Die Exstirpation der Epiphyse (Zirbeldrüse) S. 215. ϑ) Die Exstirpation der größeren Gehirnteile S. 215. ι) Gewinnung der Cerebrospinalflüssigkeit durch den Suboccipitalstich S. 216.

     2. Rückenmark 216

   b) Das periphere Nervensystem 217

V. Operationen am Bewegungssystem 222

   a) Muskel 222

   b) Sehnen 223

   c) Fascie 226

   d) Fettgewebe 226

   e) Skelettsystem 227

VI. Allgemeines über Transplantationen (einschließlich Parabiose) . 231

   Parabiose 236

VII. Operationen am Kopfe 240

   a) Trepanation 240

   b) Sehorgan 240

   c) Gehörorgan 241

   d) Geruchorgan 243

   e) Bildung der Speichelfistel 244

VIII. Operationen am Halse 246

   a) Tracheotomie 246

   b) Kehlkopf 247

   c) Schilddrüse 248

   d) Nebenschilddrüsen 248

   e) Halsgefäße und Nerven 248

   f) Oesophagusfistel 248

IX. Operationen an der Brust 250

   a) Operationen an der knöchernen Brustwand 250

   b) Drainage der Pleura 252

   c) Thymektomie 253

   d) Herzoperationen 254

   e) Lungenoperationen 254

   f) Speiseröhre 255

X. Operationen in der Bauchhöhle 256

   a) Bauchfenster 256

   b) Operationen am Magen 256

     1. Magenfistel 256

     2. Gastroenterostomie und Enteroanastomose 261

     3. Querresektion des Magens 266

     4. Pylorusresektion 267

     5. Verschluß des Pylorus 270

     6. Erweiterung des Pylorus 271

       α) Pyloromyotomie S. 271. β) Pylorusplastik S. 271.

Seite

c) Operationen am Darme 271
  1. Darmnaht 271
    α) Seitlicher Darmverschluß S. 272.   *β*) Circuläre Darmnaht
    S. 272. *γ*) Seitliche Darmanastomose S. 274. *δ*) End-zu-
    Seit-Vereinigung S. 276.
  2. Darmresektion 277
  3. Appendektomie 277
  4. Darmfisteln 278
    α) Die Herstellung der Darmfisteln ohne Fistelröhren S. 278.
    β) Die Herstellung der Darmfisteln mit Fistelröhren S. 284.
    γ) Die Fistelbildung mit reseziertem Darmabschnitte S. 286.
  Anhang: Oesophagusplastik 287
d) Operationen an der Leber und den Gallenwegen 288
  1. Leber 288
  2. Exstirpation der Gallenblase 289
  3. Gallenblasenfistel 290
  4. Choledochusfistel 292
e) Operationen an der Bauchspeicheldrüse 294
f) Operationen an der Milz 296
g) Operationen am Netz 297
XI. Operationen am Urogenitalsystem 297
  a) Niere 297
    1. Dekapsulation 297
    2. Incision und Naht 298
    3. Fistelbildung 298
    4. Exstirpation 299
  b) Nebennieren 299
  c) Harnleiter 299
    1. Fistelbildung 299
    2. Verschiedene Eingriffe am Harnleiter 301
  d) Blase 301
  e) Gewinnung des Urins 302
  f) Eingriffe am Uterus 309
  g) Kastration 309
Schrifttum 311
Sachverzeichnis 313

Einleitung.

Die Kenntnisse der Anatomie und Lebensweise des Versuchstieres gehören zu den Vorbedingungen für erfolgreiches Experimentieren. Man muß mit dem Einfangen, Ergreifen sowie mit der Pflege und Zucht vertraut sein. Richtige Ernährung und zweckmäßige Stallung sind unerläßlich. Auf Licht, Luft und Reinlichkeit ist größtes Gewicht zu legen. Mit wenig Unkosten lassen sich geeignete Tierställe herstellen. Falls reichliche Geldmittel zur Verfügung stehen, so kommt der Bau eines Tierhauses in Frage. Diesbezügliche Pläne der Abb. 1—3 erscheinen mir zweckmäßig.

Das Gebäude besteht aus Keller, Erdgeschoß, I. und II. Obergeschoß. Durch das Treppenhaus erfolgt eine Teilung in drei Flügel. Die nach Westen gelegene Abteilung beherbergt die Tiere. Der östliche Flügel umfaßt die Arbeitsräume einschließlich Wärterwohnung. Die Tiere müssen in ihren Ställen genügend entfernt vom Operationssaale untergebracht sein (S. 2). Angstlaute oder Jaulen der Versuchsobjekte versetzen sonst die anderen Insassen in Aufregung und machen sie scheu. Im linken Erdgeschoß liegen die Stallungen für Kaninchen, Meerschweinchen und Vögel, sowie für Affen, Hunde und Katzen. Ein Baderaum für die Tiere und Spül- bzw. Reinigungsvorrichtungen für Futtertröge trennt die Unterkunftsräume der gesunden Tiere von dem Isolierstall. Eine Tierküche, welche bei Stoffwechseluntersuchungen unentbehrlich ist, darf nicht fehlen. Hier lagert hinter einem Holzverschlage Heu und Roggenstroh. Jeder Stall steht mit einem Auslaufe in Zusammenhange. Drahtzäune mit Drahtdach umgeben die Außenkäfige. Ihr betonierter Boden fällt schräg ab. Eine Bildung der Pfützen nach Urinieren und Regen wird dadurch vermieden. Auch die Reinigung gestaltet sich bei schrägem Boden leichter. Glasschutzdächer (9) schützen Affen, Hunde und Katzen vor Regen. Der Außenkäfig für Vögel reicht wegen des Hochfluges bis zum I. Obergeschoß herauf. Wasserbecken (10) sorgen für Schwimmgelegenheit. — Das I. Obergeschoß hat die Abteilungen für hochfliegende Tiere, z. B. Tauben, ferner Aqariums, Terrariums und Gelasse für Mäuse und Ratten. Letztere sind wegen ihres Geruches an das Ende des Gebäudes untergebracht und durch einen Isolierraum vom Terrarium getrennt. Wegen der auf- und zuklappbaren Oberlichtanlage für die Ställe im Erdgeschoß müssen die Räume des I. Obergeschosses auf diesem Flügel schmäler gebaut werden. Abb. 2 veranschaulicht die Anlage. Balkons dienen zum Heraussetzen der Tierkästen. Dabei ist Vorsicht geboten. Die Tiere, besonders Mäuse und Ratten, erleiden in den Glasgefäßen (S. 41 u. 43) bei Sonnenschein leicht Hitzschlag. Das Glasdach verfügt über Lüftungsvorrichtungen.

Die Ostseite des Hauses enthält im Erdgschoß das Vorbereitungszimmer, den Sterilisations- und Operationsraum (S. 95), sowie einen Beobachtungssaal für operierte Tiere. Diesem steht wiederum ein Auslauf ins Freie zur Verfügung. Im I. Obergeschoß sehen wir drei Laboratorien und den photographischen Raum mit einer Dunkelkammer. Die Wohnung des Wärters befindet sich im II. Obergeschoß. Eine Wendeltreppe verbindet dieselbe mit den Laboratorien und dem im Erdgeschoß gelegenen Beobachtungssaal, sowie mit dem Kesselraume im Keller. Dieser beherbergt: Dampfheizung, Verbrennungsofen für Kadaver und unbrauchbar gewordenen Verbandstoff, Kohlenraum, Desinfektionsraum für Käfige, Röntgen- und Bestrahlungszimmer, Vorratsraum für Verbandstoffe, eingekellerte Naturprodukte für das Winterfutter u. dgl.

Für Unterrichtszwecke schlage ich einen besonderen Gebäudeflügel vor. Er besitzt im Erdgeschoß den Hörsaal, dessen Zugang für die Studierenden außerhalb des Gebäudes liegt. Ferner gehören in diese Anlage ein Vorbereitungs-

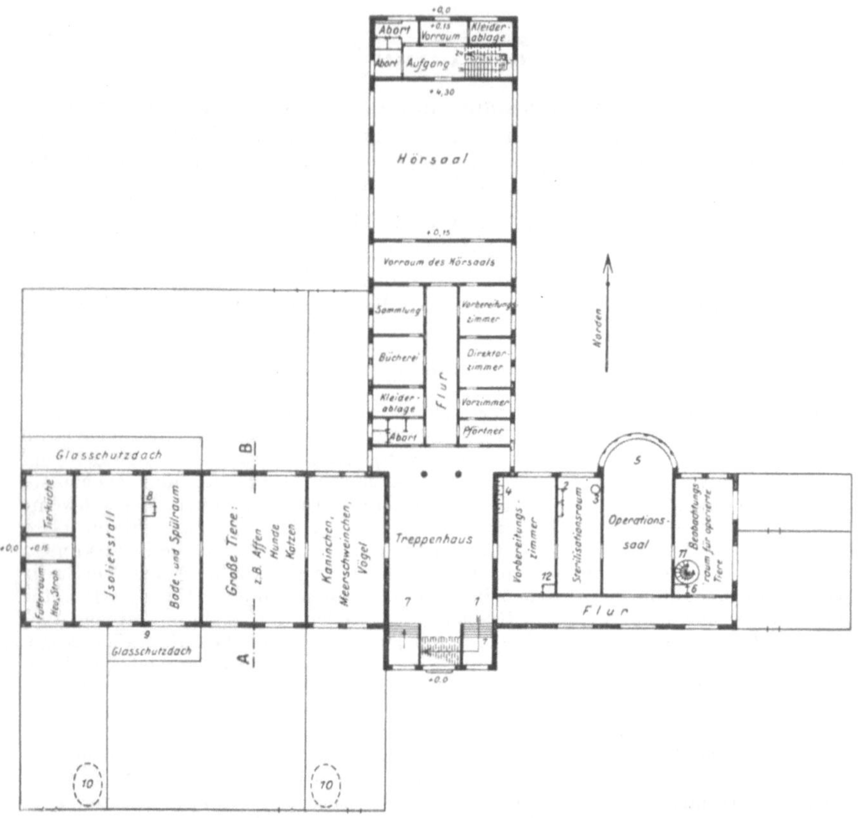

Abb. 1. Erdgeschoß. — 1. Treppe. — 2. Eingebauter Instrumenten- und Arzneimittelschrank. — 3. Sterilisator. — 4. Waschbecken. — 5. Glasvorbau am Operationsraum. — 6. Aufzug, welcher vom Keller zum Beobachtungsraum und Laboratorium führt. — 7. Kellertreppe. — 8. Aufzug, vom Keller bis durchgehend zum I. Obergeschoß. — 9. Glasschutzdach, um bei Regen den Tieren im Freien Schutz vor Nässe zu geben. — 10. Wasserbecken. — 11. Wendeltreppe, vom Beobachtungsraum ins Laboratorium. — 12. Aufzug vom Keller bis in den Vorbereitungsraum und das Laboratorium des I. Obergeschosses.

zimmer, Sammlung der Präparate und anderer Demonstrationsgegenstände, eine Bücherei, Kleiderablage, Zimmer für den Institutsleiter usw. Das I. Obergeschoß weist Assistentenwohnungen u. dgl. auf. Falls dieser Flügel und die Lehrtätigkeit wegfällt, so müssen in dem I. Obergeschoß der Ostseite des Hauses die Sammlung und Bücherei untergebracht werden.

Jeder Raum wird mit elektrischem Lichte, Zentralheizung für Fußbodenerwärmung und verdeckte Heizkörper in den Wänden, fließendem kalten und warmen Wasser versorgt. Zur Beleuchtung des Operationsfeldes leistet zur Zeit die nicht Schatten werfende Lampe Scialytique die besten Dienste. Anschlüsse für eine Schlauchleitung (Gartenschlauch) erscheinen vorteilhaft, um gründlich und schnell zu reinigen. Einzelheiten lassen die Pläne erkennen.

Eine Mistgrube auf der Westseite soll wegen der Infektionsgefahr mindestens 100 m entfernt von den Stallungen gelegen sein. Der Verkauf dieses hochwertigen Düngers wirft guten Geldertrag ab.

Die Breitseiten des Gebäudes liegen nach Süden und Norden. Die schräg auffallenden Sonnenstrahlen aus dem Osten und Westen treffen nur die Schmal-

Abb. 2. I. Obergeschoß. — 1. Treppe. — 2. Brut- und Paraffinöfen. — 3. Sterilisator. — 4. Waschbecken und Spültrog. — 5. Waschbecken. — 6. Aufzug; im I. Obergeschoß dessen Öffnung zum Laboratorium. — 11. Tür zur Wendeltreppe, welche nach unten in den Beobachtungsraum führt. — 8. u. 12. Aufzug vom Kellergeschoß bis 1. Stockwerk.

seiten des Hauses. Jeder Raum bekommt sein Licht von Süden und Norden. Außerdem erhellt noch Oberlicht jeden Tierraum. Große Fenster ermöglichen ausgiebige Lüftung und Durchzug. Vor allem fällt die Abschrägung sämtlicher Böden einschließlich der schräg betonierten Außenställe auf (Abb. 3). Nach chirurgischen Prinzipien fehlen in dem Gebäude Ecken und Winkel. Alles ist abgerundet. Deshalb wird Schmutz leicht beseitigt, weil er sich in den fehlenden Ecken und Nischen nicht festsetzen kann. Reinlichkeit, Licht und Luft waren für mich die leitenden Gesichtspunkte bei dem Entwurfe dieser Pläne.

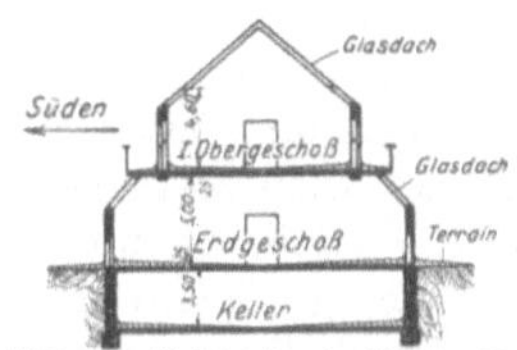

Abb. 3. Gebäudeschnitt A—B.

Früh und abends findet die Tiervisite statt. Kranke oder Krankheitsverdächtige werden unverzüglich abgesondert und in den Isolierstall gebracht. Die Fütterung erfolgt in der Regel nur einmal am Tage und zwar zu einer bestimmten Zeit. Es ist meist gleichgültig, ob früh, mittags oder abends gefüttert wird. Die gewählte Zeit hat man genau einzuhalten, weil die Tiere sich daran gewöhnen. Operierte und kranke Tiere erhalten ihre Nahrung je nach den Umständen. Futter darf in den Freßnäpfchen nicht länger als 24 Stunden bleiben. Täglich reinigen wir sorgfältig die Futter- und Saufbehälter, bevor frisches Futter hineinkommt.

Für Versuche eignen sich nur Mischrassen, Bastarde. Sogenannte „echte" Rassen zeigen oft große Empfindlichkeit gegen Witterungs- und Futterwechsel, Narkosen sowie operative Eingriffe. Akklimatisation erzielt Abhärtung und Erhöhung der Widerstandsfähigkeit. Überwinterte Jungtiere sind besonders tauglich. Die Tiere müssen gesund sein.

In mancher Hinsicht bestehen Unterschiede zwischen dem Operieren am Tiere und am Menschen. Viele Eingriffe lassen sich nicht auf den Menschen übertragen und dienen nur zum Studium gewisser Lebensvorgänge. Der Tierversuch besitzt oft bloß einen bedingten Wert, verschafft aber wichtige Unterlagen. Wenn diese richtig sein sollen, so geschieht ein Experiment unter denjenigen Bedingungen, welche möglichst denjenigen des Menschen entsprechen. Eine Operation erschüttert an einem gesunden Organ dessen normale Tätigkeit.

Um sich ein abschließendes Urteil über eine Fragestellung zu bilden, soll der Versuch an mehreren Tieren der gleichen und anderen Gattungen wiederholt werden. Z. B. zeigt die Knochenheilung bei den einzelnen Tierarten Unterschiede; die Unterbindung des Ductus choledochus löst bei den verschiedenen Vertretern der Vertebraten nicht dieselben Folgen aus. Die Funktionen der einzelnen Organe, z. B. Nieren, weichen bei den verschiedenen Tierarten oft erheblich ab. Die Empfänglichkeit für Infektionskrankheiten ist bei vielen Tieren an bestimmte Voraussetzungen gebunden u. a. m. Die Kontrollversuche geben den Ausschlag, wobei Witterungsverhältnisse, Jahreszeiten usw. oft einen großen Einfluß auf das Experiment haben. Das Gleiche gilt von dem Alter des Versuchsobjektes: Eingriffe an ausgewachsenen jungen und alten Tieren, sowie an solchen, welche in der Wachstumsperiode stehen, führen vielfach zu entgegengesetzten Ergebnissen. An einem Objekte führe ich in der Regel nur ein Experiment aus. Fehlerquellen entstehen leicht, wenn jemand ausnahmsweise mehrere verschiedene Versuche gleichzeitig an einem Tiere vornimmt.

Ein genaues Protokoll über jedes Tier gehört zu den Selbstverständlichkeiten. Dieses enthält das Datum der Anschaffung, die Markierung, eine Notiz über das Alter, Geschlecht und Gewicht. Eine kurze Beschreibung des äußeren Habitus vermeidet eine Verwechslung. Bei Weibchen wird vermerkt, ob und wann es geworfen hat, wieviel lebendige und tote Junge es zur Welt brachte und ob es die Neugeborenen sorgfältig aufzog. Denn schlechte Muttertiere eignen sich nicht für Zuchtzwecke und Fortpflanzungsversuche (Kreuzungen usw.). Nach der Beendigung eines Eingriffes erfolgt die sofortige Niederschrift des Versuches. Beim Hinausschieben dieser Arbeit auf den nächsten Tag können leicht wichtige Einzelheiten in Vergessenheit geraten. Der Operateur trägt die späteren Beobachtungen mit Angabe des Datums gewissenhaft nach.

Jedes Tier verlangt liebevolle Behandlung. Es kennzeichnet große Gefühlsrohheit, wenn der Mensch ein Tier ohne Grund schlägt oder ihm Schmerzen verursacht, obgleich es sich für ihn opfert. Wer kein Tierfreund ist und sich nicht selbst um seine operierten Tiere kümmert, sondern alles dem Wärter überläßt, möge die Hand von allen Tierversuchen lassen. Solchen Experimentatoren fehlt die Gabe, exakte Beobachtungen auszuführen. Denn nur derjenige achtet auf alles genau und nimmt blitzschnell Veränderungen wahr, was er wirklich liebt. Die Intelligenz der Tiere darf niemals unterschätzt werden. Alle haben ein feines Empfinden gegen Gutes und Böses. Eine einmalige ungerechte Maßregelung vergessen sie unter Umständen niemals, wirkt für immer verstimmend und schadet nur dem Besitzer. Darin gleichen sich Tiere und Menschen. Die Tiere merken sofort, ob man sie gut behandeln will. Nur die „zahme“, nicht die „wilde“ Dressur hat ihre Berechtigung. Bei gleichmäßiger gütiger Pflege treten keinerlei Neid und Eifersucht besonders unter Affen, Hunden und Katzen auf. Nicht selten entwickeln sich durch Bevorzugen gefährliche Beißereien. Für jede Leistung belohne ich meine Pfleglinge mit Zucker oder einem besonderen guten Leckerbissen. Die Nachbehandlung beansprucht größte Sorgfalt. Dann hat die Dankbarkeit dieser Geschöpfe oft keine Grenzen.

Die Inangriffnahme einer wissenschaftlichen Arbeit erfordert zunächst ein gewissenhaftes Studium des Weltschrifttums über die betreffende Fragestellung. Es gilt vor allem zu ergründen, ob der neue Gedanke auch tatsächlich neu und welche Arbeiten auf dem betreffenden Gebiete veröffentlicht wurden. Auf diese mühevollen vorbereitenden Studien fällt oft die meiste Arbeitszeit. Ihre Kenntnis erspart manche Fehlschläge. Denn Versuchsanordnungen, welche der Experimentator plant, erkannten unter Umständen andere bereits vorher als praktisch unausführbar oder schlecht usw. Man hat die Pflicht, bei der Publikation auf die diesbezüglichen früheren Veröffentlichungen hinzuweisen. Bei fortlaufenden Untersuchungen, z. B. Impfungen, Feststellung der Krankheitserreger usw. fallen diese Prämissen fort. Aber auch bei den „rein mechanischen“ Leistungen soll jeder stets auf Neuerungen und Verbesserungen bedacht sein. Denn Stillstand bedeutet Rückschritt.

A. Die Versuchstiere.

I. Affe, Pithecus.

Der Affe ist als nächster Verwandter des Menschen für Tierexperimente das geeignetste Objekt. Wirtschaftliche Gründe verbieten uns, in ausgedehntem Maße davon Gebrauch zu machen. Zahlreiche Versuche, insbesondere am Zentralnervensystem, lassen sich nur an ihm ausführen, um bestimmte Rückschlüsse auf den Menschen ziehen zu dürfen. Für Studien über Lues unterhielt NEISSER in Batavia auf Java große Affenherden und eine Anzahl Orang-Utans (Simia satyrus) sowie Gibbons (Langarmaffen = Hylobates).

Für biologisches Arbeiten werden vorwiegend Makaken, Rhesusaffen und Meerkatzen verwendet. Als Vertreter der Familie[1]) der Hundsaffen (Cercopithecidae) haben sie eine etwas verlängerte Schnauze wie die Hunde. Die Makaken stellen das Verbindungsglied zwischen den Meerkatzen und den Pavianen dar. Die Schwanzlänge kennzeichnet das Tier. Die Makakus trägt einen Schwanz fast solang als sein Körper. Dagegen mißt beim Makakus rhesus, kurz Rhesus genannt, die Länge des Schwanzes nur die Hälfte der Körpergröße.

Anatomische Bemerkungen[2]). Diese drei Arten gehören zu den Schmalnasen (Catarrhini), eine Unterordnung der Pitheci. Sie besitzen eine schmale Nasenscheidewand. Die wichtigsten Merkmale sämtlicher Affen bilden das mehr oder weniger unbehaarte Gesicht mit vorwärts gerichteten Augen, der behaarte Körper und die Beschränkung der Milchdrüsen auf ein Paar Brustzitzen.

Das Affengehirn erlaubt einen unmittelbaren Vergleich mit demjenigen des Menschen. Im allgemeinen besteht eine geringere Gliederung der einzelnen Windungen (gyri) der Großhirnoberfläche durch Furchen (sulci). Nur der Sulcus parietooccipitalis grenzt das Occipitalhirn scharf ab. Die topographischen Verhältnisse des Rückenmarkes weichen von denen beim Menschen ab. Die Makaken verfügen über 7 Lumbal- und 4 Sacralwirbel. Die Nervenwurzeln des Plexus lumbalis und sacralis stellen erst vom 4. Lumbalwirbel ab ein Bündel längs verlaufender Stränge, die Cauda equina, dar. Dieses Verhalten verlangt bei der Lumbalanästhesie bzw. -punktion (S. 103) Berücksichtigung.

---

[1]) Einteilung: I. Kreis (Wirbeltiere), 1. Klasse (Säugetiere); 1. Ordnung (Affen); 1. Unterordnung (Schmalnasen); 1. Familie (Menschenaffen), 2. Familie (Hundsaffen).

[2]) Vgl. das Vorwort.

Bemerkenswert sind die Hände und Füße. Letztere verwendet der Mensch nur zur Stütze und für Bewegungen. Der Affe kann aber sämtliche vier Extremitätenenden als Greifwerkzeuge gebrauchen. Der natürliche Gang spielt sich auf allen Vieren ab.

Lebensweise. Der Makakus und Makakus rhesus bevölkern die Urwälder Ostindiens, die Meerkatzen (Cercopitheci) diejenigen des heißen Afrikas. In größeren Herden leben sie zusammen. Die Brunst und Begattung hängen in der Wildnis von keiner bestimmten Jahreszeit ab. In Europa fallen sie meist in den Mai. Je nach der Größe und Gattung des Tieres gestaltet sich die Tragzeit verschieden lang. Im Durchschnitt beträgt sie bei den drei genannten Affen 7 Monate. Meist wird nur ein Junges geworfen, seltener Zwillinge. Die beiden brustständigen Milchdrüsen entwickeln sich erst in der Zeit, wenn das Junge zur Welt kommt. Das Wachstum geht langsam voran. Nach 4—5 Jahren ist das Tier ausgewachsen. Seine Geschlechtsreife tritt schon früher ein. Die Zoologen berechnen die Lebensfähigkeit auf mehrere Jahrzehnte. Genauere Angaben bestehen darüber noch nicht.

Die Affen bewohnen vorwiegend Baumkronen. Dort bauen sie aus abgebrochenen und übereinander gehäuften Zweigen ihre Nester. Diese dienen ihnen nur zum Schlafen. Für jede Nacht fertigen die Makaken meist ein neues derartiges Lager an. Einige Pitheci-Arten berühren während ihres Lebens niemals den Boden. Als ausgesprochene Klettertiere beanspruchen sie eine sehr geräumige, luftige und mit Klettermöglichkeiten ausgerüstete Unterkunft. Als vorzügliche Schwimmer benutzen sie gerne eine Schwimmgelegenheit. Die Tiere fürchten den Menschen und gehen nur im gereizten Zustande zum Angriffe über. Für liebevolle Behandlung sind sie sehr empfänglich und dankbar.

Stallung. Weil die Affen aus einem heißen Klima stammen, so bringen wir sie in einem Warmhause oder gut geheiztem Laboratorium bezw. in einem hellen, luftigen Keller mit Zentralheizung unter. Durch Akklimatisation fühlen sie sich auch in unseren kälteren Zonen im Freien wohl und können abgehärtet werden. Eine offene Kiste steht ihnen als Ruheplatz zur Verfügung. Manche schlafen lieber auf einem Brette oder sitzend auf einer Stange. Stangen und andere Geräte sorgen für genügende Klettergelegenheit.

Nahrung. Als Pflanzenfresser bevorzugen sie Sämereien, Getreide, Maiskolben, Reis, Fruchtkapseln, Früchte, Bananen, Äpfel, Kirschen, Erdnüsse, Zwiebeln, Mohrrüben, Knollen, Wurzeln, Blätter, junge Schößlinge usw. Desgleichen lieben sie Semmel und Eier. Weintrauben sind sehr schädlich. Wasser, welches täglich gewechselt werden muß, darf nicht fehlen.

Fangen. Zum Fang sucht man die Tränkplätze der Affen auf. Die Fallen bestehen aus einer mit Baumzweigen geflochtenen Rotunde. Diese ist wie ein Käfig durchsichtig und gleicht in ihrem Äußeren dem kegelförmigen Dache einer Eingeborenenhütte. Der Durchmesser mißt etwa 2 m. Ein starker Knüppel stützt die an einer Seite aufgehobene Falle. Daran befindet sich ein langer Strick, welcher zu einem versteckten Platze hinführt. Etwas Sand verdeckt die Leine. In die Falle kommt Lockspeise. Wenn die Tiere diese Leckerbissen (s. unten) fressen so genügt ein Ruck am Strick: die Falle schlägt zu Boden und die Affen sind gefangen. Zur Herausnahme des Gefangenen stoßen die Jäger eine Gabelstange (Abb. 4) durch das Flechtwerk, versuchen mit der Gabel den Hals des Tieres zu erfassen und dieses zu Boden zu drücken. Sofort erfolgt das Wiederaufheben der Falle. Mit Stricken wird das Maul gut verbunden, Hände und Füße gefesselt und der ganze Körper zur Sicherheit noch einmal fest in ein Tuch eingewickelt. Dann kommt ein festes ledernes Band mit einer Kette um den Hals (Abb. 5).

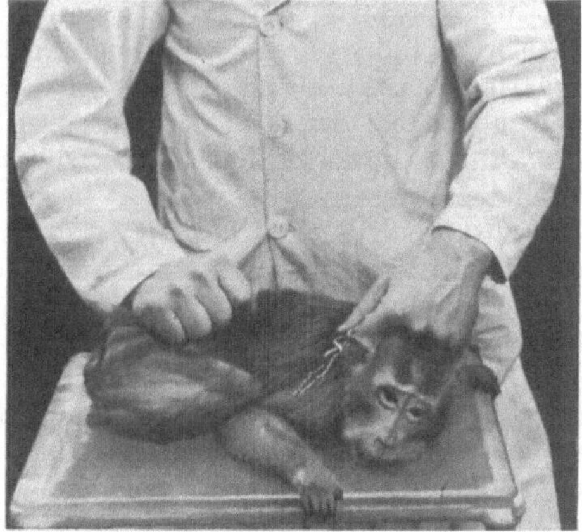

Abb. 5.   Das Festhalten eines Affen.

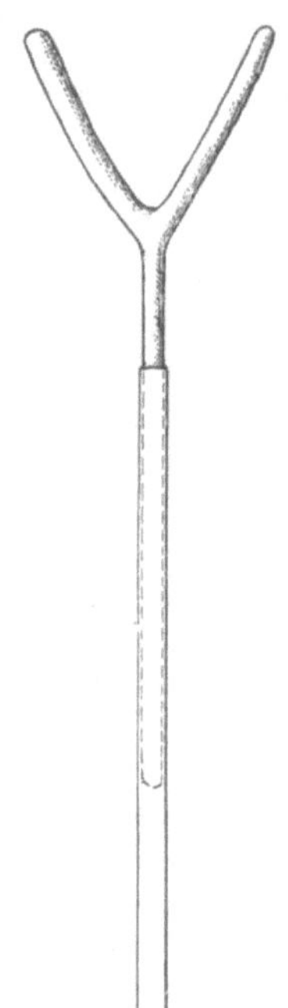

Abb. 4.   Fanggabel
für Affen.

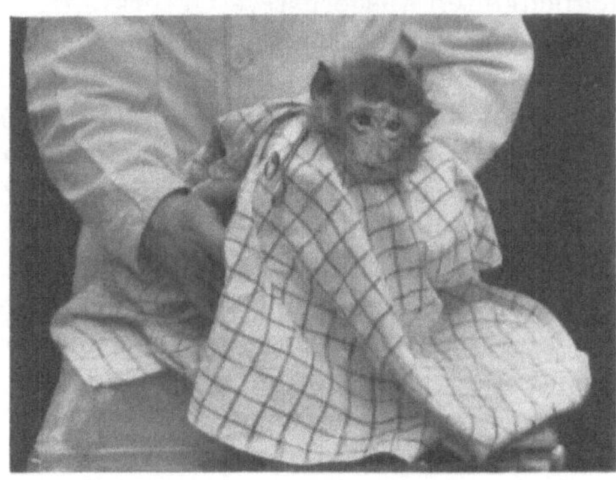

Abb. 6.   Fesselung eines Affen. I. Akt. Das Schlitztuch
ist übergezogen. Eine Klemme verkleinert den Schlitz im
Tuche bis auf die Halsweite des Tieres.

Das Anlegen des Lederbandes um die Hüften halten wir für unzweckmäßig, weil die Tiere sich nicht selten daran scheuern und an der dort angebrachten Kette leicht verletzten. Einschnitte in die Fesseln gestatten dem Affen, sich in dem Transportkäfig selbst frei zu machen.

Die Eingeborenen suchen die Affen durch Hetzjagden in ihre Gewalt zu bringen. Bei der Verfolgung ermüden die jüngeren Tiere sowie die Mütter, welche ihre Jungen auf dem Rücken tragen, leicht und bleiben hinter der Herde zurück. Auf diese Weise fallen sie den Jägern zur Beute.

Der Umgang mit den frisch gefangenen Tieren ist gefährlich. Allmählich fügen sie sich in ihr Schicksal. Die Tierhandlung CARL HAGENBECK, Hamburg-Stellingen, liefert unsere Experimentieraffen. Rhesusaffen kosten zur Zeit à 60 Reichsmark.

In den Sammelkäfigen fängt der Wärter mit Netzen die Affen. Sie verwickeln sich darein und sind leicht zu fesseln. Das hiesige hygienische Institut ließ einen großen Käfig bauen, welcher ein Doppeldach enthält. Nach der Herausnahme der Ruhebretter, Stangen und anderen Geräten kann das Innendach an 4 Gleitschienen durch ein Drahtseil heruntergelassen werden. Auf diese Weise müssen die Tiere schnell auf den Boden kommen. Jetzt begegnet ihr Ergreifen keinen Schwierigkeiten mehr. Der Boden besteht aus Eisenstangen. Jeder Unrat fällt in den darunter befindlichen Blechkasten. Der Sauberkeit wegen bleiben Stroh und anderes zum Schaffen einer angenehmeren Ruhestätte fort.

Wenn die Versuchsaffen an langen Ketten angelegt sind (s. ob.), so erübrigen sich die angeführten Maßnahmen zum Fangen.

Zur **Markierung** wird eine Nummer auf das lederne Halsband angebracht.

Das **Halten.** Abb. 6 und 7 veranschaulichen das Halten eines Rhesusaffen sowie die Fesselung zur Narkose oder kleineren Eingriffen. Die rechte Hand ergreift den Makaken im Nacken und am Halsband. Die linke erfaßt das Fell über der Lendenwirbelsäule und drückt das Tier auf den Tisch nieder. Zur weiteren Fesselung dient ein Schlitztuch, durch dessen Öffnung der Kopf gesteckt wird. Um einen Abschluß am Halse zu erzielen, verringert eine an den Schlitz angelegte Tuchklemme das Loch (Abb. 6). Hierauf wickeln wir den Affen fest in das Tuch ein und legen zur Sicherung noch eine Binde darüber (Abb. 7).

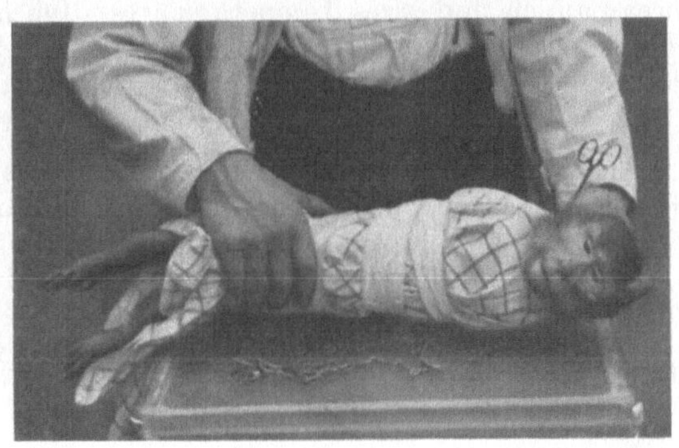

Abb. 7. Fesselung eines Affen. II. Akt. Das Schlitztuch ist um den Körper des Tieres geschlagen. Bindentouren vervollständigen die Fesselung.

Beim Hantieren mit Affen und Katzen setzt jeder, der Augengläser tragt, vorsichtshalber ein Brille auf. Affen reißen mit Vergnugen Klemmer von der Nase.

Das Aufspannen des narkotisierten Tieres zur Operation erfolgt in der gleichen Weise wie bei Hunden (S. 17 u. 18). Für Eingriffe am Kopfe hat W. TRENDELENBURG einen geeigneten Kopfhalter angegeben.

Krankheiten. Affen erkälten sich leicht. Mehrmals beobachtete ich nach Äthernarkose eine tödliche Pneumonie. Ein warmes Lager beugt dieser Komplikation vor. Ferner erkranken die Pitheci öfters an Rachitis, Ostitis fibrosa sowie Blinddarmentzündung. Tuberkulose tritt bei ihnen

selten auf.   Nach L. RABINOWITSCH bildet der Tuberkelbazillus der
Affen eine leicht abweichende Abart des menschlichen Tuberkelbazillus.

Die Tiere leiden sehr unter Ungeziefer, vor allem Flöhe und Läuse.
Da sie sich gegenseitig zu deren Beseitigung helfen, so entstehen nur, in
vernachlässigten Fällen Schmarotzerekzeme.   Insektenpulver sowie ein
wöchentliches warmes Reinigungsbad mit etwas Lysolzusatz und Seife
verjagen das Ungeziefer.   Nach dem Baden sollen sie sorgfältig abgetrocknet und an einem warmen Orte (Heizung) gelagert werden.

II. Hund, Canis.

Für Versuchszwecke kommt der Haushund, canis familiaris, in Betracht.   Es eignen sich nur die Mischrassen, Bastarde.   Sogenannte
Rassehunde sind für operative Eingriffe zu empfindlich und vertragen
die Narkose schlecht.   Bei solchen edlen Tieren tritt meist verzögerte
Wundheilung ein.   Infolge der konstitutionellen Disposition (S. 119) besteht eine größere Gefahr der Wundinfektion als bei den gemeinen
Promenadenmischungen. Während diese einen großen Eingriff gut überstehen, leiden jene oft erheblich.   Foxarten empfehlen wir nicht wegen
ihrer Launen und ihres Temperamentes.   Ich habe vielfach erheblichen
Schaden infolge ihres Ausbrechens gehabt.   Züchtigungen nützen bei
ihnen nichts, um das Einbrechen in andere Stallungen, vor allem Ka-
ninchen- und Meerschweinchenkäfige, zu verhüten.

Anatomische Bemerkungen.   Die Haut des Hundes weist erhebliche
Abweichungen von derjenigen des Menschen auf.   Die nur gering ausgebildeten Schweißdrüsen zeigen kaum eine Tätigkeit.   Ein Hund schwitzt
nicht.   Die vermehrte Wärmeabgabe geschieht durch Heraushängenlassen
der Zunge aus dem Maule und durch schnelleres Atmen.   Dabei werden
die Lungen häufiger durchlüftet. Infolgedessen findet eine beschleunigte
Verdunstung im Körperinnern statt.

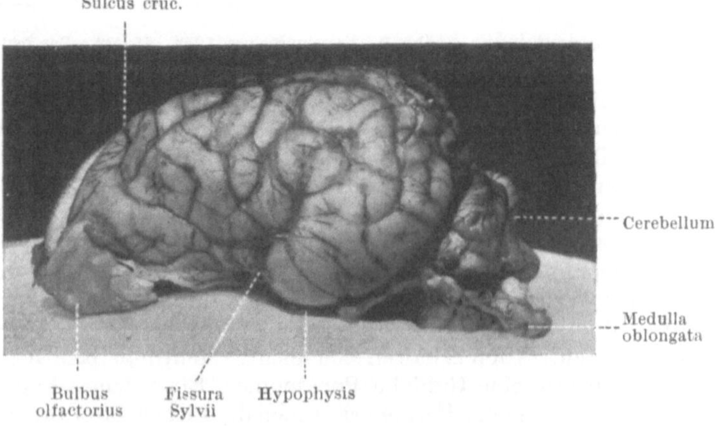

Abb. 8. Gehirn eines Hundes.

Die Lage des Hundegehirnes im Schädel illustriert die Abb. 9. Letztere zeigt die Topographie der Brücke, Hypophyse und des Chiasmas. Die photographische Aufnahme des in situ gehärteten und nach $^1/_4$ Jahre präparierten Hundegehirnes (Abb. 8) gibt Anhaltspunkte für die Sulci, Austrittsstellen der Gehirnnerven und das Kleinhirn. Die beiden Art. carotis int. und zwei Art. vertebrales versorgen das Gehirn. Eine Unterbindung sämtlicher vier Arterien in einer Sitzung fügt ausgewachsenen Hunden keine nennenswerten Schädigungen zu. Die Ernährung erfolgt dann durch die oberen Intercostaläste. Diese münden in die vordere Spinalarterie ein und bilden auf diesem Wege mit dem Gefäßsystem des Gehirnes einen Kollateralkreislauf. Die

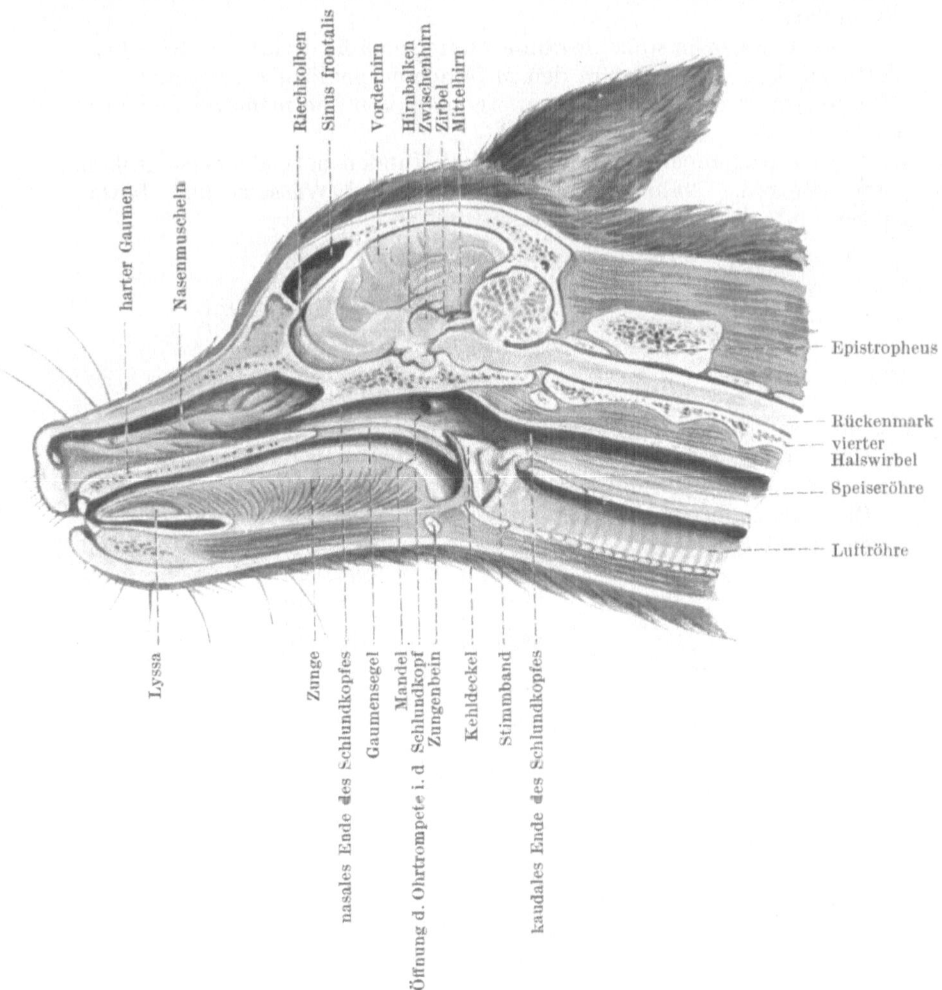

Abb. 9. Sagittalschnitt durch den Hundekopf (nach MARTIN).

oberen Intercostaläste erweitern sich dabei bis zur Größe der Vertebralarterien.

Der Hund besitzt 7 Hals-, 13 Rücken-, 7 Lenden-, 3 Kreuz- und 20—22 Schwanzwirbel. Erst vom VI. Lendenwirbel ab beginnt die Auffaserung des Rückenmarkes (Abb. 68, S. 103).

Die obere Backendrüse, welche der Jochbogen bedeckt (Abb. 225, S. 244), heiß Jochdrüse = Glandula zygomatica. Besonders beim Hunde und anderen Fleischfressern erreicht sie eine beträchtliche Größe.

An den Halsorganen fällt das Fehlen des Isthmus der Thyreoidea auf, welcher nur ausnahmsweise die Trachea überquert. Beide Schilddrüsenlappen liegen als schmale, längliche Gebilde beiderseits der Luftröhre. Die Epithelkörperchen sind, im Gegensatz zur Katze, schwer erkennbar.

Das Schlüsselbein stellt ein dünnes, unregelmäßig dreieckiges Knochenplättchen dar. Dieses ist in den M. brachiocephalicus eingelagert.

Temperatur und Puls weichen erheblich von den menschlichen Verhältnissen ab.

Die Körpertemperatur unterliegt bei Hunden normalerweise großen Schwankungen. Nahrungsaufnahme, Fett und Wasserzufuhr, Bewegungen und Alter spielen dabei eine Rolle.

Nach Jacob gilt die Temperatur noch normal, wenn sie

bei kleinen	Hunden	bis zu 1	Jahre	38,6—39,3° C
,, ,,	,,	über 1	Jahr	38,5—39,0° C
,, mittelgroßen	,,	bis zu 1	,,	38,3—39,1° C
,, ,,	,,	über 1	,,	38,0—38,6° C
,, großen	,,	bis zu 1	,,	38,2—39,0° C
,, ,,	,,	über 1	,,	37,4—38,3° C

beträgt.

Die Morgentemperatur pflegt niedriger zu sein als die Abendtemperatur. Ihre normale Differenz schwankt zwischen 0,5—1,0° C.

Die Pulsschläge bei beruhigten Hunden verhalten sich nach Jacob folgendermaßen:

bei kleinen	Hunden	bis zu 1 Jahr	120—140
,, ,,	,,	über 1 ,,	110—125
,, mittleren	,,	bis zu 1 ,,	115—125
,, ,,	,,	über 1 ,,	90—110
,, großen	,,	bis zu 1 ,,	95—115
,, ,,	,,	über 1 ,,	70— 95.

Bei eben geworfenen Hunden schlägt das Herz 210—240mal in der Minute.

Von den Baucheingeweiden verdienen die große, länglich gestaltete, sehr bewegliche Milz und der außerordentlich mobile und relativ lange Zwölffingerdarm besondere Beachtung. Letztere Tatsache gestattet uns, ohne technische Schwierigkeiten zahlreiche Operationen am Duodenum auszuführen, die wir beim Menschen nur mit geübter Assistenz bewältigen können. Die Leber weist, wie bei den anderen Tieren, zahlreiche Lappen auf. Dementsprechend finden sich mehrere Ducti hepatici, welche in einen gemeinsamen Gallengang münden. Nicht selten bestehen feste Verwachsungen des Pancreas mit dem Duodenum (S. 294).

Das Weibchen hat einen Uterus bicornis. Die Ovarien liegen in einer geschlossenen Tasche an der seitlichen Bauchwand in der Höhe des III.—IV. Lendenwirbels nahe am Kaudalende der Nieren. Die sehr versteckte Lage der Harnröhre erschwert den Katheterismus erheblich (Abb. 300, S. 308). Beim männlichen Hunde stört der Penisknochen das Einführen des Katheters. Die normale Harnmenge beim großen Hunde beträgt etwa 1—1$^1/_2$ Liter täglich, bei Tieren mittlerer Größe 400—600 und bei kleinen Hunden 150—200 ccm. Samenbläschen und ein Ductus ejaculatorius fehlen dem Hunde.

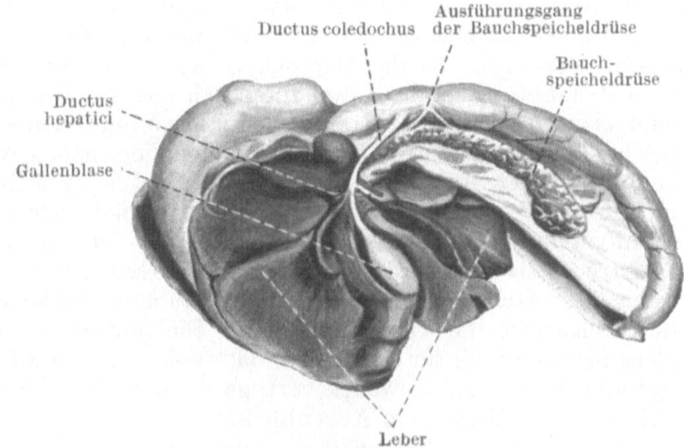

Abb. 10. Leber, Gallenblase mit Gallenausführungsgängen, Duodenum und Pankreas (nach MARTIN).

Lebensweise. Der Haushund lebt fast in allen zivilisierten Gegenden der Welt.

Die Hündin ist im Jahre zweimal, zumeist im Februar und August, läufig. Dieser Zustand währt jedesmal 9—14 Tage. Dabei schwellen die äußeren Geschlechtsteile an. Blut sickert aus der Scheide. Durchschnittlich am 11. Tage der Menses gestattet sie den Aufsprung (Coitus). Das Zusammenhängen des Hundepaares verrät die erfolgreiche Kohabitation. 61—63 Tage nach der Paarung wirft die Hündin an einem dunklen Orte drei bis zehn, gewöhnlich vier bis sechs Junge. Diese bleiben die ersten 10—12 Tage blind. Die Jungen muß man wenigstens 6 Wochen lang saugen lassen, um widerstandsfähige, kräftige Versuchstiere aufzuziehen. Mit 9 Monaten sind sie fortpflanzungsfähig. Wir empfehlen für unsere Zwecke, die Tiere erst nach 1$^1/_2$ Jahren Lebensdauer zu belegen. Nach dem 4.—5. Jahre rate ich von einer Fortpflanzung ab. Die Milchproduktion läßt im höheren Alter nach. Infolgedessen gedeihen die Jungen schlecht.

Das Alter der Hunde stellt der Tierarzt aus der Konfiguration der Schneidezähne fest.

Nach FRÖHNER brechen im 1. Monat sämtliche Milchschneidezähne durch. Im 2. beginnt das Emporwachsen, im 3. Monat das Auseinanderrücken dieser

Zähne. Von den drei Spitzen der Schneidezähne werden die beiden äußeren Spitzen (= Milchlappen) zwischen dem 3.—4. Monat abgenützt. Im 4. bis 5. Monat tritt der Zahnwechsel ein. Die Ersatzschneidezähne tragen wiederum drei Spitzen. Im 1.—2. Jahre verschwinden die äußeren Spitzen (= Lappen) von den beiden äußeren Schneidezähnen. Im 2.—3. Jahr fallen die Lappen an den mittleren Schneidezähnen fort. Das Verschwinden der Lappen an den Eckzähnen setzt mit dem 4.—5. Lebensjahr ein.

Mit 12 Jahren fängt das Greisenalter an. Die Tiere erreichen nicht selten ein Alter von 20—30 Jahren.

Stallung. Hunde vertragen große Kältegrade und Nässe. Die Stallung muß geräumig sein und einen großen Auslauf besitzen. Bei eingesperrten Hündinnen unterbleiben zuweilen die Menses. Die Fortpflanzungsfähigkeit setzt aus. In der Gefangenschaft vertragen sich, entgegen anderen Behauptungen, die Tiere unter sich und mit Katzen, Affen sowie Geflügel ausgezeichnet. Störenfriede gibt es unter ihnen wie unter den Menschen. Diese bissigen, unverträglichen Tiere geben wir als unbrauchbar ab. Jeder Hund erhält eine Kiste, welche er selbst niemals verschmutzt. Wenn es die wirtschaftlichen Verhältnisse erlauben, so kommt zuvor trockenes Roggenstroh hinein. Mit Ersatzmitteln, wie Torfstreu, getrocknetes Laub usw. habe ich sehr schlechte Erfahrungen gemacht. Dann ist es besser, auf den sauberen trockenen Steinboden oder Holzbrette die Tiere zu lagern. Die Mutter gehört mit ihren Kindern in einen Stall für sich allein, damit sie sich ungestört der Kinderpflege hingeben kann. Zuweilen vertilgt ein gefräßiger Vater seine eigenen Kinder im unbewachten Augenblicke.

Im Krankenhause stört das Hundebellen. Wenn die Hunde nicht geneckt werden, kein fremder Mensch sich dem Stalle nähert und der Wärter ihnen genügend Futter zu einer regelmäßigen Tagesstunde gibt, so unterlassen sie von selbst das Jaulen. Bei einigen Tieren hat die einseitige Durchschneidung des N. recurrens ihre Berechtigung (näheres s. S. 220 u. 221). Solche einseitige Durchtrennung hilft vielfach nichts. Angestrengtes heiseres Bellen wirkt oft störender. Auch durch die spätere Hypertrophie des gesunden Stimmbandes beginnt nicht selten nach 4 bis 6 Wochen das Bellen von neuem. Deshalb greift man in diesen Notfällen zur Trachealkanüle (S. 247) oder entschließt sich zur Durchschneidung der Stimmbänder vom Rachen aus. Letzteren Eingriff lehnen wir ab. Im allgemeinen führt die Dressur zum Ziele. Einem neuangeworbenen Hunde pflege ich mit einer Spritze sofort Wasser ins Gesicht zu spritzen, wenn er nach einer freundlichen Aufforderung das Bellen nicht unterläßt. Dieser von HELLY empfohlene Kunstgriff wird mehrmals wiederholt. Der Erfolg bleibt selten aus.

Nahrung. Hunde sind Fleischfresser. Das beste Fleischfutter bilden gesottene Rinderföten, welche die Fleischer mit Vorliebe ihren kräftigen Ziehhunden vorsetzen. Stärker gesalzenes Fleisch und Futter verabscheuen sie. Die Tiere gewöhnen sich daran, auch ohne Fleisch auszukommen und entwickeln sich dabei gut. Nur zwecks Kalkzufuhr verlangen sie, insbesondere im jugendlichen Alter, ab und zu einen Knochen. Warmes Futter ist nicht unbedingt erforderlich. Den größten Teil der

Küchenabfälle vertragen die Tiere. Die Fütterung mit dem käuflichen Hundekuchen oder Hundekeks kostet viel und hat wenig Wert. Genügendes Trinkwasser muß bereitstehen. Viele Tiere ziehen abgestandenes Wasser vor. Stillende Hunde gebrauchen Milch. In der Not kann sie entbehrt werden.

Fangen. Der Fang eines fremden Hundes geschieht durch schnelles Zugreifen im Nacken. Oder es kommen Fangschlingen an langen, kräftigen Stangen zur Verwendung (Abb. 11). Der Hundefänger wirft die Schlinge um den Hals und zieht sie zu. Die Stange hält den bissigen Hund in nötiger Entfernung. Gibt das Tier den Widerstand nicht auf, so genügt eine leichte Drosselung durch festeres Zuziehen der Schlinge. In Rußland betreiben dieses Geschäft halbwüchsige Knaben. Sie nähern sich vorsichtig dem Tiere, erfassen blitzschnell den Schwanz und heben den erschreckten Hund hoch. Sodann halten sie ihm eine Stange vors Maul. Das in der Luft schwebende Tiere ergreift diese mit den Vorderfüßen und beißt sich daran fest, um einen Stützpunkt zu gewinnen. Der Junge läuft nun zum Fangwagen, in der linken Hand die Stange, in der rechten den Hundeschwanz haltend: ein ergötzlicher Anblick für Fremde. Mit einem kräftigen Schwunge fliegt sodann das Tier in den Käfig, der nach oben zu eine Öffnung hat.

Markierung. Auf das umgelegte Halsband wird eine Nummer geschrieben. Ferner beschreibt der Operateur im Tierbuch und in dem Protokolle (S. 4) den äußeren Habitus, das Geschlecht, Alter, Gewicht sowie die Schulterhöhe.

Halten. Da die Hauptwaffe des Hundes sein Gebiß ist (im Gegensatz zur Katze, vgl. S. 25), so sichert man das Maul durch Anlegen eines Maulkorbes. Billiger,

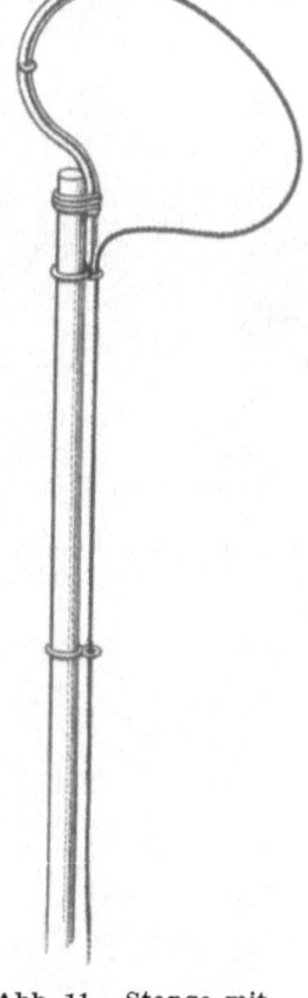

Abb. 11. Stange mit Fangschlinge.

einfacher und schneller geschieht das Zubinden. Unsere Technik hat sich dabei bewährt (Abb. 12—14). Für kleinere Eingriffe, Untersuchungen usw. erfolgt das Halten eines Hundes in der auf Abb. 15 wiedergegebenen Weise. Die rechte Hand erfaßt beide Vorder-, die linke beide Hinterfüße. Der rechte Unterarm drückt den Hals, der linke die Beckenknochen nieder. Die Lagerung und das Anschnallen zu Operationen illustrieren die Abb. 16 u. 17. W. TRENDELENBURG gibt einen zweckmäßigen Kopfhalter für Hunde an. Bei Untersuchungen und kleineren Eingriffen unter Lokalanästhesie in der Mundhöhle lassen wir das Maul mit zwei Bindenzügeln aufhalten (Abb. 18). Bei größeren Manipulationen in der Mund- und Rachenhöhle leistet das von HOFFMANN angegebene Maulgatter (Abb. 19). gute Dienste. Es läßt sich jeder Kopfgröße anpassen. MALASSEZ hat ebenfalls einen zweckmäßigen Kopfhalter konstruiert. Dieser Apparat gestattet, auf der vorderen und oberen Kopfoberfläche sowie innerhalb des Maules zu operieren. Das Einführen einer Schlundsonde oder eines Luftröhrenkatheters erfolgt mit

Hilfe eines Holzstückes, welches in der Mitte eine Öffnung besitzt (S. 111, Abb. 77, S. 140, Abb. 116 u. S. 142, Abb. 119). Diese durchlochten Mauleisen dürfen nicht aus Eisen bestehen. Nur diejenigen aus Holz verletzen das Gebiß nicht. Achtertouren aus einem Stricke oder einer Mullbinde befestigen solche Knebel am Kopfe (Abb. 116 auf S. 140).

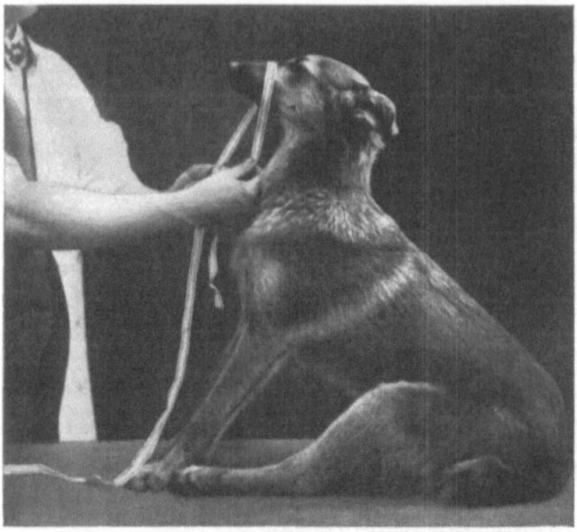

Um während der Operation den Kopf in einer bestimmten Lage zu fixieren, führe ich eine Mullbinde um den Oberkiefer hinter die zwei Eckzähne (Abb. 16 u. 17). Die Lefzen (Lippen) liegen dabei nach außen, um ein Quetschen zu vermeiden.

Besondere Operationstische erleichtern das Arbeiten. Jeder Tisch mit einer Holzplatte kann dazu verwendet werden. Die Befestigung der Schnüre oder Binden geschieht am Tischbein oder an Nägeln, welche unter den Tischrand eingeschlagen sind. Dadurch verletzt man sich nicht selbst oder bleibt an den Nägeln mit seiner Bekleidung hängen. Die Schlingenbildungen zeigen die Abb. 20—23 auf S. 19 in den einzelnen Phasen. Falls ein großer kräftiger Hund sehr unruhig sein sollte, so kommen noch Lederriemen über die Brust bzw. den Bauch. Das betreffende Operationsgebiet ist durch Unterschieben von Kissen gut zugänglich zu machen.

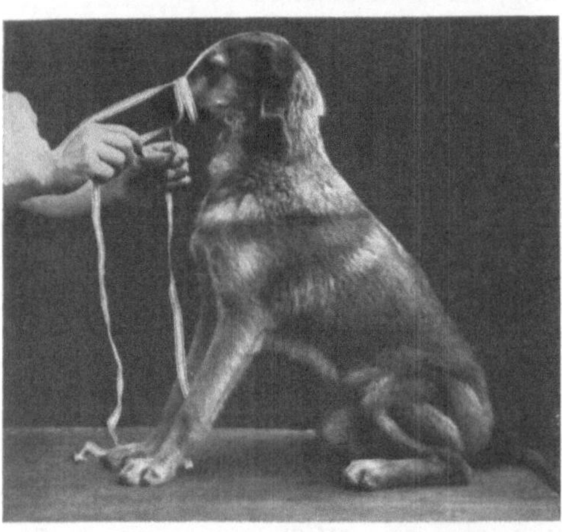

Abb. 12. Das Zubinden des Maules. I. Akt. Herüberlegen der Binden über den Oberkiefer.

Abb. 13. Das Zubinden des Maules. II. Akt. Kreuzen und Knotung der Binde unterhalb des Unterkiefers. Eine zweite, kürzere Binde kommt auf die Mitte des Gesichtsschädels und reicht bis zum Nacken. Sie dient zur Sicherung (s. III. Akt). Sodann führt der Operateur die erste Binde nochmals um das Maul über die kurze Binde.

Krankheiten. Ein gesunder Hund hat eine feuchte, kühle Nase. Zwischen dem 4.—9. Monate erkrankt ein großer Prozentsatz der Hunde an Staupe = Febris catarrhalis et nervosa canum (Maladie des chiens, Dogg ill, Cinurro). Die Hälfte der Tiere sterben daran. Deshalb verwenden wir zu Versuchszwecken nur über ein Jahr alte

Hunde, falls das Experiment nicht jüngere Tiere verlangt. Die Staupe stellt eine akute, ansteckende Infektionskrankheit dar. Fieber, akuter Katarrh der Schleimhäute und häufig katarrhalische Lungenentzündung, sowie zuweilen nervöse Symptome treten dabei in den Vordergrund.

Abb. 14. Das Zubinden des Maules. III. Akt. Die lange Binde ist unterhalb des Unterkiefers einhalbmal geknotet. Ihre 2 Enden sind hinter den Ohren im Nacken verknüpft und mit den beiden Enden der kurzen Binde durch Schleifenbildung vereinigt. Bei langschnauzigen Hunden kann zuweilen die kurze Sicherungsbinde wegfallen.

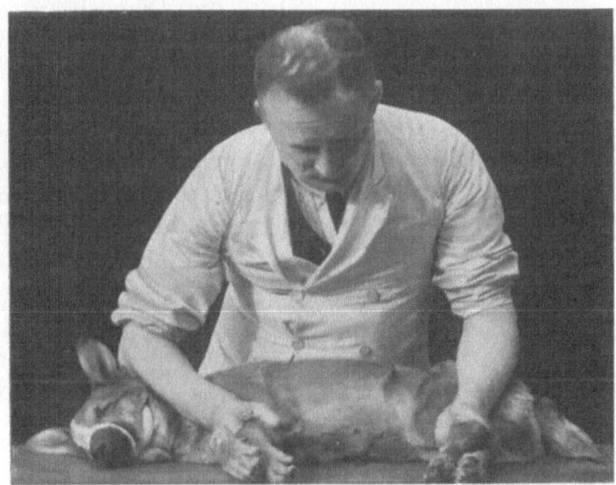

Abb. 15. Das Halten eines Hundes.

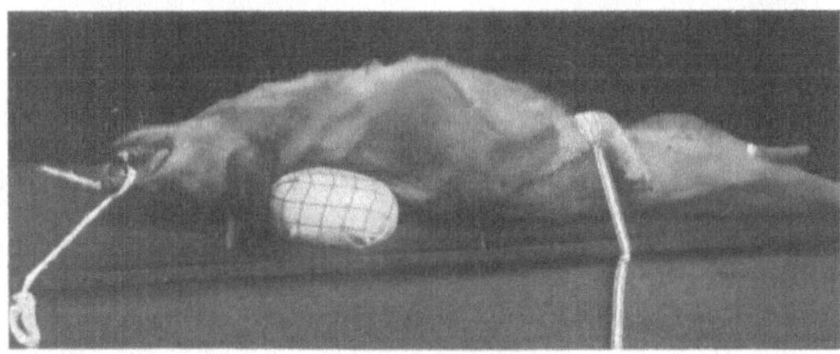

Abb. 16. Lagerung des Hundes für eine Halsoperation. Auf einem untergeschobenen Kissen ruht der Hals. Eine Binde hinter den oberen Eckzähnen umschlingt den Oberkiefer und hält den Kopf fest.

Die Hundeseuche entsteht vorwiegend in der warmen Jahreszeit, fehlt
aber auch nicht im Winter. Das katarrhalische Sekret der Schleimhäute
enthält die virulenten Bakterien. Die Infektion erfolgt durch unmittel-

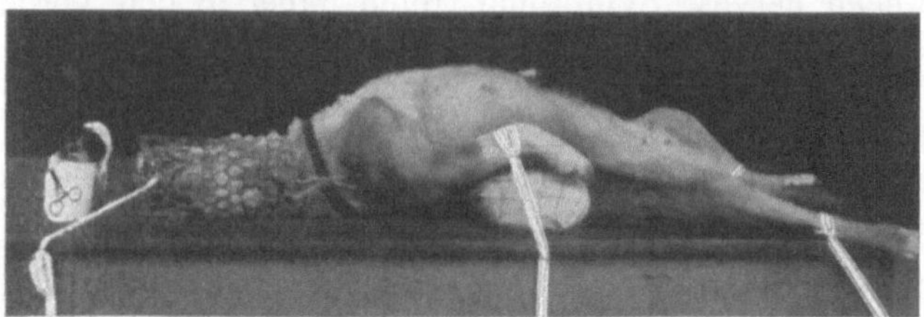

Abb. 17. Lagerung des Hundes für eine Bauchoperation. Ein gepolstertes Kissen ist unter die
Lendenwirbelsäule geschoben. Ein improvisierter Maulkorb aus Drahtgeflecht umgibt den Kopf.
Links die Äthertropfflasche (s. S. 106), eingeschlagen in ein steriles Tuch, welches eine Tuchklemme
zusammenhält.

bare Berührung mit den erkrankten Tieren, oder durch Futternäpfe,
Speisen und Getränke. Eine Erkältungskrankheit, Blutverlust sowie
Körperschwächung durch eine Operation, Magendarmkatarrh usw.

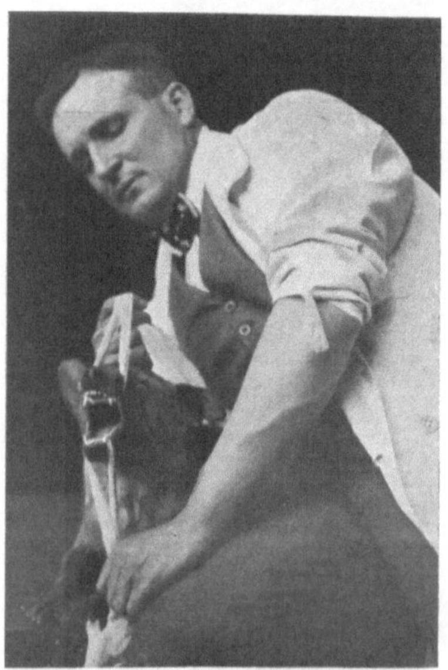

geben die Disposition zur Staupe
infolge verminderter Widerstandsfähigkeit des Organismus (S. 120).
Die Inkubation beträgt 3—18 Tage.
Man unterscheidet zwischen der per-
akuten und akuten Form. Bei der
ersteren versagt plötzlich die Nahrungsaufnahme. Hohes Fieber tritt
ein. Nach 2—3 Tagen krepiert das

Abb. 18. Aufhalten des Maules mit 2 Bindenzügel. Man beachte dabei die Körperstellung
des Wärters zum Halten des Tieres.

Abb 19. Maulgatter nach HOFFMANN.

Tier unter komatösen Erscheinungen. Die akute Form beginnt mit
Fieber und einem akuten Katarrh der Luftwege sowie Conjunctivitis.
Der Hund niest. Wegen des Juckreizes reibt er sich mit der Pfote die
Nase. Aus ihr fließt bald schleimig-eitriges Sekret. In den schweren
Fällen bildet sich eine kapilläre Bronchitis oder katarrhalische Pneu-
monie mit Husten. An den Augen kann ein geschwüriger Zerfall

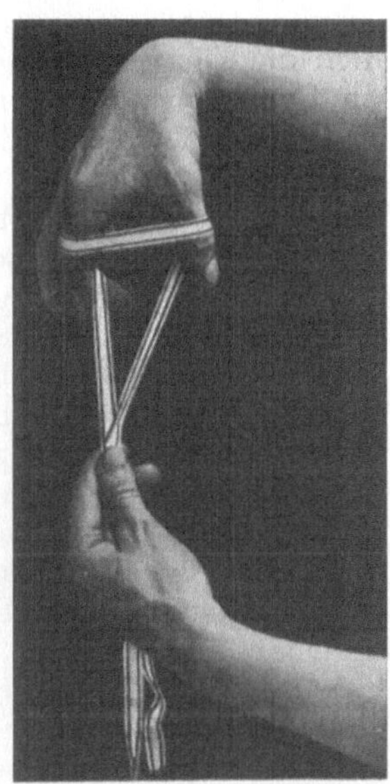

Abb. 20. Schlingenbildung aus einer Binde mit zwei freien Enden. I. Akt.

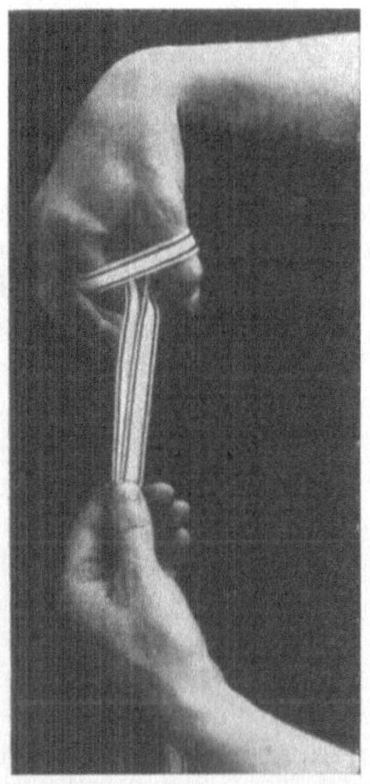

Abb. 21. Schlingenbildung aus einer Binde mit zwei freien Enden. II. Akt.

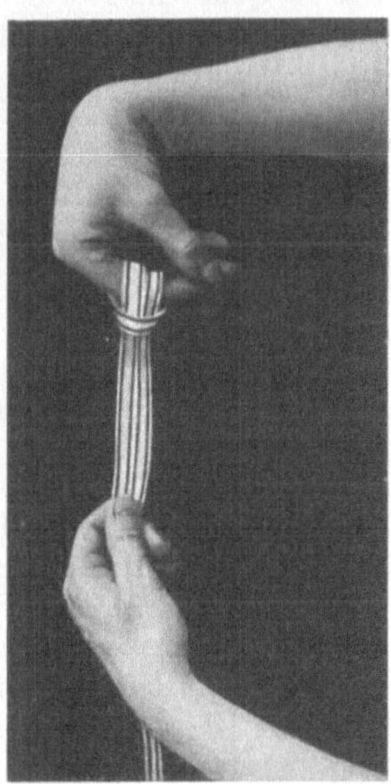

Abb. 22. Schlingenbildung aus einer Binde mit zwei freien Enden. III. Akt.

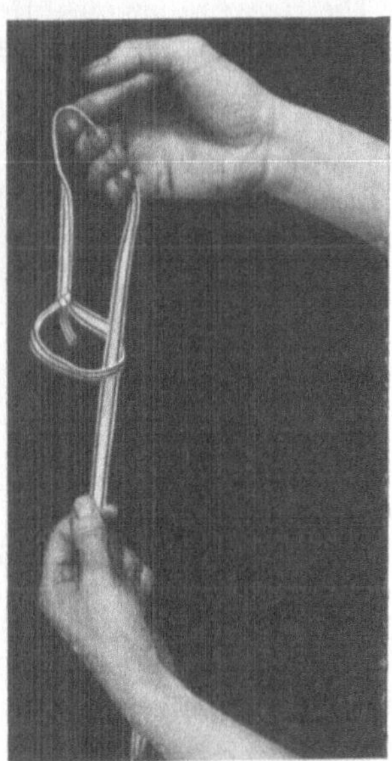

Abb. 23. Schlingenbildung aus einer Binde. Das eine Ende ist zu einer Schlinge festgeknotet. Durch diese wird das andere, freie Ende der Binde durchgezogen.

der Kornea das Krankheitsbild verschlimmern. Durch den meist nie fehlenden Magen- und Darmkatarrh werden die Körperkräfte auf das Empfindlichste geschädigt. Von nervösen Symptomen seien häufig gesteigerte Reflexerregbarkeit, anhaltendes Zittern und epileptiforme Anfälle genannt. Nicht selten bleiben Lähmungen zurück. In vielen Fällen entwickelt sich ein pustulöser Ausschlag, sogenanntes Staupeexanthem. Die Dauer der Erkrankung währt eine Woche bis mehrere Monate, im Durchschnitt 3—4 Wochen. Die Behandlung sorgt für Diät, reinen und gleichmäßig warmen Unterkunftsraum und kräftige Ernährung. Fleisch- und Bouillonsuppen vertragen die Tiere am besten und nehmen sie gern. Von Medikamenten sah ich mehrmals gute Erfolge mit dem Staupeserum und Novoproteininjektion. Letzteres wird in Ampullen gebrauchsfertig geliefert[1]) und 1 ccm intragluteal eingespritzt. Subcutane oder intravenöse Blutinjektionen von Hunden, welche die Staupe glücklich überstanden, haben wir mehrmals ohne erkennbaren Einfluß angewendet. Die an Staupe erkrankten Hunde scheinen später gegen diese Infektionskrankheit immun zu sein.

Eine weitere wichtige Erkrankung bildet die Räude, welche zwei Milbearten, Sarcoptes scabiei = S. squamiferus und Acarus folliculorum verursachen. Diese ansteckende Hautkrankheit schleicht sich bei unzureichender Tierpflege leicht ein. Am Kopfe, an der Vorderbrust, am Unterbauch, an der Innenfläche der Schenkel und an der Schwanzwurzel treten kleine Knötchen auf, die sich zu Bläschen und Pusteln entwickeln. Die erkrankte Haut schuppt. Später entstehen gelbgraue Krusten. Die Haare fallen aus. Heftiger Juckreiz quält die Tiere. Durch Jucken und Beißen tragen sie die Infektionserreger an andere Stellen. Infolge Abmagerung und Kachexie gehen die Hunde zugrunde. Die Behandlung besteht zunächst im Abscheeren der Haare und Entfernen der Krusten durch warme Seifenbäder. Die Sarcoptes heilt leicht, die Acarus-Räude dagegen schwer. Sehr gute Erfolge hatten wir mit Kresolliniment:

Rp.: Aqua cresolica 100,0
Schmierseife 50,0
Spiritus 50,0.
Äußerlich zum Einreiben.

Ebenso beseitigt das von den Bayerschen Farbwerken hergestellte Odylen die Räude.

Der vielfach empfohlene Perubalsam oder Salben kosten viel und leisten nicht dasselbe. Wegen der Intoxikationsgefahr darf man jedesmal höchstens eine halbe Körperhälfte mit Perubalsam einreiben.

Außer der eigentlichen Hundräude kommt noch im äußeren Gehörgange der Hunde sehr häufig die Ohrräude, Dermatophagusräude, Scabies auricularis, vor. Diese Erkrankung vergeht nach dem Reinigen des äußeren Gehörganges durch Einträufeln von 10 proz. Karbolsäure (in Öl) ins Ohr.

In neuester Zeit macht ZWICK auf das häufige Vorkommen der Tuberkulose bei Hunden aufmerksam.

---

[1]) Grenzach-Werke, Berlin.

Ferner leiden die Hunde an Ungeziefer, Holzböcken oder Zecken = Ixodidae.

Für den Menschen ist besonders die Bandwurmerkrankung des Hundes sehr wichtig. Der Hülsenbandwurm, Taenia echinococcus, findet sich in Darme des Hundes. Seine Größe beträgt 2,5—6 mm. Die Eier des Bandwurmes gehen mit dem Kote ab. Da die Hunde überall herumlecken und riechen, so bleiben die Eier auch an der Schnauze haften. Durch Lecken übertragen sie dieselben auf den Menschen. Auch am Fell können Eier haften. Der Hundebandwurm macht sein Finnenstadium im Hundefloh durch, der die Eier im Fell aufnimmt. Beim Putzen des Felles verschluckt der Hund den infizierten Floh. Auf diesem Weg gelangt der Bandwurm in den Hundedarm. Die Berührung eines Hundes mit der Hand genügt zur Infektion. Leicht streift die Hand den eignen Mund. Die Eier kommen auf diese Weise in den menschlichen Darmkanal. Dort gelangen sie zur Entwicklung. Deshalb muß man sich nach der Berührung mit Hunden und anderen Tieren stets sorgfältig die Hände reinigen und desinfizieren.

In dem Darme werden durch Verdauung der Eihüllen die Embryonen frei und bohren sich in die Darmwand ein. Von dort wandern sie selbständig weiter oder gelangen durch den Blutstrom in die verschiedensten Organe. Hier reifen sie zum Echinococcus aus, welcher sich als cystische Geschwulst von verschiedenen Größen präsentiert.

Die Behandlung der Bandwurmerkrankung des Hundes besteht zunächst in einer Vorbereitungskur durch eintägiges Hungern und Darmentleerung mit milden Abführmitteln, 5—10 ccm Ricinusöl, unter Umständen durch Schlundsonde (S. 140, 141). Sodann erhalten die Tiere 2—8 g Kamala in Milch als wurmtreibendes Mittel.

Die gefürchtete Tollwuterkrankung, Lyssa, tritt in unseren Gegenden nur selten auf. Die betreffenden Hunde sind sofort zu erschießen. Die infizierten Menschen (in Deutschland) müssen sich einer längeren Kur, Schutzimpfung, in Berlin oder Breslau unterziehen.

III. Katze, Felis.

Katzen werden wegen ihrer Lebenszähigkeit und ihres leicht ansprechbaren vegetativen Nervensystems in großem Maßstabe zu Versuchszwecken herangezogen. Der Umgang mit ihnen muß erlernt sein. Zu Experimenten eignet sich nur die gewöhnliche Hauskatze, Felis domestica. Sogenannte Schmuckkätzchen, sowie die einfarbigen, vor allem schneeweißen Katzen lehnen wir als unbrauchbar wegen der verminderten Widerstandsfähigkeit ab.

Anatomische Bemerkungen. Die Anatomie der Katze gleicht im wesentlichen derjenigen des Hundes. Das Schlüsselbein bildet einen 2 cm langen, dünnen, leicht S-förmig gekrümmten Knochen. Dieser ist in dem M. brachiocephalicus quer eingelagert und wird durch einen queren, sehnigen Schlüsselbeinstreifen ergänzt. Die Gliedmaßen besitzen fünf krallentragende Zehen.

Die Gefäße des Halses und Kopfes haben Analogien mit denjenigen des Hundes. Die gleichzeitige Unterbindung der vier Gefäßarterien verträgt das Tier nicht (vgl. S. 10).

Die Epithelkörperchen heben sich von den zwei Schilddrüsenlappen deutlich ab. Infolge ihrer relativen Größe wählt man sie gern zu Transplantationsversuchen.

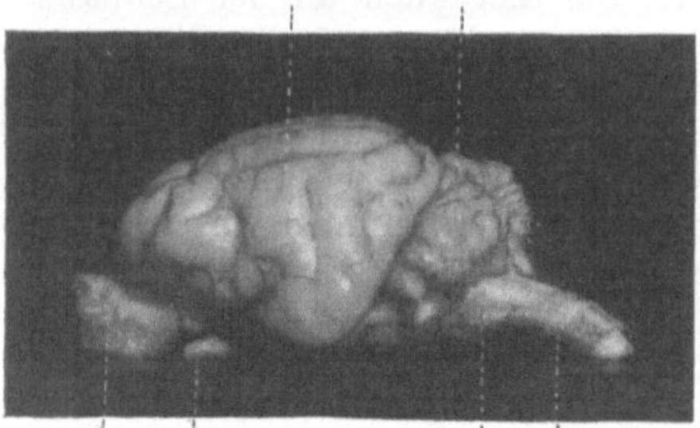

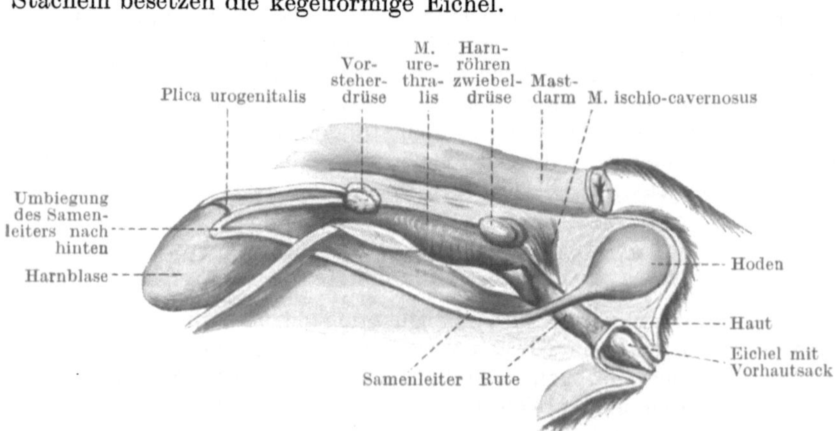

Abb. 24. Gehirn einer Katze.

Der feine, blendend weiße N. depressor (S. 220) liegt oft bei demselben Tiere rechts und links verschieden.

Wie die Hündin, so trägt auch die Katze einen Uterus bipartitus. Eine Peritonealfalte schließt die Eierstöcke nicht ein, sondern sie sind nur lateral verdeckt, medial aber sichtbar. Die lange und weite Harnröhre mündet in einer tiefen Schleimhautrinne der Scheide.

Nach Ansicht der meisten Autoren fehlen dem Kater die Ampullen des Samenleiters und die Samenbläschen. Die Vorhautöffnung des nach rückwärts gerichteten Penis kommt unter dem After zu liegen (Abb. 25). Der Rutenknochen von etwa 0,5 cm Länge tritt beim Kater nicht so in den Vordergrund wie beim Hunde. Basalwärts gerichtete Stacheln besetzen die kegelförmige Eichel.

Abb. 25. Geschlechtsteile des Katers (nach MARTIN).

Lebensweise. In allen zivilisierten Erdgegenden lebt die Hauskatze. Die Zeit der Paarung vollzieht sich zweimal während des Jahres, zuerst im Februar oder Anfang April, das zweite Mal zu Anfang Juni. Nach 56[1]) Tagen wirft die Katze 5—6 Junge. Der erste Wurf erfolgt gewöhn-

---

[1]) HESSE und DOFLEIN geben 9 Wochen an. l. c. S. 653. Die erfolgreiche Begattung der Katzen läßt sich schwer kontrollieren.

lich Ende April oder Anfang Mai, der zweite Anfang August. Die blinden Neugeborenen lernen erst am 9. Tage das Sehen. Die Jungen müssen vor dem Kater geschützt werden. Er frißt sie auf, falls er sie entdeckt. Die hingebende Fürsorge der Katze für ihre Kinder ist bekannt. Selbst fremde säugende Tiere, wie Hunde, Kaninchen, Eichhörnchen usw. ziehen sie mit der gleichen Sorgfalt auf wie ihre eigenen. Wir lassen die jungen Katzen mindestens 5 Wochen an der Mutter saugen. Die Fortpflanzungsfähigkeit beginnt nach dem vollendeten ersten Lebensjahre und hält bis zum 12. Jahre an. Aus Gründen, die beim Hunde erwähnt wurden (S. 13), läßt man eine Katze nur bis zum 6. Jahre belegen. Die Tiere sollen ein Alter bis zu 15—20 Jahren erreichen.

Stallung. Katzen tragen die Merkmale eines Raubtieres. Sie fühlen sich nur wohl bei Gelegenheiten zur Jagd und bei genügender Bewegungsfreiheit. Ferner sind sie ausgezeichnete Klettertiere. Danach richtet sich die Einrichtung eines Stalles. Die große Reinlichkeitsliebe verlangt entsprechende Berücksichtigung. In den Stall gehört ein Sandtopf. In diesen uriniert die Katze und legt den Kot ab, um denselben zu verscharren und unsichtbar zu machen. Fehlt eine Sandschüssel, so unterdrücken sie oft das Wasserlassen und den Stuhlgang: eine empfindliche Fehlerquelle bei gewissen Experimenten. Jedes Tier beansprucht seine eigene Kiste, die es peinlich sauber hält. Die Hineingabe von Zellstoff erhöht das Behagen. Die wasserscheuen Katzen vertragen Waschungen und Bäder im allgemeinen schlecht. Deshalb hat die Enthaarung (S. 94) mehrere Tage vor der Operation stattzufinden. Kälte löst Unbehagen und leicht Erkrankungen aus. Am liebsten suchen sie einen warmen Platz an der Heizung auf. Im Gegensatz zu einem Hunde besitzt eine Katze wenig Anhänglichkeit. Stets versucht sie, das Freie zu erlangen und strebt ihrer alten Wohnung zu. Gegen dieses Vorkommnis schützt nur eine besonders gesicherte Stallung. Wegen des leicht erregbaren Nervensystems vergehen mindestens 8—10 Tage, ehe eine Katze sich an die neue Umgebung gewöhnt. Diese Zeitdauer warte ich ab, bevor der Versuch beginnt.

Nahrung. Als fleischfressende Raubtiere gebrauchen Katzen zum Futter unbedingt etwas Fleisch. Gleichwie die Hunde (S. 14 unten) verweigern sie jede stärker gesalzene Nahrung. Sie sind wählerisch und fressen relativ wenig. Lebende Mäuse vertilgen sie in großen Mengen. Wochenlang 20 Stück pro Tag bedeutet keine abnorme Leistung. Falls operierte oder kranke Katzen die Nahrung verweigern, setzen wir ihnen lebende Mäuse vor. An Ratten und Meerschweinchen wagt sich nicht jede Katze. Eine weitere Lieblingsspeise bilden frischer oder gekochter Fisch einschließlich seiner Gräten, sowie Vögel (s. u.). Milch trinken sie gerne, dagegen Wasser nur bei großem Durste. Fast sämtliche Küchenabfälle dienen ihnen zur Nahrung.

Fangen. Katzen fängt man in großen Fallen, deren einfache Konstruktion die Abb. 26a—c, S. 24 zeigt. Die Fangkisten bestehen aus dickem Holz. Ihre Länge beträgt mindestens 1 m, die Höhe mindestens 50 cm. Beide Falltüren müssen offen stehen, damit das kluge Tier keinen Verdacht schöpft. Auf das Fallbrett (Abb. 26, 8) kommt als Lockmittel

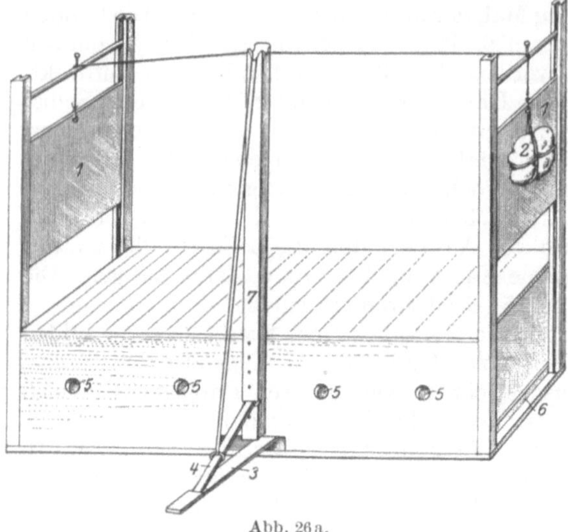

Abb. 26a.

Abb. 26a. Katzenfalle, von außen — 1. Falltüren. — 2. Gewicht (Stein) auf der Falltür. — 3. Beweglicher Boden in der Falle. — 4. Zunge. — 5. Luftlöcher, Beobachtungslöcher. — 6. Leiste auf dem Boden, um die Falltür nach innen zu sichern. — 7. Außenlatte.

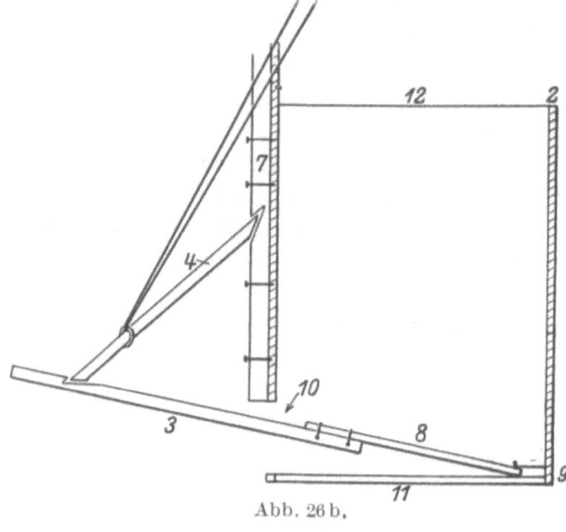

Abb. 26b.

Abb. 26b. Katzenfalle, Durchschnitt. — 2. Gewicht auf der Falltür. — 3. Beweglicher Boden. Seine Fortsetzung führt aus der Kiste heraus. — 4. Zunge. — 7. Außenlatte. — 8. Beweglicher Boden innerhalb der Kiste. — 9. Bindfaden zum Festhalten des beweglichen Brettes. — 10. Der wichtige Zwischenraum zwischen beweglichem Boden und der Wand. — 11. Boden. — 12. Decke.

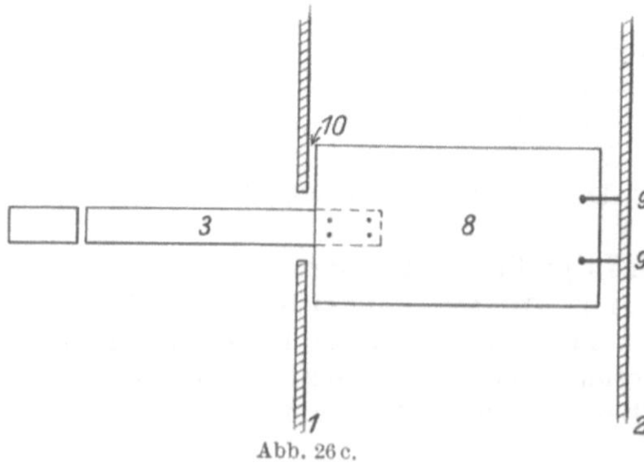

Abb. 26c.

Abb. 26c. Katzenfalle, von oben. — 1. Wand. — 2 Wand. — 3. Beweglicher Boden. Seine Fortsetzung führt aus der Kiste heraus. — 8. Beweglicher Boden innerhalb der Kiste. — 9. Zwei Bindfäden halten den beweglichen Boden in der richtigen Lage, damit er nicht verrutschen kann. Der Faden ist mit einem Ende auf dem Brett, mit dem andern an der Wand befestigt. — 10. Der wichtige Zwischenraum zwischen beweglichem Boden und der Wand.

Fleisch, am besten Fisch oder ein kleiner toter Vogel. Bei der Berührung des Brettes 8 fällt das Stäbchen (= Zunge, 4) heraus. Dadurch wird die Arretierung der Falltürenschnüre gelöst und die Katze ist gefangen. Da-

mit sie sich nicht befreien kann, tragen die Außenseiten der beiden Türen große (Ziegel)-Steine. Die Falle hat an den Seitenwänden Luftlöcher, welche gleichzeitig eine Beobachtung gestatten. Ob Holzleisten oder ein solides Drahtgeflecht die Decke bilden, hängt von den Geldmitteln ab.

Die **Markierung** geschieht mit einem Lederhalsbande, auf welchem die Nummer steht. Im Protokolle stehen die üblichen Notizen (S. 4 unten) über das Tier.

Abb. 27. Das Halten einer Katze.

Halten. Die rechte Hand ergreift die Katze im Genick und die linke an der Lendenwirbelsäule (Abb. 27). Ein Druck mit beiden Armen bodenwärts macht das Tier wehrlos. Falls es sich heftig sträubt, drückt die linke Hand über der Lendenwirbelsäule die Weichen seitlich ein. Dadurch entsteht eine Kompression der beiden

Abb. 28. KRAMERsche Schiene.

Nierengegenden, welche größte Schmerzen auslöst. Das Tier gibt sofort jeden weiteren Widerstand auf.

Die Krallen an den Pfoten stellen die Hauptwaffen einer Katze dar. Deshalb ziehen wir kleine, fertige, gepolsterte Strümpfchen dem Tiere

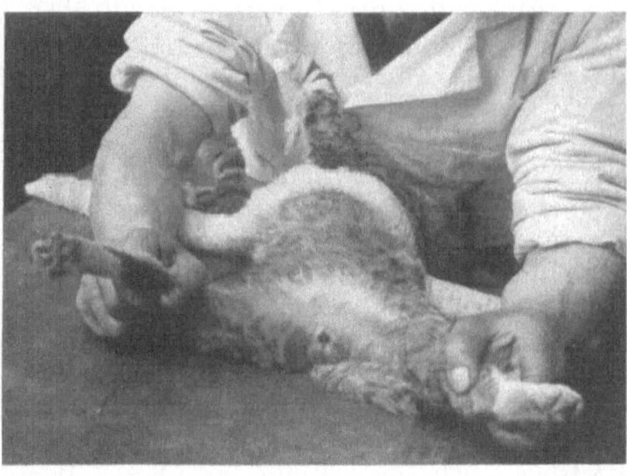

Abb. 29. Das Halten einer Katze für Eingriffe an den Genitalien oder Impfungen.

an (Abb. 115 u. 116 auf S. 140). Dieses fügt sich mit dieser Bekleidung meist seinem Schicksal. Die richtige Handhaltung, a) im Genick, b) an der Kehle, verhindert das Beißen. Ich lege die Hohlhand um die vordere Halsseite oder den Nacken, indem der Daumen und Zeigefinger den ganzen Hals umgreift (Abb. 115, S. 140). Dabei darf nicht zugedrückt werden, damit das Tier frei atmen kann. Die Fesselung und das Aufschnallen zur Operation geschieht in der gleichen Weise wie auf S. 17 u. 18. Das Halten für Eingriffe an den Genitalien oder zu Impfungen veranschaulicht Abb. 29. Eine mit Zellstoff und Binde umgebene KRAMERsche Schiene (Abb. 28) wird in der abgebildeten Weise zurechtgebogen und über die Brust des Tieres gelegt. Der Wärter hält die Enden dieser Schiene mit den Unterarmen, während er gleichzeitig mit den Händen die Hinterbeine erfaßt und spreizt. Bei der Kastration (S. 309) stecken die Tierärzte den Kater mit dem Kopfe und dem übrigen Körper in einen Rockärmel. Auf den von W. TRENDELENBURG angegebenen Kopfhalter sei besonders hingewiesen.

Krankheiten. Die Katzen leiden am häufigsten an der Räude. Sie ist infektiöser Natur und auf den Hund, das Pferd, Rind sowie auf den Menschen übertragbar. Der Tod tritt in einem hohen Prozentsatze ein. Die durch Sarcoptes minor verursachte Erkrankung beginnt an den Ohren und im Nacken und geht meist auf den Kopf über. Die übrigen Körperteile werden nur ausnahmsweise ergriffen. Der pathologisch-anatomische Prozeß verläuft wie beim Hunde (S. 20). In schweren Fällen entwickelt sich eine Schwellung der Augenlider mit eitriger Konjunktivitis. Die Schwellung der Nasenflügel erschwert die Atmung. Infolge Abmagerung verenden die Tiere nach 3—4 Monaten. Junge Tiere krepieren meist nach 4—6 Wochen. Die Behandlung besteht in Entfernung der Krusten mit einer anatomischen Pinzette und Salbeneinreibung der erkrankten Hautpartien.

Rp.: Sulfur sublimatum 15,0
Kalium carb. 8,0
Adeps suillus 60,0.
Äußerlich zum Einreiben.

Karbolsäure, Teer- und Kresolpräparate (S. 20) üben bei Katzen eine stark giftige Wirkung aus.

Die Dermatophagusräude tritt selten auf. Sie behandelt man in derselben Weise, wie auf S. 20 unten angegeben wurde.

Junge Katzen sind für das Staupekontagium ebenfalls empfänglich. Jedoch entsteht diese Erkrankung bei ihnen viel seltener als bei Hunden. Der Verlauf und die Behandlung entsprechen den auf S. 16—20 gemachten Ausführungen.

Wegen ihrer Empfindlichkeit gegen Kälte und Nässe (s. ob.) bekommen Katzen häufig Durchfälle und kruppöse Lungenentzündung. Ob letztere identisch mit der sog. Katzenseuche ist, haben bis jetzt die Veterinärmediziner noch nicht sichergestellt.

Viele Katzen erkranken an Bandwürmern. Die Taenia crassicollis beansprucht das meiste Interesse. Der Wurm mißt 15—60 cm Länge. Sein Rostellum trägt einen Doppelkranz mit 26—52 Haken. Die kugeligen Eier erreichen eine Größe von 31—37 μ. Die Jugendform stellt der Cysticercus fasciolaris dar, welcher in der Mäuseleber vorkommt. Die Erkrankung gewinnt, namentlich in mäusereichen Jahren, zuweilen eine seuchenhafte Ausbreitung. Die Behandlung spielt sich wie bei Hunden ab. Jedoch darf nur etwa die Hälfte der Menge von Kamala (1—4 g) gegeben werden (vgl. S. 21).

IV. Kaninchen, Lepus caniculus.

Das Kaninchen kann in physiologischer Beziehung als eines der besterforschten Tiere gelten. Wir raten von der Verwendung wilder Kaninchen ab und empfehlen nur die domestizierte Form, sog. Stallkaninchen. Von diesen sind die reinen Rassen wegen ihrer Empfindlichkeit (S. 10) abzulehnen. Vor allem die Albinos vertragen Eingriffe durchschnittlich schlecht. Für größere Operationen eignen sich die belgischen (-flandrischen) Riesen mit geflecktem Fell, also unreine. Diese Tiere erreichen ein Gewicht bis zu 8 kg. Die grau-braunen deutschen Kaninchen zeigen die größte Widerstandsfähigkeit.

Anatomische Bemerkungen. Das Gehirn entspricht im wesentlichen demjenigen des Hundes und der Katze (vgl. Abb. 31 a—c auf S. 29). Wegen der starken nasalen Verjüngung der Großhirnhemisphären und der nur geringen Ausbildung ihrer Furchen und Windungen bestehen gewisse Ähnlichkeiten mit einem Vogelgehirne.

Das Kaninchen besitzt 7 Hals-, 12 Brust-, 7 Lenden-, 3 Kreuz- und 20 Schwanzwirbel.

In der Höhe des V.—VII. Trachealringes befinden sich die zwei kleinen, schmalen, rotbraunen Schilddrüsenläppchen. Der Isthmus fehlt zuweilen. Die Glandula parathyreoidea erreicht eine Größe von 1—1^1/$_2$ mm.

Von den Halsnerven beanspruchen der N. phrenicus und N. depressor besonderes Interesse. Letzterer wird unter diesem Namen in der chirurgischen Literatur nicht mehr geführt. Der N. depressor cordis hat seinen Ursprung in der Höhe des unteren Randes der Cartilago thyreoideae aus dem N. vagus und dem N. laryngeus superior. Der N. vagus liegt als der stärkste und hellste von den Halsnerven am lateralen Rande der Arterie carotis communis. — Der N. phrenicus entspringt aus dem IV. Cervicalnerven und erhält aus dem V.—VIII. Cervicalnerven Verstärkungen. Die anatomischen Verhältnisse variieren erheblich. Der N. phrenicus zieht auf dem M. scalenus anterior, etwas lateral schräg nach medianwärts.

Den Spitzenstoß des Herzens fühlt man etwa 1 cm links vom Brustbein im dritten Zwischenrippenraum. In die rechte Vorkammer münden drei Gefäße: die beiden oberen und die untere Hohlvene.

Die Aorta verläuft kurze Zeit quer hinter dem Manubrium sterni in der Höhe des II. Brustwirbels und geht dann über den linken Bronchus caudalwärts. Aus dem Arcus aortae entwickelt sich der sehr starke Truncus anonymus. Seine Teilung erfolgt in drei Äste: Art. carotis sin. u.

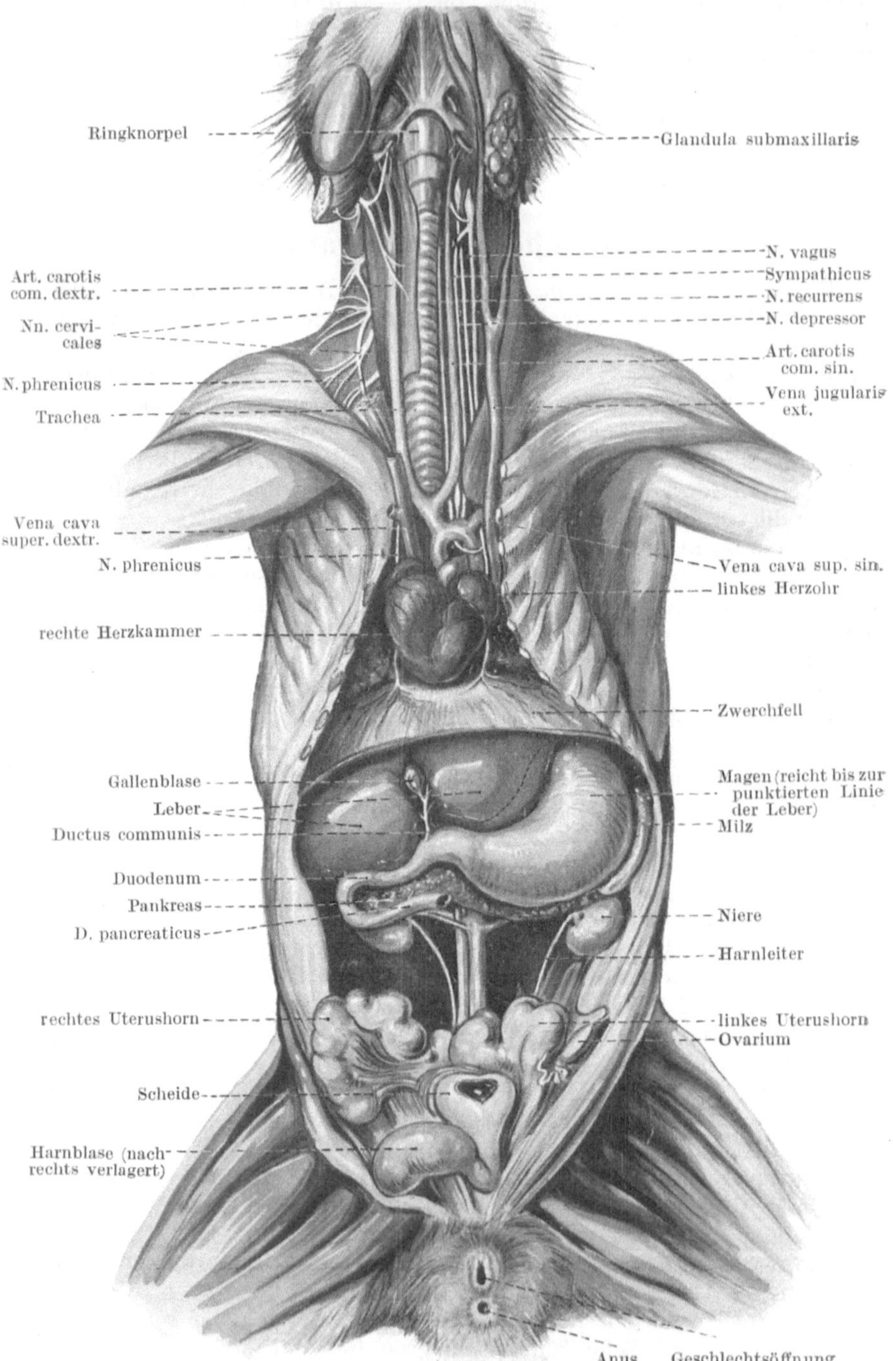

Abb. 30. Situs eines ♀ Kaninchens.

dextr. sowie Art. subclavia dextr. Aus der linken Seite des Arcus aortae zweigt sich die Art. subclavia sin. ab.

Die linke obere Hohlvene und die Vena cava superior dextr. enden getrennt in dem rechten Vorhofe, weil zwischen beiden Gefäßen die Trachea und der Lungenhilus liegen.

Die linke Lunge besitzt drei, die rechte vier Lappen.

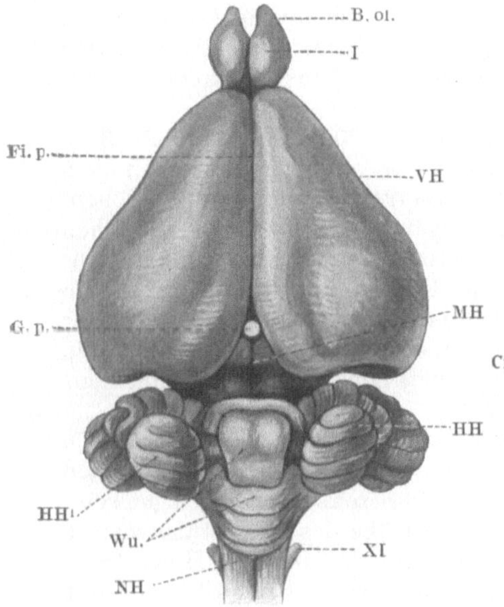

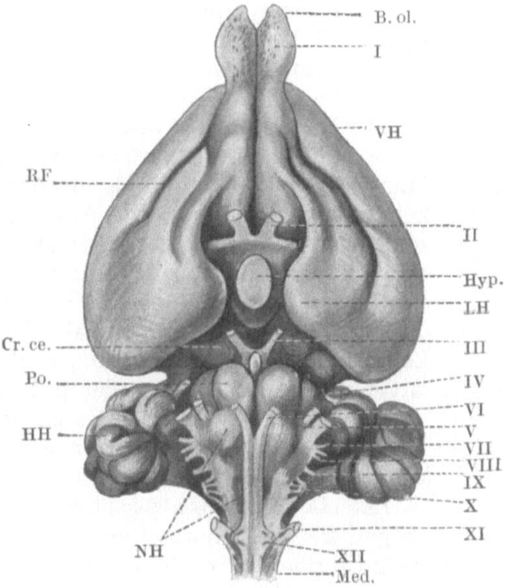

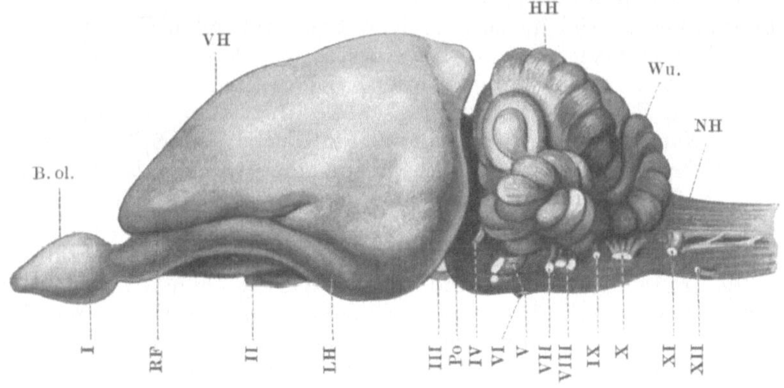

Abb. 31 Das Gehirn des Kaninchens.

Abb. 31a. Dorsale Ansicht. — Abb. 31b. Ventrale Ansicht. — Abb. 31c. Seitliche Ansicht. — B. ol. Bulbus olfactorius, Cr. ce. Crura cerebri, Fi. p. Fissura longitudinalis cerebri, G. p. Zirbeldrüse, HH, HH¹ Kleinhirnhemisphären, Hyp. Hypophyse, LH Lobus hippocampi, I—XII Ursprünge der zwölf Hirnnerven, Med. Rückenmark, MH Mittelhirn, NH Nachhirn, Po. pons, RF Rhinalfurche, VH Vorderhirn, Wu. Wurm des Kleinhirns (nach WIEDERSHEIM).

Die normale Temperatur schwankt zwischen 38,8—39,3° C.

Bei der Eröffnung der Bauchhöhle fällt der außergewöhnlich große Blinddarm auf. Dieser erfüllt bei älteren Tieren die Hälfte des Bauchhöhlenraumes und hat das sechs- bis zwölffache Fassungsvermögen des Magens. Die Länge beträgt etwa 30—50 cm, sein Durchmesser 3—4 cm. Taenien fehlen dem Coecum. — Der Wurmfortsatz, Processus s. appendix vermiformis, ist 7—12 cm lang, 0,5—1 cm dick und walzenförmig. Er bildet ein lymphoides Organ. Das Colon erscheint relativ dünn und trägt drei Taenien. Der Mastdarm, in regelmäßigen Abständen durch bohnenförmige Kotballen buchtig erweitert, zieht fast senkrecht an der Wirbelsäule zum After hinab.

Die Bauchspeicheldrüse stellt eine 15—20 cm lange und 2—3 cm breite, platte, nicht geschlossene Drüse dar. Sie liegt zwischen dem Milzhilus, dem Magenblindsack, dem Colon transversum und den Schenkeln des Duodenums. Die Ausführungsgänge der einzelnen Läppchen zeigen ein baumförmig verzweigtes System. Der Ductus pankreaticus dringt etwa 40 cm von der Mündung des Ductus choledochus entfernt in den langen Zwölffingerdarm. Der Ductus choledochus tritt dicht hinter dem Pylorus in die Pars cranialis duodeni ein. Die Gestalt der gelappten Leber und die wechselnde Anzahl der Ducti hepatici haben Ähnlichkeit mit derjenigen bei den anderen Tieren.

Rammler und Häsinnen lassen sich leicht kathetrisieren (vgl. S. 307).

Der Descensus testiculorum tritt periodisch ein (S. 310). Die Hoden können intraabdominal, inguinal oder in den Scrotaltaschen gelegen sein.

Lateral vom Musc. psoas major in der Höhe des IV. Lendenwirbels hängen die Ovarien an einem sehr kurzen Mesovarium. Die Häsin trägt einen Uterus duplex. Jeder Uteruskanal von etwa 6—10 cm Längs besitzt eine eigene Mündung in die Scheide. Eine Verbindung der beiden Gebärmutterkanäle besteht nicht. Ihre Medianwände sind nur im letzten Abschnitte miteinander verwachsen.

Lebensweise. Bei im zuchtfähigen Alter stehenden Häsinnen stellt sich der Begattungstrieb in kurzen Zwischenräumen ein. Während des ganzen Jahres kann sie belegt werden. Schon einige Tage nach einem Wurfe ist ein Deckakt erfolgreich. Um ein Muttertier zu schonen und gesunden Nachwuchs zu erhalten, ruht die Zucht vom Spätherbste bis Anfang Februar. Die Winterkälte schadet einer jungen Brut. Wegen Mangel an frischem Grünfutter leidet im Winter die Milchproduktion beim Kaninchen. Man setzt die Häsin Anfang bzw. Mitte Februar, Mitte Mai und Anfang September, d. h. dreimal im Jahre, zum Rammler. Dieser soll zwischen dem $1^1/_2$ und 5. Lebensjahre stehen (s. u.). 14 Tage nach der Paarung bringt der Züchter nochmals das Weibchen mit dem Männchen zusammen. Wenn die Häsin den Rammler abbeißt, so spricht dies mit größter Wahrscheinlichkeit für die Trächtigkeit des Tieres. Am 29. bis 30. Tage fängt die Häsin an, in einer Ecke des Stalles ihr Nest zu bauen. Zur Auspolsterung rupft sie sich die Brust- und Bauchhaare aus. Durchschnittlich am 31. Tage kommen 2—15 blinde Junge zur Welt. Die Mutter darf nur so viel Junge aufziehen, als sie Saugwarzen besitzt. Hände oder irgendwelche Gegenstände sollen das Nest nicht berühren, weil sonst viele Häsinnen ihre Jungen vernachlässigen. Diese beginnen am 9. Tage die Augen zu öffnen und verlassen zwischen der 2. und 3. Woche das Nest, um von dem Futter der Mutter mitzufressen. Die Jungtiere bleiben mindestens 7—8, große Rassen bis zur 10. Lebenswoche an der Mutterbrust. Dadurch erhalten wir gesunde Tiere, welche gegen zahlreiche Krankheiten gewappnet sind. Überwinterte abgehärtete Tiere zeichnen sich durch besondere Widerstandsfähigkeit aus (S. 4). 14 Tage genügen für die Häsin zur allgemeinen Erholung, um wieder belegt zu werden.

Die Kleinheit des Penis und der verzögerte Descensus testiculorum erschweren eine Geschlechtsbestimmung vor dem 3. Lebensmonate. Dagegen geben für den Kenner die Kopfbildung und das Benehmen des Tieres oft Anhaltspunkte für das Geschlecht. Die Geschlechtsreife tritt im 4. Monate ein. Erst nach 12 Monaten gelten die Tiere als ausgewachsen. Deshalb lassen die meisten Experimentatoren zwecks guter Zucht erst $1—1^1/_2$ Jahre für die Paarung verstreichen. Der Samen zu junger oder zu alter Rammler ist erfahrungsgemäß wertlos. Über $3^1/_2$ Jahre alte Häsinnen verwende ich nicht mehr zu Zuchtzwecken. Die frühzeitige Fortpflanzungsfähigkeit gebietet die Trennung der Geschlechter in der 15. Woche. Brüder können zusammenbleiben. Dagegen entstehen sofort gefährliche Beißereien unter fremden Rammlern. Diese wählen zum Angriffspunkte die Hoden des Gegners. Deshalb darf der Deckakt nicht kurz nacheinander durch verschiedene Rammler stattfinden. Beim Anriechen der Genitalien glauben sie, einen anderen männlichen Genossen vor sich zu haben (Sperma- und Prostatasekretgeruch) und zerbeißen die Genitalien der Häsin. Das weibliche Tier gehört bei der Paarung in den Käfig des Männchens, nicht umgekehrt. Der Geruch einer neuen Umgebung lenkt das Männchen von seinen Fortpflanzungspflichten ab. Manche Weibchen wehren sich gegen den Aufsprung des Rammlers. In solchen Fällen setzt man die Tiere zwei Tage so nebeneinander, damit sie sich durch das Drahtgeflecht oder die Lattenscheidewand beschnuppern. Niemals dürfen die Tiere längere Zeit zusammenbleiben. Wir sahen Rammler, die nach vergeblichen Rammelversuchen infolge Erschöpfungszustand starben. Andererseits kamen bei uns mehrere Todesfälle der Häsinnen vor, weil sie durch das Männchen zu sehr mitgenommen und ihre Scheide zerrissen war. Wenn beide Teile keine Lust zur Begattung zeigen, so hilft meist tagelanges Haferfutter. Das viel empfohlene Johimbin versagte bei unseren Versuchen. — Es gibt schlechte und gute Muttertiere. Die ersteren finden eine andere Verwendung, wenn der Zuchtversuch zweimal unbefriedigt ausfällt, wie der Bau eines mangelhaften oder unordentlichen Nestes, die Vernachlässigung der Jungen meist wegen zu geringer Milchbildung und das Auffressen der eigenen Jungen. Gute Muttertiere bringen viel Gewinn. Erfolgreiche Kaninchenzucht gestaltet sich oft sehr rentabel.

Kaninchen erreichen ein Alter bis zu acht Jahren. Für Versuchszwecke kommen nur Tiere von höchstens drei Jahren in Betracht.

Stallung. Der Lepus caniculus ist ein pflanzenfressendes Nagetier. Das Holz eines Käfigs benagen sie. Den Trieb, zu graben und zu wühlen, haben sie von den wilden Karnickeln geerbt. Deshalb muß der Stallauslauf ins Freie betoniert sein. Die Tiere gedeihen bei ungehemmter Bewegung ungleich besser als im engen Käfig. Gegen Nässe und Wind, sowie gegen Luftfeuchtigkeit sind sie sehr empfindlich. Kälte wird gut vertragen. Wir haben Versuchstiere wochenlang bei Kältegraden zwischen 15-18 ° C im Freien gehabt, jedoch gegen Wind geschützt. An den Spür-, Schnurr- und Tasthaaren der Oberlippe hing Eis! Trotzdem erfreuten sie sich des besten Wohlbefindens. — Trockenheit, Licht und Luft bilden die Haupt- bedingungen für eine gesunde Unterkunft. Je einfacher der Stall, desto bes- ser. Bei g e n ü g e n d e m Raume mit abgeschrägtem Betonboden (S. 3 unten) genügt ein Holzverschlag von 1 m Höhe und etwa 2 qm Bodenfläche. Das Holz erhält einen Kalkanstrich, an welchem die Tiere gerne lecken. Gleichzeitig wirkt er keimwidrig. Auf den Boden kommt etwas Stroh. Von diesem gibt man alle zwei Tage etwas hinzu. Im Laufe der Zeit entsteht eine Mistschicht, auf der sich die Kaninchen sehr wohl füh-

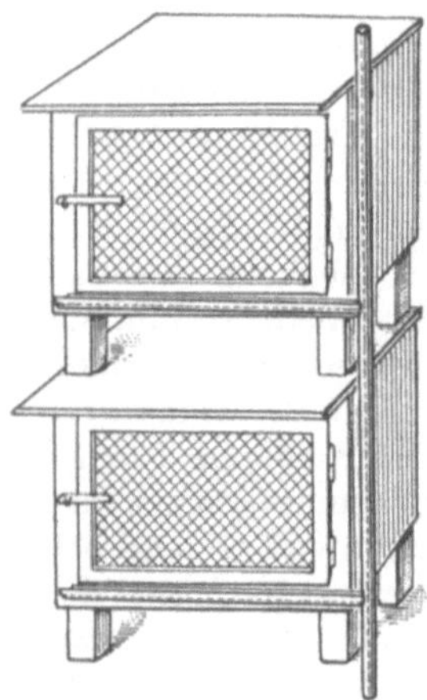

Abb. 32. Kastenkäfige.

len. Der Urin fließt auf der schrägen Unter- fläche ab, so daß das Tier stets trocken sitzt. Die Defäkation erfolgt in einer bestimmten Ecke. Nur 4 mal im Jahre entfernt der Wär- ter den Mist: Anfang März, Juni, September und Dezember. Die als Unterlagen empfoh- lenen Holzlatten bzw. Roste erscheinen un- zweckmäßig. Darunter bauen Mäuse ihre Nester und naschen von dem Futter. Außerdem stiften sie als Krankheitsüberträger Schaden an. Zur Verhütung von Hautkrankheiten bringe ich Kaninchen mit Meerschweinchen zusammen (S. 38). Diese halten das Hasenfell sauber. Genügender Auslauf ins Freie sorgt für die kräftige Entwicklung des Lepus (s. oben). Trächtige und stillende Häsinnen bewohnen einen Käfig für sich allein. Bei Raummangel kommen sog. Etagenboxen und die Kasten-

käfige in Frage. Solche Holzkäfige aus alten Kisten sollen mindestens 1 qm groß und $^3/_4$ m hoch sein. Der Boden ist abzuschrägen, damit der Urin abläuft. Um das Faulen des Holzes zu vermeiden, kleidet Zink- blech oder Dachpappe den Boden und die drei Seitenflächen bis 20 cm Höhe aus. Das Dach des Käfigs, welches mit dem Boden parallel schräg verläuft, erhält gleichfalls Dachpappe. Die Türe besitzt ein Draht- gitter (Abb. 32). Den Urin fangen die an die Käfige angebrachten Blech- rinnen auf. Diese stehen untereinander in Verbindung und leiten den Harn in ein Sammelgefäß. Beim Übereinanderstellen der Holzkäfige liegen für genügende Luftventilation 4 Holzklötze auf dem Dache. Käfige mit infizierten Tieren müssen mindestens 25 cm Abstand voneinander haben. Hygienische Gründe verbieten die bekannten dunklen, zwei- teiligen Nistkäfige. Die Reinigung dieser Ställe geschieht nur monatlich. Falls Tiere erkranken, so werden die Käfige mit Kresolseifenlösung ge- reinigt, drei Tage lang getrocknet, neu gekalkt und erst nach weiteren drei Tagen im trockenen Zustande verwendet. Leichte, transportable Beobachtungskäfige, 50 ×30 ×30 cm, fürs Laboratorium lassen wir aus Aluminium anfertigen. Der Boden besteht aus eng aneinanderstehenden Stäben. Ein darunter angebrachter, ausziehbarer Kasten fängt den Unrat auf. Über die Stoffwechselkäfige vgl. S. 304.

Nahrung. Als Pflanzenfresser bevorzugen die Kaninchen Grünfutter. Das beste Fressen, besonders für säugende Häsinnen, bildet der Löwenzahn = Kettenblume. Seine Blätter und Wurzeln sind milchtreibend. Der Genuß nasser oder feuchter Blätter bzw. Gras löst Krankheiten aus. Das Gras muß mindestens schon ein Jahr auf dem Boden gewachsen sein. Gefrorenes Grün wirkt schädlich. Ferner fressen die Kaninchen gerne Blätter von Kohlrabi, Wirsingkohl und Brennesseln. Vor anderen Kohl- und Krautarten warnen wir, weil sich danach leicht Blähungen und Darmkatarrh entwickeln. Auch Klee vertragen nicht alle Tiere. Gutes trockenes Heu, sowie Roggenstroh stellen vorzügliche Nahrungsmittel dar, haben aber ihre Schattenseiten. Abgesehen von dem Preise haften an Heu und Stroh oft Parasiten und Krankheitskeime, welche Stallepidemien hervorrufen. Deshalb sahen wir in den Nachkriegszeiten von dieser Nahrung ab. Raufen, welche als Grünfuttertrog dienen, verfehlen ihren Zweck. Meist setzen sich die Tiere hinein, da die Blätter und das Gras ein weiches Polster bilden. Im Winter fressen sie Knollen, Runkelrüben und Möhren. Wasser gebrauchen Kaninchen nicht zum Futter. Nur werdende Mütter und milchgebende Häsinnen erhalten täglich etwas Wasser und Milch, zu gleichen Teilen vermischt. Unverdünnte Milch ruft nach der Ansicht verschiedener Autoren beim Karnickel Leberzirrhose hervor. Im übrigen besitzen das Grünfutter und die Knollen genügend Flüssigkeit. Außer dieser Nahrung empfehlen die Züchter Brot, Kartoffeln und als kräftigstes Futter Hafer. Ein wertvolles Beifutter liefern die Kartoffelschalen. Diese werden gekocht, mit etwas Salz bestreut, zerstampft und mit Kleie zu einem steifen Teig vermengt. Dieses Weichfutter ist stets frisch zu bereiten und darf nicht sauer sein. Weil Kaninchen sich meist im fortwährenden Verdauungsstadium befinden, so bekommen sie früh und abends frisches Futter. Man soll ausreichend füttern, aber nicht mehr geben, als die Tiere vertragen. Das überflüssige Futter wird zertreten oder mit Kot und Urin benetzt, geht in Gärung über und löst Magen-Darmkrankheiten aus. Besondere Gefahren bedeuten erhitztes Grün; dieses gärt ebenfalls, bildet giftige Gase und löst den Exitus aus. Hungernde Kaninchen vertilgen ihren eigenen Kot, Koprophagen (vgl. S. 304).

Kaninchen gewöhnen sich u. a. an Fleischnahrung. Dies widerspricht der Physiologie dieses Pflanzenfressers. Bei biologischen Arbeiten an diesem Tiere erachten wir daher Fleischfutter für falsch.

Fangen. Der Fang wilder Kaninchen geschieht mit Fallen. Ein schneller Griff ergreift die zahmen Hasen im Nackenfell. Das Ergreifen und Halten an den Ohren bedeutet Tierschinderei. Die Angaben namhafter Gelehrter, Kaninchen seien gegen Schmerzen indolent, beruht auf einem Irrtum.

Die **Markierung** erfolgt durch Einkneifen numerierter Marken in die Ohren.

Halten. Kaninchen, deren Hauptwaffen die Krallen an ihren Pfoten bilden, werden wie Katzen gehalten (S. 25). Die rechte Hand packt das Fell im Genick; die linke Hand umgreift die Lendengegend. Beim Sträuben löst ein kräftiger Druck den doppelseitigen Nierenschmerz aus (S. 25). Das Tier fügt sich. Bei Magensondierungen, Narkosen usw. wickeln wir das Tier in ein Tuch ein wie die Affen und Katzen (S. 9 u. 141). Zum Aufspannen für einen Eingriff leisten verschiedene Operationsbretter gute Hilfe (Abb. 33). Der einfachste Tisch genügt. Die Lagerung und das Anbinden geschieht wie auf S. 17 u. 18. Für Kopf- und Halsoperationen hat W. Trendelenburg einen Kopfhalter angegeben.

Krankheiten. Infolge einer unzweckmäßigen Fütterung entstehen Durchfall, Verstopfung, Trommelsucht und Speichelfluß. Parasiten rufen Haut- und Haarkrankheiten bei unhygienischen Stallverhältnissen hervor. Auch am Heu und Stroh haften oft Schmarotzer (s. oben).

Abb. 33. Kaninchenbett mit verstellbarem Kopfhalter.

Die Tuberkulose (s. unten) stellt die gefährlichste Infektionskrankheit dar.

Bei Mangel an Muttermilch leiden die Jungtiere leicht an Durchfall, wenn die Nahrung vorwiegend aus Grünfutter besteht. Die Grün- und Knollenfütterung hat sofort zu unterbleiben. Hafer, trockenes und gutes Brot beseitigen die Diarrhoe in 3—4 Tagen. Der durch Darmtuberkulose bedingte Durchfall führt zum baldigen Exitus.

Durch einseitige Trockenfütterung bildet sich leicht Verstopfung. Grünfutter heilt die Obstipation.

Diätfehler, in Gärung übergegangenes Futter, schlechte, dumpfige und feuchte Stalluft, zu frühes Absetzen der Jungen und zu reichliches Grünfutter lösen Trommelsucht aus. Serienweise gingen uns daran die Tiere zugrunde. In dem Magen und den Gedärmen entwickeln sich giftige Gase, welche den Leib stark auftreiben. 3—5 Tropfen Salmiakgeist auf einen Teelöffel Wasser, per os eingegeben, soll das beste Mittel sein. Wir hatten damit nur wenig Erfolg.

Bei Speichelfluß bleibt das Grünfutter für einige Tage fort.

Nach einer leichten Erkältung kann bei Kaninchen Schnupfen eintreten, welcher bei geeigneten Maßnahmen schnell vergeht. Täglich gibt man 5 Tropfen einer 2 proz. Wasserstoffsuperoxydlösung in jedes Nasenloch. Der Schnupfen als Begleiterscheinung der Tuberkulose ist sehr ansteckend und unheilbar. Die Tiere sind sofort zu vernichten und die Stallung sorgfältig zu desinfizieren.

Der Haarausfall im Frühjahr und Herbst gehört zu den physiologischen Vorgängen. Der Haarwechsel greift manche Tiere stark an. Kräftige Nahrung macht solche Kaninchen schnell gesund.

Den Haarausfall außerhalb der Zeit des Haarwechsels fürchten die Tierärzte als eine ernste Erkrankung. Haarbüschel lassen sich mit Leichtigkeit ausziehen. Erkrankungen des trophischen Nervensystems oder des Blutes (Blutarmut) führen zu dieser Alopexie. Dabei zeigt die Haut eine normale Beschaffenheit. Bei anderen Formen des Hautausfalles liegen Gewebsveränderungen der Haut zugrunde. Einreibungen mit Franzbranntwein beseitigt dieses Leiden.

Die Räude oder Krätze entsteht durch die Räudemilbe, Sarcoptes minor. Der Ausschlag beginnt meist am Kopfe, vorzugsweise an den Lippen, dem Nasenrücken, am Halse, Vorderläufen und ergreift die Rückenhaut. Zunächst bilden sich auf der Haut kleine Knötchen, welche ein dünnflüssiges, eitriges, übelriechendes Secret enthalten. Nach dem Platzen der Bläschen tritt Schuppenbildung auf, aus denen Borken und Krusten entstehen. Haarausfall gesellt sich dazu. Die Scabies wirkt sehr kontagiös. Ihre Beseitigung gelingt durch Einreiben der erkrankten Hautpartien mit Schmierseife. Nach zwei Stunden wasche ich die Krusten mit einer harten Bürste und warm-heißen Wasser ab. Sodann erfolgt das Verreiben einer 5 proz. Lysollösung in die Haut. Dieses Vorgehen muß alle zwei Tage wiederholt und die betreffenden Tiere stets in frisch desinfizierte Käfige gesetzt werden. Oft halfen wir uns bei einem Ausbruch der Räude mit operativen Maßnahmen: Mit einem ovalären Schnitt weit im gesunden wird die erkrankte Haut herausgeschnitten, das Operationsfeld gründlich mit 5 proz. Jodtinktur desinfiziert und sofort die Wunde primär mit Katgutknopfnähten geschlossen. Bei der großen Verschieblichkeit der Kaninchenhaut fällt der gesetzte Defekt nicht ins Gewicht.

Nicht minder gefährlich und ansteckend gilt die Dermatokoptesräude (Ohrräude), welche die gleiche Milbenart hervorruft. Es entsteht zunächst eine Otitis externa. Die Tiere schütteln mit dem Kopfe, jucken sich mit den Hinterpfoten an den Ohren und magern ab. Das Ohrinnere füllt sich mit Schorf und Krusten an, welche die Krankheitskeime nach dem Herausfallen weiterverbreiten. Wenn die Ohrräude auf das Mittelohr übergreift und eine Otitis media auslöst, so halten die Tiere den Kopf schief. Den Patienten rettet in diesem Stadium kein Mittel. Die beginnende Erkrankung läßt sich heilen. Das sicherste Mittel stellt die Schwefelblüte dar. Eine chirurgische Pinzette beseitigt die Krusten. Das Auswischen des Secretes aus dem Gehörgange geschieht mit kleinen Tupfern. Sodann streut man das Pulver in die Ohren und drückt dieselben von außen mehrmals mit den Fingern zusammen, damit die Schwefelblüte in die erkrankten Hautteile des Ohres tief eindringt. Diese Behandlung üben wir alle zwei Tage bis zur vollständigen Reinigung der Ohrmuschel. Die Desinfektion des Stalles spielt zur Vermeidung der Weiterverbreitung dieses häufigen Leidens die Hauptrolle.

Gegen die **Tuberkulose** der Kaninchen gibt es zur Zeit noch keine Medikamente. Diese gefürchtete Seuche rafft durch ihre außerordentlich leichte Übertragbarkeit schnell große Tierbestände hinweg. Husten, Durchfall und rapide Abmagerung kennzeichnen diese Infektionskrankheit. Die Tiere müssen sofort getötet und verbrannt werden.

Bei Laparotomien findet der Operateur sehr häufig eine glasige Schwellung der Abdominallymphdrüsen. Ihr Umfang erreicht oft Holunderbeergröße. Oft bilden sie große Pakete. Es handelt sich dabei um **Coccidiosis**, verursacht durch Coccidium cuniculi (= Eimeria Stiedae).

Die ansteckende Nasenentzündung der Kaninchen, Rhinitis contagiosa cuniculorum = **Kaninchenstaupe**, besteht in einer enzootisch auftretenden Erkrankung der Luftwege und sonstigen Atmungsorgane. Anfangs tritt Nießen und ein Nasenausfluß von wäßriger oder dickschleimiger oder eitriger Beschaffenheit auf. Atemnot, Husten und Kräfteverfall charakterisieren das fortgeschrittene Stadium. Die akuten Fälle führen in 3—5 Tagen zum Tode. Die subakute Form dauert etwa 15—18 Tage. Die chronische Form zeigt mildere Symptome und währt oft über drei Wochen. Das von RAEBIGER hergestellte **Schutzserum** zur Prophylaxe hat sich gut bewährt. Therapeutisch haben wir noch kein Mittel zur Hand. Kranke und krankheitsverdächtige Kaninchen sind sofort abzusondern.

Der **Grind** = **Favus** entsteht durch den Achorionpilz. Die Erkrankung nimmt einen ähnlichen Verlauf wie die Räude, ist aber leicht mit Waschungen einer 5 proz. Lysollösung heilbar.

Von anderen Kaninchenkrankheiten seien erwähnt: Die „**wunden Läufe**", ausgelöst durch schlechte, feuchte Stallverhältnisse, **Augenentzündung**, **Eutergeschwüre**, **Geschlechtskrankheiten**, **Scheiden- und Gebärmuttervorfall**, sowie Ungeziefer.

V. Meerschweinchen, Cavia cobaya.

Das Meerschweinchen wird sowohl zu Impfversuchen wie zu operativen Eingriffen verwendet. Rein gezüchtete Rassetiere (S. 4), sowie langhaarige und reinweiße Vertreter dieser Nagetiere lehnen wir wegen ihrer Empfindlichkeit ab.

Anatomische Bemerkungen. Die topographischen Verhältnisse beim Meerschweinchen gleichen in großen Zügen denen des Kaninchens. Die Lage des N. vagus weicht ab. Er verläuft dicht medial neben der Art. carotis communis.

Beide Lungen besitzen einen Spitzen-, Herz- und Zwerchfellappen. An letzterem hängt ein kleiner Lungenlappen, rechts etwa doppelt so groß wie links.

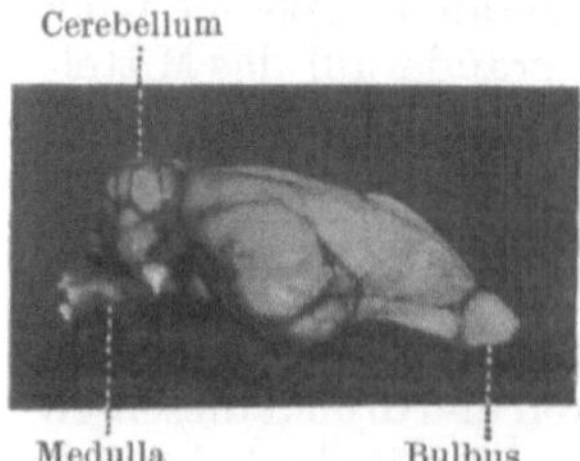

Abb. 34. Gehirn eines Meerschweinchens.

Nur ein Milchdrüsenpaar mit je einer Zitze befindet sich in der Leistengegend.

Der Blinddarm stellt den voluminösesten Eingeweideteil der Bauchhöhle dar. Er nimmt jedoch relativ nicht so viel Platz ein wie beim Kaninchen. Seine Länge beträgt etwa 15 cm. Das Coecum trägt drei bis zur Spitze verlaufende Tänien. Im kranialen Abschnitte der Gekrösewurzel liegt ein pankreasähnlicher Lymphdrüsenhaufen. Nahe der Einmündung des Hüftdarmes haftet ebenfalls eine gerstenkorngroße hellgraue Lymphdrüse. Diese Gebilde sind für die Tuberkulosediagnostik wichtig. Die Leber weist mehrere Lappen auf. Die Gallenblase und der Ductus choledochus zeigen dieselben Lageverhältnisse wie beim Kaninchen. Die Bauchspeicheldrüse besteht aus dem Körper, einem rechten, etwa 2 cm langen, und einem linken, etwa 8 cm langen Lappen. Letzterer schmiegt sich an die große Magenkurvatur. Die größte Breite erreicht das Pancreas am Körper mit etwa $1^{1}/_{2}$ cm. Der Drüsenbau ist gelappt. — Die sehr kleine Milz pflege ich nur an dem Magen, mit welchem sie durch das Lig. gastrolineales zusammenhängt, hervorzuziehen (S. 296).

Die Hoden haben Walzenform und wechseln in ihrer Größe. In der Brunstzeit schwellen sie beträchtlich an. Dieses natürliche Verhalten verursacht leicht Fehlbeobachtungen. Infolge des periodischen Descensus testiculorum liegen die Hoden zu verschiedenen Zeiten intraabdominal, inguinal oder im Scrotum.

Lebensweise. Das Meerschweinchen hat seine Heimat in Peru. Dort lebt die Cavia cobaya noch frei. Im 16. Jahrhundert kam das Tier durch die Spanier nach Europa, wo wir es nur domestiziert antreffen.

Während des ganzen Jahres hindurch besteht der Fortpflanzungstrieb. Die Tragzeit beträgt 63—66 Tage. 9 Wochen gehören dazu, bis die vollständig entwickelten Jungen mit offenen Augen, farbiger Behaarung und Zähnen zur Welt kommen. Mehr als zwei bis drei Tiere werden nicht geworfen. Die Neugeborenen laufen gleich im Stall herum, naschen auch sofort von dem Futter. Der Zahnwechsel findet bereits im Uterus statt. 14 Tage lang säugt die Mutter ihre Jungen. 3 Wochen nach dem Wurfe kann wieder die Paarung erfolgen. Die Fruchtbarkeit dieser Nagetiere ist also — entgegen der üblichen Anschauung — nicht groß. Ich gönne dem Muttertier nach dem Aufhören des Stillgeschäftes mindestens 14 Tage bis 3 Wochen Schonung. Die Jungen sind erst nach 9 Monaten ausgewachsen, aber schon im 5.—6. Monate fortpflanzungsfähig. Für unsere Versuchszwecke läßt man aus den früher besprochenen Gründen (S. 31) nur die ausgewachsenen Tiere mit dem 10. Lebensmonate zum erstenmal decken. In der Zeit zwischen Oktober und Januar unterbleibt die Paarung. Überwinterte Tiere eignen sich infolge der Abhärtung besonders gut für Experimente. Die Meerschweinchen erreichen ein Alter von etwa 6—8 Jahren.

Meerschweinchen vertragen große Kälte, lieben aber die Wärme. Nässe und Feuchtigkeit schadet ihnen sehr. Ihre große Reinlichkeit kommt uns bei vielen Versuchen zu statten. Der Instinkt, daß alles infektiöse Material fortkommen muß, treibt diese Pflanzenfresser dazu, krepierte Tiere sofort zu vertilgen. Sie beginnen mit dem Auffressen des Darmtraktus; dann folgen Brustorgane, Augen, Gehirn, Muskeln und Knochen. Viele stürzen sich sofort über die eigenen Verwandten her, wenn diese eine Wunde haben. Deshalb bleibt jedes operierte Meerschweinchen 7 Tage allein.

Stallung. Als Herdentier vertragen sie die Einzelgefangenschaft schlecht. Zur Unterkunft dient dieselbe Stallung wie für Kaninchen. Bei genügenden Geldmitteln kommt eine ständige Bodenheizung in Frage. Diese beseitigt jede Feuchtigkeit. Durch Bewegungen im Freien erlangen die Tiere eine erhöhte Widerstandsfähigkeit. Trächtige Tiere erhalten Einzelkäfige. Junge Tiere trennt der Züchter vom 4. Monat ab nach dem Geschlechte. Um eine Beißerei unter den Männchen zu verhüten, setzen wir in jeden Meerschweinchenstall ein Kaninchen. Dieses hält die Ordnung aufrecht und wird zugleich von ihnen gegen Krankheiten geschützt (S. 32).

Die **Nahrung** besteht in demselben Futter, welches die Kaninchen fressen (S. 33). Die Tiere bedürfen aber mehr Abwechslung in der Kost. Nur bei sehr trockenem Futter verlangen sie nach frischem Wasser. Milch trinken sie gerne. Jedoch scheinen sich nach deren Genuß Leberveränderungen (Cirrhose) zu bilden. Über diese Beobachtung weichen die Ansichten einzelner Autoren auseinander.

Fangen. Aus einer größeren Herde fängt man ein bestimmtes Tier mit einem Netze, welches auf eine Stange aufmontiert ist (analog den Mückennetzen). Oder ein schneller Handgriff umfaßt das Tier vom Rücken her.

Zur **Markierung** benutzen die Bakteriologen kleine numerierte Marken, welche durch den Ohrknorpel gestochen werden. Dieselben gleichen den Ohrmarken für Kaninchen (S. 34), haben nur entsprechend kleinere Größe. Wenn die Marken nur an die Ohrläppchen befestigt sind, so nagt ein anderes Meerschweinchen diesen Metallgegenstand bald ab.

Das **Halten** veranschaulicht Abb. 35. Der linke Mittel- und Zeigefinger umschließen den Hals. Der Daumen drückt die beiden Vorderfüße an den l. Zeigefinger. Die drei ersten Finger der rechten Hand

Abb. 35. Das Halten des Meerschweinchens mit zwei Händen.

halten die Beine. Zu Impfungen übe ich die auf S. 152 beschriebene Technik. Das Aufspannen zum Impfen (ohne Assistenz) oder zu Operationen erfolgt wie auf S. 152. An Stelle der Binden dienen dünne Bindfäden oder Seide Nr. 4 zur Fesselung. Denn selbst schmale Bindenzügel gleiten bei der Kleinheit der Extremitäten ab. Bei der Lagerung gelten dieselben Gesichtspunkte wie auf S. 17 u. 18. Von Voges stammt ein guter Meerschweinchenhalter.

Krankheiten. Die meisten Erkrankungen der Meerschweinchen treten seuchenhaft auf. Sie nehmen einen so raschen Verlauf, daß therapeutische Maßnahmen zur Zeit nutzlos sind. Deshalb muß unser Augenmerk vornehmlich auf die Prophylaxe gerichtet sein: musterhafte hygienische Einrichtung, Licht, Luft, Trockenheit, sowie sofortige Absonderung der kranken und krankheitsverdächtigen Tiere.

Die Trommelsucht entsteht wie bei den Kaninchen. In wenigen Stunden kann der Exitus erfolgen.

Die infektiöse Lungenentzündung wirkt durch die schnelle Übertragbarkeit unter dem Tierbestande verheerend. Die Atmung ist erschwert und oberflächlich. Schnauben und Husten stellt sich ein. Traurig hockt das Tier an der Wand des Käfigs. Secret sickert aus der Nase. Die Freßlust liegt danieder. Nach 3—4 Tagen tritt der Tod ein.

Der Durchfall beruht auf einer Infektion des Magendarmtraktus. Coli- und Paratyphusbazillen wurden als Erreger gefunden. Die Meerschweinchen krepieren meist infolge dieser Krankheit.

Die klinischen Symptome einer Meerschweinchenlähme beginnen mit Appetitlosigkeit, Dyspnoe, motorischer Unruhe und Incontinentia urinae. Die Tiere können nicht stehen. Tonisch-klonische Krämpfe befallen die Extremitäten und den Nacken. Die Patienten liegen mit einer Körperseite auf dem Boden und sind unrettbar verloren. Die Krankheitsdauer hielt bei unseren Tieren 1—3 Tage an.

Die Tuberkulosefreiheit der Meerschweinchen steht im eigentümlichen Gegensatz zu der Überempfindlichkeit gegen die künstliche Infektion mit Tuberkelbazillen.

VI. Ratte, Mus decumanus.

Wegen ihrer großen Lebenszähigkeit vertragen Ratten ausgedehnte chirurgische Eingriffe. Das Experimentieren mit der grauen Wanderratte erfordert viel Erfahrung. Deshalb zieht die experimentelle Chirurgie die zahmen weißen und die gefleckten Tiere dieser Familie vor. Ratten und Mäuse haben keine verwandtschaftlichen Beziehungen. Durch die Präzipitinreaktion läßt sich nach UHLENHUTH das Ratten- und Mäuseblut sicher voneinander unterscheiden.

Anatomische Bemerkungen. Während die rechte Lunge vier Lappen besitzt, weist die linke Lunge keine Lappung auf.

Der Blinddarm hat einen geringeren Umfang im Vergleich mit den Kaninchen und Meerschweinchen. Seine Länge beträgt etwa 6—8 cm. Tänien und Haustren fehlen. Die Größe des Wurmfortsatzes erreicht nur einige Millimeter. An der gelappten Leber hängt keine Gallenblase. Mehrere Ducti hepatici vereinigen sich zum gemeinsamen Gallengang. Dieser verläuft im Pancreasgewebe und mündet 2—4 cm vom Pylorus entfernt ins Duodenum. Der Körper und der rechte Schenkel der Bauchspeicheldrüse mißt etwa 3 cm, der linke Schenkel 6 cm. Die Milz der

Ratte übertrifft an Größe diejenige des Meerschweinchens. Die walzenförmigen Hoden schwellen zur Brunstzeit an. Der periodische Descensus
testiculorum bedingt eine intraabdominale, inguinale und scrotale Lage
der Testes. Die accessorischen Geschlechtsdrüsen zeigen eine bemerkenswerte Entwicklung.

Lebensweise: Überall, wo Menschen wohnen, wird die Ratte angetroffen. Das Männchen bespringt unzählige Male das brünstige
Weibchen. Dieses ist etwa 3 Wochen lang trächtig und bringt 4—10
Junge zur Welt. Da die Ratten im Jahre mehrmals werfen, so geben
sie unsere fruchtbarsten Versuchstiere ab. Innerhalb eines Jahres hatte
einmal bei uns ein Pärchen 80 gesunde Nachkommen! Die blind geborenen Jungen werden erst nach dem 13.—16. Tage sehend. 4—5
Wochen lang saugen sie. Nach etwa 3 Monaten tritt bei den halbwüchsigen Tieren die Fortpflanzungsfähigkeit ein. Der Wurf umfaßt in dieser
Zeit nur 3—4 Junge. Wir gestatten für unsere Experimente erst in dem
Alter von 8 Monaten die erste Paarung, um kräftigen, widerstandsfähigen Nachwuchs zu erhalten. Nach dem Stillgeschäft soll man
14 Tage bis 3 Wochen bis zur neuen Paarung verstreichen lassen. Die
Mütter pflegen ihre Jungen mustergültig, halten aber das Nest nicht
sauber. Im Schmutz gedeihen die Neugeborenen anscheinend besonders
gut. Über die Lebensdauer der Tiere liegen keine genauen Angaben vor.

Dieses gefährliche und schädliche Nagetier benagt und zerstört alles
mit Ausnahme von harten Steinen und Metallen. Jede Nahrung, sowohl
Vegetabilien als Fleisch, nimmt die Ratte zu sich. Als vorzüglicher
Schwimmer richtet sie unter Fischbeständen, als gewandter Kletterer
auf den Bäumen unter den Vögeln großen Schaden an. Am behaglichsten
fühlt sich dieses Raubtier im Unrat. Stinkendes Fleisch vertilgt es mit
demselben Genuß wie einen frisch krepierten Familienangehörigen.
Die Dunkelheit suchen sie mit Vorliebe auf (vgl. unten beim Fangen).
Gemeinsames Zusammenleben wird bevorzugt. Gegen Zugluft und
Kälte sind sie empfindlich.

Als **Stallung** kommen nur Metallkäfige in Betracht oder mit Zinkblech ausgeschlagene Holzkäfige. Holz zernagen die Tiere schnell. Das
Gitter muß aus sehr festem, engen, nicht rostendem Drahtgeflecht bestehen. Um Verunreinigungen zu vermeiden und damit Einschleppen
zahlreicher Krankheiten zu verhüten, besteht der Boden der Käfige aus
starkem Drahtgeflecht an. Ein darunter stehender Behälter fängt Urin
und Kot auf, so daß Faeces und Harn den Käfig nicht verschmutzen.
Zwei bis drei Eisenstangen in dem Wohnraum sorgen für Klettergelegenheit. Trächtige Weibchen setzen wir allein und stellen in deren Stall
ein Brutkistchen. Dieses hat sechs Wände. In der Decke befindet sich
ein rundes Loch, welches zum Durchschlüpfen genügt. Wenn das Weibchen dieses Kistchen verläßt, so werden die Jungen, falls sie saugend
an der Brust hängen, abgestreift und fallen in das Kistchen zurück.
Der Unterkunftsraum soll warm sein, 16—25° C. Große Hitze und
Kälte schaden. Eine operierte Ratte bleibt so lange allein, bis die Wunde
vollständig geheilt ist. Bei der kleinsten Blutspur oder Wundsecretion
fallen die gesunden Tiere über sie her. Für gewisse Zwecke verwenden

die Bakteriologen Glasgefäße als Rattenkäfige. In dieselben gehört als Boden ein Drahtgeflecht, zur Absonderung des Urins und der Faeces (Abb. 40, S. 45). Als Deckel genügt ein mit Gewicht versehenes Drahtgeflecht. Wegen der mangelhaften Luftzirkulation lehnen viele derartige Glaskäfige ab.

Zur **Nahrung** dienen sämtliche Küchenabfälle, Gemüse, gutes und schlechtes Fleisch, Brot, gekochte Kartoffeln, Käse usw. Sehr gerne trinken Ratten Milch. Täglich erhalten sie frisches Wasser. Wegen der leichten Neigung zu Durchfällen gebe ich in das frische Trinkwasser eine Spur Tannin. Diese Vorsichtsmaßregel schützt vor Magen-Darmerkrankungen.

Das **Fangen** setzt eine besondere Übung voraus. Wilde Ratten werden mit Fallen gefangen, in welcher Lockspeise (geräucherter Speck, Fleisch) liegt. Fallen mit Klappen benutzen wir nicht, weil sich die Tiere dabei verletzen können. Gute Dienste bieten diejenigen Modelle, bei denen sich die Öffnung trichterförmig nach dem Innern zu verengt. Die spitzen Drahtenden verhindern ein Entweichen. Nach jedem Fange muß die Falle ausgeräuchert werden, damit der Geruch nicht haften bleibt.

Wegen der Bissigkeit erfaßt der Operateur die Ratte mit langen Greifinstrumenten (Kornzange). Durch schnelles Zufassen in der Nackengegend bemächtigt er sich des Tieres (Abb. 36). Oft gelingt nicht der erste Griff. Abb. 37 zeigt

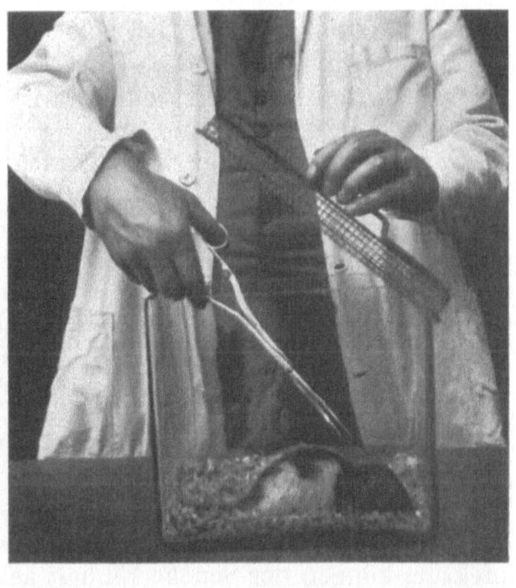

Abb. 36. Ergreifen der Ratte mit einer Kornzange. Dabei hebt die linke Hand nur wenig den Deckel auf, damit das Tier nicht plötzlich herausspringen kann. I. Akt.

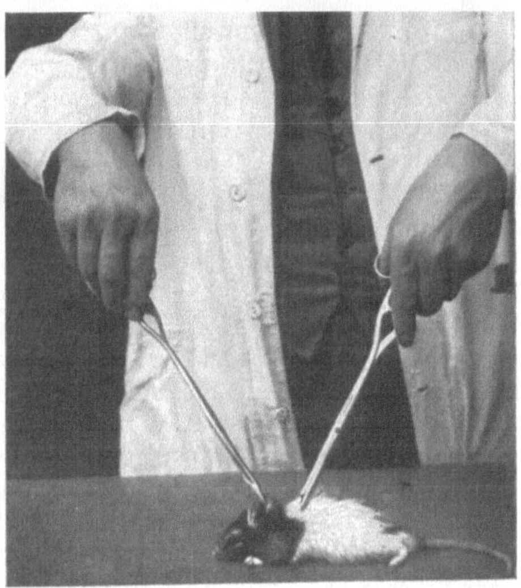

Abb. 37. Die Ratte ist herausgenommen. Wechseln und richtiges Ansetzen der Kornzange im Nackenfell. II. Akt.

das Wechseln und richtige Ansetzen der Zange im Nackenfell. Weil erfahrungsgemäß die Ratten die Dunkelheit lieben, so greift man bei der

Herausnahme aus größeren Käfigen zu einer List. An die Öffnung des Käfigs stellt der Wärter eine Röhre, in welche das Tier hineinläuft, denn erfahrungsgemäß suchen die Ratten stets den dunkelsten Ort im Käfige auf.

Die **Markierung** fällt bei den Ratten fort, da jedes Versuchstier seinen eigenen Käfig erhält. Dieser trägt die Nummer des Protokolles.

Das **Halten** des Tieres ohne Assistenz zum Impfen illustrieren die Abb. 129 u. 130 auf Seite 149.

Das Aufspannen und die Lagerung zur Operation erfolgt wie beim Hunde (S. 17 u. 18).

Krankheiten. In einem hohen Prozentsatze sind die Ratten trichinös und verschleppen diese Krankheit (Trichinosis). Als der eigentliche Wirt der Trichina spiralis gilt das Schwein. Erst durch den Genuß des trichinenhaltigen Fleisches infizieren sich die Tiere und Menschen. Die Trichine lebt im geschlechtsreifen Zustande im Darm als Darmtrichine. Ihre Larven dagegen treffen wir als Muskeltrichine in der quergestreiften Muskulatur an.

Sarcoptesräude (S. 20 u. 35) macht sich durch die Hautveränderungen bemerkbar.

Infolge infektiösen Darmkatarrhs gehen in kurzer Zeit große Zuchtbestände zugrunde. Sofortige Isolierung und gründliche Desinfektion können der Seuche Einhalt gebieten.

VII. Maus, Mus musculus.

Als Impftier nimmt die Maus eine führende Stellung ein. Zu Versuchen eignen sich die graue Haus- und Feldmaus, sowie die weißen Mäuse. Erstere vertragen die Gefangenschaft meist schlecht.

Anatomische Bemerkungen. Die Angaben bei der Ratte (S. 39) gelten auch für die Maus. Die linke Lunge ist nicht gelappt. Drei Spalten teilen die rechte Lunge in einen Spitzen-, Herz-, Zwerchfell- und Anhangslappen. Letzterer reicht über die Mittellinie nach links herüber. Die Herzspitze liegt im vierten linken Interkostalraume dicht neben dem Brustbeine.

Entsprechend der Körpergröße beträgt die Darmlänge etwa 20 bis 25 cm, d. h. das Dreifache der Körperlänge. Das Coecum bildet eine U-förmige Schleife und mißt etwa 3 cm. Wie bei der Ratte fehlen auch hier am Blinddarm Tänien und Haustren.

Die meist in vier Lappen geteilte Leber besitzt vier Ausführungsgänge, welche sich kurz vor dem Eintritt ins Duodenum zu einem Ductus communis vereinigen. Dieser verläuft am Rande des Lig. hepatoduodenale und wird von einer Arterie begleitet. Bei der Unterbindung dieses Ganges (S. 290) hat man auf dieses Gefäß zu achten, weil sonst leicht Gangrän des betreffenden Duodenalabschnittes entsteht. Im Gegensatz zur Ratte verfügt die Maus über eine Gallenblase. Die Topographie des Pankreas gleicht derjenigen beim Meerschweinchen (S. 37).

Die relativ große Milz der Maus hängt an dem kurzen Lig. gastrolienalis dicht neben dem Magen.

Die wechselnde Lage der Hoden stimmt mit denjenigen bei Ratten, Meerschweinchen und Kaninchen überein.

Lebensweise. Mäuse leben überall dort, wo Menschen wohnen.

Die Paarung geschieht während des Jahres etwa fünf- bis sechsmal. 22—24 Tage nach der Begattung wirft das Weibchen 4—6 nackte Junge. Diese erhalten bis zum 8. Tage ein Haarkleid. Am 13. Tage öffnen sie die Augen. Die Mutter übt das Stillgeschäft etwa 16 Tage aus. Nach 10 Wochen sind die Jungtiere ausgewachsen. Die Geschlechtsreife tritt im 2. Lebensmonate ein. Einige Autoren beobachteten den Beginn der Geschlechtsreife mit dem 22. Tage nach der Geburt. Die Mäuse erreichen ein Alter bis zu 7 Jahren, durchschnittlich 2—3 Jahre, falls sie eines natürlichen Todes sterben. Für Versuchszwecke gestatten wir eine Paarung erst nach 8 Monaten, um eine kräftige Nachkommenschaft zu gewinnen. Im Winter soll das Fortpflanzungsgeschäft der Weibchen ruhen. Die unmittelbare Nachkommenschaft berechnen die Zoologen auf etwa 30 Stück im Jahre.

Betreffs Mäusezucht siehe unten.

Zwischen den grauen und weißen Mäusen herrscht Feindschaft (s. u.). Über die verwandtschaftlichen Beziehungen zu den Ratten vgl. S. 39.

Mit Vorliebe halten sie sich in dunklen Schlupfwinkeln auf. Dort werden die Nester aus Wollfäden, zerkleinertem Stroh oder Heu, Federn oder anderen weichen und wärmenden Sachen hergerichtet. Während des Tages hausen sie in ihrem Versteck und gehen erst mit einbrechender Dunkelheit auf Nahrungssuche aus. Alle Mäuse vertragen weder Kälte noch Nässe.

Die **Stallung** muß warm, trocken und luftig sein. Die Mäusekäfige stellen wir in der gleichen Weise her wie die Rattenkäfige (S. 40). Die Wände beanspruchen keine Auskleidung mit Zinkblech. Drei Wände, die Decke und der Boden bestehen aus eng geflochtenem, nicht rostendem Drahtgeflecht. Unter den Boden kommt ein Behälter, welcher den Urin und den Kot auffängt. Ein Drahtgeflechtboden verhütet eine Verunreinigung und gewährleistet stets einen trockenen Aufenthalt, weil der Urin sofort abfließt. Querstäbe innerhalb des Käfigs oder bewegliche Räder und dergleichen bieten Klettergelegenheit. Käfige aus Glas, sogenannte Mäusegläser, lehne ich nach Möglichkeit wegen Mangel an Luftventilation und Aufspeicherung von Kot sowie Urin ab (s. u.). Die großen rechteckigen Glasbehälter mit allerhand Spielzeug für die Mäuse sehen nett aus, verfehlen aber ihren Zweck. Die entsprechenden kleinen viereckigen Drahtkäfige genügen den hygienischen

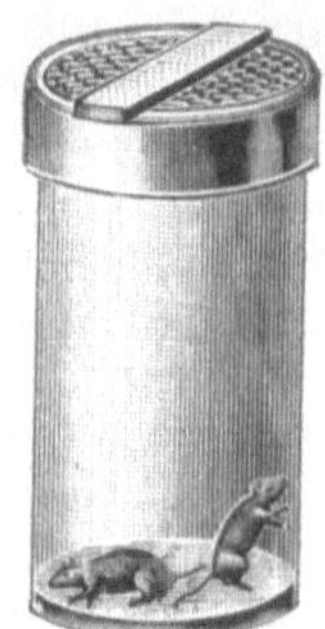

Abb. 38. Mäuseglas mit Drahtdeckel. Unzweckmäßig, weil ein Doppelboden aus Drahtgeflecht fehlt (vgl. Abb. 40).

Anforderungen. Sägespäne oder Sägemehl in den Käfigen bzw. Gläsern bilden die Quelle zahlreicher Erkrankungen.

Die mit Infektionsmaterial geimpften Mäuse zwingen uns oft zum Gebrauch von Gläsern, um der gegenseitigen Infektionsgefahr zu begegnen. In solchen Fällen und bei operierten Tieren lege ich ein Drahtsieb oder Drahtgeflecht auf den Boden, damit das Tier stets trocken sitzt (Abb. 40). Die einzelnen Drahtkäfige mit geimpften Tieren stehen wegen der Infektionsgefahr mindestens 20 cm voneinander entfernt. Auf alle derartige Käfige gehört ein Drahtdeckel, welcher das Herausspringen der Insassen verhindert.

Jedes operierte Tier kommt allein in einen Käfig. Wundsekret kann andere Mäuse veranlassen, über ihre Verwandten herzufallen und sie totzubeißen. Nach einer Beißerei frißt oft der Sieger den abgewürgten Gegner teilweise auf. Wegen der frühzeitigen Geschlechtsreife verlangen ♂ u. ♀ junge, nicht mehr saugende Mäuse eine Trennung unter sich sowie eine solche von ausgewachsenen Mäusen. Desgleichen setzen wir trächtige und stillende Mäuse in Einzelkäfige, damit sie sich ungestört ihrer Mutterpflichten hingeben. Eine kleine Holzschachtel mit einer 2—3 cm großen Öffnung dient als Brutstätte. Sie schützt vor kälterer Außentemperatur. Der von HEIM angegebene Mäusekäfig erfüllt alle Anforderungen (Abb. 39). Von Zeit zu Zeit tauscht man in den Sammelkäfigen die Männchen mit kräftigen

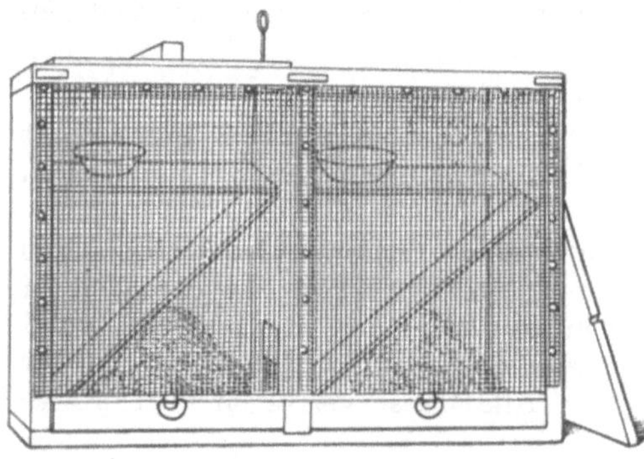

Abb. 39. Mäusekäfig nach HEIM.

Männchen aus fremden Zuchten, um die Inzucht zu vermeiden. Nach ROHLEDERS Ansicht ergibt zwar die Inzucht bis ins fünfte und sechste Glied besonders guten Nachwuchs. Andere Autoren bestreiten dies. Die weißen und grauen Mäuse müssen getrennt werden. Wir haben Kämpfe beobachtet, bei denen nachts die grauen und weißen Mäuse aufeinander losgingen, nachdem anscheinend wochenlang größter Friede unter ihnen herrschte. Nicht ein Tier blieb danach am Leben. Weil sich die grauen Mäuse nur sehr schwer an die Gefangenschaft gewöhnen, so verzichten die meisten Experimentatoren auf sie und gebrauchen diese nur in Notfällen. Eine Kreuzung zwischen weißen und grauen Mäusen glückte uns niemals.

Der Unterkunftsraum soll warm (16—25° C), die Luft trocken sein. Die Neigung zu Erkältung und Durchfällen besteht bei Mäusen in hohem Maße. Deshalb kommt eine Winterzucht nicht in Frage.

Nahrung. In der Gefangenschaft erhalten die Mäuse das gleiche Futter, welches sie sich in ihrer Freiheit suchen. Sämtliche Tischabfälle bilden für sie geeignete Nahrungsmittel. Überall naschen sie gerne. Besonders lieben diese Nagetiere geräucherten Speck, gebratenes und gekochtes Fleisch, Käserinde, Semmel, Zwieback, Weißbrot, gekochte

Kartoffeln und Zucker. Auch Sämereien, Getreidekörner, Hafer, Wurzeln dienen als Futter. Als Getränk bevorzugen sie frische Milch. Frisches, nicht abgekochtes Wasser mit Tanninzusatz (S. 41) stillt den Durst (s. u.). Das frische Futter darf keine Spur einer Gärung zeigen. Damit die Tiere gut gedeihen, gehört in die Nahrung viel Abwechslung. Operationen, welche einen Einfluß auf die Verdauung ausüben, wie Unterbindung des Ductus choledochus oder der Ausführungsgänge des Pankreas, gebieten unter Umständen tagelang vorher eine entsprechende Diät.

Zum **Fangen** verwenden wir nur solche Fallen, in denen die Mäuse unverletzt und leben bleiben. Als beste Lockspeise gilt geräucherter Speck und Mehl. Die gebräuchlichen Fallen besitzen zwei Öffnungen, welche sich trichterförmig nach dem Innern zu verengern. Diese Konstruktion verhindert ein Entweichen. Durch die geöffnete kleine Blechtüre holt der Operateur das Tier mit einer langen anatomischen Pinzette heraus. Dabei erfaßt er mit dem Instrumente den Schwanz. Dasselbe Verfahren bewährt sich auch bei der Entnahme aus den Käfigen (Abb. 40). Gleichwie die Rattenfallen räuchert nach einem Fange der Wärter die Mäusefalle aus.

Abb. 40. Das Ergreifen der Maus.

Die **Markierung** erfolgt durch Anstreichen des Felles mit einer Anilinfarbe (rot, blau, gelb, grün, schwarz) zwischen den Schulterblättern oder in der Lumbalgegend. Die Farbe ist sofort zu erneuern, wenn sie zu verschwinden droht. Oder ich entferne die Haare am Nacken, bzw. rechter oder linker Körperseite, über dem Steißbein usw. mit Baryum sulfurat. technic. (S. 94). Dabei bleibe das Präparat nur einige Sekunden auf der betr. Stelle und wird sofort gründlich abgespült.

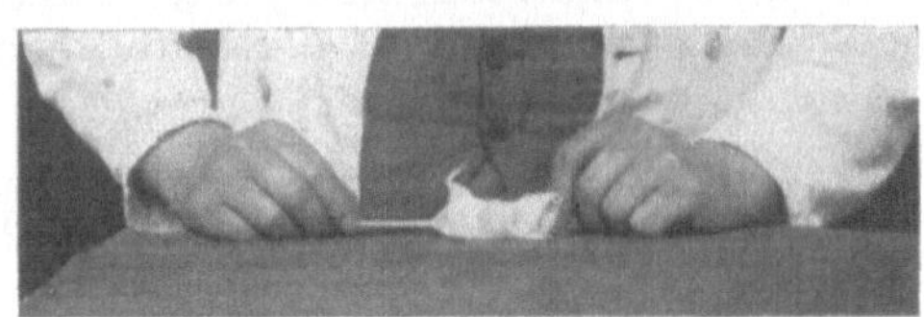

Abb. 41. Das Halten der Maus mit zwei Händen.

Über das **Halten** der Mäuse unterrichten die Abb. 41 u. 42. Mit einer langen anatomischen Pinzette packt man das Tier am Schwanze, hebt es in die Luft und greift mit dem Daumen und Zeigefinger der rechten Hand die Nackenhaut. Hierauf wird die Pinzette beiseite gelegt und der Schwanz in die gleichen Finger der linken Hand genommen. Sodann kann die Maus auf den Rücken oder den Bauch gelegt oder frei in der Luft gehalten werden. Bei dem Mäusehalter Kitasatos liegt eine Klemme an der Nackenhaut. Eine Feder drückt den Schwanz ans Brett. Den-

Abb. 42. Mäusehalter nach Kitasato.

selben Zweck erfüllt bei fehlender Assistenz unser Verfahren während einer Rattenimpfung (S. 149). Die Fesselung, Lagerung und das Auf- spannen zur Operation geschieht wie beim Meer- schweinchen. Die zarten Knochen und Gelenke erlauben zum Aufbinden nur die Verwendung feinerer Seide und ein leichtes Anziehen der- selben.

Krankheiten. Gesunde Mäuse sind lebhaft, interessieren sich für die geringsten Verände- rungen im Käfig, reagieren sofort auf Geräusche, klettern gerne und bewegen sich schnell. Eine kranke Maus verhält sich ruhig, hockt in einer Ecke und nascht nicht mehr vom Futter. Ihr Fell bleibt nicht glatt und glänzend, sondern das Haarkleid sieht struppig aus.

Ebenso wie die Ratten (S. 42) leiden die Mäuse an Trichinosis. Öfters findet man bei den Mäusen den Cysticercus fasciolaris, die Finne der Taenia crassicollis. Bei dieser Erkrankung liegen in der Leber kleine erbsengroße Blasen mit einem langen Skolex im Innern. Die häufigste und gefährlichste Erkrankung, die Mäuseseptikämie, ruft der Bacillus murisepticus hervor. Dieser Krankheitserreger scheint mit dem Rotlaufbazillus identisch zu sein. Einige Autoren betrachten ihn als abgeschwächte Varietät des Bac. erysipelatis suis. Eine Schleimhaut- entzündung des Magens und Darmes steht im Vordergrunde der Erkran- kung und verursacht Durchfall. Der infektiöse Kot kommt auf das Futter, ins Trinkwasser und bleibt überall im Käfige haften. Dadurch erklärt sich die schnelle Ansteckung. Meist krepieren die Tiere nach 1—4 Tagen. Nur rasche Vernichtung der kranken und krankheits- verdächtigen Mäuse, sowie gründliche Desinfektion der Käfige be- kämpfen das Zugrundegehen großer Mäusebestände. Das Gleiche gilt auch vom Mäusetyphus, der unter dem Bilde einer Sepsis verläuft und schnell zum Tode führt.

VIII. Taube, Columba.

Zum Experimentieren benutzt man die buntfarbige Haustaube, Co- lumba livia.

Anatomische Bemerkungen. Die Beweglichkeit des Oberschnabels sowie das Fehlen der Zähne bilden zwei der zahlreichen unterscheiden- den Merkmale gegenüber dem Säugetierskelett. Die Taube besitzt 12 Halswirbel. Der Atlas hat nur eine Gelenkgrube für den einfachen Gelenkkopf des Hinterhauptbeines. An den letzten Halswirbeln haften aboral gerichtete Halsrippen. Von den 7 Brustwirbeln sind der II. bis V. Wirbel knöchern miteinander verschmolzen. Der VI. Brustwirbel ist beweglich, während der VII. wiederum mit dem Beckenteil der Wirbelsäule eine knöcherne Verbindung eingeht. Das Os lumbo-

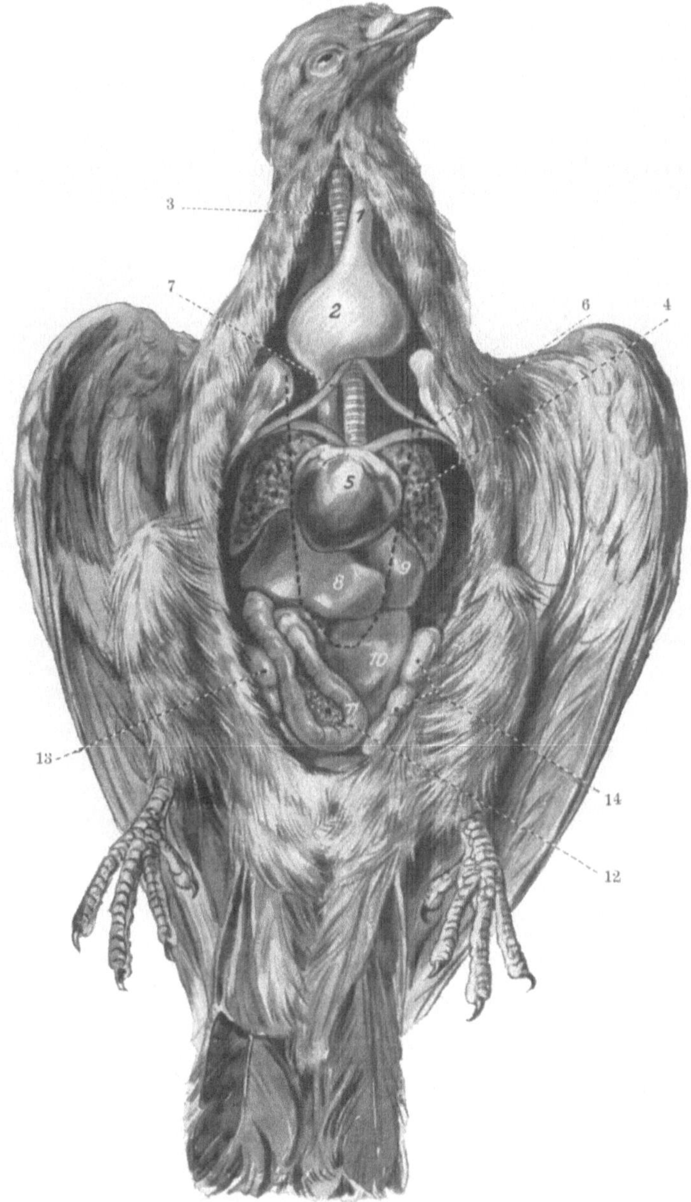

Abb. 43. Situs einer Taube. 1. Speiseröhre. 2. Kropf. 3. Luftröhre. 4. Lunge. 5. Herz. 6. Kopf-armarterie. 7. Brustbeinarmmuskel. 8. Rechter Leberlappen. 9. Linker Leberlappen. 10. Muskel-magen. 11. Zwölffingerdarm. 12. Bauchspeicheldrüse. 13. Rechter Luftsack. 14. Linker Luft-sack. Schwarz punktiert: Brustbein.

sacrale setzt sich aus den frühzeitig knöchern verwachsenen XI.—XIV. Lenden-, Kreuzbein- und I. Schwanzwirbel zusammen. Die Haustaube verfügt über 7—8 Schwanzwirbel. Der letzte pflugscharförmige Wirbel trägt die Steuerfedern = Pygostyl.

Die sieben Paar Rippen erreichen nicht alle das Brustbein. Die ersten drei und das letzte Rippenpaar endigen frei in der seitlichen Brustmuskulatur.

Das große Brustbein reicht fast bis zur Blasengegend und verfügt über einen stark entwickelten medialen Kamm. Bei Laparotomien muß dieses Verhalten besonders berücksichtigt werden.

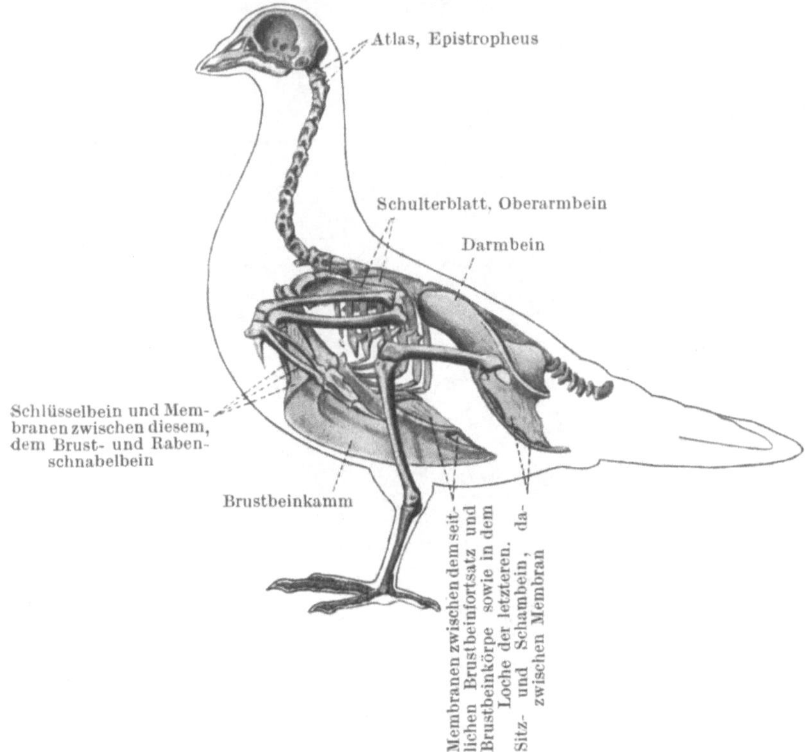

Abb. 44. Skelett der Taube (nach MARTIN).

Der Schultergürtel paßt sich dem Flugvermögen an. Die beiden Schlüsselbeine heißen Gabelknochen = Furcula.

Das Vogelbecken klafft ventralwärts weit offen. Beckenboden und Beckenfuge vermissen wir. Die lang gestreckten Darmbeine liegen dem Os lumbosacrale (s. oben) dachartig auf und weisen mit ihm innige Verwachsungen auf.

Die Ausbildung eines Gelenkes im Tarsus = Intertarsalgelenk kommt dadurch zustande, daß das proximale Tarsalstück mit der Tibia und das distale mit dem Metatarsus (Laufknochen) verschmilzt.

Junge Vögel besitzen in allen Knochen blutreiches Mark. Später treten an dessen Stelle dünnwandige Luftzellen. Den pneumatischen Knochen wird durch ihr Foramen pneumaticum die Luft zugeführt (s. später).

Bei dem Großhirn fallen die zwei kugelförmigen ·Hemisphären auf, welche weder Gyri noch Sulci haben. Nur die Fossa Sylvii ist angedeutet. Die Seitenventrikel sind relativ groß. Die Lobi optici springen weit hervor. Der große Augapfel nimmt fast den größten Teil des Kopfes ein. An dem Vogelgehirn fehlen: der Markhügel, die Kleinhirnschenkel zur Brücke, sowie die Brücke selbst. In einigen Fällen deuten letztere nur wenige Querfasern an.

Gleichfalls entbehren die Vögel einer Ohrmuschel. Aus dem weiten Gehörgange wölbt sich das Trommelfell nach außen. Nur ein Gehörknöchelchen, Columella, leitet die Schallwellen. Drei wohlausgebildete Bogengänge, ein kleiner Vorhof, sowie die sogenannte Schnecke bilden das Labyrinth (= inneres Ohr, S. 241). Die Schnecke hat nur eine schwache Biegung und keine Schneckenform.

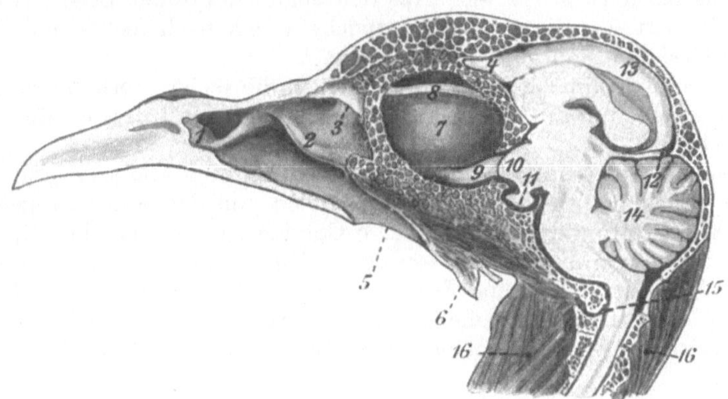

Abb. 45. Gehirn einer Taube.

Abb. 46. Taube Kopf längs; Augapfel und Sehnerv freigelegt. ²/₁. 1 Untere Nasenmuschel. 2 Hintere Nasenmuschel. 3 Trichterförmige Höhlung mit Ausbreitung der Riechnerven. 4 Lobus olfactorius und Riechnerv. 5 Choane. 6 Oberer Schlundwulst. 7 Augapfel. 8 Ast des Trigeminus. 9 Sehnerv. 10 Chiasma. 11 Hypophyse. 12 Epiphyse. 13 Hemisphäre. 14 Arbor vitae. 15 Die punktierte Linie zeigt die Schnittführung zur Freilegung des Kondylus; sie endigt am Kondylus. 16 Halsmuskeln (aus RÖSELER und LAMPRECHT).

Das Rückenmark läuft in einen spitzen Endfaden aus. Eine Cauda equina gibt es nicht. Daher läßt sich eine Lumbalpunktion bei Vögeln nicht ausführen (S. 103).

Bei einigen Vögeln fällt der Kropf = ingluvies an der rechten Seite der Luftröhre auf. Er besteht bei Tauben aus zwei seitlichen symmetrischen Ausstülpungen der Speiseröhre. Bei Hühnern bildet nur

eine sackförmige Ausbuchtung des Ösophagus nach rechts den Kropf.
Dieser dient als Vorratskammer, weil der kleine Magen die notwendige
Menge des Futters nicht fassen kann. Die anderen Funktionen des
Kropfes werden später erwähnt.

Die Schilddrüse stellen zwei kleine Drüsen in der Nähe des Ur-
sprunges der Carotiden dar. Die beiden Läppchen der Thyreoidea befinden sich also sehr weit vom Kehlkopfe.

Der Bau des Herzens gleicht dem der Säugetiere. Es liegt zwischen
den beiden Hauptlappen der Leber (betr. Zwerchfell s. S. 51). Die
Aorta entspringt aus dem linken Ventrikel und teilt sich sofort in drei
Äste: 1. die eigentliche Aorta. Diese schlingt sich um den rechten
Bronchus nach links herüber und verläuft entlang der Wirbelsäule
caudalwärts. 2. und 3. die sehr starken Arterien — hier Truncus genannt —: truncus brachio-cephalicus dextr. und sin. Die Kopfarmarterie
geht in die Arteria subclavia über, nachdem sie die Art. carotis communis
und Art. axillaris abgegeben hat. Die beiden Carotiden nähern sich
kopfwärts und laufen gegen die ventrale Medianlinie des Halses. Hierauf
treten sie in einen Kanal, welchen die ventralen Dornfortsätze der
Halswirbel und der M. longus colli bilden. In diesem Abschnitte verlaufen beide Carotiden entweder dicht nebeneinander oder vereinigen
sich zu einem gemeinsamen Stamme = Art. carotis primaria. Daraus
entspringen unter anderen die Art. vertebrales, welche im Canalis transversarius ihren Weg nehmen. Aus den beiden Carotiden bzw. aus dem
Ende der Art. carotis primaria entwickeln sich nach rechts und links
je eine Gesichts- und eine Gehirnarterie.

Wie beim Kaninchen (S. 29) münden in die rechte Vorkammer zwei
obere und eine untere Hohlvene. Vögel haben kernhaltige rote Blutkörperchen.

Die normale Temperatur der Tauben beträgt 38,6—39,8.

Die Lungen der Vögel weichen erheblich von denen der Säugetiere
ab. Als hellrote, schwammige, kleine Gebilde sind sie mit der Rippen-
wand verbunden und reichen von der I. Rippe bis zur Niere. Aktives
Heben der Rippen löst eine Erweiterung der Pulmones aus. Nach der
Teilung der Luftröhre tritt die Luft in zwei Systeme, welche miteinander
kommunizieren, 1. das Bronchialsystem für die Lungen, 2. das Luftsacksystem.

Das Bronchialsystem, welches vom Hauptbronchus seinen Ausgang nimmt, besteht aus zahlreichen nebeneinander stehenden Röhren
(= Lungenpfeifen = bronchi fistularii). Ihre Wände stellen im wesentlichen das Lungenparenchym dar, von denen sich die Bronchioli ab-
zweigen. Letztere tragen an ihren Enden Alveolen. Die Lungenpfeifen
endigen an der Lungenoberfläche teils blind, teils stehen sie durch Öffnungen mit den Luftsäcken (s. u.) in Verbindung.

Die zwei Stammbronchien verlaufen in gerader Richtung von vorn
nach hinten durch die Lungen und münden am Ende der Lungen in
die Bauchluftsäcke. Diese stehen mit den anderen Luftsäcken in Verbindung. Wir zählen bei der Taube neun große Luftsäcke. Dieselben
führen zum Teil unmittelbar durch die Foramina pneumatica ossium

in viele Rumpf- und Gliedmaßenknochen. Die beiden vorderen und hinteren Brustluftsäcke = Brustluftzellen = Cellae thoracicae craniales et caudales liegen in der Brustbauchhöhle ventral und lateral von den Eingeweiden. Die Cellae cervicales ziehen außerhalb der Brusthöhle an beiden Halsseiten entlang. Diese Halsluftsäcke gehen zu den Hals- und Brustwirbeln sowie zu den Rippen.

Die Fortsetzungen der unpaaren Cella interclavicularis münden in das Brustbein, die Schultergürtelknochen und den Humerus.

Zwei große Bauchluftsäcke befinden sich an der seitlichen und ventralen Bauchwand und sind besonders bei Laparotomien zu beachten. Ihre Fortsetzungen bilden die Cellae pelvinae, welche in das Kreuzbein, Becken und in den Femur eintreten.

Die Kopfknochen erhalten ihre Luft von der Nasenhöhle und der Eustachischen Röhre. Das Os zygomatikum enthält keine Luft.

Wegen der zahlreichen Anastomosen dieses pneumatischen Systems vermag man eine Taube nach dem Zubinden der Trachea z. B. vom eröffneten Humerus aus aufzublasen. Eine Atemlähmung bei Vögeln bekämpfen wir durch Lufteinblasen in den Humerus (S. 113). Die eingeblasene Luft entweicht nach Passage der Lungen durch die Trachea und den Schnabel.

Die Atmung geschieht beim Fliegen mehr automatisch. Durch den Widerstand, welchen die Luft dem fliegenden Vogel entgegensetzt, wird die Luft von außen durch die Lungen in die Luftsäcke hinein gedrückt. Beim Flügelschlag werden die Luftsäcke verengert und die in ihnen enthaltene Luftmasse durch die Lungen ins Freie gepreßt. Infolgedessen kommt ein Vogel niemals außer Atem. Weil die Luft in den Luftsäcken und in den Lungen beim Fliegen stets unter hohem Druck steht, so kann ein Vogel große Höhen bis 12000 Meter bei niedrigstem Luftdrucke aufsuchen.

Ein muskulöses Zwerchfell ist nicht vorhanden. Nur in Gestalt eines einhäutigen Diaphragmas scheidet es die Brust- von der Bauchhöhle und legt sich der Bauchfläche der Lungen unmittelbar an. Dadurch erscheint der Herzsitus einer Taube so eigentümlich (s. o.).

Der Magen einer Taube setzt sich aus einem weichen, drüsenreichen Vormagen = Drüsenmagen = Proventriculus und einem Kau- oder Mahlmagen = Gigerium zusammen. Wegen seiner muskulösen Masse heißt er auch Muskelmagen. Der Darm beträgt etwa das 5—6fache der Körperlänge. Das Duodenum bildet eine bis zum Becken reichende Schleife, deren Schenkel parallel laufen. Zwischen diesen breitet sich die Bauchspeicheldrüse aus. Am Übergang von dem Dünndarm in den Dickdarm sind zwei kleine, oft nur 1—3 mm lange Wurmfortsätze vorhanden. Ich habe viele Tauben untersucht, bei denen zum Teil diese Appendices nicht nachweisbar waren. Dagegen verfügen Hühner meist über einen Wurmfortsatz.

Die stark gelappte Leber besitzt zwei Ausführungsgänge: Aus dem linken Leberhauptlappen fließt die Galle in den Anfangsteil des Duodenums, d. h. in den oberen Teil des linken Schenkels vom Zwölffingerdarm. Der rechte Gallengang endet fast direkt gegenüber, d. h. in den oberen Teil des rechten Schenkels vom Zwölffingerdarm (aufsteigender Ast) nahe am Übergang in den Dünndarm (Abb. 47). Die Taube hat keine Gallenblase, desgleichen von anderen Vogelarten das Perlhuhn, der Kuckuck, einige Papageien und Strauße.

Ebenfalls fehlt die Harnblase den Vögeln. Harnleiter, Darm und Ausführungsgang der Eileiter münden in die Kloake[1]). Den weißgefärbten Harn entleeren die Tiere zugleich mit dem Kote. Die Hauptmenge des Stickstoffes wird in fester Form als Harnsäure = sog. fester Harn, ausgeschieden (vgl. S. 281).

Der rechte Eierstock zeigt bei Tauben nur eine rudimentäre Entwicklung. Das linke Ovarium liegt median von dem linken oberen Nierenlappen (S. 310).

Die kleinen bohnengroßen weißlichen Hoden findet man median vom oberen Nierenlappen hoch oben in der Bauchhöhle retroperitoneal. Während der Brunstzeit vergrößern sie sich um ein Vielfaches. Der linke Testis erscheint meist etwas größer als der rechte. Die Samenleiter treten in die Kloake ein, nachdem sie sich kurz vorher zu je einem kleinen Samenbläschen ausbuchten. Die meisten Vögel tragen keine äußeren Geschlechtsorgane, wie Penis, Vorhaut, Hodensack und Scham. Auch die accessorischen Geschlechtsdrüsen vermissen wir. Der Begattungsvorgang vollzieht sich bei den Tauben und dem Haushuhn durch das Einpressen der männlichen Kloake in die Kloake des Weibchens. Über einen Penis verfügen nur Enten, Gänse und Strauße.

Lebensweise. Die Tauben leben in Einehe. Die Zahl der Paarungen hängt vom Wetter ab.

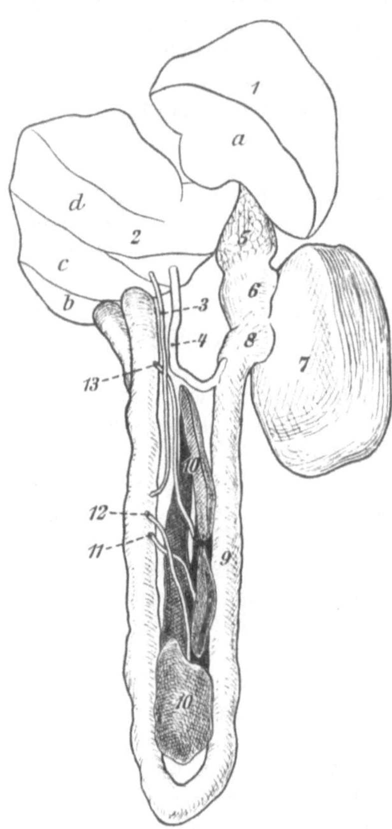

Abb. 47. Taube. Leber und Pankreas nebst Ausführungsgängen. 1. Linker Leberlappen. a Höhlung für den Muskelmagen. 2. Rechter Leberlappen. b, c, d Furchen für den Dünndarm. 3., 4. Lebergänge. 5. Proventriculus. 6. Mündung des Proventriculus in den Muskelmagen. 7. Muskelmagen. 8. Pförtner. 9. Dünndarm. 10. Pankreas. 11., 12., 13. Ausführungsgänge des Pankreas (aus RÖSELER und LAMPRECHT).

Im warmen Sommer nisten die Columbae mehrmals, weil sich dann die Aufzucht der Jungen leichter gestaltet. Sobald die Sonne im Frühjahre

---

[1]) Die Fachsprache bezeichnet als Kloake den gemeinsamen Raum, in welchem der Enddarm, die Samenleiter bzw. der Uterus, die Harnleiter und die Harnblase münden. Die Kloake und der Enddarm sind also verschiedene Gebilde.

wärmende Strahlen entsendet, also oft schon Mitte März, legt das Weibchen die ersten Eier. Ihre Zahl beträgt jedesmal 2 Stück. Das Bebrüten übernehmen abwechselnd die Mutter und der Vater. Unter günstigen Bedingungen gelingt es den Taubenzüchtern, daß das Weibchen während des Sommers und Winters in einem warmen Stalle 8 mal je 2 Eier legt, im Durchschnitt jedoch nur 3—5 mal. Eine gute Henne liefert alljährlich 150 Stück, während ihres Lebens 600—800 Eier. Die Brutzeit dauert bei der Taube 18—21 Tage, beim Huhn 21, bei der Ente und der Gans 30—32 und beim Strauße 42—48 Tage. Die jungen Tauben kommen blind zur Welt und sind hilflose Tierchen. Sie entschlüpfen fast nackt dem Ei und müssen von den Eltern erwärmt werden. Ihre Aufzucht ist von allen Vogelarten die schwierigste. Als Nesthocker bleiben sie bis zum vollständigen Flüggewerden, d. h. etwa 30 Tage lang, im Nest. Nach 8—9 Tagen fangen sie an zu sehen. Während der ersten 20 Tage ihres Lebens füttern die Alten ihre zwei Jungen mit einer stark fetthaltigen, krümeligen Masse, Taubenmilch genannt. Dieselbe entsteht während dieser Zeit in dem Kropfe (S. 49 unten) beider Eltern. Später geschieht die Ernährung durch Körner, welche vorher im Kropfe der Eltern erweicht wurden. Die sorgsame Pflege erlaubt höchstens zwei Nachkommen auf einmal, weil die Alten nicht mehr ernähren können.

Sobald die Brut aus dem Ei entschlüpft, erfolgt nach einigen Tagen unter den Ehegatten wieder die neue Paarung. Wenn die Jungen etwa 14 Tage alt sind, so wird in einer anderen Ecke des warmen Stalles ein neues Nest schnell gebaut und darin wieder 2 Eier abgelegt. Die Eltern bebrüten wiederum abwechselnd und erwärmen und ernähren zwischendurch weiter ihre heranwachsenden Kinder. Falls jemand die Tauben verscheucht, so kehren sie nie wieder zu ihrem Neste zurück, selbst wenn es Eier enthält.

Nach 6—8 Wochen verlassen die Jungen endgültig das Nest und gebrauchen keine elterliche Fürsorge mehr. Die Fortpflanzungsfähigkeit beginnt im 9. Lebensmonate. Als die beste Zeit dafür gilt das 2.—4. Jahr. In Einzelfällen beobachteten Zoologen 6 und 7 Jahre alte Tauben, welche noch Eier legten und die Aufzucht der Jungen gewissenhaft besorgten. Bei guter Pflege erreicht die Columba ein Alter von 12—15 Jahren. Das Geschlecht bestimmt der Züchter dadurch, daß er den Zeigefinger zwischen die beiden Sitzhöcker (S. 48) schiebt. Beim Weibchen ($\female$) kann man leicht dazwischen fahren, weil genügend Raum für den Durchtritt der Eier vorhanden sein muß. Beim Männchen ($\male$) dagegen treten die Sitzknochen nahe zusammen. Ferner besitzt das $\male$ einen gewölbten Kopf, während der Kopf einer $\female$ Taube mehr flach erscheint. Beim Vergleich der vom Verkäufer angebotenen Tiere fällt dies leicht auf. Das Gurren ist nicht das alleinige Vorrecht der Tauber.

Die frisch ausgeschlüpften Jungen eines Haushuhnes zeigen andere Eigenschaften. Weiche Flaumfedern schützen ihren zarten Körper gegen Kälte. Als Nestflüchter folgen sie vom ersten Tage an ihrer Mutter und suchen selbst das Futter. Zur Fortpflanzung eignen sich die Hühner nur bis zum 4. Lebensjahre. Dagegen bewähren sich viele alte Hennen ausgezeichnet zu Zucht- und Bruthennen, sogenannte Glucken. Diese

erhalten 12—16 Eier untergelegt, welche sie ausbrüten. Bei der Aufzucht
erfüllen sie bestens ihre Mutterpflichten für die fremden Küchleins.

Die Taube gehört zu den echten Baumvögeln. Aus Stroh und einigen
Federn baut sie ein unordentliches Nest, mindestens $1^1/_2$—2 m vom
Boden entfernt. Sein Durchmesser mißt 30—40 cm. Im Norden Europas
lebt die Taube als Zugvogel. Aber bereits im wärmeren Süddeutschland
treffen wir sie als Standvogel an. Das Sehvermögen und der Orien-
tierungssinn sind in hervorragendstem Maße ausgebildet. Als Brieftaube
findet sie überall Verwendung. Der Trieb, in ihren ursprünglichen Schlag
zurückzukehren, verlangt eine aufmerksame Sicherung des Käfigs. Falls
eine Taube das Freie erlangt, so versucht sie oft noch nach Jahren,
ihren alten Wohnsitz wieder aufzusuchen. Anfang Herbst wechseln
die Vögel in der Regel ihr Federkleid = Mauserung. Außer der Herbstmauser machen manche Arten noch eine Frühjahrsmauser durch.
Selbstverständlich fällt in dieser Zeit das Experimentieren mit den
Tieren aus.

Die **Stallung** paßt man der Lebensweise an. Unter 10° C soll die
Temperatur im Unterkunftsraume nicht betragen. Ein Außenkäfig von
mindestens 6 m Höhe und Länge sowie 4 m Breite bietet die Gelegenheit zum Fliegen. Querstangen und Bretter, etwa 2—4 m vom Boden
entfernt, sorgen für angenehme Ruheplätze. Hühner müssen Gelegenheit
zum Scharren haben, um ihre Füße gesund zu erhalten. Deshalb gehört
auf den schrägverlaufenden Betonboden (vgl. S. 3) noch eine Erdschicht.
Die Türe (Holzklappe) zum Innenkäfig trägt an ihrer oberen Kante
ein Scharnier, damit jederzeit der Vogel durchlaufen kann. Vor dieser
Pendelholzklappe ist ein Sitzbrett angebracht. Enge Räume verleiten
das Geflügel oft zur Untugend des Federfressens und Federzupfens.
Etwas Stroh und fertige runde Körbchen erleichtern den Tieren das
Nesterbauen. Die Wände bedürfen im Frühjahr und Herbst eines reich-
lichen Kalkanstriches (s. u.). Versuchstiere kommen in eine abgesonderte Abteilung. Dieselben dürfen nicht allein sitzen, sondern teilen
die Gefangenschaft mit einem Kameraden (vgl. oben). Die Taube
leidet ohne Gefährten sehr in der Gefangenschaft.

Die **Nahrung** besteht in Getreidekörnern, Erbsen, Linsen, Raps,
Mais, Wickensamen = Vicia-Samen, Grassämereien, Nadelholzsamen,
Eicheln, Bucheckern, Baumknospen, Ölfrüchten, Heidelbeeren, Semmel-
und Brotkrumen. Reis verbiete ich wegen der Gefahr einer Polyneuritis
(S. 57). Einseitige Fütterung löst unter Umständen Federfressen und
Federzupfen aus (S. 57 Mausern). Zum Erweichen der Körner im Kropfe
trinken die Tauben viel Wasser. Deshalb gehört ein Napf mit frischem
Wasser in einen Taubenschlag. Ebenfalls liegt etwas körniger Sand im
Käfige. Die Steinchen, welche das Tier verschluckt, fördern wesentlich
die Zerkleinerung der Körner. Zur genügenden Kalkaufnahme (Eier)
kalkt der Züchter die Wände und gibt außerdem zermahlene Eierschalen
zum Futter (s. oben).

Fangen. Abgerichtete Tauben verstehen, fremde Tauben in den
Taubenschlag zu locken. Der Jäger legt ein etwa 4—6 m langes, röhren-
förmiges Netz aus. An einem Holzreifen, dessen Durchmesser etwa

1 m beträgt, befestigt er den Anfang des Netzes. Dieses läuft in einer Spitze aus. Dort werden als Lockspeise Hülsenfrüchte, Körner usw. niedergelegt. Zu dem Versteck des Jägers führt eine lange, dünne Leine. Durch einen kurzen Zug fällt ein zweites, kleines Netz wie ein Vorhang vor die runde Öffnung des großen Netzes.

Die **Markierung** geschieht durch Anlegen numerierter Geflügelringe an ein Bein.

Das **Halten** einer Taube erfolgt mit beiden Händen. Wir vermeiden es, nur die Flügel zu erfassen. Manche Händler üben eine barbarische Sitte. Sie fesseln die Beine mit einer Schlinge und halten das Tier mit dem Kopfe nach unten aufgehängt. Bei dem Narkotisieren schlage ich ein Tuch um den Körper des Vogels. Dadurch kann er sich bei den reflektorischen Abwehrbewegungen nicht verletzen. Einen speziellen Taubenhalter hat W. TRENDELENBURG angegeben.

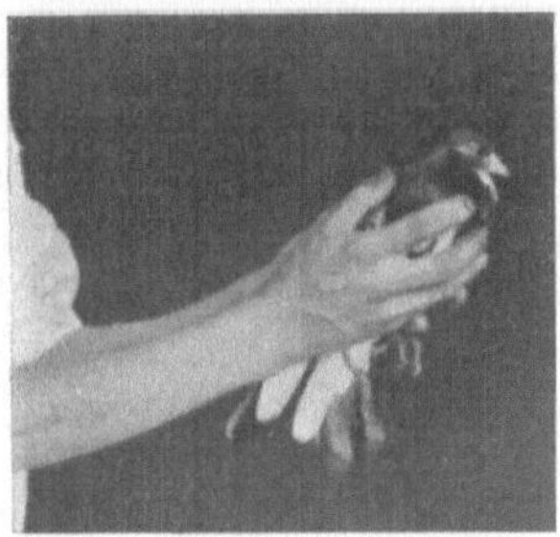

Abb. 48. Das Halten der Taube.

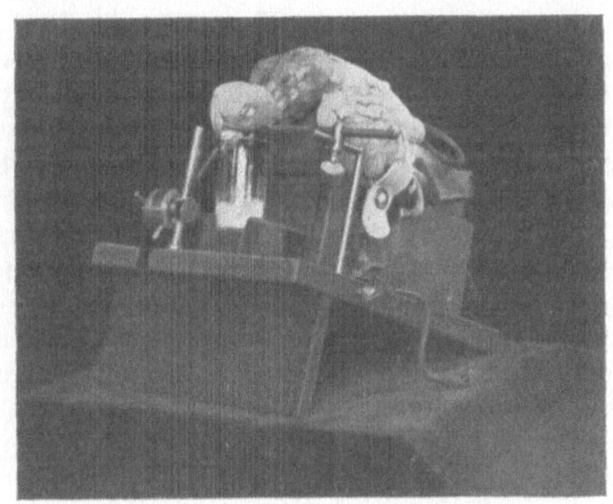

Abb. 49. Taubenhalter nach W. TRENDELENBURG, insbesondere für Operationen am Kopf.

Krankheiten. Wie alles Geflügel, so leiden bei unhygienischen Stallverhältnissen ebenfalls die Tauben unter Ungeziefer. Mehrtägige Behandlung mit Insektenpulver befreit die Tiere von den lästigen Schmarotzern. Auch das Verstäuben von Chloroform unter die Federn führt zu dem gleichen Erfolge. Dabei verfährt der Operateur sehr vorsichtig, um ein Narkotisieren des Tieres zu verhindern.

Die Geflügelcholera = Cholera gallinarum = Geflügeltyphoid = Hühnercholera äußert sich in profusem Durchfalle und den Erscheinungen der Allgemeininfektion. Diese Infektionskrankheit, bedingt durch den Bacillus avisepticus, befällt nicht nur Hühner, sondern auch Tauben und anderes Federvieh. Die Inkubation dauert etwa 1—2 Tage.

Bei der akuten Form stürzen die Tiere während des Laufens tot zusammen oder fallen von der Sitzstange sterbend herunter. Vorher werden sie plötzlich traurig und sitzen zitternd zusammengekauert in einer Ecke. Der Appetit hört auf. Vermehrter Durst tritt ein. Krampfhaftes Kopfverdrehen, profuser Durchfall und erschwerte Atmung zeigen den nahenden Tod an.

Hartnäckige Diarrhöen, Abmagerung, Blutarmut, hämorrhagische Septikämie kennzeichnen die chronische Form. In den Gelenken der Flügel und Füße bilden sich käsig-eitrige Exsudate, welche nach außen durchbrechen. Die Dauer der Erkrankung, welche anzeigepflichtig ist, erstreckt sich auf einen Tag bis mehrere Wochen. Eine Therapie gibt es zurzeit noch nicht. Sofortige Tötung und Verbrennung des Tieres bekämpft die Ausbreitung der Geflügelcholera.

Ferner seien die mannigfachen infektiösen Darmkatarrhe erwähnt, welche die Tierärzte mit der Geflügelcholera nicht für gleich erachten.

Als spezielle Taubenkrankheit bezeichnet man eine Hirnhautentzündung, bei welcher die cerebralen Symptome im Vordergrunde stehen.

Die Tuberkulose, Tuberculosis avium, ruft der Bacillus tuberculosis avium hervor. Unter den Tauben und Hühnern verursacht sie massenhafte Verluste. Abmagerung, Blutarmut, Durchfall, Marasmus und perniciöse Anämie mit starker Leukocytose bilden die Hauptsymptome. Vor allem treten die Zeichen der Gelenk- und Knochentuberkulose hervor. Durch intraartikuläre Impfung (S. 151) mit dem genannten Mikroorganismus entsteht bei Tauben leicht eine Gelenktuberkulose.

Bei Hühnern gelingt die künstliche Infektion dieses Leidens am sichersten durch intravenöse Injektion einer Bazillenaufschwemmung.

Die schleichende Entwicklung dieser Seuche dauert 1—2 Monate. Die Lymphdrüsen des Bauches und Halses sind stark vergrößert, auf der Schnittfläche grau und haben oft käsigen Inhalt. Zahlreiche Knötchen durchsetzen die Leber und Milz. Die Darmaffektion lokalisiert sich in der Nähe des Coecums. Die Schleimhaut trägt dort kleine gelbliche Knötchen und Geschwüre. Die Lungen erkranken seltener an Tuberkulose. In fortgeschrittenen Stadien enthalten der Herzbeutel und die Brustbauchhöhle Flüssigkeit.

Eine Therapie kennen wir nicht. Kranke und krankheitsverdächtige Tiere müssen sofort vernichtet werden, um von dem Tierbestande möglichst viel zu retten. Außerdem dient gründliche Reinigung und Desinfektion der Stallung zur Prophylaxe.

Die Geflügeldiphtherie kommt besonders bei Hühnern und Tauben vor. Letztere zeigen dafür eine besondere Disposition. Ein einmaliges Überstehen der Krankheit verleiht für immer eine Immunität. Die Veränderungen erstrecken sich auf die Haut und Schleimhäute. Auf der Haut, besonders am Kopfe, bilden sich Knötchen. Deshalb bezeichnen die Veterinärmediziner das Leiden auch als Geflügelpocken. Ferner entwickeln sich diphtherische Membranen auf den Schleimhäuten des Maules, der Speiseröhre, sowie auf denen der Atmungsorgane. Beschwerden beim Schlucken und Atmen quälen die Tiere. Nasenfluß sowie Conjunctivitis vervollständigen das Bild. Auch Diarrhöen stellen sich ein. Die Erkrankung hält zwei Tage bis mehrere Monate an. Wenn der Prozeß auf die Haut begrenzt bleibt, so lautet die Prognose relativ günstig. Erkrankungen der Schleimhäute führen bei 50—70 v.H. ad exitum. Die Behandlung weist Erfolge auf. Die Knötchen auf der

Haut werden mit sodahaltigem Wasser erweicht und abgelöst. Die Schleimhautbeläge streift man vorsichtig mit einem Wattebäuschchen ab. Täglich erfolgt einmal das Bepinseln der von den Knötchen entblößten Haut oder Schleimhaut mit 5 prozentiger Jodtinkturlösung. Die Conjunctivitis behandeln wir mit 2 prozentigen Borsäurewasser-Spülungen.

Die Geflügelpest, Pestis avium, befällt mit Vorliebe Hühner und junge Tauben. Die Inkubationszeit beträgt 3—5 Tage. Die Krankheit hat viel Ähnlichkeit mit der Hühnercholera (s. oben). Gleichgültigkeit, Schlafsucht, Absonderung eines grauen oder rötlichen Schleimes aus dem Schnabel, Conjunctivitis und Lähmungserscheinungen kennzeichnen diese schnell tödliche Seuche. Die bisher angewandten und empfohlenen Mittel versagen.

Nach Reisfütterung zeigt sich bei Hühnern und zuweilen auch bei Tauben eine Polyneuritis. Das Inkubationsstadium umfaßt 3—4 Wochen. Rechtzeitiger Futterwechsel führt zur raschen Heilung.

Das Mausern ist keine Krankheit, sondern ein physiologischer Vorgang (S. 54).

IX. Eidechse, Lacerta.

Die Eidechsen, Schlangen und Schildkröten sind Vertreter der Kriechtiere = Reptilia. Diese wechselarmen Wirbeltiere atmen stets durch die Lungen. Hornschuppen bedecken die Haut der Eidechsen. Die einheimischen Arten eignen sich wegen ihrer Kleinheit weniger zum Experimentieren. Deshalb wählt man die Smaragdeidechse = Lacerta viridis, oder die Krusteneidechse = Heloderma suspectum und Heloderma horridum. Letztere gehören zu den giftigen Tierarten. Als relativ harmlose Tiere gebrauchen sie ihr stark wirkendes Gift hauptsächlich zur Verteidigung.

Anatomische Bemerkungen. Der Kopf einer Eidechse trägt feste Schilder, während die übrige Körperbedeckung durch Hornschuppen gebildet wird. Sie schützen den Körper sowohl gegen äußere Verletzungen, als auch gegen das Austrocknen bei heißer und trockener Luft. Das Weibchen hat auf dem Rücken oft einige dunkle Flecke, sowie einen dunkleren Mittel- und zwei helle Seitenstreifen.

Der Schädel zeigt im allgemeinen den Bau des Vogelschädels. Die Augen besitzen zwei bewegliche Lider und eine Nickhaut. Das freiliegende Trommelfell erscheint hinten am Kopfe als dunkles Häutchen. Bänder befestigen das bewegliche Os quadratum am Schädel. Am Kiefer und Gaumen haften kleine Zähne. Diese dienen nur zum Festhalten, Töten und Zerquetschen der Beute, nicht zum Zerkleinern. Die Furchung der Ober- und Unterzähne unterscheidet die beiden Heloderma-Arten von den anderen Sauria- (= Eidechsen)Arten. Ihre giftigen Speicheldrüsen liegen unterhalb des Unterkiefers und münden an der Basis der gefurchten Zähne. Der Kopf des ♂ ist kräftiger, höher und länger als der des ♀. Die Kiefer treten beim ♂ mehr hervor.

Schulter- und Beckengürtel vervollständigen das Skelett. Die vier gut entwickelten Extremitäten tragen an den Füßen 5 Zehen mit Krallen.

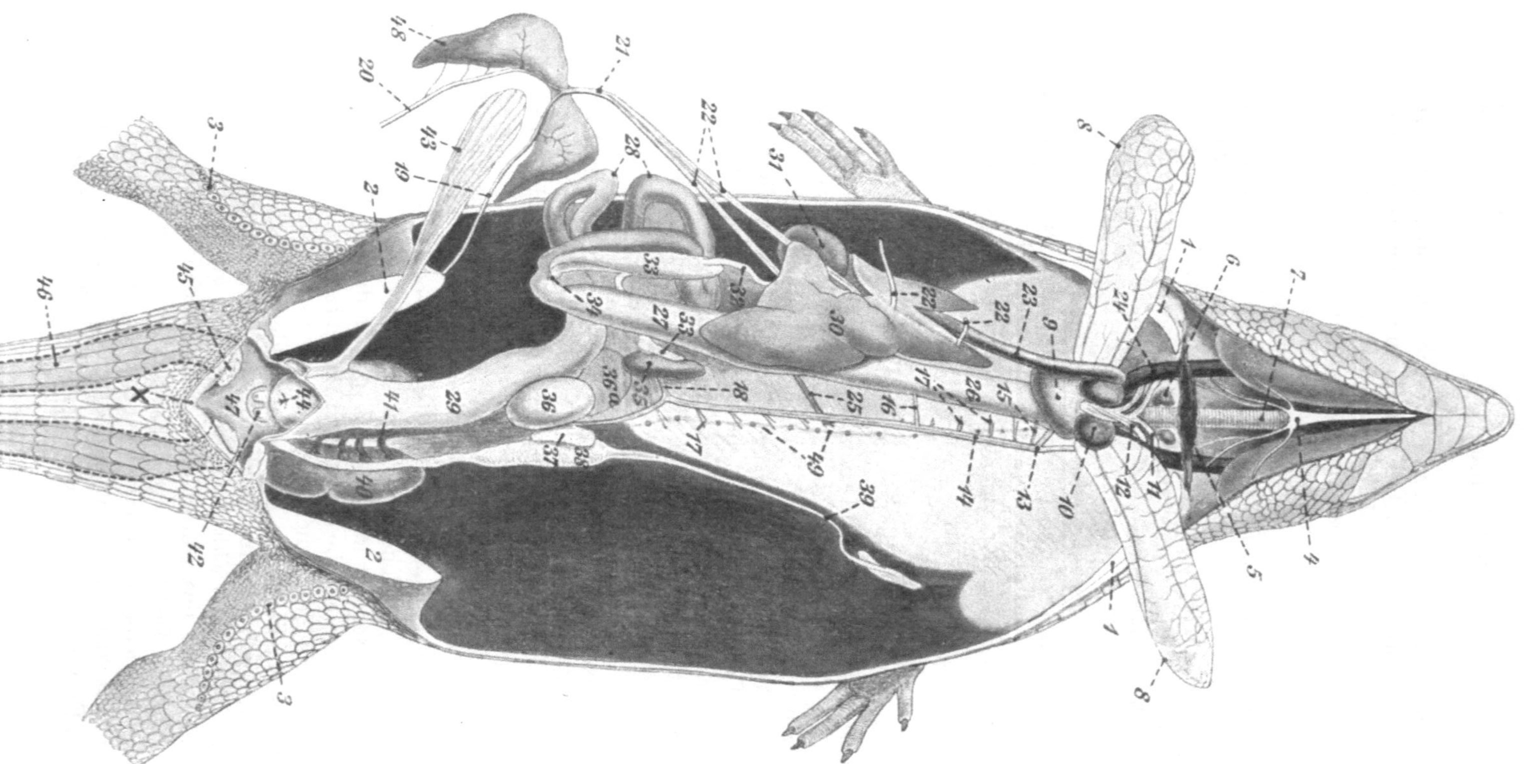

Abb. 50. Lacerta viridis ♂. Situs. Schultergürtel und Beckengürtel in der Mittellinie gespalten. Leber, Magen und Darm nach Lösung einiger Peritonealfalten, nach links (im Bilde) gezogen, ebenso die Herzspitze; Lungen beiderseits herausgeklappt; Vereinigungsstelle (13) der beiden Aorten unter dem Herzen nach der rechten Hand des Beschauers vorgezogen: linker Hoden nach links (im Bilde) umgeklappt; Kloake ventral gespalten, Mitte des Hinterrandes der Kloakenspalte (×) kaudalwärts gezogen. — 1. Schnittfläche des Brustbeins. 2. Schnittfläche der Schambeinfuge. 3. Schenkelporen. 4. Zungenbein. 5. Thyreoidea. 6. Thymus. 7. Trachea. 8. Lunge. 9. Herzkammer. 10. Linke Vorkammer. 11. Erster Aortenbogen (links). 12. Zweiter Aortenbogen (links). 13. Vereinigungsstelle der Aorta sinistra und dextra. 14. Aorta descendens. 15. Ösophagealarterie. 16. Magenarterie. 17. Wirbelarterien. 18. Arteria splenica. 19. Rechte Baucharterie. 20. Linke Baucharterie. 21. Arteria mesenterica externa. 22. Zweige derselben in Aufhängebändern der Leber. 23. Vena hepatica. 24. Jugularvenen. 25. Vene (von der Wirbelsäule kommend). 26. Ösophagus. 27. Magen. 28. Darmschlingen. 29. Rektum. 30. Leber. 31. Gallenblase 32. Gallengang. 33. Pankreas. 34. Mündung des D. cyst. und pancreaticus in den Dünndarm. 35. Milz. 36. Linker Hoden. 36a Rechter Hoden. 37. Nebenniere. 38. Nebenhoden. 39. MÜLLERScher Gang. 40. Niere. 41. Abführende Nierenvene. 42. Gemeinsame Mündung des Vas deferens und des Ureter. 43. Harnblase. 44. Afteröffnung. 45. Vorderende des Penis. 46. Rückziehmuskel des Penis (unter der Haut, Umriß punktiert). 47. Dorsalwand der Kloake. 48. Fettkörper (umgeklappt, so daß seine Dorsalseite sichtbar ist). 49. Sympathikus. (Aus RÖSELER und LAMPRECHT.)

Die Schenkelporen stellen die Ausgangsöffnungen von Hautdrüsen dar und entwickeln sich stärker beim ♂ in einer Längsreihe an der Innenseite der Oberschenkel.

Ein Brustbein und bewegliche Rippen verleihen den Brustorganen Schutz. Das Herz setzt sich aus zwei Vorkammern und einem Ventrikel zusammen. Eine unvollkommene Scheidewand trennt die Herzkammern, so daß sich praktisch nur ein Ventrikel vorfindet. Infolgedessen mischen sich arterielles und venöses Blut. Trotzdem besteht eine gewisse Scheidung, wie sie beim Frosch auf S. 75 eingehend besprochen wird. Aus der Herzkammer tritt der Bulbus cordis. Denselben bilden zwei Arterienstämme, von denen der eine seinen Ursprung aus der linken, der andere aus der rechten Herzkammerseite nimmt. Diese Arterienstämme sind deutlich voneinander geschieden im Gegensatz beim Frosch (S. 75). Der aus der linken Ventrikelseite entspringende Arterienstamm teilt sich bald in zwei Äste. Der schwächere geht eine sehr kurze Strecke kopfwärts und löst sich in die beiden Carotiden (= I. Aortenbögen) auf. Sie versorgen den Kopf und die vorderen Extremitäten. Der andere, stärkere Hauptast verläuft nach rechts hinten und vereinigt sich mit demjenigen Arterienstamme, welcher aus der rechten Ventrikelseite kommt, hinter der Herzspitze zur Aorta descendens (Abb. 50, S. 58). Vor ihrer Vereinigung stellen sie die II. Aortenbögen dar. Die Lungenarterie entspringt auf der dorsalen Seite des Bulbus cordis und führt arteriovenöses Blut. Ein III. Aortenbogenpaar, wie beim Frosche, ist nicht nachweisbar.

Die rechte und linke Vena cava superior sowie die Lebervene führen ihr Blut in den Venensinus hinein. Die Lebervene erkennen wir als den stärksten Gefäßstamm des Körpers.

Die Gefäßversorgung der Nieren übernimmt je ein Ast der Aorta descendens, die Sammelvene des Schwanzes (Vena caudalis) und die Vena femoroabdominalis der hinteren Gliedmaßen. Diese beiden Venen durchfluten nochmals die Nieren. Durch die Nierenvenen fließt sämtliches Blut der Nieren ab.

Der schlauchförmige Magen hängt fast steil herunter. Die vielfach gelappte Leber besitzt eine Gallenblase. Der sehr lange Ductus choledochus verläuft caudalwärts, geht durch das Pankreas hindurch und mündet mit dem Ductus pancreaticus im Anfangsteil des Duodenums, wo Magen und Darm eine U-förmige Schlinge bilden (Abb. 50, 34). Milz und Pankreas lassen sich gut darstellen. Der große Fettkörper, welcher am Schambein sitzt und über dem Beckengürtel aus dem unteren Teile der Leibeshöhle herausragt, dient als Energiespeicher für den Winterschlaf.

Die in zwei Lappen geteilten Nieren liegen tief unten im Becken. Die rechte und linke Niere vereinigen sich in der Mittellinie hinter der Kloake (S. 52 unten). Abb. 50 zeigt ihre Lage und diejenige der Hoden (36). Dicht daneben befinden sich die Nebennieren (37). Lateralwärts davon fallen die großen Nebenhoden (38) auf. Die Vasa deferentia münden in die beiden kurzen Harnleiter. Letztere enden in der Kloake. Der Ureter und das Vas deferens haben also rechts und links je einen gemeinsamen Ausführungsgang. Die Harnblase ist eine Ausstülpung der Kloakenwand und besitzt eine kurze Urethra. In die Kloake treten beim ♂ getrennt ein: 1. das Rektum = Enddarm, 2. die Harnblase, 3. zwei gemeinsame Ausführungsgänge des Harn- und Samenleiters der rechten und linken Seite, 4. die beiden Eingänge in die Penisscheiden. Die Eidechse verfügt über zwei ausstülpbare Penes (Abb. 50, Nr. 45).

Beim Weibchen gelangen die Ureteren für sich allein in die Kloake. Lateralwärts von ihnen endigen die Eileiter. Die Lage der Ovarien entspricht dem Situs der Hoden (Abb. 51, Nr. 9 u. 10). Der sogenannte Nebeneierstock scheint inkonstant zu sein. Ein Uterus fehlt den Eidechsen.

Lebensweise. Die Lacerta viridis findet man in einigen Gegenden Deutschlands, z. B. im Donau- und Rheintale sowie in den Alpen. Ihre eigentliche Heimat sind die Mittelmeerländer, Süd- und Südosteuropa, Kleinasien, Syrien und Palästina. Die Heloderma suspectum und H. horridum leben in Mexiko und in den Vereinigten Staaten. Im Oktober oder November zieht sie sich zum Winterschlafe zurück und erscheint wieder im April. Bald beginnt die I. Häutung. Je nach dem Klima, der Heimat und der Witterung erfolgt die Paarung Ende April, im Mai oder Anfang

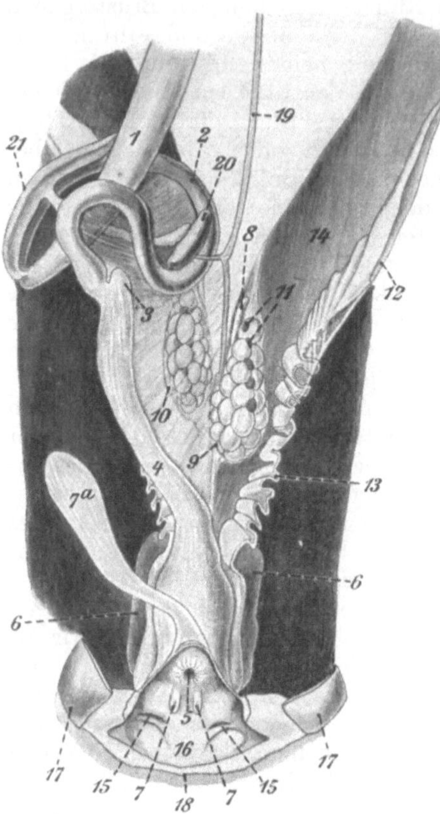

Abb. 51. Lacerta viridis ♀. Harn- und Geschlechtsorgane. Afterschild und ventrale Kloakenwand in der Mittellinie gespalten. Kloake nach den Seiten hin gedehnt, Hinterrand der Kloake kaudalwärts gezogen. Darm nach links (vom Beschauer) geklappt. — 1. Magen. 2. Dünndarm. 3. Blinddarmähnlicher Anhang. 4. Rectum. 5. Afteröffnung. 6. Niere. 7. Mündung der Ureteren. 7a. Harnblase. 8. Nebenniere (links). 9. Linkes Ovarium. 10. Rechtes Ovarium (durchscheinend). 11. Nebeneierstock. 12. Tuba. 13. Eileiter. 14. Mesenterialfalte des Eileiters (das schwarze Bauchfell durchscheinend). 15. Mündungen der Eileiter. 16. Dorsalwand der Kloake. 17. Afterschild (durchschnitten). 18. Kaudaler Hautrand der Kloake. 19. Aorta descendens. 20. Milz. 21. Pankreas (aus RÖSELER-LAMPRECHT).

Juni: in Deutschland erst Ende Mai oder Anfang Juni. Nach etwa 1½ Monat, meist im Juli, legt das Weibchen 5—10 bohnengroße, weiße, weichschalige Eier in den Sand oder zwischen Steine, wo Feuchtigkeit herrscht und Sonnenwärme hindringt. Das Ausbrüten besorgt die Wärme. Die Mutter kümmert sich nicht darum. Ein Monat später, im August, schlüpfen die Jungen aus den Eiern. Blattläuse, kleine Fliegenarten und andere nicht zu große Insekten bilden ihre erste Nahrung. — Die II. Häutung fällt in den Juli nach dem Eierlegen. Die Lacerta viridis ist nach einem Jahre ausgewachsen und fortpflanzungsfähig. Das Tier erreicht eine Länge von 50—65 cm.

Die Zauneidechse, Lacerta agilis, treffen wir überall in Deutschland an. Ihre Länge beträgt 15—27 cm. Das Weibchen legt im Juni oder Juli 5—12 Eier von 12 : 7 mm Durchmesser. Nach 8 Wochen, d. h. im August oder September, schlüpfen die lebenden Jungen aus.

Die Berg- oder Waldeidechse, Lacerta vivipara, ein 10—16 cm langes Tier, legt keine unreifen Eier. Sie bringt im Juli oder August, etwa 3 Monate nach der Paarung, 3—8 lebendige Junge zur Welt. Diese sind für wenige Augenblicke noch von der Eischale umschlossen.

Die Geschlechtsbestimmung stützt sich auf die oben angegebenen anatomischen Besonderheiten.

Über die Lebensdauer können zurzeit keine genauen Angaben gemacht werden.

Das Körpergewebe besitzt eine große Regenerationskraft. Wenn die Lacerta ihren Schwanz durch einen Unfall eingebüßt, so bildet sich ein neuer. Die Größe des alten Schwanzes wird nicht erreicht. Die an diesem Körperteile verlorengegangenen Skeletteile ersetzen Knorpelstränge.

Durch die Schlängelung des ganzen Körpers, der mit seiner Unterseite den Erdboden ein wenig berührt, kommen rasche Bewegungen zustande. Die langen Zehen mit den scharfen Krallen gestatten der Eidechse ein sicheres und gewandtes Klettern an Steinen und auf niedrigem Gebüsch. Durch kräftiges Aufschlagen des Schwanzes auf den Boden vermag die Lacerta große und schnelle Sprünge auszuführen. Diese Eigenschaft benutzt sie beim Erhaschen der Fliegen und Schmetterlinge. Als hervorragender Schwimmer geht sie gerne ins Wasser. Wärme gehört zu ihren Lebensbedingungen. Gegen Kälte und naßkalte Witterung ist die Eidechse empfindlich und verkriecht sich dann in ihre schützenden Erdlöcher. Sonnenstrahlen sucht sie mit Vorliebe auf.

Als **Stallung** dient ein Terrarium, welches entsprechend den genannten Lebensgewohnheiten eingerichtet sein muß. Der Aufenthaltsraum enthält Wasser, Steine, Sand, Erde und Pflanzen. Die Temperatur soll 20° C nicht unterschreiten. Bei der gleichmäßigen Wärme fällt der Winterschlaf in der Gefangenschaft fort. Die Eier sowie die Jungen sondern wir von den älteren Tieren ab (s. u.)

Nahrung. Die Eidechse gehört zu den echten Raubtieren. Deshalb besteht ihre Nahrung aus lebenden Tieren: Blattläuse, Larven, Kerbtiere, Würmer, Mehlwürmer, Regenwürmer, Raupen, Schmetterlinge, Käfer, Maikäfer, Spinnen, kleineren Nachtschnaken, Heuschrecken, Grillen, Fliegen usw. Auch über kleine Eidechsen ihrer eigenen Gattung fallen sie her und verschlingen sie mit Wohlbehagen. Darum findet die erwähnte Absonderung von jungen und erwachsenen Tieren statt. Im allgemeinen verfügen sie über eine erstaunliche Freßlust.

Fangen. Ortskundige Leute suchen in den Frühstunden, wenn die Nachtkühle die Tiere noch etwas erstarrt macht, die Verstecke auf und erfassen die Eidechsen mit der Hand. In einem Blechbehälter werden sie gesammelt. Kleinere Netze (Abb. 61, S. 79) sind zweckmäßig, wenn man eine sich sonnende Eidechse fangen will. Aus dem Terrarium entnimmt der Wärter die Tiere mit der Hand.

Eine **Markierung** fällt fort. Jedes Versuchsobjekt gehört in eine besondere Abteilung des Terrariums, an welcher die Nummer steht.

Halten. Wegen ihrer starken Neigung zum Beißen erfaßt der Operateur eine Eidechse von oben und hinten im Nacken und hält sie am Schultergürtel fest. Zeige- und Mittelfinger der rechten Hand umgreifen schnell die beiden Halsseiten, während der Daumen unter die linke und der Ringfinger unter die rechten Achsel zu liegen kommt. Erst nach Einleitung der Äthernarkose (mit einem vorgehaltenen kleinen Tupfer) beginnt das Fesseln und Aufbinden. Dieses geschieht wie beim Meerschweinchen mit Seidenfädenschlingen (S. 38 unten).

Krankheiten. Wenn eine Eidechse sich im Terrarium nicht schnell bewegt und nicht rege Freßlust zeigt, so liegt Krankheitsverdacht vor. Durchfälle treten häufiger auf. Jedes kranke oder krankheitsverdächtige Tier wird vernichtet.

X. Schlange, Serpens.

Mit Rücksicht auf das Experimentieren unterscheiden wir zwei Gruppen: 1. die giftlosen Schlangen, 2. die Giftschlangen. Als Material der ersten Gruppe dient vor allem die Ringelnatter = Tropidonotus natrix. Proteroglyphen und Solenoglyphen (s. u.) besitzen Giftzähne. Entwicklungsgeschichtlich stehen die Ophidia[1]) den Eidechsen sehr nahe. Diese wechselwarmen Tiere bilden eine Ordnung (S. 6 unten) der Reptilien. Die Schlangen verfügen über beträchtliche Zählebigkeit und erweisen sich gegen Verletzungen sehr resistent. Ihren wurmförmig gebauten Körper bedecken Schuppen. Der Mangel der Extremitäten, des Schulter- und Beckengürtels kennzeichnet eine Schlange.

Anatomische Bemerkungen. Das Skelett besteht nur aus dem Schädel, der Wirbelsäule und den Rippen. Der Kieferapparat ist sehr dehnbar, weil alle in Betracht kommenden Knochen am Schädel beweglich sind. Dies gilt ebenfalls vom Os quadratum. Die Augenlider fehlen und verschmelzen zu einer durchsichtigen Membran. Gleichfalls vermißt man das Trommelfell und eine Ohröffnung. Ein Einschnitt in der Schnauzenspitze gestattet, die lange zweispitzige Zunge auch bei geschlossenen Kiefern aus dem Munde hervorzustrecken. Die Zähne stecken nicht in Zahnhöhlen. Die Proteroglyphen ($\pi\varrho\acute{o}\tau\varepsilon\varrho o\varsigma$ vorn, $\gamma\lambda\acute{v}\varphi\omega$ aushöhlen), welche zu der Familie der Nattern gehören, tragen gefurchte Giftzähne vorn im Munde. Bei den Solenoglyphen ($\sigma\omega\lambda\acute{\eta}\nu$ Röhre) werden die Giftzähne von einem Kanal durchbohrt. Die Gift-

---

1) $\check{o}\varphi\iota\varsigma$ = Schlange.

drüsen befinden sich meist auf beiden Seiten des Oberkiefers hinter und unter den Augen. Bei manchen Schlangen erstrecken sie sich bis auf den Rücken. Bei den Callophis liegen die Giftdrüsen innerhalb der Bauchhöhle. Für die Fortbewegung ersetzen zahlreiche Rippen die fehlenden Gliedmaßen. Auf deren freien Enden schlängelt sich die Schlange vorwärts. Das Schwimmen erfolgt durch schnelles Schlängeln. Die Ophidia haben weder ein Schulter- und Beckengürtel noch Brustbein. Bei einigen Schlangenfamilien lassen sich noch rudimentäre Beckenknochen nachweisen. Die sehr bewegliche Wirbelsäule zeigt in allen ihren Teilen einen gleichartigen Bau. Jeder Wirbel besitzt an seiner Hinterfläche einen kugeligen Gelenkkopf, welcher sich in der Pfanne des nachfolgenden Wirbels frei bewegt.

Die linsengroße Schilddrüse lagert in der Nähe des Herzens auf der Luftröhre caudalwärts von der Thymus. Die stark

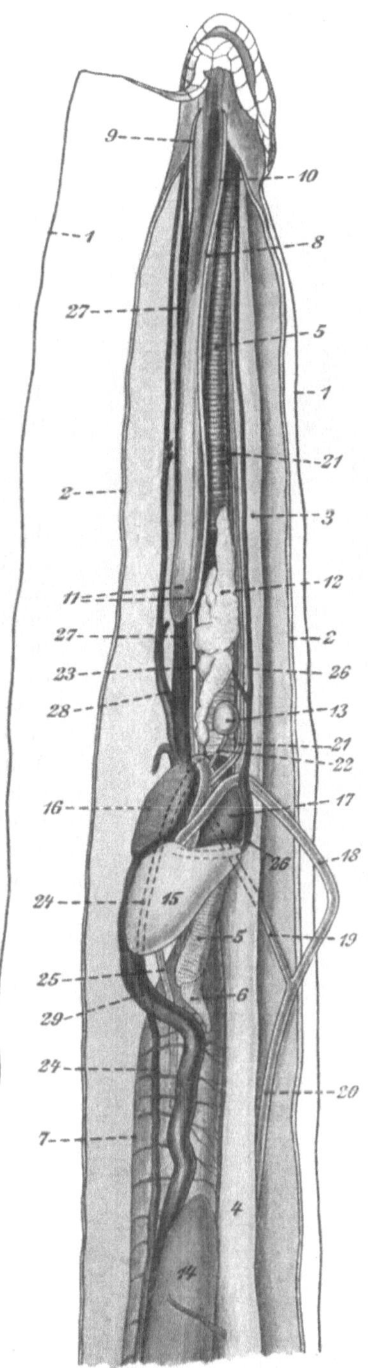

Abb. 52. Tropidonotus natrix ♂. Situs der Organe des vorderen Abschnittes der Leibeshöhle. Mesenterialfalten z. T. gelöst, Organe nach den Seiten hin etwas auseinandergezogen, wodurch z. B. die Art. vertebralis (23) sichtbar wurde; Aorta dextra und sinistra unter dem Herzen vorgezogen. — 1. Rand der abpräparierten Haut. 2. Schnittfläche der Leibeswand. 3. Speiseröhre. 4. Magen. 5 Luftröhre. 6. Linke Lunge (verkümmert). 7. Rechte Lunge. 8. Linkes Zungenbein (ganz zu sehen). 9. Rechtes Zungenbein (nur der vordere Abschnitt sichtbar). 10. Zunge (in der Zungentasche, durchscheinend). 11. Endabschnitte des Zungenbeinapparates. 12. Thymus. 13. Thyreoidea. 14. Vorderer Abschnitt der Leber. 15. Herzkammer. 16. Rechte Vorkammer. 17. Linke Vorkammer. 18. Aorta sinistra. 19. Aorta dextra. 20. Aorta descendens. 21. Arteria carotis communis. 22. Thyreoidalarterie. 23. Arteria vertebralis. 21.—23. Vom rechten Aortenbogen stammend. 24. Arteria pulmonalis. 25. Vena pulmonalis. 26. Vena jugularis sinistra (Verlauf derselben an der Dorsalwand des Herzens punktiert). 27. Vena jugularis dextra. 28. Intervertebralvene. 29. Vena hepatica (aus RÖSELER und LAMPRECHT).

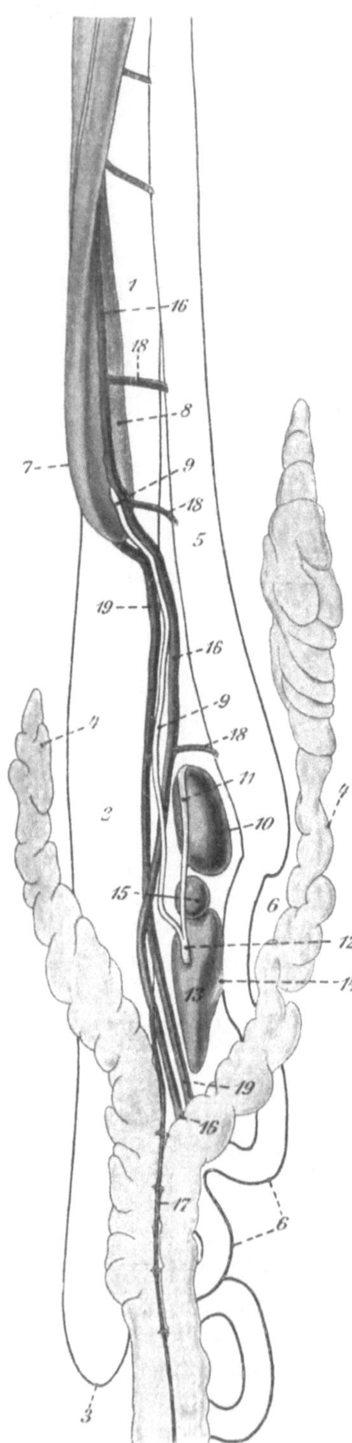

längs gefaltete Pharyngealschleimhaut,
die Speiseröhre sowie der Magen sind
sehr erweiterungsfähig.

Die Luftröhre reicht fast bis zur Kinn-
gegend. Die linke Lungenhälfte ist verkümmert. Die rechte Lunge erstreckt
sich durch den gesamten Rumpf als ein
langer, häutiger Sack (Abb. 52 u. 53, Nr. 7).
Die Konstruktion der Lungen erlaubt
allen Schlangen das Zurückhalten eines
genügenden Luftvorrates, insbesondere
in ihrem hinteren Abschnitte. Durch
die eigentümliche Lage der Trachea kann
das Tier beim Hinterschlingen großer
Bissen ungestört atmen. Dieses Luftreservoir sorgt für die Erhaltung des
Lebens, falls beim Schluckakte die Luftröhre zugedrückt wird oder wenn sich
die Schlange unter Wasser aufhält.

Das Herz mit seinen zu- und abführenden Gefäßen zeigt Übereinstimmung mit dem der Eidechse. Der Herzbeutel umkleidet die zwei Vorhöfe und
die eine Herzkammer. Weil die vorderen Gliedmaßen und die linke Lunge
(s. o.) fehlen, so besteht eine besondere
Anordnung der großen Gefäße. Die beiden Aortenbögen entspringen aus dem
Ventrikel. Die Aorta dextra entsendet
nur eine Arteria carotis communis,
welche an der linken Seite ungeteilt bis
zur Unterkiefergegend zieht. Als den
zweiten Ast der Aorta dextra erkennen
wir die Arteria thyreoidea; die dritte Abzweigung stellt die Arteria vertebralis
dar. Diese verläuft an der rechten
Seite nach vorne. Ferner tritt aus dem
Bulbus cordis die eine Art. pulmonalis

Abb. 53. Tropidonotus natrix. Organe der Leibeshöhle
vom hinteren Ende der Leber bis zum Ende des Luftsackes. Dieser ist aufgeblasen, der Magen nach rechts
geschoben (im Bilde), die Leber nach links umgeklappt,
die Fettkörper z T. abpräpariert und zur Seite gelegt. —
1. Rechte Lunge. 2. Luftsack der rechten Lunge.
3. Ende des Luftsackes. 4. Fettkörper (Corpus adiposum).
5. Magen. 6. Duodenum. 7. Ventralseite der Leber.
8. Dorsalseite der Leber. 9. Ductus hepaticus. 10. Gallenblase. 11 Ductus cysticus. 12. Ductus choledochus.
13. Pankreas. 14. Gemeinsame Mündung des Ductus
choledochus und des Ductus pankreaticus in das Duodenum. 15. Milz. 16. Mesenterialvene. 17. Zweig der
Mesenterialvene vom Fettkörper. 18. Magenvenen.
19. Vena renalis revehens (aus RÖSELER-LAMPRECHT).

zu der rechten Lunge. Eine zweite linke Lungenarterie gibt es naturgemäß nicht. Die eine Lungenvene mündet in den linken Vorhof. In den rechten Vorhof ergießen sich die sehr große Vena cava inferior = Vena hepatica, die Vena jugularis sinistra und die Vena jugularis dextra. Letztere verschmilzt kurz vorher mit der Vena vertebralis zur Vena anonyma.

Der langgestreckte Bau einer Schlange erfordert eine andere Topographie der Baucheingeweide als bei den bisher beschriebenen Versuchstieren. Die Speiseröhre geht ohne Absatz in den schlauchförmigen Magen über. Das Duodenum bildet eine fast gerade Fortsetzung desselben. Die langgestreckte Leber nimmt etwa die ganze mittlere Leibeshöhle ein. Schwanzwärts von der Hepar liegt isoliert die Gallenblase. Der auffallend lange Ductus hepaticus vereinigt sich mit dem Ductus cysticus zum Ductus choledochus (Abb. 53 Nr. 12). Dieser dringt durch die Bauchspeicheldrüse und mündet gemeinsam mit dem Ductus pancreaticus in den Zwölffingerdarm. Erwähnt sei noch der große Fettkörper, von dem das Tier während des Winterschlafes zehrt. In der Nähe der Kloake hat man die beiden langgestreckten Nieren aufzusuchen. Ihre zugehörigen Nebennieren befinden sich erheblich höher, weiter kopfwärts.

Die Hoden einschließlich Nebenhoden finden wir kopfwärts von den Nieren. Diese Geschlechtsdrüsen grenzen lateralwärts an die Nebennieren an. Der rechte Testis ist höher als der linke gelegen. Die langen geschlängelten Samenleiter treten erst kurz vor dem Eintritt in die Kloake mit den Harnleitern in Verbindung. Die Harnblase fehlt. Wie die Eidechse, so verfügt auch die Schlange über zwei vorstülpbare und mit Widerhaken versehene Penes. Ihre Lage gleicht derjenigen bei der Lacerta (S. 58, Abb. 50 und S. 59 unten).

Beim Weibchen nehmen die Ovarien ebenfalls eine verschiedene Lage ein: das rechte weiter kopfwärts als das linke. An die Eierstöcke grenzen medianwärts die Nebennieren. Die Eileiter und Harnleiter enden getrennt in der Kloake (S. 52 unten).

Lebensweise. Vom Oktober bis Anfang April hält die Ringelnatter ihren Winterschlaf in allerlei frostfreien Schlupfwinkeln. Nach der ersten Frühjahrshäutung beginnt die Paarungszeit gegen Ende April oder Anfang Mai. Mehrere Monate später, Ende August oder im September, legt das Weibchen 20—30 weichschalige Eier zwischen feuchtes Moos oder in lockere Erde. Nach durchschnittlich 3 Wochen entschlüpfen die Jungen, welche die elterliche Pflege entbehren. Lebende kleine Wirbeltiere (s. u.) bilden ihre Nahrung. Im darauffolgenden Frühjahre sind die Jungtiere ausgewachsen und fortpflanzungsfähig. Sie erreichen eine Länge von etwa 1 m. Die Häutung wiederholt sich im Jahre mehrere Male. Sichere Angaben über die Lebensdauer fehlen. Die Wasserschlangen gebären lebendige Junge. Die glatte Natter, Colubrida austrica, wirft meist im September 3—12 völlig entwickelte Junge. Diese häuten sich im Verlauf des ersten Tages und gehen sofort ihrer aus jungen Eidechsen und Blindschleichen bestehenden Nahrung nach.

In ganz Europa, mit Ausnahme der nördlichen Gegenden, findet man die Ringelnatter an den Ufern von Flüssen und Bächen, in Sümpfen,

Mooren und feuchten Wäldern. Die Schlangen gebrauchen das Wasser zur Förderung ihrer Hauttätigkeit, besonders vor der Häutung. Als ausgezeichnete Schwimmer suchen sie gerne das nasse Element auf. Ihren Lieblingsplatz geben windgeschützte, sonnige Orte ab. Die Tiere gedeihen am besten bei einer Temperatur zwischen 18—25 °R. Bei schlechter Witterung nehmen die Ophidia nur selten und ungern Nahrung zu sich. Schlangen vertilgen fast ausschließlich nur lebende Wirbeltiere, gehören also zu den fleischfressenden Raubtieren. Ihre Nahrung besteht in Grasfröschen und deren Larven, Fischen, kleinen Eidechsen, Blindschleichen, Mäusen und anderen lebenden kleinen Vertebraten. Nicht selten verschlingen die Eltern ihre Jungen oder kleinere Arten ihrer eigenen Verwandten. Schlangen pflegen große Mahlzeiten auf einmal einzunehmen (s. u.). Die Produktion der Speicheldrüsen (= Geifer) macht die Beute schlüpfrig und erleichtert das Hinuntergleiten des Fraßes. Die Magensäfte lösen langsam die ungekaute Fleischnahrung auf. Die Verdauung geschieht allmählich im Magendarmkanale. Durch diese Art der Nahrungsaufnahme können die Tiere sehr lange fasten. Auch Wasser vermögen sie längere Zeit zu entbehren.

Stallung. Schlangen gehören in ein Terrarium. Die kurz geschilderte Lebensweise verlangt darinnen einen Wasserbehälter. Fließendes Wasser hat verschiedene Vorzüge. Steine, Sand, Moos und einige Pflanzen vervollständigen die Ausstattung der Terrariums. Die Außentemperatur soll zwischen 18—25 °R betragen. Das Hinausstellen des Behälters auf den Balkon (S. 1) bietet im Sommer Gelegenheit zum Sonnen. Bei gleichmäßig warmer Temperatur fällt der Winterschlaf fort. Wir setzen die Jungen sofort nach ihrer Geburt allein, damit die Alten nicht über sie herfallen (s. o.). Oft sind die Tiere gegeneinander bissig. In derartigen Fällen beansprucht jedes Exemplar einen eigenen Raum.

Als Nahrung erhalten die Schlangen die oben genannten Tiere im lebendigen Zustande. Die Ophidia müssen bei ihrer Mahlzeit in Ruhe gelassen werden. Die beste Zeit zur Fütterung scheint die Dämmerstunde oder die Nacht zu sein. Wenn eine soeben gesättigte Schlange beim Verdauen gestört wird, so speit sie nicht selten den gefressenen Kadaver plötzlich aus. Meist besteht dann keine Aussicht, daß sie diesen nochmals vertilgt. Gewöhnlich stellen sich danach unangenehme Störungen im Wohlbefinden des Tieres ein. Nach dem Fressen legen sich viele Schlangen meist ins Wasserbassin. Die Fütterung erfolgt alle 8—14 Tage, wenn sie größere Tiere verschlungen haben.

Der Fang spielt sich in der gleichen Weise ab wie bei den Eidechsen (S. 62). Auch hier benutzt man die Frühstunden, in denen die Tiere durch die Nachtkühle noch etwas erstarrt sind. Ebenso finden Netze vielfach Verwendung.

Die Markierung des Versuchstieres geschieht durch das Alleinsetzen.

Das Halten bedingt bei Giftschlangen Geschicklichkeit und Übung. Die rechte Hand erfaßt die Tiere schnell von hinten und oben her im Nacken und umgreift den Kopfansatz. Dann vermag das sich sträubende Tier nicht zu beißen. Die linke Hand hält das Körperende. Beide Hände ziehen die Schlange vorsichtig lang auseinander, damit sie nicht den menschlichen Körper umschlingen. Die Fesselung und das Aufspannen der Ophidia geschieht auf einem Brette mit Bindentouren. W. TRENDELENBURG gibt ein sehr zweckmäßiges Operationsgestell an.

Krankheiten. Die hauptsächlichste Erkrankung bildet die Mundfäule. Das Wasser verbreitet schnell die Erreger dieser Infektionskrankheit. Gewissenhafte Desinfektion des Terrariums und fortwährende Erneuerung des Wassers schützen vor größeren Verlusten. Ferner leiden die Schlangen vielfach an Schmarotzern. Für Versuchszwecke lehnen wir derartige Tiere ab.

XI. Schildkröte, Testudo.

Zu Experimenten werden Sumpfschildkröten, Emydes, und Landschildkröten, Chersides, verwendet. Die Teich- oder Sumpfschildkröte, Emys orbicularis, ist in Mitteleuropa sehr häufig. Von den Landschildkröten hat die griechische Landschildkröte, Testudo graeca, zurzeit eine besondere Bedeutung für Impfungen mit den sogenannten Kaltblütertuberkelbazillen gewonnen. Beide Familien der Schildkröten gehören als wechselwarme Tiere zur Ordnung (S. 6 unten) der Kriechtiere = Reptilien. Ihren Körper schließt eine feste Skelettkapsel ein, welche Hornplatten = Schildpatt überziehen.

Anatomische Bemerkungen. Bei den Sumpfschildkröten zeichnet sich der Panzerschild durch eine abgeflachte Gestalt aus. Ihre Füße sind platt, die Zehen durch Schwimmhäute miteinander verbunden. Die Männchen der Emydes erkennt man an dem stark konkaven Bauchschild. Die Landschildkröten besitzen ein hochgewölbtes Rückenschild sowie plumpe, säulenförmige Beine. An Stelle der Füße haben die großen Seeschildkröten Flossen. Rücken- und Bauchschild (das Brustschild = Plastron) vereinigen sich in den Seiten zu einer festen Kapsel. Den Kopf und die Gliedmaßen können die Tiere vollständig in den Panzer einziehen (S. 71 u. 156). Zwei Lider und je eine Nickhaut bedecken die Augen. Das Trommelfell liegt frei. Darunter findet man das Gehörknöchelchen, Columella, welches die Schalleitung vermittelt. Die Schildkröte verfügt über ein gutes Gehör. Die Nasenhöhle fehlt. Feste Verbindungen bestehen zwischen dem Os quadratum und dem Schädel. Scharfrandige Hornscheiden auf den Kiefern nehmen die Stelle der Zähne ein.

Einen überraschenden Eindruck machen bei der Sektion die mächtigen Lungen. Diese erstrecken sich bis zu beiden Seiten der Harnblase und füllen einen großen Teil der Leibeshöhle aus. Der starre Panzer verhindert eine Atmung durch Erweitern und Verengern des Thorax. Die Luft wird verschluckt (vgl. Frosch, S. 74). Die großen Lungen dienen zum Teil als Luftreservoir. Dieser Umstand macht die Schildkröten zu glänzenden Tauchern.

Zwei Vorhöfe und eine Herzkammer bilden das von einem Herzbeutel umgebene Herz. Aus dem Ventrikel entspringen drei Arterienstämme: Trunci arteriosi (Abb. 55 S. 69). Der am weitesten links gelegene

Truncus entspricht der Arteria pulmonalis, welche sich in einen rechten und linken Ast für die beiden Lungenhälften teilt. Der mittlere Arterienstamm schlingt sich über den linken Bronchus. Er heißt Aorta sinistra. Der rechte Truncus arteriosus zieht eine kurze Strecke steil nach oben = Truncus anonymus, und entsendet die beiden Carotiden, die Arteria subclavia sowie die Aorta dextra. Letztere verläuft über dem rechten Bronchus und vereinigt sich mit der Aorta sinistra in der Höhe des Magens zur Aorta descendens.

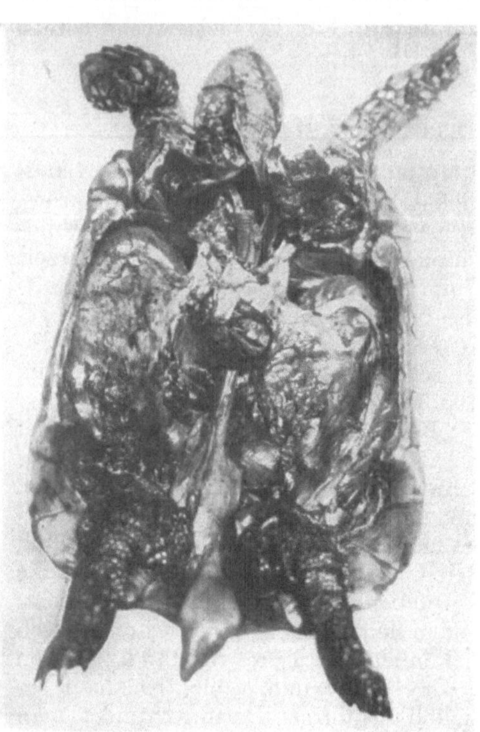

Abb. 54. Situs der griechischen Landschildkröte. — Der Magen-Darmkanal ist entfernt. Die künstlich aufgeblasenen Lungen füllen fast den gesamten Brust- und Bauchraum aus.

In den linken Vorhof ergießt sich die Vena pulmonalis (mit venösem Blute). Der rechte Vorhof nimmt die zwei oberen und die untere Hohlvene auf.

In der Herzkammer mischen sich das in den Lungen arteriellisierte Blut und das aus den übrigen Organen stammende venöse Blut. Eine gewisse Verteilung der verschiedenen Blutarten geschieht gleich wie beim Frosche (S. 75) auch bei der Schildkröte.

Der querliegende Magen erscheint nur als eine mäßige Erweiterung des Darmes. Die sehr große Leber besteht aus zwei Hauptlappen, welche das Herz zum Teil einbetten.

Die Leber besitzt nur 1 Ductus hepaticus, welcher getrennt vom Ductus cysticus der Gallenblase in das Duodenum eintritt. Etwas caudalwärts von dem Lebergange, ungefähr 6—7 cm unterhalb des Pylorus, endigt der auffallend weite Ausführungsgang der Vesica fellea. Seine weite Mündung gestattet, daß die in das Duodenum ergossene Galle in den Ductus cysticus zurückfließt und in der Gallenblase aufgespeichert wird. Häufig verbindet ein Kommunikationsast den Lebergallengang mit dem Ductus cysticus, so daß die Galle den Umweg über das Duodenum nicht zu nehmen braucht. Das Pankreas hat keine Beziehungen zum Magen und schmiegt sich dem Duodenum an. In dieses münden zwei Ductus pancreatici. Der eine tritt kurz vor seinem Ende mit dem einzigen Ductus hepaticus in Verbindung.

Die Nieren finden wir neben dem Enddarme. Ihre kurzen Harnleiter treten in die Kloake ein, gegenüber der Mündung des Blasenhalses. Bei der Harnblase fällt ihre zweizipfelige Form auf. Lateral von den Nieren verlaufen beim Weibchen die Eileiter. Die Ovarien sind meist sehr gut ausgebildet. Die Eier erreichen Kirschgröße. Ihre Kenntnis

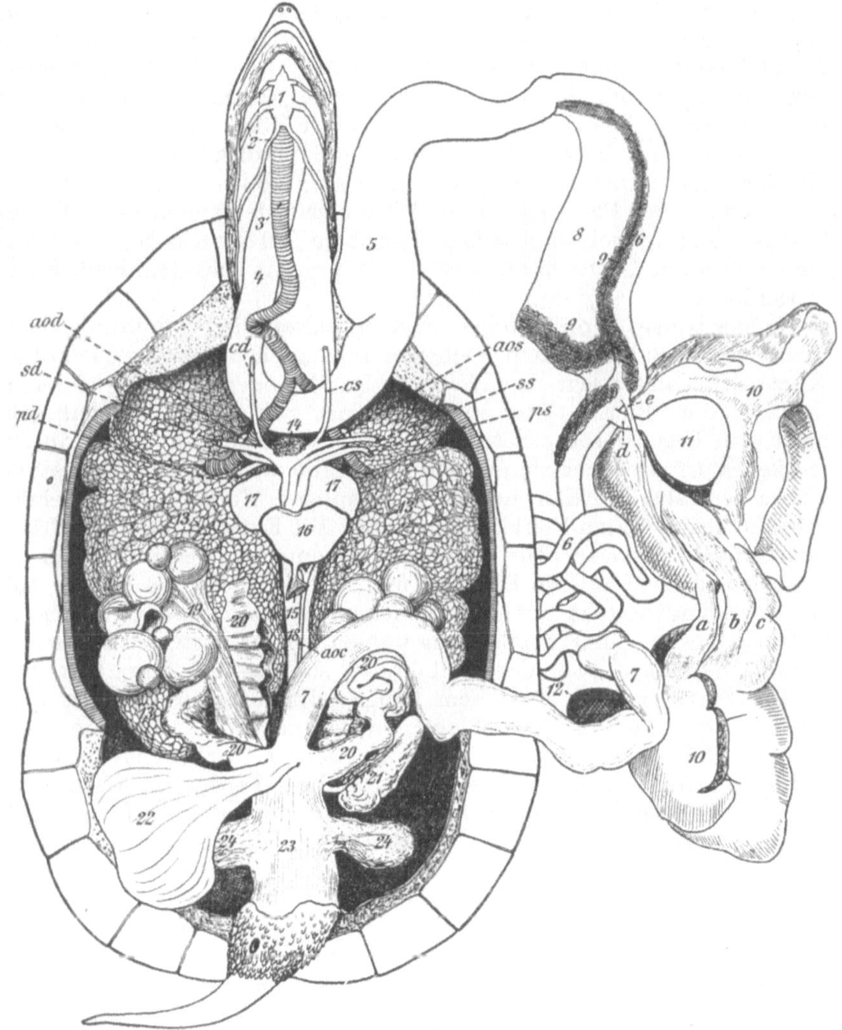

Abb. 55. Clemmys caspica. Situs nach Auslösung der Extremitäten; Darmtraktus herausgeklappt ¹/₁.—
1. Zungenbeinkörper. 2. Zungenbeinbogen. 3. Luftröhre. 4. Speiseröhre. 5. Magen. 6. Dünndarm. 7. Dickdarm. 8. Rest des Mesenteriums. 9. Pankreas. 10. Leber; a, b, c die drei Brücken, welche die beiden Hauptabschnitte der Leber verbinden. 11. Gallenblase. d. Ductus cysticus. e. Ductus hepaticus. 12. Milz. 13. Lunge. 14. Thyreoidea. 15. Gubernaculum cordis. 16. Ventrikel. 17. Atrium. 18. Rückziehmuskel für Hals und Kopf. 19. Ovarium. 20. Eileiter. 21. Niere. 22. Harnblase. 23. Kloake. 24. Bursae anales. ps Arteria pulmonalis sinistra. pd Arteria pulmonalis dextra. aos Aorta sinistra. aod Aorta dextra. aoc Aorta communis. ss Subclavia sinistra. sd Subclavia dextra. cs Carotis sinistra. cd Carotis dextra (aus RÖSELER und LAMPRECHT).

ist wichtig, weil sie zu vielen Irrtümern Anlaß geben. Außer den beiden Harnleitern, der Harnröhre, den zwei Eileitern und dem Enddarme münden in die Kloake des Weibchens noch zwei seitliche blindsackartige Taschen = Bursae anales.

Die Topographie der Harn- und Geschlechtsorgane beim Männchen stimmt mit dem skizzierten Befunde beim Weibchen überein. Die Nieren muß der Operateur etwas mehr seitwärts aufsuchen; denn die Hoden sitzen ihnen medianwärts auf. Der relativ große Nebenhoden hängt lateral am Testis und zieht analwärts. Der kurze Samenleiter endigt getrennt vom Harnleiter in die Kloake. Nieren, Hoden, Enddarm und die zweizipfelige Harnblase liegen in einer Höhe. Das Männchen besitzt einen Penis in Form einer wulstigen Verdickung der ventralen Kloakenwand. Das entsprechende kleinere Gebilde beim ♀ stellt die Clitoris dar. Der Penis hat in der Mitte eine tiefe Samenrinne. Ferner finden sich noch zwei Analtaschen. Der obere Teil der Kloake, in welchen die Urethra, die Ureteren und die Vasa deferentia eintreten, heißt Sinus urogenitalis.

Lebensweise. Von Oktober bis April halten die Schildkröten ihren Winterschlaf. Bald nach dem Erscheinen am Tageslicht erfolgt die Paarung. Kurze Zeit danach legt das Weibchen im Mai oder Juni 10—20 kleintaubeneigroße Eier. Diese sind von einer grauweißen, kalkhaltigen, nach dem Legen rasch erhärtenden Schale umschlossen, werden in ein trockenes Erdloch verscharrt und mit Erde bedeckt. Die Testudo graeca vergräbt ihre Eier im Juli in sumpfigem Boden. Die Seeschildkröte kommt nur zum Eierlegen ans Land. Die Entwicklungszeit schätzt man auf 2—3 Monate. Die aus den Eiern entschlüpfenden Jungen gebrauchen keine elterliche Fürsorge und suchen sofort das Wasser auf. Ihre Nahrung besteht anfangs in kleinen Wasserinsekten, Würmern, Schnecken usw. Zur Fortpflanzung wählen wir mindestens 2 Jahre alte Tiere. Die Lebensdauer der Schildkröten soll 80—100 Jahre betragen.

Die Emys erreicht 30—35 cm Länge. In Mitteleuropa trifft man sie sehr häufig an, in Deutschland vorwiegend östlich der Elbe. Die Sumpfschildkröte ist fast ein echtes Wassertier. Schwimmhäute verbinden die freibeweglichen Zehen. Trotz ihres Lebens im Wasser bewegen sie sich auf dem Lande schneller und gewandter als die Landschildkröten. Würmer, Wasserinsekten, Schnecken, Molche, kleine Froschlurchen (S. 72) und deren Larven, d. h. Kaulquappen, sowie Fische bilden das Futter der Sumpfschildkröten. Vorwiegend in der Nacht geht die Emys orbicularis auf Raub aus. Sie vertilgen die erbeuteten Tiere stets im Wasser.

Im Gegensatz zu den Teich- oder Sumpfschildkröten genießen die griechischen Landschildkröten nur Pflanzenkost. Ihre Heimat haben sie auf der Balkanhalbinsel (Griechenland), in Italien und Südfrankreich. Die Testudo graeca lebt in waldigen und buschigen Gegenden. Die größten Exemplare wiegen etwa 5 Pfund. Die Nahrung besteht in saftigen Grünpflanzen (s. u.).

Stallung. Ein großes Terrarium bietet den Versuchstieren Unterkunft. Als Kind der wärmeren Zonen muß die Außentemperatur 18 bis 25° R betragen. Ein Wasserbassin mit fließendem Wasser darf bei gefangenen Sumpfschildkröten nicht fehlen. Steine, Erde, Moos und Pflanzen innerhalb des Behälters tragen zum Wohlbefinden dieser Reptilien bei. Operierte Tiere und Junge gehören in besondere Abteilungen. Griechische Landschildkröten können frei im Laboratorium herumlaufen. Katzen sollen nicht zu gleicher Zeit darin sein, weil sie eine Schildkröte durch die vordere oder hintere Panzeröffnung zu ergreifen verstehen und die Fleischteile geschickt herauszerren. Der Winterschlaf tritt im gleichmäßig warmen Raume (s. o.) nicht ein.

Nahrung. Entsprechend der Lebensweise erhalten die Sumpfschildkröten nur die oben genannten kleinen Wassertiere und Regenwürmer zum Fressen. Eine gefangene Emys nimmt nur das Futter, wenn das betreffende lebende Tier ins Wasserbassin geworfen wird. Die Landschildkröten bevorzugen Salat, Hahnenfuß, Löwenzahn- Wirsing- und andere saftige Blätter. Außerdem verlangen die Tiere frisches Trinkwasser.

Fangen. Schildkröten, welche das Wasser bewohnen, fangen wir mit Netzen. Ein auf dem Lande befindliches Tier ergreift man mit der Hand am Panzer.

Markierung. Die Nummer des Versuchsprotokolles steht mit Ölfarbe auf dem Rückenschild geschrieben.

Halten. Einen sicheren Halt gewährleistet die Befestigung des Tieres in einem Schraubstocke. Der Panzer erleidet dadurch keinen Schaden. Bei Operationen innerhalb der Brust-Bauchhöhle muß der Bauchschild mit einem Trepan (S. 209) eröffnet und mit einer LUERschen Zange das Operationsfeld zugänglich gemacht werden. Die Schließung des Defektes glückt durch Schildpattplastik oder mit zahnärztlicher Stenzmasse. Um den Fuß oder den Kopf zu erfassen, halte ich das Tier in die Luft und bewege es um seine Querachse hin und her. Bei diesem ungewohnten Vorgange versuchen die Schildkröten festen Boden zu gewinnen und stecken Kopf und Beine heraus. Jetzt erfaßt der linke Daumen und Zeigefinger eine Extremität und zieht dieselbe sehr vorsichtig vollständig heraus. Ein dicker Seidenfaden wird daran geschlungen. Den vorgestreckten Kopf hält eine große chirurgische Pinzette fest. Sodann legt der Operateur um den Hals gleichfalls einen starken Faden oder ein schmales Band. Bei dem Schildkrötenhalter nach W. TRENDELEN-BURG ist das Tier aufgehängt und nur der Kopf in dem zweckmäßigen Halter fixiert.

Krankheiten. Das Vorkommen der Tuberkulose hat zu der eingangs erwähnten Züchtung der Kaltblütertuberkulosebazillen geführt.

Bei unzweckmäßiger Nahrung stellen sich in der Gefangenschaft leicht Durchfälle ein.

Wir haben eine Anzahl Schildkröten infolge von Wurmkrankheiten verloren. In einem Falle krochen die langen Würmer zum After und zum Munde heraus! Bei der Sektion waren Maul, Speiseröhre, Magen, Darmkanal und besonders der Enddarm mit diesen Schmarotzern vollgepfropft. Es handelte sich um 3 cm lange und 1—1½ mm dicke, runde Würmer, welche vorn und hinten zugespitzt waren.

XII. Froschlurche, Anura.

Für Versuchszwecke werden verwendet

    1. Der grüne Wasser- oder Teichfrosch = Rana esculenta,

    2. der braune Land- oder Grasfrosch = Rana temporaria,

    3. die Erdkröte = Bufo vulgaris.

Diese drei Froschlurche gehören zur Klasse der Lurche = Amphibia. Sie sind wechselwarme Wirbeltiere. Nackte Haut bedeckt ihren

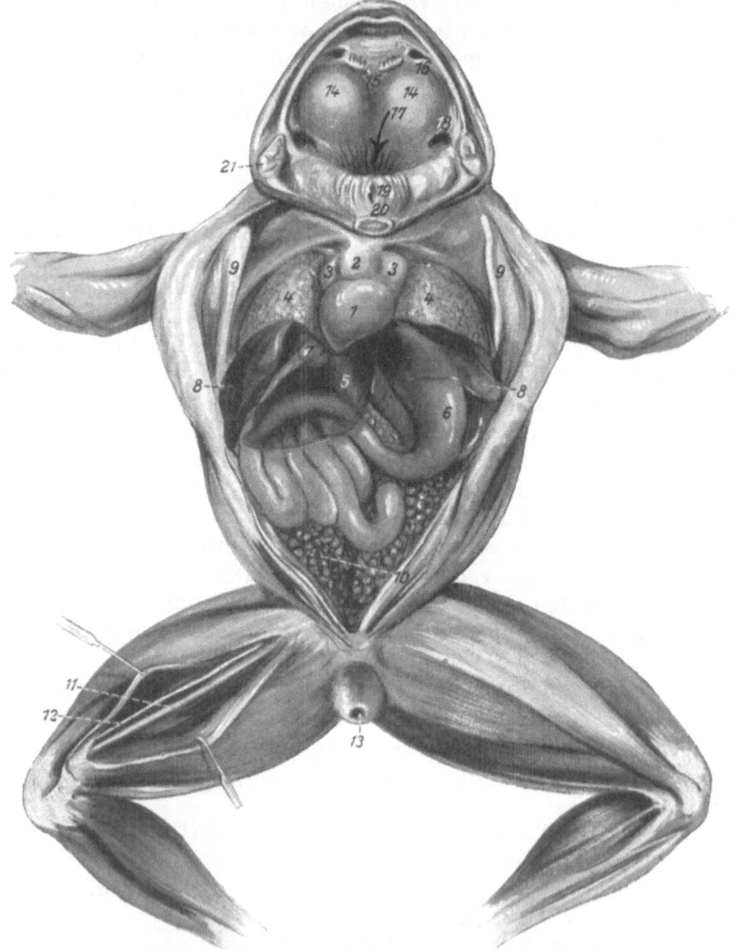

Abb. 56. Situs eines Frosches. (Der Unterkiefer ist abgetragen. Rechtes Bein zeigt seine Hinteransicht, linkes Bein die Vorderansicht.) — 1. Herzkammer. 2. Bulbus arteriosus. 3. Vorhöfe. 4. Lungen. 5. Bauchspeicheldrüse (durchscheinend). 6. Magen. 7. Gallenblase. 8. Leberlappen. 9. Brustbein (durchschnitten und nach beiden Seiten aufgeklappt). 10. Eierstock. 11. Nervus ischiadicus extr. 12. Art. ischiadica. 13. Orificium ani. 14. Lage der Augäpfel. 15. Gaumenzähre. 16. Choanen. 17. Eingang (mit Pfeil) zur Speiseröhre. 18. Tube. 19. Kehlkopfeingang. 20. Zunge (abgeschnitten). 21. Seitenmuskel.

breiten Körper. In
dem Jugendstadium
atmen sie durch Kie-
men, später durch
die Lungen. Die ent-
wickelten Tiere be-
sitzen vier wohlausge-
bildete Gliedmaßen,
aber keinen Schwanz.

**Anatomische Be-
merkungen.** Die
nackte Haut bildet
für den Frosch und
die Kröte ein wichti-
geres Atmungsorgan
als die Lungen (s. un-
ten). Das Eintauchen
in Öl, welches die
Hautatmung aus-

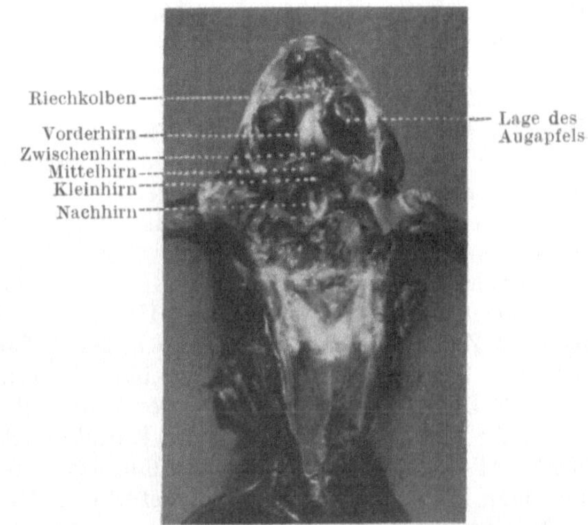

Abb. 57. Gehirn eines Frosches (nat. Größe, photographiert). Kopf-
und Rückenhaut sind abpräpariert und die Schädeldecke geöffnet.

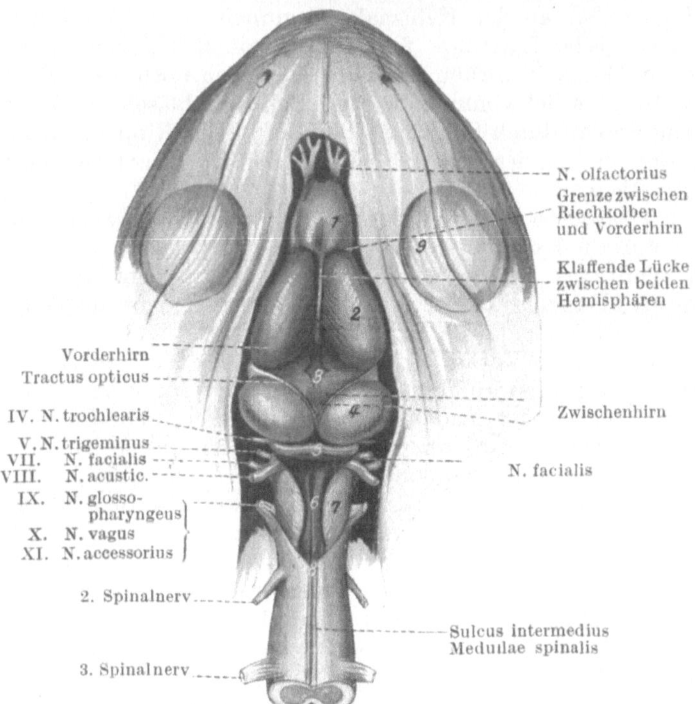

Abb. 58. Gehirn eines Frosches von oben, Dorsalansicht (schematisch). — 1. Riechkolben. 2. Vorderhirn. 3. Zwischenhirn. 4. Mittelhirn (Lobi optici). 5. Hinterhirn (Kleinhirn). 6. Rautengrube.
7. Nachhirn. 8. Medulla oblongata. 9. Lage des Augapfels (unter Benutzung der Abbildung in
WIEDERSHEIM und GAUPP).

schaltet, tötet die Frösche. $^2/_3$—$^3/_4$ der ausgeschiedenen Kohlensäure
liefert die Haut. Diese ist zum größten Teil nicht an die Muskulatur an-
gewachsen, sondern nur linienförmig daran befestigt. Dadurch entstehen
große mit Lymphe angefüllte Hohlräume = Lymphsäcke. Die feuchte,
schleimige Hautbeschaffenheit (S. 80) rührt von zahlreichen Drüsen her.
Die Kröte verfügt über ein giftiges Hautdrüsensekret, welches eine
digitalisartige Wirkung ausübt. In der Gefangenschaft sondert die Bufo
vulgaris beim Anfassen keinen Drüseninhalt ab, wenn sie den betr.
Wärter kennt und er sie gut pflegt.

Der Schädel läßt sich leicht mit einem spitzen Messer eröffnen. Das
langgestreckte Gehirn besteht aus 6 Hirnteilen: 1. Riechkolben, 2. Vorderhirn, 3. Zwischenhirn, 4. Mittelhirn, 5. Kleinhirn, 6. Nachhirn. Die Tuba
Eustachii, Paukenhöhle mit Trommelfell und ein Knochen = Columella
sowie das Labyrinth bauen das Gehörorgan auf.

Mit der Tube darf man nicht den Kanal der Schallblase verwechseln.
Letzterer liegt zu beiden Seiten des länglichen Kehlspaltes. Die Schall-
blase beim Männchen stellt eine Ausstülpung der Mundschleimhaut dar.
Die Nasenhöhle vermissen wir.

Die Wirbelsäule setzt sich aus neun Wirbeln und einem längeren
stabförmigen Stücke, dem Steißbein, zusammen.

Unmittelbar an der Kehlspalte beginnen die beiden Lungensäcke.
Eine eigentliche Luftröhre fehlt dem Frosche. Neben ihrer respira-
torischen Tätigkeit wirken die Pulmones auch noch als hydrostatische
Apparate beim Schwimmen, wie die Schwimmblasen der Fische. Die
Atmung erfolgt durch Schlucken der Luft. Der Rippenmangel erlaubt
keine Erweiterung des Brustkorbes. Eine knorpelige Sternalplatte bildet
das Brustbein.

Ein Herzbeutel umhüllt das Herz. Dieses hat zwei Vorkammern
und nur eine Herzkammer (Ventrikel). Aus dieser tritt der Bulbus
cordis = Bulbus arteriosus hervor, welcher in den kurzen Truncus
arteriosus übergeht. Letzterer teilt sich in zwei Äste, aus denen je drei
Arterien = 3 Aortenbögen entspringen (S. 75).

In den rechten Vorhof strömt das Blut der hinteren Hohlvene und
der beiden vorderen Hohlvenen. Die hintere Hohlvene bekommt rein
venöses Blut aus den Hinterbeinen, den Nieren, dem Darme und der
Leber. Die beiden vorderen Hohlvenen führen das im Kopfe und den
Vorderbeinen venös gewordene Blut sowie das von der Vena cutanea
magna empfangene, in der Haut arteriell gewordene Blut in den rechten
Vorhof. Die Vena cutanea magna enthält also rein arterielles Blut.
Den rechten Vorhof speist daher gemischtes, arteriell-venöses Blut. In
den linken Vorhof läuft aus den Lungengefäßen rein arterielles Blut.
Das Blut gelangt nach der Kontraktion der Vorhöfe in die gemeinsame
Herzkammer, von dort in den Bulbus cordis und weiter in die sechs
Aortenbögen.

Das Blut des rechten und linken Vorhofes mischt sich in der einzigen Herzkammer nicht vollständig. Vorspringende Scheidewände dieses Ventrikels
ermöglichen bei der zweiphasigen Ventrikelsystole, daß zuerst das rechts befindliche gemischte Blut aus dem rechten Vorhofe in den Bulbus gepreßt wird.
Dann erst folgt das rein arterielle Blut der linken Ventrikelseite aus dem linken

Vorhofe. Die Scheidewände innerhalb des Truncus arteriosus sorgen dafür, daß die erste Portion mit dem gemischten Blute (aus dem rechten Vorhofe bzw. rechten Seite der Herzkammer) in das dritte Aortenbogenpaar, d. h. in die zwei Arterien pulmo-cutaneae (s. unten) hineinfließt. Dieser Mechanismus leitet das an Kohlensäure reichste Blut in die Lungen und die Haut, wo es die Kohlensäure abgeben und genügend Sauerstoff aufnehmen kann. Außerdem kommt bei der ersten Kontraktionsphase der Herzkammer der übrige Teil des gemischten Blutes aus der rechten Kammerhälfte in den zweiten Aortenbogen (Aorta descendens, s. unten). Bei der zweiten Kontraktionsphase der Herzkammer gelangt das rein arterielle Blut in der linken Hälfte der Herzkammer (aus der linken Vorkammer) hauptsächlich in das erste Aortenbogenpaar, d. h. durch die Karotiden in den Kopf. So erhält das Zentralnervensystem das mit Sauerstoff am reichlichsten versehene Blut.

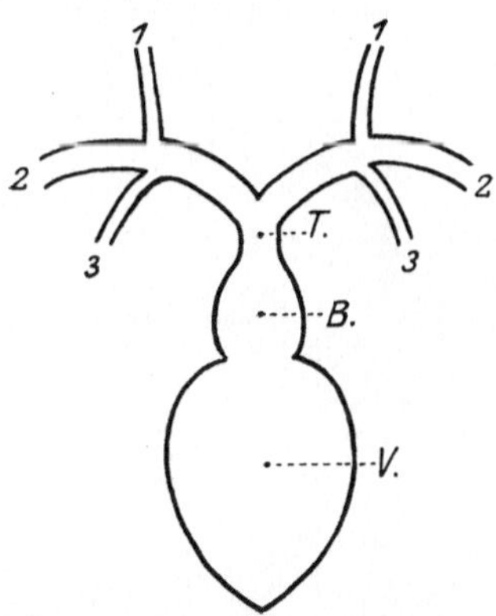

Abb. 59a. Herz mit den abgehenden Gefäßen (schematisch). — V. Ventrikel = Herzkammer. B. Bulbus cordis = bulbus arteriosus. T. Truncus arteriosus. 1. Vorderes Aortenbogenpaar. 2. Mittleres Aortenbogenpaar. 3. Arteria pulmo-cutanea.

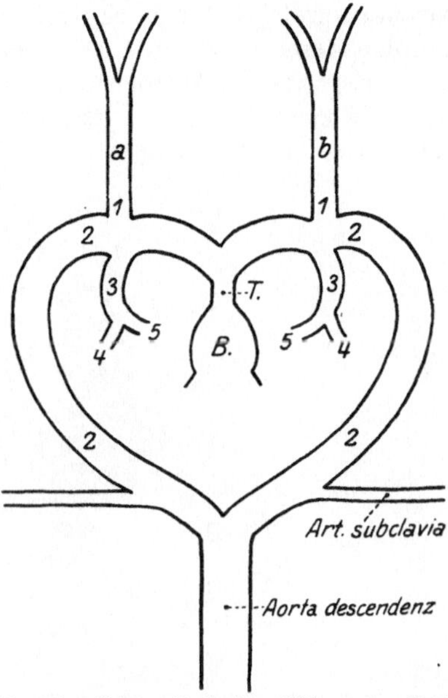

Abb. 59b. Schematische Darstellung des Kreislaufes beim Frosch. — B. Bulbus cordis = bulbus arteriosus. T. Truncus arteriosus. a. Art. carotis communis dextr. b. Art. carotis communis sin. 1. Vorderes Aortenbogenpaar. 2. Mittleres Aortenbogenpaar. 3. Art. pulmo-cutanea. 4. Art. cutanea magna. 5. Art. pulmonalis.

Die zwei Schemata (Abb. 59a u. b) dienen zur Erleichterung des Verständnisses dieses Blutkreislaufes. Von den drei Aortenbogenpaaren bildet das vorderste (1) die rechte (a) und linke (b) Art. carotis communis. Die beiden mittleren Aortenbögen stellen die stärksten Gefäße dar. Sie vereinigen sich dicht an der Wirbelsäule in der Höhe der Herzspitze zur Aorta abdominalis = Aorta descendens. Vor ihrer Vereinigung geben sie die Art. subclavia ab. Das letzte Aortenpaar (3) entspricht der Art. pulmo-cutanea (3). Nach kurzem dorsalen Verlauf beginnt ihre Teilung in die Art. pulmonales (5) und Art. cutanea magna (4). Die Art. pulmonales mit venösem Blute zieht zur Lunge und löst sich dort in ein feines Capillarnetz auf. Die Vena pulmonalis sammelt das rein arteriell gewordene Blut und mündet in den linken Vorhof. Die Art. cutanea magna mit venösem Blute gibt einen Zweig zur Mundschleimhaut und zwei zur Rückenhaut ab. Dort erfolgt ebenfalls Abgabe von CO_2 und

Aufnahme von O. Die Vena cutanea magna führt dieses arteriellisierte Blut zum rechten Vorhof.

In das Venensystem sind zwei sog. Pfortaderkreisläufe eingeschaltet: a) in den Nieren, b) in der Leber. Dabei verzweigen sich die Venenstämme, welche das in ihnen enthaltene Blut aus dem Capillarnetze den Arterien zurückleiten, noch einmal. Sie bilden abermals Capillaren und enden wiederum in ein gemeinsames abführendes venöses Gefäß.

Als Lymphherzen bezeichnet man kleine, kugelige, muskuläre Bläschen, welche durch rhythmische Kontraktion die Lymphe in dem Lymphsystem bewegen. Die beiden vorderen Lymphherzen finden sich beiderseits der Wirbelsäule hinter den Querfortsätzen des III. Wirbels. Die zwei hinteren Lymphherzen liegen unter der Rückenhaut in dem Winkel zwischen dem M. coccygeo-iliacus und dem M. piriformis.

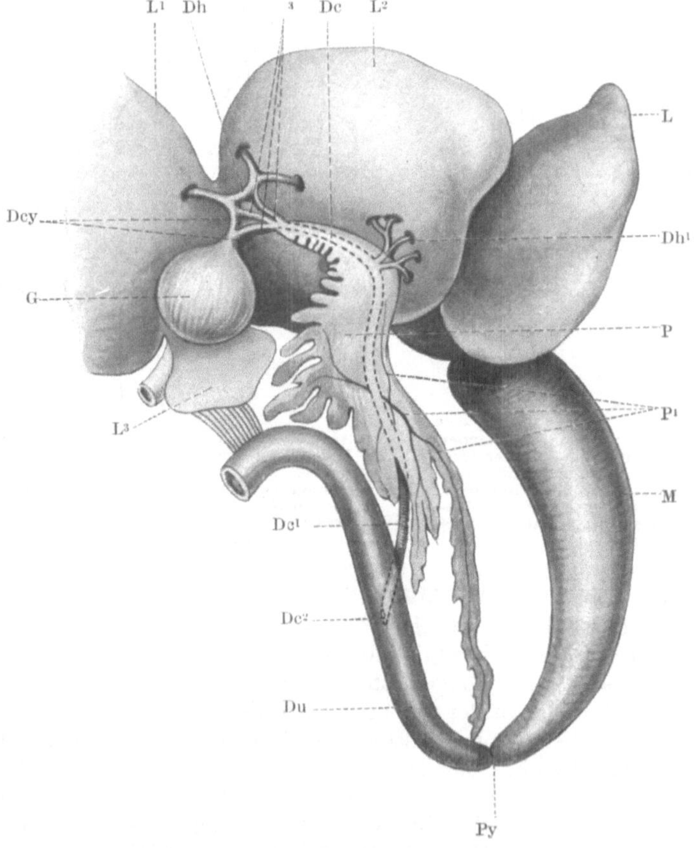

Abb. 60. Pankreas mit Ductus choledochus, Ductus pancreatici und Ductus hepatici. — L¹ Rechter Leberlappen. L Pars anterior des linken Leberlappens. L² Pars posterior des linken Leberlappens. L³ Lobus descendens der Leber. G Gallenblase. Dcy Ductus cystici. Dc Ductus choledochus. Dc Ductus choledochus, innerhalb des Pankreas (der Ductus ist punktiert). Dc¹ Extrapankreatischer Teil des Ductus choledochus. Dc² Einmündung des Ductus choledochus in das Duodenum. Dh, Dh¹ Ductus hepatici. P Pankreas. P¹ Ductus pancreatici. M Magen. Py Pylorus. Du Duodenum. (Aus ECKER und WIEDERSHEIM, Anatomie des Frosches.)

Der angelförmige Magen ist ein länglicher Schlauch, dessen Umfang etwa die doppelte Dicke des Duodenums beträgt. Die kleine Milz hängt dicht am Magen. Die sehr große, meist in drei Lappen geteilte Leber nimmt den größten Teil der oberen Bauchgegend ein. Brücken aus Lebersubstanz verbinden die einzelnen Lappen. Die Gallenblase hebt sich deutlich ab. Ihr Ductus cysticus vereinigt sich mit den Ducti hepatici zu dem Ductus choledochus. Dieser mündet mit dem Ductus pancreaticus zusammen in den Anfang des Duodenums. In der Schlinge zwischen dem Magen und dem aufsteigenden Anfangsteile des Dünndarmes kommt das Pankreas zum Vorschein. Es stellt ein langgestrecktes Gebilde dar mit zahlreichen lappigen Fortsätzen. Rana temporaria (s. oben) hat einen kürzeren Dünndarm als Rana esculenta. Vor und über den Nieren sehen wir den Fettkörper, von dem das Tier während des Winterschlafes zehrt.

Die Hoden sitzen als bohnenförmige Körper dem Kopfende der Nieren auf. Die ausführenden Samengänge treten in die Nieren ein und kommunizieren mit den Harnkanälchen. Der Ductus deferens führt sowohl die produzierten Spermatozoen als auch das Excret der Niere in die Kloake. Dieser gemeinschaftliche Harnsamenleiter erweitert sich vor dem Eintritt in die Kloake zu einer Samenblase, vesicula seminalis. Von der Kloake aus fließt der Urin durch den Harnblaseneingang in die Harnblase. Letztere entsteht als ventrale Aussackung der Kloakenwand. Der Harnleiter (Ureter) und der Ausführungsgang der Harnblase (Urethra) endigen also getrennt voneinander in die Kloake. Auf die Blutversorgung der Nieren (Nierenpfortadersystem) wurde bereits oben hingewiesen. Beim Weibchen leitet der Ductus deferens nur den Harn ab. Dieser Gang heißt also hier richtiger: Ureter.

Das Ovarium besteht aus einem dünnhäutigen Sack, welchen Scheidewände in zahlreiche Kammern einteilen. In diesen Kammern (= Ovarialtaschen) entstehen die Eier. Die gereiften Eier fallen in die offene Bauchhöhle. Durch bewegliche Wimperzellen des Peritoneums werden sie nach der Öffnung des Eileiters (= Oviduct) bewegt. Von da gelangen sie in den Uterus, welcher in die Kloake mündet.

Lebensweise. Der Frosch bewohnt Europa, Afrika, Asien und Amerika. In Irland fehlt er. Während seines 5—7 Monate langen Winterschlafes hält er sich im Schlamm auf. Zurückgekehrt ans Tageslicht, häuten sich die Tiere im Frühjahr. Im Sommer kann sich die Häutung mehrmals wiederholen.

Die Paarung geschieht beim Grasfrosch Ende Februar, diejenige beim Wasserfrosch erst Ende Mai oder Anfang Juni. Bei der Kopulation umklammert das Männchen das Weibchen mit seinen Vorderbeinen. In dieser Umklammerung bleiben die Männchen 4 Tage bis 4 Wochen auf dem Rücken der Weibchen sitzen und warten auf das Laichen derselben. Die Entwicklung der Ovarien, der Follikelsprung und die Entleerung der Eier in die Eileiter wird durch die Umklammerung des Männchens angeregt. Warme Witterung verkürzt diese Paarungszeit. Das Weibchen legt im Jahre bis 4000 Stück Eier, genannt Laich. Wenn das Weibchen die Eier fallen läßt, so ergießt sofort das Männchen seinen Samen darüber. Wegen des Fehlens der äußeren Geschlechtsorgane

(s. oben) erfolgt die Befruchtung erst außerhalb des weiblichen Organismus im Wasser. Die von einer Gallerthülle umgebenen Eier sehen wie kleine gelbliche Kugeln aus. In diese bohren sich sofort die Spermatozoen ein. Dadurch tritt die Befruchtung ein. Nach $2^1/_2$ bis 3 Stunden beginnt die Teilung. Froscheier eignen sich vorzüglich zum Studium der Ontogenie. Je nach der Wärme dauert es 1—3 Wochen, bis die Larven aus den Eihüllen entschlüpfen.

Vielfach steigt der Laich vom Grunde des Gewässers nach der Oberfläche empor, um von den Sonnenstrahlen unmittelbar getroffen zu werden. Dieses Verhalten gebietet bei der Zucht besondere Berücksichtigung.

In diesem Stadium führen sie den Namen Kaulquappen (= Froschlarven). Ihre Gestalt gleicht der eines Fisches. Der Kopf geht unmittelbar in den fußlosen Rumpf über. Sie besitzen zur Fortbewegung einen Ruderschwanz. Die Kiemen haben die Funktion der Atmung. An Stelle der äußeren Kiemen treten bald innere Kiemen, welche die Körperwand bedecken. Betreffs der Nahrung vergleiche die Angaben auf S. 79. Mit dem fortschreitenden Wachstume bildet sich der Ruderschwanz allmählich zurück, Hinter- und Vorderbeine sprossen hervor und der Kopf gestaltet sich froschähnlicher. Die Tätigkeit der Kiemen, das Blut mit Sauerstoff zu versorgen, übernehmen die Lungen. Der junge Frosch ist ein Luftatmer. Ein Rest des Schwanzes, der später vollständig verloren geht, erinnert an sein Larvenstadium. Nach drei Monaten hat sich aus dem befruchteten Ei ein Frosch gebildet. Nach den Versuchen HERTWIGS begünstigt eine warme Temperatur die Entstehung von Weibchen. Die Frösche erreichen in der Gefangenschaft ein Alter bis zu 8 Jahren.

Der Frosch verbringt seine erste Jugend ausschließlich im Wasser; später ziehen die Rana temporaria und Bufo vulgaris das Land vor. Rana esculenta hält sich meist im Wasser oder in dessen unmittelbarer Umgebung auf. Die Körpertemperatur paßt sich dem umgebenden Medium an, da die Froschlurche wechselwarme Tiere (= poikilotherm) sind. Zu große Wärme schadet ihnen. Frösche im Wasser mit 37° C gehen schnell zugrunde. Die Haut verlangt Schutz vor Austrocknung. Denn zum großen Teil nimmt die Haut den zum Leben notwendigen Sauerstoff auf. In einem trockenen Raume dörrt ein Frosch innerhalb 6 Stunden so zusammen, daß er stirbt. Ein Frosch kann höchstens 10 Minuten unter Wasser bleiben. Danach muß er an die Wasseroberfläche kommen, um frische Luft einzuatmen.

Die Kröte lebt stets auf dem Lande in schattigen und feuchten Schlupfwinkeln. Sie gehört zu den Nachttieren. Nur während der Laichzeit besucht die Bufo vulgaris das Wasser. Bei der Paarung (= Umklammerung, s. oben) verweilen Weibchen und Männchen einen bis mehrere Tage, nicht selten 2—3 Wochen, im Wasser. Als Vertilgerin des Ungeziefers, vor allem der Nachtschnaken, gilt sie für den Menschen als eines der nützlichsten Tiere. Asseln, Nachtinsekten, Raupen, Regenwürmer und Spinnen bilden ihr Lieblingsfutter.

Als **Stallung** dient ihnen kein Aquarium, sondern ein Terrarium. Dasselbe enthält feuchtes Moos, rauhe Steine oder Pflanzen als Stützpunkte, an denen sie sich halten können, eine kleine Sandfläche und ein Wasserbecken. In dieses mündet bodenwärts eine Rohrleitung, welche fortwährend frisches Wasser zuführt. Das Abflußrohr ragt bis an die Wasseroberfläche. Beide Öffnungen tragen ein feines pilzhutförmiges Sieb. Letzteres verhütet, daß der Frosch in die Leitung gerät oder beim Daraufsitzen auf dem Rohre den Abfluß behindert. Durch eine derartige Rohranlage wird das Wasser mit genügend Sauerstoff für die Tiere gesättigt. Das fließende Wasser sorgt für das Verschwinden der Fáces und des abgesonderten Hautschleimes. Wasserfrösche, Landfrösche und Erdkröten setzt man in getrennte Terrarien. Bei geheiztem Raume und einer Wassertemperatur zwischen 8—20 ° C fühlen die Tiere sich wohl und halten keinen Winterschlaf.

Die erste **Nahrung** der Larven besteht in den gallertartigen Eihüllen. Später verzehren sie abgestorbene Pflanzenstoffe und mikroskopisch kleine Tierchen, welche in den Algenfilzen leben. Die Algenfilze überziehen die Steine und größere Pflanzen. Auch Tierleichen benagen die Kaulquappen gern. Als ausgewachsener Frosch macht er Jagd auf allerlei Insekten, Schnaken und anderes Kleingetier. Wenn er einen schwächeren, kleineren Frosch, selbst seiner eigenen Art, überwältigen kann, so frißt er ihn. Deshalb müssen die Froschlurchen auch nach der Größe voneinander getrennt werden. Der Frosch gehört zu den reinen Fleischfressern. Pflanzliche Kost rührt er nicht an. Insekten, Käfer, Fliegen, Spinnen, Würmer, Schnecken mit und ohne Gehäuse, junge Fische, Teichmolche, kleine Eidechsen, junge Nattern dienen ihm zur Ernährung. Im Terrarium füttern wir die Anura mit Mehlwürmern sowie mit kleingehacktem Fleisch, wozu auch die Abfälle von Versuchsfröschen zu Verwendung gelangen (Zwangsfütterung s. S. 142 Abb. 120).

Niemals trinkt ein Frosch oder eine Kröte Wasser, obgleich dieses und die Feuchtigkeit unentbehrlich für seine wichtige Hautatmung sind. Das Wasser diffundiert durch seine Haut in den Körper. Wenn auch der Frosch ein nimmersattes Tier ist, so vermag er wochenlang nichts zu fressen. Während des Winterschlafes nimmt er ebenfalls keine Nahrung zu sich. Im warmen Terrarium halten die Frösche und Kröten keinen Winterschlaf (vgl. oben).

Für das **Fangen** der Frösche bewähren sich kleine Fischnetze. Diese hängen an einem Ringe, welcher mit einem Stabe in Verbindung steht. Das Ergreifen des Tieres geschieht von vorne her mit der ganzen Hand.

Abb. 61. Fangnetz.

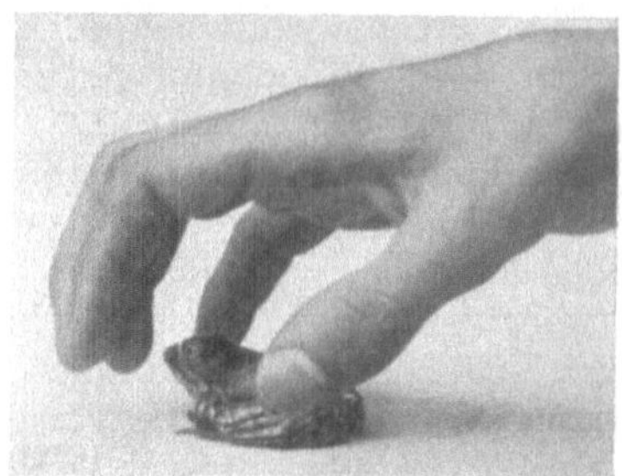

Abb. 62. Das Ergreifen des Frosches mit der Hand.

Eine **Markierung** fällt bei Fröschen fort. Jeder Versuchsfrosch kommt in einen besonderen Behälter für sich allein. Dieser trägt die Nummer des Protokolls.

Beim **Halten** werden der Frosch und die Kröte wegen ihrer schlüpfrigen Haut in ein kleines Tuch eingeschlagen (Abb. 120 S. 142). Der Froschhalter nach W. Trendelenburg für Rückenmark- und Gehirneingriffe leistet die besten Dienste. Weil die Hautatmung bei den Fröschen und Kröten eine hervorragende Rolle spielt, so muß die Haut naß bleiben, vorausgesetzt, daß die Versuchsanordnung nicht dagegen spricht.

Krankheiten. Den Frosch suchen eine Anzahl Parasiten heim, welche sich ebenfalls zu Experimenten eignen.

In der Lunge fristen oft drei Wurmarten ihr Dasein: a) Rhabdonema nigrovenosum, b) Distomum cylindraceum und Distomum variegatum. Die Gallenblase enthält zuweilen Distomum crystallinum. In der Harnblase werden Polystomum integerrimum und Distomum cygnoides angetroffen. Der Darmkanal beherbergt Distomum clavigerum und Distomum retusum. In dem Enddarm und der Kloake halten sich drei Vertreter der Protozoen auf: Opalina ranarum, Balantidium entozoon und Nyctotherus cordiformis.

XIII. Schwanzlurche, Urodela.

Aus der Ordnung (S. 6 unten) der Schwanzlurche, Urodela, wählen wir zum Experimentieren den Feuersalamander, Salamandra maculosa. Urodelen und Anuren bilden die Klasse der Lurche = Amphibia.

Die Salamanderlarven liefern für Zellteilungsstudien ein begehrtes Material. Auch in entwicklungsgeschichtlicher Hinsicht bietet das ausgewachsene Tier ein vorzügliches Objekt.

Anatomische Bemerkungen. Diese wechselwarmen, mit nackter Haut bedeckten Wirbeltiere besitzen im Gegensatz zu den Fröschen und Kröten einen Schwanz. Der langgeschwänzte Körper von 14—23 cm Länge hat einen gestreckten, eidechsenartigen Bau. Die Haut übt, wie beim Frosche (S. 73 u. 74), die Funktionen eines Atmungsorganes aus. Der gewöhnliche Feuersalamander sondert in einigen Hautdrüsen der Nacken-, Rücken- und Schwanzwurzelgegend ein dickflüssiges Secret ab. Dieses wirkt zuerst erregend, später lähmend auf die in der Medulla oblongata gelegenen automatischen Zentren, insbesondere auf das Respirationszentrum.

Die Tiere bewegen sich auf ihren kurzen Beinen sehr langsam fort. An den Vorderfüßen sind vier, an den hinteren Füßen fünf Zehen vorhanden.

Der Bau des Herzens stimmt zum großen Teile mit demjenigen des Frosches überein. Jedoch entsendet der Truncus arteriosus beiderseits vier Aortenbögen (S. 75). Die Aorta descendens setzt sich aus zwei Aortenwurzeln zusammen, welche von dem zweiten und dritten Aortenbogen jeder Seite entstammen. Das Venensystem gleicht dem der Anuren (S. 75). Die große Vena cutanea magna führt arterielles Blut. Das größte Gefäß stellt auch beim Salamander die Vena cava inferior dar.

Die übrigen Organe zeigen im wesentlichen eine Übereinstimmung mit denen des Frosches. Die Weibchen verfügen über eine Samentasche, in welcher sie den männlichen Samen aufspeichern (vgl. unten). Das Männchen besitzt einen Penis. Der Urogenitalapparat steht bei der Schwanzlurche auf einer sehr niedrigen Entwicklungsstufe. Der WOLFFsche und MÜLLERsche Gang lassen sich bei beiden Geschlechtern leicht nachweisen. Wie beim Frosch (S. 77), so befördert auch beim Feuersalamander der WOLFFsche Gang den Harn und den Samen.

Lebensweise. Die Feuersalamander gehören zu den Vivipari, d. h. sie bringen lebendige Junge zur Welt. Die Paarung findet auf dem Lande statt. Die Tragzeit des Salamanderweibchens dauert fast ein ganzes Jahr. Die Weibchen bewahren in ihrer Samentasche die Samenzellen auf. Diese befruchten die nach einem im Mai erfolgten Wurfe heranreifenden Eier, welche sich bis zum Herbste zu großen Keimlingen entwickeln. Die Jungen wachsen bis zu stark beweglichen Larven im Uterus des Weibchens heran. Sie erblicken erst im darauffolgenden Frühjahre, meist im Mai, das Licht der Welt.

Nach BREHM werden also bei einem Weibchen, dessen Eier z. B. im Mai 1926 mit den im Jahre 1925 von außen durch Begattung aufgenommenen und fast 1 Jahr lang in der weiblichen Samentasche aufbewahrten Samenzellen befruchtet. Das Weibchen nimmt dann wieder frischen Samen auf. Erst im Frühjahr 1927 kommen die aus den im Mai 1926 befruchteten Eiern entstandenen Jungen zur Welt. Inzwischen geht die Befruchtung der herangereiften Eier mit dem aus dem Frühjahre 1926 aufgenommenen Samen vonstatten.

Meist wirft die Mutter auf einmal 10—20 vierbeinige, kiementragende Junge. Diese sind etwa 25—30 mm groß und verfügen über einen Ruderschwanz. Daher erhält man im Frühjahr ein reichliches Material, welches sich zu Zellteilungsstudien vortrefflich eignet (s. oben). Während ihres Jugendstadiums als Larven leben die Salamander von Würmern und kleinen Krebstierchen. Nach einiger Zeit wandeln sich die Schwanzlurche im Wasser zu Lungenatmern um und verlassen das nasse Element zwischen Juni und August. Erst nach zwei Jahren beginnt die Fortpflanzungsfähigkeit. Über das Alter weichen die Angaben ab.

Der Feuersalamander lebt in Mitteleuropa auf dem Flachlande und in den Bergen bis höchstens 1000 Meter. In den hochgelegenen kalten Gebieten hat er infolge des Temperatureinflusses weniger Nachkommen und setzt diese auch in einem ausgereifteren, späteren Entwicklungsstadium ab. Salamandra maculosa verlangt Schatten und Feuchtigkeit. Feuchte Wälder, tiefe Täler usw. bilden seinen Aufenthalt. Gegen Sonne und Trockenheit muß er sich wegen seiner wichtigen Hautatmung schützen (vgl. unten). Aus seinen Schlupfwinkeln wagt sich das Tier nur bei Regenwetter hervor. Der Feuersalamander sucht als ausgesprochenes Landtier nur das Wasser auf, um die Larven darin abzusetzen. Von Ende Oktober bis Anfang April dauert sein Winterschlaf.

Stallung. Ein Terrarium mit einem kleinen Wasserbassin dient den Schwanzlurchen zur Unterkunft. Außerdem enthält es feuchtes Moos, Erde, Steine und grüne Pflanzen. Zur Aufstellung soll ein gegen Sonnenstrahlen geschützter Platz gewählt werden. Für einen gewissen Feuchtigkeitsgehalt der Luft ist zu sorgen. Das Wasser wird fortwährend durch Zu- und Ablauf, wie bei Fröschen (S. 79), erneuert. Der Züchter trennt die jungen Larven von den ausgewachsenen Tieren.

Nahrung. Insekten, Spinnen, Würmer, kleine Krebstierchen, Regenwürmer, Nacktraupen, Nacktschnecken u. dgl. dienen ihnen zum Futter.

Fangen. Die Zoologen fangen den Salamander wegen seiner giftigen Hautabsonderung mit kleinen Netzen (S. 79, Abb. 61), welche an einem Stiele befestigt sind. Oder man zieht Lederhandschuhe an und ergreift die langsam sich fortbewegenden Tiere mit der Hand.

Markierung. Jedes Versuchstier kommt in eine abgetrennte Abteilung des Terrariums, welche die Nummer des Versuchsprotokolls trägt.

Halten. Auch hierbei ziehen wir Handschuhe aus Leder oder Gummi an und wickeln das Tier in ein kleines Tuch ein. Nach eingeleiteter Narkose erfolgt das Aufspannen an den Extremitäten mit dicken Seidenfäden.

Krankheiten. Angaben über Erkrankungen des Feuersalamanders habe ich nicht finden können.

XIV. Fisch, Piscis.

Von den Fischen werden am häufigsten der Hundshai, Scyllium canicula, und die Plötze, Leuciscus rutilus, zu Versuchszwecken verwendet. Nach STEINER eignen sich für Studien am Zentralnervensystem von den Knorpelfischen (s. unten) die Haifische des Mittelmeeres, Störe und Rochen. Von den Knochenfischen (s. unten) wählt man die Barbe, den Karpfen, Lachs und Hecht. Für Herzversuche benutzen wir die Selachier (s. unten), Rochen und Torpedineen (SCHÖNLEIN). Der Lanzettfisch, Amphioxus lanceolatus, sowie die Rundmäuler, Cyclostomata, bilden je eine Klasse der Wirbeltiere für sich. Viele Autoren rechnen letztere jetzt nicht mehr zu den Fischen.

Amphioxus lanceolatus ist der einzige Vertreter der Klasse der Leptocardii, = Röhrenherzen. Er besitzt eine Chorda dorsalis, d. h. eine ungegliederte Wirbelsäule. Der Schädel und die paarigen Extremitäten fehlen. Der vordere Darmabschnitt funktioniert als Atmungsorgan und wird mit Kiemendarm bezeichnet. Ein seitlicher, rechts liegender Blindsack des Darmes entspricht der Leber. Der Lanzettfisch vertritt die niedrigste Form der Wirbeltiere.

Auch die Cyclostomata haben noch eine Chorda dorsalis. Der knorpelige Schädel läßt die Kiefer vermissen. Die kreisrunde Mundöffnung (deshalb Rundmäuler genannt) dient zum Ansaugen. Die Klasse der Cyclostomata verfügt über zwei Ordnungen (S. 6 unten). 1. Myxinoides. Dieses sind glatte, schlüpfrige Meerfische, Inger, Schleimaale, 2. Petromyzontes, Neunaugen. Bei ihnen steht das Gehirn und die Sinnesorgane auf einer höheren Entwicklungsstufe. Die Chorda dorsalis trägt Knorpelbögen. Die Larvenform (S. 78) der Neunaugen heißt Ammocoetes, = Querder. Erst nach vier Jahren entsteht aus ihm das geschlechtsreife Petromyzon.

Die Zoologen teilen die Fische in Knorpel- und Knochenfische ein. Bei den Knorpelfischen bleibt das Skelett dauernd knorpelig. Zu ihnen gehören die Selachii ($\sigma\acute{\epsilon}\lambda\alpha\chi\varrho\varsigma$ Haifisch). Als die erste Unterordnung

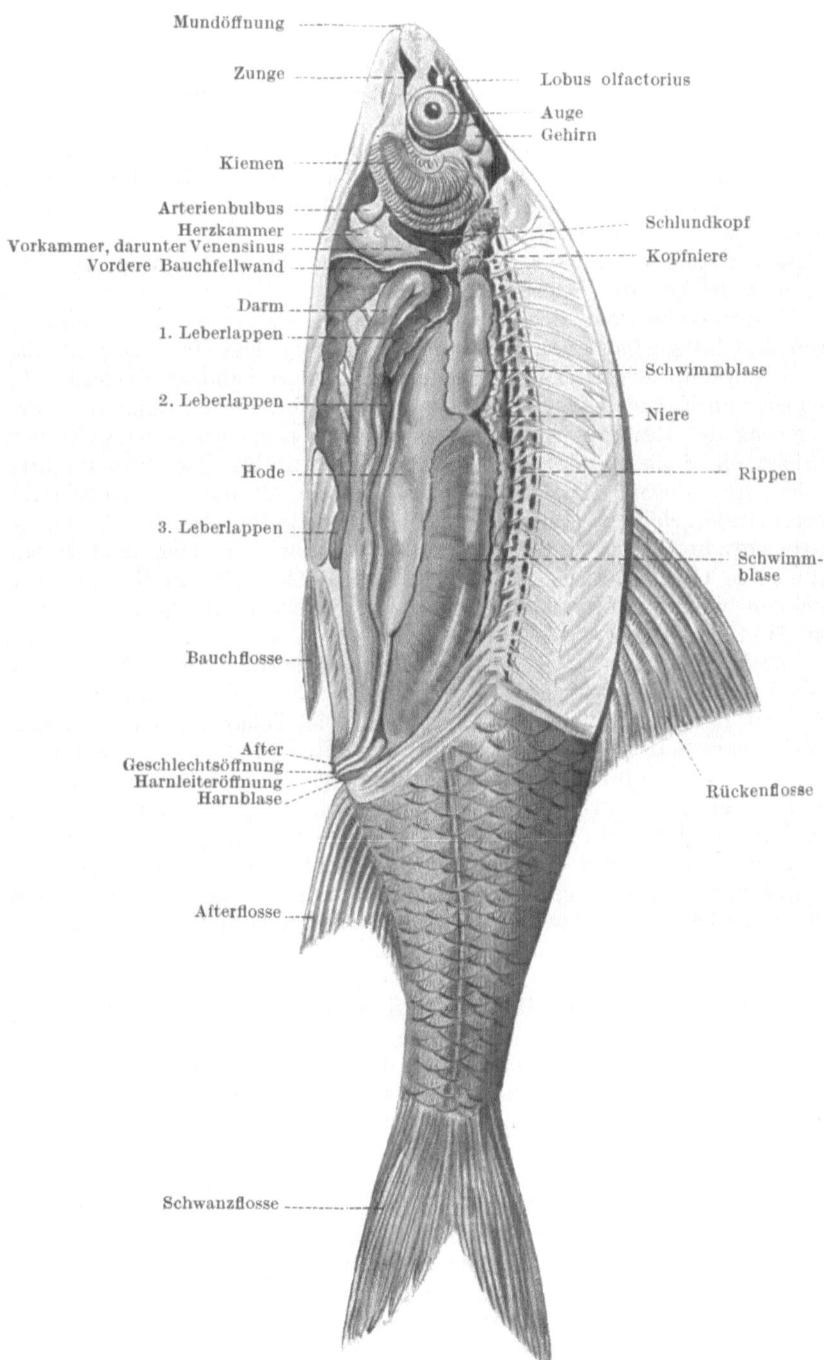

Abb. 63. Situs eines Fisches (aus KÜCKENTHAL).

6*

der Selachier gelten die Squalidea = Haie. Ein Vertreter von diesen, der Hundshai = Scyllium canicula, erreicht eine durchschnittliche Länge von 40 cm. Die zweite Unterordnung der Selachier stellen die Rajidea = Rochen dar, die dritte Unterordnung die Holocephala.

Die Knochenfische, Teleostei, besitzen ein stark verknöchertes Skelett. Eine der vier Unterordnungen von den Knochenfischen sind die Physostomi, zu denen die Plötze, = Leuciscus rutilus, gehören. Dieses Tier mißt etwa 30 cm Länge.

Alle Fische bewohnen als wechselwarme Tiere das Wasser. Die Atmung erfolgt stets durch Kiemen.

Anatomische Bemerkungen. Die typische Fischgestalt hat Spindelform und ist seitlich etwas zusammengedrückt. Die Haut besteht aus einer dünnen, unverhornten Epidermis. Diese sondert Schleim ab, welcher den Körper bedeckt. Dadurch gleitet der Fisch infolge der Verringerung der Reibung leichter durch das Wasser. Ebenso schafft der Schleim ein Schutzmittel gegen das Erfassen durch Fischräuber (Giftfische, vgl. unten). Die Cutis enthält kleine, dünne, dachziegelartig übereinandergelagerte Knochenplatten. Diese Schuppen sind schwanzwärts gerichtet. Oft finden sich größere Knochenplatten oder selbst zahnartige Gebilde, z. B. bei einigen Haien. Als Placoidschuppen bezeichnen wir rhombische Plättchen, auf deren Mitte spitze Höcker, sog. Hautzähne, hervorspringen.

Der komplizierte Bau des Kopfskelettes fällt im Gegensatz zu dem einfachen Rumpfskelett auf. Der Schädel bleibt bei den Selachiern während des ganzen Lebens knorpelig. Die Teleostier tragen einen knöchernen Schädelknochen. Kopf und Rumpf haben miteinander eine feste Verbindung. Der Hals fehlt. Ein beweglicher Hals würde der Fortbewegung im Wasser hinderlich sein. An jedem Wirbel haften ein oberes und unteres Bogenpaar. Das obere Paar umgibt das Rückenmark und wird durch einen unpaaren Dornfortsatz geschlossen. Der Rumpf geht in seiner ganzen Breite am Ende der Leibeshöhle in den Schwanz über. Dieser setzt sich nicht deutlich vom Rumpfe ab. Andeutungen des Schulter- und Beckengürtels kann man erkennen. Die vorderen Extremitäten treten als paarige Brustflossen, die hinteren Gliedmaßen als paarige Bauchflossen auf. Die unpaaren Rücken-, Schwanz- und Afterflossen entstehen aus einer medianen Hautfalte. Die Skeletteile der Flossen hängen mit der Wirbelsäule nicht zusammen. Dagegen weisen die Strahlen der Schwanzflossen eine feste Vereinigung mit den letzten Wirbeln auf. Bei sämtlichen Fischen vermissen wir ein Brustbein.

Bei dem langgestreckten Hirn imponieren die großen Lobi olfactorii und das gut entwickelte Hinterhirn. Eine epitheliale Schicht ersetzt die Gehirnrinde. Das große Fischauge hat eine flache Hornhaut und eine fast kugelförmige Linse. An letztere tritt ein den Glaskörper durchsetzender Fortsatz der Aderhaut, der Processus falciformis, heran. Dieser schwillt an der Linse zu der muskulösen Campanula Halleri an. Seine Tätigkeit regelt die Akkomodation der Linse. Die Augenlider fehlen den meisten Fischen. Die drei großen Bogengänge dienen offenbar nur dem Gleichgewichtssinn, also zur Orientierung im Raume. Weder ein äußeres Ohr noch Gehörgang, Trommelfell, Gehörknöchelchen sowie Schnecke sind vorhanden. Anscheinend können die Fische nicht hören. Zwei am Kopfende liegende Gruben bilden die Nase, in welcher das Wasser ein- und ausströmt. Die Fische benutzen dieses Riechorgan nicht zum Atmen. Die Zähne kommen in allen Teilen des Maules vor. Die Tiere gebrauchen sie nur zum Festhalten der Beute oder zum Abbeißen bzw. Abreißen der Nahrung. In der Mundhöhle kann das Futter nicht zerkaut werden, weil fortwährend Atemwasser das Maul durchströmt. Der häufige Zahnwechsel deutet auf einen scheinbar unbegrenzbaren Zahnersatz hin. Über Giftapparate s. unten. Die kleine Zunge ist meist unbeweglich.

Ein Herzbeutel umhüllt das Herz. Dieses besteht aus einem Vorhofe, einer Herzkammer und einem Conus arteriosus. Der Blutkreislauf gestaltet sich denkbar einfach. Das mit Kohlensäure beladene venöse Blut des gesamten Körpers sammelt sich zunächst in einem Sinus venosus (S. 75) und fließt durch die Vorkammer in den Ventrikel. Dieser pumpt das venöse Blut in den Conus arteriosus. Von dort gelangt es in die Aorta ascendens, hier Kiemenarterienstamm genannt, welche in der Mittellinie kopfwärts verläuft. Von diesem Hauptgefäße zweigen sich 4 Paare Kiemenarterien ab, welche zu den 4 Kiemenpaaren ziehen und sich dort in ein Gefäßnetz auflösen. Die abführenden Kiemengefäße mit dem arteriell gewordenen Blute vereinigen sich zu der Aorta descendens, nachdem sie die Carotiden abgegeben haben. Das Blut passiert also nur das Herz, kehrt aber nicht, wie bei Warmblütern, ins Herz nach dem Durchströmen der Kiemen zurück. Weil das Fischherz nur venöses Blut enthält, wird es als „venöses Herz" bezeichnet.

Die Kiemen üben die Funktion der Lungen aus. Im hinteren Teile des Maules sehen wir jederseits vier spaltenförmige Öffungen = Kiemenspalten. Die zwischen den Spalten stehenden Balken stützen die Kiemenbogen. Diese tragen zwei Reihen Kiemenblättchen. Kiemendeckel schützen letztere vor Verletzungen. — Die Fische nehmen das stets lufthaltige Wasser in den Mund, schließen diesen und pressen das nasse Element sofort durch die Kiemenspalten wieder heraus. Bei der Umspülung der Kiemenblättchen kommen die Blutgefäße mit dem Wasser in innige Berührung. Das Blut nimmt den im Wasser enthaltenen Sauerstoff auf und gibt an das Wasser die Kohlensäure ab = Arteriellisierung des Blutes. Dieser Vorgang macht es verständlich, daß das Wasser stets erneuert werden muß und möglichst viel Sauerstoff enthalten soll (s. unten).

Die kurze, trichterförmige Speiseröhre endigt in einem weiten schlauchförmigen Magen. Der Dünndarm besitzt bei den Selachiern korkzieherartige Spiralklappen. Diese sind in Spirallinien an der Darmwand befestigt, lassen im Innern des Darmes Hohlräume frei und tragen zur Vergrößerung der Darmoberfläche bei. Das Rektum tritt in die Kloake ein. Bei Scyllium canicula erkennt man am Enddarme die Analdrüse = Afterdrüse als kleinen, dickwandigen Anhang. An der großen gelappten Leber hängt eine Gallenblase. Der weite Ductus choledochus und der Ausführungsgang des Pankreas münden dicht nebeneinander ins Duodenum. Die relativ große Milz liegt links dem Magen an.

Beim männlichen Hundshai können wir zwei langgestreckte Hoden mit ihren dazu gehörigen Nebenhoden feststellen. Die Samenleiter erweitern sich an ihrem Ende zu Samenbläschen und einem Blindsack. In diesen endigen die Harnleiter. Ureter und Vas deferens bilden sodann einen Sinus urogenitalis, dessen Ausgang in die Kloake (S. 52 unten) führt. Bei der Plötze vereinigen sich die beiden Harnleiter kurz vor ihrem Eintritt in die Harnblase, welche dem Scyllium canicula fehlt. Der Ausführungsgang der Geschlechtsorgane tritt bei Leuciscus rutilus in die Vorderwand des Harnblasenhalses ein. Beim Hundshai ist der Anfangsteil jedes Eileiters zu einem runden Körper, dem sog. Nidamentalorgane, ausgedehnt. Dieses besteht aus einer Kitt- (= Eiweiß) drüse und der Schalendrüse. Letztere sondert die hornige Eischale ab. Der Eileiter hat an seinem Ende nochmals eine Ausbuchtung = Uterus und geht in die Kloake. Die Harn- und Geschlechtsorgane verharren bei den Fischen noch auf einer niedrigen Entwicklungsstufe, so daß vielfach nur vom WOLFFschen Körper, WOLFFschen Gang bzw. MÜLLERschen Gang gesprochen wird (vgl. dazu die Bücher der Entwicklungsgeschichte).

Die Entleerung der Eier und des Samens erfolgt bei den einzelnen Fischen auf verschiedene Weise (vgl. unten). Bei den Teleostiern vereinigen sich meist die Eileiter und enden als eine unpaare Öffnung hinter dem After. Die reifen Eier gelangen daher direkt nach außen. Beim Hundshai kann die Entwicklung des befruchteten Eies im Uterus stattfinden. Die zwei knorpeligen Penes des Hundshais, Pterygopodien, besitzen an der medianen Seite eine offene Samenrinne. In dieser fließt der Samen bei der Begattung entlang.

Die Fische verfügen noch über zwei wichtige Organe, die sog. Seitenlinie und die Schwimmblase.

Die Seitenorgane liegen am Kopfe in mehreren gewundenen Linien, am Rumpfe beiderseits in einer Längslinie. Es handelt sich um kleine Kanäle, welche anscheinend ein Sinnesorgan auskleiden. Die Seitenorgane werden als sechster Sinn aufgefaßt, der die feineren Strömungen des Wassers wahrnimmt und vielleicht über den Druck und Salzgehalt oder Verunreinigung des Wassers den Fisch unterichtet.

Die Schwimmblase, eine Ausstülpung des Darmes, fehlt etwa einem Drittel aller Fische, so z. B. den Haifischen. Sie stellt einen häutigen Sack dar, welcher unter der Wirbelsäule über der Bauchhöhle lagert und aus einem oder mehreren Teilen besteht. Im allgemeinen bedeutet die Schwimmblase kein Hilfsorgan der Atmung, sondern funktioniert als hydrostatisches Organ. Ihr Füllungszustand entspricht dem jeweilig herrschenden Wasserdrucke. Dadurch können die Pisces die höheren und tieferen Wasserschichten aufsuchen. Die Schwimmblase gestattet also ein Steigen und Sinken im Wasser. Dieselbe steht bei manchen Fischen durch einen Luftgang mit dem Darmkanal in Verbindung. Das Tier kann sie beliebig zusammendrücken, d. h. verkleinern. Die Schwimmblase enthält hauptsächlich reinen Sauerstoff, welchen die sie umspinnenden feinen Blutgefäße abscheiden. Die Dipnoi ($\delta\iota\varsigma$ doppelt, $\pi\nu\acute{\epsilon}\omega$ atmen), Lurchfische, atmen außer durch die Kiemen zeitweise auch durch die Schwimmblase. Bei diesen Tieren hat die Schwimmblase einen gekammerten Bau und ist lungenartig umgebildet.

Kurz seien noch die zahlreichen Giftfische erwähnt, welche durch ihren Biß oder durch Stichwunden Vergiftungen hervorrufen. Ferner sondern einige Fische ein giftiges Hautsecret aus ihren Hautdrüsen ab.

Von den Cyclostomata, welche wir nicht zu den Pisces rechnen (s. oben), scheiden die Pricke (= Flußneunauge, Petromyzon fluviatilis) und die Lamprete (= Meerneunauge, Petromyzon marinus) ein giftiges Secret aus ihren Hautdrüsen ab. Die klinischen Erscheinungen äußern sich in gastroenteritischen Beschwerden und blutigen, ruhrartigen Durchfällen.

Das Blut der Aale und der Muräne übt ebenfalls Giftwirkung aus. Die Muraena helena besitzt einen Giftapparat, deren scharfe Hakenzähne mit den Giftzähnen der Schlangen (S. 62) zu vergleichen sind. In der Gaumentasche befinden sich taschenartige Einsenkungen, in welchen Giftdrüsen liegen. Beim Zubeißen pressen sie das giftige Secret in die Wunde.

Die Acanthopterygii verfügen über Giftdrüsen, welche in Verbindung mit den Rückenflossen oder mit den Stacheln an dem Kiemendeckel oder am Schultergürtel stehen. Stärkste Schmerzhaftigkeit sowie eine rasche Anschwellung der Wundumgebung kennzeichnen diese Vergiftung. Bald danach färbt sich die Umgebung der Stichwunde blau. Gewebsnekrose tritt ein. Nicht selten entwickeln sich rasch fortschreitende Phlegmonen, welche den Verlust des verwundeten Fingers bedingen. Auch Herzbeängstigungen und Atemnot machen sich bemerkbar. Unregelmäßiger Puls, Delirium und Krämpfe kündigen den eintretenden Tod an.

Von den Giftfischen unterscheiden die Zoologen die „giftigen" Fische. Insbesondere die Geschlechtsorgane oder deren Produkte enthalten Gift. Jeder kennt den giftigen Rogen der Barben. Aber auch die Leber und der Darm wirken für den Menschen oft giftig. Zu den „giftigen" Fischen gehören die eben erwähnte Barbe, der Hecht, Karpfen, die Schleie, der Tunfisch, Sonnen- und Mondfisch. Nach dem Entfernen der giftigen Körperorgane schaden diese Fische dem Menschen nichts und dienen als Nahrung. Hervorzuheben ist das gefürchtete Fugugift der Tetrodonarten, welches lähmungsartige Erscheinungen verursacht.

Ferner sei noch an diejenigen Fische erinnert, welche elektrische Schläge ihren Angreifern versetzen. Beim Ergreifen und Fesseln (s. unten) muß man dieses wissen.

Lebensweise. Viele Fische halten eine Art Winterschlaf. Einige von ihnen vergraben sich dabei in den Schlamm. In der kalten Jahreszeit suchen sie die tieferen, wärmeren Wasserschichten auf. Ihre Körpertemperatur paßt sich im wesentlichen der Temperatur des umgebenden Wassers an. Die Tiere können wochenlang eingefroren sein, ohne zu erfrieren. Zu große Kälte tötet die Fische. Bestimmte Arten, welche die warmen und heißen Quellen vorziehen, vertragen bis zu 60° Hitze.

Die Fortpflanzung geschieht sehr verschieden. Meist werden zwischen Frühjahr und Herbst unbefruchtete, schalenlose Eier abgelegt und erst im Wasser mit der Samenflüssigkeit der Männchen übergossen. Wir kennen aber auch sog. Winterlaicher (s. unten). Die Gesamtheit der Eier innerhalb des mütterlichen Organismus heißt Rogen. Wenn dieser ins Wasser abgelegt ist, so heißt er Laich (S. 77 unten). Unter „Milch" versteht man den männlichen Samen. Nur einmal findet im Jahre die

Laichzeit statt. Dabei suchen die Fische geschützte und tunlichst mit Wasserpflanzen bewachsene Orte auf. Große weibliche Karpfen legen bis zu 700 000 Stück Eier auf einmal. Die Zahl der Eier beim Dorsch beträgt mehrere Millionen. Die Entwicklung der befruchteten Eier hängt von der Wassertemperatur ab. 'Je wärmer das Wasser, desto rascher vollzieht sich die Auskeimung. Die den Eiern entschlüpfenden Jungen machen nur selten, z. B. beim Aale, dem Neunauge, Embiotociden usw. eine Metamorphose durch.

Bei einigen Fischarten (s. oben) erfolgt eine regelrechte Begattung und eine Befruchtung der Eier im Leibe des Weibchens. Von diesen Fischen bringt ein Teil sogar lebendige Junge zur Welt. Die Größe eines Muttertieres spielt dabei keine Rolle. Unter Umständen gebären kleinste Fischarten lebendige Junge. Brutpflege üben mehrere, z. B. die Sonnenbarsche, Zwergwels, Moderlieschen u. a. m. Auffallend häufig übernimmt das Männchen die Geschäfte der Brutpflege, indem es die Eier und die Jungfische bewacht und auch alle gefahrbringenden Tiere angreift. Sehr oft muß der Vater die Brut gegen die eigene Mutter verteidigen. Vereinzelt lösen sich die Männchen und Weibchen in der Brutpflege ab. Nicht selten baut das Männchen am Boden der Flüsse und Seen aus abgebissenen Wasserpflanzen Nester, in welche das Weibchen die Eier legt.

Viele Fische unternehmen regelmäßige große Wanderungen, um die Eier an einem geeigneten Orte abzulegen, z. B. der Aal, Lachs, Stöhr, Hering usw.

Die Geschlechtsreife der Fische tritt durchschnittlich nach 1 Jahre ein. Über das Lebensalter dieser Wasserbewohner gehen die Ansichten auseinander. Einige Fischarten leben nur 1 Jahr. Sie kommen nur einmal zum Laichen und sterben dann, z. B. Flußaale, manche Lachsarten u. a. m.). Dagegen dauert die Entwicklung aus dem Ei bis zum ausgebildeten Flußaale beim Männchen $4^1/_2$—$8^1/_2$, bei den Weibchen $6^1/_2$ bis $8^1/_2$ Jahre. Karpfen sollen 50—100 Jahre alt werden, wobei oft dicke Moosschichten den Körper bedecken.

Stallung. Nur Aquarien aus Glas finden zur Unterkunft der Fische Verwendung, um gut beobachten zu können. Die Einrichtung dieses Wasserbehälters richtet sich nach der Lebensweise seiner Insassen. Unter Berücksichtigung der betreffenden Fischart bilden Steine oder Schlamm oder feinster Sand den Grund. Ferner gehören Wasserpflanzen hinein. Mit der Erwärmung durch Sonnenstrahlen ist Vorsicht geboten (s. oben). Wegen der Sauerstoffentnahme aus dem Wasser durch die Tiere (s. oben) darf ein Aquarium nicht direkt bedeckt sein. Auf dem Rande sitzen eingekerbte Korke, welche die Glasplatte tragen. Der Abstand zwischen diesem gegen Staub und andere Verunreinigungen von außen her schützenden Glasdeckel und dem oberen Rande des Wasserbehälters soll mindestens 3 cm betragen, damit die Luft ungehindert zum Wasser treten und der Fisch auch seinen Kopf aus dem Wasser halten kann. Falls grüne Wasserpflanzen das Aquarium zieren, so darf der Deckel unmittelbar aufliegen. Denn diese liefern den notwendigen Sauerstoff.

Um die Sauerstoffzufuhr[1]) noch günstiger zu gestalten, läßt man einen stärkeren Wasserstrahl ins Aquarium hineinlaufen, wodurch genügend Luft in das Wasser mit hineingerissen wird. Ein zweites Rohr mit einem Siebe sorgt für den Abfluß. Das Wasser soll fortwährend erneuert werden. Die Temperatur muß sich der Lebensgewohnheit des Fisches anpassen. Seefische gebrauchen natürliches bzw. künstliches Seewasser.

Das Seewasser hat nach FORCHHAMMERs Untersuchungen im Durchschnitt folgende Zusammensetzung:

1000 Teile Wasser enthalten (in Gramm):

$$NaCl \dots \dots \dots \quad 26{,}862$$
$$KCl \dots \dots \dots \quad 0{,}582$$
$$MgCl_2 \dots \dots \dots \quad 3{,}239$$
$$MgSO_4 \dots \dots \dots \quad 2{,}196$$
$$CaSO_4 \dots \dots \dots \quad 1{,}350$$
$$Rest \dots \dots \dots \quad 0{,}070$$
$$Chlorgehalt \dots \dots \quad 18{,}999.$$

Das künstliche Seewasser nach K. HERBST enthält:

3,0 vH. $NaCl$
0,08 ,, KCl
0,26 ,, $MgSO_4$
0,5 ,, $MgCl_2$
0,16 ,, $CaSO_4$
0,05 ,, $NaHCO_3$

Derselbe gibt außerdem an:

3,0 vH. $NaCl$
0,08 ,, KCl
0,66 ,, $MgSO_4$
0,13 ,, $CaCl_2$
0,05 ,, $NaHCO_3$.

Die befruchteten Eier bringt der Züchter in ein besonderes Aquarium, damit die eigenen Eltern oder andere Fischen sie nicht vertilgen. Aus diesen Gründen sondern wir auch die lebendig geborenen und die aus den Eiern frisch entschlüpften Jungen ab.

Nahrung. Viele Fische sind ausschließlich Fleischfresser, wie der Hecht, Lachs, Barsch usw. Andere ernähren sich nur von Wasserpflanzen. Eine dritte Gruppe wählt gemischte Kost. Vor allem verzehren sie Würmer, Weichtiere, Lurche, Wasserinsekten und deren Larven, ferner Fliegen- und Libellenlarven, Schnecken, Krebstierchen, Muscheltiere, grüne Pflanzenteile, vermodernde und faulende Stoffe, Abfälle vom menschlichen Haushalte, Hülsenfrüchte, Fischeier und Fische. Die roten Larven von Federmücken (Chironomusarten) stellen das begehrteste Nahrungsmittel für alle Aquarienfische dar. Oben war bereits kurz erwähnt, daß manche Mütter ihre eigenen Jungtiere auffressen. Ein grausiges Morden herrscht unter den Fischen selbst. Der stärkere und größere frißt den kleineren auf, wenn er sich nicht zur Wehr setzen kann.

Fangen. Fische werden mit Netzen oder feinen Sieben gefangen. Die Tiere dürfen nicht längere Zeit an der Luft bleiben, weil sie infolge des Eintrocknens und Verklebens der Kiemenblättchen außerhalb des

---

[1]) Im Winter sind Löcher durch die Eisdecke der Fischteiche zu schlagen, um für Luftzufuhr (Sauerstoff) zu sorgen.

Wassers den Erstickungstod erleiden. Das Fangen mit der Hand im Aquarium erfordert einige Geschicklichkeit. Die Zoologische Station in Neapel liefert die viel benutzten Hundshaie.

Markierung. Jeder operierte Fisch gehört für sich allein.

Halten. Wegen der Schleimschicht auf der Fischhaut schlägt man ein Tuch um das Tier, um das Ausgleiten zu verhüten (vgl. Abb. 150, S. 164). Vor dem Aufspannen zu einem Versuche erhält ein Fisch Allgemeinnarkose mit Urethan (S. 99) oder Äther (S. 108). Zweckmäßige gebaute Fischbretter, z. B. nach Cowl, helfen uns wesentlich zum sicheren Aufspannen der Fische für Operationen. Dabei liegt der Kopf des Tieres unter dem Wasserspiegel. Das Brett steht also schräg, mit dem Kopfende im Wasser. — Oder es findet eine künstliche Wasserberieselung der Kiemen vom Maule aus statt (Abb. 65). Auf diese Weise gelingt es, die Atmung des Tieres durch eine in das Fischmaul oder die Kiemenhöhle eingeführte Kanüle zu unterhalten. Letztere steht mit der Wasserleitung bzw. dem Seewasserkübel des Laboratoriums in Verbindung. Wenn das Versuchsobjekt ein Spritzloch

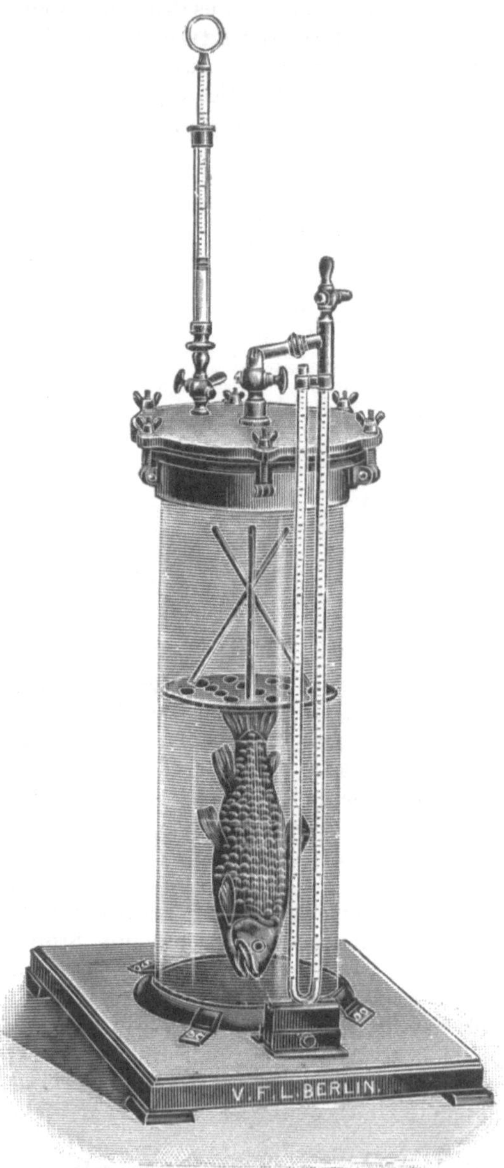

Abb. 64. Apparat zur Messung der im Körper der Fische enthaltenen Gase ohne Verletzung der Tiere, nach Zuntz (Verhandl. d. physiol. Ges. zu Berlin 1902/03, S. 15).

besitzt, so kommt ein passender Schlauch dort hinein. Diesen führen wir nur bis zur Fläche des harten Gaumens und fixieren ihn außen an dem Spritzloche mit einer Seidenknopfnaht. Die Wahl des Süß- oder Seewassers (S. 89) richtet sich danach, ob das Tier ein Süßwasser- oder Seefisch ist. Mit Hilfe einfacher Improvisationen aus KRAMER- schen Schienen fessele ich größere Fische. Abb. 65 zeigt zwei recht-

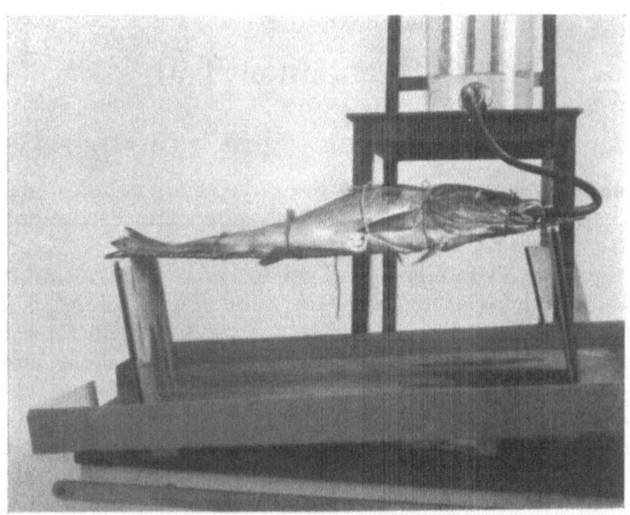

Abb. 65. Zur Operation gefesselter Fisch mit Wasserberieselung der Kiemen durch einen Schlauch.

winkelig gebogene kurze KRAMERsche Schienen, welche auf ein Brett aufgenagelt sind. Darüber liegt eine breite KRAMERsche Schiene. Auf diese wird der Fisch aufgebunden. Die Binden sollen nicht über die Kiemen, das Maul und die Geschlechtsteile laufen. Die großen Kopf- venen vertragen keine Kompression durch eine Schnürung. Kaudal- wärts von der Kloake kann ein Bindenzügel angelegt sein. Auf jeden Fall muß die Kloake frei bleiben. Die Schiene mit dem aufgebundenen Fische läßt sich um 180° drehen. An derjenigen Stelle, wo die Operation stattfindet, kneift der Operateur mit der Zange die Querstäbe der KRAMERschen Schiene ab. Andere Autoren nähen die Fische in einen Gazeschleier ein und nageln diesen auf dem Operationsbrett fest, damit das Tier sich nicht bewegt. Die Schnittführung geht durch den Gaze- schleier hindurch.

Gegen die elektrischen Schläge mancher Fische schützt ein unter den Fisch gelegter großer Schwamm.

Krankheiten. Fische leiden oft an Mundfäule und werden vielfach von Schmarotzern heimgesucht.

B. Allgemeiner Teil.

I. Das Vorbereiten der Tiere zur Operation.

Vor einem Versuche beobachten wir die Tiere mindestens 8 Tage lang zur Prüfung ihres Gesundheitszustandes. Das Prodromalstadium einer Infektionskrankheit erfordert diese Zeit.

Ferner muß das Tier seinen Stall genau kennen und sich darin wohl fühlen. Dann findet es nach der Operation die gewohnte Ruhestätte wieder vor und hat keine Angst. Ein heller, gut durchgelüfteter, warmer, mit Stroh versehener Zwinger kann nicht mit einer dunkeln, dumpfigen, feuchtnassen Stallung ohne ein warmes, weiches Lager vertauscht werden. Derartige unzweideutige Wirkungen auf den Organismus haben viele Versuchsfehlerquellen zur Folge. Oft beansprucht das Vertrautwerden mit der neuen Umgebung längere Zeit. Dies trifft für alle Vertebraten zu. Selbst die Ratten, Mäuse, Tauben, Reptilien, Fische usw. sollen sich erst an den Käfig (Terrarium, Aquarium) und dessen Standort gewöhnen, bevor die Experimente mit ihnen beginnen. Nicht selten erregt irgendein Gegenstand den Unwillen der Tiere, z. B. ein bestimmter Futternapf oder ein besonderer Stein im Terrarium oder ein Pflanze im Aquarium. Häufig geraten sie beim Geruch oder Anblick eines anderen in Wut, z. B. ein Rammler wird über ein anderes Kaninchen im benachbarten Stall wütend. Vielfach ärgern sich eingesperrte Hunde über den frei herumlaufenden Kameraden usw. Derartige störende Einflüsse sind zu beseitigen. Die Insassen eines Käfigs haben in Frieden zu leben. Gegenseitige Furcht darf nicht herrschen. Neid und Eifersucht, insbesondere auf geschlechtlichem Gebiete, machen die Tiere für viele Eingriffe unbrauchbar. Es gibt unter sämtlichen Tierarten stets Exemplare, die sofort eine Beißerei anfangen. Diese Störenfriede kommen in abgesonderte Abteile.

Veränderte Lebensweise, Strapazen, eine neue fremde Umgebung, Klimawechsel und anderes mehr üben einen Einfluß auf den Stoffwechsel aus. Ein an Freiheit gewöhnter Hund darf während eines Versuches nicht in einen Stall eingesperrt sein. Er jault und bellt, um die Freiheit wieder zu erlangen. Das Nervensystem (Leber- und Nierensecretion, Herzfunktion usw.) leiden, die Freßlust liegt darnieder. Diese Beobachtungen treffen auf alle Tiere zu. Vielfach verweigern sie in den ersten Tagen das ihnen vorgesetzte Futter. Eine früher freilebende, gesunde, jetzt plötzlich eingesperrte Katze rührt unter Umständen tagelang das beste Futter nicht an und magert rasch ab. In Europa starben die importierten anthropoiden Affen Carl Hagenbecks an Heimweh.

Erst als die Neuankömmlinge geeignete Gesellschaft bekamen, akklimatisierten sie sich und vertrugen sogar die strenge Winterkälte in Stellingen. Mit dem Operieren warten wir daher so lange, bis die Tiere sich heimisch fühlen.

Öfters verlangt der Versuch, daß ein Tier wochenlang vor dem Experimente auf eine bestimmte Nahrung eingestellt wird. Dabei gilt zu prüfen, ob das Tier dieses Fressen verträgt und das Futter ihm schmeckt.

Zum Beispiel: Als fleischfressendes Raubtier bevorzugen Katzen Fleisch. Aber die einzelnen Katzen lieben nicht die gleiche Fleischkost. Manche von ihnen ziehen Rind- vor Kalbfleisch vor. Die einen fressen mit Vorliebe rohes, die anderen gekochtes Fleisch. Diese vertilgt besonders gerne Fisch-, jene Vogelfleisch. Wenig Mühe verursacht die ausreichende Ernährung bei passionierten Mäusefängern und Mäusefressern. Aber nicht jede Katze frißt Mäuse! Viele verschlingen nur den Kopf der erbeuteten Maus und verschmähen das andere Fleisch.

Das Tier soll den Operateur genau kennen und ihn gerne haben, wenn dieser mit ihm später fortlaufende Untersuchungen ausführen will. Auf der anderen Seite muß man mit den Launen und Eigenarten seines Versuchsobjektes näher vertraut sein. Viele eignen sich nicht wegen ihres Charakters und Temperaments zu gewissen Studien.

Die Beobachtung dieser Hinweise bilden vielfach den Schlüssel für das erfolgreiche Experimentieren. Zwei Tage vor dem operativen Eingriffe werden bei behaarten Tieren die Haare im geplanten Operationsfelde entfernt. Über das Herausrupfen der Vogelfedern siehe später. Ein halbscharfes Messer schabt die Schuppen der Fische, Schlangen, Eidechsen usw. im Bereiche des Hautschnittes ab. Von der Hautbedeckung fällt nur das Notwendigste fort. Denn die Tiere erkälten sich leicht, insbesondere in rauhen Jahreszeiten und bei Transporten. Wenn das Herausrupfen oder Abschaben Schmerzen verursacht, so schafft ein leichter Ätherrausch (s. u.) schnell Hilfe. Wegen der Gefahr einer Sekundärinfektion vermeiden wir jede kleinste Hautverletzung.

Zum Rasieren der Hunde dienen hohlgeschliffene Klingen. Zunächst kürzt der Wärter die langen Haare mit einer Hundehaarmaschine oder einer Cooperschen Schere. Sodann erfolgt das Einseifen der betreffenden Haut mit neutraler, nicht ätzender Seife in warmem Wasser. „Gut geseift, ist halb rasiert", gilt auch bei Tieren. Beim Rasieren spannen der Daumen und Mittelfinger der linken Hand die leicht verschiebliche Haut fest an. Am Halse erleichtert das Unterschieben eines Kissens unter den Nacken bzw. extremes Zurückbiegen des Kopfes diese Arbeit. In der Richtung des Haarstriches gleitet das Messer. Nach dem Rasieren wird die Haut mit warmem Wasser gut abgewaschen und abgetrocknet. Bei langhaarigen Tieren schneide ich außerdem die an das Operationsgebiet angrenzenden Haare in einer 2—3 cm breiten Zone kurz ab. Dadurch können sich nach dem Abdecken (s. u.) keine Haare unter dem Schlitztuche (s. u.) vorschieben.

Bei Affen, Katzen, Kaninchen, Meerschweinchen, Ratten und Mäuse stößt der Rasierer wegen der Weichheit des Haarkleides auf Schwierigkeiten. Weil viel Übung dazu gehört, so empfehlen wir lieber das Enthaaren. Als Enthaarungsmittel hat sich das Strontium sulfuricum oder Baryum sulfuratum technic. bewährt. Der Schwefel löst die Hornsubs anz des Haare auf. Dabei tritt keine Zerstörung der Haarwurzeln emi. Die Haare wachsen wieder. Jedoch greifen diese Präparate die Haut an. Bei längerer Einwirkung entsteht sofort oder innerhalb der nächsten 24—30 Stunden ein Ekzem. Dieses zeigt schlechte Heilungstendenz. Genügende Erfahrung vermeidet derartige Komplikationen. Wegen der verschiedenen Empfindlichkeit der Haut erfolgt 2 Tage vor der Operation die Enthaarung, um rechtzeitig eine Entzündung zu erkennen. In solchen Fällen verbietet die Gefahr einer Sekundärinfektion den Eingriff.

Zunächst schneidet man die Haare so kurz wie möglich und gleichmäßig ab. Hierauf macht der Operateur mit warmem Wasser die Haut naß und streut das pulverisierte Präparat darauf. Dieses verreibt er vorsichtig mit einem Holzstabe auf der Haut zu einem Brei. Wegen des hygroskopischen Vorganges muß Wasser nachgegossen (träufeln) werden. Nach etwa 2 Minuten streicht der Holzstab die Haare weg. Unmittelbar danach ist gründlich mit warmem Wasser nachzuwaschen, damit eine weitere Einwirkung der Schwefelverbindung unterbleibt. Es gibt Fälle, bei denen bereits nach $^1/_2$ Minute die Haare von der Haut abgehen. Sofort beginnt das Abspülen, um eine längere Einwirkung des Mittels auf die Cutis zu verhindern. — Andere Autoren stellen vorher diesen dünnen Brei von Baryum sulfuratum mit Wasser her und tragen diesen mit einem Holzspatel auf die zu enthaarende Haut auf. Die Hände dürfen mit dem Mittel nicht in Berührung kommen. Denn die Haut und Nägel erleiden eine Mazeration. Außerdem haftet der widerliche Geruch des Depilatoriums lange Zeit an den Fingern. Wir ziehen während der Enthaarung dicke Gummihandschuhe an, sogenannte Sektionshandschuhe. Dieser Handschutz erlaubt ein Verreiben des Schwefelbreies auf der Haut mit den Fingerspitzen. Außerdem stinken die Hände später nicht.

Das Entfernen der Federn geschieht im leichten Ätherrausche. Dabei heben Daumen und Zeigefinger der linken Hand eine Hautfalte empor. Die gleichen Finger der rechten Hand ergreifen möglichst wenig Federn und ziehen sie in der Federstrichrichtung heraus. Bei diesem vorsichtigen Vorgehen reißt die dünne Haut nicht ein.

Das Abschuppen der Haut bei Fischen und Eidechsen erfolgt ebenfalls im Ätherrausch mit einem halbscharfen Messer (vgl. oben).

Tiere mit Verschmutzung und Ungeziefer erhalten vor einer Operation ein Reinigungsbad. Nach dem Eingriffe sind die Geschöpfe sonst hilflos und leiden unter den Schmarotzern. Insbesondere dürfen unter einem Verbande keine Parasiten vorhanden sein. Affen, Hunde, Kaninchen und Meerschweinchen werden nach der Haarbeseitigung in einer Waschbütte mit warmem Wasser und Schmierseife abgeseift. Hierauf wird mehrmals mit warmem, reinem Wasser nachgespült, abgetrocknet und das Fell mit

Aqua cresolica 200,0
Spiritus 100,0
zu gleichen Teilen vermischt,

eingerieben. Danach kommt das Tier in die Nähe eines Heizkörpers oder Ofens. Es trocknet schneller und erkältet sich nicht. Ein Maulkorb, über welchen ein Tuchstück genäht ist, verhütet das Ablecken des giftigen Cresols (S. 135, Abb. 112). Katzen vertragen im allgemeinen Waschungen sowie Bäder schlecht. Eine Ratte erhält während der Reinigung zweckmäßig einen leichten Ätherrausch. Dabei unterstützen uns zwei Greifzangen (S. 41 u. 149, Abb. 130) zum Halten. Sachgemäße

Tierpflege und geordnete Stallverhältnisse machen bei den anderen Vertebraten derartige Reinigungsbäder überflüssig (S. 23). Bei Vögeln und jungen Hunden vertreibt Insektenpulver das Ungeziefer.

Spätestens 1 Tag vor der Operation gehört das Tier in einem frisch desinfizierten Einzelstall bzw. Käfig.· Es lernt die neue Umgebung kennen. Dies erscheint für die Nachbehandlung nicht unwichtig.

Einen Verband (S. 133) erhalten die größeren Versuchsobjekte zwecks Gewöhnung bereits 2—4 Tage vorher an. Falls sie diesen am nächsten Tage abreißen, so lege ich sogleich einen neuen an usw., bis sie die Nutzlosigkeit ihrer Bemühungen einsehen. Auf diese Weise bleibt der endgültige Verband nach der Operation meist unbeschädigt.

12—24 Stunden vor dem Eingriffe bekommen die Tiere kein Futter. Der Magen muß leer sein. Andernfalls hebert man ihn mit einer Magensonde aus. Unter Umständen ist eine Magenspülung anzuschließen. Wenn bei Operationen die Versuchsanordnung den Gebrauch des Morphiums gestattet, so übt bei Hunden und Katzen eine subkutane Injektion eines $^1/_2$ ccm einer 1proz. Morphiumlösung die gleiche Wirkung aus. Erbrechen tritt kurz darauf ein. Über die Morphiumwirkung vgl. unten.

Bei Gehirnoperationen empfiehlt W. TRENDELENBURG eine vorherige 3—5tägige Trockenfütterung. Die Einschränkung der Flüssigkeitszufuhr, etwa 2 Tage lang vor der Operation, vermindert die Blutung. Kleinere Tiere bezahlen oft den geringsten Blutverlust mit ihrem Leben. Deshalb spritzen wir kurz vor der Operation den Meerschweinchen, Ratten sowie Tauben 3 ccm, und Mäusen 2 ccm Normosallösung unter die Haut ein.

Für einen Tieroperationsraum eignet sich jedes helle Zimmer mit guter Beleuchtung. Zur Durchführbarkeit der größten Sauberkeit müssen die Wände, der Fußboden und der Operationstisch ein häufiges Abseifen und Abwaschen mit heißer Sodalauge oder Kresolseifenlösung und Abspritzen mit Wasser vertragen. Genügend geldliche Mittel erlauben die Austattung des Raumes nach modernen chirurgischen Prinzipien: abgerundete Wandecken und -winkel, Anstrich der Wände und Decken mit Ölfarbe, Bekleidung der Wände bis 2 m Höhe mit Kacheln. Über die Wahl der Farbe streiten sich zur Zeit die Chirurgen. Die Fußbodenbedeckung besteht aus Terrazzo und hat in der Mitte einen Ablauf. Große Fenster mit Oberlicht verschaffen gutes Licht (S. 2 u. 3). Die Beleuchtung des Operationsfeldes bei schlechtem Außenlichte übernimmt der schlagschattenfreie Beleuchtungsapparat „Scialytique" oder eine Stirnlampe. Aber auch die primitivsten Verhältnisse genügen, wenn Reinlichkeit herrscht. Oft habe ich während des Krieges in Feldlazaretten unter den denkbar schwierigsten Verhältnissen in meiner freien Zeit, z. B. Gefäßoperationen bei Hunden erfolgreich ausgeführt.

Zum Operieren sind die Frühstunden zu wählen. Das Tageslicht bietet erhebliche Vorteile gegenüber der künstlichen Beleuchtung. Der Operateur bekämpft eine postoperative Komplikation (S. 137) am Tage, nachmittags oder abends leichter und schneller als in der Nacht. Ferner erschweren die Abend- und Nachtstunden eine exakte Beobachtung unmittelbar nach dem Eingriffe.

II. Schmerzbetäubung.

Zur Schmerzbetäubung verwenden wir schmerzstillende und schlaf-
machende Mittel. Urethan und Chloralhydrat können einen so tiefen
Schlaf auslösen, daß Unempfindlichkeit eintritt. Jedes Medikament
wirkt bei den Tieren individuell verschieden. Bei einem Tiere von
x Gewicht erzielen x g oder x ccm eines pharmakologischen Präparates
nicht dieselbe Wirkung. Unterschiede liegen in der Rasse, im Geschlecht,
Alter und ob der Körper durch Krankheiten geschwächt oder früher
Medikamente erhielt (z. B. Gewöhnung). Ferner achtet man darauf,
ob das Tier einen leeren Magen hat, längere Zeit hungert, fett oder mus-
kulös ist, sich ruhig verhielt oder herumlief bzw. abgehetzt war. Desgleichen spielen die Gemütseindrücke usw. eine Rolle. Kurz, die konstitutionelle Disposition entscheidet die Dosierung. Auch die
Menschen gebrauchen z. B. verschiedene Äthermengen, um in das Stadium der tiefen Betäubung zu kommen.

Es gibt Hunde, welche nach kleinen oder großen Morphiumgaben in einen
starken Erregungszustand geraten. Bei ihnen bleibt die anästhesierende Wirkung aus. Dagegen vertragen andere z. B. nach der subcutanen Injektion von
2 ccm Morphium einer 1 proz. Lösung größere Eingriffe ohne Schmerzäußerung.

Ein anderes Beispiel sei gewählt: Zwei ausgewachsene Kaninchen von derselben Mischrasse und dem gleichen Gewicht und Gesundheitszustande erhalten
in das Unterhautzellgewebe à 7 ccm Urethan einer 25 proz. Lösung. Nach
2 Stunden gestaltet sich bei dem einen Hasen die Eröffnung der Bauchhöhle
unempfindlich. Bei dem anderen löst bereits der Hautschnitt erhebliche Qualen
aus, so daß er Äthernarkose verlangt.

Selbstverständlich ergeben sich auf Grund großer Erfahrungen gewisse
Richtlinien.

a) Morphium.

Zwei 2 proz. Lösungen werden vorrätig gehalten:

    I. Rp. Morphini hydrochlorici 2,0
            Acid. carbolic. liquef. gtts. II
            Aqua destillat. ad 100,00
  M. D. S. Steril zur subcutanen Injektion.

   II. Rp. Morphini hydrochlorici 2,0
            Atropin sulfur. 0,05
            Acid. carbolic. liquef. gtts. II
            Aqua destillat. ad 100,0
  M. D. S. Steril zur subcutanen Injektion.

Bei der Verwendung einer Äthernarkose leistet die vorherige Injektion
der II. Mischung gute Dienste. Diese enthält à 1 ccm 0,02 Morphium
und 0,0005 Atropinum sulfuricum.

Der Zusatz des Atropins hemmt den Speichelfluß. Die geringe Bei-
mengung der 2 Tropfen Carbolsäure (= Phenol = $C_6H_5^-OH$) gewährleistet eine keimfreie Einspritzung.

Die Injektion geschieht nur subcutan. Meistens betraue ich den
Wärter mit derselben. Dadurch weiß das Tier nicht, daß ich ihm Leid
zufüge. Nach der Operation pflegt der Experimentator selbst sein Versuchsobjekt mehrere Tage lang und schenkt ihm die besten Leckerbissen.

Es zeigt deshalb eine aufopfernde Dankbarkeit und Anhänglichkeit. Auf diese Weise stellen sich später Affen, Hunde und Katzen willig für andere Nachversuche zur Verfügung.

Die Einspritzung erfolgt in eine hochgehobene Falte der Nackenhaut. Wegen der verschiedenen Dicke der Haut empfiehlt es sich, zunächst die ausgekochte feine Nadel ohne aufgesetzte Spritze unter das Fell zu stechen. Dabei kneifen der linke Daumen und Zeigefinger die Haut ein wenig, um den Schmerz des Einstechens abzuleiten. Nach dem Aufsetzen der Spritze versucht man anzusaugen. Denn weder ein Blutgefäß noch ein Hohlraum darf angestochen sein. Die Injektion geht langsam von statten.

Das Morphium wirkt bei den einzelnen Tieren verschieden. Im nüchternen Zustande übt das Präparat eine stärkere Wirkung aus. Hunde zeigen im Allgemeinen eine große Toleranz gegen dieses Mittel. Sechs Wochen alte Hunde bekommen $1/_2$ ccm, ältere 2,0—10,0 ccm je nach Größe und Gewicht, durchschnittlich pro 1 kg = 2 Pfd. = 1 ccm der bezeichneten Lösung. Dosen bis zu 10 ccm bringen große kräftige Hunde nicht in Lebensgefahr, fördern aber auch nicht die Anästhesie. Das einsetzende Erbrechen entfernt meines Erachtens den größten Teil des in den Magen ausgeschiedenen Morphiums (S. 266). Im nüchternen Zustande kann das Tier nichts ausbrechen, höchstens etwas Schleim. Hier können bereits 4—5 ccm die schwersten toxischen Zustände hervorrufen, eventuell den Exitus herbeiführen. Zuweilen lösen bereits kleine Morphiumgaben bei Hunden, Affen und Katzen Erregungszustände aus. Bei empfindlichen Katzen beobachteten wir nach 1 ccm Morphium schwere Vergiftungserscheinungen. Nach 48—60 Stunden krepierten sie. Deshalb bekommen Affen und Katzen am besten kein Morphium oder nie mehr als $1/_4$ ccm der genannten Lösung. Bei den anderen Tieren lehnen wir Morphium als schmerzstillendes Medikament ab und verwenden es meist nur bei Hunden.

Nach der Morphium-Injektion und dem darauffolgenden Urinieren, Defäzieren und Erbrechen gehören die Hunde in einen dunkeln, ruhigen Raum (s. u.). Bis zur vollen Wirkung muß zwischen der Einspritzung und Operation mindestens $1/_2$ bis 1 Stunde vergehen. Da Affen, Hunde und Katzen nach einer Morphiumdarreichung leicht aufschrecken, so hat sich alles leise und behutsam abzuspielen: kein Türschlagen, kein Rücken des Tisches und der Stühle, nicht mit den Instrumenten klappern, nur leise sprechen, nicht gewaltsam operieren (S. 122 oben) usw. Diese Regeln gelten auch während des Urethan- und Chloralhydratschlafes. Außerdem verstopfe ich zwecks Schallabschwächung die äußeren Gehörgänge des Versuchstieres mit feuchter Watte. Die Schalleitung durch den Knochen bleibt dabei bestehen.

Morphium wirkt schmerzstillend. Der Puls wird schwächer und langsamer. Die Gefäßspannung läßt nach. Bei vielen Tieren tritt verlangsamter und unregelmäßiger Herzschlag ein. Bald nach der Injektion reagiert die glatte Muskulatur. Die Hunde urinieren und haben Stuhlgang. Einige Minuten danach beginnt das Erbrechen. Später entsteht eine Parese beider Hinterbeine. Nach meinen Erfahrungen erleiden infolge der Morphium-Einspritzung etwa 60% der Hunde einen Aufregungszustand. Sie rennen ängstlich herum und fürchten jedes Anfassen. Die Atmung ist erheblich beschleunigt. 40% werden schläfrig und legen sich nach kurzer Zeit nieder, bevor die eintretende unvollkommene motorische Lähmung sie am Laufen hindert.

Bei unvollkommener Anästhesie schafft die Äthernarkose Hilfe. Meist genügen dann nur wenige Tropfen, um das Stadium der Unempfindlichkeit zu erreichen. Morphium schaltet das Exitationsstadium (S. 105) fast aus. Bei richtiger Technik (S. 106) schlafen die Tiere schnell ein. Drohende Herzschwäche verlangt 2—3 ccm Kampher subcutan:

> Rp. Camphorae 1,0
> Ol. olivar. 8,0
> M. D. S. Zur subcutanen Injektion.

Die Ängstlichkeit und Parese, sowie die Magenverstimmung und Stuhlträgheit halten durchschnittlich 24—48 Stunden an. Die Hunde verschmähen etwa zwei Tage lang die Nahrung. Die Hauptmenge des injizierten Morphiums scheidet die Magenschleimhaut aus. Dieses Geschehen schadet vielen Versuchen. Bei Bauchoperationen hat das Erbrechen vor dem Eingriffe den Vorteil des leeren Magens (s. auch S. 256). Viele Experimente erlauben nicht die Verwendung des Morphiums, z. B. Nerven- und Muskeluntersuchungen usw.

Das Atropin ($C_{17}H_{23}NO_3$) ist das Gegengift des Morphiums. Dieser wirksame Bestandteil der Tollkirsche, Belladonna, lähmt den N. vagus bzw. das parasympathische Nervensystem. Das Präparat hemmt die Speicheldrüsen- und Magensaftsecretion. Kaninchen sind gegen Atropin immun. Die Verwendung des Atropin sulf. hat daher bei vielen Versuchsanordnungen zu unterbleiben.

Selbst die 2 Tropfen Carbolsäure bedingen bei gewissen Versuchsanordnungen Fehlerquellen.

b) Urethan.

Wir bevorzugen eine 25proz. Lösung.

> Rp. Urethan 25,0
> Aqua destillata ad 100,0.
> M. D. S. steril.

Dieselbe wird entweder per os oder unter die Bauch- bzw. Rückenhaut gegeben. Das Urethan, $CO(NH_2)(OC_2H_5)$, der Äthylester der Carbaminsäure, besteht aus weißen, geschmacklosen, leicht löslichen Krystallen. Dieses Schlafmittel besitzt eine große Narkosenbreite[1]). Die Herztätigkeit erfährt nach solchen hohen narkotischen Gaben fast kaum eine Störung. Die Gefahr der tödlichen Dosis scheint relativ gering mit Ausnahme bei Meerschweinchen und Mäusen. Wegen der schwachen Wirkung gebrauchen die meisten bei Affen, Hunden und Katzen kein Urethan.

---

[1]) d. h. die Grenze zwischen der vollständigen Gefühlslosigkeit und der tödlich wirkenden Dosis.

Eine 25proz. Lösung schädigt unter Umständen die Gewebszellen so stark, daß dieselben nekrotisch werden. Es entstehen aseptische Abszesse. Deshalb verdünne ich vor der Injektion die Mischung nochmals mit der gleichen Menge warmer physiologischer Kochsalzlösung oder Normosal. Dadurch verteilt sich die Flüssigkeit subkutan auf ein größeres Gebiet. Die Narkosewirkung tritt intensiver und schneller ein. Der Leser fragt mit Recht: „Warum verwenden Sie keine $12^1/_2$proz. Lösung zur Einspritzung?“ Die Antwort lautet: Von jedem Medikament soll tunlichst nur eine Lösung bereitstehen. Unliebsame Verwechslungen fallen weg. Die Darreichung per os verlangt eine 25proz. Konzentration (s. u.), damit nicht zuviel Flüssigkeit den Magen anfüllt.

Für einen Frosch genügt zur subkutanen Injektion in den Rückenlymphsack (S. 74) 1 ccm pro 50 g Körpergewicht, für eine große Maus 0,1 für ein kleines Meerschweinchen 1 ccm, für ein ausgewachsenes Meerschweinchen von 500—600 g sowie für eine Ratte 2 ccm, für ein mittelschweres Kaninchen 7 ccm, für einen kräftigen großen Rammler 10 ccm. Salamander und Fische kommen so lange in eine verdünnte Urethanlösung, bis die gewünschte Narkosentiefe erreicht ist. Die Darreichung per os erfordert wesentlich höhere Mengen. Größere Kaninchen erhalten 20 ccm durch die Schlundsonde in den Magen eingespritzt (S. 141). Auch unsere Methode der Zwangsfütterung (S. 140, Abb. 115) bewährt sich. Die vielfach geübte Darreichung des Urethans in Substanzform haben wir verlassen.

Dabei faltet man ein Kartenblatt in der Mitte, bringt etwa 5 g Urethan darauf und schüttet das Narkotikum in das Maul. Die darum gelegte linke Hand verhindert das Herausfallen des Präparates aus dem Munde. Das Tier schluckt widerwillig das Pulver langsam herunter. Dabei geht bei unruhigen Tieren viel Material verloren.

In den jetzigen Zeiten bildet meines Erachtens die subcutane Allgemeinanaesthesie mit Urethan das billigste Narkotikum. Etwa $^1/_2$ bis 2 Stunden nach der Einspritzung bleiben die Tiere im Dunkeln an einem absolut ruhigen Platze, um ungestört einschlafen zu können. Auf diese Weise wirkt das Schlafmittel stärker. Danach erfolgt das Aufspannen. Das Messer durchtrennt die Haut und das Bauchfell langsam. Diese Gebilde schmerzen am meisten. Das Tier schreckt beim schnellen Zufassen auf und zappelt reflektorisch unnötig viel (S. 122). Jedes Nachspritzen von Urethran schadet. Selbst die kleinste nachgespritzte Menge bezahlt das Tier meist mit dem Tode. Einige Tropfen Äther auf eine abstehende, nicht anliegende Maske beseitigen die gelegentliche Unruhe des Tieres. Wenn das Tier zu tief schläft und nur oberflächlich atmet, so helfen gegen die drohende Herzschwäche 1—2 ccm Kampher subcutan. Die urethanisierten Tiere liegen zuweilen 1—2 Tage tief schlafend da, äußerst günstig für die pp. Wundheilung. Denn sie kratzen, reiben und lecken nicht an der Hautnaht. Derartig langschlafende Tiere soll man öfters umlegen, einmal auf die rechte, das andere Mal auf die linke Seite, Brust und Kopf hochgelagert, damit keine Bronchopneumonie entsteht. Oftmals schritt ich bei solchen Kaninchen zur künstlichen Ernährung (Milch und Brot durch Schlauch) und zum zweimaligen täglichen Katheterismus (S. 307). Mein bedrohlichster Fall lag 5 Tage lang im tiefsten Schlaf und wäre an Entkräftung zugrunde gegangen. In solchen Fällen ist das Maul früh und abends mit feuchtnassen Lappen zu reinigen. Derartige Tiere müssen besonders warm gelagert werden.

c) Chloralhydrat.

Chloralum hydratum, $CCl_3CH(OH)_2$, sind farblose, in Wasser leicht lösliche, sehr bitter schmeckende Krystalle. Dieses Schlafmittel übt bei Tieren eine gefährliche Giftwirkung auf das Atemcentrum und das Herz aus. Der Herzschlag wird frühzeitig verlangsamt. Die Atemfrequenz nimmt bedeutend ab. Die Parese beginnt in den Extremitäten und hält oft 2—3 Tage an. Gegen Vergiftungserscheinungen nutzt eine ausgiebige Magenspülung mit warmem Wasser. Als specifische Gegenmittel nennt die Pharmakopöe das Strychnin, $C_{21}H_{22}N_2O_2$. Wir halten stets mehrere Ampullen von 1 ccm à 0,001 Strychnin. nitrici im Eisschranke vorrätig. Bei schwer bedrohlichen Fällen injiziert der Operateur den größeren Tieren zunächst $1/4$ ccm einer Ampulle in die schnell freigelegte Vena femoralis (S. 163) unterhalb des Leistenbandes. Wenn innerhalb der ersten 3 Minuten keine Besserung eintritt, so erfolgt nochmals eine intravenöse Injektion von $1/2$ ccm = 0,0005 Strychnin.

Das in Wasser aufgelöste Chloralhydrat gießt der Wärter in eine Futterschüssel, mit etwa $1/4$ Liter Milch vermischt. Ein Eßlöffel Zucker macht das Getränk schmackhafter. Kräftig umrühren! Hunde von Promenadenmischung saufen dieses Getränk ohne weiteres. Tiere, welche über feinere Geruchsnerven verfügen, schnuppern daran und verweigern die Aufnahme. Bei dem Einverleiben des Schlafmittels durch die Magensonde gehört zu der Chloralhydratlösung (s. u.) mindestens die fünffache Menge Milch, um eine zu starke Reizung der Magenwand zu vermeiden. Die Verwendung dieses Narkoticums geschieht nur bei Affen, Hunden und Katzen. Kleine Tiere vertragen 2 g, mittelgroße 5 g, große 7—10 g. Von einer frisch bereiteten Lösung

Rp. Chloralhydrat 10,0
Aqua destill. ad 50,0

erhalten sie also 10 ccm, 25 ccm bzw. 35—50 ccm. Die Tiere kommen an einen absolut ruhigen und dunklen Ort. Die volle Wirkung stellt sich nach $1—1^1/_2$ Stunden ein. Das Präparat ruft keine Anästhesie hervor. Deshalb geben viele Autoren 1 Stunde nach der Chloralhydratzufuhr je nach der Größe des Tieres subcutan 1—2 ccm einer 2proz. Morphiumlösung (s. o.). Das Herabsetzen der Schmerzempfindlichkeit und Auslösen des Brechreizes verschafft Vorteile. Das überschüssige, noch nicht resorbierte Narkoticum im Magen wird ausgebrochen. Damit keine Schluckpneuomnie entsteht, hängt dabei der Kopf des Tieres nach unten. Der schwerwiegende Nachteil bei dieser Einspritzung liegt in der Potenzierung des Herzgiftes (S. 97 unten). Deshalb benutzt die moderne experimentelle Chirurgie Chloralhydrat und Morphium nur in denjenigen seltenen Versuchen, welche Urethan oder eine Inhalationsnarkose nicht zulassen.

Andere pharmazeutische Präparate seien übergangen, weil sie mich von ihrer Zweckmäßigkeit für die Praxis des operativen Tierexperimentes nicht überzeugen konnten. Z. B. wirkt Bromural bei Meerschweinchen nicht besser als Urethan. Insbesondere warne ich vor Veronal und ähnlichen Mitteln bei Tieren.

d) Lokalanästhesie.

1. Oberflächenanästhesie.

Cocain: Cocainum hydrochloricum, $C_{17}H_{21}NO_4$, besteht aus weißen, in Wasser löslichen Krystallen. Seine therapeutisch wichtigste Eigenschaft liegt in der lähmenden Wirkung auf die Endigungen der sensiblen Nerven. Der Gebrauch einer 2proz. wässerigen Lösung,

Rp. Cocain. hydrochloric. 0,5
    Aqua destillat. ad   25,0.

ist nur äußerlich, nicht subcutan gestattet. Als lokales Anaestheticum fürs Auge findet es die häufigste Verwendung. Die Augenlider werden mit dem Daumen und dem Zeigefinger auseinandergehalten und 3 bis 4 Tropfen auf die Hornhaut geträufelt. Nach 5 Minuten Wartezeit erfolgt nochmals der gleiche Vorgang. Meist tritt nach 8—10 Minuten die Unempfindlichkeit ein. Die Darreichung hat vor jeder Impfung ins Auge usw. (S. 154) zu geschehen. Das Cocain erweitert die Pupillen und ändert den Augendruck. Deshalb wählt man Alypin in gleicher Konzentration, welches keine Pupillenreaktion ausübt.

Die Anästhesie mit Cocain für die Nasen-Rachen- und Kehlkopfschleimhaut beansprucht im Tierexperiment große Vorsicht. Die Cocainvergiftung macht sich im ersten Stadium durch motorische Unruhe und klonische Krämpfe, später durch Bewußtseinsstörung bemerkbar. Ein specifisches Gegengift gibt das Arzneimittelbuch zurzeit noch nicht an.

2. Infiltrationsanästhesie nach Schleich.

Wir benutzen $^1/_2$proz. Tutocainlösungen[1]). Eine Tablette zu 0,1 wird in 20 ccm einer 0,9proz. Kochsalzlösung aufgelöst und durch kurzes Aufkochen sterilisiert. Nach dem Abkühlen erhöht der Zusatz von 3 Tropfen Suprarenin, = Adrenalin, 1 : 1000, die Wirkung. Infolge der Gefäßverengerung durch dieses Nebennierenpräparat verzögert sich die Resorption. Affen, Hunde, Katzen und größere Kaninchen vertragen 60 ccm ohne Vergiftungserscheinungen. Vielfach entsteht eine leichte motorische Unruhe und Beschleunigung des Herzschlages, welche aber keine Bedeutung haben. 5 Minuten nach beendeter Injektion herrscht vollständige Anästhesie im injizierten Gebiete.

Zunächst bildet der Operateur eine Haut- bzw. Schleimhautquaddel. Von hier aus dringt er mit der Kanülenspritze langsam in die Tiefe. Dabei schiebt der rechte Daumen den Spritzenkolben nach vorne. Dadurch entsteht vor der Nadelspitze ein Infiltrationswall, welcher die Injektion schmerzlos gestaltet. Das Operationsgebiet muß allseitig

---

[1]) Firma: I. G. Farbenindustrie, vormals FRIEDRICH BAYER, Leverkusen b. Köln.

umspritzt werden. Überall, wohin das Messer dringt, sind die Gewebsschichten mit dem Anaestheticum zu durchtränken, um schmerzfrei
operieren zu können. Für den Ungeübten bedeutet dies einen Nachteil.
Das künstliche Ödem verschleiert die anatomischen Verhältnisse.

3. Leitungsanästhesie.

Dieses Verfahren kommt nur bei den größeren Tieren zur Anwendung.
Fern von dem Operationsgebiete wird die Leitungsfähigkeit der Nerven
unterbrochen und Unempfindlichkeit erzielt. Je nach der Versuchsanordnung wähle ich eine 1—2proz. Tutocainlösung. Die Zubereitung erfolgt in der oben beschriebenen Weise. Oft zwingen uns die Verhältnisse, nach vorausgeschickter Infiltrationsanästhesie (s. o.) den betreffenden Nerven freizulegen. Die Einspritzung in den Nerven =
endoneurale Injektion, löst eine sofortige Wirkung aus. In den
meisten Fällen geschieht die Einspritzung perineural durch die Haut.
Nach der Bildung einer Hautquaddel schiebt der Experimentator die
Nadelspitze bis zu dem Nerven mit der soeben geschilderten Technik
vor. Die plötzliche Schmerzäußerung des Tieres zeigt die richtige Lage
der Nadel an. Sodann ist durch Ansaugen mit der Spritze zu prüfen,
ob die Kanüle kein Gefäß oder keinen Hohlraum (Brust- oder Bauch-
höhle, Harnblase, Gehirn usw.) angestochen hat. Hierauf injiziert man 2 bis 5 ccm. Die Gefühllosigkeit tritt nach 10—30 Minuten ein.

4. Lumbalanästhesie.

Diese Methode gab zuerst A. BIER 1899 an[1]). Diagnostisch, therapeutisch und experimentell findet sie bei Affen, Hunden, Katzen und Kaninchen Anwendung. Die Einstichstelle am Durasacke liegt dort, wo das eingeführte Instrument das Rückenmark nicht verletzt, d. h. im Abschnitte der Cauda equina.

[1]) In der französischen und vereinzelt auch in der englischen Literatur bezeichnen mehrere Autoren fälschlicherweise den Franzosen TUFFIER als Erfinder der Lumbalanästhesie.

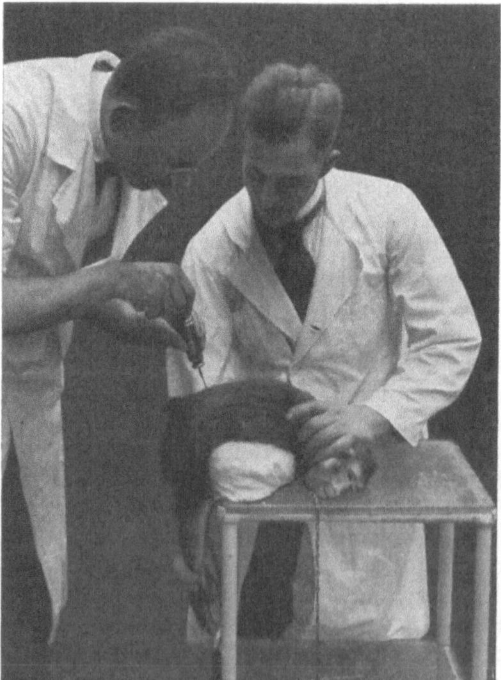

Abb. 66. Lumbalanästhesie beim Affen.

Zum Desinfizieren der Haare und Haut über der Lendenwirbelgegend genügt Abreiben mit 96proz. Alkohol. Damit die Dornfortsätze der Wirbelbögen auseinanderklaffen, lasse ich Affen von einer Assistenz in der auf Abb. 66 veranschaulichten Stellung halten. Eine untergeschobene gepolsterte Rolle erleichtert die Biegung der Wirbelsäule. Hierauf dringt nach örtlicher Betäubung (S. 101) eine 6 cm lange, dünne Kanüle genau in der Mittellinie zwischen den Dornfortsätzen des IV. und V. bzw. V. und VI. Lendenwirbels ein (Affe, S. 6 unten). Nur das Abtropfen des Liquor cerebrospinalis beweist die richtige Lage der Nadel in dem Lumbalsacke. Sofort setzen wir auf die Nadel eine Rekordspritze (S. 148). Dieser darf weder innen noch außen Soda anhaften. Sie enthält $1/4$ ccm Tropocain[1]). Je nach den Verhältnissen gelingt die Injektion dieser ganzen Menge oder nur ein Bruchteil des $1/4$ ccm. Die geringe Liquormenge bei

Tieren erlaubt keinen Vergleich mit der des Menschen. Die Einspritzung soll sehr langsam geschehen. Danach ist das Tier mit dem Vorderkörper und dem Kopfe steil nach unten zu lagern (= TRENDELENBURGsche Beckenhochlagerung). Auf diese Weise diffundiert das Mittel kopfwärts. Die Anästhesie und Parese der hinteren Gliedmaßen einschließlich Blase und Mastdarm beginnen nach 5—20 Minuten und halten etwa $1^1/_2$ Stunden an.

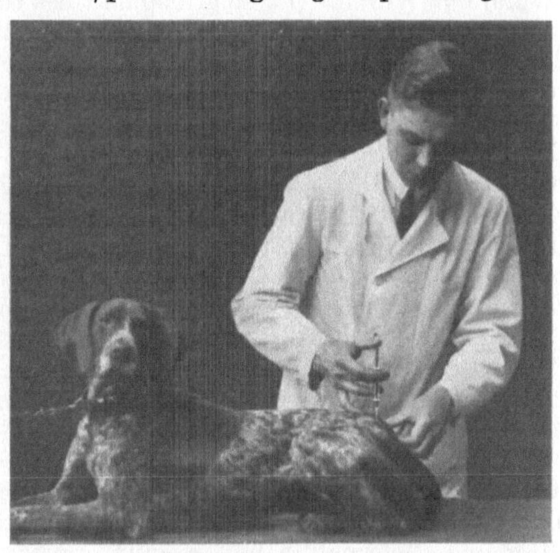

Abb. 67. Lumbalanästhesie beim Hunde.

Abb. 68. Wirbelsäule eines Hundes. Die Spitze der Punktionsnadel liegt im Durasacke.

---

[1]) Lieferant: Firma MERCK, Darmstadt.

Hunde, Katzen und Kaninchen werden gerade auf den Tisch gelegt. Bei ihnen sticht man zwischen dem letzten Lendenwirbel und dem I. Kreuzbeinwirbel ein. Der linke Zeigefinger tastet die Dornfortsätze der Lendenwirbel caudalwärts ab. Dabei fällt er zwischen dem letzten Lumbal- und dem I. Sacralwirbel in eine Grube. Hier dringt die Nadel senkrecht genau in der Mittellinie, ein. Die Schwanzwirbel dieser Tiere bedingen eine andere Topographie als beim Menschen. Der Eingriff kann ohne Tierfesselung vonstatten gehen.

<h3 style="text-align:center">Anhang: Curare.</h3>

Physiologen und Pharmakologen gebrauchen zu zahlreichen Versuchen das südamerikanische Pfeilgift Curare = Urari = Woorara = Wurara = Wurali. Der Angriffspunkt des Giftes liegt in der Peripherie der motorischen Nerven. Das Tier wird völlig bewegungslos, gelähmt. Auch die stärksten Reize lösen keine Reflexe aus. Die Herzaktion geht weiter. Auf die Nervenendigung in der glatten Muskulatur scheint das Gift nur wenig Einfluß zu besitzen. Die Darmperistaltik dauert fort. Die Schmerzempfindlichkeit erfährt während der Curarewirkung keine Herabsetzung. Darin liegt die Grausamkeit, lebende Geschöpfe nach Curareinjektion ohne Anaestheticum zu operieren. Der Tod tritt infolge Erstickung durch die Lähmung der Respirationsmuskeln ein. Künstliche Atmung kann den Exitus verhüten. Die Zwerchfellmuskulatur bleibt von allen Muskeln am längsten erregbar. Die Nieren scheiden das Gift aus. Curare gefährdet die Frösche nicht. Ihre Mund-Rachenschleimhaut und vor allem ihre Hautatmung schaffen bei der Atemlähmung den für den Stoffwechsel notwendigen Sauerstoff herbei. Salamander sind gegen Urari sehr widerstandsfähig, fast immun.

Das Präparat gibt man subcutan. Frösche erhalten 0,1 ccm einer 1proz. Curarelösung in den seitlichen Rückenlymphsack (S. 74). Nach 5 Minuten beginnt die Lähmung. Kaninchen vertragen 0,3 ccm der 1proz. Mischung. Mehrmals habe ich kaum zu bändigenden großen Hunden, einige Male Makaken und erregten Katzen 0,5 ccm mit dem gewünschten Erfolge eingespritzt. In seiner Wirkung scheint das Pfeilgift bei Warmblütern nach meinen Erfahrungen unzuverlässig. Die Apotheker bieten keine Gewähr für frisches und unzersetztes Curare. An seiner Stelle hat sich bei Kaltblütern Tetramethylammoniumchlorid, 1 : 1000, bewährt. Für den Frosch genügen davon $^1/_2$ ccm. Die Tiere müssen nach solchen Injektionen sehr liebevoll behandelt, ihre Hilflosigkeit darf nicht mißbraucht werden. Quälereien vergessen sie niemals. Oberflächliche Äthernarkose sorgt für Schmerzfreiheit.

e) Inhalationsnarkose.

Die moderne experimentelle Chirurgie benutzt nur Äther für Inhalationsnarkosen. Sämtliche anderen Mittel lehnen wir ab. Insbesondere warne ich vor dem zurzeit noch sehr viel benutzten Chloroform. Wenige Tropfen davon können unter Umständen den sofortigen Herztod des Tieres herbeiführen. Der Äther wird in der Verbindung des Äthyläthers

$=$ Schwefeläther $=C_2H_5-O-C_2H_5$ benutzt. Er bildet eine farblose, klare Flüssigkeit, welche sich leicht an der Luft, beim Offenstehen der Flasche und am Lichte zersetzt. Der Siedepunkt beträgt 35° C. Das Narkoticum explodiert daher leicht. Eine Flamme, offenes Lampenlicht, Glühbrenner oder glimmender Span bzw. Zigarette dürfen nicht in dessen Nähe sein. Das Aufbewahren des Äthers geschieht für unsere Zwecke in kleinen, 30—50—100 ccm enthaltenden braunen, festverschlossenen Flaschen. Dieselben werden im dunkeln Eisschrank aufgehoben. Diese Maßnahmen verhindern eine Veränderung des chemisch reinen Präparates (= Aether pro narcosi).

Die Resorption der eingeatmeten Ätherdämpfe erfolgt in den Blutkapillaren der Lungen. Durch den Blutstrom gelangt das Narkoticum an das Centralnervensystem. Deshalb vergeht nach der Ätherdarreichung eine bestimmte Zeit, bis die Schmerzlosigkeit eintritt.

Der Äther wirkt herzanregend und blutdrucksteigernd. Es besteht bei dieser Narkose eine relativ geringe Gefahr der Überdosierung. Eine erhebliche Differenz liegt zwischen betäubender und tödlicher Dosis = große Narkosenbreite. Nur die gleichmäßige Atmung schützt bei Tieren vor Komplikationen. Reflexe am Auge und der Pulsschlag geben beim Tiere keine sicheren Anhaltspunkte für lebensbedrohliche Zustände. Das Herz kann unter Umständen noch gut schlagen, obgleich die Atmung und das Leben aufgehört haben, besonders ausgeprägt bei Fröschen und Schildkröten. Auch bei Hunden pulsiert das Herz zuweilen noch längere Zeit nach eröffneter Bauch- und Brusthöhle mit kollabierten Lungen. Hunden, welchen der Nervus recurrens (S. 221) durchschnitten war, verlangen eine besondere Aufmerksamkeit wegen der Stimmbandlähmung (S. 222).

Bei den Tiernarkosen unterscheide ich drei Stadien:

1. Das Stadium der Abwehr und Erregung;
2. das Stadium der Betäubung;
3. das Stadium des Erwachens.

Richtige Narkosentechnik schraubt das Abwehr- und Erregungsstadium auf ein Minimum zurück (vgl. auch S. 98). Vor allem soll das Tier nüchtern sein und einen leeren Magen haben (S. 97).

Nach geeigneter Lagerung und Fesselung wird ein zusammengefaltetes Tuch um den Kopf gelegt. Der eine Tuchrand schneidet mit der Höhe des Halsansatzes ab, der andere überragt die Schnauzenspitze um min-

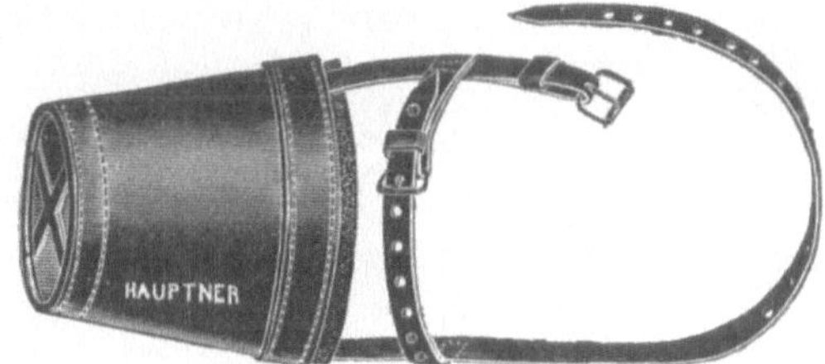

Abb. 69. Narkosemaske aus Leder für Hunde.

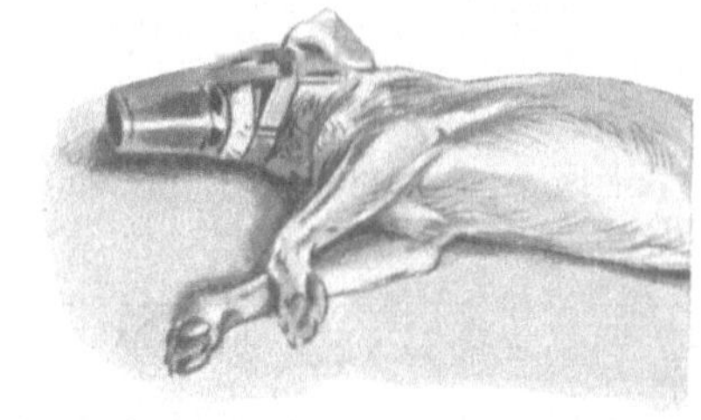

Abb. 70. Narkotisierter Hund mit einer Narkosemaske aus Leder.

destens 3 cm. Ein über dieses Tuch gelegtes Stück Billrothbattist be-
wirkt den richtigen vollständigen Luftabschluß von der Seite her. Zur
Erleichterung dient ein verstellbarer improvisierter Drahtmaulkorb
(Abb. 17 S. 18), um welchen die beiden Tücher zu schlagen sind. Bei
Hunden bewähren sich die Narkosenmasken aus Leder. Über das

offene Loch kommt ein vierfach zusam-
mengelegter Gazeschleier oder ein Stück
Tuch in zwei Lagen. Sodann beginnt
man ganz langsam auf das Gazestück
Äther zu tropfen, nicht zu gießen.

Eine Tropfflasche entsteht durch Ein-
kerben des Korkes an zwei gegenüberliegenden
Seiten. Der eine Einschnitt enthält einen sehr
schmalen Gazestreifen, an welchen das Narkoticum heraustropft. Die andere Einkerbung
sorgt für die Luftzufuhr (Abb. 71).

Ein um die Flasche geschlagenes steriles
Tuch gestattet dem Operateur, während des
Operierens ohne Assistenz das Tier zu narkotisieren. Damit das Tuch nicht abgleitet,
hält eine sterile Backhaus-Klemme dasselbe fest (S. 18, Abb. 17). Durch improvi-

Abb. 71. Tropfflasche mit Gazestreifen.
Der Kork hat 2 sich gegenüberliegende
Einkerbungen.

sierte Tretvorrichtungen oder durch Befestigung der Tropfflasche an die
Stirne des Operateurs in der Art einer Stirnlampe[1]) gelingt ebenfalls das
Narkotisieren ohne fremde Hilfe. Auf diese Weise bleiben beide Hände frei.

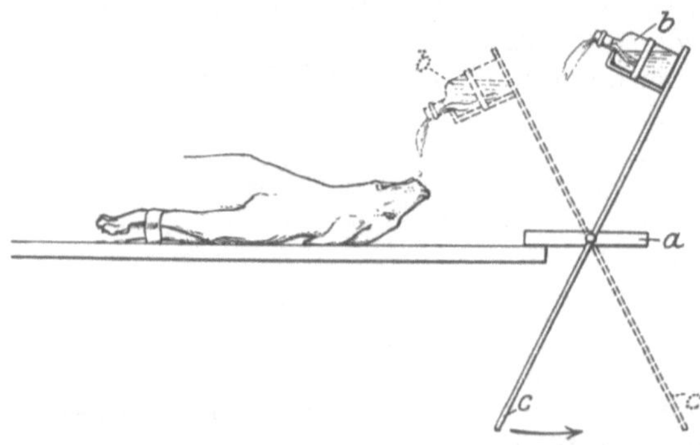

Abb. 72. Automatischer Narkosebehelf. — a Ein an dem Operationstisch angenageltes Holzstück.
b Die Narkoseflasche wird von zwei Blechstreifen auf der Holzstange (c) gehalten. In dieser Stellung
ropft die Flasche nicht. (Durch eine Fußbewegung kann die Stange c in die punktierte Lage
gebracht werden, wodurch die Flasche zu tropfen beginnt.)

Bei dem Tropfen darf die Flüssigkeit nicht die Nase, Zunge oder
Schleimhaut des Maules benetzen (S. 243, Schädigung des Geruchsorgans).
Die dabei gesetzten Reize lösen die stärksten Abwehrreflexe aus. Zu-
nächst „schleicht sich" der Narkotiseur durch langsames Tropfen, nicht

---

[1]) Lieferant: ODELGA, Wien IX, Garnisonsgasse: „Stirntropfvorrichtung
Modell Klinik Eiselsberg".

Gießen, ein. Große Tiere erhalten als erstes Quantum 10, kleine Vertebraten (Tauben, Mäuse, Frösche usw.) 2 Tropfen. Anfangs halten die Lebewesen den Atem an, um den ihnen unbekannten Geruch nicht einzuatmen. Beim Anhalten des Atems hört die Ätherzufuhr auf. Erst die neuen Atemzüge erlauben ein vorsichtiges Weitertropfen. Andernfalls atmet das Tier beim ersten neuen Atemzuge so viel überschüssiges Narkoticum ein, daß die schwersten Schädigungen auftreten können.

Kleine Morphiumgaben (S. 98 oben) bekämpfen wirkungsvoll das Erregungsstadium. Bei Hunden genügt eine Stunde vor der Operation eine subcutane Injektion von 2 ccm einer 2proz. Morphiumlösung (S. 97). Das Morphium löst Erbrechen aus. Dadurch verschafft es den weiteren

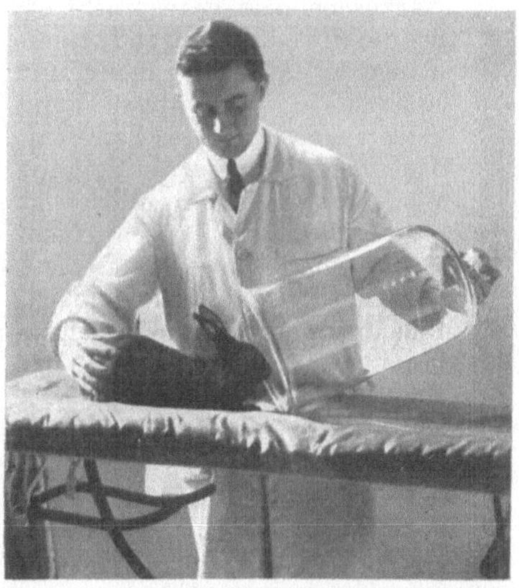

Abb. 73a. Narkose eines Kaninchens unter einer Glasglocke. I. Akt. Die rechte Hand umfaßt das Hinterteil des Tieres und schiebt es schnell mit einem Ruck in die schräg aufliegende Glasglocke.

Abb. 73b. Narkose eines Kaninchens unter einer Glasglocke. II. Akt. Das Tier sitzt in der Glasglocke, welche senkrecht aufgestellt ist. Ein mit Äther getränkter Tupfer wird in den abgeschlossenen Glasraum hineingebracht.

Vorteil des leeren Magens bei der Narkose (S. 97 u. 256). Die Morphiumlösung enthält 0,0005 Atropin (S. 96 unten). Infolgedessen unterbleibt fast die durch den Äther hervorgerufene vermehrte Speichelsecretion. Zahlreiche Versuchsanordnungen verbieten den Gebrauch des Morphiums und Atropins. Viele Autoren führen die Einleitung der Narkose in einem geschlossenen Gefäße aus. Abb. 73a und b erläutern das Verfahren. Das Tier wird unter eine Glasglocke oder in ein verschließbares Glas (Abb. 74 S. 108) gebracht, um die Narkosenwirkung zu beobachten. In den abgeschlossenen Raum kommt ein mit Äther getränkter Tupfer hinein. Zwei Faktoren üben dabei die Betäubung aus: 1. die Ätherdämpfe, 2. die von dem Tiere gelieferte Kohlensäure. Es handelt sich also mehr um eine Erstickungsnarkose. Bei Mäusen und Ratten benutze ich diese Technik. Denn Ratten sind sehr zähe. Der Umgang mit ihnen ist relativ schwierig. Bei den kleinen Mäusen fällt die Kohlensäureproduktion nicht so ins

Gewicht. Man setzt den Frosch unter eine Käseglocke und schiebt einen mit Äther getränkten Tupfer darunter. Sowie die Gliedmaßen des Tieres erschlaffen, muß der Frosch herausgenommen werden. Über die Urethannarkose beim Frosch s. S. 99. Weit bedenklicher erscheint die Erstickungsnarkose bei größeren Tieren, wie Kaninchen, Katzen, Hunden und Affen. Die Erstickungskomponente führt öfters zu schwersten Herzschwächen. Auch die vielfach gebräuchlichen Narkoseneimer lehnen wir aus diesen Gründen ab. Die Verwendung einer Glasglocke oder eines Narkoseneimers beansprucht etwa die drei- bis vierfache Äthermenge gegenüber der Benutzung einer Maske. Bei Zeitmangel und Widerspenstigkeit des betreffenden Objektes mag diese Methode ausnahmsweise gerechtfertigt sein. Die Tiere tragen einem nicht selten lange Zeit diese barbarische Behandlung nach. Das Herumtaumeln des Tieres kündigt das Anfangsstadium der Bewußtseinsstörung an. Sofort ist das Tier aus dem Gefäße zu nehmen, aufzuspannen und mit der oben geschilderten Tropfnarkose weiter zu behandeln.

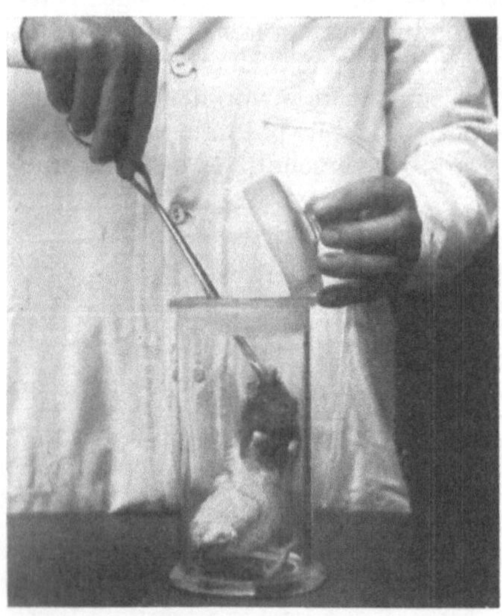

Abb. 74. Die mit der Kornzange in der Nackenhaut erfaßte Ratte wird zuerst mit den Hinterbeinen in das Glasgefäß gesteckt. Sodann erfolgt Loslassen des Tieres und schnelles Aufsetzen des Deckels. Erst nach diesem Vorgange schüttet man Äther in dieses Narkoseglas.

Tauben und Frösche erhalten einen kleinen Tupfer über den Kopf. Wenige Äthertropfen darauf bewirken eine Allgemeinanästhesie.

Das Narkotisieren der Fische erfolgt in 1proz. Ätherlösung[1]). Das Wasser, in welches der Fisch hineinkommt, enthält also pro Liter 10 ccm Äther . Abb. 65 auf S. 91 zeigt eine andere Versuchsanordnung. Dabei besitzt das Seewasser einen 5proz. Ätherzusatz. Falls der gewünschte Betäubungsgrad nicht eintritt, so wird durch Aufschrauben des Hahnes der Wasserstrom verstärkt. In der Zeiteinheit fließt dann mehr Äther durch die Kiemen. Die Tiere vertragen derartige Narkosen $1^{1}/_{2}$—2 Stunden lang. Ins frische Wasser zurückgebracht, atmen die Fische nach etwa $^{1}/_{2}$ Stunde wieder lebhaft und beginnen nach 45 bis 60 Minuten zu schwimmen. Mehrmaliger Wasserwechsel. Die normale Atmung kehrt erst nach einem Tage zurück. Im Wasser geschieht die Verdunstung des Äthers nicht so schnell wie an der frischen Luft. — Über die Urethannarkose bei Fischen und Salamandern vgl. S. 99.

Während des Stadiums der Betäubung tropfen wir ab und zu Äther nach, um die zu frühe Wiederkehr des Bewußtseins zu vermeiden. Die

---

[1]) Äther löst sich bis zu 10 vH. in Wasser.

Kunst des Narkotisierens liegt darin, möglichst wenig Äther zu gebrauchen.

Das Stadium des Erwachens überwinden die Tiere meist schnell. Sie pflegen sofort herumzulaufen und schwanken anfangs infolge ihres benommenen Zustandes. Ohne vorherige Morphiumdarreichung fressen die operierten Tiere bereits wieder nach $^1/_4$ bis $^1/_2$ Stunde.

Das bei dem Menschen so vielfache Erbrechen während und nach einer Narkose bleibt bei Tieren meist aus.

Falls Gefahr von seiten der Narkose droht, ist sofort der Äther wegzulassen, der Maulkorb bzw. die Tücher um die Schnauze herum schnell abzunehmen und die Zunge herauszuziehen. Das Tier gebraucht freie Atmung. Sodann gibt man 2 ccm Kampferöl subcutan und beginnt mit künstlicher Atmung nach den Vorschriften SILVESTERS. Die beiden angeschnallten Vorderbeine werden rasch losgebunden und der rechte Humerus in die rechte Hand, der linke in die linke Hand genommen. Hierauf zieht der Operateur die beiden Vorderbeine im äußeren Bogen maximal nach rückwärts (kopfwärts). Eine Erweiterung = Inspiration tritt ein. Sodann preßt er die beiden Humeri an die zugehörige Thoraxseite. Eine Kompression des Brustkorbes = Ausatmung findet statt. Diese Bewegungen sind nicht zu rasch, etwa 30mal in der Minute, auszuführen. Das gleichzeitige rhythmische Vorziehen der Zunge mit einer Klemme unterstützt die Maßnahme. Hörbares Ein- und Ausstreichen der Luft zeigt die Durchlüftung der Lungen an. Außerdem leistet die Herzmassage bei den Wiederbelebungsversuche wertvolle Hilfe. Die Hand wird flach auf die Herzgegend gelegt und mit dem Handballen die Gegend des Herzens geschlagen, pro Minute etwa 120 Schläge.

Oft genügt bei Atemstillstand das einfache rhythmische Zusammendrücken des Brustkorbes mit beiden Händen. Die ausgebreiteten Hände liegen den Brustseiten an und drücken den Thorax schnell und kräftig zusammen. Hierauf lassen sie sofort wieder los. Kraft seiner Elastizität erweitert sich der knöcherne Brustkorb = Inspiration. Dieser Vorgang wiederholt sich etwa 30mal innerhalb 60 Sekunden. Über die künstliche Atmung bei Vögeln vgl. S. 113 u. 51. Bei Hunden mit durchschnittenem Nervus recurrens sperren die gelähmten Stimmbänder oft die Luftzufuhr ab. Hier helfen das Einführen eines Gummirohres durch den Mund in die Luftröhre oder eine Tracheotomie mit eingesetzter Kanüle.

Die zahlreichen anderen Hilfsmittel, welche beim Menschen gute Erfolge zeitigen, versagen nach meinen Erfahrungen.

Nach erfolgreicher Bekämpfung eines bedrohlichen Narkosezwischenfalles erstreben wir die baldige Beendigung des Eingriffes. Dabei erhält das Tier nur so wenig wie möglich Äther.

Sämtliche Zwischenfälle und eine Vermeidung der Überdosierung schließt die AUER-MELTZERsche intratracheale Insufflation aus. Zugleich erlaubt diese Methode eine Operation bei eröffneter Pleura.

Der im Thorax herrschende negative Druck verbietet eine Eröffnung der Brusthöhle. Der Luftzutritt löst einen Pneumothorax aus. Der

Atmosphärendruck drückt von außen die Lungen zusammen. Im Gegensatz zu dem Menschen fügt im allgemeinen der einseitige, linkseitige Pneumothorax den Affen, Hunden, Katzen, Kaninchen für kürzere Zeit keinen nennenswerten Schaden zu. Das Herz liegt links und nimmt bereits einen beträchtlichen Teil dieser Brusthälfte ein. $^1/_{10}$ der Lungenkapazität reicht nach den Angaben SAUERBRUCHS zur Atmung aus. Die betreffenden Tiere sind sofort auf die linke Seite zu lagern, damit die rechte Lungenhälfte ausgiebiger durchlüftet werden kann. Das gefürchtete Mediastinalflattern (GARRÈ) tritt bei den genannten Warmblütern nicht in dem Maße in Erscheinung wie beim Menschen. Der rechte Pneumothorax bringt größere Gefahren. Den doppelseitigen Pneumothorax vertragen die Tiere unter Umständen auf kürzere Dauer. In der Regel ersticken sie nach kurzer Zeit, nicht selten nach einigen Sekunden (S. 250 u. f.).

Drei Verfahren stehen uns zur Bekämpfung des Pneumothorax zur Verfügung:

1. die Fixation der Lunge mit einigen Nähten an das parietale Brustfell nach WILHELM MÜLLER,

2. der Überdruck,

3. der Unterdruck.

Letzteren haben die meisten Chirurgen wegen seiner komplizierten Apparatur verlassen. Die angenähten Lungenteile können naturgemäß nicht kollabieren.

Der Überdruck bläht die Pulmones auf. 7 mm Hg genügen, um ein Zusammenfallen der Lungen bei eröffneter Brusthöhle infolge des atmosphärischen Außendruckes zu verhindern. Eine Maske wird luftdicht aufgesetzt und mit einer Sauerstoffbombe oder Luftgebläse in Verbindung gebracht. Ein Manometer zeigt den zugeführten Druck an. Das Überschreiten der 7 mm Hg führt eventuell zur Berstung der

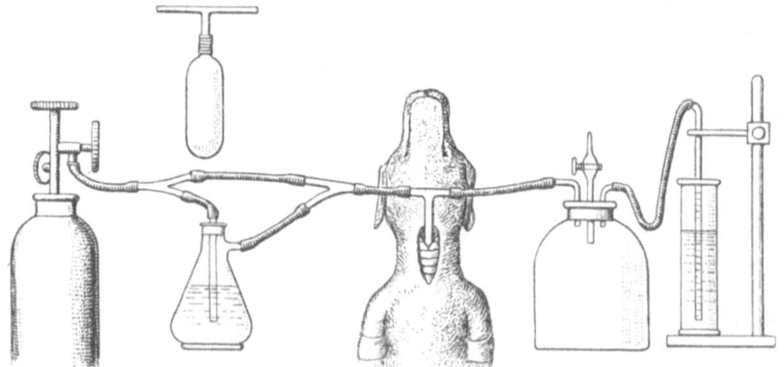

Abb. 75. Schematische Darstellung zur Erzeugung des Überdruckes in den Lungen bei einem Tiere (nach BRAUER).

Lungenalveolen. Abb. 75 verdeutlicht die von BRAUER erfundene Versuchsanordnung.

Einen geringen Überdruck, welcher oftmals ausreicht, erzielten wir ebenfalls durch die Behinderung des Ausatmens bei aufgesetzter Ventil-

maske: Das Einatmungsventil bleibt offen. Nach dem teilweisen Zu-
schrauben des Ausatmungsventils sammelt sich mit jedem Atemzuge

immer mehr Luft in der Lunge
an. Daraus ergibt sich ein
Überdruck. Ebenso eignen sich
dafür bei großen Hunden unsere
im Kriege verwendeten Gas-
masken, welche das Ausatmen
wesentlich erschweren. Eine
Kohlensäureüberladung der
Lungen darf dabei natürlich
nicht stattfinden.

Der Luft bzw. dem Sauer-
stoff kann Äther durch eine
Nebenleitung zugeführt werden.
Diese Anordnung kombiniert
den Überdruck mit der Inhalationsnarkose. Solche Über-
druckäthernarkosen bedingen
zahlreiche Gefahren. Diese verhindert die intratracheale Insufflation[1]).

Abb. 76. Richtige Lage des Gummirohres während
der intratrachealen Insufflation.

Das Verfahren kommt bei Affen, Hunden, Katzen und Kaninchen
in Frage.

Der Operateur führt das Gummirohr von $^2/_3$ des Durchmessers

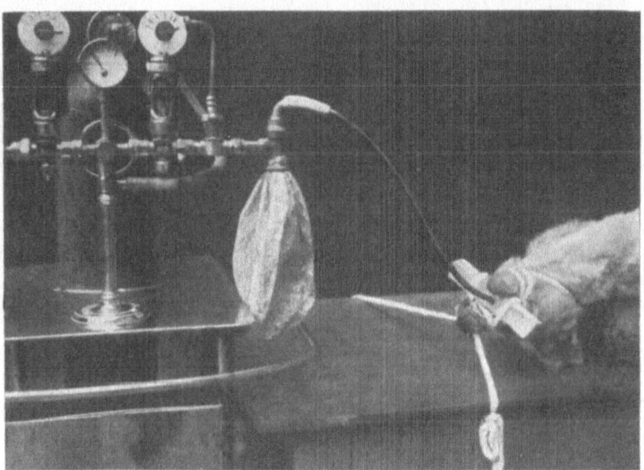

Abb. 77. Intratracheale Insufflationsnarkose bei einem Hunde. Ein Holzstück, welches für den
Durchtritt des Gummirohres ein großes Loch hat, hält das Maul offen und ist mit Achterbinden-
touren befestigt. Eine Binde um den Oberkiefer hinter den Eckzähnen fixiert den Kopf. Unter
dem Nacken liegt eine gepolsterte Rolle.

---

[1]) Ausführliche Angaben darüber stehen in meiner Monographie: Die AUER-
MELTZERsche intratracheale Insufflation. Ergebn. d. Chirurg. u. Orthop. 10,
433—466. 1918.

der Trachea im leichten Ätherrausch vom Maule aus in die Luftröhre ein. Diesen Luftröhrenkatheter schiebt er bis zu deren Bifurkation vor. Dieselbe erkennen wir aus dem plötzlichen Widerstande, auf den das Rohr stößt. Sodann ist das Gummirohr wieder um 2 cm zurückzuziehen. Die richtige Lage erläutert Abb. 76. Die Fixation geschieht an dem Mundkeile. Das Maß der eingeführten Katheterlänge wechselt. Durchschnittlich besitzt ein großer Hund eine längere Trachea als ein kleiner. Ferner gibt es kurz- und langhalsige Hunde und solche mit kurzem und langem Maule. Auch der Durchmesser der Luftröhre zeigt individuelle Verschiedenheiten. Bei Hunden von 5 kg Gewicht empfiehlt sich eine Rohrstärke von 5,5 mm, bei einem solchen von 7—8 kg etwa 7 mm. Der Katheter soll lieber zu dünn als zu dick gewählt werden. Bevor der Experimentator das Gummirohr mit dem Apparat verbindet, prüft er durch Vorhalten eines Wattefäserchens an der Öffnung, ob Luft ein- und ausströmt. Anfänger geraten leicht in den Oesophagus! Während der Insufflation dringt der Luft- bzw. Sauerstoff-Ätherstrom durch den Katheter in die Lungen ein. Die überschüssigen Mengen entweichen von selbst neben dem Katheter nach außen hin (Abb. 76). Die Luft verläßt den Körper also auf einem anderen Wege. Der rückläufige Strom schafft in idealer Weise die gebildeten Kohlensäuremengen weg. Das Nichtvorhandensein einer störenden Gesichtsmaske schafft weitere günstige Bedingungen für Operationen am Kopfe, Halse, Kiefer, Maul und Rachen. Eine Schädigung des Atemcentrums beansprucht keine besondere Hilfe bei der Insufflation. Diese ersetzt die künstliche Atmung.

Bei offenem Thorax verwenden wir einen schwachen Sauerstoffstrom mit Äther von 7—10 mm Hg. Die Lungen bleiben dabei in mittlerer Stellung liegen. Der Überdruck drückt die dazwischen liegenden Gefäße zusammen. Leicht stellt sich Cyanose ein. Deshalb unterbricht ein Automat oder eine sonstige Improvisation den Luftstrom für einige Sekunden, etwa 3—4 mal in der Minute. Die Alveolen fallen zusammen. Die Kompression der dazwischen liegenden Gefäße hört für diese Zeit auf. Die Blutcirculation beginnt wieder. Durch diese Unterbrechungen entstehen kleine Bewegungen der Lungen, welche jedoch nicht stören. Beim Schließen des Thorax erhöht man den Druck auf 20 mm Hg, um die Lunge aufzublähen, damit sie sich an die Pleura costalis anlegt und kein Pneumothorax zurückbleibt. — Ein zu dünner Katheter läßt den gewünschten Überdruck nicht entstehen. Ein rascher Wechsel des Gummirohres schafft Abhilfe. Oder es genügt auch oft ein mäßiger Druck auf die Gegend der Membrana hyothyreoidea. Die Verengerung des Raumes zwischen dem Katheter und der Trachealwand hält den rückläufigen Strom (s. o.) zurück. Vielfach habe ich bei kürzerem Offensein der Brusthöhle vorsichtig mit einer Sauerstoffbombe die Lungen durch den Katheter aufgeblasen und das Gas sofort wieder herausstreichen lassen. Der Vorgang wiederholt sich etwa 4 mal in der Minute.

Selbstverständlich muß dieses in großen Umrissen geschilderte Druckdifferenzverfahren erst erlernt werden. Ich erkläre es bei Tieroperationen an den Lungen, an dem Herzen, an der Brustaorta und dem Oesophagus für die zurzeit beste Methode. Die Bedenken gegen eine Bronchitis und Tracheitis beim Tiere halten wir nicht für stichhaltig.

Bei Vögeln erleichtert der Bau des pneumatischen Systems (S. 50 unten) die künstliche Atmung. Der distale Humerusabschnitt wird freigelegt, das Gelenk eröffnet und der Humerus nahe am Gelenkende durchschnitten. Sodann zieht der Operateur einen Gummischlauch über diesen eröffneten Knochen und bläst Luft ein. Diese passiert die Luftsäcke (S. 51), Lunge und Luftröhre und entweicht durch den Schnabel. Eine Trachealkanüle ist auch für den Luftabzug überflüssig. Ferner gelingt die künstliche Atmung bei Tauben durch Einbinden einer Kanüle in die Trachea und Eröffnung eines abdominalen Luftsackes (S. 51). Die Luft streicht durch die Kanüle in die Luftröhre, Lunge und verläßt den Körper am Einschnitte des Bauchluftsackes.

In vielen Fällen führen bei eröffnetem Thorax auch einfache Mittel zum Ziele. In die gut aufsitzende Metallmaske lasse ich in großer Menge Sauerstoff einströmen. Falls bei Pneumothorax und klaffender Glottis reiner Sauerstoff die sehr reduzierten Atembewegungen (ohne Äther!) speist, kann ein Tier längere Zeit am Leben bleiben. Erst wenn sich eine bestimmte Menge Kohlensäure angesammelt hat, tritt der Exitus ein. Bei diesem Vorgehen gelingt z. B. die Ligatur der Pulmonalgefäße am Kaninchen.

f) Schmerzbetäubung durch Hypnose.

Bereits das feste Aufspannen wirkt bei Tieren vielfach hypnotisch. Wenn die Fesseln angezogen werden und vor allem eine Binde den Oberkiefer festhält (S. 17, Abb. 16), so erzielen wir dadurch eine Schmerzableitung. In der Tiermedizin finden zu diesen Zwecken die Nasenbremsen Verwendung. Dieses barbarische Vorgehen lehnt die heutige experimentelle Chirurgie ab.

Die sogenannte Tierhypnose leistet uns vielfach wertvolle Dienste. Die Ansichten gehen darüber zurzeit noch auseinander, ob die tierische Hypnose in physiologischer Beziehung der menschlichen an die Seite zu stellen ist oder andere Vorgänge diesen Geschehnissen zugrunde liegen. Bisher hielt man die Erscheinungen für einen tonischen Lagereflex. Das gilt nur für bestimmte Fälle. Meine Untersuchungen beweisen, daß die Tiere in allen Körperhaltungen zu „hypnotisieren" sind. Bei dem alten klassischen Versuch SCHWENTERS (1638) liegt das Huhn unbeweglich auf dem Rücken mit hochgehaltenen Beinen. Das Schrifttum bezeichnet fälschlicherweise den Jesuitenpater ATHANASIUS KIRCHERUS als den ersten Gelehrten, welcher dieses Verfahren angab (1846) und nennt es Experimentum mirabile KIRCHERI. Die Hypnose hält oft lange Zeit an, mehrere Minuten bis 2 Stunden. Sie glückt bei Heuschrecken, Fischen, Eidechsen, Schlangen, Fröschen, Krokodilen, Krebsen, Vögeln, Meerschweinchen, Kaninchen, Katzen, Hunden, Wölfen, Pferden (= sogenanntes Belassieren) usw. Selbst an Tigern und Löwen werden zur Zeit von Artisten im Varieté oder Cirkus diese Experimente erfolgreich ausgeführt.

Die Technik der „Hypnsoe“ erlernt jeder leicht und rasch, der seine Gedanken scharf auf das Tier konzentrieren kann. Die meisten Autoren geben an, das Tier schnell, sicher und fest zu ergreifen, umzudrehen und niederzuhalten. Wir nehmen das Versuchsobjekt ruhig in beide Hände und bringen es ohne Gewalt auf den Tisch in die gewünschte Lage. Der „Kunstgriff“ besteht darin, ganz behutsam das Vieh loszulassen. Dies gelingt nur bei äußerst angestrengter Aufmerksamkeit. Zittern die Hände beim langsamen Loslassen, so mißglückt der Versuch. Das Experiment wird erleichtert, wenn der Operateur die Augen des Tieres scharf mit den eigenen Augen anschaut. Oft erreichen wir dadurch schnell das Ziel, daß das offene Auge des Tieres den Finger oder die Hand des Experimentators fixiert. Griffe in den Nacken oder an die Kehle stellen nicht das wirksame Prinzip dar. Nur bei großer Widerspenstigkeit benutzen wir sie zum Selbstschutz (vgl. S. 140, Abb. 115).

Nach HEMMETER genügt für Untersuchungen und schnell ausführbare Operationen bei Fischen die Hypnonarkose. Fische wären hypnotisierbar. Durch rhythmischen Druck mit beiden Daumen auf den Kopf über dem Gehirn oder durch Festfassen des Tieres mit beiden Händen und Halten unter einen den Kopf treffenden Wasserstrahl soll nach 5—10 Minuten die motorische Lähmung eintreten. Darüber fehlt mir die Erfahrung.

Bei einer tiefen Hypnose schrecken äußere Sinnesreize die Tiere nicht auf (s. u.).

Ich konnte hypnotisierte Tiere mit Äther in tiefe Narkose bringen, ohne das Lebewesen festzuhalten und berühren zu müssen. Die Tiere halten den Atem nicht an und schlafen ruhig ein. Das Erregungsstadium bleibt aus.

Ferner lassen sich in Hypnose kurze Eingriffe, z. B. beim Kaninchen und Meerschweinchen subcutane Frakturen der Oberschenkel oder Nebennierenexstirpationen ausführen, ohne daß die Tiere Schmerzen äußern. Einem stehenden Hahne kann man mit der Kornzange den Kamm bis zum Anämischwerden kneifen. Auch bei der Blutentnahme aus der Ohrvene rührt sich ein Kaninchen nicht, falls eine geübte Hand diese bewerkstelligt. Anscheinend liegt dabei auch eine Art „Hypnose“ vor.

Zahlreiche wissenschaftliche Fragen auf diesem Gebiete harren noch ihrer Lösung. Die Tierhypnose ist sehr ausbauungsfähig und bringt hoffentlich für die praktische Chirurgie erheblichen Nutzen.

III. Verbandmaterial.

Die Verbandgaze ist ein locker gewebter, gut entfetteter Baumwollstoff. Er wird in großen Lagen von der Fabrik bezogen und im Laboratorium für die einzelnen Zwecke zurecht geschnitten. Nr. 1—3 der Abbildung 78 zeigen drei verschiedene Größen von Tupfern, welche zum Austupfen (nicht Wischen!) des Blutes im Operationsfelde und des Wundsecretes dienen. Um bei Bauchoperationen die vordringenden

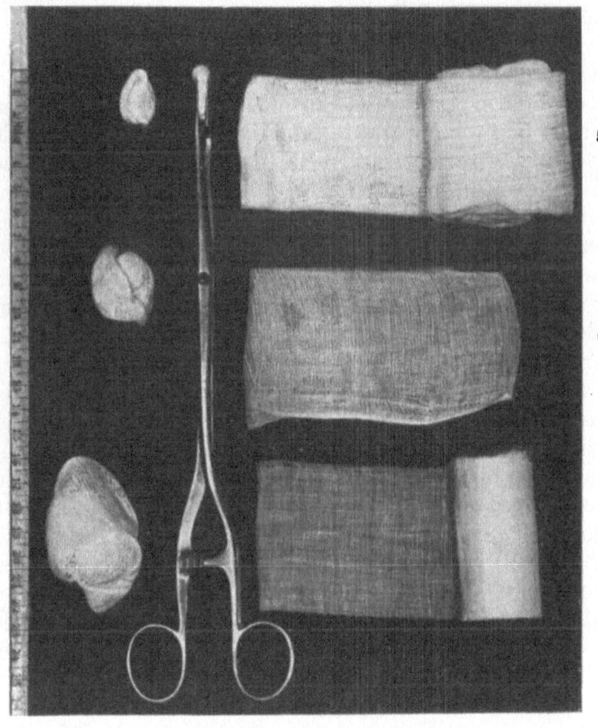

Abb. 78. Verbandmaterial. 1—3. Tupfer. 4. Präparierzange (-tupfer). 5. Rollgaze. 6. Kompresse. 7. Mullbinde.

Gedärme zurückzudrängen, pflegen wir mit der bei Nr. 5 photographierten Rollgaze oder einer Kompresse das Abdomen abzustopfen. Nr. 6 läßt eine Kompresse erkennen, welche die Wunde bedeckt. Die Gaze besitzt das Vermögen, die Wundsecrete aufzusaugen und gleichzeitig auszutrocknen. Das gleiche Material liefern auch die Binden (Nr. 7). Watte und Zellstoff sind bei Tierverbänden (S. 133) untauglich. Nr. 4 stellt eine Kornzange mit Einschnappvorrichtung für die Branchen dar. Die Enden dieses Instrumentes halten einen kleinern, festgearbeiteten Tupfer. Damit kann der Operateur sehr gut stumpf die Gewebshüllen abpräparieren und nennt es deshalb Präpariertupfer.

IV. Aseptik.

a) Die Sterilisation der Instrumente, Abdecktücher, Operationsmäntel, Tupfer, Näh- und Verbandmaterial, Handschuhe, Katheter usw.

Sämtliche Instrumente, Abdecktücher, Operationsmäntel, Tupfer, Unterbindungs-, Näh- und Verbandmaterial, kurz, alles, was mit der Operationswunde in Berührung kommt, muß keimfrei sein. Zwei Wege stehen uns für das Abtöten der Krankheitserreger zur Verfügung:

1. das Auskochen bzw. der strömende Wasserdampf,
2. chemische Mittel.

Metallinstumente vertragen keine chemischen Mittel. Sie werden 5 Minuten lang in Sodawasser ausgekocht. Soda (= kohlensaures Natrium) verhütet das Rosten und schont die Instrumente. Ein Eßlöffel davon genügt für 1 Liter Wasser. Bei den rostfreien Instrumenten von der Firma FRIEDRICH KRUPP, Essen, ist dieser Zusatz unnötig. Die Sterilisation erfolgt bei bescheidenen Verhältnissen in einem Kochtopfe mit untergestelltem Brenner. Kochapparate besitzen durchlochte Einsatzschalen. Beim Herausnehmen mit zwei sterilen Greifhaken läuft das Wasser ab. Eine sterile Greifzange entnimmt die keimfrei gemachten Gegenstände. Diese kommen auf ein steriles Tuch zu liegen. Messer und andere schneidende Instrumente sowie Kanülen sind nur 2 Minuten lang auszukochen, damit die Schärfe nicht verloren geht. Dabei ruhen die Messer zweckmäßig auf einem Messerbänkchen, um die Schneide vor Beschädigungen zu schützen. Die Kanülen und auseinandergenommenen Spritzen aus Glas werden nicht in warmes oder heißes Wasser gelegt, sondern kalt aufgesetzt. Nach dem Auskochen bringen wir die Kanülen und Messer zum Aufbewahren in eine Glasschale mit absolutem Alkohol. Den Boden dieses Gefäßes bedeckt Gaze, worauf die Instrumente ruhen. Auf diese Weise benetzt der Alkohol nicht nur eine Seite der Messer bzw. Kanülen. Ein dicht aufsitzender Glasdeckel hält Verunreinigungen von außen fern. Operationen, bei denen kleinste Spuren eines Desinfektionsmittels schädlich sein könnten, verlangen ein Abspülen der desinfizierten Instrumente vor dem Gebrauche in mehrfach gewechseltem sterilem Aqua destillata.

Sofort nach der Operation reinigt man die Instrumente mit einer Bürste in warmer Sodalösung, trocknet und putzt sie mit einem weichen Tuche und bewahrt sie in einem staubdichten Instrumentenschrank aus Glas auf.

Die Sterilisation der Abdecktücher, Operationswäsche und Verbandstoffe geschieht innerhalb 45 Minuten durch gesättigten

Abb. 79   Verbandtrommel mit vier Fächern.

Dampf mit 3—5 Atmosphären Spannung. Die Verbandtrommeln (Abb. 79) besitzen verschließbare Löcher zum Durchströmen des Dampfes. Die besten Dampfsterilisationsapparate stellt F. M. LAUTENSCHLÄGER & Co., Berlin, her. In neuester Zeit liefert diese Firma auch elektrische Sterilisatoren. Kleinere Apparate leisten oft dasselbe. Falls die Mittel zum Anschaffen derartiger Apparate nicht ausreichen, so genügt ein 10 Minuten langes Auskochen und Plätten der Wäsche. Geplättete Wäsche bzw. Taschentücher halte ich bei Tieroperationen praktisch (!) (S. 120) für keimfrei.

Seide, Zwirn und Catgut dienen als Nahtmaterial. Die beiden Erstgenannten kochen wir in einer 1 proz. Sublimatlösung (ohne Zusatz des Farbstoffes Eosin) $^1/_4$ Stunde lang. Sodann wird sie mit einer sterilen anatomischen Pinzette auf eine ausgekochte Glasrolle gewickelt und in absoluten Alkohol gebracht. Beim Gebrauch nimmt der Operateur die Seide aus dieser Lösung. Durch nochmaliges Kochen leidet die Festigkeit der Seide. Dieses keimfreie Nahtmaterial enthält zugleich ein Desinficiens.

Die Herstellung des resorbierbaren Catguts erfolgt aus der elastischen Submucosa von Schaf- oder Ziegendarm[1]). Für unsere Zwecke bewährt sich zurzeit das Jodcatgut. Ein besonderes Fabrikationsverfahren macht es keimfrei. In einer 80—90 proz. Alkohollösung bleibt dieses Material steril aufbewahrt.

In die Gummihandschuhe streut man zunächst etwas Reispuder, damit die Innenflächen nicht aneinander haften. Sodann werden die gespreizten Handschuhfinger auf einem kleinen Tuche ausgebreitet und darauf wiederum ein Tuch oder Zellstoff gelegt usw. Eine solche Schichtpackung verhütet späteres Zusammenkleben der Außenflächen. Hierauf schlagen wir um das Paket nochmals ein größeres Tuch und sterilisieren 3 Minuten lang im Dampfsterilisator. Dieses Verfahren schädigt die Gummihandschuhe. Durchschnittlich vertragen sie, je nach Qualität, nur eine 10—20 malige Dampfsterilisation. Über den Wert der Gummihandschuhe siehe unten.

Gummi- und Seidenkatheter sowie Kautschukbougies gehören 6 Stunden vor der Benutzung in eine 1 proz. Sublimatlösung. Auch hier darf kein Eosin das Desinfektionsmaterial rot färben.

b) Die Desinfektion der Hände und des Operationsgebietes.

Die Händedesinfektion wird verschieden ausgeführt. Für jede Tieroperation genügt nach meinen Erfahrungen ein 3 Minuten langes Waschen mit einer neutralen, nicht reizenden Seife in fließendem warmem Wasser. Eine sterile Schale liegt für das Ablegen der Seife bereit. Die Fingernägel werden kurz geschnitten und mit einem ausgekochten Nagelreiniger gereinigt. Nach sorgfältigem Abspülen bürstet sich der Operateur noch die Hände und Unterarme 3 Minuten lang in einer warmen 2 prozmill. Sublimatlösung (HgCl$_2$). Eine schwächere Lösung scheint

---

[1]) Im vorigen Jahrhundert wurden die Fäden aus Katzendarm (cat = Katze) hergestellt.

in ihrer Wirkung unsicher. Wer kein Quecksilberchlorid verträgt, benutzt 2 prozmill. Oxycyanatlösung oder den teuren 70 proz. Alkohol mit 1 proz. Salicylsäurezusatz. Gummihandschuhe halte ich bei Tieroperationen für einen Luxus. Bei Bauchoperationen leistet ein steriler Zwirnhandschuh über der linken Hand gute Dienste. Dadurch stört nicht die Glätte der Baucheingeweide beim Anfassen.

Die in der humanen Medizin während aseptischer Eingriffe viel benutzten Mundtücher und Kopfhauben sind bei unserem Experimentieren überflüssig.

Die Desinfektion des Operationsgebietes verlangt zunächst die Entfernung der Haare (S. 93) und die Beseitigung des sichtbaren Schmutzes. Mit warmem Wasser und neutraler, nicht reizender Seife erfolgt die Reinigung der Haut. Die dabei verwendete Bürste muß weich sein. Nach dem Abtrocknen mit sterilem Zellstoff ist das Operationsfeld mit sterilen Tupfern, getränkt mit Äther, abzureiben. Nach dem Verdunsten des Äthers kommt 80 proz. Alkohol auf die Haut. Dieser dringt leicht in die Hautporen ein, weil der Äther das Fett in der Cutis beseitigt hatte. Auch das angrenzende Fell bestreichen wir in der Haarrichtung mit Alkohol, damit nach dem Abdecken (s. u.) nicht Haare in das Operationsgebiet geraten. Teils verdunstet der Alkohol, teils resorbiert ihn die Cutis. Sodann wischt man nochmals dieses Desinfektionsmittel über die betreffende Hautstelle. Der Vorgang wiederholt sich hierauf ein drittes Mal. Diese Desinfektionsmethode genügt weitgehenden Ansprüchen. Eine Keimfreiheit der Haut kann nicht erreicht werden. Vor allem dürfen keine Verletzungen der Haut, Epithelabschürfungen oder Ekzeme vorhanden sein. Eine intakte, gesunde Haut bietet den besten Schutzwall gegen Bacterien. Von der Verwendung des 5 proz. Jodtinkturanstriches der Haut bin ich in letzter Zeit abgekommen. Es treten danach nicht selten Ekzeme auf, welche eine günstige Eingangspforte für Infektionserreger darstellen.

Dagegen bewährt sich der 5 proz. Jodtinkturanstrich bei Operationen an Schleimhäuten, besonders im Maule, z. B. bei Hypophysenoperation (S. 215). In derartigen Fällen kann das häufige Wechseln der gebrauchten mit frischen, sterilen Instrumenten die Aseptik sehr fördern.

Bei wechselwarmen Tieren, z. B. Fröschen, Eidechsen, Salamandern und Fischen, findet die eben beschriebene Hautdesinfektion keine Anwendung. Das betreffende Tier wird mit Seife ordentlich zwischen den Händen gewaschen und sehr sorgfältig abgespült. Hierauf reibt der Operateur das Operationsfeld etwas mit Alkohol ab. Der Äther fällt dabei fort. Denn z. B. Frösche mit ihrer ausgeprägten Hautatmung verfielen sofort in Narkose.

Ein steriles dunkelblaues Schlitztuch bedeckt das desinfizierte Operationsgebiet und den ganzen Tierkörper. Weiße Tücher blenden und ermüden die Augen. Davon kann sich jeder überzeugen, welcher einen Ausflug auf einem Schneefelde unternimmt. Tuchklemmen befestigen das Abdecktuch an der Haut und verhüten ein Verrutschen.

Nach der Ausführung des Hautschnittes decken wir mit einem zweiten Schlitztuche die Haut ab und befestigen mit Tuchklemmen die Ränder des Abdecktuches an die Hautwundränder. Dieses Verfahren hat zwei Vorteile. 1. Die Operationswunde kommt während des Ein griffes nicht mehr mit der Haut und den sie beherbergenden Mikroorganismen in Berührung. 2. Eine doppelte Lage von Abdecktüchern schützt wesentlich besser vor Infektion. — In den meisten Fällen erfüllt ein Schlitztuch seinen Zweck.

Bei kleinen Objekten, wie Mäuse usw., genügen zur Abdeckung Kompressen aus Gaze. Dieselben haben in der Mitte einen Schlitz für den auszuführenden Hautschnitt. Mastisol fixiert sie auf der Haut.

Am Ende der Operation, d. h. nach der Vereinigung der Hautwundränder (S. 124), empfiehlt es sich, die Nahtstelle nochmals mit Alkohol zu betupfen.

Zurzeit wogt der Streit darum, ob bei aseptischen Operationen das subfasciale bzw. subcutane Gewebe vor der Hautnaht ein Bestreichen mit Jodtinktur oder 70proz. Alkohol verlangt. Solche Vorsichtsmaßnahmen scheinen nur in den Fällen berechtigt zu sein, bei welchen die Aseptik gefährdet war. Einen Nachteil besitzt diese Prophylaxe. Das Desinfektionsmittel schädigt gleichzeitig die Gewebszellen und schwächt sie im Abwehrkampfe gegen die Infektionserreger.

V. Allgemeine Bemerkungen über Infektionen bei Tieren.

Dieses Kapitel steht zurzeit im Mittelpunkte des Interesses. Die Anschauungen der einzelnen Autoren weichen darüber voneinander ab. Die Ansichten, welche ich in meinem Buche „Die anaerobe Wundinfektion" niederlegte, gelten zum Teil auch bei den Tieren.

Im ersten Teile dieses Buches wurden Tierkrankheiten aufgeführt, welche bei den Menschen niemals zur Beobachtung kommen. Viele Bacterien, welche bei dem Menschen die schwersten Schädigungen hervorrufen können, vermögen dem Tiere keinen Schaden zuzufügen. Einige Mikroorganismen lösen beim Menschen und beim Tiere dieselben Krankheiten aus. Manche Keime rufen beim Tiere nur ähnliche krankhafte Veränderungen wie beim Menschen hervor. Die einzelnen Tiergattungen zeigen sich verschieden empfänglich für diesen und jenen Infektionserreger. Einige instruktive Beispiele seien herausgegriffen:

Meerschweinchen erkranken nicht spontan an Tuberkulose. Aber ihre hohe Empfindlichkeit gegen eine Infektion mit dem Tuberkelbacillus, Typus humanus, leistet für die Bacteriologie großen Nutzen. Für Syphilisübertragungen eignen sich besonders Affen (S. 6). Der WELCH-FRAENKELsche Bacillus, einer der gefürchtetsten Erreger des menschlichen Gasbrandödems, besitzt ausgesuchte pathogene Eigenschaften für den Sperling und das Meerschweinchen, aber nicht für Kaninchen. Durch den Biß tollwütiger Hunde (S. 21) erkranken die Menschen an Lyssa. Dagegen sind die Menschen gegen Mäusetyphus, Geflügelcholera und zahlreiche andere Tierkrankheiten immun.

Gleichwie beim Menschen hat auch beim Tiere die individuelle Disposition zu den verschiedenen Krankheits- und Wundinfektionserregern eine große, oft ausschlaggebende Bedeutung. Gesunde, kräftige Tiere zeigen im allgemeinen eine erhöhte Widerstandsfähigkeit. Es gibt jedoch Fälle, wo gerade kräftige Tiere sehr zu bestimmten Infektionskrankheiten neigen. Die Empfänglichkeit gegen pathogene Keime wird durch schlechten Ernährungszustand, Blutverlust, Krankheiten, körperliche Anstrengungen, Abhetzen, Hungern, Dursten, bestimmte Kost (z. B. Kalkmangel), seelische Eindrücke (Gefangenschaft), unhygienische Stallung (Feuchtigkeit, Mangel an Licht und Luft, Kälte), und vor allem durch Gewebsschädigungen gesteigert. Deshalb ist die Operationstechnik (S. 122 u. 130) so wichtig, bei der jeder Blutverlust fortfällt, nur glatte Wundflächen bestehen und die Gewebszellen nach Möglichkeit unverletzt bleiben. Jedes geschädigte Gewebe stellt einen günstigen Nährboden für Bacterien dar. Diese Tatsachen finden beim Impfen (S. 146) weitgehende Berücksichtigung. Oft muß diejenige Stelle, in welche man das Impfmaterial eingespritzt, erst durch Druck oder Reiben geschädigt werden, damit die Keime sich entwickeln können. Sauerstoffmangel oder die Gegenwart von Sauerstoff, begünstigendes oder hemmendes Wachstum bei Mischinfektion, sogenannte positiver oder negativer Nosoparasitismus (HABERLAND) spielen ebenfalls bei Tieren für Infektionen eine entscheidende Rolle. Vielfach haben die einzelnen Gewebe und Organe eine besondere Disposition für bestimmte Krankheitserreger, z. B. Muskulatur, Herz, Leber, Milz, Lunge, Gehirn, Peritoneum, Gelenke. In dieser Hinsicht weisen die Tierarten wiederum Verschiedenheiten auf. Oft ändert das Lebensalter die Empfänglichkeit und Immunität. Ich erinnere an die Hundestaupe (S. 16—20). Die Schutzkräfte, über welche der tierische Organismus verfügt, übertreffen nicht selten diejenigen des Menschen.

Diese kurzen Ausführungen machen es verständlich, daß wir unter Umständen bei Tieroperationen keine so peinlich durchgeführte Aseptik wie beim Menschen gebrauchen, um eine intentio per primam zu erreichen. Auf der anderen Seite verlangt das Experiment noch strengere Keimfreiheit (Gewebskulturen S. 235, Transplantation S. 231 usw.). Bestimmte Richtlinien bei den einzelnen Tiergattungen lassen sich dafür nicht aufstellen. Selbst Angehörige derselben Art reagieren infolge ihrer individuellen Disposition verschieden auf eine Infektion.

VI. Die Durchtrennung der Gewebe und ihre Wiedervereinigung. Blutstillung [1].

Kleine Tiere, wie Meerschweinchen, Ratten, Mäuse, Tauben usw., vertragen den geringsten Blutverlust sehr schlecht. Aus diesem Grunde erhalten sie, je nach der Größe, $1/4$ Stunde vor der Operation $1/2$—3 ccm

---

[1] Bei der Darstellung dieses Kapitels diente mir der gleiche Abschnitt in meiner Operationslehre als Unterlage.

sterile physiologische Kochsalzlösung subcutan in die Nackengegend. Die gleiche Vorsichtsmaßnahme gebrauche ich bei Affen, Hunden, Katzen und Kaninchen, wenn der Eingriff im voraus einen größeren Blutverlust vermuten läßt. Die Injektionsmenge beträgt dort 10—20 ccm einer 0,9proz. NaCl.-Lösung. Das von dem sächsischen Serumwerke, Dresden, hergestellte „Normosal" bietet als Blutersatzmittel bessere Dienste.

Die Durchtrennung der weichen Gewebe, insbesondere der Haut, geschieht gewöhnlich mit dem Messer (Scalpell). Seltener übernimmt die Schere diese Aufgabe. Das Schneiden mit einem Messer erfolgt mehr durch Zug als durch Druck. Deshalb gilt die Geigenbogenhaltung des Messers als die natürlichste. Wenn

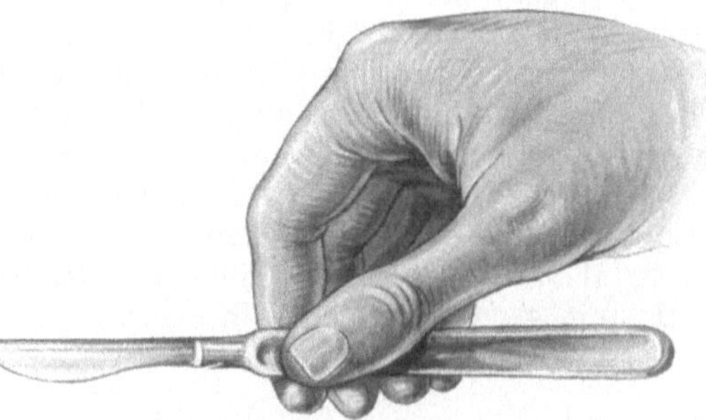

Abb. 80. Geigenbogenhaltung des Messers.

wir z. B. bei derberen Geweben einen größeren Druck ausüben müssen, so kommt die Tischmesserhaltung in Anwendung. Die Schreibfeder-

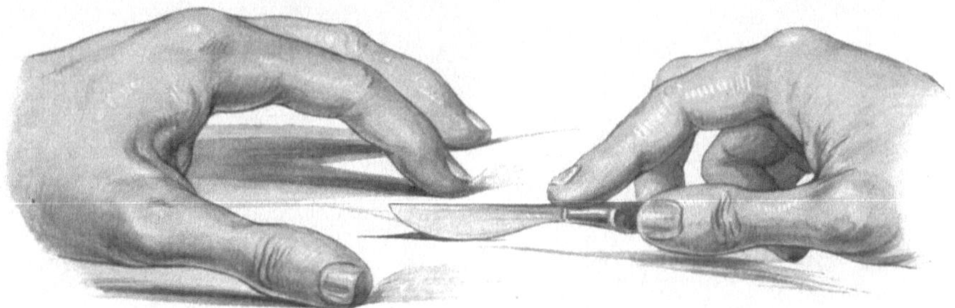

Abb. 81. Tischmesserhaltung. Die linke Hand spannt mit dem Daumen und Zeigefinger die Haut straff an.

haltung dagegen findet ihre Verwendung bei kleinen, vorsichtig auszuführenden Schnitten = Präparieren. Bei nicht narkotisierten Ver-

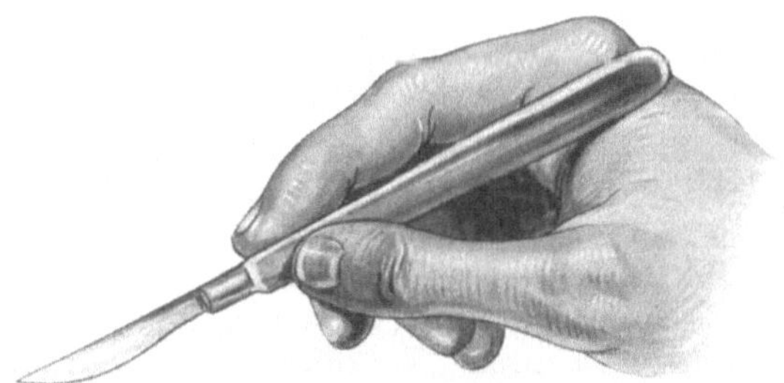

Abb. 82. Schreibfederhaltung des Messers.

suchsobjekten, deren Anästhesie nur Morphium, Urethan oder ähnliches
bewirkt haben (S. 96), hat man sämtliches Gewebe sehr behutsam zu
behandeln. Etwas derbes Zufassen oder Zerren sowie Klappern mit
den Instrumenten schreckt die Tiere sofort auf und macht sie unruhig
(S. 97 unten). Die Schnittflächen sollen glatt sein. Das Gewebe darf nicht
zerstochert werden. Je einfacher und glatter die Wundränder sind, um
so besser geht die Heilung vor sich. Nicht geschädigtes Gewebe zeigt
große Widerstandsfähigkeit gegen die eindringenden Krankheitskeime.
Geschädigtes oder nekrotisches Gewebe bietet einen günstigen Nährboden
für Bacterien. Die Schneide des Messers wird meist senkrecht auf die
zu durchtrennende Haut aufgesetzt. Ein Zug durchtrennt diese und
das Unterhautzellgewebe. Dabei spannen der linke Daumen und linke
Zeigefinger die Haut nach der entgegengesetzten Schnittrichtung an
(Abb. 81). Bei sehr verschieblicher Haut ergreift der Operateur die
Cutis mit zwei kräftigen Pinzetten, hebt sie hoch und spaltet sie.

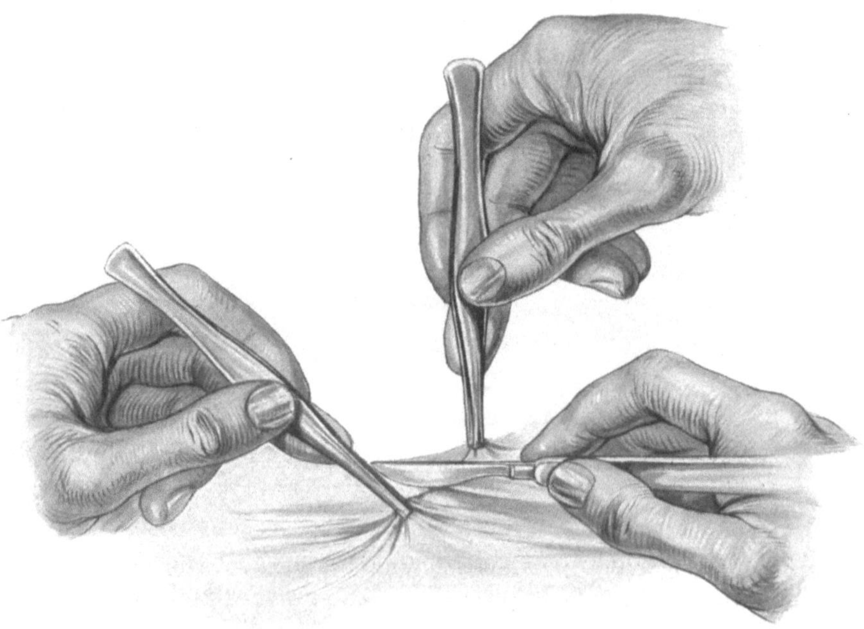

Abb. 83. Durchtrennung der Gewebe zwischen zwei Pinzetten.

Vielfach bietet dabei die gekrümmte COOPERsche Schere Vorteile gegenüber dem Messer. Um eine spätere Infektion der tieferen Gewebsschichten zu vermeiden, durchtrenne ich in derselben Weise die
Fascie, die einzelnen Muskelschichten und eventuell das Peritoneum
treppenförmig. Nach der Operation bedecken die einzelnen Gewebsschichten die zusammengenähten Wundränder. Die schnelle Verklebung hindert die Infektionserreger am Eindringen. Abb. 84 u. 85

veranschaulichen die Schnittführung. Bei der Eröffnung des Abdomens z. B. verläuft der Hautschnitt etwa 1 cm links parallel der Mittellinie. Sodann zieht ein Haken den rechten Hautwundrand nach rechts. Hierauf erfolgt die Durchtrennung der Bauchwand genau in der Mittellinie.

Die Schnittrichtung des Bauchdeckenschnittes hat nicht annähernd die Bedeu-

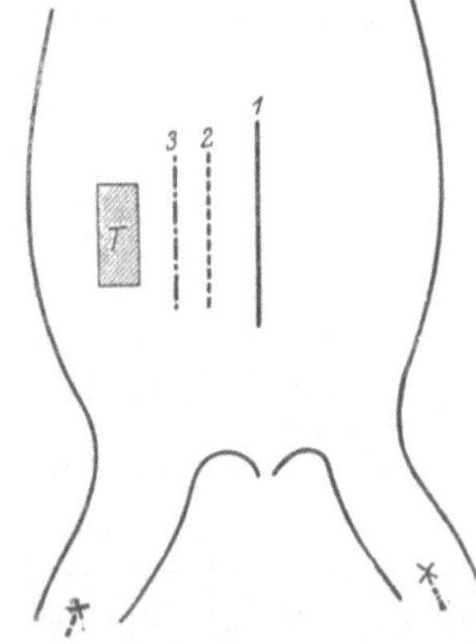

r. Hinterbein   l. Hinterbein

Abb. 84. Treppenförmige Schnittführung (von oben her gesehen). — 1. Hautschnitt. 2. Fascienschnitt. 3. Muskelschnitt. T Ein Transplantat zwischen Muskel und Bauchfell, weit entfernt von den drei Schnitten.

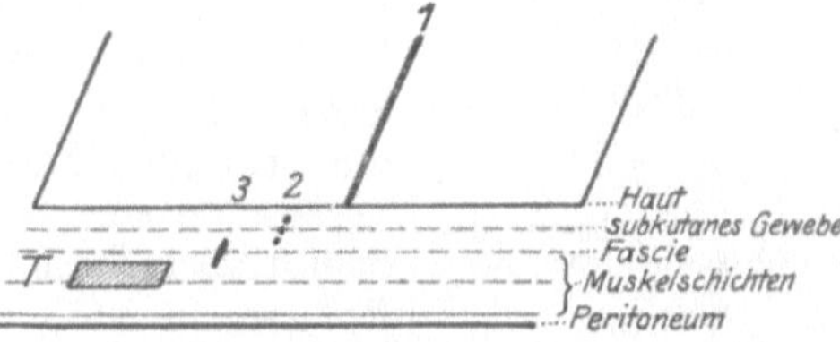

Abb. 85. Treppenförmige Schnittführung, im Durchschnitt gesehen.

tung wie beim Menschen. Es scheint einerlei, ob der Bauchschnitt längs, quer oder schräg verläuft. Wenn die Wunde primär, d. h. reaktionslos heilt, so bleibt eine Hernienbildung aus.

Bei dem Durchschneiden der Gewebe benutzen viele die Hohlsonde oder Führungsrinne, falls wichtige Gebilde unter ihnen liegen. Der Experimentator und sein Assistent heben mit je einer chirurgischen Pinzette rechts und links von dem beabsichtigten Einschnitt eine Gewebsfalte empor. Nach der Incision dringt die Hohlsonde von dieser kleinen Öffnung aus unter das zu durchtrennende Gewebsblatt. Beim Durchschneiden auf der Rinne soll die Messerschneide uns entgegensehen. Falls es sich um gefäßreiche Gebilde handelt, so durchschneidet man auf der Hohlsonde schrittweise. Wegen der Asepsis ist das Gewebe niemals mit den Fingern, sondern nur mit den Instrumenten anzufassen. Die Art des Gewebes schreibt die Benutzung einer chirurgischen (mit Häkchen) oder anatomischen (ohne Häkchen) Pinzette vor. Nerven und Gefäß ergreifen wir nur mit anatomischen Pinzetten. Sichtbare Gefäße, welche das Operationsfeld überkreuzen, werden regelmäßig vor ihrer Durchschneidung mit Kocherschen oder Halstedschen Klemmen im peripheren und centralen Anteil gefaßt, um jeden Blutstropfen zu sparen. Kleine Versuchsobjekte erlauben nur die Anwendung feiner Halstedschen Klemmen.

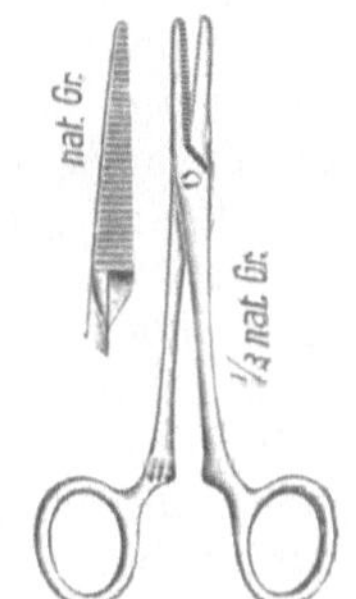

Abb. 86. Gefäßklemme nach Halsted.

Bei dem Durchdringen der Muskelschichten geht der Weg womöglich durch ein Muskelinterstitium. Hierbei gibt es am wenigsten Verletzungen. Auch die Nerven des Muskels erleiden auf diese Weise nur eine geringe Schädigung. Fehlt ein Muskelinter-

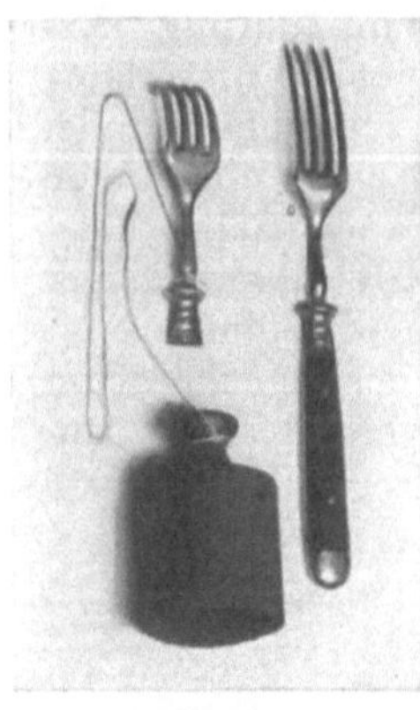
Abb. 87. Improvisierter Ge-
wichtshaken aus einer Gabel.

stitium, so drängen zwei anatomische Pinzetten die Muskelfasern parallel zur Faserrichtung stumpf auseinander. Bei kleinen Tieren bleiben solche Rücksichtnahmen fort.

Eingesetzte Wundhaken ziehen das Wundgebiet auseinander und sorgen für Übersichtlichkeit. Abb. 87 zeigt einen improvisierten Gewichtshaken aus einer Gabel. Diese Instrumente machen eine Hilfe zum Halten überflüssig. Für das Auseinanderhalten der Hautwundränder kommen im allgemeinen scharfe Haken in Betracht. Für Muskelwunden und das Beiseitehalten von Organen, Nerven, Gefäßen usw. eignen sich lediglich die stumpfen Haken. Jede unnötige Gewebsverletzung soll dadurch wegfallen. Bei Bauchoperationen stopfe ich mit einer Kompresse oder Rollgaze (S. 115), welche körperwarme Normosallösung feucht hält, die Bauchhöhle ab, um ein Vorquellen der nicht zur Operation gehörigen Eingeweide zu verhüten. Der Reiz einer trockenen Gaze schädigt das Peritoneum empfindlich.

Die Wiedervereinigung der durchtrennten Gewebe und Haut geschieht mit der Naht. Dabei gebrauchen wir eine Handnadel, während andere Autoren den Nadelhalter verwenden. Diesen benutze ich nur für Nähte in der Tiefe. Als Nahtmaterial dienen Zwirn, Seide oder Catgut. Wenn keine besonderen Gründe Seide verlangen, so bietet sowohl für die tiefen Gewebsschichten als auch für die Haut das resorbierbare Catgut große Vorteile. Je dünner das Material ist, desto günstigere Heilungsaussichten bestehen, weil es den Fremdkörperreiz einschränkt. Für das Muskel-, Leber-, Milz- und Lungengewebe taugen nur dickere Catgutfäden, damit sie das Parenchym nicht durchschneiden. Die Hautnaht führe ich mit feinsten Catgutknopfnähten aus. Durch die teilweise Resorption bzw. Andauung fallen die Hautnähte nach 8—10 Tagen spontan ab. Das Bauchfell, die Muskulatur und Fascie vereinigt eine fortlaufende Sutur. Die gekrümmte Nadel wird einige Millimeter vom Wundrande entfernt senkrecht zu demselben eingestochen, der Faden durch den Grund der Wunde geführt und dann von innen nach außen an der entsprechenden Stelle des gegenüberliegenden Wundrandes ausgestochen. Das Anziehen der Fadenenden bringt die Wundränder miteinander in Berührung. Ein genaues Anpassen der Schnittflächen mit Hilfe einer oder zwei Pinzetten, = Adaption, führt zu dem gleichen Ziele. Abb. 90 bis 93 erläutern meine Technik der Wundadaption ohne Assistent. Eine chirurgische Pinzette in der linken Hand erfaßt den dem Operateur zunächst liegenden Wundrand und hebt ihn etwas an. Sodann ergreift eine KOCHERsche Klemme in der rechten Hand den anderen Wundrand. Diesen adaptiert man durch Herausziehen und Aufkrempeln an den mit der Pinzette gehaltenen

Wundrand (Abb. 90). Der eine Arm der Pinzette bleibt an der Haut, der andere greift schnell auf die herangezogene Haut über (Abb. 91). Hierauf öffnen wir die KOCHERsche Klemme und legen sie dicht neben der Pinzette an. Das Instrument hält die Hautwundränder richtig zu-

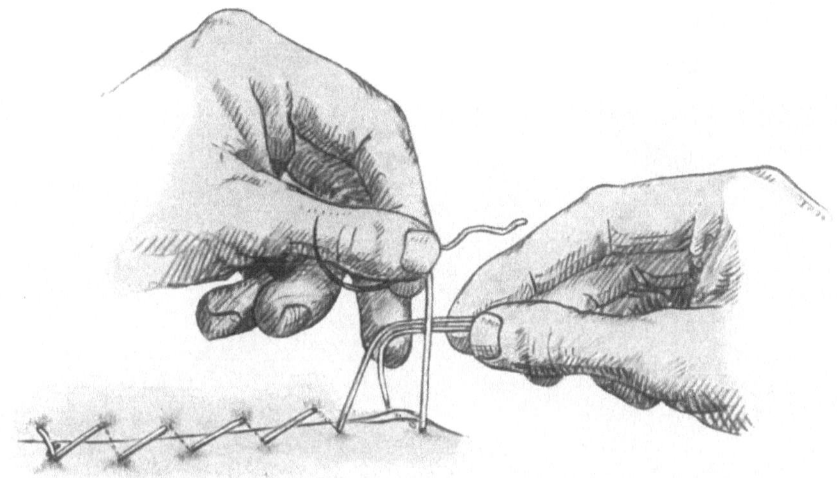

Abb. 88. Fortlaufende Naht. Rechts das Verknüpfen des Endfadens.

sammen. Dicht neben den Klemmen durchgeführte Knopfnähte übernehmen die endgültige Vereinigung. Bei größeren Wunden sind zuerst einige weiterfassende, tiefgehende Situationsnähte zweckmäßig, um ein gutes Anliegen der Wundflächen zu erreichen. Zwischen diesen sorgen oberflächlich angelegte Zwischennähte für einen genauen Verschluß. Der Knoten des geknüpften Fadens soll nicht auf dem Wundspalt liegen. Die Nadel darf nicht zu nahe an dem Wundrande ein- und ausgestochen werden. Eine zu schmale Gewebsbrücke zwischen dem Einstichloch und dem Rande leidet unter mangelhafter Ernährung. Gleichfalls vermeiden wir ein zu festes Anziehen des Fadens. Das dazwischen liegende Gewebe stirbt unter Umständen ab, bildet einen günstigen Nährboden für die Bacterien und schafft eine Eingangspforte für die Infektion. Diese Vorgänge haben bei kleinen Tieren besondere Bedeutung.

Wo ein Aufbrechen der Naht durch zu starken Zug oder durch Infektion droht,

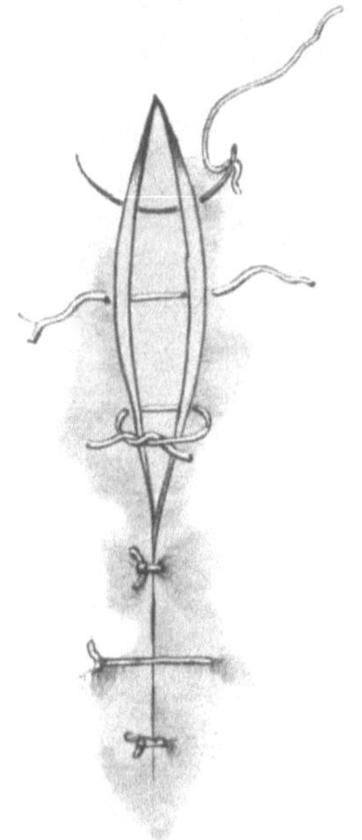

Abb. 89. Wundrändervereinigung mit Situations- und Zwischennähten.

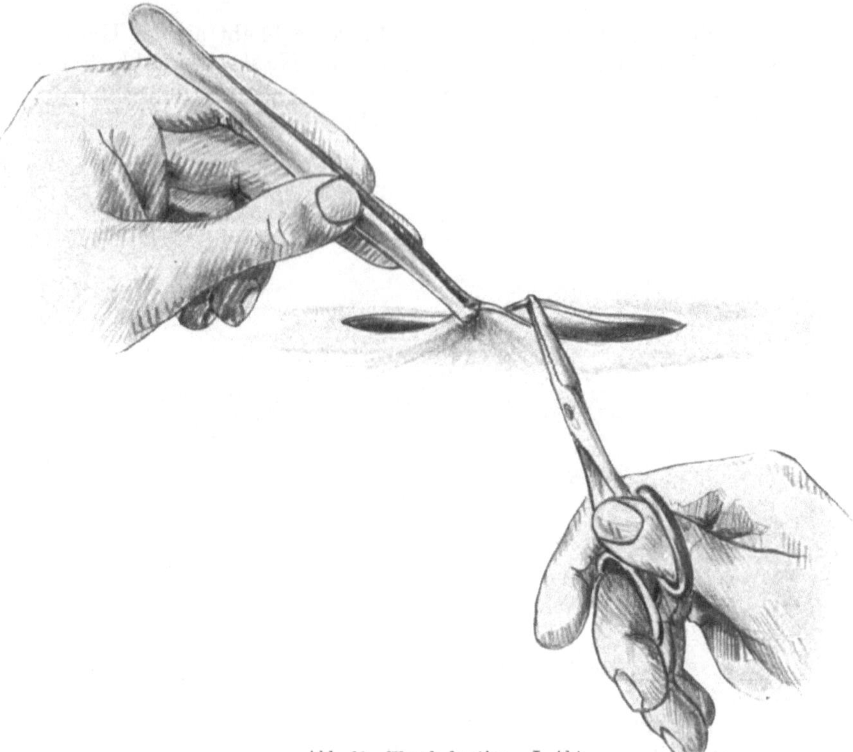

Abb. 90. Wundadaption. I. Akt.

Abb. 91. Wundadaption. II. Akt.

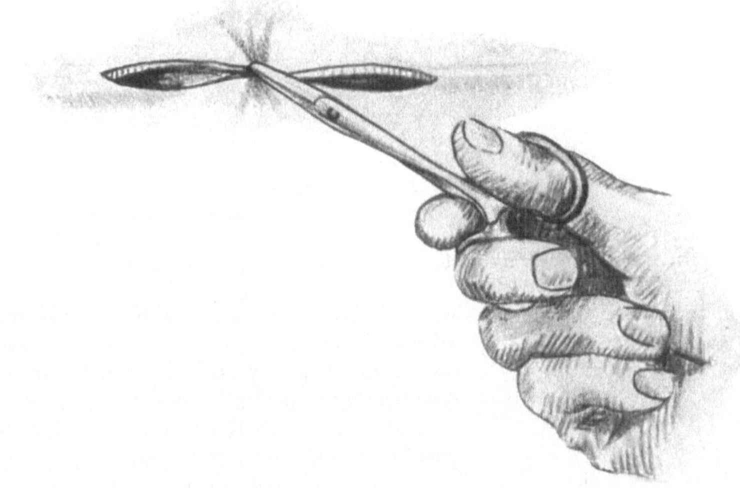

Abb. 92. Wundadaption. III. Akt.

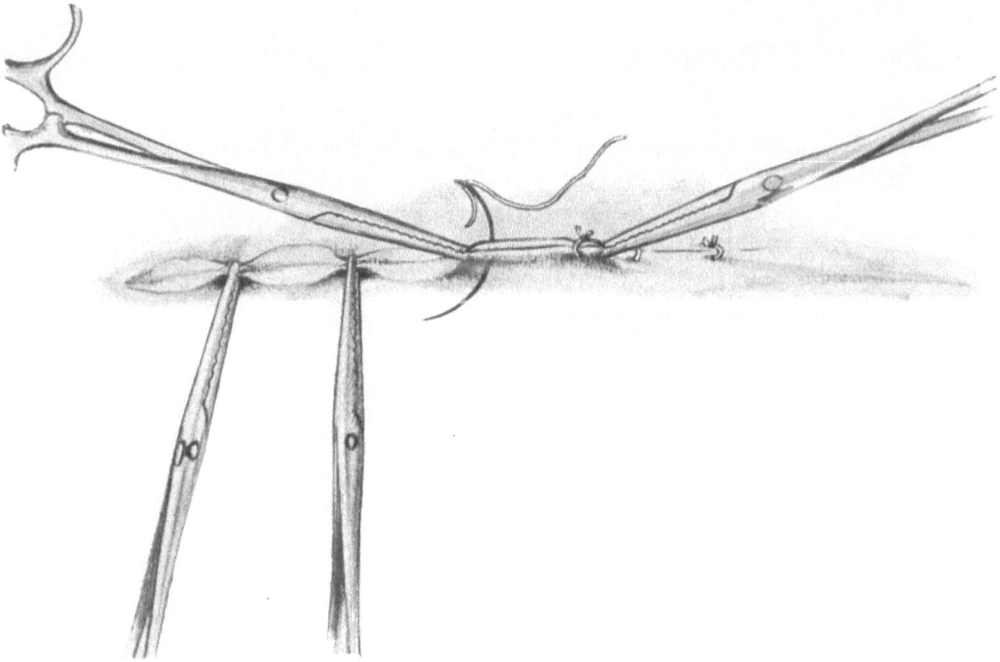

Abb. 93. Die Wundränder sind mit KOCHERschen Klemmen
adaptiert (links). Das Auseinanderlegen der Klemmen (rechts)
bewirkt ein Anspannen der Wundränder und eine genaue
Vereinigung. Beiderseits und dicht am Halteinstrument
erfolgen die Knopfnähte. IV. Akt.

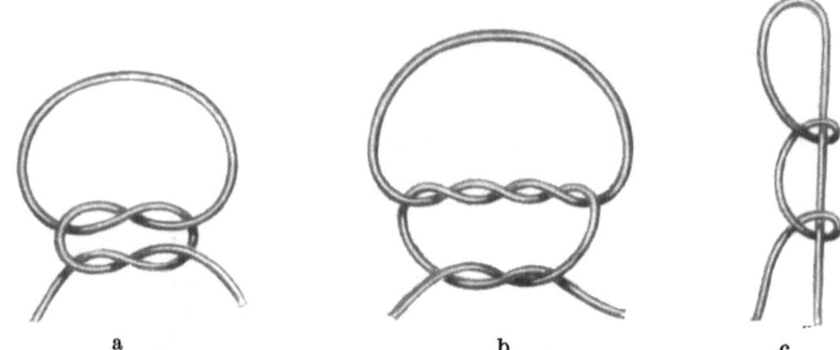

a   b   c

Abb. 94. a. Schifferknoten. b. Chirurgischer Knoten. c. Weiberknoten.

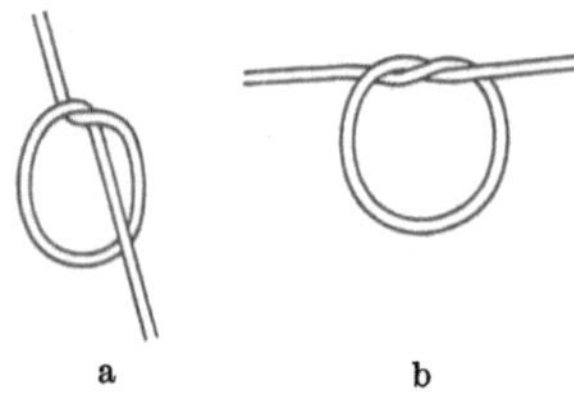

a   b

Abb. 95. a. Falsche Zugrichtung, senkrecht zum Faden. b. Richtige Zugrichtung, parallel zum Faden.

versagt die fortlaufende Naht. Denn wenn an einer Stelle der Faden reißt, so platzt die ganze Wunde auf. Solche Fälle und die Hautvereinigung erfordern stets die Knopfnaht. Die Knüpfung der Knoten geschieht bei geringer Spannung in der Form des Schifferknotens (Abb. 94a). Der Weiberknoten verbürgt kein sicheres Halten. Eine größere Spannung verlangt

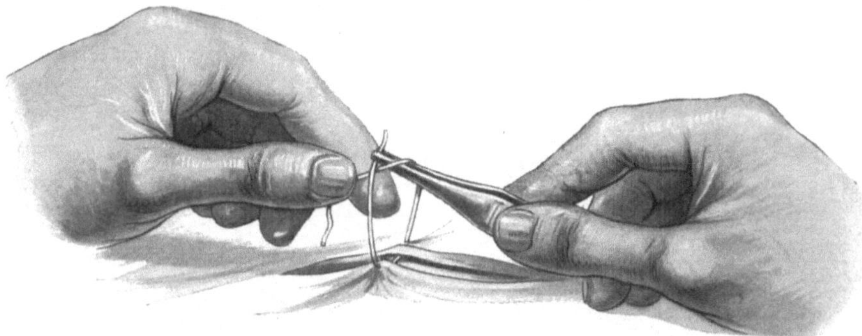

Abb. 96. Die anatomische Pinzette erfaßt das eine Fadenende. I. Akt.

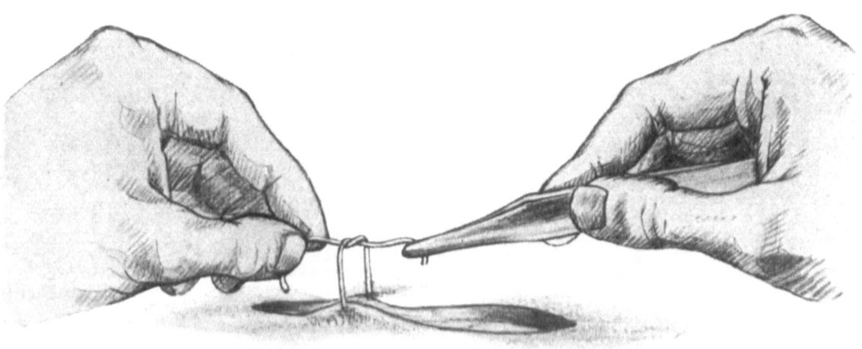

Abb. 97. Die anatomische Pinzette zieht das Fadenende durch. II. Akt.

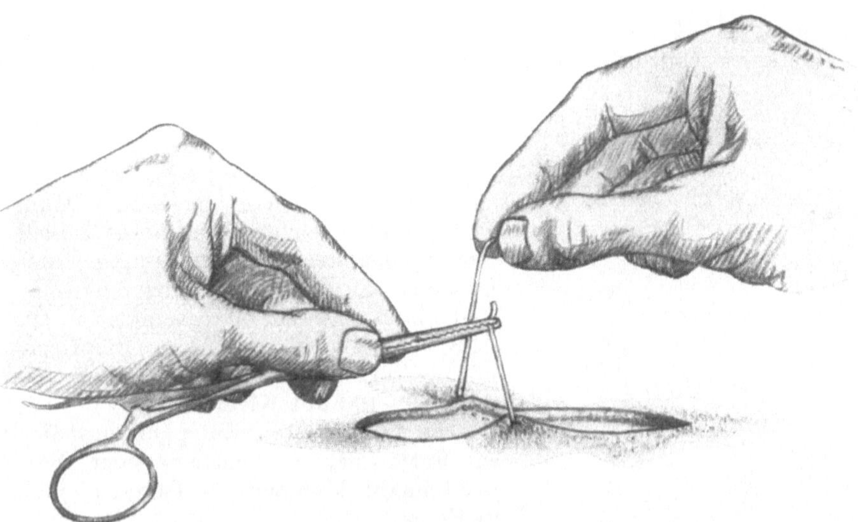

Abb. 98. Knüpftechnik mit einer Klemme. Das Fadenende wird über die Klemme gelegt. I. Akt.

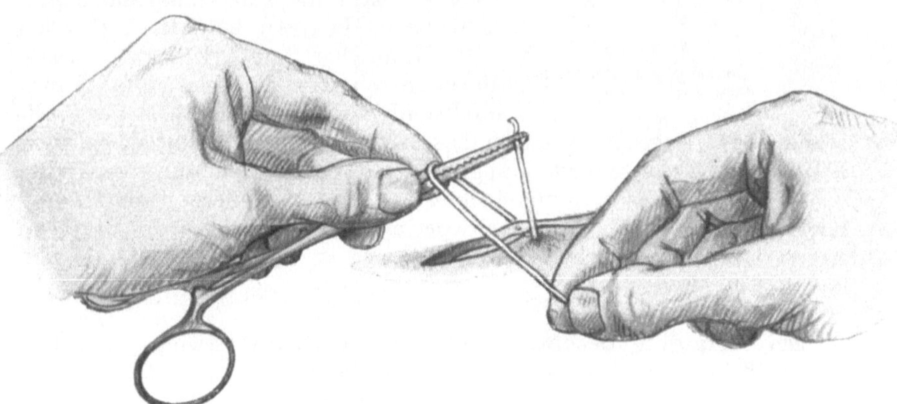

Abb. 99. Knüpftechnik mit einer Klemme. II. Akt.

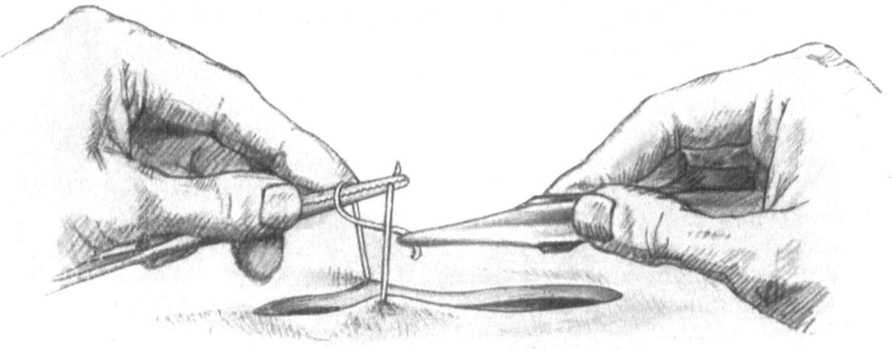

Abb. 100. Knüpftechnik mit einer Klemme. Ergreifen des kurzen Fadenendes mit einer anatomischen Pinzette und Durchziehen. III. Akt.

die doppelte Umschlingung des Fadens und hierauf die Bildung eines
Knotens = chirurgischer Knoten (Abb. 94 b). Bei kleineren Objekten
beansprucht das Knoten große Sorgfalt, da nur dünne Fäden brauchbar sind. Starke Fäden bei der Maus würden etwa der Dicke eines Seiles zur Naht oder Ligatur beim Menschen entsprechen. Dünne Fäden reißen leicht. Durch eine falsche Zugrichtung können selbst starke Fäden bersten. Ferner zwingt uns das teure Fadenmaterial zur Sparsamkeit. Die Abb. 96 u. 97 erklären unsere Knüpftechnik bei kurzen Fäden mit einer Pinzette, Abb. 98—100 mit Klemme.

Die viel geübten Entspannungsnähte in Form der Bäuschchen- oder Bleiplattennaht kommen bei Tieren niemals in Frage.

Oft leistet die subcutane Matratzennaht nach HALSTED bei Affen, Hunden und Kaninchen gute Dienste. Diese Methode schaltet die sekundäre Wundinfektion durch die Stichkanäle fast voll-

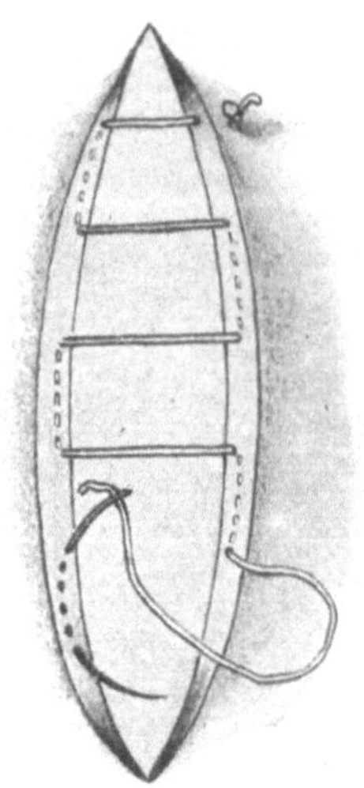

Abb. 101. Subkutane Matratzennaht
nach HALSTED.

ständig aus. Dagegen liegen bei diesem Verfahren die Wundflächen nicht
breit genug für eine schnelle und genügende Wundverklebung aneinander.

Die beim Menschen viel benutzten Wundklammern nach MICHEL
oder v. HERFF lehne ich in der experimentellen Chirurgie ab. Die Tiere
nagen daran, oder suchen durch Scheuern an einem Gegenstande sich
davon zu befreien.

Die allergrößte Beachtung gebührt der Blutstillung. Ein Tier
soll möglichst von jedem Blutverluste verschont bleiben. Größere Warmblüter erhalten während des Eingriffes an den Extremitäten eine Umschnürung nahe der Schulter bzw. dem Leistenbande. Viele Versuche
erlauben nicht diese modifizierte ESMARCHsche Blutleere. Häufig präpariert der Operateur zunächst die zuführende Hauptarterie frei und
legt für einige Zeit eine weiche Klemme an. Oder ein dicker Seidenfaden
wird um das Gefäß gelegt und zugedreht. Eine Klemme verhütet das
Aufrollen des Fadens (Abb. 161, S. 175). Die schonendste Gefäßkompression bleiben stets zwei Finger.

Bei der Gewebsdurchtrennung klemmt man bereits vor dem Durchtrennen mit zwei Gefäßklemmen central- und peripherwärts zu und
durchschneidet dann erst das Gefäß (s. o.). Aufgedrückte Vioformgaze
stillt parenchymatöse Blutungen (z. B. aus der Leber, Milz). Die definitive Blutstillung geschieht in erster Linie durch die Gefäßligatur. Besondere Verhältnisse zwingen zur Tamponade oder zur Anwendung der
Hitze (heiße Kompresse, Thermokauter, Paquelin). Über Knochen- und
Schädeloperationen vgl. S. 208.

Die Gefäße werden zur Unterbindung mit der Gefäßklemme gefaßt und zugeklemmt. Ein Faden wird um das Gefäß geschlungen und fest geknotet. Beim Unterbinden eines Gefäßstammes in seinem Verlaufe schieben wir prinzipiell zuerst eine Hohlsonde unter das Gefäß und führen auf dieser mit der DESCHAMPSschen Aneurysmanadel zwei Fäden um das isolierte Gefäß. Der Kollateralkreislauf gebietet sowohl die

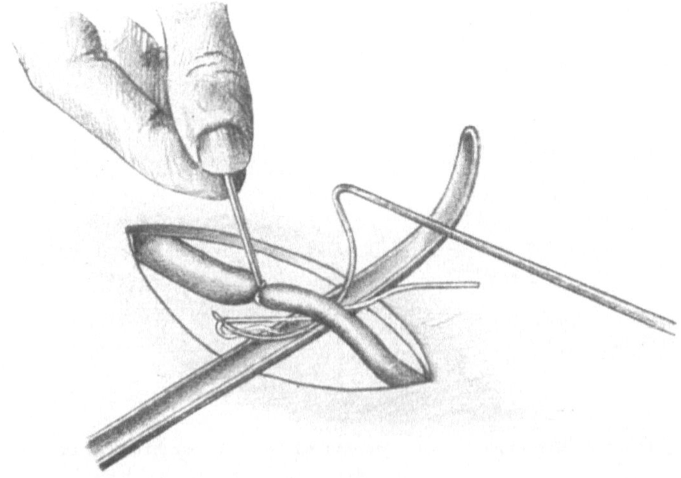

Abb. 102. Das doppelte Unterbinden eines Gefäßes auf einer untergeschobenen Hohlsonde. Links: bereits die Ligatur vollzogen. Rechts: Herumlegen des Fadens mit einer Aneurysmanadel.

centrale wie periphere Ligatur. Eine geknöpfte gerade Schere, nicht das Messer, durchtrennt die Gefäße auf der Führungsrinne. Erst nach diesem Akte sind die Unterbindungsfäden abzuschneiden (Abb. 102). Die gleiche Methode gilt bei jeder Durchtrennung gefäßhaltiger Gewebsabschnitte, z. B. beim Netze, Mesenterium u. dgl. Die Fadenführung

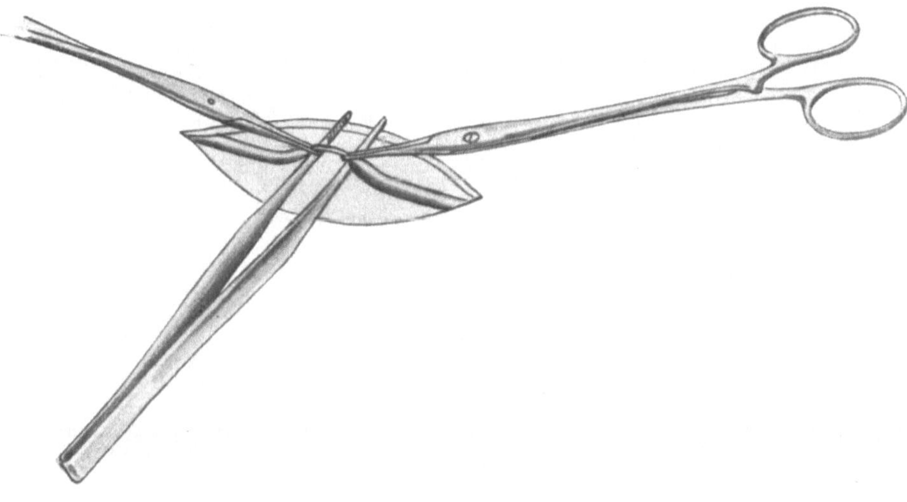

Abb. 103. Gefäßunterbindung nach H. BRAUN.

gestaltet sich durch die Leitbahn der Hohlsonde spielend leicht. Das „Bohren“ falscher Wege fällt fort. H. Braun lehrt das Erfassen und Durchschneiden eines Blutgefäßes auf untergeschobener Pinzette. Falls das Isolieren eines Gefäßstumpfes aus seiner Umgebung nicht glückt, so umsticht der Experimentator denselben zusammen mit dem umgebenden Gewebe und knotet den Faden fest zu. Abb. 104—106 zeigen die Massenligatur eines Gewebsbündels. Damit der Faden nicht abgleitet, ist eine vorherige Umstechung notwendig.

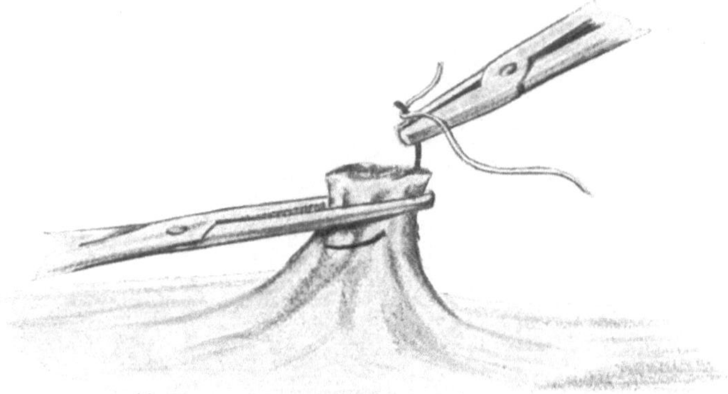

Abb. 104. Massenligatur eines Gewebsbündels mit Umstechung. I. Akt.

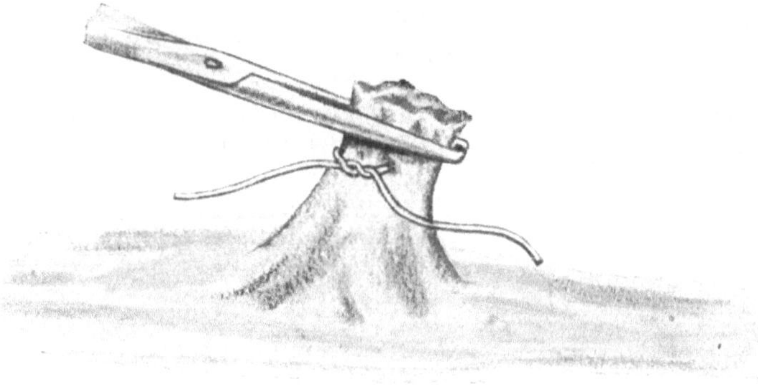

Abb. 105. Massenligatur eines Gewebsbündels mit Umstechung. II. Akt. Der Faden ist unterhalb der Klemme einmal umschlungen und angezogen.

Abb. 106. Massenligatur eines Gewebsbündels mit Umstechung. III. Akt. Der angezogene Faden wird nochmals unterhalb der Klemme um das gesamte Gewebsbündel gelegt und dann erst mit chirurgischem Knoten geknüpft.

Bei kleineren Gefäßen genügt oft das Quetschen mit einer Gefäßklemme, welche mehrere Minuten liegen bleibt. Nach deren Abnahme
steht meist die Blutung. Auch die Torsion des Gefäßes erfüllt vielfach
ihren Zweck. Dabei wird der mit einer Gefäßklemme gefaßte Gefäßstumpf mehrmals um seine Längsachse gedreht. Dadurch rollt sich
die Intima auf. Das Gefäßlumen schließt sich. Bei sehr großer Tiefe der
Wunde gelingt es nicht immer, den Faden richtig um den Gefäßstumpf
zu schlingen. In diesem Notfalle tritt die oben skizzierte Umstechung
in ihr Recht. Ich warne dringend davor, die Gefäßklemmen 24—48 Stunden liegen zu lassen. Die Tiere bleiben nach einer Operation niemals
ruhig. Eine solche Klemme verursacht bei Bewegungen große Schmerzen und kann schwere Verletzungen herbeiführen.

Über gestörte Wundheilung vgl. S. 137.

VII. Der Verband.

Die sorgfältige Hautnaht mit exakter Adaption der Wundränder
und eine rasche Wundverklebung schaffen den besten Schutz gegen
eine sekundäre Wundinfektion. Die Wundheilung verläuft bei den
einzelnen Tieren derselben Gattung sehr verschieden. In einem großen
Prozentsatze der Tieroperationen ist ein Verband unnötig. Bei wechselwarmen Versuchsobjekten kommt er nicht in Frage. Vielfach schadet
er sogar, weil er seine Träger belästigt und Beschwerden verursacht.
Durch Knabbern, Nagen, Scheuern, Zerren und Beißen versucht sich
das Tier davon zu befreien. Dabei wird oft die Wunde aufgerissen und
nachträglich infiziert. Die unten beschriebenen Kunstgriffe vermeiden
diese Störungen.

Den einfachsten Wundschutz bildet das mittelflüssige Kollodium
mit 5 proz. Jodoformzusatz. Auf die vereinigten, gut getrockneten Hautwundränder streicht man in dünner Schicht dieses Präparat. Nach
$^1/_2$ Minute verdunstet der Äther. Eine durchsichtige Deckschicht bleibt
zurück. Das Jodoform wirkt als Antisepticum. Sein Geruch und Geschmack hält das Tier vom Daranlecken ab. Wenn zuviel Kollodium
die Haut bedeckt, so bricht sehr leicht diese dicke, schützende Decke.
Zur Vermeidung der Brüchigkeit benutzen wir das Collodium elasticum,
Kollodium mit Zusatz von 1 vH. Ricinusöl und 5 vH. Terpentin.

Viele Autoren streichen auf die Hautwunde eine Paste. Ein Zusatz
von dem bitter schmeckenden Chinin schreckt das Tier ab, an dem Wundschutze zu lecken. Dieses Alkaloid der Chinarinde kostet viel. Vorteile
bringt es nicht. Denn intelligente Tiere streifen sofort die Paste an der
Wand ab. Mit einer Bauchwunde rutschen sie einigemal auf der Erde
entlang und entfernen auf diese Weise schnell den Wundschutz.

Bei einer Infektion der Hautwunde dürfen die Tiere an der Wunde
lecken. Der Speichel löst eine willkommene Wundsecretion nach außen
hin aus. Die Bacterien werden ausgeschwemmt. Ferner wirkt der rein
mechanische Reiz der Zunge reinigend. Erfahrungsgemäß heilen derartige Wunden sehr schnell ohne übermäßige Narbenbildung.

Wenn eine Hautwunde per primam intentionem heilen muß, so tritt der Verband in seine Rechte. Wir verwenden 1. Klebe-, 2, Binden- und 3. Kontentivverbände. Oft genügt ein schmales steriles Gazeläppchen. Ein darüber ausgespannter Gazeschleier befestigt dieses an die Haut. Zu seiner Fixation eignet sich das Mastisol. Der Klebstoff wird im Umkreis der Wunde auf die trockene, haarlose Haut gestrichen und der ausgespannte Gazeschleier mit einem Tupfer für kurze Zeit angedrückt. Eine COOPERsche Schere schneidet die überstehenden Kanten und Ecken ab. Sodann kommt etwas Puder darüber, wodurch Schmutz usw. nicht an dem Mastisol haften bleiben. Damit das Tier den Verband in Ruhe läßt, gebe ich einige Tropfen Petroleum auf das Gazeläppchen.

Klebeverbände mit Heftpflaster verfehlen bei Tieren ihren Zweck. In vielen Fällen sind die Bindenverbände notwendig. Die Tiere müssen sich erst daran gewöhnen. Deshalb erhalten sie mehrere Tage vor der Operation den Verband angelegt. Anfangs gebrauchen sie alle Künste, um denselben abzureißen. Oft ist er täglich zu erneuern, bis die Tiere die Zwecklosigkeit ihres Bemühens einsehen. Erst nach dieser Zeit folgt der Eingriff und der definitive Verband.

Die Bindentouren dürfen die Bewegungen und vor allem die Atmung nicht behindern. Ferner soll jeder Druck und Schmerz fortfallen. Ein zu festes Anziehen der Binden führt zur Blutstauung. Beim Nichtbeachten dieser Punkte versuchen immer die Tiere, die ungewohnte Bedeckung zu beseitigen. Trotzdem hat der Verband festzusitzen. Seine Verschiebung und Lockerung erfüllt nicht die ihm zugedachte Aufgabe. Es empfiehlt sich, möglichst wenig Touren anzulegen. Dieses Vorgehen vermindert die Wärmestauung unter dem Verbande und spart Material. Das exakte, glatte Übereinanderlegen der Binden und die Verwendung des Dolabra reversa (= Renversé) erreichen dieses Ziel. Bei der Bandage

Abb. 107. Kopfverband.

Abb. 108. Vorderbein-Verband einschl. Schulter.

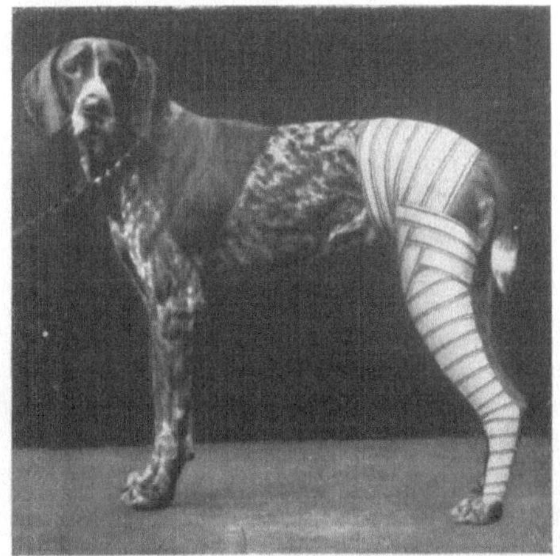

Abb. 109. Hinterbein-Verband einschl. Becken.

Abb. 110. Brustverband.

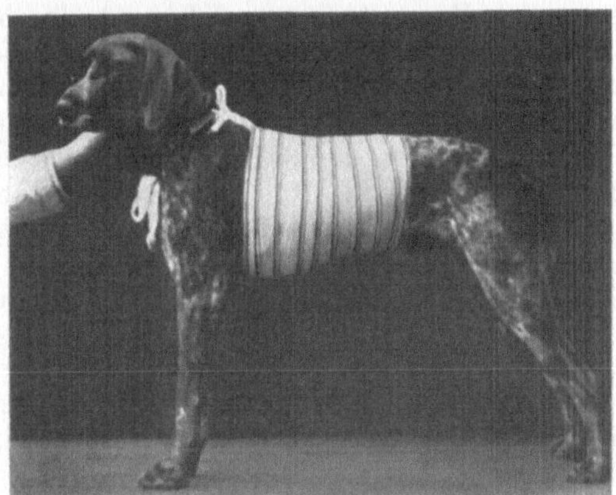

Abb. 111. Brust-Bauchverband. —
Haltezügel über dem Rücken und
zwischen den beiden Voiderbeinen
an dem Halsbande verhindern ein
Verschieben nach hinten.

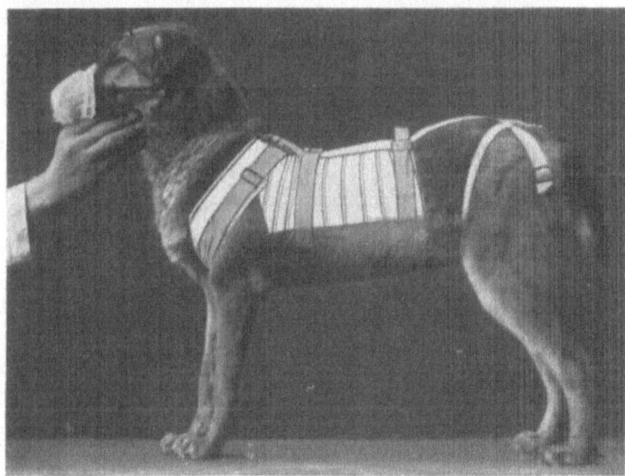

Abb. 112. Brust-Bauchver-
band mit einem Schutzver-
bande, welcher durch acht
Riemen gehalten wird. Außerdem trägt der Hund einen
Maulkorb, um welchen ein
Gazeschleier genäht ist. Dadurch kann das Tier bei freier
Atmung nicht am Verbande
lecken.

renversé schlägt der Operateur die Binde um. Abb. 107 bis 112 geben Beispiele für die Verbände an den einzelnen Körperstellen. Bei unruhigen Tieren bestreiche ich zunächst die rasierte bzw. enthaarte, unverletzte Haut mit Mastisol und lege darüber die Bindentouren. Diese Maßnahme gewährleistet einen sicheren Halt. Durch die nachwachsenden Haare lockern sich nach 6—8 Tagen solche Verbände. Unter Umständen zwingen uns die Verhältnisse, nochmals zu rasieren oder zu enthaaren, da Gaze und Binden an den Haaren trotz des Klebstoffes nicht haften bleiben.

Vielfach verlangt der Verband noch einen Schutzverband aus wasserdichtem Stoffe, sogenanntem BILLROTH-Batist (Abb. 112). Dieser schützt vor Beschmutzung und Berührung mit Faeces, Feuchtigkeit oder Urin.

Oft leisten Stärke- und Gipsverbände sowohl zum Wundschutz als auch zur Ruhigstellung eines Körperteiles gute Dienste. Die Stärkebinde erweicht man in Wasser, preßt die überschüssige Flüssigkeit heraus und wickelt die Binde fest über den angelegten Verband. Nach etwa 2 Stunden beginnt sie zu erhärten.

Bei den Gipsbinden verfahren wir in derselben Weise. Der von uns benutzte Gips = schwefelsaurer Kalk = $CaSO_4 + 2H_2O$ ist durch Brennen seines Krystallwassers beraubt und hat Pulverform angenommen. Er gehört beim Aufbewahren in dicht schließende Blechbüchsen. Luftfeuchtigkeit macht ihn unbrauchbar. Das gleiche gilt von den Gipsbinden. Wasserzusatz erhärtet wieder den Gips. Tiere, welche gewohnheitsmäßig am Verbande nagen, z. B. Ratten, Meerschweinchen und eventuell Kaninchen, erhalten Gipsverbände. Ihre Erneuerung geschieht unter Umständen täglich.

Damit die Stärke- und Gipsverbände nicht durch Feuchtigkeit (Wassergehalt der Luft!) erweichen, kommt nach vollständigem Trockenwerden Wasserglas darüber. Erst nach 12—24 Stunden trocknet diese 30—60proz. Lösung von kieselsaurem Natron (Natronwasserglas) oder kieselsaurem Kali (Kaliwasserglas). Wasserglas greift die Wäsche, Tücher usw. an. Deshalb Vorsicht bei seiner Verwendung.

In manchen Fällen erweist sich eine Kombination von Stärke und Gips als zweckmäßig. Der Operateur streut den pulverisierten Gips vor dem Gebrauch auf die aufgerollte Stärkebinde und wickelt diese wieder auf. Dabei bleibt die Binde auf dem Tische liegen, um ein Herausfallen des Gipspulvers zu verhindern.

Zu einem besonders festen Halt, z. B. bei Osteotomien usw., können noch Schusterspäne, Schienen aus Pappe, Holz oder Metall eingefügt werden. Schusterspäne und Pappschienen wässern zunächst für kurze Zeit. Danach verlieren sie ihre Sprödigkeit und lassen sich gut biegen.

Die viel empfohlenen Drahtgestelle zum Schutze eines Verbandes lehne ich ab. Diese bedeuten Tierschinderei. Die gleiche Grausamkeit verursachen die großen Halskrausen aus dicker Pappe oder sogar Holz.

Das Lecken und Beißen am Verbande verhütet ein Maulkorb, welchen ein Gazeschleier überzieht (Abb. 112). Dieser verhindert das Herausstrecken der Zunge. Maulkörbe mit Lederschutz behindern die Atmung und wirken auf die Dauer lästig.

VIII. Die Nachbehandlung.

Die Nachbehandlung erfordert oft größere Sorgfalt als der chirurgische Eingriff. Vielfach hängt von ihr ein einwandfreies Resultat ab. Zahlreiche Hinweise, welche im ersten Teile dieses Buches stehen, sind bei der Nachbehandlung zu beachten, so z. B. die individuelle Behandlung, spezielle Fütterung, Unterkunft u. a. m.

Über den Wundschutz durch Verbände, Anlegen eines Maulkorbes bei Affen, Hunden, Katzen und Kaninchen vgl. S. 133. S. 124 unterrichtet über die Entfernung der Fäden.

Drei Ereignisse stören den normalen Wundverlauf:

1. Nachblutung,
2. Infektion,
3. Aufplatzen der Nähte.

1. Eine Nachblutung kann den Tod des Tieres herbeiführen. Die Bildung eines Blutergusses innerhalb der Wunde verhindert das Zusammenwachsen der Gewebsschichten. Ein Hämatom neigt sehr leicht zur Infektion. Infolge der Resorption stellt sich Resorptionsfieber ein. Später ersetzen Bindegewebsmassen die nicht resorbierten Blutreste. Die Punktion des Blutergusses geschieht unter aseptischen Kautelen zwischen dem 3. und 4. Tage. Innerhalb dieser Zeit führt die Thrombenbildung einen Gefäßverschluß herbei, so daß eine nochmalige Nachblutung zu den Seltenheiten gehört. Um die durch das entfernte Hämatom entstandene Gewebslücke auszufüllen, erhält das Tier einen Kompressionsverband an dieser Stelle.

2. Sowie sich eine Wundinfektion durch Temperatursteigerung, Unruhe und Schmerzäußerungen des Tieres, Schwellung und Rötung der Hautwunde bemerkbar macht, müssen sofort einige Knopfnähte der Haut und der Fascie fortfallen, damit genügend Abfluß geschaffen wird. Auf eine Tamponade oder Einlegen eines Drains verzichte ich. Am besten bleibt die infizierte Wunde bei einem Tiere offen. Durch das Lecken an der Wunde tritt rasch eine Reinigung ein. Selbstverständlich verlangt der Käfig die größte Sauberkeit, um jede neue Infektionsquelle auszuschalten.

3. Mit unserer geschilderten Nahttechnik (S. 124) bersten niemals bei aseptischem Verlauf die Nähte. Dagegen bricht bei einer Infektion die Operationswunde leicht auf. Auf die Vorteile der Knopfnähte sei in diesem Zusammenhange nochmals hingewiesen.

Jedes frisch operierte Tier ist hilf- und wehrlos. Deshalb soll es allein gesetzt werden, damit ihm andere keinen Schaden zufügen. Dies gilt vor allem bei Meerschweinchen, Ratten, Mäusen, Schlangen und Fischen, deren Artgenossen meist sofort über sie herfallen. Besonders eine blutende Wunde oder die Absonderung von Blutserum regt den Trieb an, den Stallgenossen zu zerfleischen. Selbst unter Kaninchen beobachteten wir einige Male dieses Verhalten. Die

Isolierung hat weiterhin den Vorteil, daß die anderen Tiere den Verband nicht verunreinigen, zernagen oder abreißen. Keine Insassen nehmen das vorgesetzte Getränk und Futter weg. Mit Ruhe kann das Versuchstier trinken und fressen, wann es ihm behagt.

Unmittelbar nach der Operation bezieht das Tier seinen frisch gereinigten, desinfizierten und gut durchgelüfteten Käfig, den es schon lange vorher genau kennt und in welchem es sich wohl fühlt. Wenn der Wärter ein höheres Lebewesen nach dem Eingriffe in eine andere Umgebung bringt, so bekommt es Furcht und läuft ängstlich herum. Dadurch treten unter Umständen erhebliche Störungen im Heilungsverlauf ein. Auch die fälschlicherweise mit „dumm" bezeichneten Fische gehören in dasselbe Aquarium, in welchem sie längere Zeit vor dem Versuche lebten. Ein neuer Wasserbehälter macht sie ebenso scheu wie z. B. ein fremder Raum einen Hund. Außerdem muß der Unterkunftsraum für Warmblüter windstill, trocken und genügend warm sein. Ein weiches Lager aus Stroh oder Zellstoff schützt vor Verletzungen im Stadium des Erwachens aus der Narkose. Die Tiere dürfen nicht in ihrem eigenen Urin und Kot liegen und sich dadurch eine sekundäre Wundinfektion (s. u.) zuziehen. Ein durchlöcherter Boden oder ein Rost beseitigt diese Gefahr (S. 41 oben). Ein geräuschloser und dunkler Platz bietet erhebliche Vorteile. Die Tiere schlafen dann nach dem Erwachen aus der Narkose schnell wieder ein. Bewegungen hören auf. Die Herztätigkeit wird geschont. Nachblutungen treten nicht ein. Meerschweinchen und Mäuse wickele ich in sterilen Zellstoff, wobei der Kopf frei bleibt. Die Tauben verletzen sich leicht in dem benommenen postnarkotischen Zustande beim Herumflattern. Deshalb schlägt man ihre Brust nach der Operation für die ersten Stunden in ein Tuch. Die Vorsichtsmaßregeln bei urethanisierten Tieren wurden auf S. 99 erwähnt. Geeignete Lagerung, richtige Verbände Abwaschungen mit 96 proz. Alkohol, Zitronenschalen usw. verhindert die Bildung eines Dekubitalgeschwüres. Das Wasser im Aquarium mit einem narkotisierten Fische soll stündlich erneuert werden, damit das Tier den ausgeschiedenen Äther nicht von neuem durch die Kiemen einatmet (S. 108). Über die Nachwirkungen der einzelnen Anaesthetica vgl. S. 96 u. f.

Je nach der Versuchsanordnung dürfen die Tiere bald früher, bald später saufen und fressen. Wir operierten z. B. Hunde, Kaninchen und Meerschweinchen, welche bereits 5 Minuten nach dem Erwachen aus der Narkose wieder Nahrung zu sich nahmen. Nach Laparotomien unterbleibt durchschnittlich 12—24 Stunden lang die Fütterung. Selbst das vorsichtigste Angreifen der Eingeweide bleibt nicht ohne Einfluß auf die Motilität des Magens oder Darmes. Die normale Darmtätigkeit kehrt bei kleinen Tieren erst nach 4—6 Stunden zurück. Die ersten 3 Tage füttere und pflege ich selbst meine Versuchstiere (S. 5). Dadurch zeigen sie eine große Dankbarkeit und Anhänglichkeit. Das Tier ahnt nicht, wer ihm ein Leid zufügte. In seiner Hilflosigkeit empfindet es jede Wohltat. Willig stellt es sich bei späteren Versuchen zur Verfügung. Sein Wohlergehen muß einem am Herzen liegen. Unter Umständen sind schmerzstillende Mittel zu geben. Ein Verbandwechsel erfolgt in derselben schonenden Weis wie beim Menschen. Über das Fortnehmen der Hautnähte s. S. 124.

Besondere Aufmerksamkeit verdienen das Allgemeinbefinden, die Freßlust, Munterkeit und jede pathologisch-anatomische Veränderung. Zweckmäßig legt man vor oder nach der Operation für jedes Tier eine Temperatur-, Puls- und Gewichtskurve an. Weil selbst bei gleichartigen gesunden Vertebraten bezüglich der Temperatur und der Pulszahl große Unterschiede bestehen (S. 12), so gelten nur die Vergleichszahlen mit den vor der Operation gefundenen. Die Messung geschieht immer zu einer bestimmten Tages- oder Nachtzeit. Denn auch dabei gibt es Schwankungen.

Z. B. eine Taube A hat vor dem Eingriff durchschnittlich eine Abendtemperatur von 41,5° C, nach der Operation 42° C. Hier besteht kein Fieber. Dagegen betrug bei der Taube B die abendliche Temperatur im Durchschnitt 38,2°, nach dem Eingriffe 40,0°. In diesem Falle handelt es sich um Fieber, obgleich das Tier noch nicht die Wärmegrade erreichte, welche die gesunde Taube A besitzt. Bei allen anderen Tieren herrschen ähnliche Verhältnisse.

Während der Bestimmung der Temperatur und des Pulses müssen sämtliche psychischen Effekte, wie Angst, Schock, Schmerzen usw., fortfallen. Andernfalls bleiben die Messungen wertlos. Nur die Rektalmessung bietet relative Genauigkeit. Das in den After eingeführte Thermometer darf die Rectalschleimhaut weder reizen noch beschädigen. Nach vorsichtigem, 5 Minuten langem Halten

Abb. 113. Temperaturmessung des Hundes. Das Thermometer nicht zu tief ins Rektum einführen.

zeigt das Instrument die Körperwärme an. Für Mäuse liefert der Handel besondere feine Wärmemesser.

Den Puls fühlen wir stets an der Art. femoralis. Wenn die Hinterbeine einen Verband tragen, so gibt die Art. brachialis an der vorderen Extremität oder die Art. carotis communis Aufschluß. In vielen Fällen,

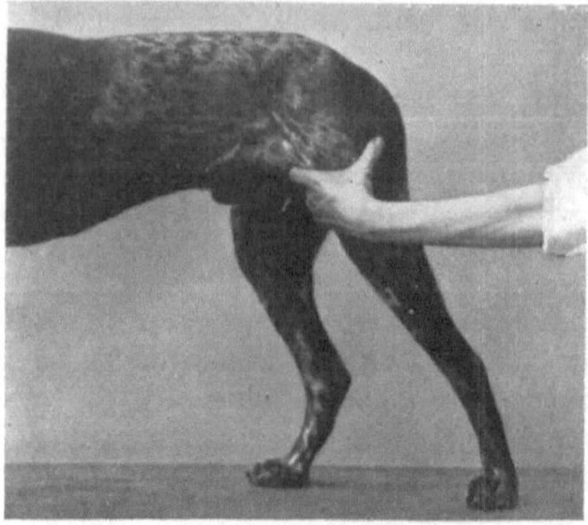

Abb. 114. Das Pulszählen an der Art. femoralis.

besonders bei kleinen Tieren, zählt der auf die Herzgegend aufgelegte linke Zeigefinger die Herzschläge.

Über das Auffangen von Kot und Urin unterrichtet Kapitel XI im speziellen Teil. Am besten eignen sich dazu die Stoffwechselkäfige (S. 304). Über Einläufe (= Klystiere), Katheterismus, manuelle Blasen- und Ureterenkompression s. S. 306 u. f.

Große Sorgfalt beansprucht die zweckentsprechende Füt-

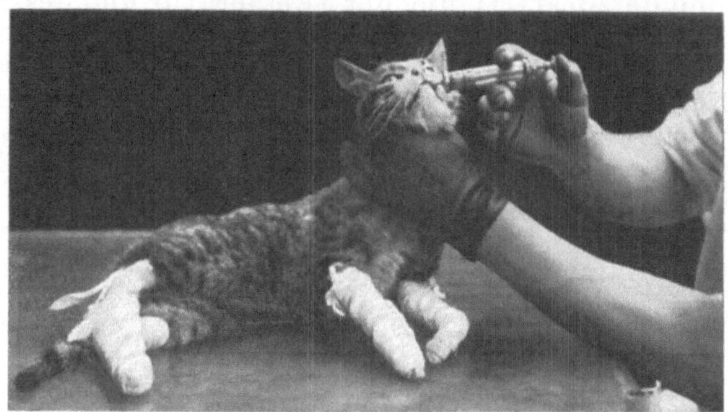

Abb. 115. Zwangsfütterung einer Katze. Die linke Hand hält das Tier am Halse fest. Mit der Spritze in der rechten Hand wird Nährflüssigkeit vorsichtig absatzweise eingespritzt. Die Katze trägt Strümpfchen, um nicht kratzen zu können.

Abb. 116. Zwangsfütterung einer Katze mit Hilfe einer Schlundsonde. Ein ins Maul gebrachter durchlöcherter Holzspatel ist mit Bindfaden durch Achtertouren am Kopfe befestigt. Die rechte Hand führt das Gummirohr in den Magen ein.

terung. Bei Stoffwechselversuchen nach Operationen am Pancreas, der Leber oder den Gallengängen (z. B. Ductus choledochus-Resektion usw.) erhalten die Tiere nur die ihnen zusagende Kost. Aber bereits 8—10 Tage vor dem Versuche müssen sie darauf eingestellt werden, um zu ergründen, ob sie diese bestimmte Nahrung auch vertragen (S. 93). Im allgemeinen benimmt sich bei der Nahrungsaufnahme ein Tier wesentlich vernünftiger als ein Mensch. Futter, welches es gerne frißt, aber zurzeit nicht verträgt, lehnt es ab.

In manchen Fällen tritt die Zwangsfütterung in ihre Rechte. Unsere dabei geübte Technik veranschaulichen die Abbildungen 115—120. In die Backentasche oder durch eine Zahnlücke spritze ich absatzweise $^1/_2$ ccm flüssige Nahrung. Wenn das Tier geschluckt hat, wieder die gleiche Menge. Die Gesamtmenge richtet sich nach der Größe des Tieres und der Art des Falles. Über die Nahrungszufuhr mit der Schlundsonde geben die Abb. 116—119 Auskunft. Abb. 120 zeigt die Zwangsfütterung beim Frosch. Dabei schieben wir zunächst mit der rechten Hand eine anatomische Pinzette ins Maul (S. 74) und öffnen dieses durch Spreizen

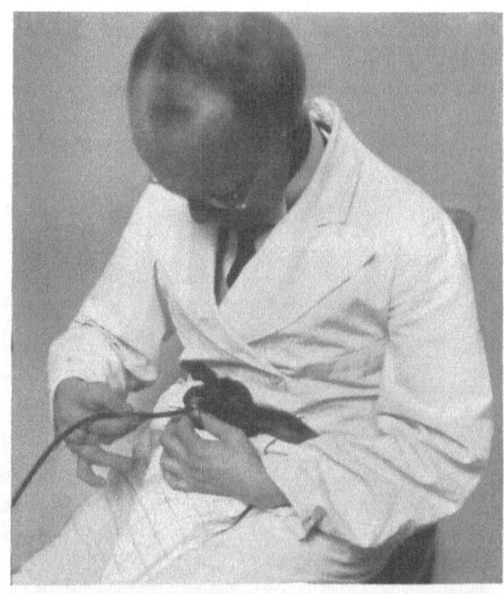

Abb. 117. Zwangsfütterung eines Kaninchens. I. Akt. Das Tier ist in ein Tuch eingeschlagen und zwischen die beiden Oberschenkel eingeklemmt. Der linke Daumen und linke Zeigefinger sperren zu beiden Seiten der Schneidezähne das Maul auf. Vorsichtig führt die rechte Hand den mit kaltem Wasser befeuchteten Gummischlauch in die Speiseröhre und den Magen ein.

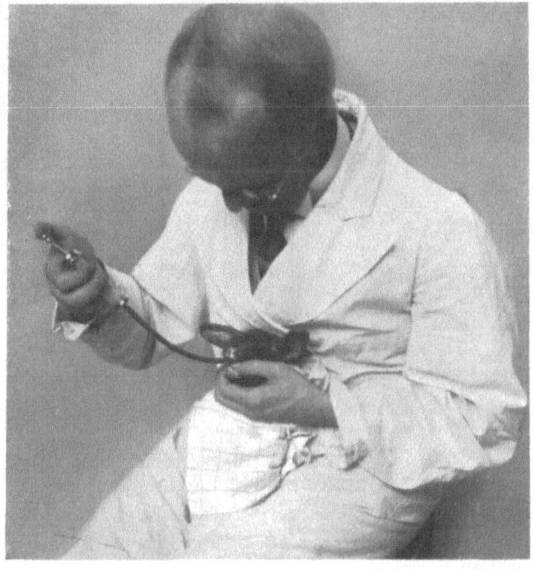

Abb. 118. Zwangsfütterung eines Kaninchens. II. Akt. Der Gummischlauch ist in den Magen eingeführt. Die mit der Nährflüssigkeit angefüllte Spritze wird auf das Schlauchende aufgesetzt und durch Druck auf den Kolben vorsichtig entleert. Dabei bleiben die Finger der linken Hand in derselben Lage, um ein Zerbeißen des Schlauches zu verhüten.

des eingeführten Instrumentes. Sodann legt man die Kuppe des linken Zeigefingers in die Maulspalte, nimmt mit der Pinzette ein Fleischstückchen, steckt es in den Rachen und zieht den Finger aus dem Munde wieder heraus. Unter Umständen halten danach bis zum Schluckakte der rechte Daumen und rechte Zeigefinger das Maul vorsichtig zu.

Bei Tauben verläuft die Zwangsfütterung in ähnlicher Weise. Der Vogel ist in ein Tuch eingeschlagen (S. 55). Der linke Daumen und Zeigefinger erfassen von beiden Seiten den Schnabel und ziehen den Ober- und Unterkiefer auseinander. Mit einer anatomischen Pinzette wird ein Korn Wickensamen auf

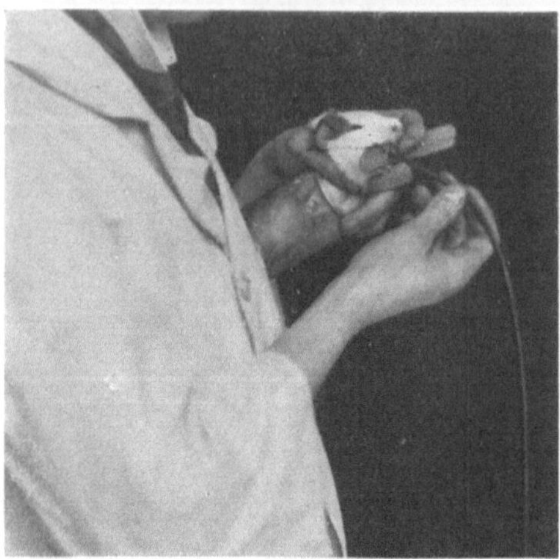

Abb. 119. Zwangsfütterung eines Meerschweinchens mit Hilfe eines feinen Gummischlauches. Das Tier ist in eine Spargelbüchse gesteckt, welche der linke Arm am Körper festhält. Den durchlöcherten und ins Maul eingeführten Holzspatel fixieren der linke Zeige- und Mittelfinger. Der linke Daumen umgreift den Tierhals.

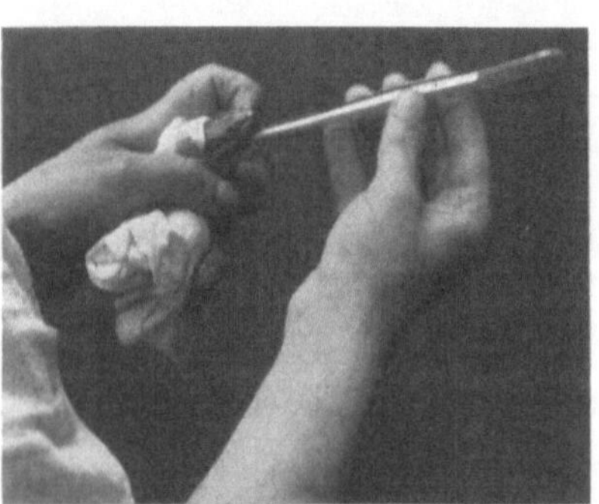

Abb. 120. Zwangsfütterung des Frosches.

Abb. 121. Kaninchenwage.

den Zungenrücken gelegt und der Schnabel mit den beiden genannten Fingern wieder zugemacht, bis das Tier geschluckt hat. Der Operateur führt diese Handlung 10 mal aus. Darauf spritzt er 1 ccm frisches Wasser langsam in den Schnabel, damit die Samen im Kropfe aufweichen. Diese Reihenfolge wiederholt sich 3 mal hintereinander, und zwar früh, mittags sowie abends. Die Taube erhält also 3 mal täglich je 30 Stück Wickensamen und je 3 ccm Wasser. Über die ausreichende Ernährung des Vogels unterrichtet der Füllungszustand des Kropfes.

Das Wiegen gibt über den Allgemeinzustand einen vortrefflichen Aufschluß. Zahlreiche Wagen sind für die einzelnen Tiergattungen konstruiert worden. Die gebräuchlichsten Hauswagen leisten oft die gleichen Dienste. Für kleinere Tiere eignen sich die Briefwagen. Viele Autoren wiegen die Ratten und Mäuse mit ihrem Glasgefäß bzw. Käfig, nachdem sie letztere vorher ohne das betreffende Tier genau abgewogen haben. Die Differenz entspricht dem Tiergewichte. Beim Wiegen darf das Gewicht der aufgenommenen Nahrung (Futter, Getränke) sowie das Gewicht der Faeces und die entleerte Urinmenge nicht unberücksichtigt bleiben.

IX. Sektion.

Grundsätzlich soll jedes gestorbene Tier seziert werden, auch wenn der Experimentator nichts Besonderes vermutet. Wir erleben täglich Überraschungen und lernen bei jeder Obduktion. Diese umfaßt den ganzen Organismus, nicht nur einzelne Körperteile, z. B. den Bauch.

Affen und Hunde narkotisiert man mit Chloroform ($CHCl_3$) tot (S. 104). Dieses ist ein specifisches Herzgift. Die kleineren Vertebraten kommen unter eine Glasglocke oder in ein Glasgefäß (S. 107). Ein hinzugelegter Tupfer, welcher Chloroform enthält, bewirkt den schnellen Exitus. Bei Ratten durchschneiden viele Autoren unmittelbar nach dem Chloroformtode den Hals, falls der Versuch nicht dagegen spricht. Nicht selten erwachen diese zählebigen, bissigen Tiere plötzlich wieder und können durch Bisse verletzen. Oft verbietet das Experiment den Gebrauch des Chloroforms. Das Töten erfolgt dann durch perorale Darreichung bzw. subcutane oder intracardiale Injektion von Cyankalium[1]), durch Entbluten (S. 179), durch Beilschlag auf den Schädel mit eventuell nachfolgendem Herzstich, durch Nackenschlag, oder Stich in die Medulla oblongata (S. 154), bei kleineren Tieren durch Enthaupten mit einer kräftigen Schere. Dabei fassen die zwei Branchen die beiden Halsseiten. Ein starker schneller Druck, und der Kopf fällt ab.

Die häufig geübte Dekapitation des Frosches zeigt Abb. 122. Dabei schiebt der Operateur einen Scherenarm flach ins Maul bis zum Kieferwinkel, dreht das Instrument dorsalwärts um 90° und schneidet den Schädel ab. Der Unterkiefer mit

---

[1]) Die Tierärzte benutzen gebrauchsfertige Ampullen mit Blausäure bzw. Cyankali, um in der Privatpraxis Hunde, Katzen usw. abzutöten.

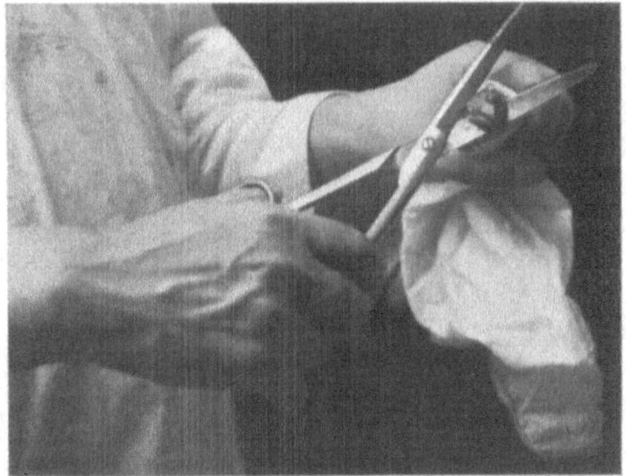

Abb. 122. Dekapitation des Frosches. Der Körper des Tieres ist wegen der Schlüpfrigkeit der Haut in ein Tuch eingeschlagen.

Hals bleibt am Körper hängen. Um die Reflexe zu beseitigen, zerstört eine längere Nadel mit einem kleinen Häkchen das Rückenmark durch Ein- und Ausstoßen in den Rückenmarkskanal.

Tote Tiere mit infizierter Körperbedeckung sind durch 6stündiges Einlegen in eine 10proz. Formalinlösung zu desinfizieren. Gestorbene Vögel tauchen wir in eine 2 promill. Sublimatlösung und rupfen sie. Diese Vorsichtsmaßnahme des Benetzens verhindert ein Herumfliegen der entfernten Federn.

Die größeren Tiere, wie Affen, Hunde, Katzen, Kaninchen und große Fische, spanne ich zur Sektion auf einen Tisch in derselben Weise auf wie zur Operation. Bei kleineren Objekten genügen zur Fixierung Stecknadeln in die vier Pfoten, die Kopfhaut und in den Schwanz. Nadeln befestigen die zurückgeschlagenen Weichteile (Abb. 123). Vielfach dienen als Unterlagen Korkplatten. Diese gestatten ein leichteres Einstechen als das Holz. Kostspielige Sektionsbretter bilden einen überflüssigen Luxus.

Jede Obduktion verlangt ein Protokoll. Der Gang derselben bestimmt die Versuchsanordnung. Vor der Sektion werden die Hände gründlich mit Seife gewaschen, abgetrocknet und sehr gut mit Vaseline oder Borsalbe eingefettet. Die Fettschicht bietet eine ausgezeichnete Schutz-

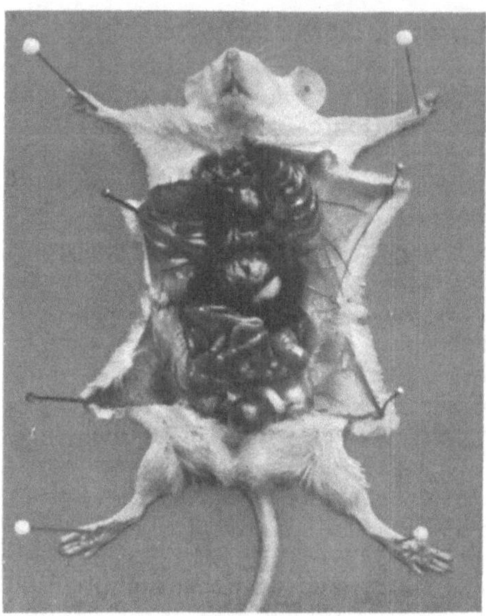

Abb. 123. Sektion einer Maus.

decke gegen das Eindringen der Mikroorganismen. Der Cadaver wird nur mit den Instrumenten, nicht mit den Fingern angefaßt. Die teuren Gummihandschuhe sind entbehrlich. Die sterile Entnahme bestimmter Gewebsstücke oder Organe geschieht mit ausgekochten, sterilen Instrumenten. Die Hautdesinfektion gelingt durch Abbrennen des Haarkleides und Aufdrücken eines glühenden Spatels. Letztere Methode eignet sich auch beim Abimpfen aus den tiefer gelegenen Gewebsschichten, aus den Herzhöhlen, Blutgefäßen, dem Magen-Darmtractus, Gallenblase, Nierenbecken, Harnblase usw. Im allgemeinen gleicht die Sektionstechnik bei Tieren derjenigen beim Menschen:

Hautschnitt vom Kieferwinkel bis zur Symphyse, links am Nabel vorbei. Eröffnung der Bauchhöhle in dieser Schnittrichtung. Der Magen-Darmtractus, die Gallen- und Harnblase bleiben zunächst uneröffnet. Abpräparieren der Weichteile vom Brustkorb nach rechts und links. Durchtrennung des Sternums und der beiden Schlüsselbeine (wo diese vorhanden sind). Aufklappen der Brust- und Bauchdecken nach beiden Seiten. Fixation. Sodann beginnt die

Sektion der Bauch-, Brust- und Schädelhöhle. Ebenfalls achtet der Obduzent auf Veränderungen an den Extremitäten, Knochen und Gelenken usw.

Für die mikroskopischen Untersuchungen legen wir die Organe oder Gewebsstücke in eine der bekannten Fixierungsflüssigkeiten, wie Formalin, MÜLLER-Formol, Alkohol, Sublimat u. dgl.

Zur Konservierung in natürlichen Farben verbleiben die frischen Präparate 2 Tage lang in KAISERLINGscher Lösung I, darauf 12 Stunden in 96 proz. Alkohol und definitiv in der II. KAISERLINGschen Lösung.

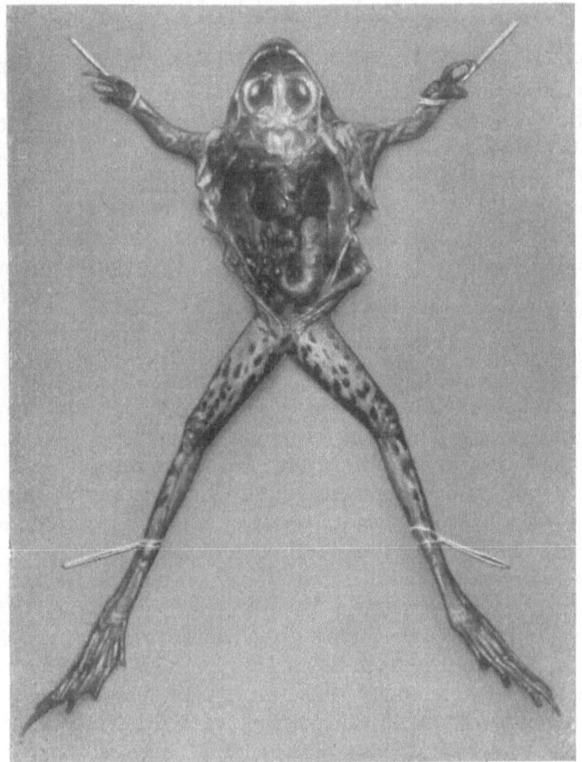

Abb. 124. Sektion eines Frosches. Anstatt der Fadenschlingen-Befestigung genügen Stecknadeln wie auf Abb. 123.

Die Zusammensetzung ist folgende:

I. Formalin	200,0 ccm	II. Kalium acetic.	100,0 ccm
Kalium nitric.	15,0 ,,	Glycerin	200,0 ,,
Kalium acetic.	30,0 ,,	Wasser	1000,0 ,,
Wasser	1000,0 ,,		

Der Verbrennungsofen übernimmt die Vernichtung der übrigen, nicht gebrauchten Kadaverteile. Kleine tote Tiere kommen in ein großes Gefäß aus Glas oder Ton mit roher konzentrierter Schwefelsäure, worin sie sich bald auflösen.

Haberland, Tierexperiment.   10

C. Spezieller Teil.

I. Impftechnik.

Bei jedem Impfversuche liegt der Schwerpunkt auf der sterilen Entnahme des Materials und seiner sofortigen (lebenswarmen) Überimpfung unter streng aseptischen Vorsichtsmaßregeln. Eine Mischinfektion muß vermieden werden. Die für die Impfung benutzte Stelle soll keimfrei sein. Diese Forderung ist zurzeit noch nicht restlos zu erfüllen. Z. B. gelingt vor einer intracutanen Impfung nicht die Entfernung sämtlicher Keime aus der Haut (S. 118). Auch die Cornea verträgt keine durchgreifende Desinfektion. Dagegen können wir durch vorhergehendes Rasieren, Enthaaren, Entfedern und Abschuppen sowie durch Desinfektionsmittel die Einstichstelle gleichwie ein Operationsfeld (S. 93, 94, 118) vorbereiten. Trotzdem gelangen mit der Nadelspitze Hautkeime in die tiefer liegenden Gewebsschichten. Praktisch spielen sie oft keine Rolle. Aber diese Tatsachen hat der Operateur stets zu beachten, um jeden Impfversuch kritisch zu bewerten und auftretende Fehler in dieser Richtung auszumerzen.

Vielfach genügt eine oberflächliche Desinfektion der Hautstelle mit 80proz. Alkohol. Die Art der zu übertragenden Krankheitserreger und die Wahl des Tieres sind dabei entscheidend.

Das kunstgerechte Halten der Tiere schildern die einzelnen Abschnitte des ersten Teiles dieses Buches. Nur in seltenen Fällen greife ich zur Fesselung. Eine Assistenz erleichtert die Impfung, gehört aber nicht unbedingt dazu. Die Abb. 129 u. 130, S. 149 veranschaulichen einige Kunstgriffe, mit denen sogar das Impfen bissiger Ratten ohne eine Hilfe leicht glückt. Oft unterstützt ein kurzer Ätherrausch den Eingriff.

Nicht selten verlangt das Experiment eine vorhergehende Gewebsschädigung durch Drücken oder Reiben des Gewebes, damit die Bacterien einen günstigen Nährboden vorfinden (S. 119). Vor allem gilt dies bei Anaerobiern. In zahlreichen Fällen verfügt der gesunde tierische Organismus über genügende Schutzkräfte zur Bekämpfung der künstlich gesetzten Infektion. Über die Immunität vgl. Abschnitt V des zweiten Teiles dieses Buches. Junge und alte Tiere derselben Gattung zeigen in dieser Hinsicht zum Teil erhebliche Unterschiede. Regelmäßig hat man vor dem Impfen den Gesundheitszustand des Tieres zu prüfen.

Auf die Überempfindlichkeit, Anaphylaxie, sei besonders hingewiesen. Bei einer Wiederholung der Einspritzung reichen unter Umständen schon ganz geringe Mengen aus, um die schwersten Vergiftungserscheinungen auszulösen. Einzelheiten darüber beschreiben die Lehrbücher der Bacteriologie.

Nicht nur lebende Mikroorganismen, sondern auch abgetötete Bacterien, Toxine usw. finden beim Impfen Verwendung.

Jedes geimpfte Tier kommt in einen Einzelkäfig. Diese haben untereinander mindestens einen Abstand von 25 cm zur Vermeidung der Krankheitsübertragung. Aus demselben Grunde sollen derartige Käfige niemals übereinanderstehen, weil infektiöser Kot, Urin oder Wundsecret leicht in den darunterstehenden Käfig gelangen können. Bei Pesttieren geschieht leicht das Übertragen der Krankheitskeime durch die Atemluft und den Käfigstaub auf den Menschen. Deshalb sind staubsichere Käfige erforderlich. Diese bestehen aus Metall mit einem Glasfenster zur Beobachtung der Tiere. Die durch den Draht verschlossene Öffnung besitzt ein Wattefilter. Der Deckel paßt staubdicht darauf. Nach einem beendeten Versuche werden die Käfige gründlich desinfiziert (S. 95).

Abb. 125—128 zeigen das wichtigste Werkzeug für eine Impfung. Zur Übertragung des Materials dienen Platinösen, Messer, Spatel aus Metall oder Glas, Bohrer, Sonden, Pinzetten (mit und ohne Wattebäuschchen), stumpfe und spitze Nadeln sowie Kanülen mit Spritzen. Von letzteren benutzen die meisten Autoren die graduierten Glasspritzen mit einem

1   2 3 4 5 6 7 8   9

Abb. 125. 1. Reagenzglasgestell. 2. Petrischale. 3. Runder Glaskolben. 4. Konischer Glaskolben. 5. Spitzglas. 6. Großer Meßzylinder. 7. Kleiner Meßzylinder. 8. Glasbehälter für gebrauchte Gegenstände. 9. Dreifuß mit einer Schüssel zum Auskochen, darunter Spirituslampe.

Abb. 126. Richtiges Aufmachen einer PETRI-Schale. Die linke Hand »lüftet« nur den Deckel auf einer Seite, damit keine Luftkeime hineingelangen. Das Reagensglas darf nicht die Schale oder den Glasdeckel berühren.

10*

eingeschliffenen Stempel aus Glas oder Metall (Rekordspritze, neuestes
Modell). Solche 1 ccm-Spritzen mit einer Einteilung in 50 bzw. 100 gleiche

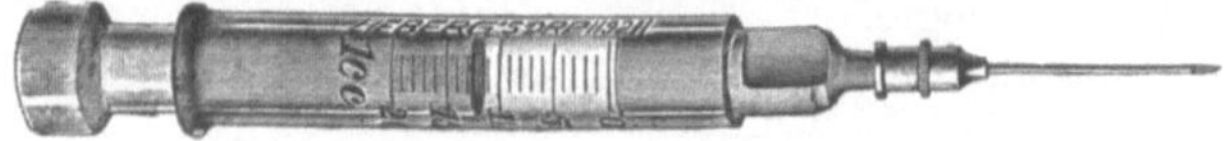

Abb. 127. Injektionsspritze nach LIEBERG, ganz aus Glas bestehend.

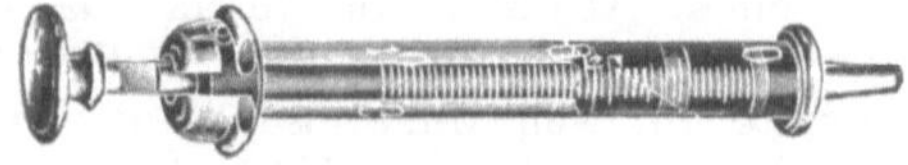

Abb. 128. Rekordspritze mit kleinkalibrigem Glaszylinder.

Teile ermöglichen eine genaue Dosierung. Der Gebrauch stempelloser
Spritzen, z. B. der Ballonspritzen, läßt sich mit modernen chirurgischen
Grundsätzen nicht in Einklang bringen. Platiniridium liefert das beste
Material für Kanülen. Diese vertragen das Ausglühen und scheinen
fast unverwüstlich zu sein. Der teure Anschaffungspreis ist mit der
Zeit gewinnbringend. Nach der Sterilisation dieser Instrumente durch
Ausglühen oder Auskochen darf nichts daran haften, z. B. kleinste Ver-
brennungsprodukte. Diese setzen als Fremdkörper einen Gewebsreiz.
Gleichfalls beseitigt man sämtliche Spuren von Soda, Kochsalzlösung,
Alkohol und anderer Desinfektionsmittel. Sie bedingen eine Schädigung.

Vielfach legen wir zuerst Kulturen an, verimpfen die Krankheitserreger nochmals auf bestimmte Nährböden, um dann erst die Tierinfektion zu wählen. Öfters kommen Tierpassagen in Frage. Alle diese
Vorgänge erfordern strengste Aseptik.

a) Percutan.

Das Material wird mit einem Spatel, stumpfen Messer, Glasstab
oder Wattebausch in die Haut eingerieben. Viele üben dabei eine vorherige Scarification der Haut aus. Oder eine mit dem Impfstoff beladene
Impflanzette ritzt die Cutis wie bei der menschlichen Impfung. Manche
verwenden einen halbscharfen Bohrer, entsprechend einer Prüfung der
PIRQUETschen Reaktion. Dabei dürfen nicht die Blutcapillaren, sondern
nur die Lymphspalten eröffnet werden. Eine geringe Blutung schwemmt
das Aufgetragene bald fort und macht den Versuch zunichte. Ob das
Tier einen Schutzverband gebraucht oder ob wir zuwarten, bis das
Material vollständig in die Haut eingetrocknet bzw. aufgesaugt ist,
hängt von der Fragestellung ab.

Die Wahl der Hautstelle schwankt. Besonders eignen sich der Nacken
und die intrascapuläre Rückengegend. Dort fällt ein eigenes Belecken
fort. Bei Affen benutzen die Dermatologen für die Spirochätenüber-
tragung die Partien oberhalb der Augenbrauen usw.

b) Intracutan.

Bei dieser Methode sticht der Operateur in die Haut eine feine, sehr
spitze Kanüle und schiebt sie dicht unter der Oberfläche etwa 1 cm weiter,
so daß die Hohlnadel noch durchschimmert. Oft erleichtert das Hoch-
heben einer Hautfalte das Einstechen. Vielfach gelingt das oberfläch-

liche Einführen der Nadel besser beim straffen Anspannen der Cutis und horizontaler Haltung der Kanüle. Die Injektion des Inhaltes der Spritze geschieht langsam. Es bildet sich eine SCHLEICHsche Quaddel, welche allmählich durch Resorption verschwindet.

c) Subcutan.

Das Impfmaterial gelangt unter die Haut. Bei dem Aufheben der Hautfalte mit zwei Fingern oder einer Pinzette oder einer Faßzange

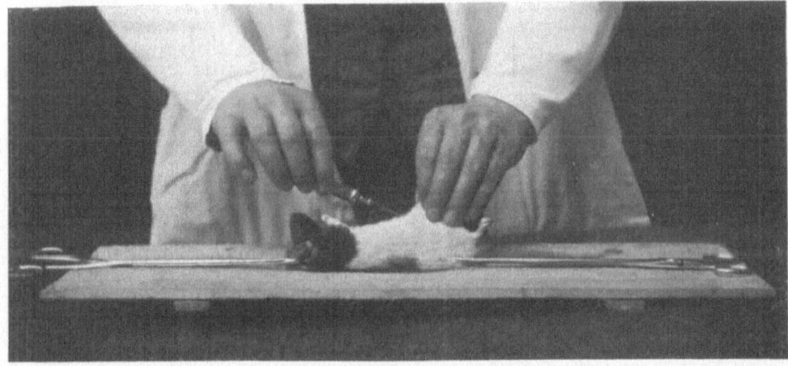

Abb. 129. Impfen einer Ratte ohne Assistenz. Zwei Kornzangen, welche jede über einen Nagel gelegt sind, halten das Tier gespannt fest. Der Daumen und Zeigefinger der linken Hand heben eine Hautfalte ab.

(vgl. Abb. 129) drücken wir die Cutis, um den Einstichschmerz etwas abzulenken. Der Stichkanal verläuft möglichst schräg, damit er sich nach dem Herausziehen der Nadel kraft der Elastizität der Haut wieder schließen kann. Die Hohlnadel dringt mindestens 1—2 cm weit unter die Cutis ins subcutane Gewebe vor. Oft quetscht der Experimentator vorher dieses Gewebe von außen mit zwei Fingern aus den oben genannten Gründen. Vielfach muß nachträglich von außen her der Impfstoff in die Gewebsmassen verrieben werden. Die Wahl der Injektionsstelle fällt bei den einzelnen Tieren und der Versuchsanordnung verschieden aus. Der Nacken und die Rückenhaut bieten besondere Vorteile. Die Tiere können daran nicht lecken und nur mit Mühe diese Teile scheuern oder kratzen (s. o.). Auch droht dort eine sekundäre Infektion in geringerem Maße. Diese Umstände machen die Bauchhaut, sowie die Außen- und Innen-

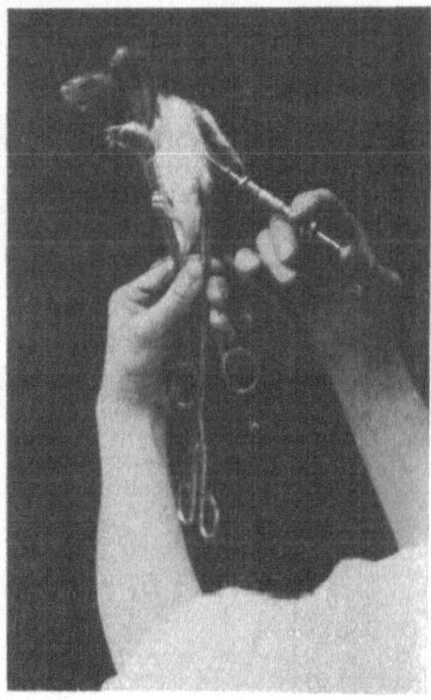

Abb. 130. Impfung einer Ratte ohne Assistenz. Zwei Kornzangen in der linken Hand halten das Tier fest. Das eine Instrument greift an der Nackenhaut an, das andere an der Haut nahe der Schwanzwurzel. Man kann die letztere Kornzange auch fortlassen und dafür den Rattenschwanz mit in die linke Hand nehmen.

seite der hinteren Oberschenkel für eine per-, intra- und subcutane Impfung meines Erachtens weniger geeignet. Bei Mäusen und Ratten wird die Schwanzwurzel wegen der einfachen Technik bevorzugt (Abb. 131 u. 141—143, S. 160).

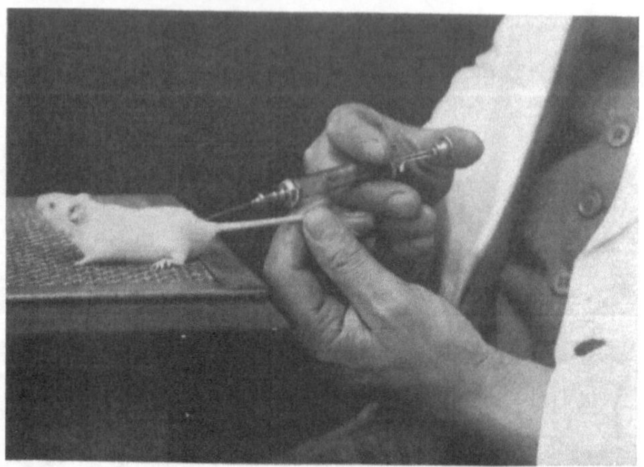

Abb. 131. Impfung der Maus an der Schwanzwurzel ohne Assistenz. Die linke Hand hält das Schwanzende. Eine Maus strebt stets nach vorn zu laufen, wenn sie auf der Unterlage nicht ausgleitet. Deshalb wird das Tier zum Impfen auf ein Drahtgitter gebracht.

Bei Fröschen ist die subcutane Impfung gleichbedeutend mit der Einspritzung in einen Lymphsack (S. 74 oben). Zur Impfung des Brustlymphsackes schiebt FÜHNER die Spritzennadel seitlich in die Mund-

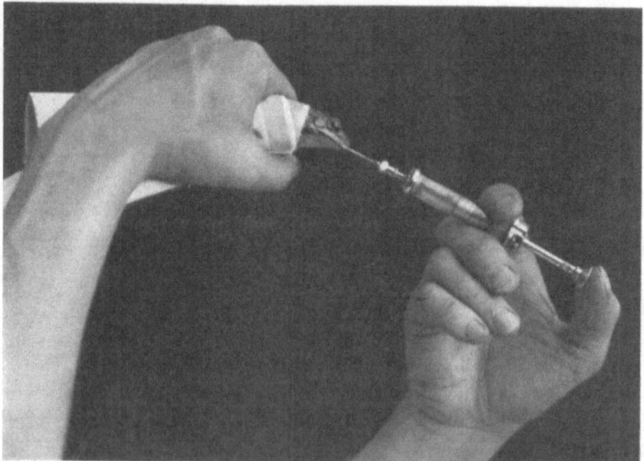

Abb. 132. Impfung des Frosches vom Munde aus, nach FÜHNER.

höhle ein. Sodann führt er sie seitlich vom Brustbeine dicht unter der Haut vorsichtig bis in die Herzgegend weiter und entleert dort den Spritzeninhalt.

Außer der Injektionsmethode kommt die sogenannte Taschenbildung zur Anwendung. Ein schmales, spitzes Skalpell durchtrennt nach der Bildung einer Hautfalte die Cutis in 1—3 mm Ausdehnung. Hierauf unterminiert ein stumpfes Instrumsnt (kleine COOPERsche Schere, Sonde, anatomische Pinzette u. dgl.) die Haut, so daß eine Tasche entsteht. An ihre tiefste Stelle bringen wir das Impfmaterial mit einer Öse, Sonde oder einem anderen dazu passenden Instrumente. Eine oberflächliche Catgutnaht schließt die kleine Hautwunde. Ein Schutz mit Collodium elasticum (S. 133) genügt in den meisten Fällen. Oft scheint diese Vorsichtsmaßnahme sowie eine Naht unnötig. Die kleine, 1 mm große Wunde verklebt meist sofort von selbst.

d) Intramuskulär.

Die Muskulatur bietet manche Vorteile für eine Impfung. Das Material wird nicht in der Umgebung „verschmiert", wie bei der subcutanen Methode. Die Resorptionsverhältnisse gestalten sich anders. Vielfach stellt das Muskelgewebe einen besonders günstigen Nährboden für bestimmte Mikroorganismen dar. Die meisten Bacteriologen wählen den M. quadriceps femoris. Die späteren Veränderungen der centralwärts gelegenen Leistendrüsen geben oft ausgezeichnete Anhaltspunkte bei der Bewertung des Versuches.

e) Intraarticulär.

Für bestimmte Zwecke eignen sich die Gelenke in vorzüglicher Weise zur Aufnahme gewisser Krankheitserreger. DREYER empfiehlt dazu das Kniegelenk der Kaninchen. Die nicht geimpften Gelenke dienen gleichzeitig als Kontrollversuch. Der Operateur schlägt den Hasen in ein Tuch (S. 141) und klemmt ihn zwischen seine Oberschenkel ein. Die linke Hand ergreift den Unterschenkel des Kaninchens und beugt das Knie etwa 45°. Sodann dringt von lateralwärts oben, neben der Quadricepssehne, die Nadel durch die desinfizierte Haut bis zum Femur vor. Hierauf schiebt man behutsam die Kanüle nach der Innenseite des Oberschenkels und gelenkwärts. Die Nadel gelangt in den oberen Recessus des Kniegelenkes. Die Injektion eines Kubikzentimers Flüssigkeit in diese Gelenktasche glückt spielend leicht, wenn die Nadel richtig im Recessus liegt. Bei einem Widerstande befindet sich die Kanülenspitze nicht im Gelenk. Diese muß kurz abgeschliffen sein. Eine längere Spitze verletzt unter Umständen den Gelenkknorpel oder durchsticht sofort die gegenüberliegende Wand des Recessus.

Bei Tauben gelten die gleichen Anweisungen.

f) Intraperitoneal.

Das Tier ist mit dem Kopfe nach unten gelagert, damit die Eingeweide in den oberen Teil der Bauchhöhle fallen (TRENDELENBURGsche Beckenhochlagerung). Das Aufspannen erleichtert die Impfung (Abb. 133). Dabei steht das Brett auf seinem Kopfende; oder wir bringen das Meerschweinchen mit dem Kopfe und der Brust in die linke obere Brusttasche

des Operationsmantels, halten es an den Hinterbeinen hoch und
stechen senkrecht die Nadel durch die linke untere Bauchdeckenseite
etwa 1 cm tief ins Abdomen. Eine
andere Methode: ich stecke ein Meerschweinchen für solche Impfungen in

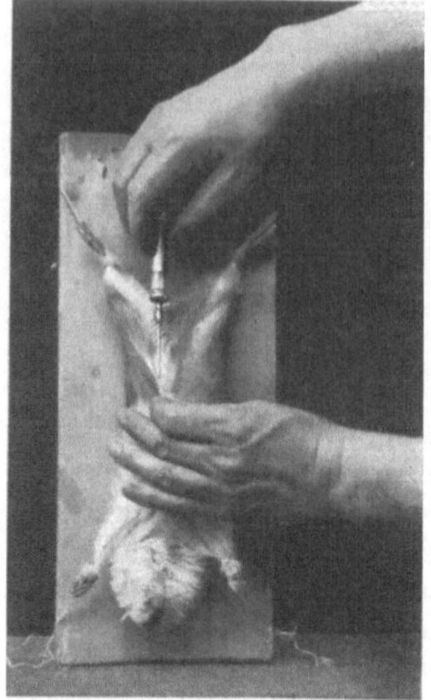

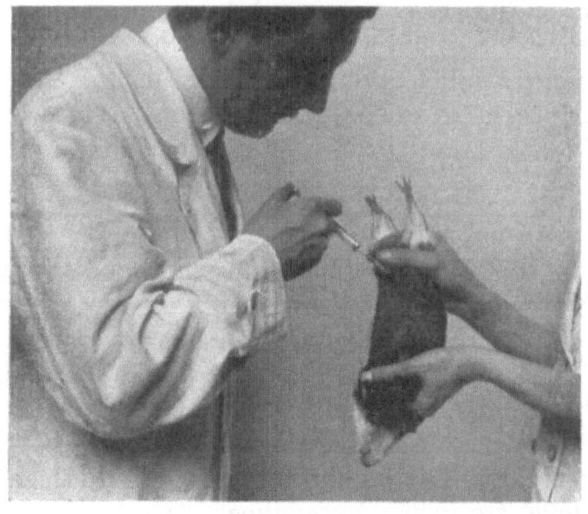

Abb. 133. Interperitoneale Impfung
eines Meerschweinchens ohne Assistenz. Das Tier ist auf ein Brett aufgespannt und mit dem Kopfe nach
unten gelagert. Dadurch fallen die
Gedärme in die obere Bauchhöhle. Der
linke Daumen und Zeigefinger heben
die Bauchdeckenwand empor.

Abb. 134. Intraperitoneale Impfung eines Meerschweinchens
mit Assistenz.

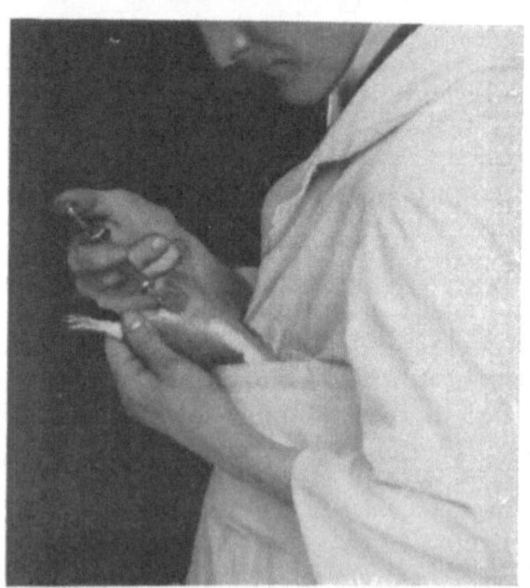

Abb. 135. Impfen eines Meerschweinchens ohne
Assistenz. Das Tier steckt mit seinem Kopfe
und Brust in der linken Brusttasche des Mantels.
Der linke Daumen und Zeigefinger halten das
eine Hinterbein gestreckt nach oben. Infolgedessen fallen die Gedärme ihrer Schwere nach
abwärts, d. h in die obere Bauchhöhle.

Abb. 136. Impfen eines Meerschweinchens ohne
Assistenz. Das Tier steckt mit seinem Kopfe
und Brust in einer Spargelbüchse, welche der
linke Arm hält (vgl. Abb. 119, S. 142). Im übrigen
dieselben Handgriffe wie auf Abb. 135.

eine lange, runde Spargelbüchse, deren beide Böden fehlen. Ein Gazeschleier überspannt die eine Seite. Bei unvorhergesehenen Fällen rutscht
das Tier nicht heraus, hat aber genügend Luft zum Atmen. Darm-
verletzungen kamen bei uns niemals zur Beobachtung. Bei der An-
wesenheit eines Assistenten hält dieser freihändig die Tiere mit dem
Kopfe nach unten (Abb. 134).

Große Tiere, wie Affen, Hunde und Katzen, bringt man auf einen Tisch,
fesselt sie in der beschriebenen Weise (S. 17 u. 18) und hebt mit zwei
Fingern eine Bauchdeckenfalte hoch. Dabei verdient die linke untere
Abdominalgegend den Vorzug[1]). Leber, Magen, Pancreas, Milz, Nieren
und Blase geraten an dieser Stelle mit der Nadel nicht in Konflikt. Beim
vorsichtigen Einstechen, eventueller Lokalanästhesie der Bauchdecken,
pflegen die leicht verschieblichen Darmschlingen auszuweichen. Meist
kontrahieren sie sich bei der Berührung mit der Nadelspitze, so daß
ein Eindringen der Kanüle in das Darmlumen nur bei zu schnellem und
rohem Einstechen geschehen kann.

g) In die einzelnen Organe.

1. Centralnervensystem.

α) *Subdural.*

Eine Impfung unter die Gehirnhaut verlangt zunächst eine Trepanation. Die Eröffnung erfolgt in den vorderen Schädelpartien. Eine
eventuelle Schädigung des Stirnhirnes hat keine nennenswerten Folgen.
Zur Schmerzbetäubung reicht Lokalanästhesie aus. Die Fesselung des
Tieres geschieht in der beschriebenen Weise unter besonderer Berücksichtigung der Kopffixation. Ein etwa $1^1/_2$—2 cm langer Schnitt,
parallel der Mittellinie und 2 mm von dieser entfernt, durchtrennt die
Weichteile und das Periost. Der Operateur drängt diese beiseite und
bildet mit einem Trepan eine Öffnung im Schädeldach bis zur durch-
schimmernden Dura mater. Spezielle Technik vgl. S. 206 u. f. HEIM bohrt
beim Kaninchen den Schädel in einer Linie auf, welche man sich von dem
einen zum anderen Augenwinkel gezogen denkt. Bei dünnwandigem
Knochen genügt meist ein vorsichtiger Meißelschlag. Das beim Bohren
entstandene Knochenmehl oder feinste Knochensplitter beseitige ich
durch Ausspritzen mit warmer NaCl-Lösung. Wenn der Kopf rechtwinklig zur Tischebene liegt, so gelingt das Einstechen mit einer geraden
Nadel unter die Dura ohne Mühe. Die Nadel dringt etwa 1 cm nach
vorn. HEIM benutzt abgebogene Kanülen, welche die Injektion wesentlich erleichtern. Wegen der Gefahr einer Hirndrucksteigerung darf
höchstens nur ein Tropfen eingespritzt werden. Einige Autoren incidieren die Hirnhaut und schieben mit einer Platinnadel das Material
darunter. In diesem Falle verschließt eine Catgutnaht die gespaltene
Dura. Vereinigung der Hautwundränder mit zwei Knopfnähten und
Betupfen der Wunde mit Collodium elastic. beendigen den Eingriff. Un-
ruhige Tiere erhalten einen Stärkekopfverband.

---

[1]) Auch bei Bauchpunktionen oder Ablassen eines Ascites benutzen wir
diese Stelle zum Einstechen des dünnen Trokars.

β) *Intracerebral.*

Die Technik stimmt mit derjenigen bei der subduralen Impfung überein. Die rechte Hand sticht die Hohlnadel nicht unter die Dura, sondern etwa 2—3 mm in das Stirnhirn ein. Die Verletzung eines Ventrikels gilt dabei als Kunstfehler.

γ) *Intraventriculär.*

Entsprechend dem Suboccipitalstiche nach SCHMIEDEN dringt die feine, kurz geschliffene Kanüle unter die Dura mater in den 4. Ventrikel ein. Der Kopf des Tieres liegt extrem brustwärts gebeugt. Nach dem Vorbereiten der Nacken- und Hinterkopfhaut (S. 93, 94) spaltet ein Messerschnitt in der Mittellinie parallel zur Halswirbelsäule die Nackenmuskulatur. Zwei stumpfe Gewichtshaken halten diese auseinander. Die Membrana atlanto-occipitalis muß freiliegen, bevor der Operateur eine etwa 60° abgebogene Hohlnadel in den Ventrikel einführt. Dem Geübten gelingt die Injektion ohne Freilegung. Vorheriges Ansaugen des Liquors gibt Aufschluß über die richtige Lage der Nadelspitze (vgl. S. 216).

δ) *Rückenmarkskanal.*

Es kommt dieselbe Technik wie bei der Lumbalanästhesie (S. 103) in Betracht.

2. Auge.

Für die Impfung werden die Hornhaut, die vordere Augenkammer und der Glaskörper benutzt. Vor jedem Eingriff am Auge wird das Organ 3mal im Abstand von je 3 Minuten cocainisiert (S. 101). Das Cocain bewirkt eine Erweiterung der Pupillen und vermindert auf diese Weise die Schwierigkeiten bei dem Eingriffe. Die Fesselung der Tiere durch Einschlagen in ein Tuch (S. 9, Abb. 7 u. S. 141, Abb. 117) und dergleichen erleichtert den Eingriff. Die Fingerstellung zum Auseinanderhalten der Augenlider zeigt Abb. 137. Auch ein automatischer Lidspreizer ist empfehlenswert. Die Fixation des Augapfels übernimmt eine Hakenpinzette an der Sclera.

Die Hornhaut sticheln wir mit einem feinen Messer und reiben vorsichtig das Material ein.

Zur Einspritzung in die vordere Augenkammer erfaßt zunächst eine chirurgische Pinzette die untere Bindehautfalte in ihrem äußeren Teile und dreht den Bulbus nach unten und innen. Vom oberen Hornhautrande her dringt die feine, haarscharfe, kurz abgeschliffene, sterile Kanüle in die Kammer ein, bis die Spitze der Hohlnadel in der vorderen Augenkammer erscheint. Die Richtung der Nadel verläuft parallel der Ebene der Iris, um die Regenbogenhaut zu schonen. Aus der eingeführten Kanüle soll genau so viel Kammerwasser ablaufen, als Impfstoff hineinkommt. Dabei drückt ein Finger vorsichtig auf die Cornea[1]. Danach setzt man auf die Hohlnadel die mit dem Infektionsmaterial gefüllte Spritze auf und injiziert 0,1—0,2 ccm.

---

[1] Die vordere Augenkammer faßt beim Kaninchen und der Katze etwa 0,2—0,3 ccm, beim Meerschweinchen 0,1—0,2 ccm.

Um festes Material hereinzubringen, eröffnet ein kleiner Schnitt am oberen äußeren Rande der Hornhaut die Camera oculi anterior. Durch diese Öffnung bringt nach dem Ablaufen des Kammerwassers eine Irispinzette die Substanz möglichst tief in die Kammer.

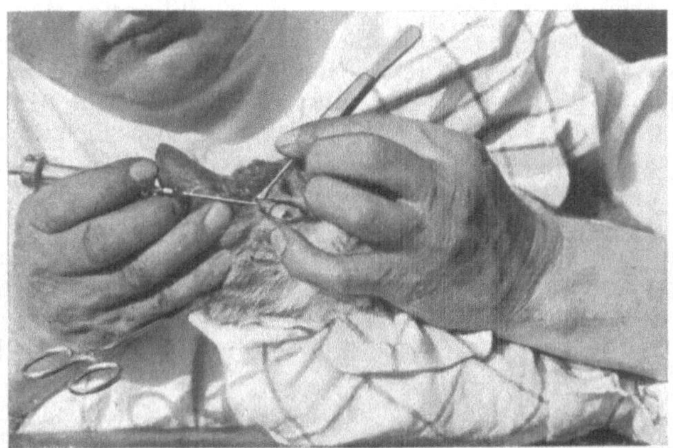

Abb. 137. Einspritzung in die vordere Augenkammer einer Katze.

Die Impfung in den Glaskörper erfordert ebenfalls ein vorheriges Ablassen des Kammerwassers in der beschriebenen Weise. P. RÖMER sticht direkt durch die Mitte der Cornea und Linse in das Corpus vitreum ein und injiziert etwa 1—2 Tropfen. Andere Ophthalmologen wählen den Weg durch die Sclera.

Viele Augenärzte und Bacteriologen empfehlen, nach sämtlichen Augenimpfungen das Ober- und Unterlid durch eine Naht zu schließen. Der Faden hält eine kleine Hautfalte am Ober- und Unterlide zusammen. Einige ziehen Okklusivverbände vor. Jedoch entsteht bei jedem Lidschluß leicht eine Secretstauung, die den Impfversuch beeinträchtigen kann.

3. Lunge.

Drei Methoden werden zur Infektion der Lunge verwendet:

1. durch Einatmen,
2. durch Einbringen des Materials direkt in die Trachea,
3. durch Injektion in die Lunge.

Durch Einatmen: Ein Verstäuber verstaubt den Infektionsstoff, welchen das Tier einatmet. Dabei muß die Maske fest aufsitzen. Meines Erachtens sind diejenigen Versuchsanordnungen fehlerhaft, bei denen das Tier in einen Verstaubungsraum kommt, z. B. Glaskasten, der überall dicht schließt. Denn die Bakterien gelangen auf die Haut des Versuchsobjektes und können von dort aus eine zweite Infektion auslösen. Bei kleinen Tieren, wie Ratten, läßt sich dieser Übelstand schwer beseitigen. Ein Glaskasten gestattet die bequeme Beobachtung des Tieres.

Für weit besser halten wir daher die Infektion der Pulmones von
der Trachea aus. Im kurzen Ätherrausch gelingt die Einführung
eines feinen Gummikatheters durch die Stimmritze in die Trachea ohne
nennenswerte Schwierigkeiten. Das Einspritzen der Bacterienauf-
schwemmung geschieht durch den Katheter. Noch einfacher verläuft
das Einstechen einer Kanüle durch die desinfizierte Haut in die
Luftröhre unterhalb des Kehlkopfes. Die linke Hand umgreift den
Hals vom Nacken her und fixiert mit dem Daumen und Zeigefinger
den Kehlkopf. Die rechte Hand führt die Kanüle sehr schräg nach
unten ein und entleert die Spritze. Eine nachträgliche Infektion durch
den Stichkanal tritt nicht ein, weil die Haut und Gewebsspalten sich
sofort verschieben.

Für die direkte Injektion in die Lunge geben Kaninchen, Meerschweinchen und besonders Schildkröten die geeigneten Versuchsobjekte
ab. Der Operateur stößt die Nadel von der Supraclaviculargrube oder von
einem Rippenzwischenraume (bei Warmblütern) ein. Hierauf saugt man
zunächst an, um die Gewißheit keiner Gefäßver-

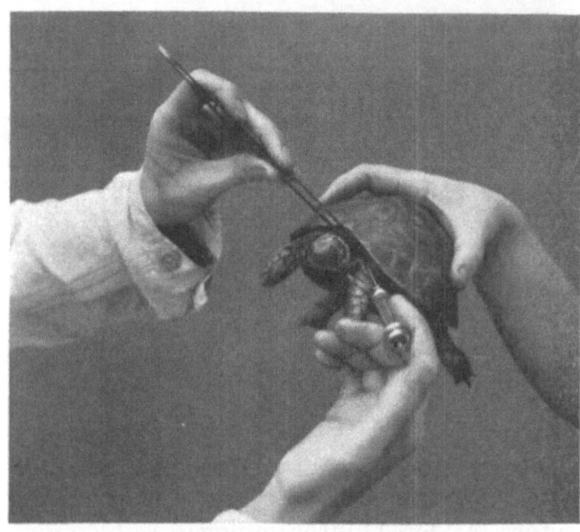

Abb. 138. Intrapulmonale Injektion bei einer Schildkröte.
Das Tier wird von einem Assistenten frei in der Luft gehalten, damit es seine Extremitäten und Kopf heraussteckt
(vgl. S. 71).

letzung zu haben. Bei den Schildkröten erfasse ich mit einer Hakenpinzette die Haut über der Schulter und steche die Nadel etwa 3 cm tief
in die Lungenspitzen ein (Abb. 138).

4. Brusthöhle.

Unter Lokalanästhesie dringt eine stumpfe Kanüle in schräger
Richtung zwischen die 3. und 4. oder 4. und 5. Rippe in der linken
Axillarlinie ein. Das Ansaugen und Auspressen der Luft durch die
Hohlnadel infolge der Lungenbewegungen beweist die richtige Lage des
Instrumentes. Dieser Vorgang pflegt mit größerer Unruhe der Tiere einherzugehen. Der Pneumothorax auf der linken Seite schadet weniger
als rechts (S. 110). Die Größe des betreffenden Tieres bestimmt das erlaubte Maß der Injektionsmenge. Ratten und Meerschweinchen vertragen etwa $^1/_4$ ccm. Nach dem Herausziehen der Nadel unterbleibt
eine weitere Luftansammlung in der Pleura. Die äußeren Weichteile
verschließen den schräg angelegten Stichkanal. Die Resorption der
eingedrungenen Luft geschieht innerhalb 24—48 Stunden.

5. Magen.

Bevor die Infektionserreger durch Verfütterung, Zwangsfütterung oder Schlundsonde in den Magen gelangen, erhält das Tier 15 Minuten vor dem Versuche etwas Magnesia usta zur Neutralisierung der Magensäure. Denn diese kann tierische Bacterien empfindlich schädigen.

Bei der Verfütterung verabreichen wir das Material in Milch, Bouillon, Wurst und dergleichen.

Über die Zwangsfütterung vgl. S. 140 u. f.

Großer Beliebtheit erfreut sich die Schlundsonde. Der Operateur taucht dieselbe vor Gebrauch in kaltes Wasser und führt sie naß ein. Nach der richtigen Fesselung spreizen zwei Finger oder ein Spatel oder ein durchlochter Mundkeil das Maul. Spatel bzw. Mundkeil werden zunächst horizontal, d. h. flach, ins Maul eingeschoben und sodann vertikal, senkrecht, gestellt. Starkes Rückwärtsbeugen des Kopfes in den Nacken bewirkt das erwünschte Strecken des Halses. Dann verläuft die Einführung der Magensonde glatt. Eine vor die Öffnung der Sonde gehaltene Wattefaser zeigt an, daß das Instrument nicht in der Trachea liegt (S. 112). Hierauf injiziert der Experimentator den Spritzeninhalt durch den Schlauch in den Magen und zieht das Gummirohr schnell heraus, damit keine Magenausheberung eintritt.

6. Darm.

Die Duodenalsondierung glückt bei Affen, Hunden und Katzen.

Um den Impfstoff in einen bestimmten Darmteil einzuspritzen, eröffnet ein kleiner Medianschnitt ober- oder unterhalb des Nabels die Bauchhöhle. Eine anatomische Pinzette erfaßt die betreffende Darmschlinge und zieht sie vor. Sodann erfolgt die Injektion in das Darmlumen. Dabei durchsticht die Hohlnadel die Darmwand möglichst schräg (vgl. o.). Vorsichtshalber sichern LEMBERTsche Catgutknopfnähte (S. 272) die Einstichstelle. Der Verschluß der Bauchdecken beendet den Eingriff.

7. Leber, Gallenblase, Milz, Ovarien, Nieren.

Die Impfung dieser Organe verlangt ebenfalls die Eröffnung der Bauchhöhle über den betreffenden Eingeweiden.

8. Harnblase.

Die Infektion der Vesica urinaria setzt einen Katheterismus (S. 307) oder die Blasenpunktion voraus. Nach dem Ablassen des Urins wird durch den Katheter bzw. Punktionskanüle der Impfstoff in die Blase eingespritzt. Durch eine künstliche Harnretention können wir infolge aufsteigender Ansteckung die Ureteren, die Nierenbecken bzw. die Nieren infizieren. Das Einbringen der Bacterien mit dem Ureterenkatheter in das Nierenbecken gelingt nur bei großen ♀ Hunden, ♀ Katzen und großen ♀ Kaninchen. Bei Affen fehlen mir diesbezügliche Erfahrungen.

9. Hoden.

Bei Affen, Hunden und Katzen wird die Skrotalhaut rasiert und sorgfältig desinfiziert. Sodann dringt die Nadel mitten in den Hoden ein. In manchen Fällen bietet der Nebenhoden eine geeignetere Entwicklungsstätte für bestimmte Bacterien als der Testis.

Bei denjenigen Tieren, deren Hoden ständig oder zeitweise abdominal liegt, geht dem Impfen eine vorherige Spaltung der Bauchdecken an der entsprechenden unteren Bauchseite voraus (S. 309). Der Vorteil dabei besteht in der Verhütung einer sekundären Infektion.

Andere Eingriffe am Hoden vgl. S. 309 u. 310.

10. Blutbahn.

Um die Krankheitserreger auf dem Blutwege an eine bestimmte Körperstelle zu bringen, z. B. in den Unterschenkelknochen, spritzt man die Bacterien in die betreffende zuführende Arterie ein. Für eine Allgemeininfektion des Organismus stehen die Venen und das Herz zur Verfügung. Die Technik ist die gleiche. Bei größeren Gefäßen komprimiert eine Fingerkuppe der linken Hand das Gefäß. Centralwärts (bei der Arterie) bzw. peripherwärts (bei der Vene) des aufgelegten Fingers oder der angelegten Klemme tritt ein vermehrter Füllungszustand des Gefäßrohres ein. Bei Affen und Hunden (S. 162, Abb. 145) leistet eine breite Gummibinde für die Venenstauung gute Dienste. Die Binde darf nicht zu fest in der Höhe der Achselhöhle bzw. Leistenbeuge um die Extremität gelegt sein. Das arterielle Blut muß nachströmen können. Eine Konstriktionsbinde würde den gegenteiligen Erfolg herbeiführen. Für die

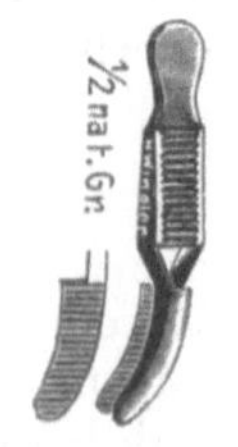
Abb. 139. Klemmpinzette, sog. Serre fine.

Stauung der Ohrvenen beim Kaninchen und der Schwanzvene einer Ratte oder Maus dient eine feine Klemme, sogenannte Serre fine.

Nach der Erweiterung des Gefäßlumens gerät der Ungeübte nicht so leicht mit der kurz abgeschliffenen Nadelspitze durch die gegenüberliegende Gefäßwand. Das Einführen der dünnen Kanüle erfolgt mit leerer, aufgesetzter Spritze, entweder percutan, d. h. durch die desinfizierte Haut hindurch, oder nach operativer Freilegung des Gefäßes (Technik vgl. S. 131 u. 174 u. f.). Dieses letztere Verfahren gilt für sämtliche kleinere Gefäße. Auch die Gefäßspasmen zwingen uns zu solchem Eingriffe. Dabei ziehen sich die Gefäße bei der leisesten Berührung mit einer Nadelspitze zusammen. Ihr Einführen macht eine Gefäßfreilegung notwendig.

Andere Kunstgriffe zur Gefäßerweiterung unterstützen uns noch: z. B. längeres Eintauchen der Extremität oder der Ohren (bei Kaninchen) in heißes Wasser. FRIEDBERGER hält die Maus am Nacken mit einer Pinzette in der Luft und taucht den Schwanz in ein darunter gehaltenes Reagensglas, welches heißes Wasser (bis 50° R) hat. Manche Autoren bringen die Maus oder Ratte $^1/_2$ Stunde lang in einen Brutofen von 36° R mit Luftventilation. Während dieser Zeit entsteht eine starke Hyperämie der Haut. Die Gefäße sind spielend leicht zu finden. Ferner übt das Bestreichen der das Gefäß bedeckenden Haut mit Xylol [Dimethylbenzol $C_6H_4(CH_3)_2$] oft eine Gefäßerweiterung aus. Am Kaninchenohre wird die Hautstelle mit Xylol bestrichen und sodann das Ohr zwischen dem rechten Daumen und Zeigefinger kräftig gerieben.

Die eingeführte Kanüle soll in der Richtung des Blutstromes liegen. Hierauf nimmt der Operateur seinen komprimierenden Finger oder die Stauungsbinde fort und saugt einen Tropfen Blut an. Diese Probe zeigt die richtige Lage der Hohlnadel innerhalb des Gefäßes an. Sodann vertauscht er schnell die leere Spritze mit derjenigen, welche den Impfstoff enthält. Das Einspritzen geschieht sehr langsam. Danach zieht man schnell die Nadel heraus und drückt mit einem Tupfer $^1/_2$ Minute lang die Einstichstelle direkt bei freigelegtem Gefäß oder von außen her zu. Die Verletzungsstelle verschließt sich. Eine Nachblutung in das umgebende Gewebe bleibt aus.

Bei größeren Tieren eignen sich zur intravenösen Injektion die V. brachialis, femoralis und jugularis ext. Die oberflächlich, schräg verlaufende Vene am Hinterbein des Hundes ermöglicht ein müheloses Einführen der Hohlnadel. Bei Kaninchen fällt die Wahl auf die große

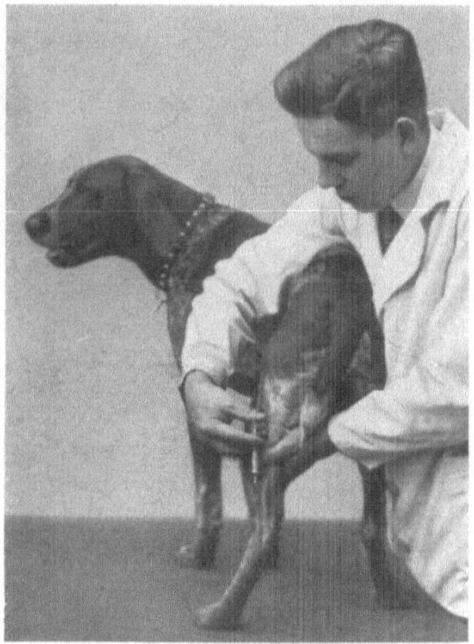

Abb. 140. Intravenöse Injektion beim Hunde am Hinterbeine.

Ohrvene; bei Ratten und Mäusen kommt die Schwanzvene in Betracht, bei Tauben die V. brachialis, bei Fröschen die freigelegte V. cutanea magna auf der Mitte des Bauches (S. 76).

Die Technik bei Mäusen illustrierten Abb. 141 u. 142. Die Maus wird
auf den Deckel des Käfigs gesetzt und dieser schnell umgedreht. Dabei

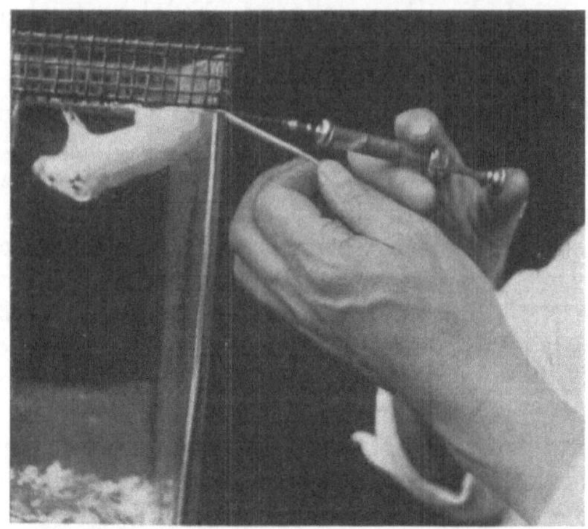

Abb. 141. Impfung einer Maus in die Schwanzvene.

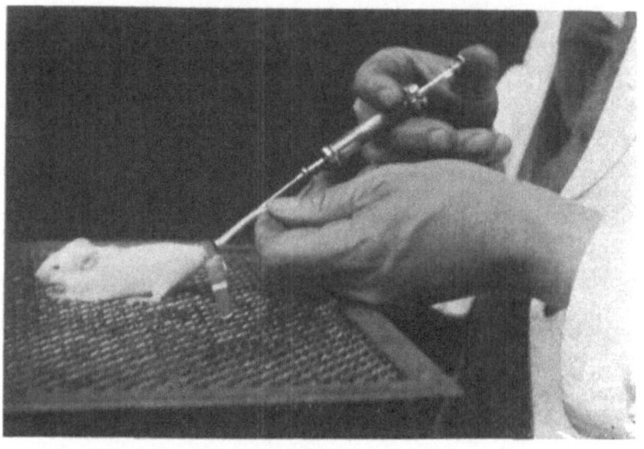

Abb. 142. Impfung einer Maus in die Schwanzvene. Eine angelegte Serre fine bewirkt die Stauung
und besseres Sichtbarwerden des Gefäßes. Wenn die Nadel richtig im Venenlumen liegt, so wird
die Klemme abgenommen und dann erst injiziert (vgl. auch S. 163, Abb. 148).

klemmt der Deckelrand den Schwanz etwas ein. Eine Stauung entwickelt sich in der Schwanzvene und macht diese deutlich erkennbar.
Sodann spannen der linke Daumen und linke Mittelfinger den Schwanz
über den linken Zeigefinger. Auf diese Weise erwachsen keine Schwierigkeiten bei der intravenösen Injektion mit einer sehr feinen Kanüle. Bei
den Ratten bevorzugen die Bacteriologen dieselbe Maßnahme. Aus
dem Glasgefäße (Abb. 143) ziehen sie mit einer Kornzange den Schwanz
heraus. Diesen hält die linke Hand in der oben beschriebenen Weise.
Ebenfalls erfüllt ein Anlegen der Serre fine bei beiden Tieren denselben

Zweck. Über den Gebrauch der Hitze zum deutlichen Sichtbar-
machen der Venen siehe oben.

Während und nach der Impfung muß das Tier aufmerksam beobachtet werden. Deshalb lehnen wir z. B. bei Ratten die undurch-
sichtigen Impfzylinder aus Metall ab.

Viele wenden die intracardiale Injektion bei kleineren Tieren,
besonders bei Kaninchen, an. Der linke Zeigefinger orientiert durch Pal-
pation über die Lage der Herz-
spitze. Dicht darüber dringt
senkrecht zum Herzen die Nadel
ein. Sie gelangt meist in den

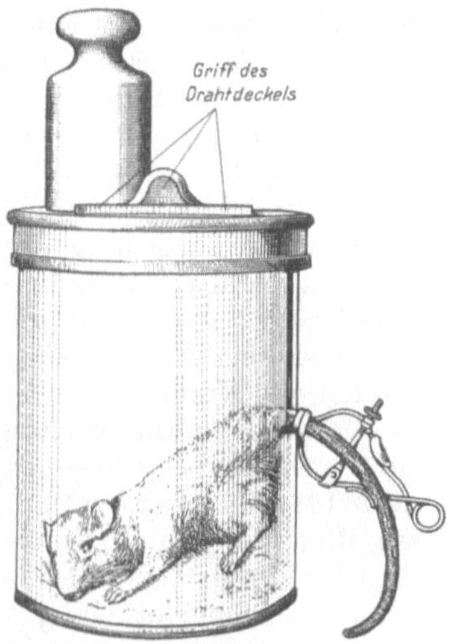

Abb. 143. Impfung einer Ratte in die
Schwanzvene. Die angelegte Klemme dient
zur Stauung der Vene und wird abgenommen,
wenn die Kanüle richtig in dem Venenlumen liegt.

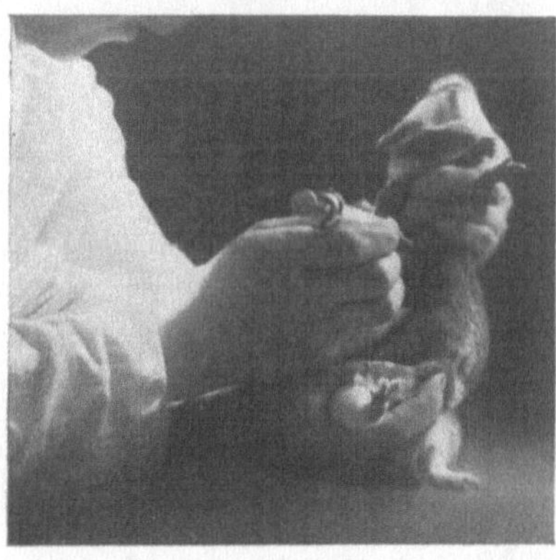

Abb. 144. Intercardiale Injektion beim Meerschweinchen. Ein Assistent hält mit seinen beiden Händen das Tier. Die Fingerstellung ist dabei die gleiche wie auf Abb. 134, S. 152 und
S. 38 unten. Der Operateur sticht in den
rechten Ventrikel.

rechten Ventrikel. Zunächst saugt man etwas Blut an, um sicheren
Aufschluß über die Lage der Kanüle zu erhalten (vgl. oben).

Bezüglich der Nachbehandlung verweise ich auf S. 139. Ein sorgfältiges Protokoll gehört zu den Selbstverständlichkeiten.

II. Blutentnahme.

In vieler Hinsicht gleicht die Technik der Blutentnahme derjenigen
einer intravenösen Injektion (vgl. voriges Kapitel). Nur wird in das
Gefäß nichts eingespritzt, sondern die Spritze saugt aus dem Gefäße
dessen Inhalt. Die Desinfektion der Haut ist streng durchzuführen
(S. 93 u. 118). Die Kompression und die perkutane Punktion bzw. Freilegung der Gefäße kommen ebenfalls bei der Blutentnahme zur Anwendung.

Die Herzpunktion zur Blutentnahme stimmt mit dem Vorgehen
bei der intracardialen Injektion überein (s. oben). Dieser Eingriff darf bei
Meerschweinchen nur in dreiwöchigen Zwischenräumen geschehen.

Bei Affen erfolgt die Blutentnahme aus der gestauten Vena cubitalis. Die große oberflächlich gelegene Beinvene des Hundes (S. 159, Abb. 140) eignet sich am besten zur Venenpunktion. Durch eine Fingerkompression oder Umschnürung des Hinterbeines in der Leistenbeuge mit einem die Vena femoralis komprimierenden Tupfer schwillt dieses Gefäß an. Die Technik der perkutanen Blutentnahme aus der Vena femoralis zeigt Abb. 147. Manche Gründe zwingen zur Freilegung der Vena femoralis in Lokalanästhesie (S. 101) für die Blutentnahme bei Hunden, Katzen und Kaninchen. Bei letzteren wählen die meisten die gestauten Ohrvenen (Abb. 148). Für kleinere Mengen Blut genügt das Anstechen der Ohren. Bei der Maus und Ratte schneidet der Operateur ein Stückchen von der Schwanzspitze ab und fängt den Blutstropfen auf einem Objektträger zur sofortigen Untersuchung auf. Bei den Vögeln fördert ein kleiner Längsschnitt in die entfederte Haut auf der Mitte des Oberschenkels etwas Blut zutage. Zur Gewinnung eines größeren Quantums dient bei Tauben und Hühnern die große Flügelvene. Bei Vögeln, Fröschen (S. 203) und Reptilien liefert die eingebundene Kanüle in die ganz nahe dem Herzen gelegenen Gefäße viel Blut. Der Bulbus cordis der Frösche (S. 75) läßt sich dazu gut verwenden. Außerdem incidieren wir bei den Anuren (S. 72) die zu beiden Seiten der längsten Zehen der Hinterbeine in der Schwimmhaut verlaufen-

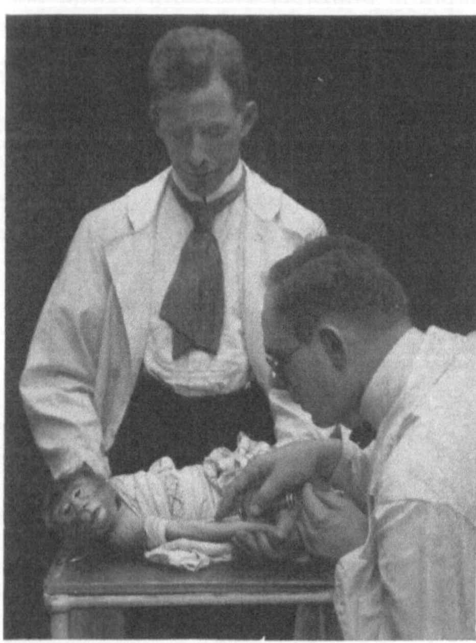

Abb. 145. Blutentnahme beim Affen aus der Vena cubitalis. Das Tier ist in ein Tuch gewickelt. Am Oberarme liegt eine Staubinde, unter dem Ellenbogen ein kleines Kissen, um den Arm gut strecken zu können.

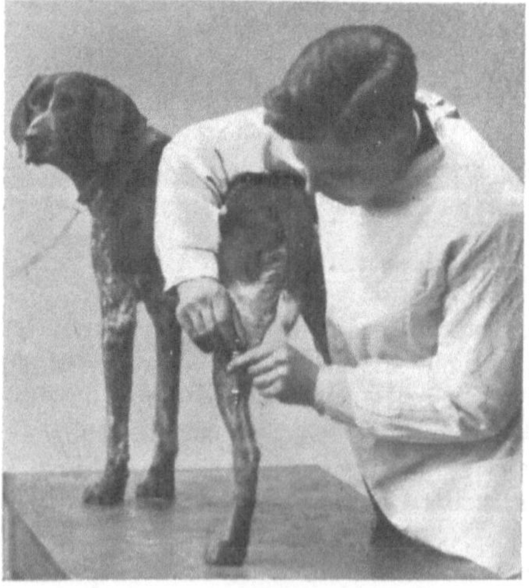

Abb. 146. Blutentnahme beim Hunde aus der oberflächlich gelegenen Vene des Hinterbeines.

den Gefäße, um mehrere Blutstropfen zu erhalten. Größere Mengen
fließen aus der freigelegten und eröffneten Art. iliaca oder der Vena
cutanea magna (S. 74 u. 159 unten). Bei Eidechsen, Schlangen und Schild-

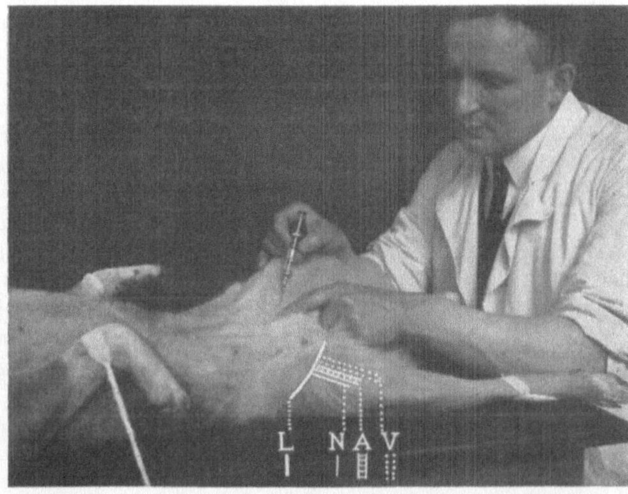

Abb. 147. Blutentnahme aus der Vena femoralis. — L. Leistenband. N. Nerv. A. Arteria, V. Vena
femoralis. — Der linke Zeigefinger drückt am Leistenbande die Vena femoralis zu. Dadurch tritt
Stauung und deutliches Sichtbarwerden des Gefäßes ein. Die rechte Hand führt die an die Spritze
gesteckte Kanüle ein.

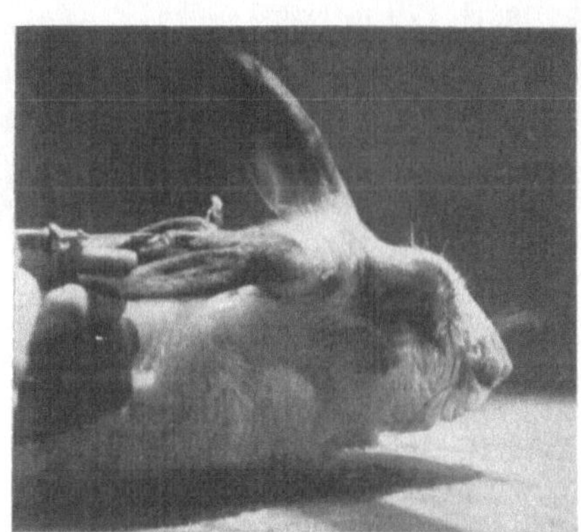

Abb. 148. Blutentnahme aus der Ohrvene des
Kaninchens. Eine Klemmpinzette, sog. Serre fine,
drückt die Vene am inneren Ohrrande zu und
läßt sie dadurch anschwellen. Das Ohr wird mit
dem linken Daumen und Zeigefinger gehalten und
über dem Zeigefinger angespannt.

Abb. 149. Blutentnahme bei der Maus durch
Abschneiden der Schwanzspitze.

kröten muß zunächst die verhornte oder mit Schuppen bedeckte Haut
am Halse über der Luftröhrengegend gespalten werden. Das Blut entnimmt man dem Halsgefäße. Bei Fischen bewirkt ein Schnitt in die

Flossen oder in den Schwanz eine mäßige Blutung. Für größere Mengen beansprucht der Versuch die Wegnahme der Schwanzspitze: Ein stumpfes Skalpell beseitigt die Schwanzschuppen (S. 94). Sodann schneidet ein kräftiges, langes, haarscharfes Messer die Schwanzflosse an ihrem Ansatze senkrecht zur Körperachse durch. Nach der Blutentnahme verschließt ein kleiner Holzpfropf die Schwanzarterie. Das Tier kommt mit diesem Holzstückchen in das Aquarium zurück und trägt weiter keinen Schaden davon. Jeden Monat steht ein solcher Fisch zwecks Blutentnahme zur Verfügung (S. 180 u. 181, Entbluten der Fische).

Zum Hintanhalten der Blutgerinnung innerhalb der Kanüle und Spritze spritzen zahlreiche Autoren beide Instrumente mit Paraffinum liquidum oder einer 2proz. Natr. citricum-Lösung aus. Meines Erachtens scheint dieses ein zweckloses Unternehmen zu sein, weil das Blut diese Mittel von der Wand fortspült. Das Blut der einzelnen Tiere neigt, wie beim Menschen, sehr verschieden zur Gerinnung. Über gerinnungshemmende Mittel s. S. 179 u. 183.

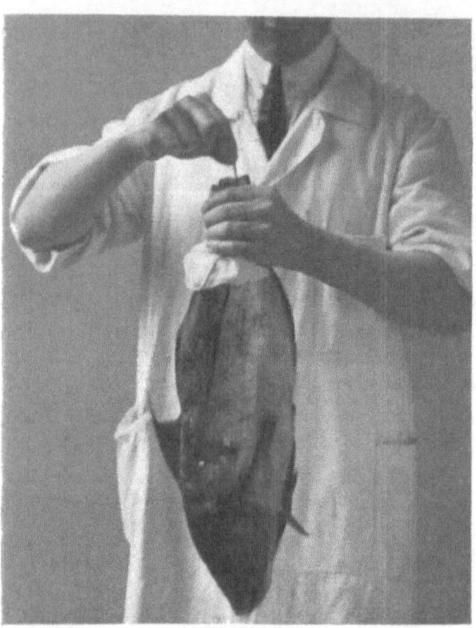

Abb. 150. Blutentnahme beim Fisch. Nach dem Abschneiden der Schwanzflosse und der Blutentnahme steckt der Operateur mit der rechten Hand einen kleinen Holzpfropf in das Gefäßlumen. Die linke Hand hält dabei das Tier senkrecht. Ein herumgeschlagenes Tuch verhindert das Abgleiten beim Festhalten.

Wieviel Blut darf auf einmal dem Tiere entzogen werden, ohne daß es Schaden nimmt?

Im Gegensatz zum Menschen, der $^2/_5$ seiner Blutmenge verlieren kann, ohne zu sterben, sind die Tiere empfindlich gegenüber Blutverlusten. Die Gesamtblutmenge beträgt etwa $^1/_{13}$ des Körpergewichtes; z. B. besitzt ein 10 kg schwerer Hund ungefähr 750 g Blut. Die Abnahme von 200 ccm Blut innerhalb $^1/_2$ Stunde kann ihn in größte Gefahr bringen. Ein kürzerer Zeitraum, etwa einige Minuten, verursacht den Exitus. Große, ausgewachsene, etwa 700—800 g schwere Meerschweinchen vertragen bei einer Herzpunktion die Entnahme von 2 ccm Blut. Kleine Tiere, wie Meerschweinchen, Mäuse, sterben oft nach sehr geringem Blutverluste. Vielfach machen sich die Symptome erst nach einigen Stunden bemerkbar. Deshalb geben wir vor der Operation den Meerschweinchen, Ratten und Mäusen eine subcutane Kochsalzlösung (S. 95). Nach zu reichlicher Blutentziehung nützt gegen den einsetzenden Kollaps eine körperwarme, intravenöse 0,8proz. Kochsalzlösung oder Normosalinjektion. Die Menge soll nicht wesentlich das Maß des verlorenen Blutes wegen der Gefahr einer Überbelastung des Herzens übersteigen.

Tieren, welchen vorher intravenös Bacterien einverleibt wurden, zeigen in fieberndem, septischem Zustande eine hohe Empfindlichkeit gegen die geringste Blutentnahme.

III. Operationen am Gefäß- und Lymphsystem.

a) Freilegung des Gefäßes.

Bei dem Freilegen eines Gefäßes muß jede Schädigung seiner Wandung vermieden werden. Die Entstehung eines Blutgerinnsels durchkreuzt zahlreiche Versuchsanordnungen. Der kleinste Riß in der Intima gibt unter Umständen zu einer Thrombenbildung Anlaß. Eine geringe Zerrung, mäßige Quetschung mit den Fingern oder einem Instrumente sowie ein leichtes Abknicken und dergleichen führen eine für das Auge kaum sichtbare Verletzung der Endothelschicht herbei. Dabei erscheint vielfach von außen das Gefäßrohr intakt. Eine Blutung in die Adventitia oder Media zwingt uns meist zur Aufgabe des Experimentes. Ganz zu schweigen von einem gröberen Gefäßtrauma, bei dem der Operateur versehentlich eine Wunde in der Adventitia oder Media setzt. Ferner sind die Vasa vasorum und die das Blutgefäß versorgenden Nerven zu schonen. Besonders sei auf den traumatischen, segmentären Gefäßkrampf (KÜTTNER) aufmerksam gemacht. Ob es sich dabei um einen direkten mechanischen Reiz auf die Muskelelemente handelt oder um eine Reizung der in der Gefäßwand liegenden Ganglienzellen, ist zurzeit noch strittig. Auch die Abkühlung des Gefäßes oder das Bedecken mit einer zu kalten feuchten Kompresse bewirken Kontraktionszustände. Das gleiche Ereignis tritt beim Trockenwerden des freigelegten Gefäßes ein. Die Darreichung gefäßverengernder oder -erweiternder pharmakologischer Mittel per os, per rectum, subcutan (eventuell mit gleichzeitiger Lokalanästhesie) bzw. intravenös lehnen wir vor dem Eingriffe am Gefäßsystem ab.

Unter aseptischen Kautelen wird nach dem Spalten der Haut und Weichteile das Gefäß mit zwei anatomischen Pinzetten freigelegt. Falls eine Gefäßscheide die Arterie oder Vene einhüllt, so incidiert man dieselbe in der auf S. 123 beschriebenen Weise. Die Pinzetten schälen stumpf das Gefäß aus den umkleidenden Bindegewebshüllen, ohne daß die Gefäßwand mit den Instrumenten in Berührung kommt. Auf diese Weise fällt jede Verletzung fort. Viele Versuche gebieten eine doppelte Ligatur und Durchtrennung der einmündenden Seitenäste (s. u.). Meist verlaufen neben einer Arterie zwei Venen und ein oder mehrere Nerven. Je nachdem, ob das Experiment die Präparation der Vene oder Arterie verlangt, hält ein Haken die begleitenden Gefäße und Nerven beiseite. Während der Versuchsdauer schützen kleine Kompressen (S. 124) das Gefäß vor Schädigungen (vgl. oben). Die

Gazeläppchen sollen mit körperwarmer, steriler physiologischer Kochsalzlösung getränkt sein.

Die direkte Beobachtung des Blutkreislaufes gelingt in anschaulichster Weise beim Frosch. Das urethanisierte (S. 98) oder kurarisierte (S. 104) Tier wird auf einem gefensterten Pappkarton in der auf Abb. 151 dargestellten Weise aufgespannt. Aufgeklebte Deckgläschen bedecken die rechteckigen Ausschnitte des Kartons. Darüber werden die Schwimmhäute des Hinterbeines gespannt. Oder ein kleiner Schnitt an der seitlichen Bauchwand eröffnet die Leibeshöhle. Daraus zieht vorsichtig eine anatomische Pinzette eine Darmschlinge mit dem zugehörigen Gekröse heraus. Nadeln fixieren letzteres über dem Kartonfenster. In derselben Weise kann man auch die Lungen aus den Thorax hervorholen und ausspannen. Bei dem Studium des Blutkreislaufes kommt der betreffende aufgespannte Körperteil unter das Mikroskop, als wollten wir eine histologische Untersuchung vornehmen.

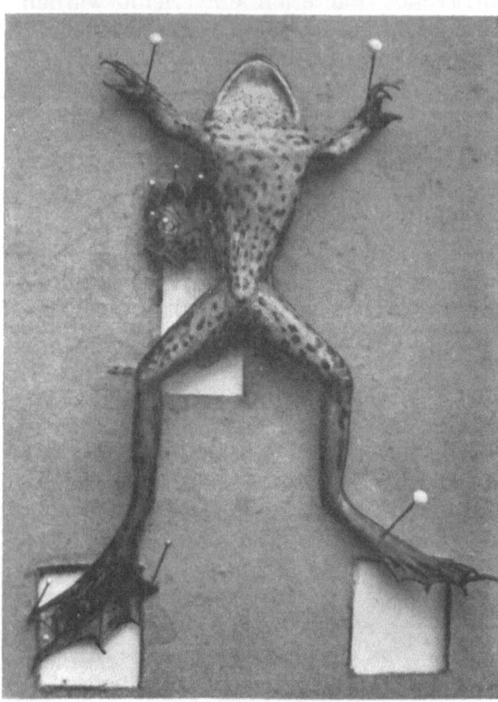

Abb. 151. Die direkte Beobachtung des Blutkreislaufes beim Frosche (Mesenterialgefäße).

b) Angiostomie.

Die von E. S. London 1923 erfundene Angiostomie bedeutet einen außerordentlichen Fortschritt in der Gefäßchirurgie. Das Verfahren gestattet, jederzeit aus den tiefliegenden Bauchgefäßen Blut zu entnehmen. Dabei bleibt die weniger verschiebliche Aorta an ihrem Orte. Dagegen werden nach London die leicht verschieblichen Venen mit zwei Seidenfäden an die Bauchwand geheftet. Eine Kanüle stellt die Verbindung zwischen dem Gefäße und der Außenwelt her. Von dem Metallröhrchen aus aspiriert man mit einer Punktionsnadel das Blut. Der Eingriff läßt sich gleichzeitig an mehreren Stellen des tierischen Körpers ausführen. Letzteres Vorgehen bezeichnet London mit vasculärer Polyfistelmethode. Sie entspricht den Polyfisteln am Darme (vgl. S. 286). Die Stomosierung bestimmter Arterien und Venen leistet bei Stoffwechseluntersuchungen wertvolle Dienste. Das gleiche gilt bei vergleichenden Funktionsprüfungen, z. B. der rechten und linken Niere.

Ich habe die ursprüngliche Methode abgeändert und empfehle nachstehende Operationstechnik bei der Angiostomie der Vena portae:

Weibliche, etwa 9—12 kg schwere Hunde eignen sich besser als Rüden. Bei diesen stört der Penis während der Nachbehandlung. Das Benetzen des Verbandes mit Urin fällt bei Hündinnen fort. Ruhige, gut erzogene Tiere verdienen den Vorzug. 2 Tage vor dem Eingriffe wird der Bauch und Rücken von der Höhe der VI. Rippe bis zur Symphyse rasiert. 24 Stunden bleibt der Hund nüchtern und darf nur Wasser trinken. Das in Rückenlage aufgespannte Tier erhält unter die Brust-Lendenwirbelsäule ein großes, walzenförmiges, fest gepolstertes Kissen. Je hochgradiger die Lordose ist, desto leichter gelingt die Darstellung der Pfortader. Außerdem kommt das Tier auf die linke Seite zu liegen. Zwei Klötze unter die Tischbeine erhöhen das Kopfende und die Brust des Tieres. Bei dieser umgekehrten TRENDELENBURGschen Beckenlagerung fallen die Eingeweide nach links unten und stören weniger das Operationsfeld. In Morphium-Äthernarkose erfolgt nach sorgfältiger Desinfektion der rasierten Hautpartien mittels eines 10—15 cm langen Medianschnittes vom Processus xiphoideus an abwärts die Eröffnung des Abdomens. Die Dünndarmschlingen und der Zwölffingerdarm werden mit den Fingern nach links gelagert, bis die Vena cava und der Ansatz der Mesenterialplatte freiliegen. Das Abstopfen des Operationsfeldes geschieht mit einer Kompresse. Der GOSSETsche automatische Wundhaken verhindert das Vorfallen der Eingeweide. Auf diese Weise entstehen keinerlei Schwierigkeiten bei der Präparation der Pfortader. Jetzt ritzt das Messer den Peritonealüberzug über der Vena portae und Vena cava. Zwei anatomische Pinzetten legen vorsichtig beide Gefäße frei unter sorgfältiger Beachtung der einmündenden Äste. Kleine Arterien und Venen unterbindet man. Hierauf drängt der Operateur die Vena cava nach rechts und dringt schrittweise bis auf die rechten langen Rückenmuskeln und ihre Sehnenansätze vor. Ein stumpfer LANGEN-BECKscher Haken hält das Gefäß nach rechts, ein anderer die Aorta nach links. In der Höhe des oberen Winkels der Einmündungsstelle der linken Vena renalis durchstößt ein Trokar die Rückenmuskulatur und Haut in schräger Richtung caudalwärts. Dabei spannt der Diener die Cutis an und zieht sie bauchwärts. Dieser Kunstgriff verhütet eine Hautfalte an der herausragenden LONDONschen Kanüle.

Der Trokar besteht aus einem 4 mm dicken und 11 cm langen Mandrin mit einem festen Griffe (Abb. 152, *h*), sowie einer Metallhülse von 10 cm Länge. Sie besitzt an ihrer Außenseite eine Zentimetereinteilung (Abb. 152, *i*). Eine solche Vorrichtung gestattet, sofort das Maß der Wegstrecke zu bestimmen. Danach richtet sich die Wahl der LONDONschen Kanüle.

Ich habe das mir von LONDON zugesandte Originalmodell (Abb. 152, *a*) für unsere Zwecke etwas umgeändert[1]). Die Metallröhrchen sind 4, 6,

---

[1]) Zu beziehen durch das Instrumentengeschäft HEINRICH DOMMES, Köln a. Rh., Severinstraße.

8 und 10 cm lang. Der Durchmesser ihres Lumens beträgt 2 mm. An dem einen Ende haften zwei schmale, biegsame Querfortsätze mit einem kleinen Loche zum Durchziehen des Seidenfadens. Mit diesem müssen sie überflochten werden, damit das Metall später nicht die Gefäßwand berührt und leicht eine Usur veranlaßt. An den zwei Fäden hängen je eine kleine, runde, halbmondförmig gebogene Nadel (Abb. 152,d). Abb. 152, f veranschaulicht deren relative Größe im Vergleich zu den bei einer Gefäßnaht benutzten PAYRschen Nadeln (Abb. 152, g). Ferner zeigen

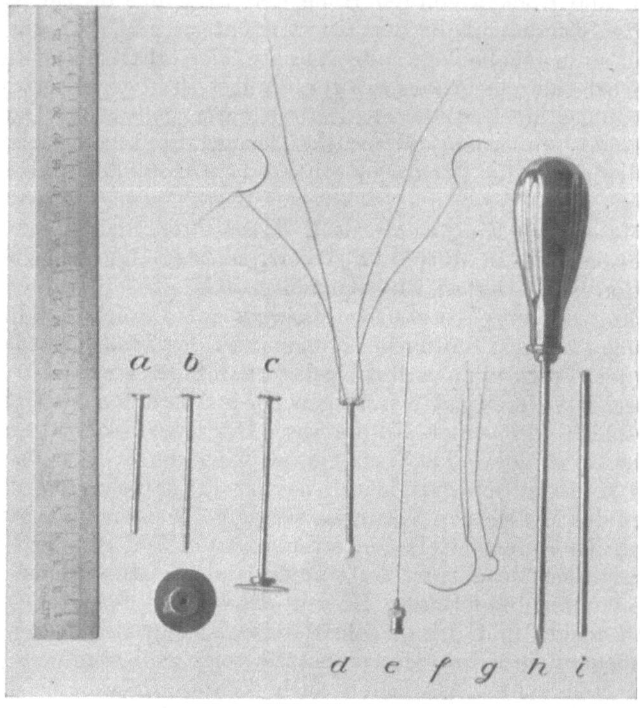

Abb. 152. a Original-LONDONsche Kanüle. b und c Kanüle mit aufschraubbarer Metallscheibe. d Gebrauchsfertige Kanüle mit zwei Seidenfäden und Gazestreifen im Inneren des Rohres. e Punktionsnadel. f Nadel mit Faden für die Angiostomie im Vergleich zu g (PAYRsche Gefäßnadel). h Trokar. i Hülse, über den Trokar zu stecken.

Abb. 152, f und g die unterschiedlichen Fadenstärken für eine Stomosierung (Abb. 152, f) und Naht (Abb. 152, g) eines Gefäßes. Jedes Fadenende lassen wir 15 cm lang. Kurze Fäden erschweren die Naht- und Knüpftechnik. Das andere Kanülenende weist ein äußeres Schraubengewinde auf, um eine Metallplatte von 2,5 cm Durchmesser darauf zu schrauben (Abb. 152, b u. c). Diese Vorrichtung erleichtert in den ersten 8 Tagen die Nachbehandlung, weil dadurch die Gaze um das herausstehende Rohrstück festliegt. In das Lumen der Kanüle kommt ein Gazestreifen. An dem Ende, wo die Querfortsätze ansetzen, schneidet er genau mit der Öffnung ab. An der anderen Seite ragt er $^{1}/_{2}$ cm heraus, um ihn mühelos herauszuziehen (Abb. 152, d). Eine solche Tamponade des Röhrchens bringt zweifachen Nutzen: 1. Während und nach dem Anlegen der Kanüle sickert stets etwas Blut in dieselbe. Der Gazestreifen saugt es auf. Wenn er nach 48 Stunden mit einem anderen sterilen Streifen vertauscht wird, so verstopfen keine Blutgerinnsel das Metallrohr. 2. Der mit 80 proz. Alkohol benetzte Tampon schützt vor Infektion. — Vor der Angiostomie macht ein 2 Minuten langes Kochen die auf diese Weise vorbereiteten Kanülen keimfrei. Ein längeres Verweilen im kochenden Aqua destillata vermindert die Zugfestigkeit der Seidenfäden. Ein festes Umwickeln um das Röhrchen verhindert ein Spleißen des Fadens.

Nach dem Durchstoßen des Trokars desinfiziert der Wärter die Spitze desselben mit 80 proz. Alkohol. Sodann zieht die rechte Hand des Operateurs den Mandrin am Griffe aus der Bauchhöhle heraus, während der Diener das Ende der über der Haut vorstehenden Metallhülse festhält. Diese bleibt zunächst liegen. Hierauf nimmt man eine LONDONsche Kanüle, welche 2 cm länger ist als die von dem Trokar durchbohrte Strecke (s. o.). Denn das Röhrchen soll so weit die Haut überragen. Jetzt steckt der Experimentator von der Bauchhöhle aus die Kanüle in die Metallhülse. Der Wärter entfernt durch Zug von außen diese Hülse. Die Kanüle durchquert die Hautweichteile vom Abdomen zum Rücken. Der eine Querfortsatz von ihr nimmt die Richtung nach lateral, der andere nach der Wirbelsäule zu ein. Beide werden mit Hilfe der an ihnen hängenden Fäden und Nadeln auf den langen

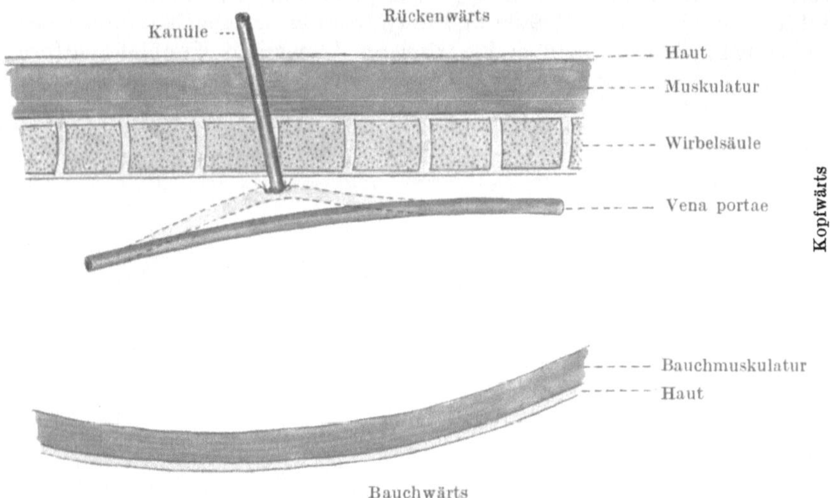

Abb. 153. Die mobilisierte Vena portae ist an die Rückenmuskulatur befestigt. Die LONDONsche Kanüle geht durch die Rückenmuskulatur hindurch und liegt dem Gefäße an.

Rückenstreckmuskeln befestigt. Dabei fassen die Nadeln möglichst viel Muskelsubstanz und vor allem die in der Nähe befindlichen Sehnen und Bänder mit. Das Anziehen der Fäden darf nicht zu kräftig geschehen: Gewebsnekrose würde eintreten. Zum sicheren Verknüpfen genügt ein doppelter chirurgischer Knoten. Abschneiden der Fäden. Herausnahme des einen LANGENBECKschen Hakens, welcher die Aorta beiseite hielt.

Der folgende Operationsakt hat die Aufgabe, die mobilisierte Vena portae über die Kanüle zu fixieren. Zu diesem Zwecke durchsticht eine Nadel von der soeben bezeichneten Form mit Seidenfaden Nr. II etwa $1/4$ der Circumferenz der Gefäßwand und wählt weiterhin den Weg durch die Öffnung des lateral gelegenen Kanülenquerfortsatzes. Verknüpfung der Fadenenden. Ein vorsichtig aufgedrückter Tupfer bringt die Blutung aus den zwei Stichkanälen der Gefäßwand bald zum Stehen. — Die Verbindungslinie zwischen den zwei Querfortsätzen verläuft senkrecht zu dem darüberliegenden Blutgefäße.

Außerdem heften zwei Nähte, etwa 1 cm caudal und 1 cm cranial von dieser Stelle das Gefäß an die Muskulatur (Abb. 154, b' u. b''). Dadurch wird eine spitzwinklige Abknickung vermieden, die Vene gestreckt und in ihrer neuen Lage gut gehalten. Die spätere Narbenbildung zwischen dem Gefäße und der Muskulatur schafft breitere Verwachsungen als die alleinige Fixation an dem einen Kanülenquerfort-

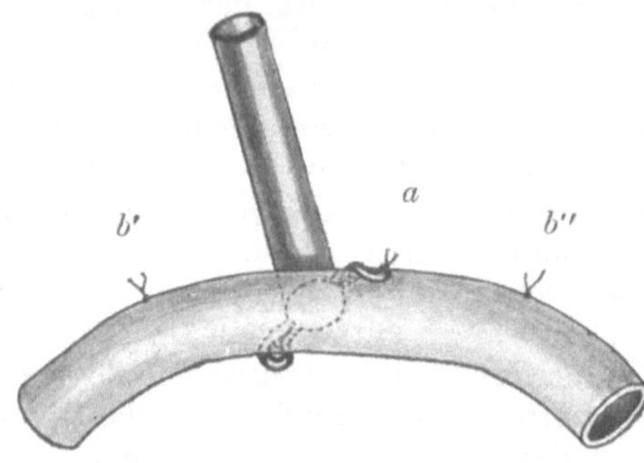

Abb. 154. LONDONsche Kanüle, ans Gefäß angelegt.

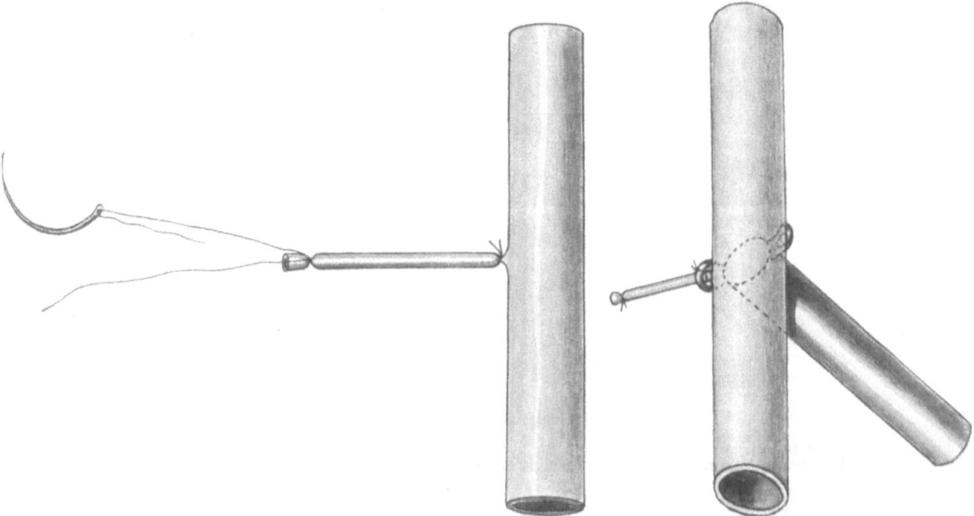

Abb. 155. Ein Seitenast des Gefäßes dient zur Fixation.　　　Abb. 156. Das Gefäß ist durch einen Seitenast an die LONDONsche Kanüle befestigt.

satze (Abb. 154, *a*). Im Gegensatze zu LONDON nähe ich nicht mit einem zweiten Faden die Vene an den anderen Querfortsatz an. Dieses Vorgehen bewirkt eine erhebliche Verengerung des Gefäßes, welche die künftigen Punktionen beeinträchtigt.

Zur besten Fixierung des Gefäßes über dem Röhrchen dient ein Seitenast (Abb. 155). Diesen ziehe ich durch das Loch des lateralen Kanülenquerfortsatzes und nähe ihn an die Muskulatur mit zwei Umstechungsnähten fest. Die Abb. 156 illustriert mein Verfahren und zeigt, daß das Gefäßlumen in keiner Weise eine Verengerung über der Kanüle erleidet. Ein solches Vorgehen bringt besondere Vorteile bei der Angiostomie der Aorta abdominalis. Die große Bauchschlagader entsendet viele unwichtige Seitenäste, welche dafür gute Dienste leisten. Selbstverständlich legen wir auch hier kopf- und schwanzwärts jene zwei erwähnten Sicherungsnähte an (Abb. 154, *b'* u. *b''*).

Das Entfernen des rechts eingesetzten LANGENBECKschen Hakens, Fortnehmen des automatischen Wundhakens und der Kompresse, sowie Vereinigung der Bauchdeckenwunde in 4-Etagennaht beenden die Operation. Sterile Gaze, mit Mastisol befestigt, schützt die Hautwunde.

Danach erfolgt das Aufschrauben der Metallscheibe (Abb. 152, *b*) auf das hervorstehende Kanülenende. Ein langer aseptischer Gazestreifen wird mehrmals um das herausragende Röhrchen gewickelt, d. h. zwischen der Haut und Scheibe. Mehrere Kompressen bedecken letztere. Auf diese Weise gelingt eine gute Polsterung. Nachdem die Gaze und der Tampon innerhalb der Kanüle prophylaktisch gegen eine sekundäre Infektion mit 80 proz. Alkohol getränkt sind, erhält die rasierte Rücken- und Bauchhaut einen Mastisolanstrich. Darüber kommen 12 cm breite Mullbinden, welche für einen festen Halt sorgen. Über die Stelle, wo die LONDONsche Kanüle die Haut durchbricht, nähe ich ein Stück BILLROTH-Batist. Das Besprengen des Verbandes mit Petroleum hält die Tiere vom Belecken oder Anbeißen ab.

Nach 48 Stunden findet der erste Wechsel des Kanülentampons statt. Eine Schere schneidet den BILLROTH-Batist ab und eröffnet darunter den Verband. Unter aseptischen Kautelen entfernt der Operateur den Gazestreifen aus dem Metallrohre und nimmt gleichzeitig die andere herumgelegte Gaze weg. Hierauf steckt er mit einer feinen Knopfsonde einen neuen, sterilen, mit 80 proz. Alkohol befeuchteten Gazestreifen so tief in das Röhrchen hinein, wie dessen Länge mißt. Erneute Polsterung, Benetzen mit 80proz. Alkohol, Zuklappen der aufgeschnittenen Verbandstelle und Aufnähen eines neuen Stückes BILLROTH-Batistes beschließen die Arbeit.

Dieselbe verrichten wir in den nächsten 14 Tagen jeden zweiten Tag. Vom vierten Verbandwechsel ab tritt noch das Ausspritzen der Kanüle mit 80proz. Alkohol hinzu. Nach 2 Wochen fallen der Verband und die Metallscheibe fort. Nur der Tampon in dem Röhrchen schützt vor Infektion. Die Bauchwunde ist verheilt.

Wenn eine Entzündung der Haut um das Metallrohr entsteht und diese anschwillt, so muß ein Skalpell die Cutis auf 2—4 cm Länge spalten. Dieses bedeutet keine unerwünschte Komplikation. Im Gegenteil.

Es entsteht dort eine Narbenplatte. Die Haut verschiebt sich daselbst
nicht mehr und drückt nicht an die Kanüle. Bei mehreren Versuchen
schnitt ich bereits beim Durchbohren der Haut mit dem Trokar dieselbe
ein und erzielte ein sehr gutes Ergebnis.

Jeder frug mich, ob die Kanüle im Rücken das Tier nicht beim
Herumlaufen verletzen kann. Das ist nicht der Fall. Die schräge Richtung der Kanüle nach hinten verhütet, daß der Hund an einem vorstehenden Gegenstand hängen bleibt. Eines meiner Versuchstiere jagte
sogar ohne Scheu durch ein Buschwerk einer Katze nach.

Was geschieht mit der Kanüle? Nach 8 Tagen beginnt eine geringe
Secretion der Bauchwunde in das Lumen der Kanüle. Die Alkoholaus-
spülungen beseitigen diese Absonderung und desinfizieren zugleich. Erst
nach 3 Wochen fange ich mit der Punktion des angiostomierten
Gefäßes an (s. u.). Um die Querfortsätze der Kanüle einschließlich der
Fadenknoten entstehen Fremdkörpercysten mit derben, schwieligen
Wänden. Der die Kanüle umgebende Weichteilkanal epithelisiert allmählich von der Haut aus. Von der 6. Woche an beobachteten wir öfters
eine Lockerung der Kanüle, unter Umständen mit der Verschiebung
des darüberliegenden Gefäßes. Die Stoffwechseluntersuchungen und
Funktionsprüfungen mit einer Angiostomie dürfen also durchschnittlich nicht über die 7. Woche nach der Operation ausgedehnt werden.

Zur Punktion genügt eine feine, 6—12 cm lange Hohlnadel (Abb. 152 e).
Entsprechend der Kanülenlänge führt man die aseptische Nadel nach
vorausgegangener Ausspülung des Röhrchens mit 80 proz. Alkohol in
die Kanüle ein, sticht das Gefäß an und saugt die gewünschte Blutmenge
auf. Dabei steht oder sitzt der Hund vergnügt auf dem Tische, wie
Abb. 157 beweist. Bereits beim Durchstechen der Gefäßwand zieht der

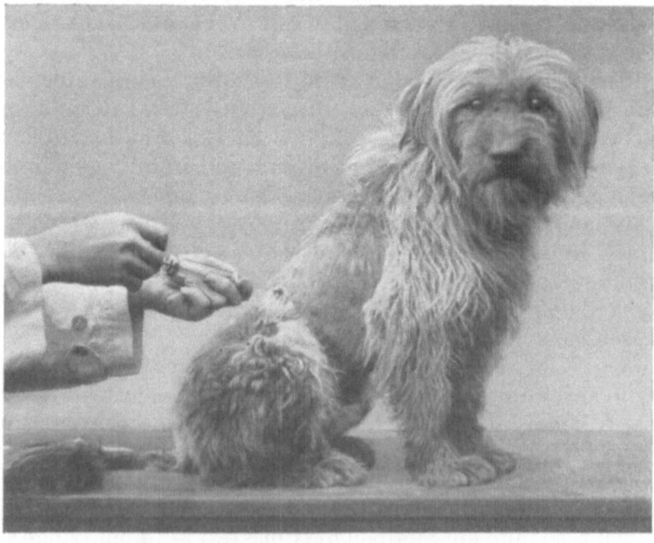

Abb. 157. Blutentnahme aus der Vena portae.

Operateur den Kolben an, um nicht versehentlich zu tief zu stechen und durch die gegenüberliegende Gefäßwand in die Bauchhöhle zu geraten. Eine Gefahr der Darmverletzung droht nicht (vgl. oben). Nach der Punktion kommt ein mit 80 proz. Alkohol getränkter Gazestreifen in das Röhrchen wieder hinein.

Als Belohnung erhalten die Tiere stets einen guten Leckerbissen. Die intelligenten Geschöpfe wissen dies und freuen sich darauf. Ohne Schaden für den Hund und das Gefäß (keine Thrombosenbildung!) darf täglich punktiert werden.

Auf wichtige Einzelheiten bei bestimmten Gefäßen sei noch hingewiesen. Die Angiostomie glückt mit der geschilderten Technik an der Vena portae, Vena cava inferior, Venae renales und Aorta abdominalis. Die Topographie dieser Gefäße erfordert ein sinngemäßes Vorgehen.

Wenn die Pfortader oder die untere Hohlvene im Bereich des Zwerchfellansatzes stomosiert wird, so verlangt der Eingriff eine zweizeitige Voroperation. 8 Wochen vorher führe ich die Phrenicusexairese an der rechten Halsseite aus.

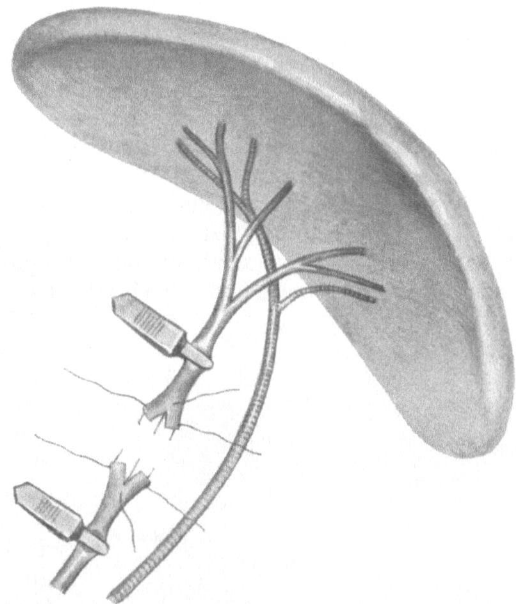

Abb. 158. Zwei Klemmen, Serre fine, sind an die Vena lienalis angelegt. Dazwischen ist das Gefäß durchtrennt. Ein Einschnitt in das proximale und distale Lumen bewirkt eine Vergrößerung der Schnittfläche. Drei Haltefäden am centralen und peripheren Gefäßende dienen zur Fixation des einzupflanzenden Aortastückes (nach LONDON).

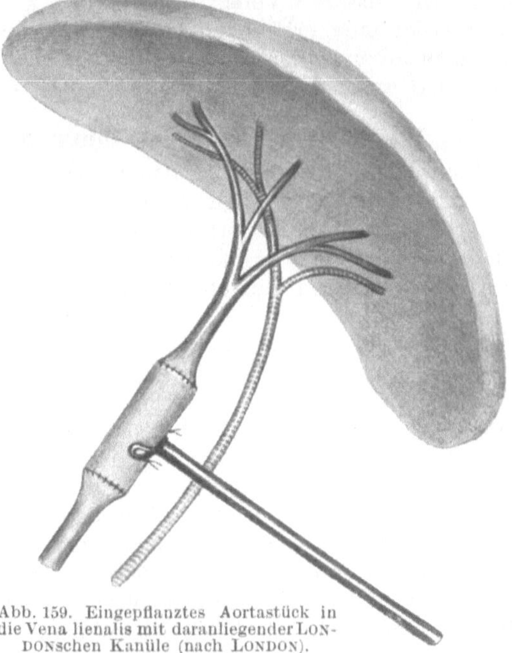

Abb. 159. Eingepflanztes Aortastück in die Vena lienalis mit daranliegender LONDONschen Kanüle (nach LONDON).

Ein Erschlaffen und Hochstand der rechten Zwerchfellkuppe tritt ein. Die Phrenicotomie versagt mitunter wegen der zahlreichen Nebenäste des Zwerchfellnerven. 1 Woche später resezieren wir die letzten drei bis vier rechten Rippen von der Wirbelsäule ab bis zur Axillarlinie. Mehrere Seidenfäden fixieren die Pars lumbalis des Diaphragmas an die hintere Thoraxwand. Dadurch verödet der Komplementärraum. Nach weiteren 6 Wochen Pause kann bei der vasculären Fistelbildung der Trokar (s. o.) ungestraft diesen untersten Brustteil durchdringen.

Bei kleinen Venen schaltet LONDON ein frisches Aortastück eines anderen, kurz vorher getöteten Hundes ein. Gefäßerweiternde Schnitte (S. 189) erreichen ein Klaffen des Venenlumens bzw. eine Verlängerung des quer durchschnittenen Venenrandes. Das größere Aortastück läßt sich auf diese Weise mühelos mit Knopfnähten einnähen (s. Abb. 158 u. 159 auf S. 173 sowie S. 234 u. 235). Vor dem Anlegen der Kanüle umgibt LONDON das implantierte Gefäßstück mit einem herangezogenen Netzzipfel, um ein dauerhaftes Futteral zu bilden und die Ernährung der Transplantationsstelle zu sichern.

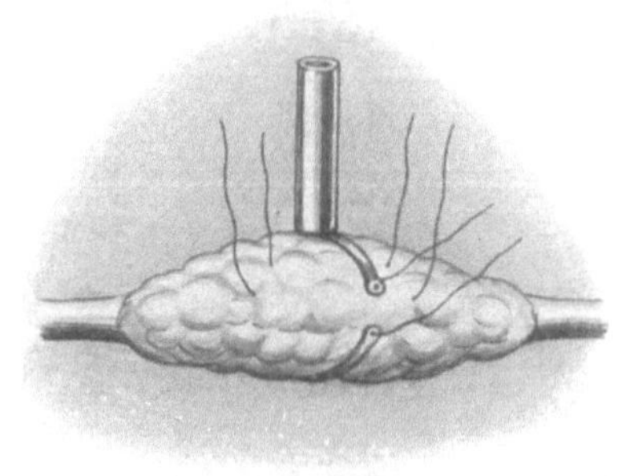

Abb. 160. Ein Netzzipfel umgibt als Futteral das implantierte Gefäß. Darüber kommt die Kanüle (nach LONDON).

Wenn die anderen Venen des Organes, z. B. der Milz, ligiert werden, so entsteht eine erhebliche Erweiterung des operierten Venenlumens mit dem überpflanzten Aortastück. Die Kanüle führen wir, entsprechend unserer geschilderten Technik, ebenfalls durch den Rücken.

c) Die Unterbrechung des Blutstromes in einem Gefäße.

Im Gegensatz zum Menschen vollzieht sich die Bildung eines Kollateralkreislaufes bei allen Tieren sehr schnell. Selbst die plötzliche Unterbrechung des Blutstromes in der Art. carotis commun. oder Art. femoralis löst keine Ernährungsstörungen aus. Ausgewachsene Hunde vertragen z. B. das Unterbinden der beiden Art. carot. com. und der zwei Art. vertebrales in einer Sitzung. Nur nach der Ligatur der sogenannten Endarterien und der ein Organ versorgenden Hauptarterien, z. B. Art. renalis, hepatica usw., treten Gewebsnekrosen auf. Das gleiche trifft auch auf die Venen zu. Ein Zuschnüren der Vena jugularis, Vena subclavia (S. 205, Ductus thoracicus-Fistel) oder der Vena femoralis hinterläßt keine schädlichen Folgen wie Stauungserscheinungen, Bindegewebswucherung u. dergl.

Bei bestehendem Kollateralkreislaufe oder nach seiner späteren Ausbildung blutet jedes durchschnittene Gefäß, Arterie und Vene, aus dem centralen und peripheren Stumpfe. Deshalb verlangen alle durchtrennten Gefäße central wie peripher eine Unterbindung. Wir üben vor dem Durchtrennen die beiderseitige Ligatur, um jeden Blutverlust zu vermeiden. Diese Technik wurde bereits in anderem Zusammenhange auf S. 131 beschrieben. Auch das Anlegen der HALSTEDschen Klemmen mit und ohne nachfolgendem Unterbinden fand dort Erwähnung. Durch Anlegen einer modifizierten v. HERFFschen Klammer brachte ich langsam, innerhalb 8—10 Tage, einen Gefäßverschluß zustande. Dabei kommen neben das Gefäß zwischen die Klemmenarme mehrere Catgutfäden, wodurch die Klemme zunächst offen bleibt. Mit der zunehmenden Resorption der Catgutfäden schließt sich allmählich das Instrument. Das Gefäß obliteriert. Diese Methode des chronischen Verschlusses der Lumina bewährt sich z. B. bei Arterie, Vene, D. choledochus, Ureter usw.

Hier interessiert uns vor allem die temporäre Unterbrechung des Blutstromes während der Eingriffe an den Gefäßen. Abb. 161. zeigt das zeitweise Abklemmen mit einem dicken Seidenfaden. Ein dünner Faden würde eine scharfe Einschnürung der Gefäßwand bedingen und Risse in der Intima (s. o.) verursachen. Man dreht vorsichtig den um das Gefäß herumgelegten Faden zu, bis der Puls schwindet und legt dicht am Gefäßrohr die Klemme an. Diese Technik leistet bei einem sehr kleinen, beengten Operationsfelde vorzügliche Dienste. Eine andere Methode lehrt BRAUN. Er legt um das Blutgefäß einen Mullstreifen und zieht diesen an. Eine Serre fine ersetzt das Knoten. Bei größeren Gefäßen erfüllen die elastischen Gefäßklemmen nach HÖPFNER und STICH den gleichen Zweck. STICH überzieht die Branchen vor dem Anlegen mit je einem Gummidrain und näht um dieses einen Gazestreifen. Letzterer verhütet das Abgleiten von der Gefäßwand. Das Drain erhöht die Weichheit der Klemme (Abb. 170, S. 188).

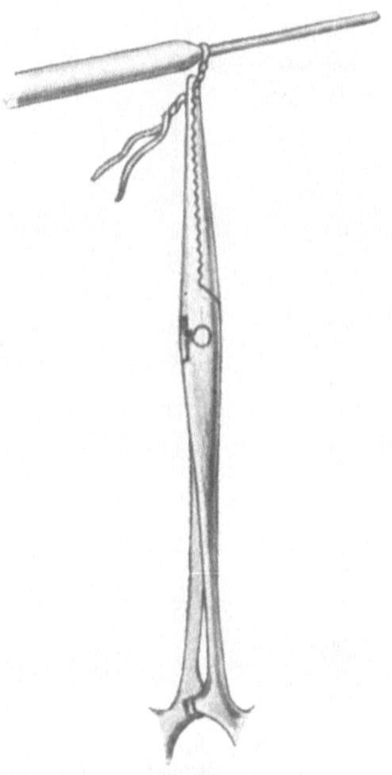

Abb. 161. Zeitweises schonendes Abklemmen eines Gefäßes mit einem dicken Seidenfaden.

Die beste Blutstromunterbrechung führen zwei Finger durch zartes Zusammendrücken des Gefäßes aus (S. 130). Bei mangelnder Assistenz helfen die erwähnten Hilfsmittel.

Um an einem Gefäße ohne Blutung operieren zu können, obgleich der Blutstrom keine Unterbrechung erleidet, ersann STEWART eine besondere Klemme. Diese erlaubt an dem nicht abgeklemmten Teile des Gefäßes die Blutpassage. Die JÄGERschen Anastomosenklemmen (S. 193) verfolgen ein ähnliches Prinzip.

d) Das Einbinden einer Kanüle.

Für die Feststellungen der Druckbestimmungen im Gefäßsystem bei Gefäßinjektionen, Infusionen, Durchspülungen und Transfusionen werden Kanülen[1]) aus Metall oder Glas in das Herz, die Arterien oder Venen eingebunden.

Infolge ihrer topographischen Lage eignen sich zu derartigen Eingriffen besonders die großen Halsgefäße, sowie die Art. und Vena

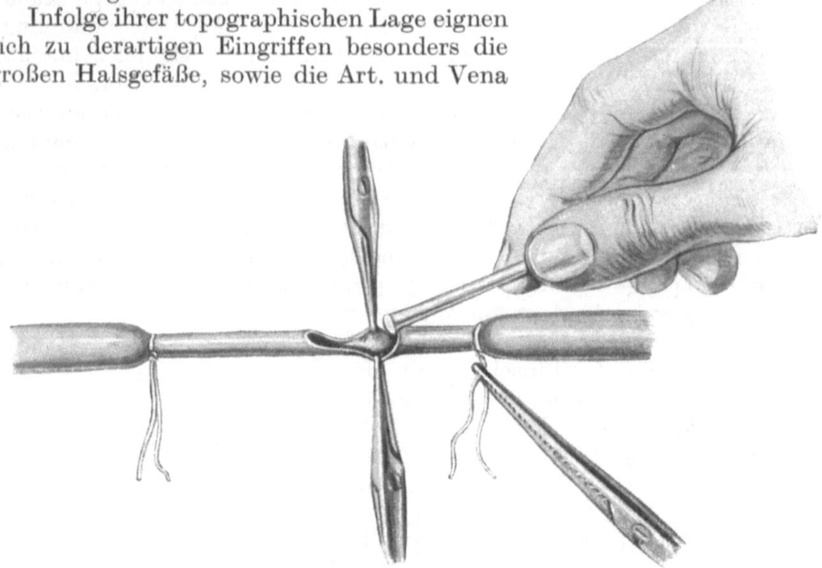

Abb. 162a. Einbinden einer Kanüle in ein Gefäß. I. Akt.

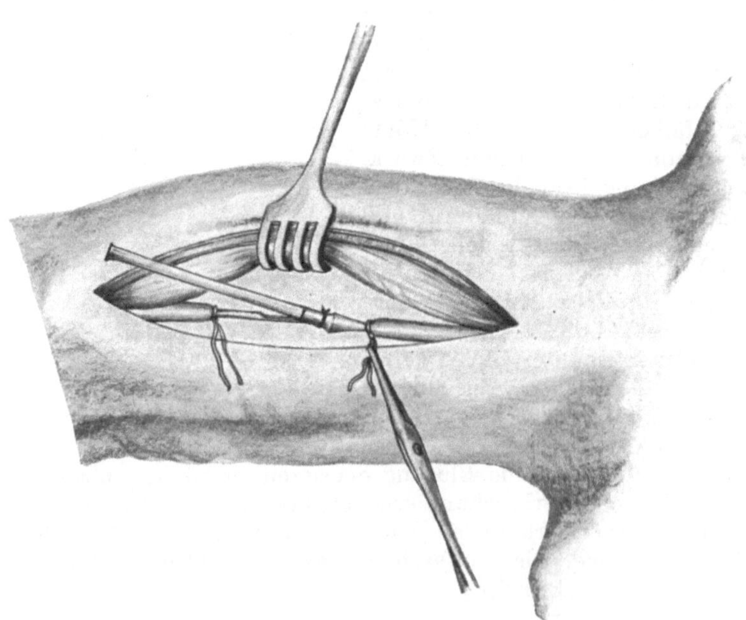

Abb. 162b. Einbinden einer Kanüle in ein Gefäß. II. Akt.

---

[1]) Gefäßkanülen aus Glas liefert E. Zimmermann, Leipzig-Stötteritz, Wasserturmstraße 33.

femoralis. Abb. 162a u. b veranschaulichen die Technik des Einbindens. Das freigelegte Gefäß wird centralwärts unterbunden und peripherwärts temporär ligiert, bzw. umgekehrt (S. 131). Sodann hebt eine feine anatomische Pinzette einen Teil der Gefäßwand etwas hoch. Eine kleine spitze Schere spaltet das Gefäß quer bis zur Hälfte seines Umfanges. Herumlegen eines Fadens. Zwischen diesen (A) und die Gefäßwand kommt ein zweiter, stärkerer Faden (B) (Abb. 163). Hierauf legt der Operateur zwei HALSTEDsche Klemmen an der Gefäßwand an, um das Lumen zum Klaffen zu bringen. Eine Pinzette ergreift die gegenüberliegende Seite. Dadurch entsteht ein Dreieck. In die Gefäßöffnung bringen wir die Kanüle durch Aufkanten (Abb. 162a) und Einschieben (Abb. 162b). Dieselbe hat einen etwas aufgebogenen Rand oder eine sogenannte Nase, damit nach dem Zuschnüren der Faden nicht abrutscht. Beim Zuziehen des Fadens fassen die Schneidezähne des Experimentators das eine Ende. Die linke Hand läßt die Pinzette schnell los und zieht am anderen Fadenende. Während dieses Vorganges hält die rechte Hand die Kanüle in der richtigen Lage. Also alles ohne Assistenz. Die Knüpfung des Fadens A geschieht in der Weise, daß ein Zug

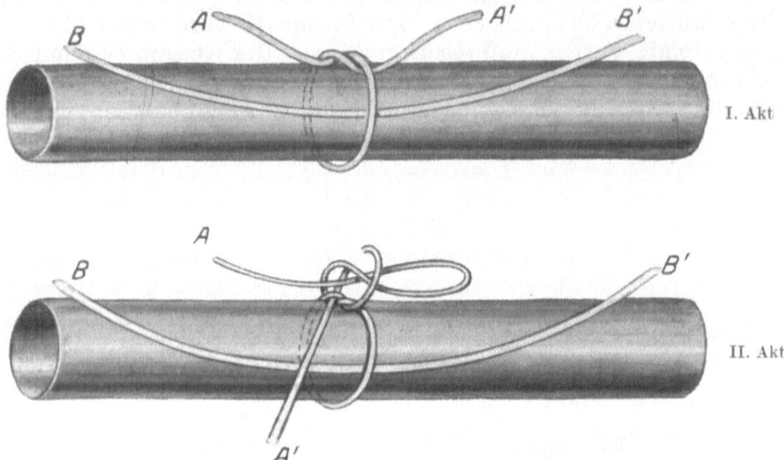

Abb. 163. Fadenführung für einen zeitweisen Gefäßverschluß.

an seinem Ende E den Knoten sofort lösen kann (Abb. 163, II. Akt). Bei dem späteren Entfernen des Fadens A bewirkt das Anspannen des dickeren untergelegten Fadens B eine Lockerung des Fadens A. Falls diese nicht eintritt, so durchschneidet ein feines Messer den Schnürfaden A, wobei der Faden B als Unterlage und zum Schutze für die Gefäßwand dient.

Eine Luftblase darf weder in die Kanüle noch in das Gefäß gelangen. Die Gefahr der tödlichen Luftembolie besteht auch bei den Tieren in hohem Maße. Deshalb füllt man zunächst das Rohr mit Flüssigkeit (Blut, Kochsalz, Magnesiumsulfat usw.) und schließt sie an die Apparatur an, bevor die Lockerung der temporären Gefäßunterbindung stattfindet. Oder wir legen vor dem Einbinden die Kanüle in die Flüssigkeit. Der Finger verschließt das eine Ende. Das flüssige Medium kann nicht herauslaufen. Erst jetzt beginnt die Einführung in das geschlitzte Gefäß. Vielfach verhütet ein kurzer Gummischlauch an der Kanüle das Eindringen der Luftblasen. Nach der Füllung mit der betreffenden Flüssigkeit klemmt eine Quetsche das Schlauchende ab. Hierauf erfolgt das Einbinden der gefüllten Kanüle mit dem anhängenden gefüllten Schlauche in das Gefäß.

Bei einer Blutgerinnung innerhalb des Gefäßes oder der Kanüle spült der freigegebene Blutstrom meist sämtliche Gerinnsel auf einmal heraus. Oft hilft dabei ein sanftes Ausstreichen mit dem Daumen und Zeigefinger. Manches Mal muß eine feinste, dünne, langarmige Pinzette nach vorherigem Anklemmen des Gefäßes den Thrombus entfernen. Gewisse Fälle verlangen einen schnellen Kanülenwechsel. Dazu genügt ein Zug an dem Umschnürungsfaden (s. o.).

1. Blutdruckbestimmung.

Die Übertragung des Druckes in einem Blutgefäße auf das Manometer erfolgt durch eine Flüssigkeit. Diese befindet sich in einem starren Rohre aus Glas oder Metall (s. u.). Die Wandung soll bei den Druckschwankungen nicht nachgeben. Der Blutdruck würde sonst nicht richtig angezeigt. Ferner muß der Durchmesser des Glasrohres mindestens 1 cm betragen, um den Reibungskoeffizienten zu verringern. Bei engen Röhren fällt die Kapillarattraktion an der Rohrwand zu sehr ins Gewicht. Eine weitere Fehlerquelle bilden die Verbindungsstücke aus Gummi. An diesen Stellen erweitert und verengt sich das Rohr bei Erhöhung und Erniedrigung des fortgeleiteten Druckes. Deshalb wählen wir Rohrstücke aus Blei oder Druckgummischläuche. Andere Autoren verwenden aufeinander geschliffene Glasröhren. Zum Registrieren dienen zahlreiche Manometer für Quecksilber oder Wasser. Die schematische Abb. 164 läßt das Prinzip erkennen: Über-

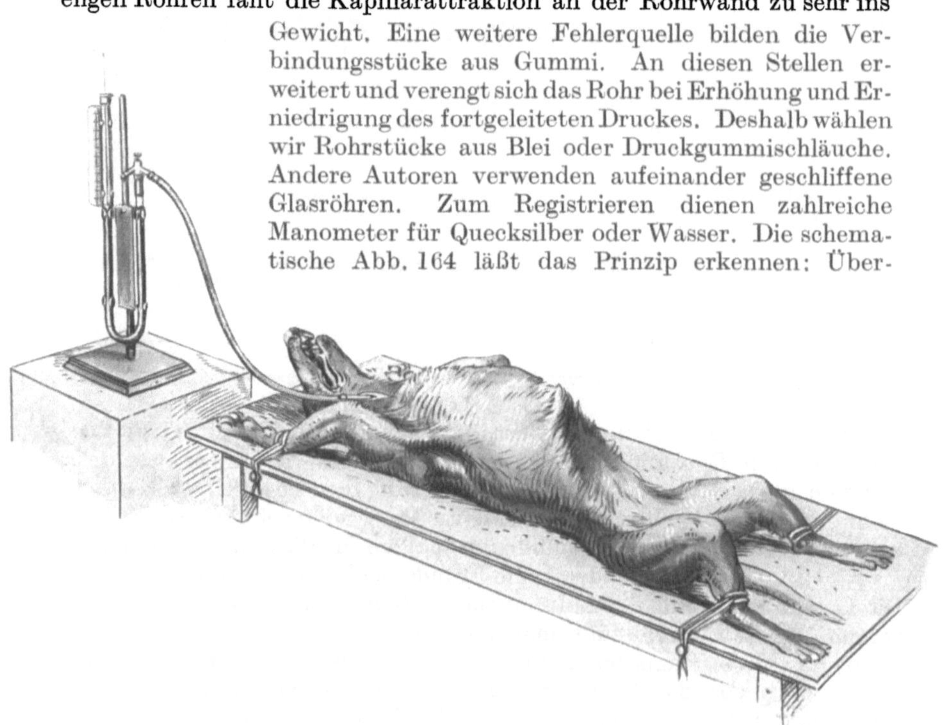

Abb. 164. Blutdruckbestimmung an der Arteria carotis com.

tragung des Blutdruckes auf die Flüssigkeit in dem Verbindungsrohre. Diese ruht auf der U-förmig gebogenen Quecksilbersäule, welche einen sogenannten Schwimmer (*S*) trägt. Derselbe besitzt oben einen feinen Schreibhebel. An letzteren wird eine berußte Schreibtrommel, Kymographion (S. 202) gesetzt. Die Versuchsanordnung bestimmt die Wahl des Gefäßes für das Einbinden der Kanüle, so z. B. die Art. carotis communis, Art. femoralis, Aorta, Vena jugularis, Vena cava, Herz usw.

Vor dem Einbinden der Gefäßkanüle füllen wir durch einen Nebenhahn das ganze System mit einer blutgerinnungswidrigen Flüssigkeit an. Die kleinste Luftblase durchkreuzt den Versuch (s. o.). Wegen der Gefahr einer Blutgerinnung darf kein Blut in die Kanüle kommen. Glasröhrchen gestatten die diesbezügliche Kontrolle. Gleichfalls ist das Eindringen bzw. Hineindiffundieren der Flüssigkeit in die Blutbahn zu verhüten. Als Überleitungsflüssigkeit verwendet man 1 proz. Natriumcitratlösung oder Ammoniumoxalat. Großer Beliebtheit erfreut sich die 20—25 proz. Magnesiumsulfatlösung. Jedoch gebietet dieses Mittel einige Vorsicht. Ich beobachtete mit einer nur 10 proz. $MgSO_4$-Lösung bei langandauernden Versuchen mehrmals Vergiftungserscheinungen beim Tiere infolge Hineindiffundierens in die Blutbahn. Eine halbgesättigte Natriumsulfatlösung scheint besser zu sein. Falls Blutgerinnsel entstehen, so richtet sich der Experimentator nach den auf S. 186 angegebenen Anweisungen. Das vorherige Ausspritzen mit Paraffinum liquidum bringt keine Vorteile (vgl. o.).

2. Entblutung.

Für mannigfache Versuche sind nur vollständig entblutete Gewebe zu verwenden. Zu deren Gewinnung ist das vorherige Entbluten des Tieres notwendig.

Der Operateur bindet in die freigelegte Vena jugularis ext. eine Glaskanüle ein. Durch diese werden, je nach der Größe des Tieres, zunächst langsam 100—400 ccm physiologischer Kochsalzlösung, 38° C, infundiert. Wenn sich Herzarrhythmien oder verlangsamter Pulsschlag einstellen, so unterbleibt vorläufig die weitere Zufuhr der NaCl-Lösung. Nach einigen Minuten kehrt die normale Herzaktion wieder zurück. Jetzt öffnet man die Art. carotis derselben Seite. Gleichzeitig fließt schnell Kochsalzlösung in die Vena jugularis ein. Beginn mit kräftiger Herzmassage. Unmittelbar nach dem Tode des Tieres wird die Bauchhöhle eröffnet, die Aorta freipräpariert und unterhalb der Abzweigung der Nierenarterien in die große Schlagader eine Glaskanüle eingebunden. In dieselbe strömt unter hohem Druck so lange Kochsalzlösung, bis die aus den eröffneten Gefäßen ablaufende Flüssigkeit farblos erscheint. Dabei unterstützen ein energisches Beugen und Strecken der Extremitäten sowie kräftige Massage des Herzens die vollständige Entblutung. Etwa 1000—1500 ccm Spülflüssigkeit genügen zu diesem Entblutungsverfahren.

Für Frösche eignet sich dabei das Einbinden der Froschherzkanüle in das Herz (S. 203).

Bei Fischen kommt in die eröffnete Schwanzarterie (S. 164) eine lange
Kanüle. Durch ihren seitlichen Druck komprimiert sie die darunter
liegende Vene. Unter künstlicher Atmung (S. 90 u. 91) geht das Entbluten vor sich. Ein Wattebausch umgibt die Kanüle. Dadurch verunreinigen die Gewebssäfte nicht das Blut. Dieses Verfahren läßt
größere Fischblutmengen gewinnen (M. HENZE).

3. Infusion.

Für rascheren Blutersatz zur Auffüllung des Gefäßsystems und für
Durchspülung leistet uns die Infusion wertvolle Hilfe. Nach dem Einbinden der Kanüle in eine größere freigelegte Vene (V. femoralis oder
V. jugularis) geschieht mit einer Spitze oder einem Irrigator das Einverleiben der lebenswarmen Flüssigkeit. Dieselbe muß isotonisch sein. Ihre
Zusammensetzung hat für die Warmblüter und wechselwarmen Tiere
verschiedene Werte. Die so viel gebrauchte physiologische, 0,8—0,85-
bis 0,9proz. Kochsalzlösung ist unphysiologisch. Sie entspricht nicht
den hohen Anforderungen bei einem subtilen Experimente. Zahlreiche Autoren, z. B. ADLER, FEIGL, FRIEDENTHAL, GERLACH, GÖTHLIN,
HEDON, TYRODE, LOCKE und RINGER, geben spezielle Flüssigkeiten an.
Letztere sind die bekanntesten:

LOCKEsche Lösung:

Natriumchlorid . .	9,0
Calciumchlorid . .	0,24
Kaliumchlorid . . .	0,42
Natrium bicarb. . .	0,2
Traubenzucker . .	1,0
Wasser	1000,0

RINGERsche Lösung:

Aqua dest.	1000,0
NaCl	8,0
$CaCl_2$	0,1
KCl	0,075
$NaHCO_3$	0,1

Beide Lösungen kann man kombinieren und mit Sauerstoff sättigen.
Nach KÜTTNER genügt für den Blutersatz die 0,85 proz. NaCl-
Lösung, gesättigt mit O.

TYRODEsche Lösung:

Aqua dest.	1000,0
NaCl	8,0
KCl	0,2
$CaCl_2$	0,2
$MgCl_2$	0,1
NaH_2PO_4	0,05
$NaHCO_3$	1,0
Glucose	1,0

Fürs Herz bewährt sich nach LANGENDORFF folgende Ernährungsflüssigkeit:

$$0,92 \text{ vH. NaCl}$$
$$0,024 \text{ „ } CaCl_2$$
$$0,042 \text{ „ } KCl$$
$$0,01\text{—}0,03 \text{ vH. } NaHCO_3$$
$$0,001\text{—}0,1 \text{ „ Traubenzucker.}$$

Wegen der fehlenden Viscosität der Nähr- bzw. Durchspülungsflüssigkeit empfehlen viele einen Zusatz von Gelatine oder 2proz. Gummi arabicum. Diesen liefert der beste türkische, nicht pulverisierte, farblose Akaziengummi.

Die beste Nährflüssigkeit liefert das körperwarme, nichtdefibrinierte, ungeronnene und unverdünnte Blut derselben Species.

Beim Defibrinieren des Blutes durch Schlagen, Quirlen oder Schütteln gehen zahlreiche Blutkörperchen zugrunde, welche toxisch wirken. Ferner werden dabei aus den zugrundegehenden Zellen Salze frei, die in den normalen Körpersäften nicht in der entsprechenden Konzentration vorkommen usw.

Auch das Vermischen mit einer Natrium citricum-Lösung löst Schädigungen aus. Das gleiche gilt von dem Pepton und dem Hirudin, einen in den Munddrüsen des Blutegels vorkommenden Stoff (S. 183).

4. Durchspülung.

Zur Untersuchung überlebender Organe muß nach deren Freilegung bzw. Entnahme sofort mit dem Durchspülen begonnen werden. Dazu gehört eine Kanüle in die zuführende Arterie und eine in die abführende Vene. Solche Versuche üben wir an der Niere, Leber, Lunge, Darmteilen, Uterus, Extremitäten und dem Herzen. Ein Säugetierherz fängt nach dem Tode des Tieres wieder regelmäßig an zu schlagen, wenn eine warme RINGERsche Lösung (s. o.) seine Coronargefäße von der Aorta her unter einem starken Druck durchspült. Die warme Nährflüssigkeit wird bei den Durchspülungsversuchen nach bestimmten Vorschriften stets frisch zubereitet, damit die einzelnen Salze sich nicht gegenseitig ausfällen. Aus den oben erwähnten Gründen zieht die experimentelle Chirurgie vor, die Organe eines Tieres durch das Blut eines anderen lebenden Tieres derselben Gattung zu speisen.

HEYMANS und KOCHMANN töten das Tier, dessen Herz sie untersuchen wollen, durch einen Stich in das Rückenmark und leiten die künstliche Atmung ein. Hierauf wird das als Blutspender verwendete Tier, welches die doppelte Größe besitzt als dasjenige, dessen Herz ernährt werden soll, narkotisiert, aufgebunden und eine Art. carotis comm. sowie eine Vena jugularis ext. am Halse desselben präpariert. Sodann erfolgt die Vereinigung der Aorta des zu ernährenden Herzens mit der Carotis des Spenders und die Verbindung der Art. pulmonalis des Herzens mit der Vena jugularis des Spenders. Die Verbindung geschieht durch Kanülen. Dieselben bindet der Experimentator nur bis in die Nähe der Aortenklappen ein, damit das Blut die Coronararterien passieren kann. Alle anderen Gefäße des zu ernährenden Herzens fallen der Unterbindung anheim. Erst jetzt nimmt der Operateur das Herz aus dem Körper des Tieres heraus. Unter dem Einfluß des vom Spender in das Herz eingepumpten Blutes beginnt dieses bald regelmäßig zu schlagen (nach JEGER). Oder man

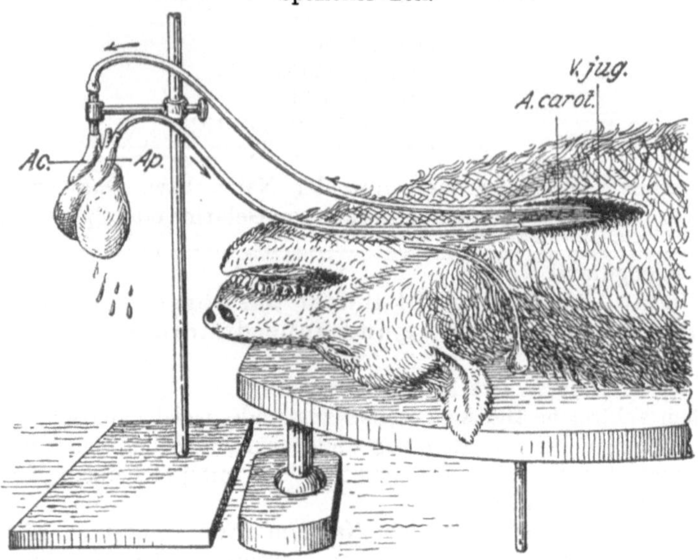

Abb. 165. Durchblutung des isolierten Säugetierherzens nach HEYMANS und KOCHMANN.

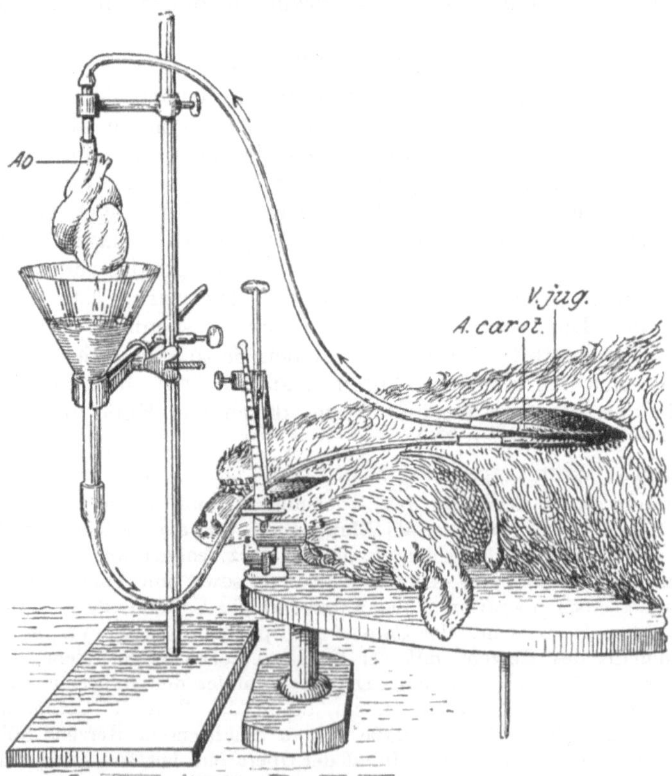

Abb. 166. Durchblutung des isolierten Säugetierherzens nach HEYMANS und KOCHMANN.

bindet nach vorhergehendem Verschluß der in den Vorhof mündenden großen Venen eine Kanüle in die Lungenarterien ein und leidet dieses Blut in die Vena jugularis des Tieres zurück (Abb. 166). Wenn das Herz dabei nach meinem Vorschlage in einer feuchtwarmen Glaskammer hängt, ergibt die Versuchsanordnung bessere Resultate.

LABORDE durchströmte die Köpfe hingerichteter Verbrecher mit dem Blut von Hunden und Ochsen. HAYEM und BARRIER enthaupteten Hunde und durchbluteten deren Köpfe mit defibriniertem Blute. GUTHRIE, STEWART und PICKE führten dieselben Versuche mit artgleichem Blute in ähnlicher Weise wie HEYMANS und KOCHMANN aus.

Diese Experimente setzen voraus, daß das Blut nicht innerhalb des Kreislaufes gerinnt. Eingespritztes Hirudin (s. o.) in die Vene erfüllt diese Forderung. Die Firma E. SACHSE & Co., Leipzig-R., liefert dieses Präparat mit Gebrauchsanweisung. Eine reichliche venöse Infusion mit RINGERscher Lösung verzögert ebenfalls die Blutgerinnung.

e) Bluttransfusion.

Drei Methoden stehen z. Z. im Vordergrunde des Interesses: 1. Retransfusion, 2. indirekte und 3. direkte Transfusion.

1. Retransfusion.

Bei der Retransfusion = Reinfusion = Eigenbluttransfusion entnehmen wir aus einer Vene oder Arterie das Blut mit einer Rekordspritze und injizieren es wieder subcutan, intramuskulär, intravenös oder intraperitoneal. Auch ins Knochenmark spritzte ich mehrfach nach Aufbohren des Knochens mit einer um 60° abgebogenen Kanüle das Blut ein. Nach dem Einspritzen verschließt etwas steriles Wachs eine solche Trepanationsöffnung.

2. Indirekte Transfusion.

Bei der indirekten Methode ist zunächst das Blut des Spenders in einem sterilen Gefäße aufzufangen und vorsichtig mit einem sterilen Glasstabe zu schlagen = defibrinieren. Oder man vermischt das aufgefangene Blut mit einer gerinnungshemmenden Flüssigkeit, z. B. Natrium citricum-Lösung, Oxalat, Hirudin. Auch NaCl-Lösung hemmt die Gerinnung. Das citronensaure Natrium gilt als relativ unschädlichstes Mittel. Die Angaben über den Prozentgehalt schwanken. Eine 1 proz. Natrium citricum-Lösung in 0,8 proz. Kochsalzlösung schädigt m. E. am wenigsten die Blutkörperchen. Das Vermischen mit dem Blute geschieht zu gleichen Teilen.

Das herausspritzende Blut fließt in einen sterilen Glaskolben, in welchem sich eine sterile 1 proz. Natrium citricum-Lösung in 0,8 proz. Kochsalzlösung von 38° C befindet. Fortwährendes vorsichtiges Umschütteln mischt die Lösung zu gleichen Teilen mit dem Blute. Wenn z. B. das Gefäß 20 ccm Flüssigkeit enthält, so kommen 20 ccm Blut hinzu. Um eine Abkühlung zu vermeiden, steht der Kolben in einem Wasserbad von 40—42° C. Die Temperatur darf wegen der damit verbundenen Veränderung des Hämoglobins nicht zu hoch sein.

Zurzeit gehen die Meinungen darüber auseinander, ob das arterielle Blut zu einer Transfuison besser geeignet sei als das venöse. Ich ziehe das arterielle Blut vor.

Die bedeutenden Nachteile einer indirekten Transfusion ergeben sich aus dem Gesagten. Abgesehen von der Blutveränderung verlangt die indirekte Methode die Entnahme einer bestimmten Blutmenge, um das richtige Mischungsverhältnis zu erreichen. Wenn die Überleitung nicht glückt, so war für den Spender der Blutverlust unnötig. Bei dem Tiere ersetzt die unmittelbar anschließende intravenöse Normosallösunginjektion die hergegebene Blutmenge.

Eine sterile Rekordspritze saugt das vermischte oder defibrinierte Blut auf. Nach dem Einbinden der Kanüle in eine größere Vene (s. o.) setzt der Operateur die Spritze auf die Hohlnadel und spritzt sehr langsam das Blut in das Gefäßsystem. Um einen Schock durch Hämolyse u. dgl. zu verhüten, prüfen viele Autoren erst das gegenseitige Verhalten des Blutes von Spender und Empfänger.

3. Direkte Transfusion.

Bei der direkten Transfusion strömt das Blut direkt vom Spender auf den Empfänger. Zwei Wege sind dafür gangbar a) das Einschalten einer Prothese zwischen die freigelegten Gefäße oder eines Überleitungsapparates, b) die Verbindung der Gefäßrohre durch eine Gefäßnaht. Die Tiere liegen dabei dicht aneinander.

a) Wir benutzen kleine Glaskanülen, welche an ihren Enden etwas aufgebogen sind bzw. eine kleine Nase (S. 177) tragen. Dadurch rutschen die Glasrohre nach dem Einbinden nicht aus dem Gefäße heraus. Nicht Metall, sondern nur Glas erlaubt die Kontrolle darüber, ob das Blut wirklich die Prothese durchströmt. Fortgeleitete Pulswellen täuschen oft über den wahren Vorgang. Die betreffende Arterie beim Spender und die Vene des Empfängers werden freigelegt. Dies kann in Lokalanästhesie, aber ohne Adrenalinzusatz, oder in Allgemeinnarkose (subcutane bzw. Inhalations-Narkose s. S. 105) geschehen. Sodann wird der centrale Anteil der Arterie beim Blutspender temporär abgeklemmt, der periphere Teil unterbunden. Incision des Gefäßes, Einbinden der Kanüle in der auf S. 177 beschriebenen Weise. Hierauf erfolgt an dem anderen Tiere die Ligatur des centralen Venenabschnittes und temporäres Abklemmen des peripheren Teiles. Incision. Während des Einbindens der Kanüle in die Vene lockert die rechte Hand etwas die Abklemmung an der Arterie, damit die Glaskanüle sich mit Blut füllt. Auf diese Weise geraten keine Luftblasen in das Gefäßsystem. Erst wenn die Glaskanüle richtig liegt, erhält der arterielle Blutstrom freien Lauf bei gleichzeitiger Wegnahme der temporären Venenabklemmung.

Der Vorgang des Blutüberfließens beansprucht eine ständige sorgfältige Aufsicht. Feuchtwarme Gazeläppchen umgeben die Glaskanüle und die freigelegten Gefäße. Diese Maßnahme verhindert ein Abkühlen und Austrocknen der Gefäßwände mit nachfolgender Kontraktion. Eine kurze und weite Prothese bietet den besten Schutz gegen eine Blutgerinnung in der Röhre. Das vorherige Ausspülen mit einer 2proz. Natrium citricum-Lösung oder mit Paraffinum liquidum scheint mir deshalb zwecklos, weil der Blutstrom diese gerinnungswidrigen Mittel sofort von der Glaswand wegschwemmt.

E. Payr benutzt kleine, gefurchte Magnesiumringe als Hilfsmittel für eine Gefäßvereinigung. Er zieht die Gefäßstümpfe durch die Ringe hindurch und schlägt ihre Wand nach rückwärts darüber. Eine Ligatur hält den Ring mit der Gefäßwand zusammen. Sodann drückt er beide Ringe mit den Gefäßenden ineinander. Dadurch sind sie eng verbunden. Der große Vorteil bei der Payrschen Methode besteht in dem dichten Aneinanderliegen der Intimaflächen. Daher scheidet die Gefahr einer Thrombose fast aus. Die resorbierbaren Magnesiumringe haben verschiedene Durchmesser entsprechend den Gefäßlumina.

Noch einfacher lassen sich die Blutgefäße durch Kombination zweier Elsbergschen Kanülen nach Jeger verbinden. Kleine Widerhäkchen an ihnen verhüten ein Abgleiten der zurückgeschlagenen Gefäßwand. Die Kanüle paßt sich in ihrem Umfange durch eine Stellvorrichtung dem Gefäßdurchmesser an. Auch die Methode nach B. F. Mc.Grath leistet gute Dienste.

Von den vielen Blutüberleitungsapparaten genügt meines Erachtens nur das Oehleckersche Besteck allen Ansprüchen. Auch beim Tiere kann ich es empfehlen. Die Kanülen sind hierbei viel kleiner zu wählen. Vor dem Einbinden der Glasröhrchen in die freigelegten Gefäße beim Spender und Empfänger ist die Apparatur mit etwas warmer Kochsalzlösung anzufüllen. Das Blutansaugen und -einspritzen beträgt bei Tieren jedesmal nur einige Kubikzentimeter. Dazwischen spritzt man abwechselnd Kochsalzlösung ein. Den Blutverlust beim Spender kann jederzeit infundierte Kochsalzlösung ersetzen.

b) Die beste, aber technisch schwerste Verbindung der Gefäßlumina für eine Bluttransfusion stellt die circuläre Gefäßnaht dar (s. u.). Die Invaginationsmethode nach Murphy hat keine Anhänger gefunden. Das Hineinschieben des centralen offenen Arterienstumpfes in die Vene mit einer Pinzette nach Sauerbruch führt oft deshalb nicht zum Ziel, weil die Intima einer kleinen Arterie sich leicht einrollt und dadurch das Gefäß zu schnell zum Verschluß kommt.

f) Gefäßnaht.

1. Seitlich.

Bei einem kleinen seitlichen Einriß in dem Gefäßrohr klemmt eine Halstedsche Klemme (S. 123, Abb. 86) das Loch zu. Die Unterbindung mit einem Seidenfaden sorgt für die definitive Blutstillung. Wenn die Durchgängigkeit des Gefäßlumens erhalten bleiben soll, so darf nach der seitlichen Ligatur der Gefäßwunde das Gefäß höchstens um zwei Drittel seines Lumens verengt sein.

Die Naht eines seitlichen Gefäßeinrisses geschieht mit einem fortlaufenden Seidenfaden Nr. 0000, welcher vor Gebrauch in Paraffinum liquidum getränkt wurde. Feinste kleinste, gerade und gebogene Nadeln nach STICH und PAYR ermöglichen die Gefäßnaht. Nach meinen Angaben liefert W. WINDLER, Berlin, modifizierte MADELUNGsche Nadeln. Die Fäden fädelt man vor der Operation trocken ein. Weil sich ein Patentöhr an diesen feinen Nadeln nicht anbringen läßt, so erfordert das Einfädeln sehr viel Mühe und Zeit. Anstatt des Nadelhalters ziehe ich eine anatomische Pinzette (Abb. 168) oder meine Finger vor. Bei der Operation wird, wie bei allen anderen Gefäßnähten, die Gefäßwand vollständig durchstochen und die Intimaflächen genau aufeinander gepaßt. Der geringste Fehler in der Aseptik kann zur Thrombose führen. Das gleiche gilt von Fehlstichen. Denn jede Schädigung der Intima führt zur Blutgerinnung an der Nahtstelle. Falls die Längsnaht das Gefäßlumen zu sehr verengt, schließt eine Quernaht den Längriß. Bei unregelmäßig gestalteter Längswunde umschneidet der Operateur dieselbe, legt zwei seitliche Haltezügel an und vernäht quer. Auch mit Knopf- oder U-Nähten ist der seitliche Gefäßverschluß erlaubt. Eine leichte Kompression mit einem Tupfer bringt die Blutung aus den Stichkanälen zum Stehen.

Wenn sich während eines Versuches ein Gefäßthrombus bildet, eröffnen wir mit einem etwa $^1/_2$—1 cm langen Längsschnitt das Gefäß, ziehen mit einer feinen anatomischen Pinzette das Blutgerinnsel heraus und vernähen sofort wieder den Gefäßschlitz. Die Maßnahme dieser **Arteriotomia** und **Phlebotomia** kommt nur dort in Frage, wo die anderen Methoden zur Entfernung eines Blutgerinnsels versagen (S. 178).

2. Circulär.

Den Gebrauch der Prothesen schildert das vorhergehende Kapitel.

Während der Gefäßoperation verhüten Gefäßklemmen oder deren Ersatzmittel (S. 175) einen Blutverlust Bei der circulären Gefäßnaht nach CARREL-STICH sollen die beiden zu vereinigenden Lumina möglichst gleich sein. Ein Zug an den Haltefäden des kleineren Gefäßes vermag in gewissen Grenzen das kleinere dem größeren Lumen anzupassen. Das schräge Durchtrennen eines Gefäßes bewirkt eine Vergrößerung des Schnittrandes gegenüber dem Querschnitt. Ferner erweitert ein Längsschnitt in den Gefäßstumpf die Öffnung. Über andere gefäßerweiternde Methoden siehe unten. Die Gefäßstümpfe müssen glatte Schnittflächen haben. CARREL und STICH bilden durch das Anlegen von drei Haltefäden ein Dreieck, damit die Nadel die gegenüberliegende Gefäßwand nicht ansticht. Ob fortlaufende, Knopf- oder mehrfache U-Naht, entscheidet der einzelne Versuch. Falls die Stichkanäle bluten, steht die Blutung durch zartes Anpressen eines Tupfers etwa $^1/_2$ Minute lang. Um eine Assistenz zu ersparen, empfehlen MC GRATH, HORSLEY, JEGER, ich u. a. Spannvorrichtungen. Die beiden Gefäßklemmen halten ein oder zwei Bügel zusammen.

Bei kleinen Gefäßkalibern sind an der Nahtstelle gefäßerweiternde

Schnitte (S. 189) notwendig, um eine Gefäßverengerung zu vermeiden. Diese gibt zur Thrombosenbildung leicht Anlaß (s. o.). Zu welch fabelhafter Technik es die Russin N. A. DOBROWOLSKAJA gebracht hat,

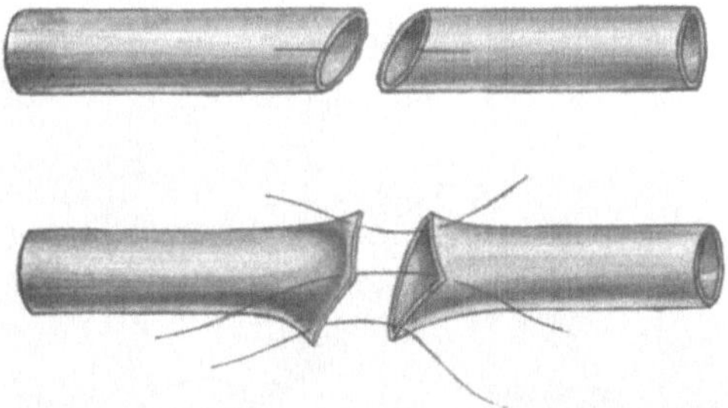

Abb. 167. Oben: Je ein Längsschnitt in den zentralen und peripheren Gefäßstumpf erweitert die Gefäßöffnungen. Unten: Drei angelegte Haltefäden an den vergrößerten Schnittflächen.

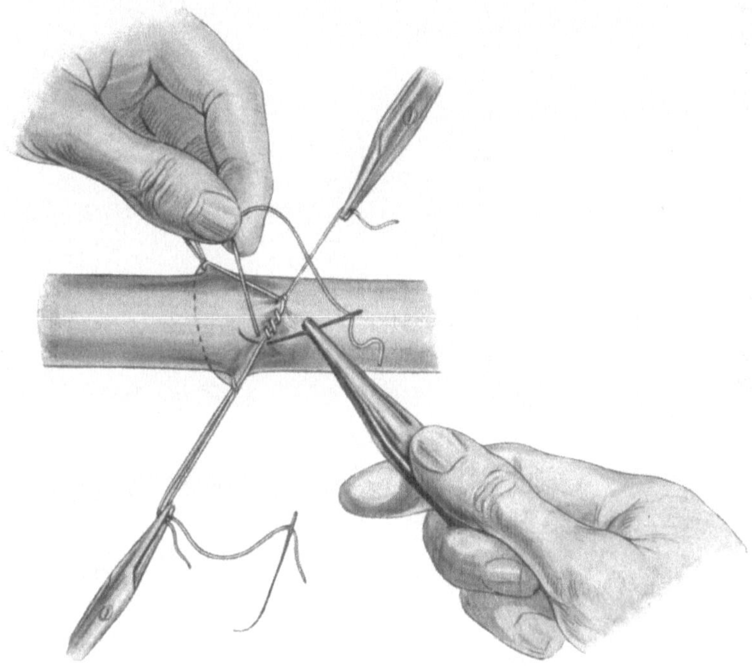

Abb. 168. Fortlaufende Gefäßnaht mit drei Haltezügeln.

erhellt daraus, daß sie Lumina bis zu **0,3 mm** mit Erhaltung der Durchgängigkeit circulär vereinigte. Abb. 220 auf S. 237 zeigt eine Parabiose zwischen zwei Hunden mit einer Gefäßanastomose nach ENDERLEN und HOTZ. Auf die Organtransplantation mit Gefäßnaht (S. 234 u. 235) sei in diesem Zusammenhange hingewiesen.

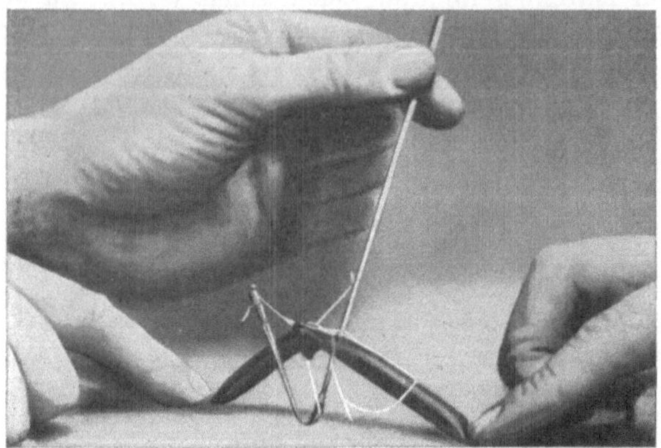

Abb. 169. Spannvorrichtung zum selbsttätigen Fixieren der Haltefäden nach J. S. HORSLEY.

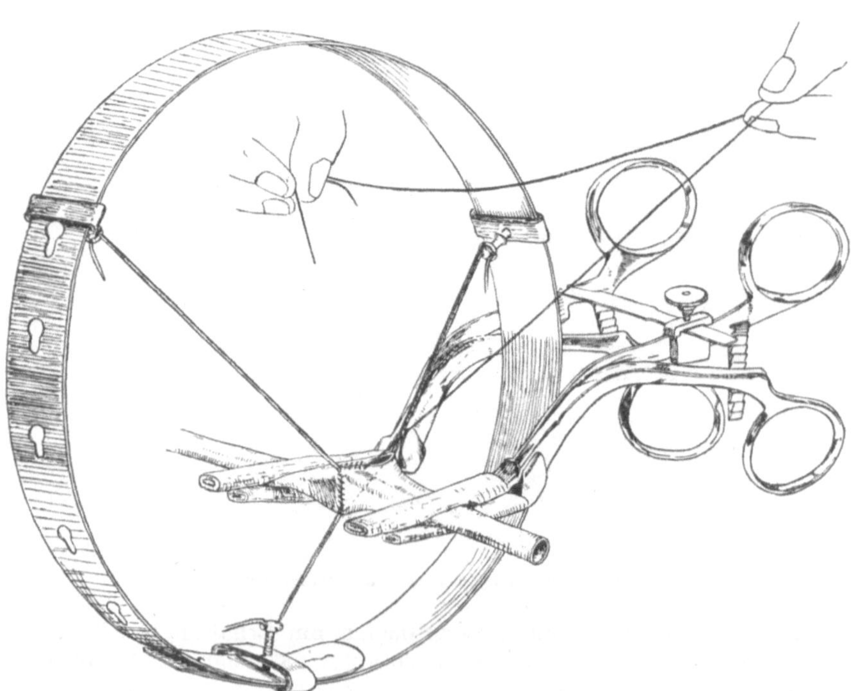

Abb. 170. Spannvorrichtung nach HABERLAND.

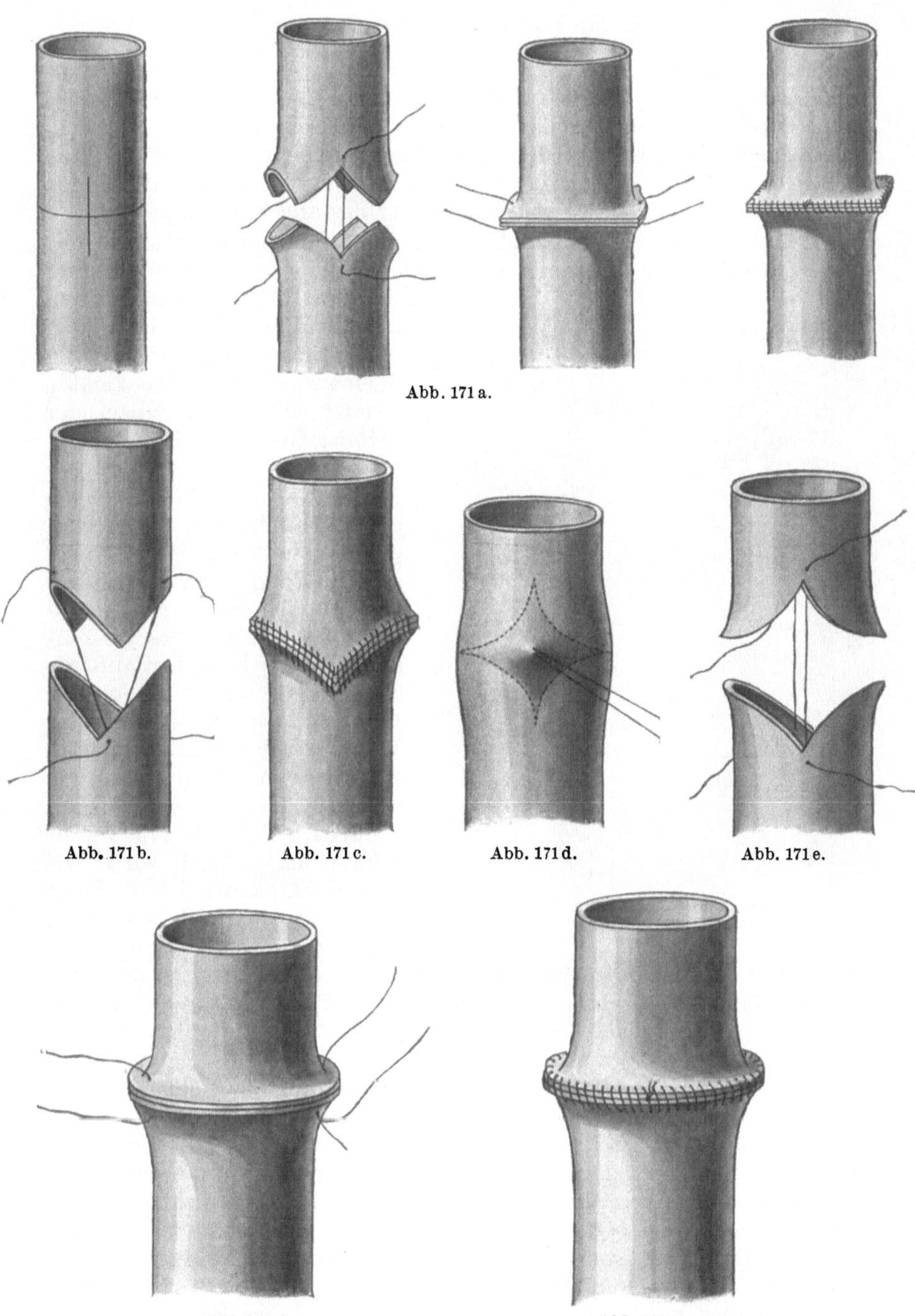

Abb. 171 a.

Abb. 171 b. Abb. 171 c. Abb. 171 d. Abb. 171 e.

Abb. 171 f. Abb. 171 g.

Abb. 171 a—g. Gefäßerweiternde Schnitte und Naht nach N. A. DOBROWOLSKAJA.

3. End-zu-Seit-Anastomose.

a) Prothese. Mit den Payrschen Magnesiumprothesen gelingt die End-zu-Seit-Implantation zweier Blutgefäße. Der Gefäßstumpf wird durch das resorbierbare Röhrchen hindurchgezogen und zurückgeschlagen, gleichwie bei der circulären Vereinigung (S. 185). Eine sinnreich erdachte Fadenführung gestattet das mühelose Einbinden dieses starren Gefäßendes in einen Schlitz der anderen Gefäßwand.

b) Durch Naht. Zur Einpflanzung eines Gefäßendes in einen seitlichen Schlitz einer anderen Gefäßwand benutzen wir auch die Knopf-

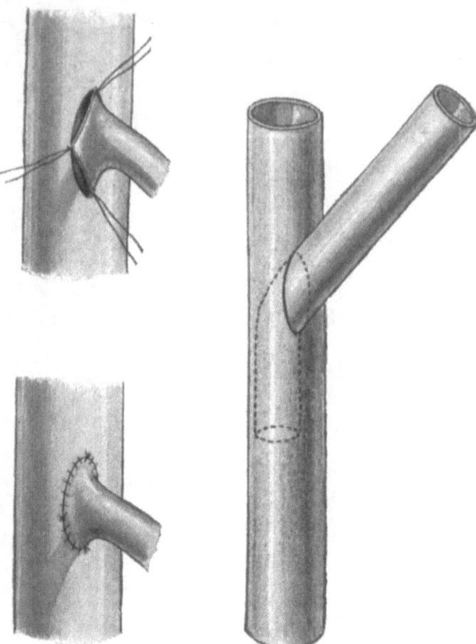

Abb. 172a u. b.   Abb. 173.
Seitliche Gefäßeinpflanzung.

und fortlaufende Naht. Stets ist darauf zu achten, daß dabei die Intimaflächen breit genug aneinanderliegen. Zweckmäßig schafft ein gefäßerweiternder Schnitt an dem Ende des einzunähenden Gefäßes eine größere Nahtfläche. Abb.172a u. b zeigen diese Technik. Ein spitzes Skalpell excidiert ein ovales Stück aus der Wand. Drei Haltefäden fixieren den Rand des Gefäßstumpfes mit dem des klaffenden Ovals. Eine fortlaufende Seidennaht beendet die Anastomose. Zuweilen genügt das Versenken des zentralen Gefäßstumpfes in einen seitlichen ovalen Schlitz des größeren Gefäßes, wie Abb. 173 veranschaulicht. Dabei wird mit Knopfnähten die Schnittfläche der seitlichen Gefäßöffnung ringsum an das eingepflanzte Blutgefäß genäht. Die Methode ist unsicher und schützt nicht gegen Gerinnselbildung. Ferner kontrahiert sich oft zu stark der frei im Gefäßlumen bewegliche Gefäßstumpf. Dies begünstigt ebenfalls die Thrombose.

Für die Dauer des Eingriffes unterbricht temporäres Abklemmen den Blutstrom im Operationsfelde. Eine centrale Abschnürung an den Gliedmaßen kommt bei derartiger Anastomosenbildung nicht in Frage. Denn aus der eröffneten Vene würde fortwährend Blut heraussickern — äußerer negativer Druck. Man müßte mindestens dicht oberhalb und unterhalb des Operationsfeldes circulär die Extremität abschnüren. Um die Blutcirculation an der Implantationsstelle nicht zu unterbrechen, verwandten E. Jeger und W. Israel die Jegersche Anastomosenklemme mit drei Branchen. „Ein Zipfel der Seitenwand des großen Gefäßes wurde zwischen die mittlere und eine der äußeren

Branchen meiner dreiteiligen Klemme eingeklemmt; zwischen die mittlere und die andere äußere Branche der Klemme kam das Ende der zu implantierenden Vene zu liegen. Es folgte Excision eines ovalen Stückes aus der Seitenwand der großen Vene..." Dadurch sind topographische Verhältnisse wie bei der lateralen Vereinigung hergestellt. Die Beendigung der Operation erfolgt wie diese.

4. Seit-zu-Seit-Anastomose.

Zwei Gefäße werden peripher und centralwärts im Operationsfelde temporär verschlossen. Aus ihren beiden Wänden schneidet der Operateur ein Stück heraus, so daß zwei ovale Öffnungen entstehen, die sich gegenüberliegen. Eine durchgreifende fortlaufende Naht vereinigt die zwei Venenwunden wie bei der Enteroanastomose (S. 262, innere Nahtreihe). Es reicht eine Nahtschicht aus. Haltefäden an den Wund-

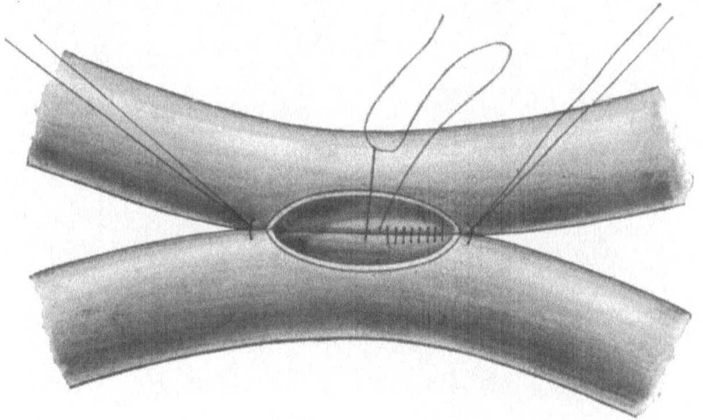

Abb. 174a. Seitliche Gefäßanastomosenbildung. I. Akt. Fortlaufende Naht der hinteren Gefäßwundränder. Zwei Haltefäden spannen die Gefäße an.

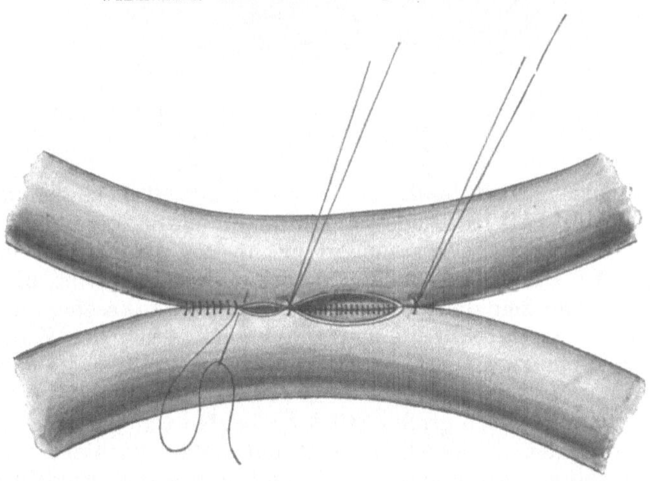

Abb. 174b. Seitliche Gefäßanastomosenbildung. II. Akt. Die hintere Naht ist beendet. Fortlaufende vordere Naht.

winkeln erleichtern das Vorgehen. Ebenso bringt man einen solchen Haltefaden während der hinteren Naht in der Mitte der beiden hinteren Wundränder an, desgleichen für die Dauer der vorderen Naht in der Mitte
der beiden vorderen Wundränder. BERNHEIM und STONE schneiden für
die Anastomose keine Stücke heraus, sondern durchstoßen jedes Gefäß

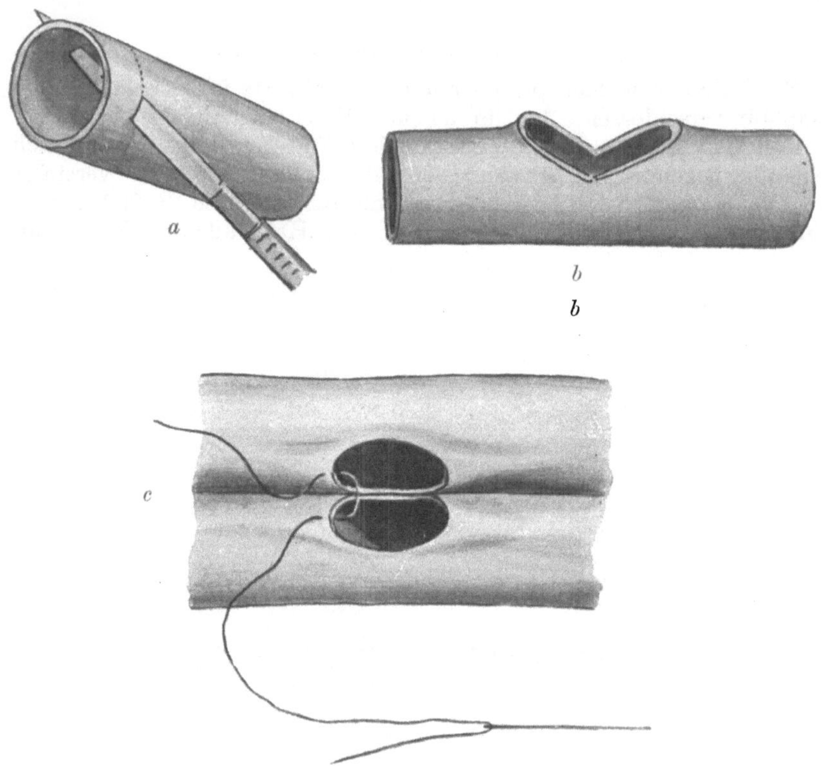

Abb. 175a—c. Bildung einer seitlichen Gefäßöffnung für seitliche Anastomose (aus E. JEGER).

mit einem scharfen Starmesser. Sie durchtrennen das Gefäß quer bis
zur Hälfte (Abb. 175a). Infolgedessen klaffen die Wundränder und bilden
ein Oval. Der weitere Vorgang entspricht der CARREL-STICHschen
Technik (s. o.). Um während der Operation den Blutstrom nicht zu
unterbrechen, benutzen die meisten Autoren die JEGERschen Anastomosenklemmen. Diese besitzen drei Branchen. Aus jeder Wand der
beiden zu vereinigenden Gefäße wird eine gleich große Falte gebildet
und in die Branchen eingeklemmt (Abb. 176a u. b). Eine feine COOPERsche
Schere schneidet ein gleich großes Stück an beiden Gefäßzipfeln heraus.
Die Vereinigung der entsprechenden Wundränder geschieht mit der
fortlaufenden Naht. JEGER empfiehlt fernerhin, vor dem Eingriff einen
Teil der Seitenwand des betreffenden Gefäßes mit einer Matratzennaht

abzunähen. Auf diese Weise glückt z. B. eine Anastomose, bei welcher der Blutstrom keine Unterbrechung erfährt, sondern nur eingeengt ist.

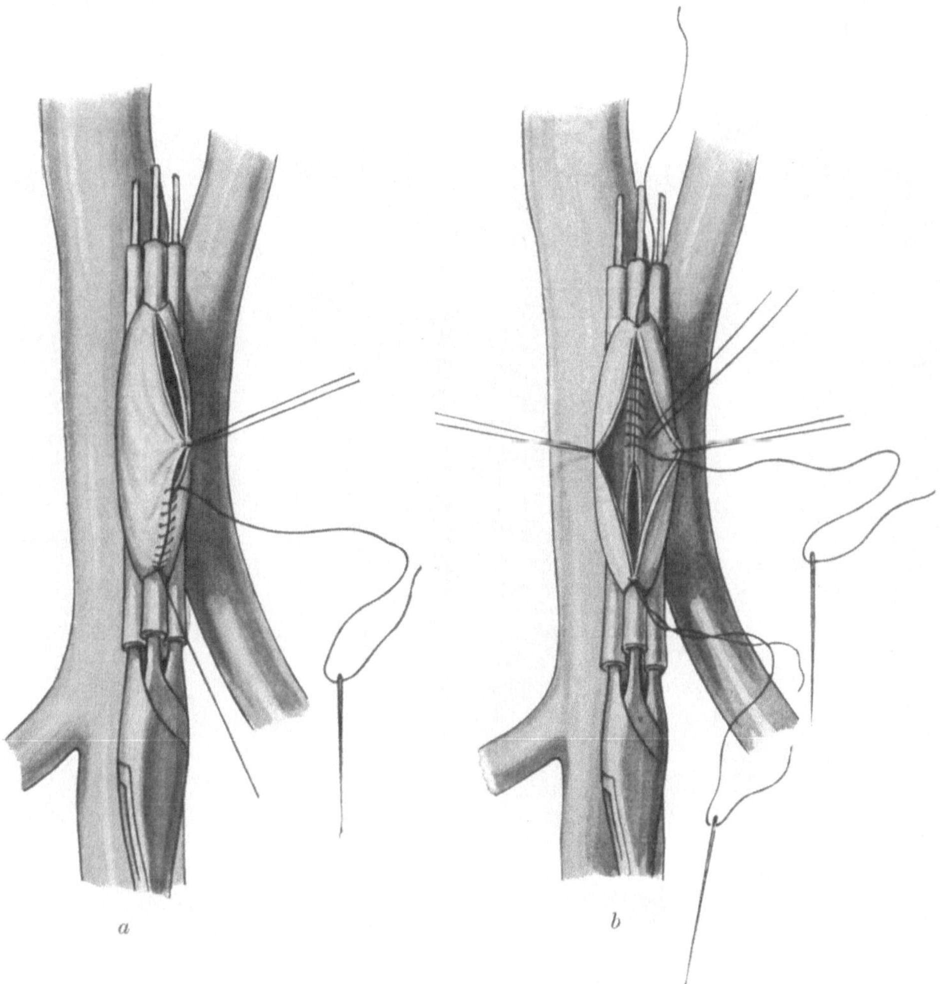

Abb. 176a u. b. Seitliche Gefäßanastomosenbildung ohne Unterbrechung des Blutstromes nach E. JEGER.

Die erste laterale Anastomose führte 1879 der russische Militärarzt ECK in Petersburg zwischen der Vena cava und Vena portae erfolgreich aus. Daß mit den damaligen primitivsten Methoden eine solche Operation gelang, liegt an der geringen Gerinnungsfähigkeit des Blutes der Vena portae. Bei der Bildung der ECKschen Fistel findet keine Unterbrechung der Blutcirculation an der Operationsstelle statt.

Zur Operation eignen sich nur ausgewachsene Hunde mit breitem Thorax und stumpfem epigastrischen Winkel. Weil mit einem größeren Blutverluste zu rechnen ist, erhalten die Versuchsobjekte kurz vor dem

Eingriffe subcutan 100 ccm einer Normosallösung (S. 95 u. 120 unten). Das Tier liegt fast auf der linken Seite. Die Intestinae gruppieren sich in die linke Bauchhöhle. Für eine extreme Lordose sorgt ein großes untergeschobenes Kissen unter die Brust-Lendenwirbel. Meines Er-

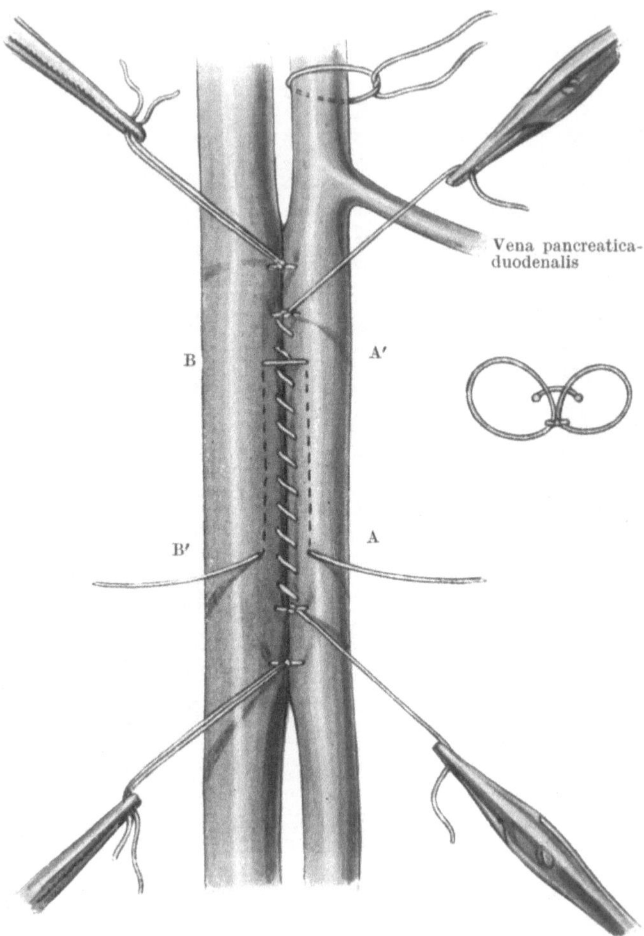

Abb. 177. Die Bildung der Eckschen Fistel. I. Akt. — Die hintere durchgreifende und fortlaufende Naht ist beendet. Der feine zugfeste Seidenfaden liegt in beiden Gefäßlumina. Die rechte Nebenfigur zeigt seine Lage im Durchschnitt. Zentralwärts an der Vena portae befindet sich oberhalb der Vena pancreatica-duodenalis ein noch nicht zugezogener Unterbindungsfaden.

achtens schafft ein 15 cm langer Medianschnitt vom Proc. xiphoideus an abwärts den schnellsten und besten Zugang. Einsetzen des automatischen Gossetschen Wundhakens. Abstopfen der Bauchhöhle mit feuchtwarmer Kompresse (S. 262 unten), damit die Darmschlingen und der Magen nicht das Operationsfeld stören. Ein Assistent, welcher Zwirnhandschuhe trägt, drückt etwaige vorfallenden Eingeweide, insbesondere das Duodenum, nach links zurück. Darstellung der Vena cava, Vena portae und Vena pancreatica-duodenalis. Die stark schematisierten Abbildungen, welche während eines solchen Eingriffes an einem großen Hunde gezeichnet wurden, lassen die technischen Einzelheiten

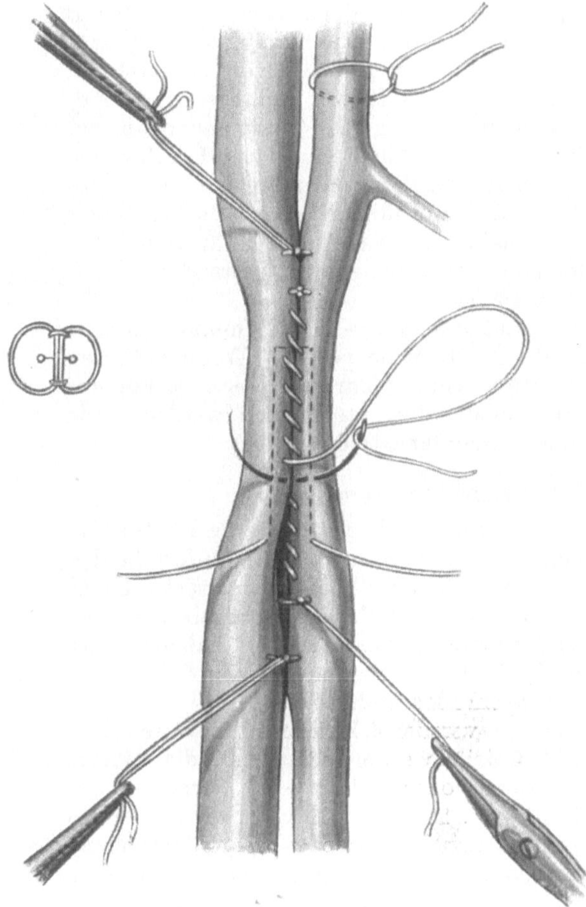

Abb. 178. Die Bildung der Eckschen Fistel. II. Akt. — Die fortlaufende, durchgreifende vordere Naht ist fast vollständig ausgeführt. Die linke Nebenfigur erläutert im Durchschnitt die Lage der hinteren und vorderen Nahtreihe sowie den feinen, zugfesten, in beiden Gefäßlumina liegenden Seidenfaden.

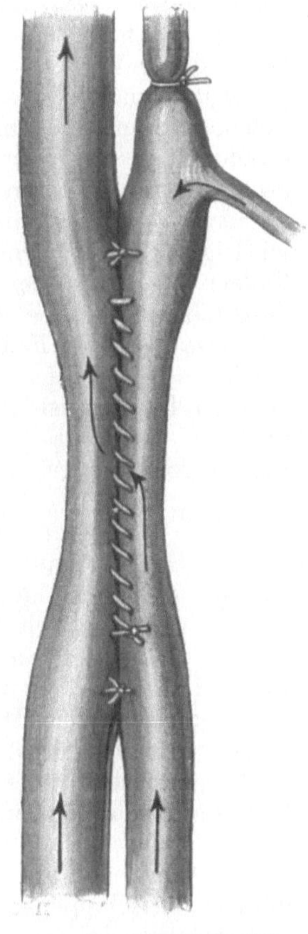

Abb. 179. Die Bildung der Eckschen Fistel. III. Akt. — Vollendung der vorderen Naht. Der feine, zugfeste Seidenfaden hat die Gefäßwände durchschnitten und wurde danach durch Herausziehen bei A oder B' (vgl. Abb. 177) entfernt. Der Unterbindungsfaden an der Vena portae ist zugezogen und geknüpft. Die Pfeile zeigen die Richtung des venösen Blutstromes durch die Vena cava an. An der Anastomosenstelle erfolgt naturgemäß eine Verengerung beider Gefäße infolge des Zusammennähens.

erkennen. Zwei Haltefäden fixieren die beiden Venenwände. Sodann vereinigt eine fortlaufende, durchgreifende Naht mit einer halbmondförmigen Gefäßnadel auf eine möglichst lange Strecke beide Gefäßrohre. Hierauf wird ein feiner, sehr zugfester Seidenfaden etwa 1 mm rechts und 2 mm höher vom Ende

13*

dieser Nahtreihe in die Vena portae bei A eingestochen, oben wieder herausgeführt (A'), 1 mm links und 2 mm tiefer vom Anfang der Nahtreihe in die Vena cava eingestochen (B) und unten wieder herausgeleitet (B'). Jetzt schiebe ich eine feine Hohlsonde unter das perivenöse Gewebe von A bis A' und spalte dieses mit der Schere auf dem Instrumente. Das gleiche geschieht an der Vena cava von B' bis B (s. u.). Es folgt eine zweite fortlaufende, durchgreifende Naht zur Bildung der Vorderwand, welche mindestens $^1/_2$ cm von der ersteren entfernt verläuft. Der Operateur verknüpft den Anfangs- und Endfaden. Nunmehr spannt er den durchgezogenen freien Faden an und durchschneidet mit ihm mittels sägender Züge die beiden Gefäßwände zwischen der hinteren und vorderen fortlaufenden Naht. Durch das vorausgegangene Schlitzen der Bindegewebshüllen (s. o.) läßt sich dieser wichtigste Operationsakt leicht ausführen. Nach dem Herausziehen des Fadens bluten die vier Stichkanäle. Auflegen eines Tupfers etwa $^1/_2$ Minute lang stillt diese geringe Blutung.

Diese Ecksche Fistel liegt caudalwärts von der Einmündungsstelle der Vena pancreatica-duodenalis in die Vena portae. Wenn man den venösen Leberkreislauf ausschalten will, so darf die Vena portae nur oberhalb der Vena pancreatica-duodenalis unterbunden werden. Die Ligatur folgt erst nach beendigter Gefäßanastomose.

g) Gefäßtransplantation.

Die Gefäßtransplantation trenne ich von der Gefäßplastik. Vielfach bestehen jedoch innige Berührungspunkte. Wir unterscheiden „freie“ und „gestielte“ Transplantationen. Bei der ersteren bleibt der Gefäßabschnitt im Zusammenhang mit dem ihn umgebenden Gewebe. Dabei wird das zu verpflanzende Gefäßstück in ein naheliegendes Gefäß eingeschaltet. Die freie Transplantation kennt keinen Zusammenhang des Entnahmestückes mit dem Mutterboden.

Die experimentelle Chirurgie versucht fehlende Abschnitte eines Gefäßes durch minderwichtige Gefäße zu ersetzen, z. B. die Arteria femoralis durch die Vena femoralis oder jugularis ext. Ferner sei auf die Ausführungen auf S. 173, 174 u. 234 sowie 235 hingewiesen. Dabei müssen die Klappen einer eingepflanzten Vene die Blutstromrichtung einnehmen. Andernfalls würden die Venenklappen die Blutpassage behindern.

Außer diesen Operationen eignen sich die Gefäße zum Ersatz röhrenförmiger Gebilde. Namhafte Autoren transplantierten eine Vene oder größere Arterien in die Defekte einer Harnröhre, eines Ureters, Vas deferens, oder der extrahepatischen Gallengänge und Sehnenscheiden. Eine zweimalige circuläre Gefäßnaht befestigt das eingepflanzte Gefäß an dem proximal und distal stehen gebliebenen Stumpfe. Die Berichterstattung über die Ergebnisse derartiger Operationen liegt nicht im Rahmen dieses Buches.

Teils zum Schutze eines aus Narbengewebe gelösten Nerven, teils zur Nahtsicherung eines Nerven, teils um den durchtrennten Nervenbahnen als Wegweiser zu dienen, werden die Nerven in ein Gefäß eingehüllt (vgl. S. 218 oben). Dabei bevorzugen die meisten Chirurgen eine Vene. WILMS empfiehlt für diesen Zweck in Formalin gehärtete Kalbsarterien. Die EDINGERschen Röhrchen — präparierte Kalbs-arterien, gefüllt mit Agar — sollen den betreffenden Nervendefekt überbrücken und die Aufgabe einer Leitbahn zwischen dem peripheren und centralen Nervenstumpfe übernehmen. Auch zur Dauerdrainage des Gehirnventrikels wurden Venen (oder in Formalin gehärtete Kalbs-arterien, PAYR) verwendet. Nach Eröffnung des knöchernen Schädels wird das eine Gefäßende in das Hinterhorn und das andere in die seit-lich geschlitzte Vena jugularis in schräger Richtung eingeschoben und vernäht.

h) Gefäßplastik.

Während die Arbeiten auf dem Gebiete der Gefäßtransplantationen heute als abgeschlossen gelten, sind die Chirurgen zurzeit noch eifrig bemüht, die Gefäßplastik weiter auszubauen. Bei dieser bildet der Operateur ein Gefäßrohr, damit der Blutstrom wieder seinen alten Weg einschlagen kann. Auch die Reparatur oder Umformung eines Teiles der Wandung in irgendeiner Weise rechne ich dazu. Es handelt sich also um eine Rekonstruktion des Gefäßrohres.

Wenn bei Gefäßtransplantationen ein entsprechend großkalibriges Gefäß nicht zur Verfügung steht, so stellt man nach E. JEGER und JOSEPH aus kleineren Blutgefäßen ein größeres her. Das resezierte kleinere Gefäß muß die Länge des auszufüllenden Defektes um mehr als das Doppelte übertreffen.

„Die Arterie wird der Länge nach eröffnet, das so erhaltene Band quer gefaltet, worauf die beiden Seitenwände mit allerfeinster Seide fortlaufend ver-näht werden. Auf diese Weise entsteht aus dem kleinen Blutgefäß ein solches von doppeltem Durchmesser. Dieses wird nun End-zu-End zwischen die Enden des größeren Blutgefäßes eingepflanzt.‘‘

Beide Experimentatoren ersetzen durch solche Doppelgefäße aus der Hundecarotis resezierte Stücke der Aorta abdominalis bei Hunden.

Ich selbst bildete aus zwei kleineren Venen eine größere: Nach dem Auf-schneiden der beiden resezierten Gefäßstücke vereinigt eine fortlaufende Seiden-naht Nr. 0000 ihre zwei Seitenflächen. Es kommt Intima an Intima zu liegen. Über einer Sonde werden sodann diese beiden vernähten Flächen in der Längs-richtung gefaltet und die beiden Seitenflächen in gleicher Weise verbunden. Diesen gebildeten 3 cm langen Schlauch schaltete ich in die Art. femoralis einer großen Dogge ein, nachdem etwa ein 2 cm langes Stück reseziert war. An den vier Stellen, wo je drei Wundflächen zusammenstoßen, sorgten U-Nähte für einen genauen Abschluß. Nachprüfung 40 Tage post operationem ergab völlige Er-haltung der Blutpassage.

Einen anderen Weg beschreitet CARREL. Er bildet aus rechteckig geschnittenen Peritoneallappen Rohre, indem er die zwei Längsseiten miteinander vernäht. Mit solchen Peritonealröhrchen vertauscht er erfolgreich ein reseziertes Arterienstück am Tier. Unabhängig von CARREL haben wir 1915 derartige Versuche im Felde ebenfalls mit freien Fascien- und Bauchfelläppchen unternommen.

Eine Ausflickung größerer Gefäße mit Stücken aus Peritoneum und Gummi führten erfolgreich CARREL und GUTHRIE aus. Sie sprechen von „patching", während Jianu 1913 zum ersten Male dieses Verfahren mit Angioplasie bezeichnet. L. Eloesser schließt 1915 die Gefäßdefekte mit freitransplantiertem Fett und Fascie. Einen Wanddefekt deckt Küttner durch Aufnähen zweier gestielter Lappen. Carrel und mir gelang es mehrfach, Wanddefekte in Arterien und Venen sowohl durch freie als auch gestielte Lappen einer Vene auszufüllen. Mit gestielten Peritoneallappen flickte Jianu 1910 Löcher in der vorderen Wand der Vena cava oder der Pfortader.

Angeregt durch Tuffier ersetzt Carrel ein Stück der Wandung der Bauchaorta durch ein kleines Stückchen dünnsten Gummistoffes. Nach $3^1/_2$ Monaten war keine Behinderung der Blutpassage eingetreten. Eine neugebildete Intima überzog die Innenseite des Gummistückes (analog dem eingelegten Gummidrain bei der Drainage der Gallenwege). Neue Adventitia überwucherte die Außenfläche. Noch einfacher versucht Brewer solche Wanddefekte zu decken. Dieselben verschließt er mit Zinkpflaster. Die Klebmasse wird auf einen dünnen Gummistoff gestrichen und dieser auf das seitlich verletzte Gefäß geklebt. Dasselbe muß vorher mit Äther getrocknet werden. 1921 empfiehlt Mocny von neuem, Gefäßdefekte mit aufgeklebten Gummiplättchen zu verschließen. Dieses Verfahren habe ich an einer Reihe Hundeversuchen mit feinstem Condomgummi und Material einer Fischblase nachgeprüft. Meine bisherigen Ergebnisse sind negativ. Die Klebmasse hält nicht an dem lebenden Gewebe. Sie übt einen Reiz auf die Externa aus. Die sofort beginnende Absonderung des Gewebssaftes verhindert ein festes Verkleben.

Während diese geschilderten plastischen Gefäßoperationen im wesentlichen von außen ihren Angriffspunkt haben, wagten geschickte Experimentatoren auch innerhalb des Gefäßrohres Plastiken.

Um die insuffizienten bzw. fehlenden Venenklappen bei Varicen wieder herzustellen, bildete 1908 Jianu mit Hilfe der Invagination neue Klappen. Durch die Adventitia und Media der Vena legt er an zwei einander gegenüberliegenden Stellen je einen Faden an; jeder ist mit zwei runden Nadeln armiert. Zu beiden Gefäßseiten hängt jetzt ein Doppelfaden. Der Operateur führt diesen etwa 1 cm centralwärts von außen nach innen ein und sticht ihn sodann wieder etwa 1—2 cm höher von innen nach außen. Beim Knüpfen des Fadens invaginiert sich das untere Stück der Vene in das obere. Eine Klappe entsteht. E. Jeger und Lampl gehen dabei anders vor. „Eine Vene wurde in sich selbst invaginiert, dann die äußere Wand an zwei Punkten incidiert, je ein Zipfel der inneren Umschlagsfalte herausgezogen und durch eine Naht fixiert."

Über andere Gefäßoperationen bei Organtransplantationen s. S. 234.

i) Periarterielle Sympathektomie.

Diese, 1916 von Lériche angegebene Gefäßoperation steht zurzeit im Mittelpunkte des Interesses. Unsere diesbezügliche Technik erstrebt, bei dem Eingriffe die Gefäßwand kaum zu berühren. Nach dem Freilegen der Arterie (S. 131) wird die Adventitia mit einer Splitterpinzette hochgehoben, incidiert und eine feine, abgebogene Hohlsonde zwischen die Adventitia und Media geschoben. Auf dem Instrument erfolgt die Spaltung der Bindegewebshülle. Darauf legen wir die HALSTEDschen Klemmen an den aufgeschnittenen Bindegewebsmantel und schieben denselben mit einer kleinen stumpfen COOPERschen Schere circulär von dem Gefäßrohre ab. Einmündende Nebenäste müssen doppelt ligiert und sowohl innerhalb wie außerhalb des Mantels durchschnitten werden. Auf diese Weise bleibt die Bindegewebshülle intakt und läßt sich vollständig entfernen. Dabei durchtrennt das Instrument die einmündenden Vasa vasorum, Nervenfasern und Lymphgefäße. Bei Tieren gelingt diese Operation sehr leicht. Nach den Vorschriften LÉRICHES dürfen keine Bindegewebsfasern auf der Media zurückbleiben. Mikroskopische Nachuntersuchungen belehrten uns, daß stets nur ein Teil der Adventitia fortfällt. Ein radikales Vorgehen reißt Muskelfasern der Media mit heraus, weil an den Durchtrittsstellen der Vasa vasorum, Lymphgefäße und Nervenfasern aus der Adventitia in die Media sehr feste Verbindungen bestehen. Die Gefahr der nachträglichen Berstung des Gefäßes ist bei der Mediaverletzung sehr groß. Die Fortnahme der adventitiellen Hülle hat den gleichen Effekt wie dies zu radikale Vorgehen. Bei vorsichtigen Operieren erweitert sich das Gefäß aus rein mechanischen Gründen durch die Wegnahme der sie einengenden Hülle. Wenn man dagegen etwas zerrt oder das Gefäß anfaßt, so tritt infolge Gefäßkrampfes eine länger anhaltende Kontraktion an der freigelegten Stelle ein.

Über die Alkoholinjektion zur Ausschaltung des sympathischen Nervengeflechtes einer Arterie s. S. 219.

k) Herzoperationen.

1. Freilegung des Herzens.

Während der Freilegung des Herzens bei Affen, Hunden, Katzen, Kaninchen, Meerschweinchen und Vögeln soll wegen der Gefahr einer Pleuraverletzung (Pneumothorax) alles zur Überdrucknarkose bzw. künstlichen Atmung bereit stehen (S. 110 u. f.). Die drei erstgenannten Tiere erhalten die intratracheale Insufflation, die anderen eine Trachealkanüle nach erfolgter Tracheotomie (S. 246), um im gegebenen Falle sofort die künstliche Atmung einzuleiten.

Nur in wenigen Fällen glückt bei Tieren das Freilegen des Herzens ohne Brustfellverletzung. Deshalb empfehle ich für diesen Eingriff den Intercostalschnitt nach WILMS. Das Tier kommt auf die rechte Seite zu liegen. Ein darunter geschobenes großes, festes Kissen sorgt dafür, daß die Rippenzwischenräume der linken Brustseite breit klaffen. Es folgt die Eröffnung des Brustkorbes im 3. oder 4. Intercostalraume von der linken Sternalkante bis fast zur Wirbelsäule. Die Wahl des Rippenzwischenraumes richtet sich nach dem betreffenden Herzteile, an welchem die Operation stattfindet. Große automatische Wundhaken spreizen die Wunde maximal. Falls der Zugang zur rechten Herzseite nicht genügen sollte, so spaltet man das Sternum quer und fügt unter Umständen noch eine Längsspaltung der Rippen dicht am Brustbeinrande hinzu.

Wesentlich schwieriger gestaltet sich die osteoplastische Freilegung des Herzens.

Der Hautschnitt verläuft über den knorpeligen Ansätzen der rechten I.—VI. Rippe 1 cm rechts und parallel dem Brustbeine. In der Nähe der 1. und 6. Rippe werden senkrecht zu diesem Schnitt zwei weitere, etwa 2—4 cm lange Schnitte nach links angelegt. Diese beiden rechtwinkeligen Schnitte durchtrennen die Fascie und Brustmuskeln. Mit einem Präpariertupfer (S. 115) und einer COOPERschen Schere löst der Experimentator auf der rechten Brustseite bald stumpf, bald scharf die Muskulatur von dem Sternum ab. Dieses stellt bei den Säugetieren eine so schmale Knochenplatte dar, daß uns niemals eine mediane Durchtrennung mit der Knorpelschere gelang. Sodann durchtrennt ein Messer die I.—V. Rippe dicht am rechten Brustbeinrande. Wenn auch dieser knorpelige Teil der Rippenansätze sich unschwer einschneiden läßt, so muß dieser Operationsakt wegen der leichten Verletzlichkeit der zarten Pleurablätter bzw. Mediastinalplatte sehr behutsam geschehen. Hierauf heben wir das Sternum an und spalten es quer in der Höhe des 1. und 5. Rippenzwischenraumes. Vorher schiebt ein Präpariertupfer die Bindegewebsstränge von der hinteren Sternalplatte ab. Ein LANGENBECKscher Knochenhaken hebt das Brustbein hoch. Ein Scherenschlag inzidiert die Intercostalmuskeln des linken 1. und 5. Rippenzwischenraumes auf etwa 2 cm. Ligatur der Arteria und Vena mammaria int. in der Höhe der 1. und 6. Rippe. Es folgt weiteres stumpfes Abpräparieren der linken Pleura von der vorderen Brustwand. Etwa 2 cm links vom Brustbein kerbt eine LISTONsche Knochenschere die I.—V. Rippe ein, um die Brustwand nach links umzuschlagen. Die Thymus und das Herz, umgeben vom Herzbeutel, liegen frei. Bei dieser osteoplastischen Freilegung des Herzens bleiben das Sternum einschließlich die Rippen mit der Muskulatur und der Haut im Zusammenhang. Nach beendeter Herzoperation wird dieser Knochen-Muskel-Hautlappen in seine ursprüngliche Lage zurückgebracht und wieder vernäht.

Vor allem ist jede Verletzung und Blutung aus den zahlreichen großen und kleinen Gefäßen innerhalb des Operationsfeldes zu vermeiden. Bei der Läsion der Intercostalgefäße reicht eine Kompression mit Gazetupfern für die Blutstillung zuweilen aus. Der einseitige Pneumothorax führt meist nur zur erschwerten Atmung, aber nicht immer zum Tode. Oft stört eine stark entwickelte Thymus (S. 253). Ein Gewichtshaken drängt diese in den Wundwinkel zurück.

Diese geschilderte Technik verlangt viel Übung.

Wenn das Tier nach dem Versuche sterben darf, so verdient die Methode der Auslösung des Sternums den Vorzug: Zuerst durchtrennt ein Knochenmesser die I.—V. Rippe jeder Seite dicht am Brustbeinrande. Die Wegnahme beginnt kopfwärts, in der Incisura jugularis. Dabei hebt eine kräftige Hakenpinzette diese schmale Knochenplatte möglichst hoch. Das Augenmerk richtet sich auf die Schonung der darunterliegenden Gefäße, Nerven, Thymus und Mediastinalplatte. Unterhalb des Ansatzes der V. Rippe spaltet die Knochenschere das von den Rippen losgelöste Sternum. Durch das beiderseitige Einhängen stumpfer Gewichtshaken klaffen die beiden Brusthälften auseinander. Die Haken umgreifen unmittelbar die Rippen, damit sie die Pleurae parietales nicht verletzen. Gazestreifen um die Zinken des Hakens gewähren einen noch sichereren Schutz.

Als die besten Versuchsobjekte für das Freilegen des Herzens gelten $1^1/_2$—2 Jahre alte Katzen. Gegen den Pneumothorax sind sie weniger empfindlich.

Bei Vögeln hält MANGOLD das Hühnerherz für das geeignetste. Eigene Erfahrungen fehlen mir darüber. FIRKET und FLACK beseitigen das gesamte Sternum. MANGOLD legt rechts vom Brustbeinkamme in dem Thorax ein Fenster an. Ob während des Eingriffes das Tier genügend viel Sauerstoff einatmet, zeigt die Färbung des Hahnenkammes.

Die sogenannte unblutige Freilegung des Froschherzens geschieht ohne Störungen des natürlichen Kreislaufes. Das urethanisierte Tier fesseln wir in Rückenlage auf ein Brett (S. 80 u. 98). Das Wasser bedeckt den Mund. Die Bauchfläche liegt über dem Wasserspiegel. Der Hautschnitt verläuft vom Proc. xiphoideus bis zur Kehlgegend. Abdrängen der Haut nach beiden Seiten. Mit einer spitzen Schere sticht man vorsichtig seitlich vom Schwertfortsatz ein und schiebt den Scherenarm quer unter das Brustbein. Eine chirurgische Pinzette hebt dieses empor. Das Scherenblatt bleibt dicht an der Rückseite des Sternums, um den Herzbeutel nicht zu verletzen. Die quere Spaltung des Brustbeins erfolgt durch Zusammendrücken der Schere. Hierauf ist das Sternum kopfwärts in der Medianlinie zu durchtrennen. Zwecks eines breiten Zuganges zu dem Herzen und seiner abgehenden Gefäße entfernt ein Scherenschlag die vorstehenden knorpeligen und knöchernen Anteile der vorderen Brustwand. Die Vena cutanea magna muß geschont werden. Zwei kleine Gewichtshaken von je 100 g halten den Brustkorb auseinander. Ein Pneumothorax schadet dem Frosche nichts, da seine ausreichende Hautatmung ihm das Leben erhält (S. 73).

FÜHNER beginnt mit der Operation von oben, d. h. von der Mitte des Unterkiefers, und durchschneidet das Brustbein von oben nach unten bis hinab durch das Hyposternum.

Das Schildkrötenherz übertrifft an Überlebensfähigkeit bei weitem das Froschherz. Aus diesem Grunde eignet es sich besser zu Experimenten. Vom Brustschilde werden die vordersten Teile weggenommen. Mit einer Knochenschere schneidet der Operateur ein Dreieck aus dem Plastron (S. 67) über dem Herzen heraus. Bei diesem Operationsakte fixiert eine Fadenschlinge den Kopf nach vorn und außen, damit der eingezogene Kopf das Herz nicht verdrängt.

Für die Untersuchungen und Freilegungen der Fischherzen sollen die Aale besonders günstige Objekte sein. Während des Versuches liegt die Herzgegend oberhalb des Wasserspiegels und der Kopf im Wasser. Auch die künstliche Berieselung der Kiemen (S. 91) bewährt sich. Ein Querschnitt in der Höhe des Schultergürtels eröffnet die Leibeshöhle. Ein Längsschnitt wird senkrecht darauf gesetzt und nach vorne geführt. Es gelingt mühelos, die den Herzbeutel bedeckenden langen

Bauchmuskeln und einen Teil des Schultergürtels abzupräparieren. Vielfach sind die Herzkontraktionen erst nach der Spaltung des Pericards sichtbar.

2. Eingriffe am Herzbeutel.

Das Herz reagiert auf jedes Trauma des Pericards mit einer Verschlechterung seiner Tätigkeit. Reflektorisch kann es zum dauernden Stillstande kommen. Um derartige Zwischenfälle zu verhüten, bestreicht HEITLER zunächst den Herzbeutel mit 10proz. Cocainlösung und wartet mindestens 3 Minuten. Danach spaltet das Messer oder eine geknöpfte Schere die Herzhülle. Dabei erfaßt eine Pinzette den Herzbeutel und hebt ihn hoch. Der Nervus phrenicus will besonders beachtet und geschont sein.

H. KLOSE ersetzt nach der Resektion des Pericards das fehlende Stück im Herzbeutel durch einen Lappen aus Fett, Fascie, Peritoneum oder Netz.

3. Aufzeichnung der Herztätigkeit.

Die Abb. 180 läßt die einfachste Versuchsanordnung erkennen. Der Experimentator führt einen Faden mit Hilfe einer halbmondförmigen kleinen Nadel durch eine Stelle des freigelegten Herzens (z. B. Herz-

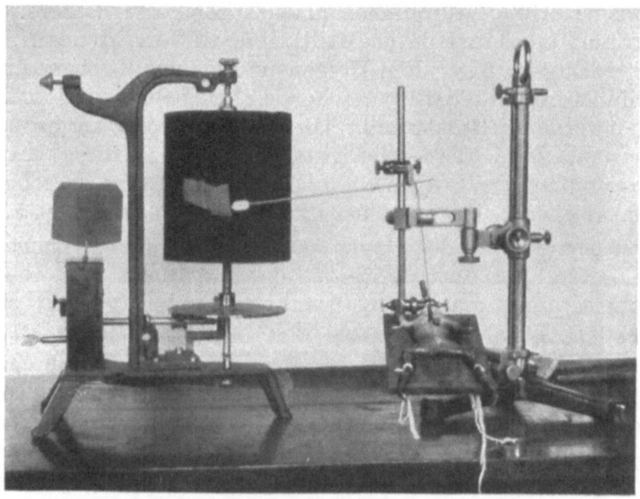

Abb. 180. Aufzeichnung der Herztätigkeit eines Frosches. — Linkes Kymographion mit berußter Trommel, auf welche der Schreibhebel aufzeichnet.

spitze) und knotet diesen. Das etwas gespannte Fadenende knüpft er an einen Schreibhebel. Letzterer zeichnet auf dem Kymographion die Kurven der Herztätigkeit auf. Körperwarme RINGERsche Flüssigkeit berieselt das Herz während des Versuches. Beim Froschherzen geht der Faden nicht durch den Muskel selbst, sondern durch die

Plica pro vena bulbi. Auch das Anlegen einer MICHELschen Klammer (S. 130) an der gewünschten Stelle erfüllt den gleichen Zweck. An dieses Instrument kommt der Faden, welcher die Verbindung mit dem Schreibhebel   herstellt.

4. Einführen einer Kanüle ins Herz bzw. in die Aorta.

Eine Kanüle[1]) kann sowohl von der Vena cava superior aus in den rechten Vorhof als auch in den Aortenbogen eingebunden werden. Spezielle Technik s. S. 176. Der Operateur ligiert kopfwärts die freigelegte Vena jugularis ext. Hierauf schlitzt er mit einem Messer dieses Gefäß und schiebt das Instrument in das Herz ein. Der Herzkatheter nach L. v. LESSER besteht aus einer geraden, neusilbernen Röhre mit einem Mandrin. Das Einbinden der Froschherzkanüle nach FÜHNER macht keine Schwierigkeiten. Eine feine Glaskanüle liegt zum Gebrauch in der RINGERschen Lösung. Mit einer PAYRschen Gefäßnadel (ohne Spitze) legt man einen feinen Faden um den Aortenbogen (= Truncus s. S. 75) und unterbricht zeitweise den Blutstrom (S. 175, Abb. 161).

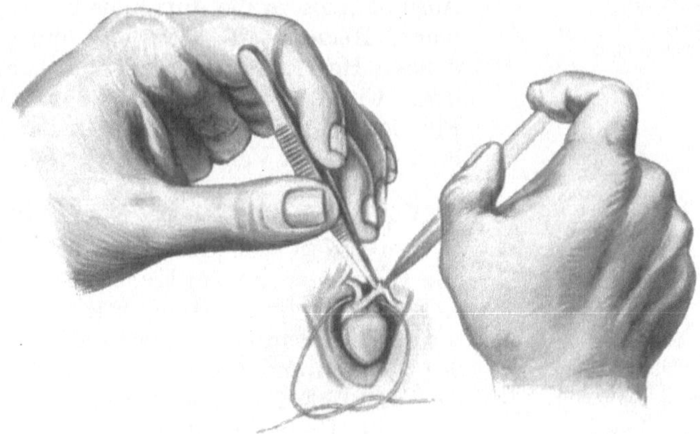

Abb. 181. Einbinden der Froschherzkanüle nach FÜHNER. — Die rechte Hand führt die mit RINGERscher Lösung angefüllte feine Glaskanüle in den linken Aortenbogen ein. Dabei hält die Kuppe des rechten Zeigefingers die Kanüle an ihrem Ende zu.

Hierauf schneiden wir den linken Aortenbogen an, erfassen den Wundrand der Schlagader mit einer feinen Splitterpinzette, heben etwas an, führen die mit der RINGERschen Lösung angefüllte Kanüle bis in den Bulbus cordis ein und schieben sie weiter bis in den Ventrikel vor. Das Festbinden des Glasrohres beendet den Eingriff. Die Fragestellung schreibt den weiteren Versuchsverlauf vor.

Für eine Darstellung des arteriellen Gefäßsystems bei Warmblütern binden die Anatomen eine Knopfkanüle in die Aorta ein. Nach dem Aufschneiden der linken Herzkammer bringen sie das Instrument durch

---

1) Doppelkanüle nach KRONECKER für Frosch- und Schildkrötenherzen liefert E. ZIMMERMANN, Leipzig-Stötteritz, Wasserturmstraße 33.

den linken Ventrikel in den Anfangsteil der Aorta. Es folgt das Einbinden der Kanüle und die langsame Injektion von Quecksilber, gefärbter Gelatinemasse und dergleichen. Zu diesen Versuchen eignen sich nur ältere, ausgewachsene Tiere; im Jugendstadium sind die Gefäßwandungen noch zu zart. Bei der Präparation des Herzens darf keine Gefäßverletzung unterlaufen. Denn sonst dringt an den Verletzungsstellen sofort die Injektionsmasse heraus.

5. Durchspülung des Herzens.

Die Methode der Durchblutung des Herzens nach HEYMANS und KOCHMANN wurde auf S. 181 u. 182 beschrieben. Bei dem Durchspülen mit einer der auf S. 180 erwähnten Flüssigkeiten verfährt LANGENDORFF in ähnlicher Weise. Er bindet eine Aortenkanüle in die Aorta des herausgenommenen Herzens ein. Die ein- und ausmündenden Herzgefäße werden nicht unterbunden. Unter hohem Druck durchströmt die Flüssigkeit die Coronararterien und fließt in den rechten Ventrikel ab.

6. Verschiedene operative Eingriffe.

Der HACKERsche Handgriff unterbricht die Blutpassage im Herzen: Der 3. und 4. Finger der linken Hand drücken den rechten Vorhof zusammen. Gleichzeitig umgreifen der Daumen und Zeigefinger derselben Hand den unteren Teil des Herzens und halten ihn hoch. Dadurch entsteht eine Abknickung der Gefäße; Herzflimmern und andere Erscheinungen mahnen zum sofortigen Zurücklegen des Herzens und Aufhören der Kompression. LÄWEN und SIEVERS verschließen die beiden Hohlvenen bis zu $3^3/_4$ Minuten. Dabei kann man um jede Vene einen dünnen Gummischlauch legen. Eine Klemme drückt die beiden Schenkel des Schlauches dicht am Gefäße zu, so daß der Schlauch die Vene komprimiert. Oder eine weiche, elastische Klemme übernimmt diese Aufgabe an dem ganzen Herzstiele.

Bei Herzwunden tritt die Herznaht in ihre Rechte. Verletzungen der Herzspitze sind nicht gefährlich. Dagegen schafft eine Läsion in der Nähe der Atrioventricularfurche schwere Gefahren. Besonders sei auf die Folgen eines beschädigten Reizleitungssystems hingewiesen. Bereits nach jedem festeren Anfassen der einzelnen Herzmuskelfasern nehmen die gequetschten Muskelpartien längere Zeit an den Herzbewegungen nicht mehr teil. Dieses Verhalten ist bei der Sutur zu berücksichtigen. Als

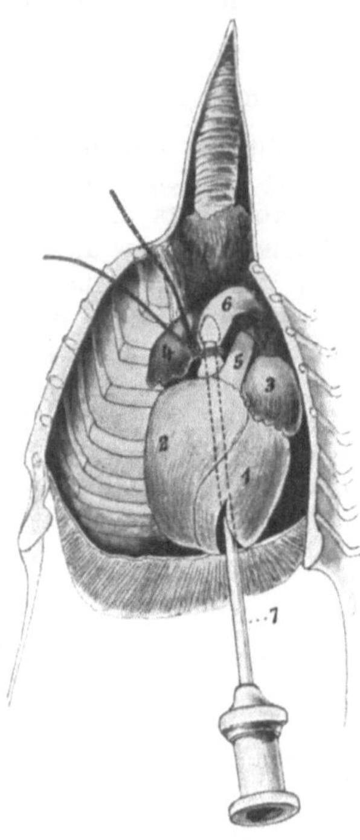

Abb. 182. Einbinden einer Kanüle in die Aorta des Kaninchens. — 1. Linke Herzkammer (aufgeschnitten zum Einführen der Kanüle). 2. Rechte Herzkammer. 3. Linke Vorkammer. 4. Rechte Vorkammer. 5. Arteria pulmonalis. 6. Aorta. 7. Kanüle, z. T. durchscheinend gezeichnet. (Aus ROESELER-LAMPRECHT.)

Nahtmaterial wählen wir nur dickere, sterile Seidenfäden. Feine Fäden
schneiden leicht durch. Vor dem Nähen bepinselt der Operateur die
Oberfläche des Herzens (Epicard) mit 10proz. Cocainlösung (S. 202,
Pericard). Zunächst kommen an beide Wundenden Haltefäden. Die
Naht faßt nur das Epi- und Myocard und vermeidet die Coronargefäße.
Drei Gründe verbieten das Durchstechen der Innenwand, des Endocards: 1. Große Empfindlichkeit des Endocards gegenüber jeder Verletzung; 2. die durchgreifenden Nähte bluten sehr stark; 3. Gefahr
der Thrombose, ausgehend von dem durchgelegten Faden. Wenn
trotzdem der Versuch durchgreifende Nähte verlangt, so müssen sie mit
Paraffinum liquidum oder Vaseline durchtränkt sein. Falls die Herz-
wunde nur wenig blutet, so lege ich zunächst alle Fäden an und
knüpfe dann während der Diastole schnell die einzelnen Fäden
hintereinander.

Eine Vorhofsnaht erfordert zur Blutstillung durchgreifende und
oberflächliche Knopfnähte.

Vor einer Incision in das Herz erleichtert oft das Anlegen einer Reihe
U-Nähte den Eingriff. HALSTEDsche Klemmen halten die beiden Enden
eines jeden Fadens zusammen. Der Verschluß einer so vorbereitete
Wunde gelingt in wenigen Augenblicken.

Nach der Herznaht wird das Blut aus dem Herzbeutel mit warmer
RINGERscher Lösung herausgespritzt und der Herzbeutel vernäht.
BERNHEIM gießt etwas steriles Öl in den Herzbeutel, damit Pericard
und Epicard später nicht verwächst.

Selbst Transplantationen (S. 222 u. 231) glücken an der Herzwand; z. B. ersetzte LÄWEN den Defekt eines Herzens durch ein Stück
vom M. pectoralis.

Für die Incision oder Resektion der Herzklappen sowie für
die Erzeugung einer Insuffizienz der Mitralis und Tricuspidalis
führen zwei Wege zum Ziele: Entweder genügendes Eröffnen einer Herzkammer unter der oben beschriebenen Blutleere. Oder man führt ein
entsprechendes Instrument durch die Herzwand (Vorhof bzw. Ventrikel)
und setzt den Defekt ohne genaue Augenkontrolle, ohne übersichtliche
Wandspaltung. Auf diese Weise durchschneiden BRANCH, BRUNTON,
CUSHING, SCHEPELMANN, und TOLLEMER auch Sehnenfäden. Demgegen-
über versuchen BERNHEIM, CARREL, HACKER und SCHEPELMANN Aorten-
bzw. Mitralstenosen durch Umschnürungen oder keilförmige Excisionen
aus der Herzwand herzustellen. Auch die Frage der Neubildung von
Herzklappen beschäftigt zurzeit die Experimentatoren. Durch gestielte Lappen aus der vorderen Vorhofswandung (Nerven treten an der
hinteren Wand ein), durch frei transplantiertes Peritoneum sowie Ge-
fäßimplantationen haben wir bemerkenswerte Fortschritte in der experimentellen Herzchirurgie erreicht.

1) Fistelbildung am Ductus thoracicus.

Dieser Eingriff ist nur an großen Tieren ausführbar. Beim Hunde
mündet der Ductus thoracicus in der Höhe des 2. linken Rippenzwischenraumes in die linke Vena subclavia. Das Prinzip derartiger Fistel-

bildungen beruht darauf, nicht den Hauptstamm des Lymphsystems selbst anzugreifen, sondern seine Ausführungsstelle vorzulagern. Die experimentelle Chirurgie benutzt solche Methoden auch bei anderen Organen, z. B. Speicheldrüse (S. 245), Gallengänge, Pancreas (S. 293 u. 296), Niere (S. 298) usw. in ausgedehntem Maße.

Ein etwa 5 cm langer Querschnitt durchtrennt die Haut und das Platysma bzw. die Fascie über der linken Supraclaviculargrube. Hierauf legt man den äußeren Rand des M. sternocleidomastoideus frei und zieht den Muskel mit einem Gewichtshaken nach rechts. Sodann folgt die Ligatur der Vena jugularis ext. möglichst hoch kopfwärts und die Präparation dieses Gefäßes bis zu seiner Einmündung in die Vena subclavia. Doppelte Ligatur und Durchschneidung der Seitenäste. Nunmehr muß sehr vorsichtig wegen der Gefahr einer Verletzung der Pleura und des Ductus thoracicus die Vena subclavia etwa $2^1/_2$—3 cm beiderseits von der Einmündungsstelle der Vena jugularis ext. mit einem stärkeren Seidenfaden unterbunden werden. Erst jetzt durchtrennen wir die Vena

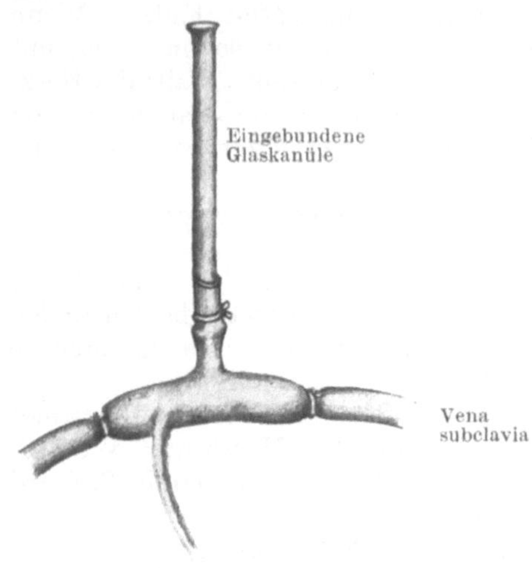

Abb. 183. Fistelbildung am Ductus thoracicus.

jugularis ext. unterhalb der Unterbindungsstelle und nähen das Gefäß mit fünf feinen Seidenknopfnähten an die Haut. Oder eine Kanüle wird mit der auf S. 176 beschriebenen Technik in die Vena jugularis ext. eingebunden. Die Lymphe fließt aus dem Milchbrustgange in das abgebundene Stück der Vena subclavia und entleert sich aus der eröffneten Vena jugularis ext. (Abb. 183).

Irgendwelche Nachteile durch die doppelte Ligatur der Vena subclavia erwachsen nicht für das Tier.

IV. Operationen am Nervensystem.

a) Centralnervensystem.

1. Gehirn.

α) Trepanation.

Das einfachste und beste Instrumentarium zur Eröffnung des Schädels bilden Hammer und Hohlmeißel. Bei den kleineren Tieren, wie Meerschweinchen, Ratten, Vögeln, Reptilien, Amphibien und Fischen, genügt ein kurzes kräftiges Knochenmesser. Den festen, oft dicken Schädelknochen der Affen und Hunde kann ein DAHLGRENsches Craniotom aufbrechen. Vor der Anwendung dieses Instrumentes muß man mit einer DOYENschen Kugelfräse oder mit Hammer und Meißel eine kleine runde Öffnung in dem Knochen bilden. Von da aus gelingt es mühelos, beliebig große Stücke aus dem Schädeldache herauszu-

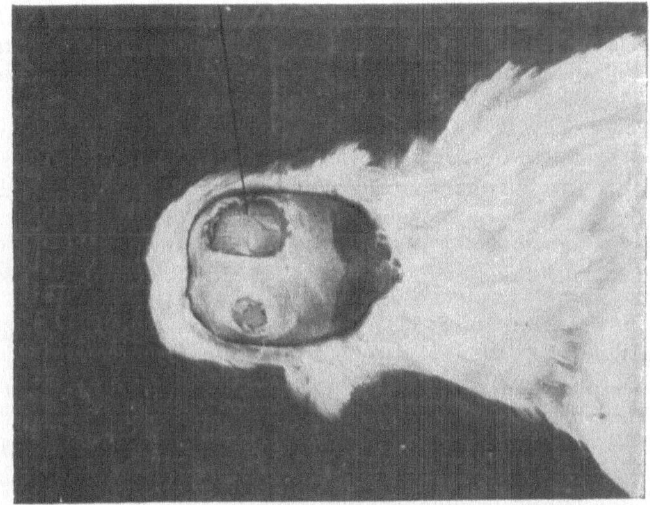

Abb. 185. Eröffnung des Schädeldaches der Taube. — Links erster, mit dem Skalpell angelegter Knochendefekt, rechts Abtragung des Knochens mit der Knochenzange bei erhaltener Dura mater (nach FUCHS).

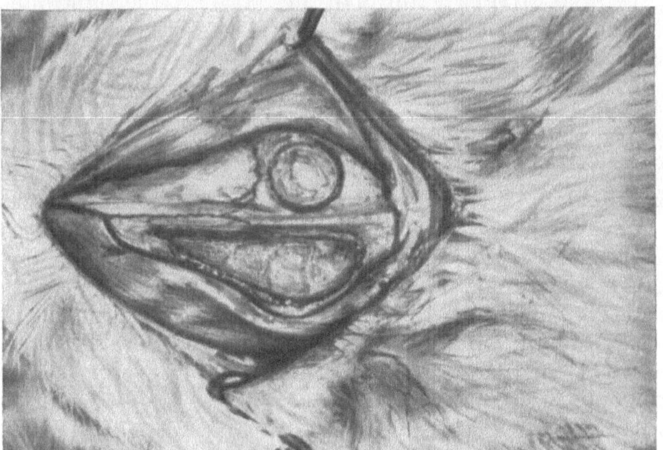

Abb. 184. Hautschnitt und Eröffnung des Schädeldaches am Kaninchen. Rechts Trepanöffnung, links Abtragung des Schädeldaches bei erhaltenem Dura mater (nach FUCHS).

kneifen. Auch die Hohlmeißelzange nach LUER in ihrer langen, schlanken Form unterstützt uns wesentlich. Bei allen Trepanationen ist die harte Hirnhaut zu schonen und die Nähe bzw. die Eröffnung der großen Blutleiter zu vermeiden. Oft gebietet eine Sinusverletzung den frühzeitigen Abbruch des geplanten Versuches. Im einzelnen gestaltet sich der Eingriff folgendermaßen:

Lokalanästhesie reicht zwar für die Trepanation aus. Denn nur die Haut, Kopfnerven und Knochenhaut sind schmerzempfindlich. Das Betasten des Gehirnes selbst einschließlich der Wandungen der Ventrikel löst keine Schmerzen aus. Aber unter der örtlichen Betäubung ängstigen sich die Tiere während des Operierens am Schädel. Aus diesem Grunde erscheint eine leichte Äthernarkose besser.

Nach der Vorbereitung des Operationsfeldes und der Fixation des Kopfes mit geeigneter Hochlagerung (vgl. u.) durchtrennt ein Skapell die Weichteile sowie das Periost. Sorgfältige Blutstillung. Einsetzen eines Wundspreizers. Ein Raspatorium oder Messer schiebt das Periost auseinander. Jetzt meißelt der Operateur vorsichtig mit leichten, kurzen Schlägen den Knochen auf. Durch Nachfühlen mit der Sonde überzeugt er sich, ob die harte Hirnhaut zum Vorschein kommt. Sobald die Dura freiliegt, erweitert ein Craniotom oder eine Hohlmeißelzange unter Schonung dieses Gebildes und des Sinus den knöchernen Defekt. Leichte Knochenblutungen stehen nach dem Auf- und Andrücken eines Vioformgazestreifens oder eines mit Adrenalin (S. 101) benetzten Tupfers. Bei stärkerer Blutung aus dem Knochen dient steriles Wachs oder ein kleines Muskelstückchen aus dem M. temporalis zum Verschluß. Dabei drückt ein Messerstiel oder die geschlossene Coopersche Schere das Material fest in die blutende Stelle. Das autoplastische Muskelgewebe bewährt sich besonders bei Sinusverletzungen. Diese zwei blutstillenden Mittel heilen später ein. Sorgfältiges Vernähen der Weichteile und der Haut mit Catgutknopfnähten beschließen den Eingriff.

In einer späteren Sitzung kann man die Dura eröffnen und am Gehirn selbst weiter operieren. Oder beide Operationsakte folgen unmittelbar aufeinander.

Der Nachteil dieses Vorgehens besteht in einem dauernden Schädeldefekt. Deshalb verdient die osteoplastische Trepanation den Vorzug. Dabei bleibt das Knochenstück, welches wir entnehmen, im Zusammenhang mit einer ernährenden Weichteilbrücke. Der Haut-Weichteil-Knochenlappen wird während der Gehirnoperation zurückgeschlagen und später wieder in seine ursprüngliche Lage gebracht. Er heilt ein und schützt die freigelegte Hirnstelle. Das Verfahren hat nur bei größeren Tieren eine Berechtigung.

Der Schnitt verläuft bogenförmig über dem Scheitel, Hinterhauptsoder Stirnbein. Bildung eines großen Haut-Weichteil-Periost-Knochenlappens. Er heißt an dieser Stelle Wagnerscher Lappen. Die etwas schmäler angelegte Basis liegt halswärts. Die Weichteile des Lappens dürfen nicht vom Knochen abgelöst werden. Dieses würde eine Ernährungsstörung bzw. Nekrose des Knochens bedeuten. Hierauf erfolgt entsprechend dem Haut-Weichteil-Periostschnitte die Bildung einer bogenförmigen Rinne im Knochen bis auf die Dura mit der unten geschilderten Technik. An der Basis des Lappens läßt der Operateur eine schmale Brücke stehen. Sodann schiebt er zwei Elevatorien oder Messerstiele unter den Knochen und bricht die schmale Knochenbrücke durch Aufhebeln des Knochens ein. Jetzt erfaßt eine Klemme den Haut-Weichteil-Knochenlappen, damit die einzelnen Gewebsschichten keine

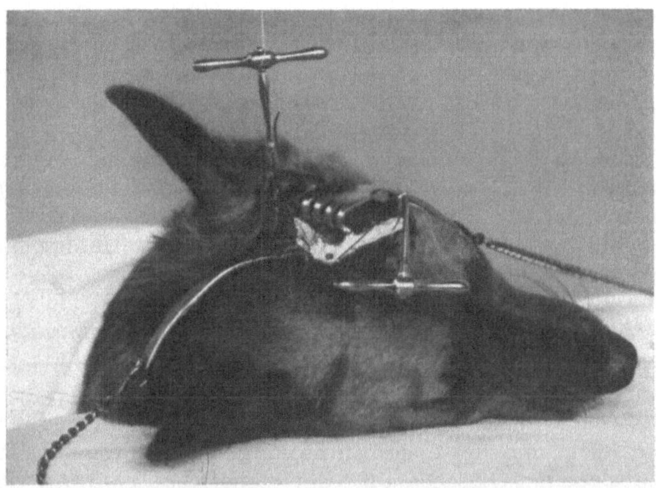

Abb. 186. Osteoplastische Schädelöffnung. I. Akt. — Zwei Wundhalter (mit Gewichtsbelastung) halten selbsttätig die Wundränder des bogenförmigen Hautweichteilperiostlappens auseinander. In dem Knochen sind zwei Öffnungen bis auf die harte Hirnhaut gebohrt. Die GIGLISche Drahtsäge ist von einem Bohrloche zum anderen zwischen Lamina interna und Dura durchgeführt. An ihren beiden Enden hängen die zwei Führungsfalten.

Verschiebung oder gegenseitige Loslösung erleiden. Beim Zurücklegen muß meistens eine Hohlmeißelzange etwas vom Knochenrande abkneifen, um die Knochenplatte gut einfügen zu können.

Die Bildung der Knochenrinne geschieht mit Hammer und Meißel. Oder der Experimentator schafft zunächst mit einem Handbohrer und der DOYENschen Kugelfräse eine oder mehrere runde Schädelöffnungen. Das dabei entstehende Knochenmehl beseitigen sie durch Herausspritzen mit warmer RINGERscher Lösung. Bei der Bohrung soll die Hitze infolge der Reibung keine hohen Grade erreichen. Der Knochen sengt an und Gewebsteile sterben ab. Ein Pausieren mit dem Bohrer und das Nachfühlen mit einer Knopfsonde vermeiden eine Verletzung der Dura durch zu tiefes Bohren. Von dem einen Loche aus kann das Cranitom oder die schmale Hohlmeißelzange die Knochen-

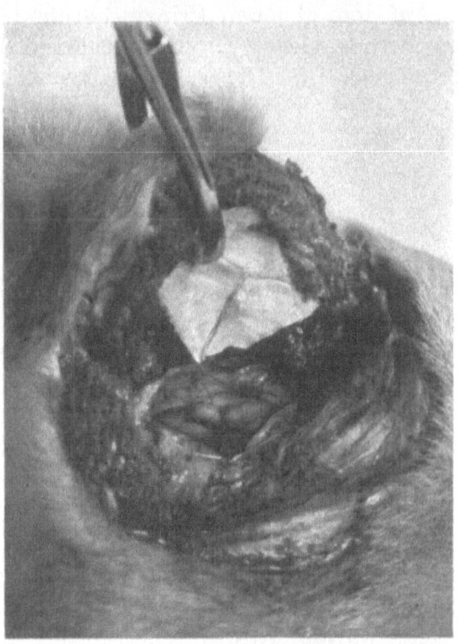

Abb. 187. Osteoplastische Schädelöffnung. II. Akt. — Eine Faßzange hält den Hautweichteilperiostlappen nach oben. Ein kreuzförmiger Schnitt hat die Dura gespalten. Ihre Ränder sind nach außen umgeschlagen. Die Gehirnoberfläche liegt frei.

rinne schaffen. Andere Operateure führen eine GIGLIsche Drahtsäge von
einem Bohrloch zum anderen (vgl. Abb. 186) und durchsägen den dazwischen liegenden Knochenteil. Dieses beim Menschen geübte Verfahren
läßt sich natürlich nur bei großen Affen- und Hundeschädeln anwenden.

Dort, wo ein Knochenmesser zur Schädeleröffnung genügt, z. B.
bei Meerschweinchen, Ratten, Mäusen, Tauben, Schildkröten, Fröschen
und Fischen (vgl. o.), steche ich behutsam mit der Messerspitze schräg
ein. Eine kräftige chirurgische Pinzette ersetzt die Hohlmeißelzange
bei der Wegnahme der Knochenstückchen.

β) Hirnfenster und Druckbestimmungen im Schädelraume.

Die Trepanation (s. o.) dient als Voroperation für zahlreiche Eingriffe am Gehirn und seiner Oberfläche.

Um die Gehirnoberfläche und ihre darauf verlaufenden Gefäße zu
studieren, kittet man nach der Entfernung der Dura mater auf das
Trepanationsloch ein Gläschen auf. Ein vorheriges Erwärmen verhütet
das Beschlagen. Das Hirnfenster nach HAUPTMANN besteht aus zwei
Teilen: a) einem Metallring mit einem scharfen Schraubengewinde, b) einer
runden Glasscheibe mit einem Metallringe, welche auf erstere aufzu-
schrauben ist. Die Schädelöffnung hat einen etwas kleineren Durchmesser als derjenige des Hirnfensters, damit dieses nach dem Ein-
schrauben fest sitzt.

Auf dem gleichen Prinzip beruhen die Vorrichtungen zur Erhöhung
des Hirndruckes. In der Schädelöffnung schraubt HAUPTMANN ein
Metallrohr ein. Dieses steht durch einen Schlauch mit einer Flasche,

Abb. 188. Hund mit eingeschraubtem Hirnfenster und Hirndruckvorrichtung (linke Schädelseite)
nach HAUPTMANN (aus W. TRENDELENBURG).

welche warme RINGERsche Lösung enthält, in Verbindung. Hoch-
heben und Senken erhöht bzw. erniedrigt den Druck. Das erwähnte
eingefügte Hirnfenster auf der anderen Seite gestattet die Betrachtung
der dadurch hervorgerufenen Veränderungen.

Zur Messung des venösen Blutdruckes im Gehirn wählen die Physiologen die Vereinigungsstelle des Längs- und Quersinus. Dort kommt eine Kanüle hinein, welche mit einem Manometer in Verbindung steht (S. 178). K. Hürthle mißt den Druck in den basalen Gehirnarterien durch das Einbinden der Kanüle in das periphere Ende der Art. carotis communis. Eine Ligatur verschließt den centralen Anteil dieses Gefäßes und die Art. carotis ext. Die Versuchsanordnung erlaubt, gleichzeitig die Druckverhältnisse im centralen Teile der Art. carotis communis und der Vena jugularis zu prüfen. Betreffs der Registrierung vgl. die auf S. 202 gemachten Angaben.

γ) *Eingriff an der Hirnoberfläche.*

Zur mechanischen, chemischen, thermischen und elektrischen Reizung bestimmter Stellen (Centren) der Hirnoberfläche eröffnen wir das Schädeldach und die Dura über der Versuchsstelle. Auch die Anämisierung des Gehirns übt einen Reiz aus durch die Unterbindung der beiden Art. carot. comm. und Art. vertebrales, einzeln oder gleichzeitig, temporär bzw. definitiv. Ein ausgewachsener kräftiger Hund verträgt die gleichzeitige Ligatur dieser vier Gefäße (S. 10). Ob die Tiere vor dem Versuche pharmakologische Mittel, z. B. Morphium, Chloralhydrat, Urethan usw., erhalten dürfen, entscheidet die Fragestellung. Medikamente, welche auf das Centralnervensystem einwirken, sind bei dem Experimente zu berücksichtigen. Die Reizungen erfolgen nur in oberflächlicher Äthernarkose oder im Stadium des Erwachens (S.105). Diese Maßnahme schaltet die Ätherwirkung etwas aus. Bei zu großer Unruhe des Tieres sorgt eine vermehrte Zufuhr des Narkoticums für Vertiefung des Schlafes. Gegen Abkühlung und Trockenwerden schützen warme Kochsalzkompressen (0,8 proz.).

Zur Ausschaltung einzelner Teile der Hirnrinde führen viele gangbare Wege. Die Zerstörung mit einer Nadel oder einem heißen bis glühend gemachten spitzen Instrumente findet vielfach Anwendung. Auf eine Abkühlung hin folgt eine reizlose, vorübergehende Ausschaltung ohne Schädigung. W. Trendelnburg, dem die experimentelle Gehirnchirurgie außergewöhnlich viel zu verdanken hat, konstruierte zur Rindenkühlung einen besonderen Apparat. Mit dem elektrischen Strome lassen sich ebenfalls bestimmte Gehirncentren außer Funktion setzen. Das gleiche gilt von der Injektion mit absolutem Alkohol, 1 Tropfen Formalin usw. Noch eingreifender wirkt das Ausschneiden umschriebener Hirnteile. Dabei ist auf die Schonung der Piagefäße zu achten. Zunächst umschneidet der Operateur die betreffende Stelle. Dieser erste Akt kann auch einen selbständigen Versuch darstellen, wenn das Rindenstück mit seinen Projektionsfasern in Verbindung bleiben soll. Das Abtragen der Hirnteile in senkrechter Richtung zum Einschnitt stößt auf Schwierigkeiten. Besondere Messer stehen dafür zur Verfügung. Ich benutzte dazu öfters die fast rechtwinkelig abgeknickten, sehr schmalen Raspatorien für Gaumenspaltenoperationen. An den weichen Gehirnen

einiger Tierarten (s. u.) mißlingt meist die Ausschneidung. Ein vorheriges
Eintauchen des Messers in warme RINGERsche Lösung verhindert das
Kleben des Hirnes an der Messerschneide. Den gesetzten Defekt füllt
ein autoplastisch verpflanztes Fettstückchen aus. Dieses stillt gleichzeitig eine etwa auftretende Blutung. Es folgt der Versuch einer Naht
der Dura. Dieselbe glückt nicht immer, weil nach der Spaltung der
harten Hirnhaut das Hirn sich zu sehr nach außen vorwölbt. Das Zu-
rückverlagern und Einnähen des Haut-Weichteil-Knochenlappens vermindert die Gefahr eines späteren Prolapses. An den Schnittflächen
des Hirnes treten infolge von Ernährungsstörungen nicht selten Randnekrosen und Erweichungen ein.

Die Methode der Unterschneidung hat für die Gehirnchirurgie
beim Menschen große Bedeutung erlangt. Die graue Substanz der
Rinde besitzt nur wenige Querverbindungen. Deshalb tritt praktisch
eine Ausschaltung der Rinde ein, wenn wir ihre Fasern, welche die Verbindung mit den tief gelegenen Teilen herstellen, durchschneiden.

W. TRENDELENBURG sticht ein zweischneidiges, lanzettförmiges Messer
flach unter die Rinde und unterschneidet sie unter bogenförmigen Bewegungen
des Messerendes. Die Einstichstelle bleibt ganz klein, wenig über Messerbreite.
Die Einstichtiefe richtet sich nach der Rindendicke und der Dicke der Schicht
des Markweißes. Einen Übelstand bildet die Ausbildung der Furchen, in denen
die Rinde weiter in die Tiefe reicht wie auf den Windungen. Es lassen sich aber
auch am Affen vollständige Ausschaltungen, beispielsweise der Extremitäten-
gegend und vor allem bei jungen Tieren ohne Nebenverletzungen ausführen
(a. a. O. S. 297).

δ) *Wärmestich.*

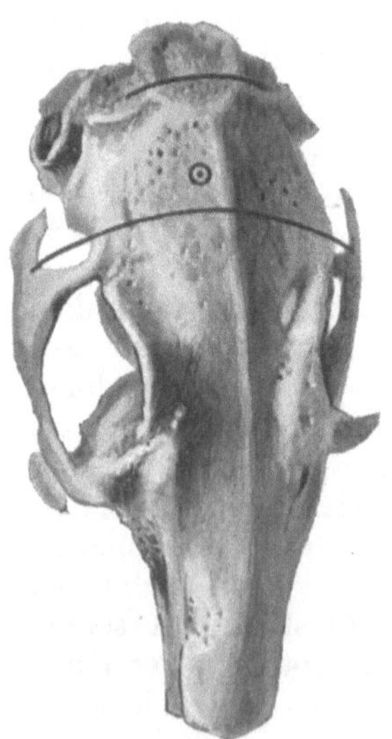

Abb. 189. Einstichstelle für den
Wärmestich nach M. AISENSTAT.

Zur Erzeugung des experimentellen Fie-
bers gab Ch. RICHET 1884 den Wärmestich
an. Beim Einstechen an der medialen Seite
des Corpus striatum in der Nähe des Nucleus
caudatus entsteht eine deutliche Steigerung
der Körpertemperatur. Der Gehirneinstich
erfolgt nach ARONSOHN und SACHS von der
Augenhöhle aus. Diese Autoren führen vom
vorderen Augenwinkel aus eine Piqûrenadel
(S. 213) unter den Bulbus und dringen mit ihr
zu der dünnen Hinterwand der knöchernen
Orbita vor. Dieselbe wird mittels einiger
Umdrehungen des Instrumentes durchbohrt.
Sobald die Nadel bis zum Corpus striatum
vorgedrungen ist, beginnt nach einiger Zeit
die Temperaturerhöhung. Nach M. AISEN-
STAT liegt der wirksamste Punkt des Wärme-
centrums beim Kaninchen im vorderen,
medialen Ende des Thalamus opticus. Als
Einstichstelle benutzt er den auf Abb. 189
angegebenen Punkt.

ε) *Der Zuckerstich, Piqûre.*

Bei diesem, von CLAUDE BERNARD zuerst beschriebenen Experimente ruft eine Verletzung des unteren Teiles der Rautengrube Glykosurie hervor. Am Boden des IV. Ventrikels befindet sich die Stelle des Zuckerstiches. Dieselbe gehört dem Vaguskerne an. Die Ursprünge der Nn. acustici und vagi begrenzen sie. Beim Piqûre muß nach BRUGSCH, DRESEL und LEWY der dorsale = sympathische Vaguskern verletzt werden, um eine Ausscheidung von Traubenzucker im Urin auszulösen. Der an diesem Orte gesetzte Reiz überträgt sich auf die Nebennieren. Dadurch entsteht eine erhöhte Adrenalinabscheidung. Diese führt zur Blutzuckervermehrung und Ausscheidung des Zuckers in den Harn.

Technik: Das Tier hat seinen Kopf maximal nach vorne gebeugt. In leichter Äthernarkose sticht man nach v. CYON mit dem auf Abb. 191 gezeichneten Instrumente dicht hinter der Protuberantia occipitalis in der Richtung nach der Verbindungslinie beider Gehörgänge ein. Das Instrument dringt durch das Kleinhirn hindurch bis zur Hirnbasis vor.

Abb. 190. Lage des Zuckerstiches nach CLAUDE BERNARD (aus W. TRENDELENBURG).

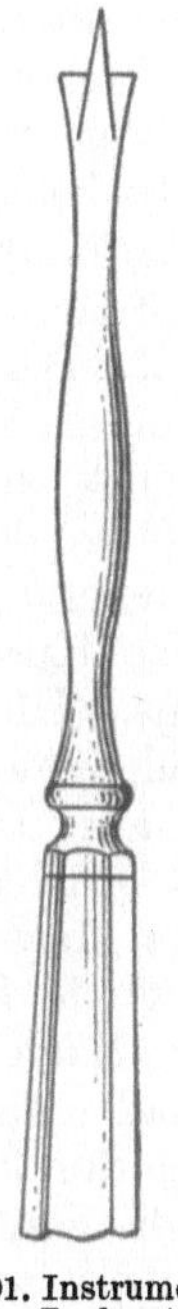

Abb. 191. Instrument für den Zuckerstich nach v. CYON (aus W. TRENDELENBURG).

Um sich genügend Übung und Sicherheit in diesem interessanten Tierversuche anzueignen, empfehle ich, das Experiment vorher mehrmals an toten Tieren vorzunehmen. Nach dem Einstechen der Nadel schließen wir zur Kontrolle der richtigen Lage die Obduktion an.

ζ) *Die Exstirpation der Hypophyse.*

Zwei Wege führen zu der Entfernung des Hirnanhanges = Colatorium = Glandula pituitaria = Hypophysis: a) von der Schädelbasis durch das Maul und b) von einer Schädelseite aus.

Die Lage der Hypophyse beim Hunde lassen Abb. 8 u. 9, S. 11 erkennen. Kaninchen und Vögel eignen sich nicht zu dieser Operation. Bei der Schildkröte, dem Frosche und der Kröte ist die Glandula pituitaria vom Gaumen aus leicht zugänglich, weil die Nasenhöhle fehlt.

Der Hirnanhang zerfällt in drei Teile. Der vordere Hypophysenlappen besitzt maßgebenden Einfluß auf die Wachstums- und Stoffwechselvorgänge. Über die Bedeutung des Zwischenlappens gehen die Ansichten zurzeit noch auseinander. Der hintere Lappen übt eine spezielle Wirkung auf die glatte Muskulatur (z. B. Uterus) und die Diurese aus.

Die bisher erfolgreichsten Versuche wurden bei Hunden ausgeführt. Zur Allgemeinanästhesie dient bei sehr jungen Tieren die Äthertropfnarkose, bei großen, älteren Exemplaren die intratracheale Ätherinsufflation (S. 111).

Bei dem erstgenannten operativen Vorgehen, welches besonders ASCHNER empfiehlt, hält ein Mundsperrer das Maul weit offen und drückt die Zunge herunter (S. 18). ASCHNER spaltet die vorderen zwei Drittel des weichen Gaumens median. Sodann ziehen zwei Haltefäden mit Gewichtsbelastung die beiden Hälften des weichen Gaumens seitlich beiseite. Zum Schutze der Nasenhöhle kommt in die Choanen ein kleiner Tampon mit Faden, damit er nicht in die Trachea oder den Oesophagus versehentlich gerät. Die Verbindungslinie der beiden Proc. pterygoidei schneidet den vorderen Rand der Sella turcica des Keilbeinkörpers[1]). Der folgende Schnitt zur Durchtrennung der Schleimhaut und des Periostes verläuft in der Mittellinie und überkreuzt jene quere Verbindungslinie. Abhebelung des Periostes mit einem Raspatorium. Zwei bläulichweiße Knorpelfugen bilden die vordere und hintere Grenze des Keilbeins. Hierauf nehme ich einen zahnärztlichen Bohrer, sogenanntes Winkelstück, und bohre sehr vorsichtig den Knochen bis zur Lamina int. auf. Die oben erwähnte feine und schmale Knochenzange erweitert das Bohrloch und legt den Hypophysenwulst frei. Jetzt bohrt man mit einer Messerspitze ein kleines Loch in die die Glandula pituitaria bedeckende Lamina interna und stellt die Dura über dem Hirnanhange dar. Nach behutsamem Durchtrennen der harten Hirnhaut fließt ohne Schaden für das Tier Liquor ab. Danach tritt die Hypophyse hervor. Eine Sonde umrandet dieselbe, um das Organ von ihren häutigen Verbindungen mit der Hirnbasis zu lösen. Auf diese Weise glückt die Luxation der gesamten Drüse. Beim Abtragen der Infundibulums an seiner Basis pflegt infolge der Zerrung am Boden des III. Ventrikels (Vagusbahn) die Atmung und die Herztätigkeit stillzustehen. Sowie der Zug aufhört, setzen die Atembewegungen und der Pulsschlag wieder ein. Es folgt das gründliche Austupfen der Wundhöhle und Verschluß derselben mit einer sterilen Stenzmasse. Diese Plombe muß festsitzen und dicht abschließen. Eine Catgutknopfnaht des durchtrennten weichen Gaumens und die Fortnahme des Tampons aus den Choanen beenden den schwierigen Eingriff. Dieser läßt sich selbstverständlich auf die Exstirpation der einzelnen Lappen beschränken. Die Verletzung des Tuber cinereum bei der Hypophysenentfernung bewirkt sofort oder später den Tod.

Bei dem Eingriffe stört oft die Blutung aus dem eröffneten Knochen. Große Gefahren bringt die Läsion der venösen Sinus, welche die Hypophyse umgeben. Zur Blutstillung drücken wir Wachs in die Knochenränder und versuchen damit auch einen Riß im Sinus zu verschließen. Dies gelingt nur selten, weil die Raumbeengung die Isolierung des Hirnanhanges erschwert.

---

[1]) Der Hund besitzt keine Keilbeinhöhle, sondern ein massives Os sphenoidale (S. 11).

Der heikelste Punkt bei der Operation bedeutet die Asepsis. Die Desinfektion des Maules, insbesondere des Gaumendaches, bewirkt einigermaßen 80proz. Alkohol. Vor der Incision der Dura macht ASCHNER nochmals das Operationsfeld nach Möglichkeit keimfrei. Die Instrumente sollen in dieser Operationsphase die Mundhöhle nicht berühren. Frisch ausgekochte Instrumente sind bei dem Einschneiden der harten Hirnhaut und beim Auslösen der Drüse erforderlich. Besonders bedenklich stimmt mich diese Operationstechnik bei der Transplantation der Hypophyse. Ein Mikroorganismus macht die aseptische Einheilung zunichte.

Eine Nachbehandlung fällt fort. Die Catgutnähte stoßen sich nach einigen Tagen ab. Bei 4—6 Wochen alten Tieren treten nach etwa 2 Monaten die ersten Ausfallserscheinungen ein.

Für den Chirurgen liegt wegen der Infektionsgefahr der Weg vom Schädeldache aus zur Beseitigung der Hypophyse näher. Mit einem WAGNERschen Haut-Weichteil-Periost-Knochenlappen, dessen Basis ohrwärts liegt (S. 208), geschieht die Eröffnung der einen Schädelseite. Hierauf wird die Methode des „überhängenden Gehirnes" nach KARPLUS und KREIDL angewendet. Dabei kommt der Kopf tunlichst nach rückwärts, so daß nach der Spaltung der Dura das Gehirn nach rückwärts sinkt. Durch vorsichtiges Einschieben von mit warmer RINGERscher Lösung angefeuchteten Wattebäuschchen zwischen Schädelbasis und Gehirn kann der Operateur letzteres noch mehr abdrängen und die Hirnbasis einstellen. Sodann arbeitet er sich langsam bis zum Hypophysenstiel vor, durchtrennt ihn und exstirpiert stumpf die Drüse. Der Schluß der Schädelwunde geht in der oben besprochenen Weise vonstatten.

η) Die Exstirpation der Epiphyse (Zirbeldrüse).

Diese Operation führte ASCHNER mit Erfolg an Katzen und Hühnern aus. Auch wurden Kaninchen, Meerschweinchen und Ratten dazu benutzt. Die Zirbeldrüse, welche auf die innere Secretion einen großen Einfluß hat, liegt in dem Plexus chorioideus eingebettet. Der Zugang zu dem Organe, auch Corpus pineale genannt, stößt auf Schwierigkeiten. Unmittelbar darüber befinden sich nämlich der Sagittalsinus und die Vereinigung der seitlichen Sinus.

DANDY legt das Vorderhirn frei, schiebt die Hemisphären auseinander und dringt zum Balken vor. Der Sinus longitudinalis wird unterbunden. Freilegung der Gegend des Corpus pineale und Isolierung der Epiphyse mit einer Pinzette. TRENDELENBURG erwägt, ob auch bei dieser Operation die Methode des „überhängenden Gehirnes" (s. oben) bequemeren Zugang schaffen könnte.

ϑ) Die Exstirpation größerer Gehirnteile.

Das Aufklappen des Schädeldaches über dem zu entfernenden Gehirnteil leitet stets als erster Operationsakt den Eingriff ein. Bei der vollständigen Kleinhirnentfernung sollen die Muskeln an der Hinterhauptsschuppe ausgiebig losgelöst werden, um den Atlas bei dem Abtragen des Os occipitale nicht zu verletzen. Ein besonderes Verfahren bei der Entfernung gewisser Hirnteile stellt das Absaugen dar, welches wir ebenfalls beim Menschen zur Beseitigung umschriebener kleiner Gehirntumoren nahe der Oberfläche anwenden. Dabei bewähren sich die kleinen KLAPPschen Saugglocken.

Über die Decapitation des Frosches s. S. 143.

ι) Gewinnung der Cerebrospinalflüssigkeit durch den Suboccipitalstich.

In leichter Äthernarkose legt man unter aseptischen Kautelen bei nach vornüber geneigtem Kopfe die Membrana atlanto-occipitalis frei. Der Schnitt verläuft in der Mittellinie von der Protuberantia occipitalis bis zum III.—IV. Halswirbel. Eine COOPERsche Schere drängt die Nackenmuskeln teils scharf, teils stumpf auseinander. Gewichtshaken ziehen sie nach beiden Seiten. Meist sind die Muskeln von dem Hinterhauptsknochen und den Wirbelbögen etwas scharf abzulösen, um genügend breiten Zutritt zur Membran zu gewinnen. Eine größere Blutung tritt fast niemals auf. Eine feine, kurz abgeschliffene Hohlnadel, welche auf einer Recordspritze fest aufsitzt, durchsticht diese Membran. Vorsichtiges Ansaugen. Der Geübte führt den Suboccipitalstich ohne Freilegung der Membran, nämlich perkutan in Lokalanästhesie, aus. Auf die schädlichen Folgen bei zu großem Verluste des Liquors sei hingewiesen. Über die Lumbalpunktion vgl. S. 103.

2. Rückenmark.

Das verlängerte Mark bildet den Übergang des Hirnes zum Rückenmark. Die Freilegung der Medulla oblongata ist eine viel geübte Voroperation für zahlreiche Versuchsanordnungen. Zunächst legt der Operateur die Membrana atlanto-occipitalis in der soeben angegebenen Weise frei. Hierauf hebt er mit einer feinen chirurgischen Pinzette die Membran an. Eine spitze, schmale Schere schneidet diese entlang dem Rande des Foramen occipitale ein. Die beiden Art. vertebrales verlangen besondere Beachtung und Schonung. Sodann spaltet ein Scherenschlag die Membran senkrecht zu diesem Querschnitt nach oben und unten in der Mittellinie. Die Entfernung des I. und II. Wirbelbogens einschließlich der Proc. spinosi und die Erweiterung des Foramen occipitale mit einer schmalen Hohlmeißelzange schafft einen sehr guten Überblick über die Medulla oblongata. Die Blutung aus dem Knochen und vor allem aus dem eröffneten Sinus stillt hineingepreßtes steriles Wachs.

Das Freilegen des Rückenmarkes kommt vorwiegend für Reizversuche, für die intradurale Durchschneidung der Wurzeln, sowie für die teilweise und vollständige Markdurchtrennung in Frage. Bei Affen, Hunden, Katzen sowie Kaninchen leiten uns während dieser Operation die gleichen chirurgischen Gesichtspunkte wie beim Menschen. Das Versuchsobjekt erhält unter die Brust und den Bauch ein sehr großes, längliches, fest gepolstertes Kissen. Der Wärter schnallt die Vorder- und Hinterbeine in der Weise an, als ob das Tier mit den Vorder- und Hinterbeinen das Kissen umklammern wollte. Der Kopf wird extrem nach vorn

geneigt. Die Schulter- und Beckengürtel hängen so weit als möglich her-
unter. Bei den kleineren Tieren, besonders beim Frosche, genügt ein
Aufspannen in Bauchlage bei extremer Streckstellung. Ein langer
Medianschnitt über den Dornfortsätzen durchtrennt die Haut und Fascie.
Dicht an den Proc. spinosi führt der Operateur beiderseits zwei Schnitte
bis auf den Wirbelbogen aus. Alsdann löst er mit einem senkrecht ge-
haltenen Meißel stumpf die Muskulatur weit nach der Seite hin ab.
Jodoformgazetamponade. Es folgt derselbe Akt auf der anderen Seite.
Abermalige Jodoformgazetamponade. Wenn sich die geringe Blutung
beruhigt hat, so ziehen eingesetzte große, stumpfe, schwere Gewichts-
haken die Muskulatur auseinander. Diese übernehmen gleichzeitig die
Blutstillung. Nach dem Entfernen der Tampons kneift eine LUERsche
Zange die Dornfortsätze ab. Das Abtragen der Wirbelbögen geschieht
sehr vorsichtig. Denn an einigen Stellen liegt das Rückenmark dicht an der
Wand des Wirbelkanales. Eine auftretende Blutung bekämpfe ich durch
Aufdrücken mit Tupfern, welche mit einer Adrenalinlösung (S. 101) getränkt sind. Erst nach der Wegnahme der Bögen incidieren wir die Dura.

Die Rückenmarkswurzeln durchtrennt man auf einer untergeschobenen feinen, biegsamen Hohlsonde. Eine COOPERsche Schere
drängt zunächst die langen Rückenmuskeln beiseite. Sehr leicht gelingt bei dem Frosch und der Kröte die intradurale Durchtrennung der vorderen Rückenmarkswurzeln. Der Experimentator
hebt mit einem Finder die hinteren Wurzeln an, zieht sie medianwärts und holt mit einem anderen Finder oder ähnlichen Instrumente
die vorderen Wurzeln hervor.

Nach beendetem Versuche läßt sich meist die Dura beim Tiere nicht
vernähen. Desto sorgfältiger vereinigen Catgutknopfnähte die gegenüberliegenden Rückenmuskeln, Fascie und Haut.

Über die Lumbalpunktion und Lumbalanästhesie vgl. S. 103 u. 104.

Die Zerstörung des Rückenmarkes beim Frosche wurde auf S. 144 oben
erwähnt.

b) Das periphere Nervensystem.

Die große Empfindlichkeit des Nervengewebes gegen das geringste
Trauma erlaubt kein Anfassen der Nervenfasern. Eine unerhebliche
Dehnung, Zerrung, kurzanhaltende Kompression oder Quetschung
können zu irreparablen Schädigungen führen. Auch die Einwirkung der
Hitze und Kälte sowie das Eintrocknen vertragen die Nerven nicht.
Deshalb hat die Präparation eines Nerven mit noch größerer Vorsicht
zu geschehen als diejenige eines Blutgefäßes. Bei der Freilegung darf
nur die Nervenhülle, das Epineurium, mit feinen anatomischen Pinzetten erfaßt werden. Das Beiseiteziehen und Anschlingen der Nerven
üben wir mit einem stumpfen Nervenhäkchen bzw. mit einem dicken
Seidenfaden aus, welcher mit warmer RINGERscher Lösung (S. 180)
getränkt ist. Ein dünner Faden schneidet leicht ein.

Bei der viel geübten Nervennaht vereinigen feine Seidenknopfnähte
die glatten Schnittflächen der Stumpfenden. Die Sutur erfaßt nur das
Epineurium. Dabei soll die Achse der Nerven so stehen, daß die zu-

gehörigen Nervenstränge aufeinander passen. Um der Naht einen festeren
Halt zu geben, kann man zunächst ein reseziertes Gefäßstück über das
eine Nervenende streifen. Sodann erfolgt das Zusammennähen beider
Stümpfe. Hierauf schiebt der Operateur das Gefäßrohr über die Nahtstelle und näht es central- und peripherwärts davon an das Epineurium
an (S. 196 unten).

Auf dieselbe Weise lassen sich größere Nervendefekte überbrücken. Die Einschaltung der EDINGERschen Gelatineröhrchen erwähnte ich auf S. 196. Die zuweilen geübte Überbrückung der betreffenden Lücke mit einem oder mehreren Seidenfäden verläuft ebenso.
Auch hierbei gehen die Fäden nur durch die umgebende Bindegewebshülle. Das gleiche gilt bei der freien oder gestielten Einpflanzung eines
Nervenstückes in den Defekt eines anderen Nerven. Allen diesen Operationen geht die Anfrischung der Stumpfenden voraus, damit die Nervenfasern auswachsen können.

Die seitliche Einpflanzung eines Nerven in einen anderen
muß jede Spannung ausschließen. Die motorischen Nerven vertragen
eine mäßige Dehnung, ohne in ihrer Funktion zu leiden. Nach dem Freilegen und queren Durchtrennen des einen Nerven wird der andere be-
nachbarte Nerv etwas höher seitlich geschlitzt. Sodann erfaßt eine
Splitterpinzette das Epineurium des centralen Nervenendes und bringt
dieses vorsichtig in den Schlitz des anderen Nerven hinein. Eine oder
zwei feinste Seidenknopfnähte durch die Nervenhüllen befestigen das
centrale Ende an seiner Einpflanzungsstelle.

Dieselbe Technik verwende ich bei meiner Einpflanzung der Nerven
in einen Muskel, sogenannte Neurotisation des Muskels. Auf
keinen Fall darf die kleine Längswunde des Muskels bluten. Fibrin-
gerinnung und Bindegewebswucherung vereiteln das Auswachsen der
Nervenfasern in die Muskelfasern. In der oberen, centralen Hälfte des
Muskels incidieren wir auf $1/_2$—1 cm das Perimysium ext. und bilden
mit einer feinen anatomischen Pinzette stumpf eine etwa $1/_2$—1 cm
tiefe Tasche. Zwei dünne Seidenknopfnähte fixieren das eingeschobene
Nervenende an das Perimysium ext., nicht an die Muskelfasern. Eine
feine Catgutknopfnaht schließt die Muskelwunde.

W. ROSENTHAL vereinigt bei seiner muskulären Neurotisation
die frischen, nicht blutenden Schnittflächen zweier benachbarter Muskeln
(S. 222). Allmählich wachsen die Nervenfasern des einen Muskels in den
anderen entnervten Muskel.

Zu der Herstellung eines Nerv-Muskelpräparates gehört nach
dem behutsamen Isolieren des Nerven noch das Präparieren des betreffenden Muskels. Der Nerv darf an seiner Eintrittsstelle in die Muskelsubstanz nicht lädiert werden[1]).

Eine Entnervung, Neurexairese, verlangt stets das vorherige
Freilegen des betreffenden Nerven auf eine kurze Strecke. Eine KOCHER-

---

[1]) Direkte Muskelreizung heißt die Erregung der Muskelfasern selbst
durch mechanische, chemische oder elektrische Einwirkung. Bei der indirekten
Reizung wird der den Muskel versorgende Nerv oder sein übergeordnetes Cen-
trum gereizt.

sche oder Halsedsche Klemme erfaßt den Nerven quer zu seiner Achse. Sodann folgt die quere Durchtrennung centralwärts von dieser Klemme. Hierauf dreht der Operateur sehr langsam und vorsichtig die Branchen des Instrumentes herum. Dadurch zieht er den Nerven mit seinen Ästen heraus und wickelt ihn auf der Klemme auf.

Zur zeitlichen Unterbrechung der Leitungsbahn bewährt sich die Lokal- oder Leitungsanästhesie (S. 101 u. 102). Bei der perineuralen Injektion überschwemmt die anästhesierende Flüssigkeit (Novocain, Tutocain usw.) das den Nerven umgebende Gewebe. Durch Diffusion dringt das Anaestheticum in den Nerven ein. Bei der endoneuralen Injektion spritzt der Experimentator die Flüssigkeit direkt in den Nerven hinein. Auch die beabsichtigte gewaltsame Quetschung oder Vereisung des Nerven führt zu dem gleichen Ziele. Die Vereisung fordert zunächst den Schutz des umliegenden Gewebes mit feuchtwarmen Kompressen. Ferner liegt ein Tupfer unter dem Nerven. Hierauf spritzt man Chloräthyl etwa 5 Sekunden lang auf den Nerven, bis sich Schnee bildet. Sodann tritt eine $1/2$—1 Minute dauernde Pause zum Auftauen ein. Dieses Vorgehen wiederholt sich zweimal. Die dabei gesetzte Schädigung hängt von der Dicke des Nerven ab. Der Vereisungsapparat nach Läwen leistet ausgezeichnete Dienste. Auch eine 96proz. Alkoholinjektion in den Nerven unterbricht dessen Leitung. Mit einer feinsten Kanüle, sogenannten Zahnarztkanüle, stechen wir in die Nervensubstanz oder nur unter das Epineurium und spritzen von mehreren Einstichstellen aus circulär tropfenweise Alkohol ein = Abriegelung. Dieselbe Technik gilt bei der periarteriellen Sympathektomie (S. 198), wenn keine Resektion der Adventitia in Frage kommt. Dabei injiziert Handley circulär in die Adventitia 96proz. Alkohol. Dieser schädigt das sympathische Nervengeflecht um eine Arterie derart, daß dadurch vielfach der gleiche Erfolg eintritt wie mit der eigentlichen Léricheschen Operation (S. 199).

Die Freilegung einiger spezieller Nerven soll noch gewürdigt werden.

Der Sympathicus unterliegt zurzeit, besonders von pharmakologischer Seite, eingehender Studien. Diese Versuchsergebnisse berechtigen nicht immer zu Rückschlüssen beim Menschen. Das vegetative Nervensystem zeigt bei den einzelnen Tierarten erhebliche Unterschiede. Die Katzen besitzen z. B. ein sehr leicht ansprechbares autonomes Nervensystem. Als Chirurg halte ich sämtliche Experimente am Froschsympathicus für verfehlt, wenn ein Autor die Untersuchungsresultate an diesem wechselwarmen Tiere ohne weiteres auf den Menschen übertragen will. Unsere positiven Kenntnisse über den Sympathicus und Parasympathicus liegen zurzeit noch sehr im Kargen.

Beim Kaninchen begleiten die N. sympathicus, N. vagus und der N. depressor auf den tiefen Halsmuskeln die Art. carotis comm. und Vena jugularis int. (Abb. 193, S. 220). Zwischen dem M. sternohyoideus und dem M. sternocephalicus (entspricht dem M. sternocleidomastoideus beim Menschen) dringt man mit zwei anatomischen Pinzetten in die Tiefe ein. Wenn der Gewichtshaken den M. sternocephalicus nach der Seite hält, so sind die Gebilde deutlich zu erkennen. Der N. va-

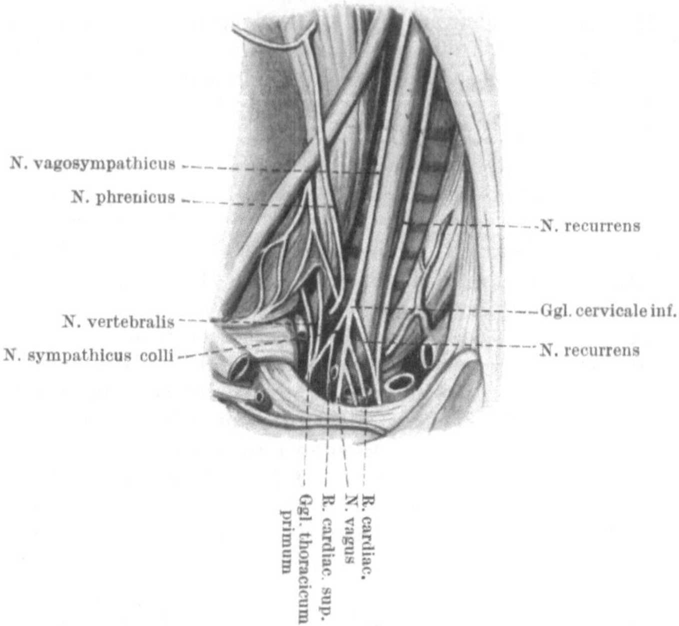

Abb. 192. Herznerven des Hundes (nach Schmiedeberg).

gus imponiert als stärkster und hellster Nerv und liegt am weitesten lateralwärts. Unter der Art. carotis comm. ziehen die beiden dünnen N. sympathicus und N. depressor nach abwärts. Letzterer entspringt aus dem Vagus und dem N. laryngeus superior (S. 27).

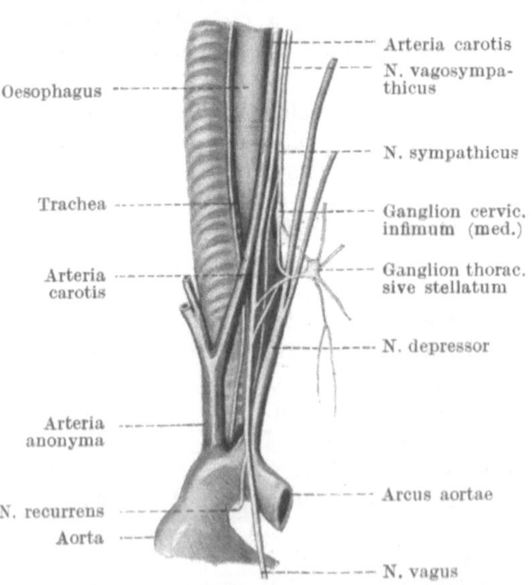

Abb. 193. Herznerven der linken Seite von der Katze (nach J. Dogiel und R. Archangelsky).

Eine große Bedeutung hat die Entdeckung des Sinus caroticus und seines feinen Nerven durch H. E. Hering gewonnen. Sie befinden sich an der Erweiterung der Art. carotis int., unmittelbar nach deren Abzweigung aus der Art. carotis communis. Bei Operationen dieser Halsgegend ist darauf besonders zu achten. (Cavete Gefäßligatur der Art. carotis int. an dieser Stelle!)

Der wichtige N. phrenicus geht beim Hunde schräg von lateral nach medial über den M. scalenus anterior zur Incisura jugularis, bleibt aber stets weit lateral vom

N. vagus. Wir suchen den Zwerchfellnerven in dem Winkel zwischen
dem M. sternocephalicus und der Clavicula auf. Der 4—5 cm lange
Hautschnitt beginnt in der Incisura jugularis und verläuft 2 cm parallel
oberhalb der Clavicula nach außen. Nach der Präparation der lateralen Kante des M. sternocephalicus bis fast zu seinem Ansatze beseitigt man mit zwei anatomischen Pinzetten das auf den M. scalenus
ant. meist reichliche Fettgewebe und findet den N. phrenicus.

Der N. recurrens beansprucht bei Hunden ein besonderes Interesse,
weil er oft wegen der Bellerei zwecks einseitiger Stimmbandlähmung
durchtrennt bzw. herausgedreht werden muß.

Die Trachea wird wie bei der Tracheotomie (S. 246) in Lokalanästhesie
mit einem Medianschnitt freigelegt. Ein Kissen unter der Schulter
drückt den Vorderhals nach oben und läßt den Kopf nach unten, d. h.
dorsalwärts, fallen. Einsetzen der Gewichtshaken oder eines Wundspreizers (S. 124) in die langen median gelegenen Halsmuskeln und Beiseiteziehen nach außen. Zwei anatomische Pinzetten zerteilen auf einer
Seite vorsichtig, unter Vermeidung jeglicher Blutung, das lockere Bindegewebe zwischen der Luftröhre und dem langgestreckten kleinen Schild-

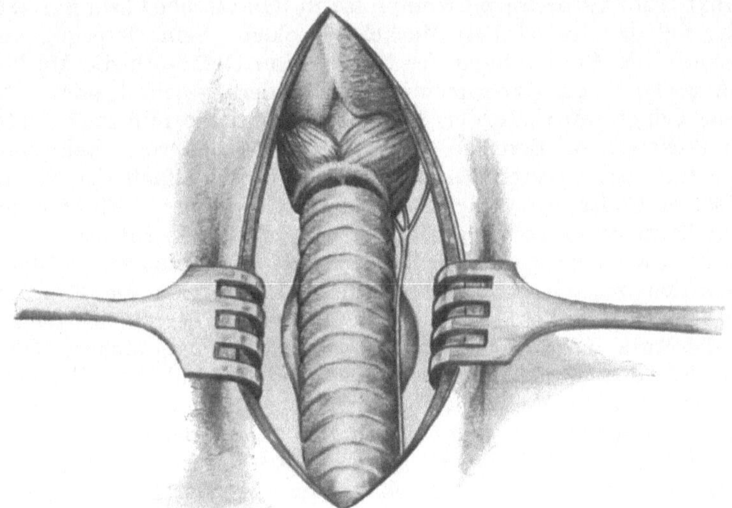

Abb. 194. Die Lage des linken N. recurrens im mittleren Halsteile beim Hunde. Der Nerv verläuft
zwischen der Schilddrüse und der Luftröhre.

drüsenlappen. Etwas dorsalwärts, zwischen der Thyreoidea und der
Trachea, kommt der N. recurrens zum Vorschein. Beim Quetschen gibt
das Tier einen heiseren Laut von sich. Der Operateur durchschneidet
den Nerven und dreht ihn heraus (s. o.). Gleichzeitig muß er den Ver-
bindungsast mit dem N. laryngeus superior mitentfernen. Nach der
Neurexairese vereinigen zwei feinste Catgutknopfnähte die beiden
auseinandergezogenen rechten und linken medianen Halsmuskeln und
deren Fascienbedeckung. Einige Hautnähte beendigen diesen einfachen
und schnellen Eingriff.

Vielfach schwindet nach einiger Zeit die Stimmbandlähmung. Vor einer gleichzeitigen Quetschung des anderen N. recurrens, Vereisung oder Exairese (s. o.) warnen wir dringend. Schwerster Stridor und Luftmangel stellen sich ein.

V. Operationen am Bewegungssystem.

a) Muskel.

Das hochdifferenzierte Muskelgewebe verträgt nicht die geringste Schädigung durch Hitze- oder Kälteeinwirkungen, Trockenwerden, längere Behinderung der Blutzu- und abfuhr, Beschädigung seines ihn versorgenden Nerven, sowie direkte Beschädigung mit den Instrumenten. Etwas Quetschen, Zerren, Reißen sowie die Verletzung eines intramuskulären Gefäßästchens bewirken vielfach das Zugrundegehen der Fasern. An ihrer Stelle bildet sich Bindegewebe. Das Muskelgewebe beansprucht dieselbe vorsichtige Behandlung wie die Nerven (S. 217). Beim Anfassen ergreift die Pinzette nur die bindegewebigen Hüllen, das Perimysium ext. Eine körperwarme Kompresse, in RINGERsche Lösung (S. 180) getaucht, soll den freigelegten Muskel bedecken. Sein Ursprung und Ansatz sowie die Einmündung der Nerven und Gefäße in die Muskelsubstanz wollen beim Experimentieren besonders beachtet sein. Der Operateur dringt innerhalb der Muskulatur tunlichst mit zwei anatomischen Pinzetten im Bereiche der Muskelinterstitien vor. Bei querer Einschneidung bzw. querer Durchtrennung blutet vielfach der Muskel infolge seiner Contraction nicht oder nur sehr gering. Ein Muskelhämatom kann durch Druck die anliegenden Fasern vernichten. Der Blutungsherd wird meist resorbiert. Aber stets bleibt eine kleine Bindegewebsschwiele zurück. Diese stört unter Umständen die Funktion des Muskels empfindlich. — Bei einer Adaption der Schnittflächen müssen die Muskelfasern unter einer gewissen Spannung stehen. Ohne funktionelles Beanspruchen degenerieren die muskulären Elemente. Vielfach verlangt die Versuchsanordnung eine quere Durchschneidung des Muskels und sofortige Vereinigung der Schnittflächen in der ursprünglichen Lage. Bei diesem Experimente führen wir wegen der Contractionsbestrebungen der Muskelfasern die Durchtrennung nur schrittweise aus und vernähen unmittelbar darauf wieder. Oder man legt vor dem Durchschneiden Situationsnähte an. Als Nahtmaterial verdient das resorbierbare Catgut den Vorzug. Die Wahl fällt auf eine mittlere Stärke, damit die Fäden nicht durchschneiden. Die gebogenen Nadeln sind rund, nicht scharf, um unnötige Verletzungen der Muskelfasern zu vermeiden.

Auf die Einpflanzung eines Nerven in den Muskel und die muskuläre Neurotisation wurde im vorhergehenden Abschnitte (S. 218) hingewiesen.

Bemerkungen über die blutstillende Eigenschaft eines frei transplantierten Muskelstückchens stehen auf S. 208. Ferner eignet sich das Muskelgewebe, ähnlich wie das Fettgewebe, zu Defektdeckungen (S. 227).

b) Sehnen.

Die Eingriffe an den Sehnen spielen in der experimentellen Orthopädie eine bedeutende Rolle. Die gestielte und freie Verpflanzung mit auto-, homo- und heteroplastischem Material (S. 231) findet eine ausgebreitete Anwendung.

Die Vorsichtsmaßregeln bei den Operationen an den Muskeln und Nerven gelten auch bei denjenigen an den Sehnen.

Bei der subcutanen Sehnendurchtrennung sticht der Operateur parallel der Sehne das Tenotom so tief ein, bis er mit den Daumen der rechten Hand auf der anderen Sehnenseite die Messerkuppe unter der Haut

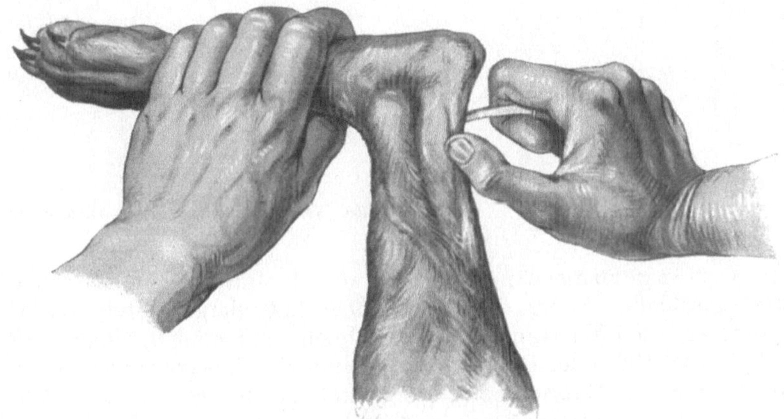

Abb. 195. Subkutane Tenotomie.

fühlt. Jetzt dreht er die Schneide des Instrumentes gegen die Sehne. Mit kurzen, sägenden Zügen wird die Sehne allmählich durchschnitten, bis die Stümpfe unter einem hörbaren Geräusch auseinanderweichen. Eine klaffende Lücke zeigt die völlige Durchtrennung an. Die Haut darüber bleibt dabei unversehrt.

Für die Freilegung einer Sehne incidiert das Skalpell die Haut möglichst seitlich und parallel der Sehne. Das gleiche trifft für den Fascienschnitt zu. Über die diesbezüglichen Gründe vgl. S. 122, 123. Weil die Gefäße einer Sehne Anastomosen mit den Muskelarterien besitzen, so dürfen diese während des Versuches nicht verletzt werden. Da die Sehne etwa 60 v. H. Wasser enthält, so schadet das geringste Trockenwerden. Deshalb sollen warme Kompressen mit RINGERscher Lösung (S. 180) die freigelegten Sehnen stets bedecken. Ferner ist eine ständige funktionelle Inanspruchnahme für das Erhalten der Sehne notwendig. Sie muß gespannt bleiben. Die Eröffnung einer Sehnenscheide fordert nicht unbedingt einen späteren Verschluß derselben. Zu der Sehnennaht benutzen die meisten Autoren paraffinierte oder mit Vaseline getränkte Seidenfäden. Diese führen sie quer oder senkrecht durch die

Abb. 196.
Tenotom.

Sehne, um ausreichende Festigkeit zu gewinnen. Oft gewährt die Kombination beider Fadenführungen beträchtliche Vorteile, wobei der quergelegte Faden dem Stumpfende am nächsten liegt. Die anatomische Pinzette ergreift nur das die Sehne umgebende lockere Bindegewebe. Abb. 197 a u. b zeigen die einzelnen Verfahren.

Eine Verkürzung der Sehne veranschaulicht Abb. 198.

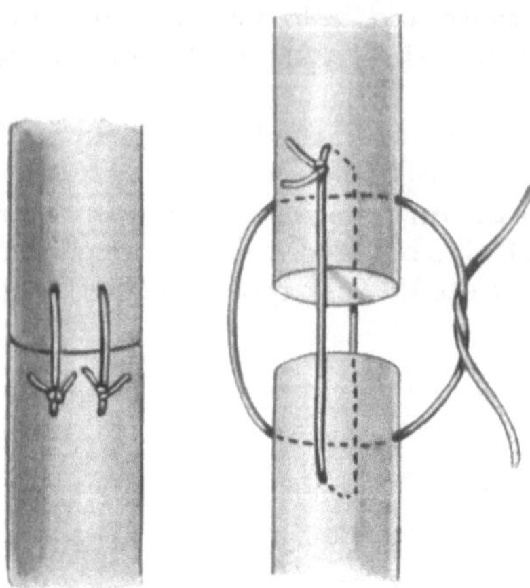

a b
Abb. 197. Sehnennaht.

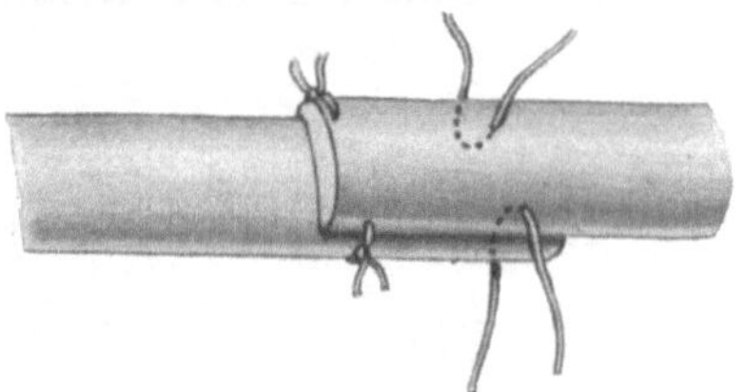

Abb. 198. Verkürzung einer Sehne nach deren Durchtrennung.

Die Verlängerung einer Sehne zur Ausfüllung eines Sehnendefektes geschieht in der auf Abb. 199 u. 200 dargestellten Weise. Außerdem ersetzen frei transplantierte Sehnen, Seidenfäden, eingeschaltete Gefäße (S. 196) oder Fascien das fehlende Stück einer Sehne. Über den Wert derartiger Maßnahmen unterrichtet die chirurgische Literatur.

Die Sehnenüberpflanzung gestattet mehrere Wege. Die Sehnen des gelähmten und nicht gelähmten Muskels durchtrennt man quer.

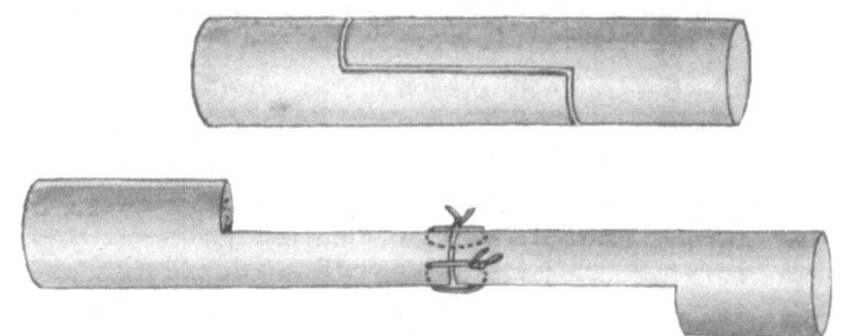

Abb. 199. Treppenförmige Durchtrennung einer Sehne zwecks Verlängerung.

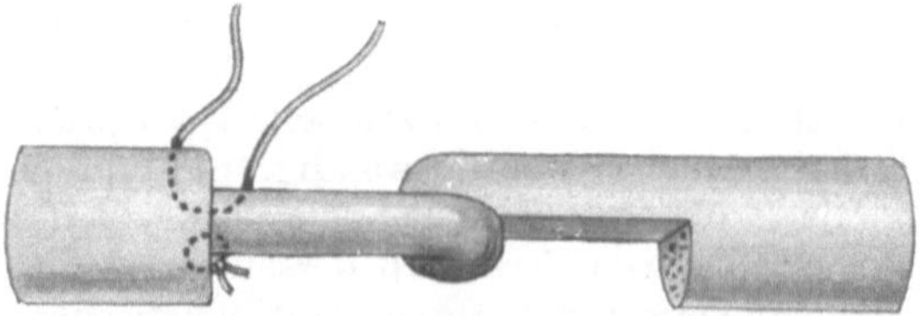

Abb. 200. Sehnenverlängerung durch Lappenbildung.

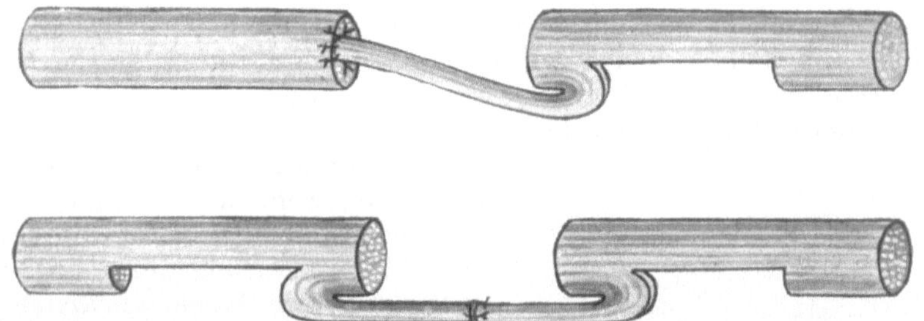

Abb. 201. Ausfüllen eines Sehnendefektes durch Sehnenplastik (nach STOFFEL).

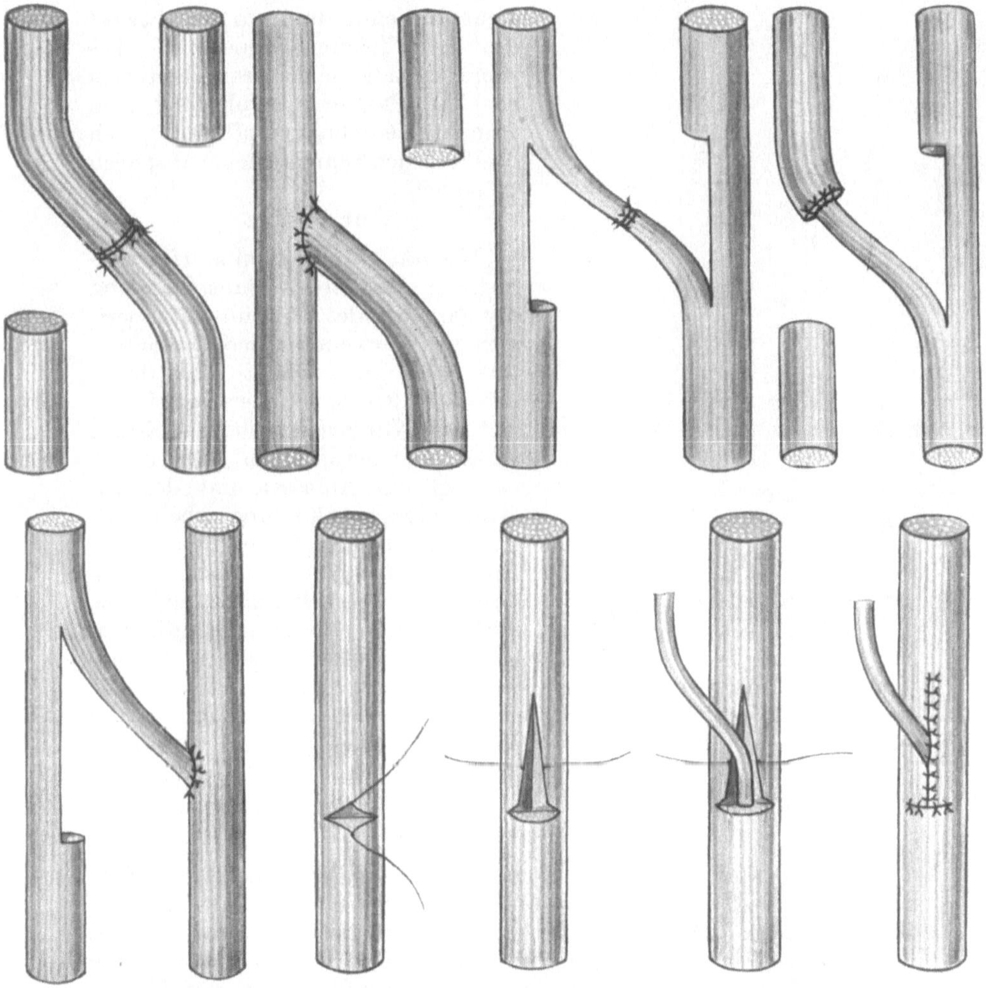

Abb. 202. Die verschiedenen Methoden der Sehnenüberpflanzung (nach STOFFEL).

Hierauf vereinigen Seidenknopfnähte den Sehnenstumpf des gelähmten Muskels mit dem Sehnenende des gesunden, kontraktionsfähigen Muskels unter leichter Spannung. Oder wir schlitzen seitlich die Sehne des gelähmten Muskels, schieben das proximale Sehnenende des anderen Muskels in diesen Spalt und vernähen die beiden Sehnen ebenfalls unter Spannung. Viefach bietet die teilweise Überpflanzung der Sehne des kraftspendenden Muskels auf diejenige des gelähmten gewisse Vorteile, wie Abb. 203 zeigt. Eine andere Methode empfiehlt das Annähen des proximalen Stumpfes der gesunden durchtrennten Sehne direkt an das Periost des betreffenden Knochens. Die supravaginale Sehnentransplantation nach G. PERTHES beruht auf dem Prinzip, die Sehnenverpflanzung sich oberhalb der Sehnenscheide abspielen zu lassen.

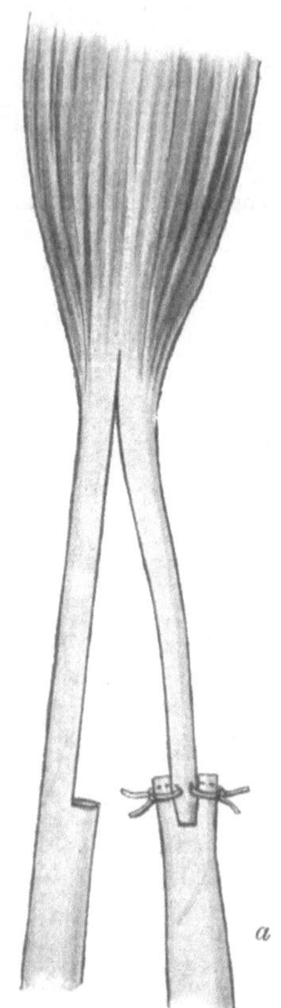

Abb. 203. Teilweise Sehnenüberpflanzung auf diejenige des gelähmten Muskels. — a Sehne des gelähmten Muskels.

c) Fascie.

Die von M. KIRSCHNER erfundene gestielte und freie Transplantation der Fascie findet auch im Tierexperimente Verwendungsmöglichkeiten. Das Material zeichnet sich durch außerordentliche Widerstandsfähigkeit aus. Nur gegen pathogene Keime ist es sehr empfindlich. Die Fascie verträgt ein Anfassen mit den Instrumenten. Abkühlung scheint ihr zu schaden. Nach der Wegnahme eines Fascienstückes entsteht beim Tiere keine Muskelhernie. Die Fascie wirkt blutstillend. Als neue Aufhängebänder, zur Sicherung der Sehnennähte durch Einmanschettierung, zum Ersatz der Sehnendefekte (S. 224), zur Verstärkung oder Bildung der Gelenkbänder, als Duraersatz und zu zahlreichen anderen Operationen leistet die Fascie im Tierversuche gute und wertvolle Dienste. Spezielle Angaben über die Technik sind nicht notwendig.

d) Fettgewebe.

Im Gegensatz zu den bisherigen Anschauungen verlangt das Fett bestimmte Rücksichtnahmen während einer Operation. Festes Anfassen, Druck, Hitze, Abkühlung und Trockenwerden lösen schwere Schädigungen der Fettzellen aus. Die Entnahme des Fettgewebes gebietet strengste Asepsis. Vorsichtiges Anfassen und sofortiges Bedecken mit feuchtwarmen Kompressen (Normosal-Lösung) verhüten die Gewebsschädigungen. Eine Fetttransplantation hat im Tierversuche stets schnell und mit lebenswarmem Material zu geschehen.

In der experimentellen Chirurgie bietet sich oft Gelegenheit, das Fett zur Ausfüllung von Defekten zu verwerten, zumal es blutstillende Eigenschaften besitzt. Zum Schutze von Verwachsungen bewährt sich das Fettgewebe in hohem Maße (S. 212). Die zurechtgeschnittenen dünnen Fettlappen kommen um die Nerven, Sehnen oder Gefäße. In der Hirn- und Gelenkchirurgie dient das Einlegen der Fettlappen den gleichen Zwecken.

e) Skelettsystem.

Bei diesen Versuchen sei nachdrücklich auf das im Vorwort und in der Einleitung dieses Buches Gesagte aufmerksam gemacht. Erhebliche Unterschiede weisen z. B. die Knochenheilungen der einzelnen Tierarten auf. Auch das Alter der Tiere spielt dabei eine Rolle. Eine feuchte, dunkle Stallung übt eine andere Wirkung aus als ein sonniger, großer, trockener Auslauf des Käfigs. Zahlreiche Experimente in den letzten Jahren bestätigen die überragende Bedeutung der Ernährung für das Verhalten des Knochens. Innersecretorische Einflüsse darf man bei der Versuchsanordnung nicht übersehen. Deshalb prüfen wir vor einem Eingriffe den Gesundheitszustand des Tieres (S. 92). Die Abhängigkeit des Skelettsystems von der Gefäß- und Nervenversorgung beansprucht besondere Beachtung. Eine Nachblutung bringt zahlreiche Fehlerquellen. Die Bedeutung des Periostes und Markes für den Knochen schildern die bisherigen Veröffentlichungen. Eine unabsichtliche Periostverletzung kann die Versuchsanordnung durchkreuzen. Ruhe oder Bewegungen führen nach Knochen- und Gelenkoperationen zu verschiedenen Ergebnissen. Die funktionelle Beanspruchung der operierten Skeletteile geben den Ausschlag für das Endresultat. Muskelatrophien oder -hypertrophien sind keineswegs gleichgültig für den Knochenbau und die Gelenke. Die Frage des Verbandes spielt eine große Rolle.

Eine Blutleere (S. 130) erscheint bei den Eingriffen an den Knochen und Gelenken der Tiere wegen der Gefahr der Nachblutungen nicht erwünscht. Nur in besonderen Fällen erleichtert sie das Experiment. Den Haut-Weichteilschnitt legt man mit Rücksicht auf strengste Asepsis treppenförmig an (S. 123).

Zur Durchtrennung eines tierischen Knochens, Osteotomie, wähle ich einen schmalen Meißel, die Säge, die LISTONsche Knochenschere oder die Hohlmeißelzange. Vorher schneidet ein Messer die Knochenhaut an der Operationsstelle ein. Die beim Sägen entstehende Hitze bewirkt unter Umständen eine Nekrose an den Sägeflächen (vgl. Trepanation S. 209). Warme Normosallösung spült das beim Sägen entstehende Knochenmehl fort, sofern die Versuchsanordnung nicht das Gegenteil verlangt. Knochensplitter entfernt der Operateur mit einer feinen anatomischen Pinzette. Unerwünschte Nebenverletzungen der benachbarten Gefäße, Nerven, Sehnen und Muskulatur durchkreuzen möglicher Weise den Operationsplan. Eine Loslösung des Periostes oder

eine Schädigung bzw. Lösung der Epiphysenfuge bedeutet einen schweren
Fehler, falls die Fragestellung sie nicht erfordert.

Bei den sogenannten subcutanen Durchtrennungen beträgt der
Hautschnitt etwa 1 cm für den Durchtritt des Meißels. Das gewaltsame
Durchbrechen mit beiden Händen oder dazu angefertigten Instrumenten
ohne die kleine Hautwunde empfiehlt sich nur bei bestimmten Versuchen. Die dabei leicht entstehenden Nebenverletzungen entziehen
sich anfangs meist der Kontrolle. Nur der freigelegte Knochen gestattet
ein genaues Operieren.

Der Knochen läßt eine quere, schräge, treppen- und keilförmige
Osteotomie zu. Bei der
letzten Methode wird
ein keilförmiges Stück
entnommen. Die Zer-
malmung des Kno-
chens innerhalb seines
Periostschlauches er-
fordert Spezialinstru-
mente. Bestimmte
Durchtrennungslinien
gelingen dadurch, daß
ein Bohrer den Kno-
chen entlang der ge-
planten Durchtren-

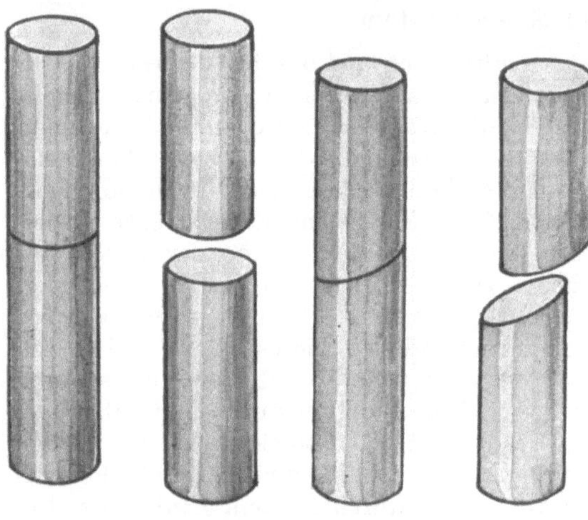

Abb. 204. Quere Osteotomie.   Abb. 205. Schräge Osteotomie.

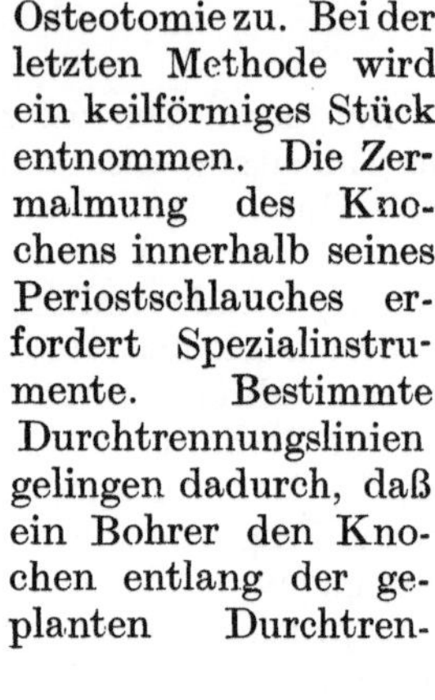

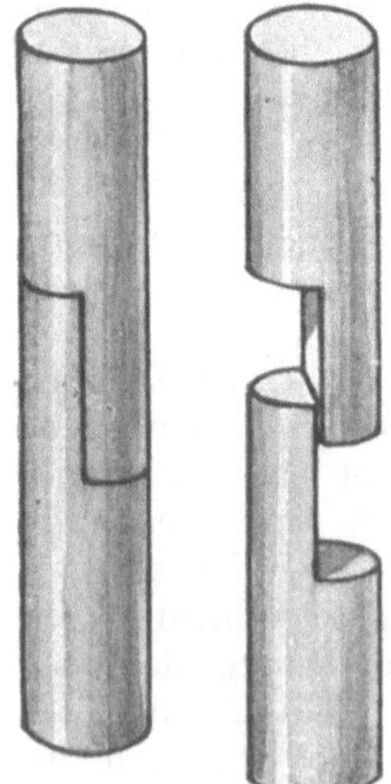

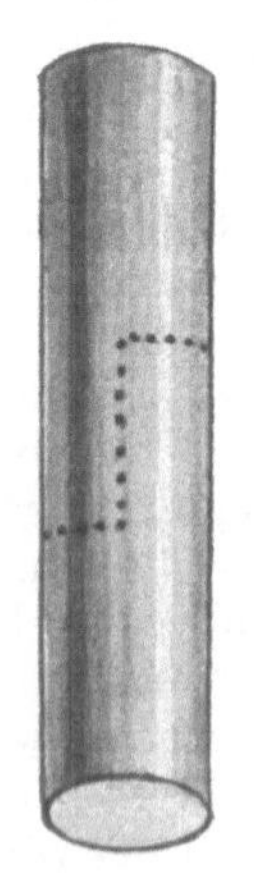

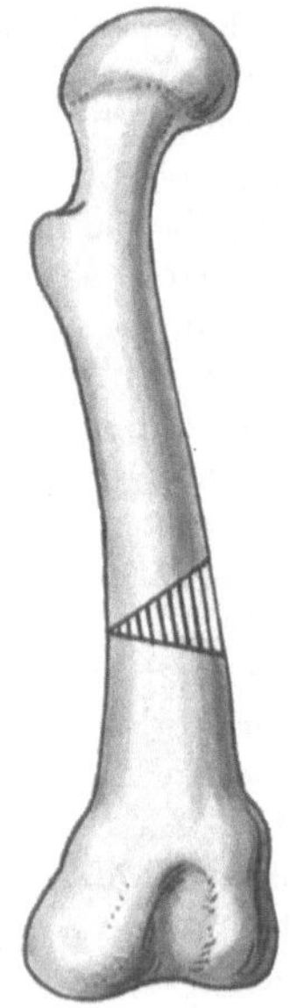

Abb. 206. Treppenförmige
Osteotomie.

Abb. 207. Osteo-
tomie, Verfahren
nach Franz König.

Abb. 208. Keilförmige
Osteotomie am Ober-
schenkelknochen eines
Hundes.

nung mehrmals durchlöchert. Beim Meißeln splittert dann der Knochen in der gewünschten Linie (Abb. 207). Viele Autoren benutzen die GIGLISche Drahtsäge, welche man in einen Spanner klemmt.

Die Vereinigung der Knochenfragmente geschieht durch Naht, Verschraubung, Schienung oder Knochenbolzung. Nach dem Freilegen der Knochenenden werden unter dem Schutze eines untergeschobenen Elevatoriums ein oder zwei Bohrlöcher angelegt, der schmiegsame Aluminiumbronzedraht durchgezogen, zusammengedreht, kurz abgeschnitten und seine Enden umgebogen. Die beim Menschen erprobte Knochennaht mit Klaviersaitendraht nach KIRSCHNER oder BORCHARDT hat für das Tierexperiment weniger Wert, weil hier andere Verhältnisse vorliegen. Oft genügt das straffe Herumlegen eines Drahtes zur Fixierung. Zuweilen kommt das Verschrauben der Bruchstelle mit einer Metallschiene in Anwendung. Bei der Schienung sorgen Kerbschnitte in die Fragmente und betreffende Schiene — aus Knochen oder anderem Material — dafür, daß kein Verrutschen eintritt. Ebenfalls glückt eine Versteifung der Wir-

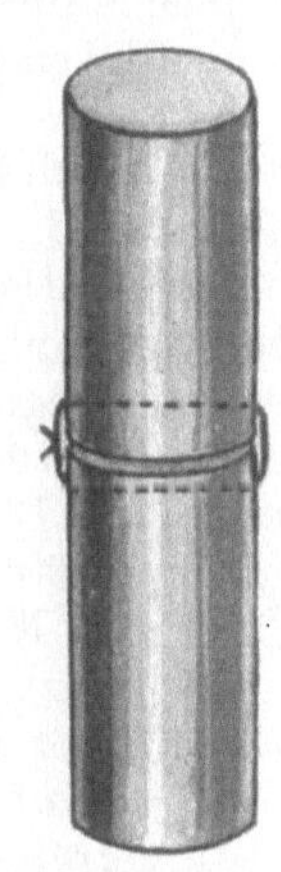

Abb. 209. Knochennaht mit Draht.

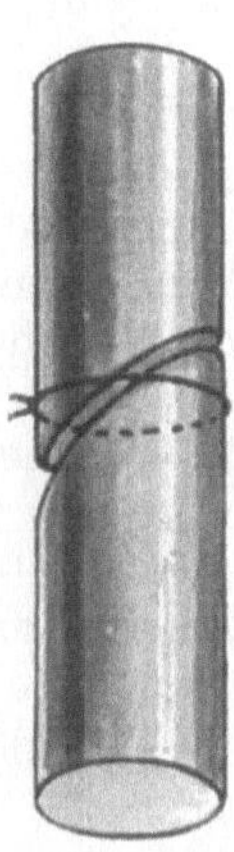

Abb. 210. Vereinigung der Knochenenden durch einen fest herumgelegten Draht (ohne Knochendurchbohrung).

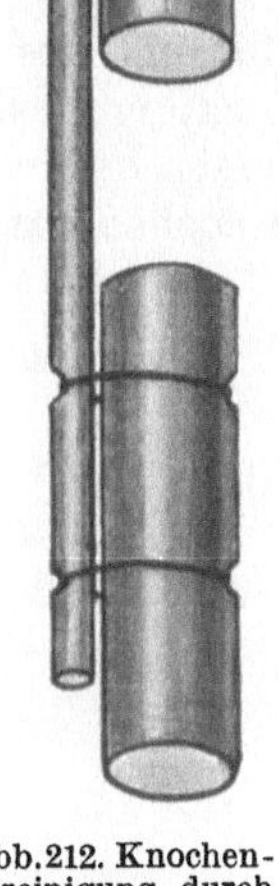

Abb. 212. Knochenvereinigung durch Schienung nach LEXER, sog. »Verriegelung«

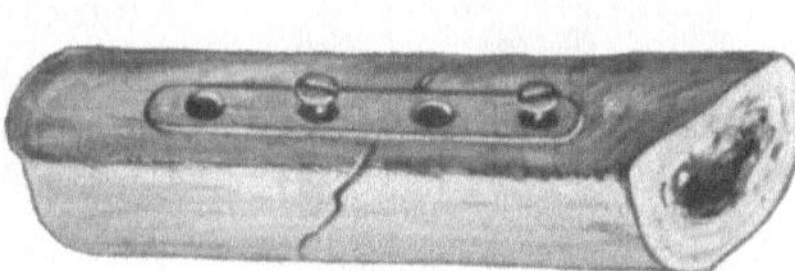

Abb. 211. Verschraubung der Knochenfragmente mit einer Metallschiene nach LANE.

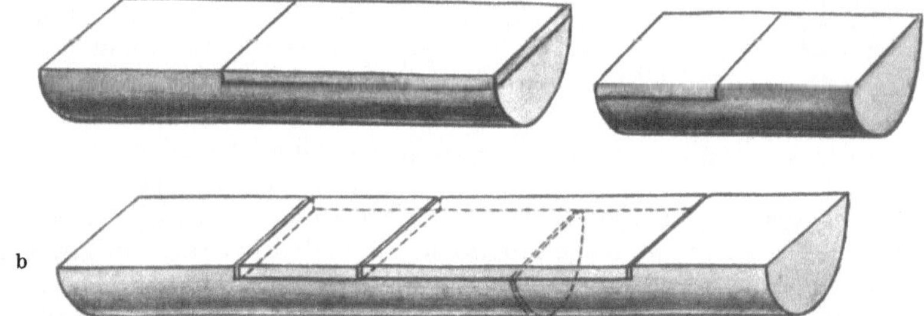

Abb. 213a, b. Knochenvereinigung mit herausgemeißelten und gewechselten Knochenplatten (nach LEXER).

belsäule, ohne oder mit vorausgegangener Wegnahme der Wirbelbögen, durch die Schienung. Zur Knochenbolzung benutzen die meisten einen Knochenspan oder Elfenbeinstift. Der Operateur schiebt die Transplantate in die Markhöhlen der Knochenfragmente fest ein.

Die moderne Chirurgie verschließt Knochenhöhlen mit freien oder gestielten Fettlappen, Muskelstücken oder speziellen Plomben. Vorher trocknet heiße Luft die Hohlräume aus. Keimfreiheit gehört zu den Vorbedingungen des Gelingens derartiger Eingriffe.

Unsere Methode der Bluteinspritzung ins Knochenmark steht auf S. 183.

Zur Transplantation des Knochens, Periostes, Knorpels oder der Gelenke dient lebendes und totes auto-, homo- und heteroplastisches Material (s. nächsten Abschnitt). Dabei kommt die gestielte oder freie Überpflanzung in Anwendung. Bei der ersteren Methode bleiben die einzelnen Stücke im Zusammenhang mit ihrem Mutterboden. Z. B. wurde auf S. 208 die Bildung des Haut-Weichteil-Periost-Knochenlappens für eine Defektdeckung des Schädels geschildert. Oder das Knochenstück wird mit seiner bedeckenden Knochenhaut frei verpflanzt. Das Abmeißeln einer Knochenplatte bzw. -spanes setzt bei den kleineren Tieren Übung voraus.

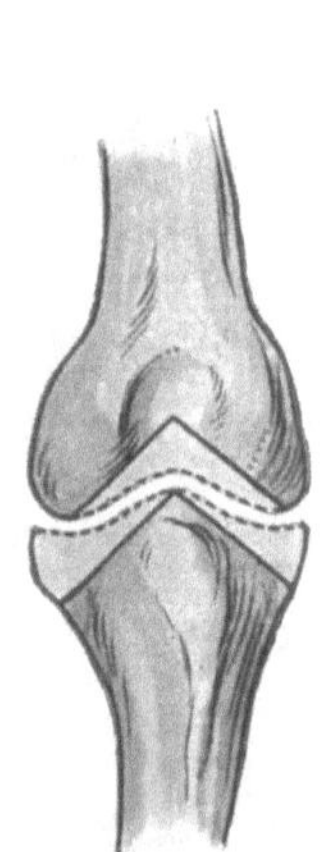

Abb. 214. Knochenvereinigung durch Bolzung.

Auf die freie Knochenmarkverpflanzung sei in diesem Zusammenhange hingewiesen.

Bei der freien Gelenktransplantation handelt es sich um a) einen, b) zwei Gelenkabschnitte, c) die Mitnahme oder das Fortlassen der Kapsel. Breite Verbindungen der Knochenabschnitte mit den Defektstümpfen müssen dabei erstrebt werden. Die Gelenkflüssigkeit soll die Knorpelflächen ernähren können. Die gewählte Technik bei diesen Verpflanzungen gibt den Ausschlag für das Endresultat. Zurzeit ist die Frage der Gelenktransplantation in Fluß. Lexer macht darüber

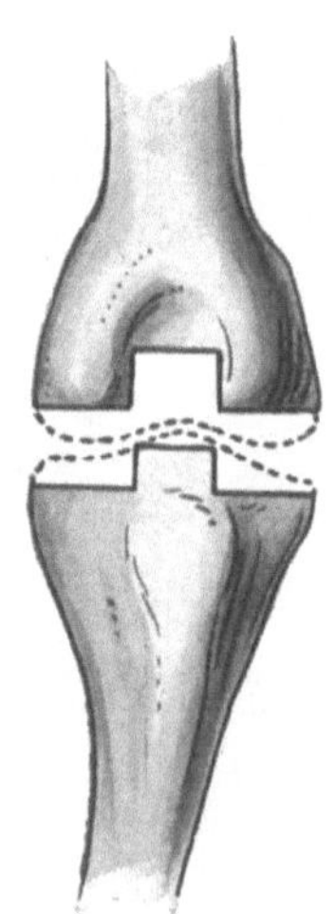

Abb. 215. Gelenkversteifung durch keilförmiges Wegsägen der Gelenkflächen.

Abb. 216. Gelenkversteifung durch rechtwinkliges Aussägen.

in seinem neu erschienenen Buche „Die freien Transplantationen" II. Bd., S. 219—239, wichtige Angaben. Jedoch in einem Punkte kann ich ihm nicht beipflichten, wenn er schreibt „. . . . Tierversuchen, bei denen ja jede Nachbehandlung ausgeschlossen ist . . ." Tiere sind meines Erachtens oft leichter nachzubehandeln als Menschen. Nur muß man die Pflege selbst übernehmen und sie nicht einem anderen überlassen. Vielleicht fördert das vorliegende Buch gerade in dieser Hinsicht die experimentelle Knochen- und Gelenkchirurgie.

Die künstlich operative Gelenkversteifung verlangt die Beseitigung der Knorpelflächen und zugleich eine Feststellung der angefrischten Gelenkenden. Das einfachste Verfahren stellt die Keilform dar. Einen wesentlich besseren Halt gibt das rechtwinkelige Aussägen, wie es Abb. 216 erläutert. Noch besser, aber schwieriger bei kleinen Tieren, ist die „trapezförmige Knochenverzahnung", welche KIRSCHNER zur schonenden Eröffnung eines Kniegelenkes angab, aber auch für unsere Versuche sinngemäße Anwendung finden kann.

Über Gelenkpunktion s. S. 151.

VI. Allgemeines über Transplantationen
(einschließlich Parabiose).

Der vorhergehende Abschnitt enthält zahlreiche Hinweise auf die Gewebsüberpflanzungen. Man unterscheidet:
1. Autoplastik,
2. Homoplastik,
3. Heteroplastik,
4. Alloplastik.

Die Fragestellung bestimmt die Verwendung nur einer (z. B. Haut, Muskel, Knochen bzw. Drüse) oder mehrerer Gewebsarten zusammen (z. B. Haut-Fascien-Muskel-Periost-Knochenstück bzw. Teile davon).

Die ersten drei Gruppen erlauben eine freie und gestielte Transplantation. Bei der ersten Methode entnimmt der Operateur das betreffende Gewebsstück und setzt es an irgendeiner Stelle ein. Bei dem zweiten Vorgehen bleiben die überpflanzten Gewebsteile im Zusammenhange mit dem Mutterboden. Dies kann durch die Bildung eines gestielten Lappens aus der Nachbarschaft vermittels Eindrehens, Einklappens oder Einschiebens gelingen = indische Methode. Oder der Chirurg stellt zuerst einen gestielten Lappen aus einem Gewebsteile her und heftet ihn an eine entfernte Körperstelle an = italienische Methode. Wenn diese Stelle zu weit liegt, so geschieht die Überpflanzung etappenweise. Das freie Ende des gestielten Lappens läßt man in einem, dem Defekt näher gelegenen, angefrischten Teile einheilen. Später durchtrennt der Experimentator die Gewebsteile, bildet aus dem eingeheilten Stücke einen neuen gestielten Lappen und verpflanzt ihn an den endgültigen Ort. Falls die Entfernung noch zu groß sein sollte, so muß er abermals das Transplantat in die nächste Umgebung implantieren usw. Weil dieses Gewebe wandert, so bezeichnet die Nomenklatur eine derartige Operation als Wanderlappenfernplastik.

1. Bei der Autoplastik ($\alpha\vec{v}\tau\acute{o}\varsigma$ = selbst, $\pi\lambda\alpha\sigma\tau\iota\varkappa\acute{o}\varsigma$ zum Bilden gehörig) entnimmt man dem Tiere das Gewebsstück und verpflanzt es auf denselben Träger. Wenn das Material wieder an die Entnahmestelle eingepflanzt wird, so sprechen wir von Reimplantation oder Replantation. Es bietet die günstigsten Aussichten für einen Erfolg.

2. **Homoplastik = Homoioplastik** ($\H{o}\mu o\iota o\varsigma$ = ähnlich) oder **Iso-plastik** ($\iota\sigma o\varsigma$ = gleich) bedeutet die Gewebsüberpflanzung bei der gleichen Tierart, z. B. von einem Hund auf einen anderen Hund, von Affen auf Affen usw. Dabei hat die Transplantation bei Blutsverwandten, z. B. von Mutter auf Kind oder zwischen Geschwistern die besten Ergebnisse. Auch die Verwendung gleicher Rasse bringt gute Resultate, z. B. von Schäferhund auf Schäferhund, von Makake auf Makake. Dagegen erscheinen die Bedingungen für eine erfolgreiche Überpflanzung zwischen fremdrassigen Tieren, z. B. von Schäferhund auf einen Pudel oder von einer Makake auf eine Meerkatze, wesentlich schlechter.

3. **Heteroplastik** ($\H{\varepsilon}\tau\varepsilon\varrho o\varsigma$ = ein anderer) heißt eine Transplantation zwischen zwei fremden Tierarten, z. B. Hund—Katze, Tier—Mensch. Die Gewebsüberpflanzung von anthropoiden Affen (S. 6) auf den Menschen dürfte als die vorteilhafteste gelten. Denn diese Tiere stehen dem Menschen am nächsten.

4. Bei der **Alloplastik** ($\dot{\alpha}\lambda\lambda o\tilde{\iota} o\varsigma$ = verschieden) kommt totes Material zur Verwendung, z. B. Elfenbeinstift zur Knochenbolzung (S. 230), Paraffin, Knochenplomben, sterile Knochen von frischen Tiercadavern u. ä. m.

Zur Transplantation kann jedes Gewebsstück benutzt werden. Auch das Blut, welches nur einen anderen Aggregatzustand besitzt als z. B. Knochengewebe, „verpflanzen" wir bei der Bluttransfusion (S. 183). Thiess nennt die Eigenbluttransfusion **Retransfusion** analog der Replantation (s. o.).

Die obersten Grundregeln für das Gelingen einer Transplantation lauten:

1. Keine Schädigung des Gewebsstückes.

2. Rasche und lebenswarme Überpflanzung.

3. Strengste Asepsis, bei welcher der Experimentator schädigende Einflüsse auf die Gewebszellen fernhält, z. B. Chemikalien, wie Alkohol, Jodtinktur, Sublimat usw. Eine primäre Wundheilung gehört zur conditio sine qua non.

4. Das Wundbett soll trocken sein, d. h. sorgfältigste Blutstillung. Der kleinste Bluterguß zwischen dem Bett und dem Transplantate gefährdet letzteres, weil es den Gefäßanschluß verzögert oder verhindert.

5. Je kleiner und dünner die Gewebsstücke ausfallen, desto günstiger gestalten sich die Ernährungs- und Einheilungsbedingungen, da die Randpartien am besten ernährt sind. Je rascher und sicherer die erste Wundverklebung zwischen Transplantat und Ernährungsboden geschieht, desto eher besteht die Möglichkeit einer ausreichenden Ernährung. Im Anfang geben osmotische Vorgänge, bald danach schnellster Gefäßanschluß den Ausschlag für das Endergebnis.

6. Die denkbar besten Ernährungsverhältnisse, geschaffen z. B. durch breites Anfrischen der Aufnahmeböden (S. 230, Gelenke u. S. 248 unten), müssen für das Tranplantat bereitstehen.

7. Bei den gestielten Lappen berücksichtigt die Schnittführung den Gefäßverlauf der Arterien und Venen, damit eine ausreichende Durchblutung des Gewebsstückes stattfindet.

8. Die Fixation des Transplantates erfolgt, wenn möglich, mit feinsten, resorbierbaren Catgutnähten, um die Fremdkörperwirkung auszuschalten. Die Nähte dürfen nicht zu eng liegen und nicht zu viel Gewebe fassen wegen der Gefahr einer Ernährungsstörung. Desgleichen bewahrt der Operateur das betreffende Gewebsstück vor Druck und zu großer Spannung. Ebenfalls vermeide ich eine Nahtlinie direkt über dem Transplantat, z. B. bei der Vereinigung der Fascienwundränder. Unsere stufenförmigen Weichteildurchtrennungen (S. 123) verhüten ein solches Geschehen.

9. Der Verband ist locker anzulegen, um eine Stauung oder Anämie zu verhüten. In vielen Fällen hat die funktionelle Inanspruchnahme (S. 134 u. 227) einen entscheidenden Einfluß.

Die Epidermis- und Hauttransplantationen nach REVERDIN, THIERSCH, LUSK, v. MANGOLD, BRAUN, PELS-LEUSDEN, sowie nach FEDOR KRAUSE und HALSTED gebrauchen keine Naht zu ihrer Fixation. 2 Tage vor der Operation geschieht das vorsichtige Enthaaren oder Rasieren. Ein Wundschorf oder Ekzem vereitelt den Erfolg. Ohne Desinfektion der Haut hebt man nach den Vorschriften REVERDINS mit der Pinzette die Haut etwas hoch und trägt mit der COOPERSchen Schere ein kleines Stückchen Epidermis ab. Dieses wird mit seiner Schnittfläche auf die frische oder granulierende Wunde gelegt. Bei der THIERSCHSchen Methode spannen wir die Haut mit dem gespreizten linken Daumen und linken Zeigefinger an und tragen mit einem haarscharfen, flachgestellten Rasiermesser durch sägende Züge die oberflächlichsten Epidermislagen ab. Die erhaltenen Streifen breitet der Operateur auf der frischen, nicht granulierenden[1]) Wunde derart aus, daß eine Knopfsonde das Streifenende festhält und das Rasiermesser langsam über die Wunde gleitet. Auf diese Weise gelingt das Ausbreiten spielend leicht. Bei der Entnahme müssen das Messer und die Haut mit warmer Normosallösung benetzt sein. Der Wundboden darf keine Blutspuren zeigen, weil sie das Anheilen verhindern. LUSK ruft an vorher desinfizierten Hautstellen mit einem Blasenpflaster oder durch Bepinselung mit irgend einer blasenziehenden Flüssigkeit Hautblasen hervor. Die Blasenhäutchen verwendet er zur Überpflanzung. v. MANGOLD stellt durch Abschaben der oberflächlichen Hautpartien ohne vorherige Hautdesinfektion einen Epithelbrei her und schmiert diesen auf die Wunde. PELS-LEUSDEN spritzt diesen Epithelbrei mit einer dazu konstruierten Spritze unter die Wundgranulationen. BRAUN schneidet, wie REVERDIN, kleine Epidermisstückchen aus der Haut und schiebt sie in das Granulationsgewebe = pfropft. KRAUSE präpariert große Hautlappen ohne Fett ab und bedeckt damit die frischen Wunden. Endlich sticht HALSTED mit einer Nadel die Haut an, hebt sie hoch, schneidet ein Stück durch Abkappen unter der Nadel aus der Haut heraus und legt es auf die Wunde. Dieser Vorgang wiederholt sich so oft, bis die kleinen Hautstückchen die Wunde fast vollständig bedecken.

---

[1]) Eine Abart der THIERSchen Hautüberpflanzung besteht im Auftragen der papierdünnen Hautstreifen auf granulierende Wunden.

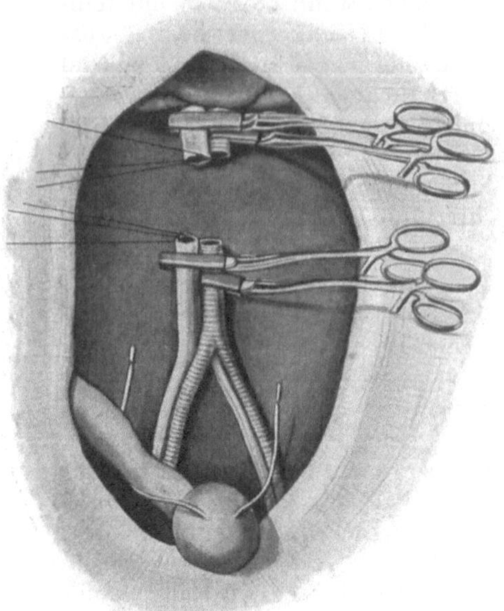

Abb. 217.

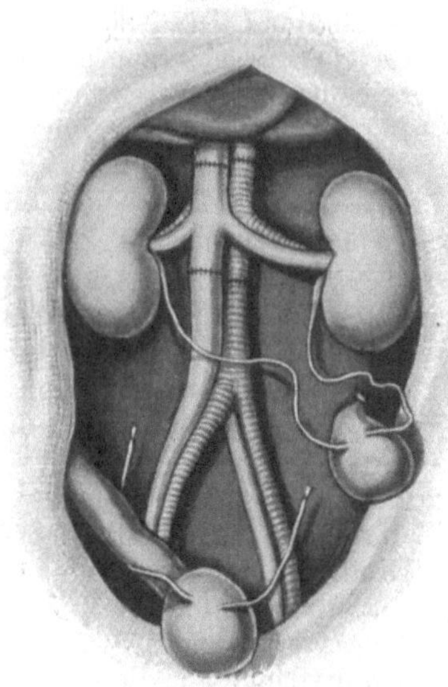

Abb. 218.

Abb. 217 u. 218. Transplantation en masse. — Auf Abb. 217 erfolgte die Resektion der Aorta und Vena cava inf. mit den Nierengefäßen einschließlich beider Nieren. Die Harnleiter sind durchtrennt und abgebunden — Abb. 218 zeigt die in die Resektionsstelle eingesetzte »masse«, d. h. beide Nieren mit den Nierengefäßen und dem dazugehörigen Teile der Aorta und Vena cava inf. (nach UNGER).

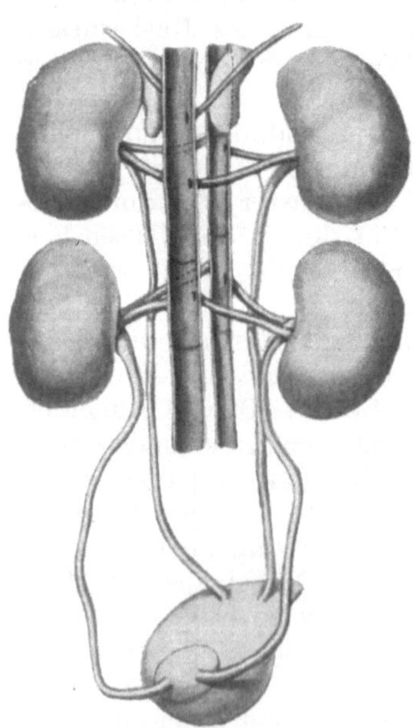

Das Verfahren stellt eine Modifikation von KRAUSE dar, der ein einziges großes Hautstück wählt, HALSTED dagegen eine große Anzahl kleiner Hautstückchen.

Für die Schmerzbetäubung kommt nur leichte Äthernarkose in Betracht. Denn jedes Lokalanaestheticum, vor allem mit Adrenalinzusatz, schädigt die Gewebszellen (S. 101). Auch das Operieren in Blutleere empfiehlt sich nicht wegen der damit verbundenen Gefäß- und Nervenschädigungen.

Abb. 219. Transplantation en masse. — Aus der Aorta und Vena cava inf. wurde unterhalb des Abganges der Nierengefäße je ein Stück reseciert. In diesem Defekt pflanzte der Operateur von einem anderen Tiere gleich große Stücke der Aorta und Vena cava inf. ein, welche mit den Nierengefäßen einschließlich Nieren, Uretern und Blase im Zusammenhang geblieben waren. Von der Vesica urinaria ist nur derjenige Teil erhalten, in welchen die Harnleiter münden. Es erfolgte die Einpflanzung dieses Blasenstückes in einen ovalären Ausschnitt der Blase des Empfangstieres. Sog. Viernierentier nach ENDERLEN.

Je höher das Gewebe differenziert ist, z. B. Gehirn-, Nerven-, Muskel- und Drüsenzellen, desto leichter und schneller geht es zugrunde. Als Transplantationsort wurde in der experimentellen Chirurgie bisher alles Denkbare gewählt. Für bestimmte Organstückchen machten die Biologen besonders geeignete Empfangsböden ausfindig. Letztere zeigen unter sich bei den verschiedenen Tieren und Tiergattungen große Verschiedenheiten. Das Alter und der Gesundheitszustand des Empfangstieres spielen eine große Rolle für das überpflanzte Gewebsstück. Die konstitutionelle Disposition spricht ein gewichtiges Wort bei sämtlichen Transplantationen. Geeignete Maßnahmen, z. B. Fütterung, Zwang zur Bewegung oder Ruhe, Immunisierung usw., können den Organismus umstimmen. Die neuesten Forschungen (s. unten: Parabiose) streben nach günstigeren Bedingungen für das Gelingen der Gewebsüberpflanzung.

Der Empfangsboden kann durch Bestrahlung mit künstlicher Höhensonne, Röntgenstrahlen, Radium, oder mit Diathermie, Elektrisieren usw. vor- und nachbehandelt werden. Das gleiche gilt von dem Transplantat. Ebenso darf beides zugleich stattfinden.

Alle Hoffnungen auf die Organtransplantationen mittels Gefäßnaht blieben fast unerfüllt. Dabei fehlt immer der Anschluß an das periphere Nervensystem. Auch die mangelnde Ableitung des Lymphstromes macht sich als weitere Fehlerquelle bemerkbar. Um Organe, deren Hauptgefäße ein kleines Kaliber haben, mittels der Gefäßnaht zu überpflanzen, benutzen die meisten folgende Methode: Der Operateur schneidet aus der Wandstelle des größeren Gefäßes, aus welchem das Gefäß entspringt, ein ovaläres Stück heraus und näht dieses ein (Abb. 172, S. 190). Oder er wendet die Transplantation en masse an, welche Abb. 217—219 erklären. Selbst die Überpflanzung des Herzens mitsamt der Lunge versuchten CARREL und GUTHRIE. Auch der Kopf und Hals wurden mit Hilfe der Gefäßnaht transplantiert.

Oft besteht keine Möglichkeit, sofort nach der Entnahme des Gewebsstückes zu überpflanzen. In diesen Fällen stehen sterile Ernährungsflüssigkeiten zur Verfügung. Ihr Wärmegrad beträgt bei Kaltblütergeweben etwa Zimmertemperatur. Das Aufheben der Gewebsteile von Warmblütern in der betreffenden Lösung erfolgt im Brutschrank. Derselbe enthält die entsprechende Temperatur des Spenders, z. B. beim Hunde 38,2, bei der Schwalbe 41° C usw. Als Flüssigkeiten benutzen viele die auf S. 180 erwähnten Lösungen.

Andere Autoren ziehen Nährböden vor, welche zu Gewebskulturen im Reagensglase dienen. Dazu liefert das Blut von demselben Tiere das beste Material = autogenes Plasma. Gute Dienste leistet auch das Blut erwachsener Tiere derselben Gattung und vor allem der Blutsverwandten, Eltern oder Geschwister = homogenes = isogenes Plasma. Dagegen kann das heterogene Plasma, d. h. Blut von Tieren einer anderen Art, das Wachstum hemmen. Keimfreiheit gehört zu den Vorbedingungen solcher Versuche.

In einem paraffinierten Glasröhrchen fangen wir das Blut auf und verschließen sofort die Öffnung, damit keine Luftkeime hineingelangen. Sodann

erfolgt das Centrifugieren, um Plasma, d. h. Blutserum + Fibrinogen, zu erhalten. Dasselbe gießt man in ein neues steriles und paraffiniertes Röhrchen.
Ein Paraffinpfropf übernimmt den luftdichten Verschluß. Aufbewahren im
Eisschrank und Herumlegen der Eisstückchen um das Röhrchen. Das Plasma
hält sich höchstens eine Woche lang.

Außer dem Plasma gehört noch von demselben Tiere ein Stückchen Herz
oder Oberschenkelmuskulatur zur Gewebskultur. Zunächst spült sterile, warme
RINGERsche Flüssigkeit das Gewebsstückchen ab, um das anhaftende Blut zu
beseitigen. Ein steriles Röhrchen dient zum Aufbewahren im Eisschrank. Beim
Anlegen einer Gewebskultur bringt der Experimentator das Transplantat in
das Röhrchen mit Plasma. Letzteres beimpft er mit dem aufgehobenen Muskelgewebe. Sofort erstarrt das Plasma. Vorher müssen beide der Temperatur
des Transplantates angepaßt sein, d. h. bei Kaltblütern Zimmertemperatur, bei
Warmblütern die entsprechende Blutwärme (s. oben). Weil bei dem tierischen
Plasma das eine Mal nur der Saft des Herzmuskels, das andere Mal derjenige
einer Skelettmuskulatur eine Gerinnung hervorruft, so sind stets beide Gewebsarten vorrätig zu halten. Das erstarrte Plasma soll das Gewebsstückchen vollständig bedecken. Besondere Glassockel mit Deckglas, in welchen Plasma
und Kulturstückchen ruhen, erlauben die mikroskopische Besichtigung des
Wachstums. Strengste Asepsis ist stets zu beachten. Die Kulturkammer verlangt genügend Luftzutritt (Sauerstoff). Die Gewebskulturen von Warmblütern
gehören in den Brutschrank (s. oben), die der Kaltblüter gedeihen bei Zimmertemperatur. Viele Autoren setzen dem Plasma Serum, Salzlösungen, Gewebs-,
Organ- oder Embryonalextrakt zu, um das Wachstum günstiger zu beeinflussen.
HARRISON verwendet Lymphplasma.

Parabiose.

Die Transplantation hat enge Beziehungen und gemeinsame Fragestellungen mit der Parabiose. Darunter versteht man die Dauervereinigung zweier oder mehrerer vorher selbständiger Tiere. Durch den
gegenseitigen Säfteaustausch der vereinigten Geschöpfe ergeben sich
eine Fülle der interessantesten Probleme. F. SAUERBRUCH und HEYDE
führten 1908 die erste derartige Operation an Kaninchen, Meerschweinchen und weißen Mäusen aus. Spätere Versuche erstreckten sich auf
die Vereinigung zwischen Affen, Hunden, Katzen, Kaninchen, Meerschweinchen, Ratten, Mäusen und Amphibienlarven, sowie Ratte—Maus,
Ratte—Meerschweinchen, Schaf—Ziege, Hund—Katze. G. SCHMIDT
verband drei Tiere untereinander. Nach diesem Autor geben die Ratten
die geeignetsten Versuchsobjekte ab. Ich halte die Ratten deshalb nicht
immer für geeignet, weil bei ihnen die Darmvereinigung zurzeit noch
auf unüberwindliche Schwierigkeiten stößt. Abgesehen von der Gefäßanastomose, Abb. 220, gewährleistet m. E. nur die Enteroanastomose
zwischen zwei Lebewesen einen ausgiebigen Säfteaustausch.

Sieben verschiedene Methoden gestatten eine Verbindung zweier Tiere:

1. Das Vernähen der Haut. Die betreffenden Tiere liegen in Rückenlage Seit-zu-Seit. Ein langer Hautschnitt durchtrennt die Cutis der linken
Körperseite des einen und die der rechten Körperseite des anderen
Tieres. Sodann vernäht der Operateur die beiden ventral gelegenen
Hautwundränder, dreht die zwei Tiere um 180° und vereinigt die dorsal
gelegenen Hautwundränder.

2. Vernähung der Haut und der benachbarten Muskelschicht.
Letztere darf vorher in derselben Schnittlinie wie die Cutis durchtrennt

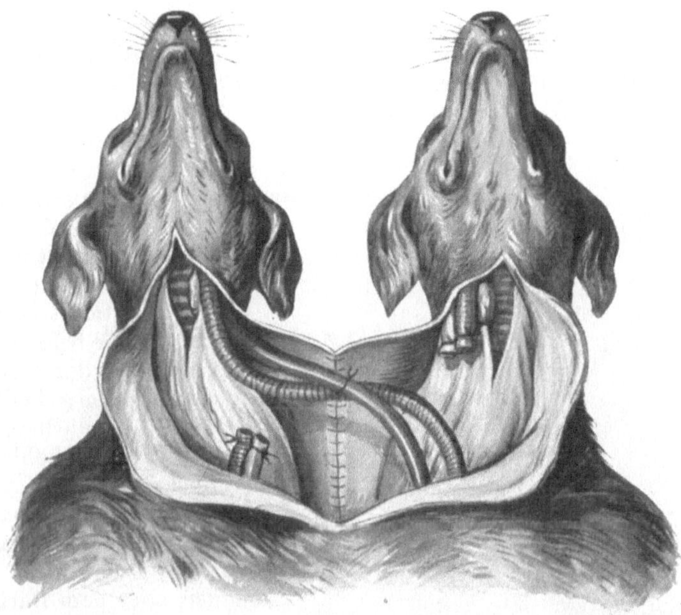

Abb. 220. Parabiose zweier Hunde durch Hautbrücke und Halsgefäßanastomose (nach ENDERLEN und HOTZ).

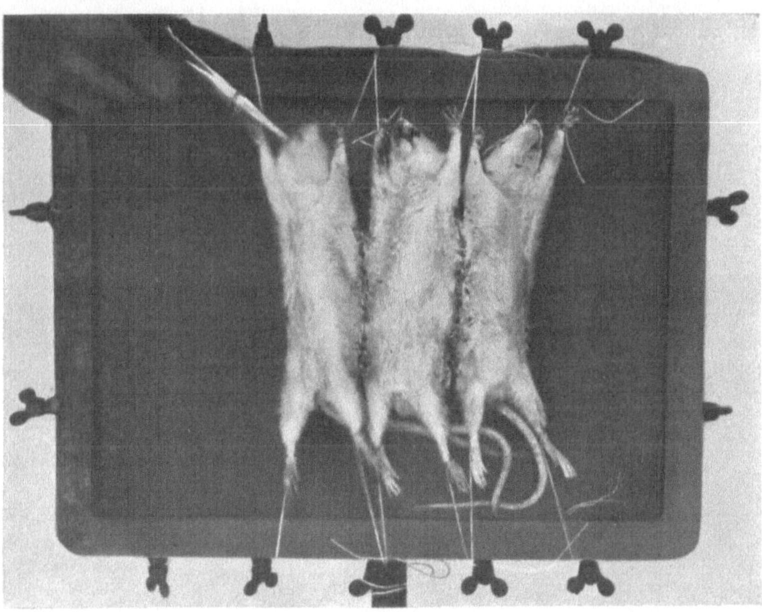

Abb. 221. Parabiose von drei Ratten. — Die Tiere liegen nach beendeter Vereinigung noch aufgespannt auf dem Operationsbrett (nach GEORG SCHMIDT; aus: Dtsch. Zeitschr. f. Chirurg. 1922, Bd. 171, S. 169, Abb. 3).

werden. Zunächst gilt es, die beiden ventral gelegenen Muskelwundränder zu vereinigen. Anschließend erfolgt das Vernähen der ventral gelegenen Hautwundränder. Umdrehen der Tiere wie bei 1. Ausführung der Muskel- und Hautnaht dorsalwärts.

3. Die Schnittführung entspricht derjenigen bei 1. und 2. aber mit Eröffnung der Bauchhöhle in derselben Schnittrichtung. Die erste Nahtreihe erfaßt die ventral gelegenen Muskelwundränder einschließlich Peritoneum, so daß die beiden ventral gelegenen Wundränder des Bauchfelles gut und breit adaptiert sind. Der weitere Verlauf gestaltet sich wie bei 2. Weil die beiden Bauchhöhlen nach der Operation kommunizieren, heißt der Eingriff Coelioanastomose ($\varkappa o \iota \lambda \iota \alpha$ = Bauchhöhle, $\dot{\alpha} \nu \alpha$-$\sigma \tau o \mu \acute{o} \omega$ = öffnen).

4. Wie 3. Außerdem stellen wir noch eine Anastomose zwischen den beiden Magen oder dem Darme der zwei Tiere her. Die Darmverbindung braucht nur in einer seitlichen Anastomose zweier Darmschlingen zu bestehen. Oder der Darm

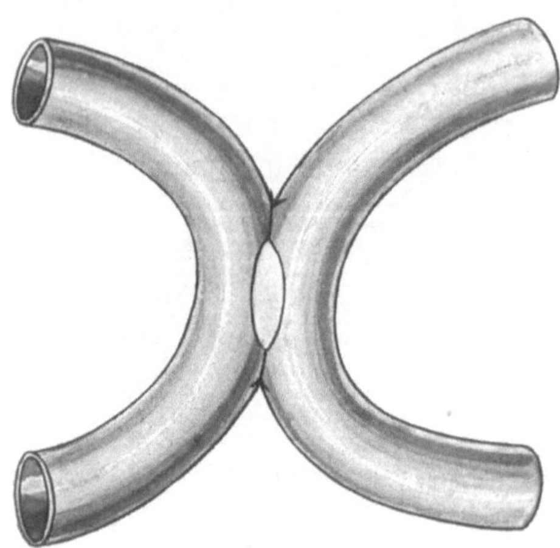

Abb. 222. Seitliche Anastomose zweier Darmschlingen für die Parabiose.

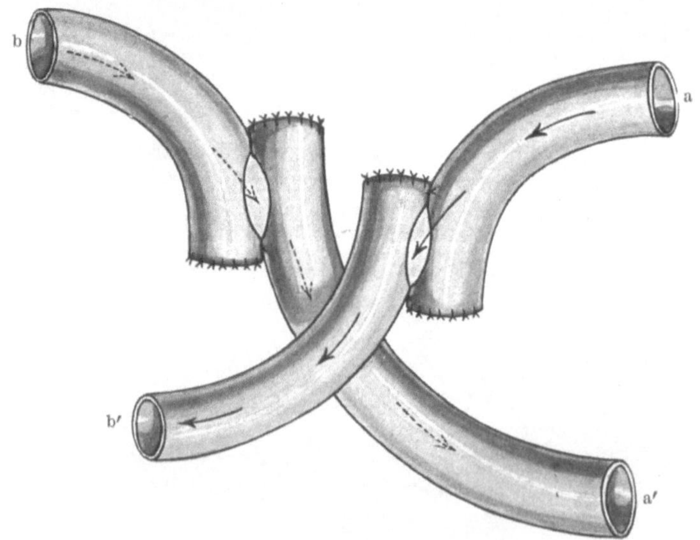

Abb. 223. Seitliche Anastomose der durchtrennten Darmschlingen für die Parabiose. — a der zu- und a′ der abführende Teil der Darmschlinge des Tieres A. — b der zu- und b′ der abführende Teil der Darmschlinge des Tieres B. Die Pfeile deuten die Wegrichtung der verdauten Speisen an. Punktierte Pfeile gehören zum Tiere B.

wird durchtrennt und der proximale Darmteil des einen Tieres mit dem distalen Darmteile des anderen Tieres verbunden, bzw. umgekehrt. Mit anderen Worten: Was das eine Tier frißt, gibt das andere Tier per rectum von sich (Abb. 223). Ich empfehle dabei die laterale Anastomose, weil eine circuläre Darmnaht bei den kleinen Tieren oft Stenosen zur Folge hat.

5. Kombination von 1. und 2. mit einer Vereinigung bestimmter Skeletteile, z. B. der benachbarten Rippen oder Darmbeinschaufeln.

Weiterhin läßt sich als

6. Methode die Skelettvereinigung, welche einen besonders festen Halt gewährleistet, mit 1., 2., 3. und 4. kombinieren.

7. Endlich steht die unmittelbare Blutgefäßvereinigung in Verbindung mit einem oder sämtlichen vorher genannten Verfahren zur Verfügung (Abb. 220, S. 237).

Alle aufgezählten Wege gestatten auch ein mehrzeitiges Operieren, d. h. in verschiedenen Sitzungen.

Am besten eignen sich junge, 4—10 Wochen alte Tiere für die Parabioseversuche. Aus biologischen Gründen haben Blutsverwandte, also Geschwister desselben Wurfes, die günstigsten Aussichten auf Erfolg.

Zur Schmerzbetäubung dient oberflächliche Narkose oder $^1/_4$ ccm einer 1 proz. Morphiumlösung (S. 96) bei Hunden, Urethan (S. 98) bei Kaninchen, Ratten, Meerschweinchen.

Ein primäres festes Zusammenheilen der Tiere verlangt strengste Asepsis. Über das Enthaaren und die Hautdesinfektion vgl. S. 93 und S. 117.

Als Nahtmaterial verwende ich ausschließlich stärkeres Catgut, welches nicht so schnell resorbiert wird. Ferner ziehen wir die Knopfnaht der fortlaufenden Naht vor. Letztere beansprucht zwar bedeutend weniger Zeit als die Knopfnaht. Wenn aber eine Stelle des Fadens einreißt, so platzt meist die ganze Naht auf. Die Knopfnaht verhütet dieses unwillkommene Ereignis. Die Nahtlinien sollen näher an der Wirbelsäule liegen und nicht zu sehr ventralwärts. Auf diese Weise können sich die einzelnen Tiere besser bewegen.

Bei Mäusen, Ratten und Meerschweinchen fällt ein Verband fort. Der Wundschorf gewährt genügend Schutz. Ein durchlöcherter Boden des Käfigs beugt der Beschmutzung der Tiere mit Urin und Kot vor (S. 40 u. 43). Kaninchen, Katzen und Hunde brauchen einen Verband. Zur Einbandagierung wählen die verschiedenen Autoren Mull-, Stärke- oder Gipsbinden. Ich bevorzuge gut sitzende Tuchwesten mit Schnallen, welche den Tieren vor der Operation genau angepaßt wurden. Diese besitzen für die zwei Köpfe und je vier Vorder- und Hinterbeine umgesäumte Löcher. Bei den männlichen Tieren hat man auf das Freilassen der Harnröhre zu achten. Die Hunde kommen bei uns 10 Tage lang nach der Operation in einen passenden Holzkasten mit durchlöchertem Boden. Der Deckel besteht aus Drahtgeflecht. Die Tiere können nur die Köpfe frei bewegen. Der Kasten steht an einem dunklen, geräuschlosen Ort, in schräger Lage, damit der Urin nach hinten fließt und der Kot rückwärts fällt. Säugende Tiere werden früh, mittags und abends der Mutter angelegt. Im übrigen gestaltet sich die Nachbehandlung und Pflege wie bei den anderen Tieren (S. 137). Die einzelnen Mahlzeiten sollen nicht zu groß sein. Bei der Magenausdehnung beengt der Fixationsverband die vereinigten Säuger zu sehr und behindert die Atmung. Deshalb empfiehlt sich öfteres Fressen in kleinen Portionen, eventuell 5mal täglich 14 Tage lang. Welche Zeitdauer das feste Verwachsen beansprucht, hängt von der Tierart und dem Operationsverfahren ab.

VII. Operationen am Kopfe.

a) Trepanation.

Die Eröffnung des Schädels zum Freilegen des Gehirnes ist im Zusammenhange mit den Operationen am Centralnervensystem auf S. 206 u. f. beschrieben.

b) Sehorgan.

Über die Impfungen in die Hornhaut, in die vordere Augenkammer und in den Glaskörper vgl. S. 154 u. 155.

Die Technik der Punktion der vorderen Augenkammer entspricht der Impfung daselbst.

Bei der Hornhautüberpflanzung excidiert man die ganze Cornea oder nur die oberste Schicht, Lamina elastica anterior (BOWMANI) einschließlich der Substantia propria. Die Lamina elastica posterior (DESCEMETI) mit dem Endothelium camerae anterioris bleiben zurück.

Wie bei allen Transplantationen (S. 231), so muß bei der Überpflanzung der Cornea jede Gewebsschädigung fortfallen. Als Anaestheticum benutzen die meisten Autoren Cocain (S. 101 u. 154). Die transplantierte Hornhaut klebt sofort fest. Nähte sind nicht notwendig. Die Augenlider werden für 8 Tage mit zwei Seidenknopfnähten geschlossen (S. 155).

Für die Verpflanzung der oberflächlichen Corneaschichten bildet v. HIPPEL auf der Hornhaut durch vorsichtiges Einritzen bis zur Membrana DESCEMETI einen Lappen. Diesen erfaßt eine Pinzette an seinem Rande. Mit einem Starmesser trägt der Operateur den Hornhautlappen ab und legt ihn auf das Empfangsauge, dem ein gleich großes Stück der Cornea vorher entfernt war. Wenn zweckmäßig an dem Transplantat noch etwas Sclera haftet, so können zwei feinste Catgutnähte den Cornealappen fixieren.

Unter Exenteratio bulbi verstehen wir die Entfernung des Inhaltes eines Augapfels. Der Eingriff läßt also die Sclera, Muskeln und die bindegewebige Umhüllung des Augapfels (= TENONsche Kapsel) unberührt. In leichtem Ätherrausche umschneidet ein Starmesser die Hornhaut. Mit einer kleinen geschlossenen COOPERschen Schere gelingt leicht das Herauslöffeln des Bulbusinhaltes innerhalb der Sclera. Zwei feine Catgutknopfnähte durch die oberen und unteren Bindehautfalten verschließen den Defekt. Augenverband für 12 Tage.

Bei der **Enucleatio bulbi** wird der Bulbus samt der Sclera aus der TENONschen Kapsel (s. o.) herausgeschält. Die Muskeln, das Bindegewebe, sowie die Conjunctiva bulbi bleiben in der Augenhöhle zurück. Nach der Umschneidung der Conjunctiva bulbi durchtrennt ein spitzes Messer die Muskelansätze. Sodann führe ich hinter den Augapfel eine COOPERsche Schere und durchschneide mit ihr den N. opticus. Verband. Die Arteria ophthalmica blutet fast kaum infolge ihrer starken Retraction.

Die **Exenteratio orbitae** hat die vollständige Ausräumung der Augenhöhle zum Ziele. Auch das Periost fällt dabei eventuell mit fort.

Die **Durchschneidung des N. opticus** erfolgt am Chiasma opticum oder innerhalb der Augenhöhle. Den Weg für die letztere Methode zeichnet die eben erwähnte Enucleatio bulbi vor: Leichter Ätherrausch. Nach der halbmondförmigen lateralen Umschneidung der Conjunctiva bulbi dringt die geschlossene schmale COOPERsche Schere an der lateralen Seite des Augapfels vorsichtig in die Tiefe und versucht, den N. opticus zu durchtrennen. Meist fallen dabei ein bis zwei Augenmuskeln zum Opfer. Auch die N. abducens und oculomotorius werden dabei leicht verletzt. Zur besseren Übersicht darf eine Hohlmeißelzange die laterale knöcherne Wand der Orbita etwas abtragen.

Für die **Darstellung des Chiasma opticum** trepanieren wir die eine Schädelseite und wenden die Methode des überhängenden Gehirnes an. Die Operation verläuft wie bei der Hypophysenexstirpation (S. 213).

c) Gehörorgan.

Die Operationen am Gehörorgan erstrecken sich auf die Gehörknöchel, d. h. Hammer, Amboß und Steigbügel, sowie auf das Labyrinth[1]).

Letzteres liegt im Felsenbeine und besteht aus dem Vorhof, der Schnecke sowie den drei halbzirkelförmigen Kanälchen. Der N. acusticus teilt sich in den N. vestibularis und den N. cochlearis. Diese Endäste ziehen zum Vestibulum bzw. zur Schnecke hin. Nur die Schnecke gilt als Endorgan des Gehörsinnes. Das Säckchen und die Bogengänge stellen den statischen Sinn dar. Die Zerstörung der Canales semicirculares löst Bewegungsstörungen aus.

Nach den Angaben im Lehrbuche von LANDOIS-ROSEMANN besitzen die höheren Säugetiere den Typus der Bildung des Gehörorganes wie der Mensch. Die niedrigsten Säuger tragen ein dem Vogel ähnliches Gehörorgan. Bei diesen verschmelzen beide Säckchen. Der Schneckenkanal, welchen eine feine Röhre mit dem Säckchen verbindet, kann bei den Vögeln Ansätze zu spiraligen Drehungen zeigen und verfügt über ein flaschenförmiges, blindes Ende, die Lagena. Die Gehörknöchelchen sind auf ein säulenartiges Gebilde reduziert, welches dem Steigbügel entspricht und Columella heißt (S. 49). — Bei den Reptilien ist die Schnecke in eine Scala tympani und Scala vestibuli geteilt. Der Sacculus präsentiert sich als eine deutliche Ausbuchtung. Bei den Schlangen vermissen

---

[1]) **Labyrinth(us)** = das innere Ohr, besteht aus dem knöchernen Labyrinth, welches das häutige Labyrinth umschließt.

Das **Mittelohr** wird gebildet von der Paukenhöhle, Cavum tympani, welche die drei Gehörknöchel enthält. Sie hat eine Verbindung mit den lufthaltigen Cellulae mastoideae und durch die Tuba auditiva (EUSTACHII) mit dem Pharynx.

Das **äußere Ohr** setzt sich aus dem äußeren Gehörgange und der Ohrmuschel zusammen.

Haberland, Tierexperiment. 16

wir eine Trommelhöhle. — Die Amphibien stehen im Labyrinthbau den Fischen nahe. Ihnen fehlt ein typischer Ausbau der Schnecke. Außer dem Frosche haben die meisten von ihnen keine Trommelhöhle. Es existiert nur die Fenestra ovalis (nicht auch die rotunda), welche beim Frosche durch drei Gehörknöchelchen mit dem freiliegenden Trommelfell in Verbindung steht. — Die Neunaugen, Cyclostomen (S. 82) tragen nur ein borstentragendes, otolithenhaltiges Säckchen mit zwei Bogengängen. Bei den Myxinoiden befindet sich nur ein Bogengang. Die meisten Fische führen jedoch den Utriculus mit den Canales semicirculares in typischer Ausbildung. Die Knochenfische weisen die erste Andeutung des vom Sacculus ausgehenden Schneckenkanales in der BRECHETschen Cysticula auf. Die Schnecke mangelt sämtlichen Fischen.

Dieses kurz skizzierte Bild zeigt uns, welche Operationsmöglichkeiten bei den einzelnen Gattungen der Wirbeltiere bestehen.

Die häufigsten Versuche werden an der Taube und dem Frosche ausgeführt.

Nach SCHRADER gelingt die Herausnahme der häutigen, halbzirkelförmigen Kanäle beim Frosche sehr leicht. Der Eingriff glückt vom Maule aus ohne irgendwelche Nebenverletzungen. Man schließt dabei mit Sicherheit jede Läsion des centralen Nervensystems aus.

Das dünne Schädeldach der Taube erleichtert das Freilegen ihrer Bogengänge. Denn nach der Präparation des Knochens an der mit * bezeichneten Stelle in der Abb. 224 schimmert bereits vor der Eröffnung des Knochens die Kreuzungsstelle des vertikalen (= frontalen) und horizontalen (= äußeren) Bogenganges durch. Im einzelnen verläuft die Operation folgendermaßen:

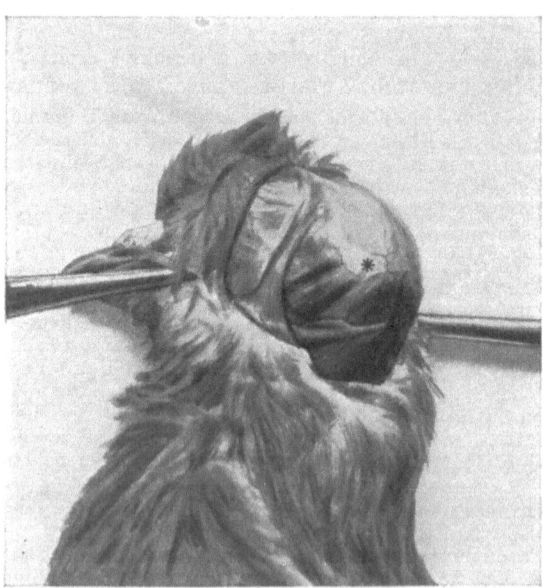

Abb. 224. Freilegung der Bogengänge bei der Taube. * bezeichnet diejenige Stelle, wo die aneinandergrenzenden Schädelmuskeln nach erfolgter Spaltung der Haut vom Knochen losgelöst werden (nach FUCHS).

Entfernung der Federn auf dem Kopfe mit einer Schere. Das Tier wird in der auf S. 55 beschriebenen Weise in ein Handtuch geschlagen. Als Narkoticum dient der Äther (S. 105). Ein medianer Hautschnitt von der Wurzel des Schnabels bis zum Genick erlaubt ein weites Abdrängen der Haut mit dem Daumen und Zeigefinger durch den Assistenten. Einsetzen zweier Gewichtshaken. Hierauf incidiert man das Periost dicht oberhalb der Insertionsstelle des vorderen und hinteren Nackenmuskels (Abb. 224, *). Sodann schiebt ein Knochenmesser die Muskeln nach unten, bis die buckelförmige Vorwölbung der Protuberantia occipitalis lateralis erscheint. Nach R. F. Fuchs bleibt die medial gelegene Muskelpartie unberührt wegen der daselbst verlaufenden großen Blutgefäße. Ihre Verletzung führt zu einer blutigen Infiltration des von einer weitmaschigen Spongiosa gebildeten Knochenraumes, in welchem die Bogengänge liegen, obgleich der Knochen noch nicht eröffnet wurde. Auch eine große, im Knochen verlaufende Vene muß bei der Eröffnung des Schädelknochens geschont werden. Die Trepanation erfolgt durch schrittweises Abtragen des Knochens mit dem Knochenmesser. Nach der Bildung eines Loches erweitert eine kräftigere Pinzette die Schädelöffnung. Die die Bogengänge begleitenden Venen sind zu schonen. Mit einer Messerspitze breche ich die knöchernen, freigelegten Canales semicirculares auf, erfasse mit einer Splitterpinzette den häutigen Bogengang und durchschneide ihn mit einer spitzen Gefäßschere. Um das Austreten der Lymphe einzudämmen, verschließt eine Wachsplombe die Operationsstelle. Hierauf kommen die Muskeln wieder möglichst in die frühere Lage zurück. Die exakte Hautnaht beschließt den Eingriff.

Bei den höheren Säugetieren bildet die Stakessche Operation die Richtlinie zur Freilegung des Mittelohres. Den Processus mastoideus legt ein bogenförmiger Schnitt frei, welcher hinter dem Ohre parallel dem Ansatze der Ohrmuschel verläuft. Das Periost ist nach vorn und hinten zurückzuschieben, wobei vorne der Rand des knöchernen Gehörganges zur Darstellung gelangt. Der Processus mastoideus enthält, besonders bei Affen, Hunden und Katzen, relativ große Lufträume, Cellulae mastoideae, die in Verbindung mit dem Mittelohre stehen. Ein Knochenmesser oder ein Meißelschlag kann die freigelegte äußere, dünne Knochendecke eröffnen. Sodann arbeitet sich der Operateur sehr behautsam in die Tiefe bis zu den Bogengängen bzw. der Schnecke vor. Die dort verlaufenden Nerven bedürfen besonderer Beachtung. Auftretende Blutungen oder Erguß der Lymphe bekämpft man mit Wachsplomben.

d) Geruchorgan.

Jede Narkose hat beim Tiere eine leichte bis schwere Schädigung des Geruchsinnes zur Folge. Deshalb soll während der Allgemeinbetäubung kein Äther die Nase berühren (S. 106 unten). Auch das Benetzen der Nase mit Alkohol bei der Desinfektion für Operationen im Gesicht, die Cocainisierung oder Infiltrationsanästhesie der Nasenschleimhaut usw. führen unter Umständen zu Störungen des hochentwickelten Geruchempfindens.

Viele Tiere leiden nach der Verletzung beider N. olfactorii sehr schwer. Sie fühlen sich unsicher, weil ihnen eines ihrer empfindlichsten Sinneswerkzeuge fehlt.

e) Bildung der Speichelfistel.

Zur Gewinnung des Absonderungsproduktes von der Glandula parotis oder Glandula submaxillaris legen wir eine oder mehrere Speichelfisteln an. Die experimentelle Chirurgie kennt a) temporäre und b) permanente Fisteln.

Für die Bildung einer vorübergehenden Speichelfistel durchschneidet in Lokalanästhesie ein Skalpell die Haut und Fascie über dem betreffenden Ausführungsgang der Drüse. Es folgt die Darstellung dieses Ganges. Hierauf wird derselbe incidiert und eine feine Kanüle eingebunden. Auf diese Weise läßt sich das Secret auffangen.

Die permanente Speichelfistel dient zu fortlaufenden Untersuchungen. Das Prinzip der Operationstechnik besteht darin, daß der Ausführungsgang nach außen durch die Haut mündet. Sein enges Lumen macht das Einnähen in die Haut unmöglich. Deshalb umschneidet in

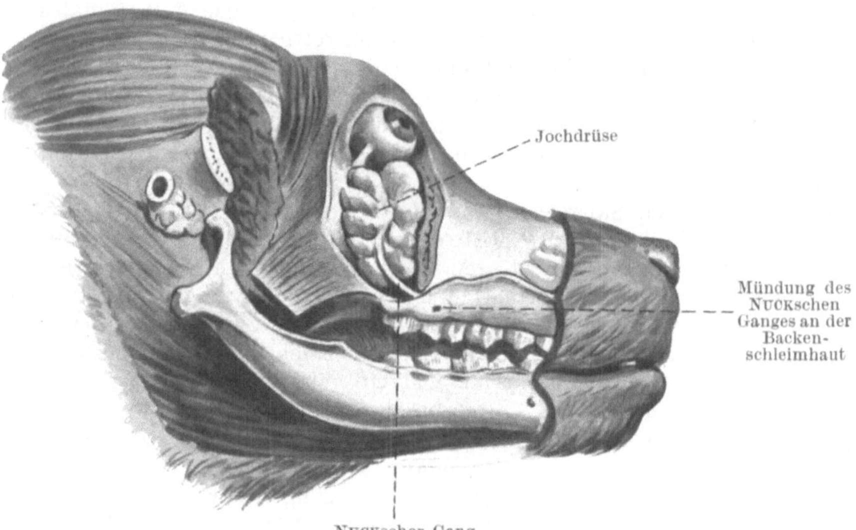

Abb. 225. Jochdrüse des Hundes nach Entfernung des Jochbogens (nach Martin).

örtlicher Betäubung ein kleines, spitzes Messer ovalär die den Ausführungsgang umgebende Schleimhaut. Alsdann ist der Gang mit dem angrenzenden Bindegewebe ohne Verletzung der Nerven und Gefäße möglichst weit freizupräparieren. Vom Maule aus bohrt der Operateur mit einem dicken Trokar ein Loch durch die Wange. Eine Klemme erfaßt die Spitze des durchgeführten Instrumentes, welches man wieder zurückzieht. Jetzt liegt im Haut-Weichteilkanal und im Maul die Klemme. Diese ergreift das freie Schleimhautstück und zieht es vorsichtig durch

den Kanal auf die äußere Haut. Mehrere Seidenknopfnähte sorgen für
eine genügende Fixation. Zwei bis drei Catgutknopfnähte verschließen
im Maule den Schleimhautdefekt. Bei der Benutzung eines schmalen
Messers drehe ich dieses vor dem Zurückziehen um 90°, damit das Schnitt-

Abb. 226. Bildung der Speichelfistel. II. Akt.

Abb. 227. Bildung der Speichelfistel. III. Akt.

loch klafft (Abb. 226). Der Ausführungsgang darf nicht abgeknickt sein,
um den freien Secretabfluß nicht zu behindern. Zum Auffangen des
Secretes klebt PAWLOW die von ihm konstruierten Gläschen mit anhängenden Meßcylindern an die rasierte Haut. Als Kittmittel bewährt sich
der MENDELJEFFsche Kitt:

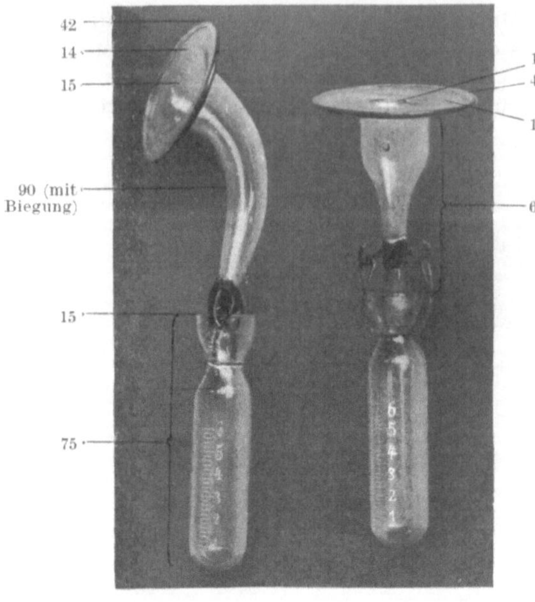

Abb. 228. PAWLOWsche Originalgläschen zum Auffangen des Speichels mit daranhängenden Meßzylindern. — Abb. 228a für die Parotis (Jochdrüse). — Abb. 228b für die Gl. submaxillaris. Die Zahlen bezeichnen die Größenverhältnisse in Millimetern.

Kolophonium 100,0
Gelbes Wachs 25,0
Eisenmennige (Fe_2O_3). . 40,0.

Für die Parotis passen die auf Abb. 228a dargestellten abgebogenen Gläschen. Für

Abb. 229. Hund mit zwei Speichelfisteln (Jochdrüse und Glandula submaxillaris) und den angekitteten Auffanggläschen.

die Glandula submaxillaris eignen sich die geraden Modelle (Abb. 228b). Der von uns operierte Hund auf Abb. 229 besitzt zwei Speichelfisteln und trägt während des Versuches die beiden Gläschen.

VIII. Operationen am Halse.

a) Tracheotomie.

Der Luftröhrenschnitt (S. 221, Abb. 194) gehört zu den leichtesten Eingriffen. Das aufgespannte Tier erhält unter die Schulter ein fest gepolstertes Kissen. Der Kopf fällt nach hinten über. Der Vorderhals liegt frei und ist gespannt. Die Fixation des Kopfes am Oberkiefer geschieht in der auf S. 17 beschriebenen Weise (Abb. 16). In Lokalanästhesie durchtrennt ein Medianschnitt unterhalb des Kehlkopfes die Haut und Fascie. Zwei anatomische Pinzetten schieben die in der Mittellinie sich berührenden langen Vorderhalsmuskeln beiseite. Zwei stumpfe Haken halten letztere auseinander. Dadurch sind die Ringknorpel in das Operationsfeld eingestellt. Ein einzinkiger kleiner Haken hebt die Luftröhre an. Ein spitzes, scharfes Messer durchschneidet so viel Ringknorpel, bis die Kanüle durch den Spalt in die Trachea eingelegt werden kann. Mit einem Bändchen binden wir das Instrument am Halse fest, um ein Herausfallen zu verhüten.

Die angegebene Schnittführung verursacht kaum eine Blutung. Der Isthmus der Schilddrüse besteht nur in Ausnahmefällen. Deshalb gibt es bei den Tieren keine Tracheotomia superior und inferior. Die Doppelkanülen nach LÜER besitzen ein oberes Fenster. Dieses gestattet der Luft teilweise den Weg durch das Maul und die Nase. Ferner ermöglichen die LÜERschen Modelle eine rasche und schmerzlose Beseitigung des anhaftenden Secretes durch Herausnahme des Innenrohres. Dabei bleibt die äußere Kanüle zurück. Die Tierärzte empfehlen die T-förmigen Metallröhren. Wenn die Kanüle längere Zeit verweilen soll, so droht

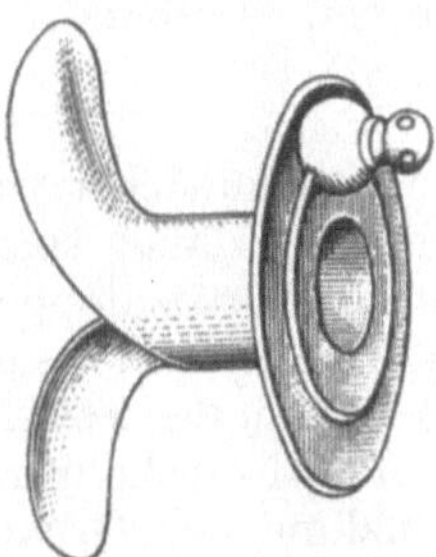

Abb. 230. Tracheotubus nach PEUSCH.

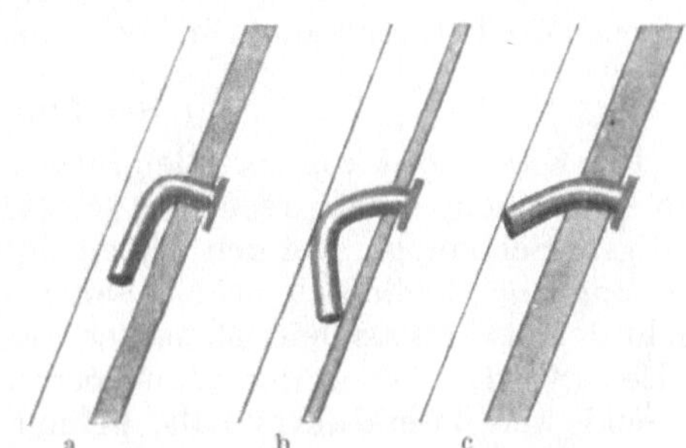

Abb. 231. Verschiedene Lage der Trachealkanüle. a richtig, b u. c falsch (nach FRICK).

durch falsches Liegen infolge Druckusur eine Wandnekrose. Abb. 231 a zeigt die richtige Lage. Nicht selten entwickeln sich bei längerem Liegenlassen Granulationswucherungen in die Luftröhre hinein vom Wundrande aus. Ein kleiner scharfer Löffel beseitigt dieselben.

Angaben über die **Punktion der Trachea** zu Impfzwecken stehen auf S. 156 oben.

b) Kehlkopf.

Die **Stimmbandlähmung** nach der **Durchtrennung des N. recurrens** wurde auf S. 14 und 221 besprochen. Ebenfalls fand dort die **Durchschneidung der Stimmbänder** beim Hunde vom Rachen aus Erwähnung. Dieser Eingriff läßt sich noch leichter von einer dicht unter dem Ringknorpel angelegten Tracheotomiewunde aus ausführen. Bei dem Aufklappen des Kehlkopfes = **Laryngofissur** schickt man den Luftröhrenschnitt voraus und legt eine TRENDELENBURGsche Tamponkanüle ein, um das Einfließen von Blut in die Lungen zu vermeiden. Der Hautschnitt reicht vom unteren Zungenbeinrande bis zur Mitte der

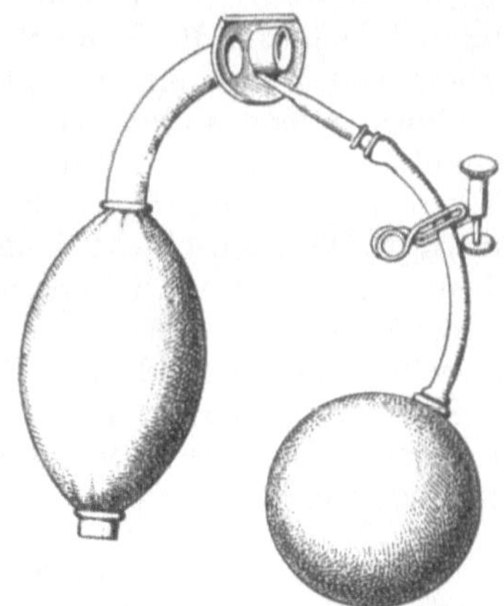

Abb. 232. TRENDELENBURGsche Tamponkanüle. — Durch den Ballon (rechts) wird der um die Kanüle herumgedrehte Condon (links) aufgeblasen, bis er sich fest an die Innenwand der Luftröhre anschmiegt. Eine Klemme (rechts) verhindert das Entweichen der Luft.

Trachea. Ich halte mich genau in der Mittellinie und gehe bis zum Kehlkopf vor. Dies geschieht fast ohne Blutung. Nun dringt die Spitze eines kräftigen Scherenarmes in die Mitte des Ligamentum cricothyreoideum medium und spaltet den Kehlkopf von unten nach oben in der Mittellinie. Ein Wundsperrer zieht die beiden Hälften auseinander. Jetzt können bei guter Übersicht die geplanten Eingriffe im Kehlkopfinnern vorgenommen werden. Nach beendeter Operation sind die Kehlkopfhälften durch zwei bis drei Catgutnähte wieder aneinander zu bringen und die Tamponkanüle zu entfernen. Einige Autoren tamponieren mit Vioformgaze das Wundgebiet über dem Kehlkopfe und setzen eine Trachealkanüle in die Luftröhrenwunde ein. Verband.

c) Schilddrüse.

Die Exstirpation der Glandula thyreoidea verläuft zunächst wie die Darstellung des N. recurrens (S. 221). Dieser Nerv verlangt sorgfältigste Schonung. Bei den Tieren liegen die zwei Schilddrüsenlappen als längliche Gebilde zu beiden Seiten der Trachea. Sie befinden sich mehr dorsalwärts als beim Menschen. Ein Isthmus gehört zu den Seltenheiten (S. 11). Wenn der Wundsperrer die vorderen Halsmuskeln genügend weit lateralwärts hält, gelingt die Herausnahme des Organs mühelos. Über die Schilddrüsenverpflanzung mittels der Gefäßnaht s. S. 235.

d) Nebenschilddrüsen.

Die Beseitigung der äußeren und inneren Nebenschilddrüsen = Glandulae parathyreoideae = Epithelkörperchen ruft eine Tetanie mit tödlichem Ausgange hervor. Die Lage der Epithelkörperchen weicht bei den einzelnen Tieren derselben und der anderen Gattungen oft erheblich ab. Kaninchen weisen außerdem zahlreiche akzessorische Nebenschilddrüsen am Halse und in dem oberen Brustabschnitte auf. Aus diesem Grunde lehnen wir die Kaninchen für derartige Versuche ab. Der Hund verfügt meist am oberen Pole der Schilddrüse über eine Gl. parathreoidea, welche außen anliegt oder in einer Vertiefung bzw. in der Schilddrüsensubstanz selbst eingebettet ist. Auch bei Ratten und Mäusen wechseln die Epithelkörperchen in der Anzahl und Lage. Das günstigste Versuchsobjekt bildet die Katze. Die Nebenschilddrüsen heben sich bei ihr als stecknadelkopfgroße Gebilde deutlich von der Gl. thyreoidea ab. Der Operationsverlauf deckt sich mit demjenigen bei der Darstellung der Schilddrüse. Eine eigene besondere Kapsel umschließt die Epithelkörperchen. Deshalb muß bei einer freien Transplantation die Nebenschilddrüse vor ihrer Einpflanzung mindestens einmal zerschnitten werden (S. 232).

e) Halsgefäße und Nerven.

Die diesbezüglichen Eingriffe sind auf S. 219 u. f. beschrieben worden.

f) Oesophagusfistel.

Die Speiseröhre verläuft an der linken Halsseite. In Lokalanästhesie und in der gleichen Kopflage wie zur Tracheotomie wird eine Magensonde

in den Oesophagus eingeführt. Diese Maßnahme erleichtert das schnelle
und sichere Auffinden der Speiseröhre. Sodann durchtrennt ein Skalpell
die Haut und Fascie über dem Innenrand des linken M. sternocleidomastoideus. Der Schnitt (s. u.) beginnt in Kehlkopfhöhe und reicht 5 bis
10 cm weit nach abwärts. Nach der Präparation des Innenrandes des genannten Muskels zieht ein stumpfer Wundhaken denselben lateralwärts.
Der nachfühlende Finger orientiert sich über die Lage des Oesophagus
(s. o.). Seine Freilegung gelingt mit zwei anatomischen Pinzetten ohne
Schwierigkeiten. Hierauf legt der Operateur zwei Haltefäden an der
geplanten Durchtrennungsstelle an. Herausziehen der Magensonde und
sorgfältiges Abstopfen des Wundgebietes mit Jodoform(Vioform)gaze.
Es folgt die quere Durchschneidung. Einige Autoren schnüren den

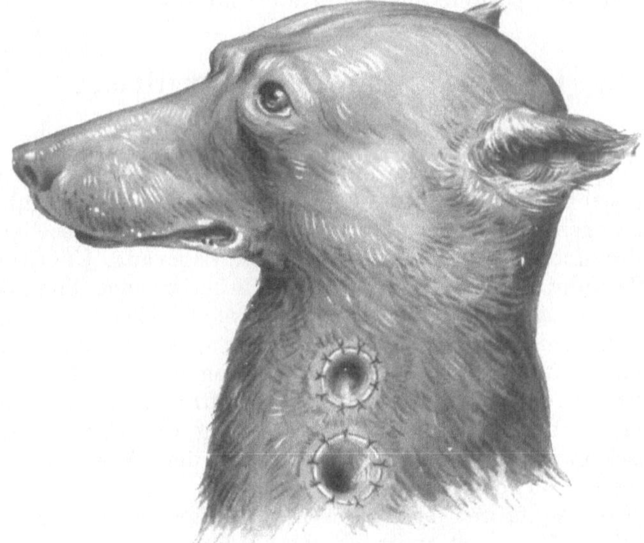

Abb. 233. Oesophagusfistel.

Abb. 234. Oesophagus- und Magenfistel. — Das verschluckte Futter kommt zum Halse heraus.
Während des Fressens wird die Magensekretion angeregt. Der Magensaft tropft im reinen Zustande durch die Magenfistel ab. Sog. Scheinfütterung.

peripheren Stumpf zu und versenken ihn in die Tiefe. Andere nähen regelmäßig beide Stümpfe mit Seidenknopfnähten in die Haut ein. Wir legen nochmals oberhalb der Clavicula einen kleinen Hautschnitt an und führen den peripheren Speiseröhrenstumpf nach außen. Es bleibt also eine Hautbrücke zwischen beiden Oesophagusenden bestehen. Diese Methode hat sich bewährt. Sie verringert die Gefahr des Aufplatzens der Nähte. Vor dem Einnähen der Stümpfe kommt die Gaze fort. Austupfen der Wunde mit 5proz. Jodtinktur. Die beiden Oesophagusstümpfe sollen genügend weit herausgezogen werden, um einer späteren allzu starken Retraction vorzubeugen. Anfangs füttere ich unter Umständen die Tiere durch eine Magenfistel (s. u.). Später steckt man während der Nahrungsaufnahme einen mit kaltem Wasser befeuchteten Schlauch in das periphere Stumpfende und ernährt auf diese Weise das Tier.

IX. Operationen an der Brust.

a) Operationen an der knöchernen Brustwand.

Sämtliche Operationen am Thorax, welche mit der beabsichtigten oder unabsichtlichen Durchtrennung der Pleura costalis einhergehen, erfordern wegen des Lungencollapses die auf S. 110 beschriebenen Vorsichtsmaßnahmen. Vor allem sind richtige Lagerung, Überdruck- und Sauerstoffzufuhr notwendig. Das Brustfell besitzt eine hohe Empfindlichkeit gegen sämtliche Bacterien. Selbst Luftkeime erweisen sich schädlich. Deshalb gilt es, möglichst rasch zu operieren, damit die Pleura nicht zu lange offen bleibt. Die Schockwirkung wird auf ein Mindestmaß beschränkt. Drei Wege stehen uns zur Eröffnung der Brusthöhle zur Verfügung: 1. Die Quer- oder Längsspaltung des Brustbeines, 2. die Rippenresektion und 3. die Durchtrennung der Weichteile zwischen zwei Rippen (= Thoracotomie).

Das erste Verfahren benutzten nur wenige bei den Säugetieren. Denn bei ihnen ist das Sternum so schmal, daß seine Längsspaltung nur schwer gelingt. Dagegen gestattet das breite Brustbein z. B. der Vögel oder Frösche diesen Eingriff. Vgl. auch die auf S. 199 erwähnte Technik zur Freilegung des Herzens. Die Wegnahme des Brustbeines bedeutet ein brutales Vorgehen und schädigt das Tier außerordentlich in seinem späteren Leben.

Bei der Rippenresektion liegt ein fest gepolstertes Kissen unter dem Rücken. Auf diese Weise klaffen die Intercostalräume. Zur Schmerzstillung reicht Lokalanästhesie aus. Mit dem Zeigefinger und dem Daumen der linken Hand umfassen wir die gewählte Rippe und spalten durch einen Messerzug die darüber liegenden Weichteile einschließlich Knochenhaut. Ein Wundspreizer hält die Weichteile auseinander. Am Ende des Periostschnittes werden zwei senkrechte Schnitte über die Rippe geführt. Ein Raspatorium oder ein Knochenmesser schiebt das Periost von der Vorderseite der Rippe in Form eines periostalen Türflügellappens ab (vgl. Abb. 235). Hierauf löst das Messer vorsichtig die Knochenhaut am oberen und unteren Rippenrande. Sodann hebelt eine kleine CooperSche Schere das Periost von der Hinterfläche der Rippe ab. Die Arterie, Vene und der Nervus costalis, welche am unteren Rippenrande verlaufen, bleiben unverletzt. Eine kräftige Schere schneidet mit zwei Querschnitten das Rippenstück heraus. Die subperiostale Herausnahme der Rippen kommt meines Erachtens nur bei Affen, Hunden, Katzen, Kaninchen und Meerschweinchen in Frage. Unter Thoracoplastik versteht der Chirurg die Entfernung mehreren Rippen in kleiner oder großer Ausdehnung.

Die Resektion bzw. Exairesis der Intercostalnerven erfolgt von einem Schnitte am unteren Rippenrande entlang. Das Skalpell übernimmt die Durchtrennung der dort anhaftenden Zwischenrippenmuskeln. Danach stellt der Operateur die Arterie, Vene und den Nervus intercostalis einzeln dar. Eine feine, gerade, geknöpfte Schere entfernt bei der Resektion ein Stück aus dem Nerven. Bei der Neurexairese verfährt man wie auf S. 218, unten. Die Trennung der drei genannten Gebilde verhütet eine Verletzung der Blutgefäße, welche sehr stören würde. Der Knopf an der Schere schützt vor dem Anstechen des Brustfelles und dadurch vor einem Pneumothorax.

Die Thoracotomie verlangt die gleiche Lagerung wie die Rippenresektion (s. o.). Eine leichte Äthernarkose verringert die Schockwirkung bei dem Eröffnen der Pleura. Der erste Schnitt innerhalb des Rippenzwischenraumes durchtrennt die Weichteile bis auf die Pleura costalis. Blutstillung. Hierauf hebt eine feine chirurgische Pinzette das Brustfell hoch, um beim Einschneiden nicht die Lunge zu verletzten. Ein eingesetzter Wundsperrer mit stumpfen Zinken oder ein Rippensperrer spreizt den Intercostalraum.

Die Naht der Thoracotomiewunde stößt bei Tieren auf Schwierigkeiten. Zunächst sorgt ein vermehrter Überdruck für die Entfaltung

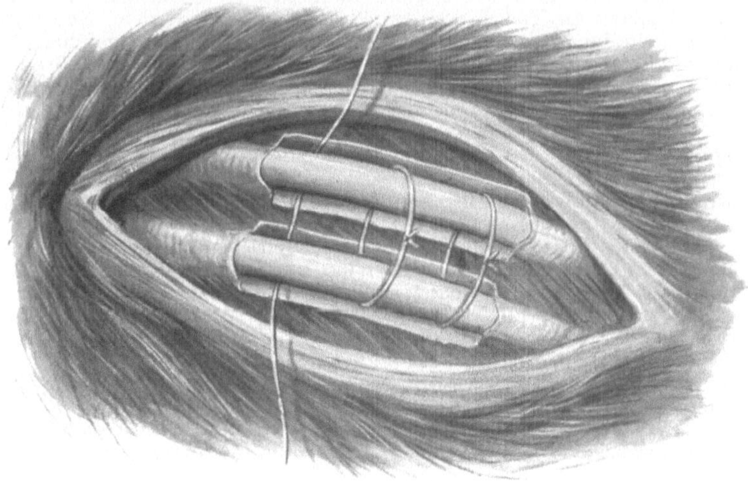

Abb. 235. Das Verschließen der Thoracotomiewunde durch Heranziehen der benachbarten Rippen mit subperiostalen Nähten.

der Lungen. Diese müssen bei dem Wundschlusse der Pleura costalis anliegen. Kleine Geschöpfe vertragen nicht die durchgreifenden Nähte der Brustwand. Die Catgut- oder Seidenfäden üben oft einen solchen Reiz auf das empfindliche Pleuraepithel aus, daß bald ein Pleuraerguß mit allen seinen nachteiligen Folgen entsteht. Die Naht darf nur subperiostal erfolgen. Bevor der Faden um die Rippen gelegt wird, löse ich dieselbe an dieser Stelle von der Knochenhaut ab. Der Faden läuft also zwischen dem Knochen und dem Periost. Er berührt nicht den Brustfellüberzug. Nach der Knüpfung der Fäden bringen wir das Periost in seine alte Lage zurück. Der Knoten liegt nicht auf, sondern zwischen den Rippen. Diese Technik glückt nur bei größeren Tieren. Die percostale Naht nach FRIEDRICH eignet sich im Experimente nicht. — Vielfach genügt die exakte Vereinigung der Weichteile in 2—3 Etagen über der Eröffnungsstelle der Pleura. Besondere Sorgfalt verdient die Blutstillung, damit nicht nachsickerndes Blut in den Brustfellraum eindringt und sich ein Hämothorax entwickelt.

b) Drainage der Pleura.

Die Drainage der Pleura nach JEGER und LELAND beschreibt H. KÜTTNER[1]:

„Nach Vollendung der intrathoracalen Operation wird das vordere Mediastinum, das beim Hund eine feinste Membran darstellt, durchtrennt und ein Metalldrain rechts vom rechten Sternalrande hart an diesem durch einen Interkostalraum hindurchgeführt. Diese Metalldrains sind etwa 18 mm breit und 40 mm lang, an ihrem Ende tragen sie einen leichten Vorsprung und zwei seitliche Löcher, an ihrem äußeren Ende findet sich eine Rinne zum Befestigen eines Schlauches. Das Drain wird auf einen genau passenden Troikart gesetzt, letzterer durch den Interkostalraum gestoßen und hierauf zurückgezogen. An jedem Loch ist ein Doppelfaden befestigt, dessen Enden durch die Thoraxwand geführt und außen miteinander verknüpft werden (. . .). Das Drain sitzt nun un verrückbar so fest, daß sein innerer Rand in gleicher Höhe mit der Pleura steht, durch Zerschneiden der Fäden kann es jederzeit entfernt werden. Nun werden durch dieses Metalldrain zwei Kautschukschläuche (. . .) hindurchgeführt, deren einer auf die kostale Fläche des rechten Pleuraraumes, deren anderer auf die mediastinale Fläche des linken Pleuraraumes gelagert wird. Diese Verteilung geschieht auf Grund der Beobachtung, daß die Tiere immer auf der nichtoperierten Seite liegen, so daß die genannten Stellen die tiefsten Punkte beider Pleurahöhlen bilden. Die Schläuche müssen ziemlich dickwandig sein, ihr Durchmesser soll etwa 8 mm betragen. Sie besitzen sehr zahlreiche seitliche Löcher und enthalten nach Art der Zigarettendrains in ihrem Inneren einen feinsten Gazestreifen, der das Absaugen des Exsudates erleichtert. Nimmt man die Schläuche zu weit, so läuft man Gefahr, beim Aspirieren Lungengewebe hineinzusaugen. Freie Gazestreifen zu verwenden ist nicht empfehlenswert, da sie sehr schnell ausgedehnte Verklebungen bilden, hinter denen sich das Exsudat anstaut und seine verderbliche Wirkung entfaltet. Darauf wird die Wunde der Brustwand in mehreren Nahtreihen luftdicht verschlossen und dann das Metalldrain durch einen kurzen, dickwandigen Gummischlauch mit einem Glasgefäß von etwa 350 ccm Inhalt (. . .) in Verbindung gesetzt, das seinerseits durch einen Quetschhahn verschlossen werden kann. An dieses wird der Aspirator angeschlossen und die gesamte im Thorax angesammelte Luft herausgesogen, wobei gleichzeitig innerhalb des Gasballons ein luftverdünnter Raum entsteht. Sobald

---

[1] Aus BIER, BRAUN und KÜMMELL, Chirurgische Operationslehre 3. Auflage, Bd. II, 454 ff. 1920.

keine Luft mehr entweicht, wird der Quetschhahn verschlossen und der Aspirator entfernt. Es ist klar, daß auf diese Art die im Pleuraraum befindliche Luft viel vollständiger und auch viel schonender entfernt wird als durch Aufblähen mit Hilfe eines starken Überdruckes. Es wird nunmehr jeder Exsudattropfen sofort nach seiner Entstehung in die Glasblase hineingesogen und auf diese Weise unschädlich gemacht.

Der Verlauf pflegt sich folgendermaßen zu gestalten: Schon nach 12 Stunden hat sich im Glasballon eine wesentliche Menge serös-hämorrhagischen Exsudats angesammelt, es wird zweimal täglich durch Aspiration entfernt. Dadurch wird gleichzeitig die vielleicht in den Pleuraraum eingedrungene Luft entfernt. Am dritten Tage pflegt das Exsudat schon sehr an Menge abzunehmen und leukocytenreicher zu sein, am fünften Tag ist es gewöhnlich auf wenige Kubikzentimeter eingeschränkt. Man kann nunmehr den Glasapparat und das Metalldrain entfernen, da sich mittlerweile in dessen Umgebung genügende Verwachsungen gebildet haben, so daß ein neuerlicher Pneumothorax nicht zu befürchten ist. Die Kautschukdrains werden zunächst belassen, täglich um ein Stück gekürzt und um den achten Tag gänzlich entfernt. Die Öffnung pflegt rasch und ohne Fistelbildung auszuheilen."

c) Thymektomie.

Wegen der späteren Rückbildung der Thymusdrüse (= innere Brustdrüse = Briesel) sind derartige Experimente in die ersten Lebensmonate des Tieres zu verlegen. Nach den bisherigen Erfahrungen eignen sich Hunde und Ratten zur Entfernung der Briesel am besten.

Bei Hunden ist diese Drüse in den ersten 14 Lebenstagen voll entwickelt. Zu dieser Zeit hat ihre Fortnahme die offensichtlichsten Ausfallssymptome zur Folge. Wir operieren daher Ende der 2. oder Anfang der 3. Woche. Jüngere Geschöpfe vertragen den relativ schweren Eingriff schlecht. Die Tiere werden nach der Operation dreimal täglich ihrer Mutter an die Brust zum Saugen angelegt. Bei der Mutter dürfen sie nicht ständig verbleiben, weil diese die Operationswunde beleckt bzw. ihr Kind von dem Verbande zu befreien sucht.

Die Thymusdrüse der Ratte soll nach A. Ed. Lampe während des ganzen Lebens ihre Funktionstüchtigkeit behalten und keiner spontanen Involution verfallen. Viele Autoren empfehlen, 14 Tage alte Ratten zu operieren. Ich hatte die besten Ergebnisse mit 4—5 Wochen alten Tieren. Trotzdem krepiert etwa die Hälfte während oder kurz nach dem Eingriffe. Bei der Ratte besitzt die Briesel innige Verbindungen mit den Nachbarorganen. Ein Herausschälen glückt nur innerhalb ihrer Kapsel. Falls die Tiere kleine Reste zurückbehalten, so scheinen diese das Endresultat nicht wesentlich zu beeinflussen.

Die Thymektomie geschieht in leichter Äthernarkose. Eine unter den Rücken geschobene Rolle aus Zellstoff macht die Thoraxapertur etwas zugänglicher. Sauerstoffinhalation sucht die schädlichen Folgen des Pneumothorax zu bekämpfen. Der mediane Haut-Weichteilschnitt verläuft von der Mitte der Trachea bis zur Mitte des Brustbeines. Auf die großen Gefäße, besonders Venen, hat man wegen der Blutungsgefahr zu achten. Eventuell erscheint ihre prophylaktische doppelte Ligatur nützlich. Dicht am linken Sternalansatze durchtrennt ein Messer die ersten zwei bis drei Rippenknorpel unter Schonung der Art. mammaria. Die Längsspaltung des Brustbeines in seinem oberen Drittel mißlingt meist bei diesen kleinen Tieren. Ein einzinkiger Haken hebt das Sternum tunlichst nach oben und rechts außen. Der Operateur präpariert mit zwei anatomischen Pinzetten vorsichtig die Briesel heraus. Dabei unterbindet er einige in das Organ eintretende Blutgefäße. Nach der Thymektomie fahndet die Revision auf zurückgebliebene Drüsenreste, um sie restlos zu entfernen. Die innere Brustdrüse reicht verschieden tief in den Thorax hinein. Eine sorgfältige, luftdicht abschließende Etagennaht der durchtrennten Weichteile beschließt die Operation.

d) Herzoperationen.

Die Beschreibung der Eingriffe am Herzen findet der Leser im Kapitel „Operationen am Gefäßsystem", S. 199 u. f.

Auch die Experimente an der Aorta und den großen Blutgefäßen gehören dazu.

e) Lungenoperationen.

Die Entfernung der ganzen Lungen üben wir im Zusammenhange mit der gleichzeitigen Herausnahme des Herzens als sogenanntes „Herz-Lungenpräparat" (S. 199 u. f.).

Die Unterbindung eines oder mehrerer Lungengefäße ist Gegenstand zahlreicher interessanter Fragestellungen. Über die diesbezügliche Technik vgl. S. 110 u. 130.

Die Exstirpation einer Lungenhälfte oder eines Lappens bereitet keine Schwierigkeiten. Die zu- und abführenden Gefäße werden von der Thoracotomiewunde aus eingestellt, doppelt unterbunden und durchtrennt, sowie auch der betreffende Luftröhrenast durchschnitten.

Der operative Verschluß des Bronchus macht große Mühe. Ein undichtes Verschließen führt den Tod des Tieres aus folgenden Gründen

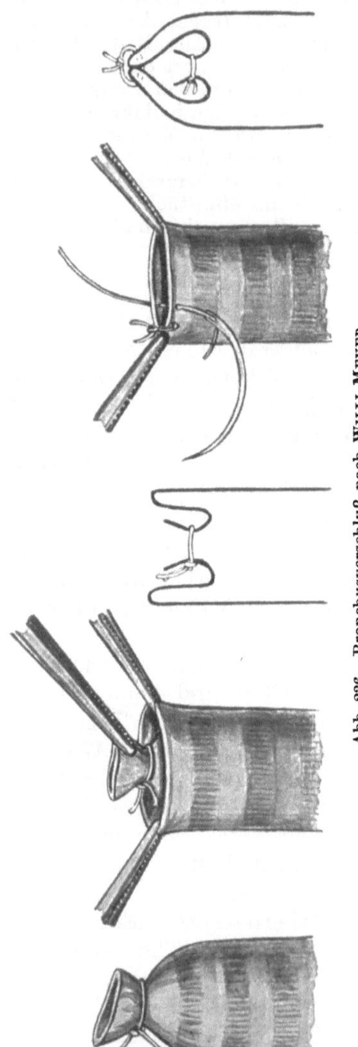

Abb. 236. Bronchusverschluß nach WILLI MEYER.

herbei: a) Dauernder Lufteintritt in die Brusthöhle, b) Einschleppen der Bakterien, c) Hineinsickern des Secretes von der Bronchialschleimhaut in die Pleura. Einige Experimentatoren entfernen zunächst etwas Schleimhaut am Bronchusstumpfe und schnüren den Stumpf

mit einem Seidenfaden ab. GARRÉ und TIEGEL übernähen das Ende
mit einem stehengebliebenen Reste von Lungenparenchym. WILLI
MEYER zerquetscht die starren Ränder des Bronchus, stülpt sie ein
und versenkt das Ende mit einer Tabaksbeutelnaht (S. 275 u. 276). Sein
Vorgehen illustriert Abb. 236.

Die Naht einer Lungenwunde nach einer unabsichtlichen oder
gewollten Verletzung verläuft wie die Vereinigung der Hautwundränder.
Dazu eignen sich nur gebogene, runde, nicht scharfe Nadeln und nicht
allzu feines Catgut. Dünne Fäden schneiden leicht durch.

Über die Technik des Überdruckverfahrens zum Studium
der Lungenmechanik geben die Ausführungen auf S. 110 Auskunft.
Besonders eindrucksvoll wirkt das Aufblasen der Lungen beim Hunde,
der Taube, Schildkröte und Frosch. In die Tracheotomiewunde bindet
man eine luftdichte Kanüle in den peripheren Teil der Luftröhre ein
und bläst sehr vorsichtig auf. Bei zu großem Druck platzen die Alveolen
leicht. Das Aufblähen der Pulmones bei den Vögeln vom eröffneten
Knochen aus wurde auf S. 109 u. 113 geschildert.

Angaben über künstliche Atmung finden sich auf S. 109.

Als Beispiel einer Versuchsanordnung für das Aufzeichnen der
Atembewegungen dient der auf Abb. 237 dargestellte Atemkasten nach
HERING.

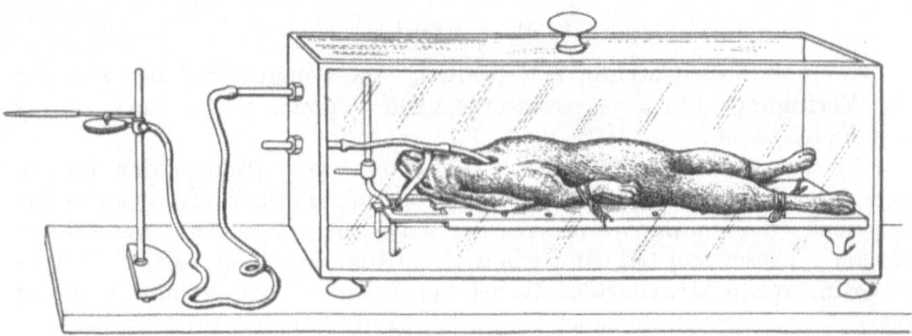

Abb. 237. Atemkasten nach HERING (aus TIGERSTEDT, Handb d. phys. Methodik, 2. Bd. Erste Hälfte,
2. Abt., S. 36, Abb. 25).

Das Tier trägt eine Trachealkanüle r^1, welche luftdicht durch die Glaswand
nach außen ragt. Den Glaskasten verschließt ein abnehmbarer Glasdeckel.
Dieser wird luftdicht aufgesetzt durch Aufkitten mit Ton, welcher mit glycerin-
haltigem Wasser oder Öl angefeuchtet ist. Links steht der Registrierapparat.
Die Ausdehnung des Brustkorbes durch die Atembewegungen bedingt eine
Kompression der Luft innerhalb des Kastens. Der erhöhte Druck pflanzt sich
durch das luftdicht eingelassene Rohr r^2 auf die Schreibtrommel fort.

f) Speiseröhre.

Über die Experimente an dem Oesophagus im Halsabschnitte s. S. 249.

Die Darstellung der Speiseröhre im Brustkorbe gelingt nur nach
der vorausgeschickten Thoracotomie (s. o. S. 251) oder nach ausgedehnter
Rippenresektion links neben der Wirbelsäule. Betreffs Überdruck
usw. vgl. S. 110. Die Herausnahme des Oesophagus hat meist eine Pleu-

ritis zur Folge, an welcher die Tiere krepieren. Deshalb führe ich diesen
Eingriff an großen Hunden zweizeitig aus. In der ersten Sitzung er-
folgt die Rippenresektion und Tamponade der Speiseröhre gegen die
Pleura zu. Luftdichter Verband mit Gummistoff. Es entstehen bald
Verwachsungen, so daß sich bei der zweiten Operation, etwa nach
2—3 Wochen, keine Pleuritis und kein Pneuomthorax entwickelt.
Außerdem legen wir gleichzeitig eine Magenfistel (s. u.) an. Die zweite
Sitzung hat die Herausnahme des Oesophagus zum Ziele.

Über Oesophagusplastik s. S. 287.

X. Operationen in der Bauchhöhle.

a) Bauchfenster.

Zur direkten Beobachtung des Darmes erfand A. Lohmann das
Bauchfenster[1]). Dieses entspricht dem auf S. 210 beschriebenen Gehirn-
fenster. Den Metallrahmen, welcher eine dünne Glimmerplatte umfaßt,
befestigen eine Tabaksbeutelnaht oder mehrere Knopfnähte in der
Bauchdeckenwunde. Auf diese Weise kann man bei erhaltenem intra-
abdominalem Drucke die Organe beobachten.

b) Operationen am Magen.

1. Magenfistel.

Zwei Methoden stehen zur Bildung einer Magenfistel bei Hunden
zur Verfügung: 1. die Gastrostomie nach Witzel, 2. die Verwendung
der Fistelröhren.

Zu der Anästhesie bei einer Gastrostomie ($\gamma\alpha\sigma\tau\dot\eta\varrho$ der Bauch,
$\sigma\tau\acute\rho\mu\alpha$ der Mund) ist Morphium (S. 96) das beste Mittel. Infolge des Er-
brechens (S. 97 unten) entleert das Tier alle Speisereste aus seinem
Magen. Dieser soll bei sämtlichen Eingriffen innerhalb des Abdomens
leer sein. Wenn Äthernarkose die Schmerzbetäubung übernimmt, so reicht
meist 1 ccm Morphium einer 1%proz. Lösung für den Brechakt aus. —
Ein 5 cm langer Schnitt eröffnet in der Mittellinie etwa 2—3 cm unterhalb des Schwertfortsatzes die Bauchhöhle. An dem Wundrande des
durchtrennten Bauchfelles werden Mikuliczsche oder Kochersche
Klemmen angelegt. Sie erleichtern die spätere Naht des Peritoneums.
Abdeckkompressen schützen die Wunde vor Infektion. Die weitere
Operationstechnik gestaltet sich beim Tiere anders als beim Menschen.
Zunächst kommt auf die vorgelagerte vordere Magenwand ein kleiner
fingerdicker steriler Gummischlauch parallel zur großen Curvatur zu liegen.
Lembertsche Seidennähte im Abstande von 3 mm (S. 272) fixieren
den Schlauch in der gebildeten Magenwandfalte. Feuchtwarme Gaze-
kompressen decken den Magen gegen die offene Bauchhöhle zu ab. So-
dann folgt das Anlegen einer Tabaksbeutelnaht (S. 275 u. 276) in der
Magenwand am Ende des Schlauches. Ein Messerstich in der Mitte dieser
Sutur eröffnet auf 1 cm Länge den Magen. Eine chirurgische Pinzette

---

[1]) Lieferant: Mechaniker M. Rinck, Marburg, Physiolog. Institut.

erfaßt den Wundrand der Magenschleimhaut und hebt ihn an. Mit einer
anatomischen Pinzette stülpt der Operateur das Schlauchende in das
Mageninnere. Sofort zieht er die Tabaksbeutelnaht zu und knüpft

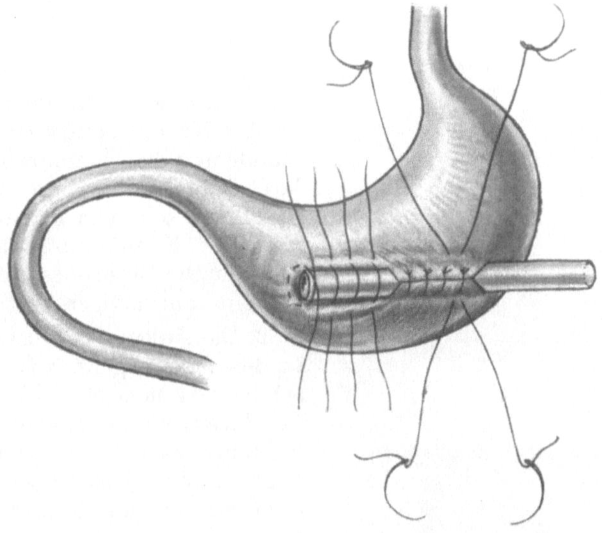

Abb. 238. Gastrostomie am Tiere nach der Art einer WITZELschen Schrägfistel. I. Akt.

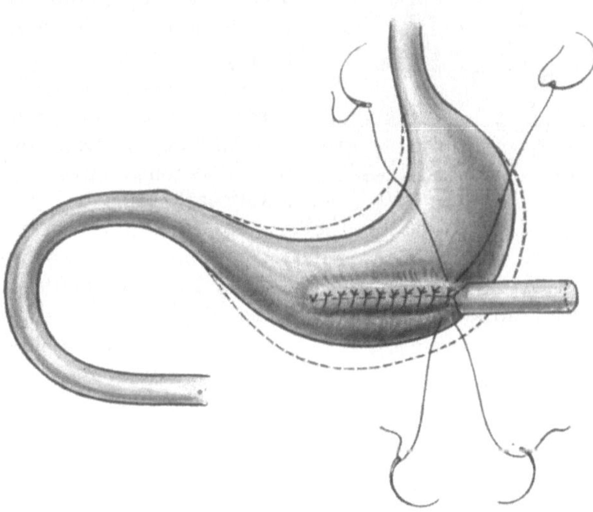

Abb. 239. Gastrostomie am Tiere. II. Akt. — Die beiden, an ihren Enden mit runden Nadeln
versehenen Fäden dienen zur Befestigung der Magenwand an die Bauchwand.

sie. Dadurch gelingt ein sicherer Verschluß der incidierten Magenwand um das Rohr. Zur Vorsicht legen viele noch zwei bis drei LEMBERT-
Nähte darüber. Dort, wo der Schlauch aus der Bauchhöhle heraustritt,
vereinigen zwei Seidenknopfnähte den Magen mit dem linken Bauch-

fellwundrande. Hierauf schlinge ich an dieser Stelle einen starken Seidenfaden um das Gummirohr und fixiere dasselbe am Hautwundrande.
Nach dem Entfernen der Gazekompressen beendet der Verschluß des
Abdomens mit Catgutknopfnähten in drei Etagen den einfachen Eingriff. Auf die äußere Mündung des Schlauches setzen wir einen Trichter
auf und gießen etwas Wasser hinein. Das glatte Einfließen beweist
die richtige Lage des Rohres. Ein Holzpfropf verschließt das Schlauchende. Ein gut sitzender Verband schützt für die ersten 10 Tage die
Wunde und das Gummirohr. Dieses darf später zeitweise wegfallen.
Durch den schrägen Kanal, welcher etwa der Einmündung des Harnleiters in die Blase entspricht, bildet sich ein ventilartiger Verschluß.

2. Das Anlegen der Fistelröhren[1]) an den Magen geht aus den Abb.
241 bis 244 hervor. Abb. 240 zeigt das PAWLOWsche Modell aus ver-
zinktem Eisen. Das eine Ende trägt einen weit überstehenden
Rand mit einem Einschnitte. Durch diese Vorrichtung kann die gebildete
Magenöffnung kleiner sein als der Durchmesser des Kanülenrandes
(s. u.). Ein Kork verschließt das andere Ende. Denselben ersetzt
später ein Korkstopfen mit einer durchgehenden Glasröhre während
des Versuches zum Auffangen des Magensaftes.

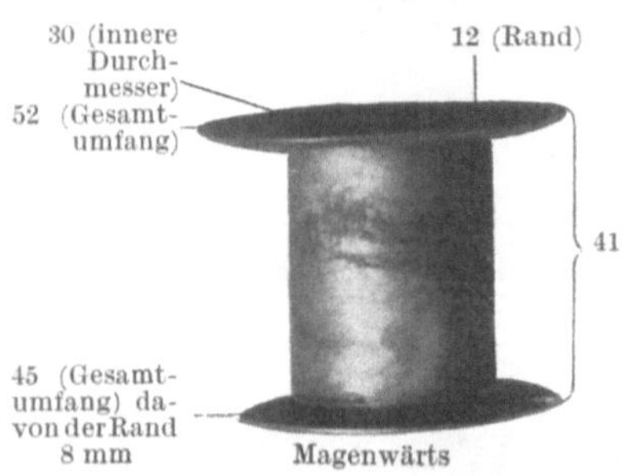

Abb. 240. Die PAWLOWsche Originalfistel-
röhre für den Magen. — Unten der mit einem
Glasrohre durchbohrte Kork, welcher in das
Innere der Metallröhre hineinklemmt.

Zur Schmerzbetäubung empfiehlt sich Morphium aus dem oben genannten Grunde. Die Eröffnung der Bauchhöhle geschieht in der Mittellinie, etwa 2—3 Querfinger unterhalb des Proc. xiphoideus mit einem
8 cm langen Schnitte. Vorlagern des Magens und sorgfältiges Abstopfen nach der freien Bauchhöhle zu mit feuchtwarmer Rollgaze oder Kompresse bieten Schutz gegen
die drohende Infektion der Bauchdeckenwunde nach
der Incision der Magenwand. Zunächst wird eine große
Tabaksbeutelnaht nahe der

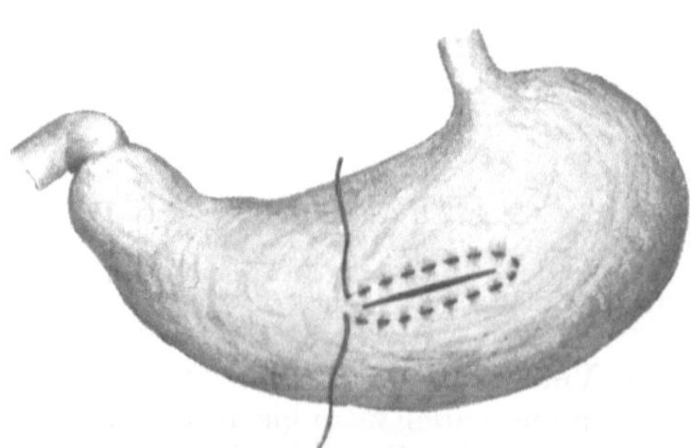
Abb. 241. Anlegen einer Magenfistel mit der PAWLOWschen
Kanüle. I. Akt.

---

[1]) Magenfistelkanülen liefert E. ZIMMERMANN, Leipzig-
Stötteritz, Wasserturmstr. 33.

großen Kurvatur angelegt und in ihrer Mitte ein etwa 3 cm langer Längsschnitt, parallel dem Magenrande, ausgeführt. Eine chirurgische Pinzette ergreift schnell den Wundrand der Magenwand mit ihrer Schleimhaut.

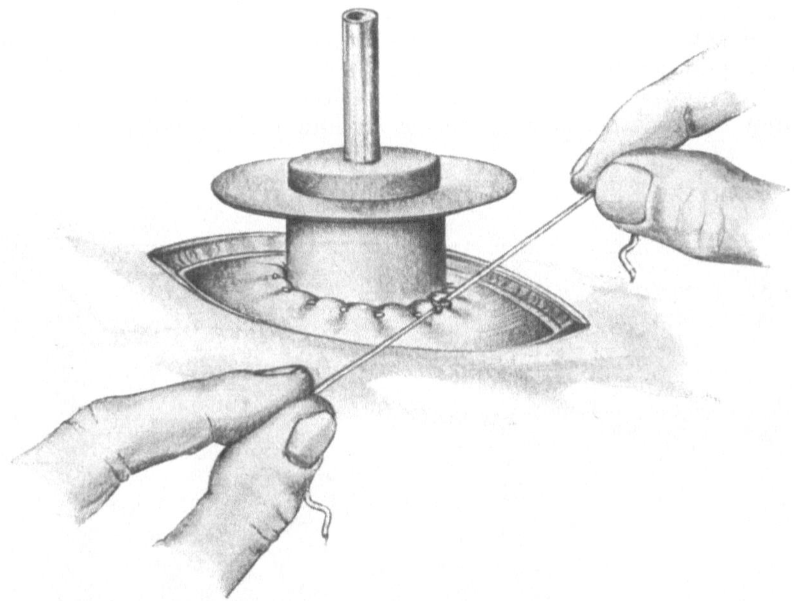

Abb. 242. Anlegen einer Magenfistel mit der PAWLOWschen Kanüle. II. Akt. — Die Kanüle liegt mit dem einen Ende im Mageninnern. Eine Tabaksbeutelnaht gewährt einen sicheren Verschluß.

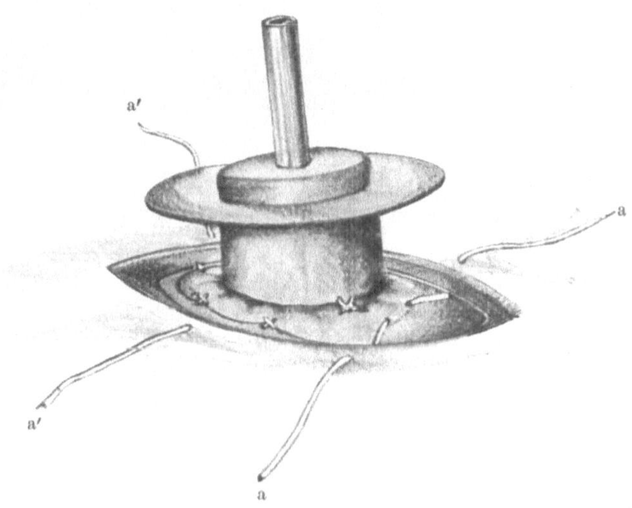

Abb. 243. Anlegen einer Magenfistel mit der PAWLOWschen Kanüle. III. Akt. — Das Peritoneum ist an die Magenwand befestigt. Zwei starke Seidenfäden (a u. a') sind durch die Magenwand und die Bauchdecken gelegt zwecks späteren Verknüpfens.

17*

Die rechte Hand des Operateurs setzt den Einschnitt (s. o.) des
Kanülenrandes in den Wundrand, drückt letzteren nach rechts (beim
Tiere) und schiebt die Kanüle in das Mageninnere. Jetzt zieht der
Experimentator schnell die Tabaksbeutelnaht fest zu, damit kein
Mageninhalt das Operationsfeld verunreinigt. Alsdann führt er durch
den oberen und unteren Wundwinkel zwei starke Seidenfäden, welche
die Magenwand mit erfassen (Abb. 243, *a* u. *a'*). Nach dem Fortnehmen
der Kompresse befestigen mehrere Catgutknopfnähte die um die
Kanüle liegende Magenwand an die Wundränder des Peritoneums. Es

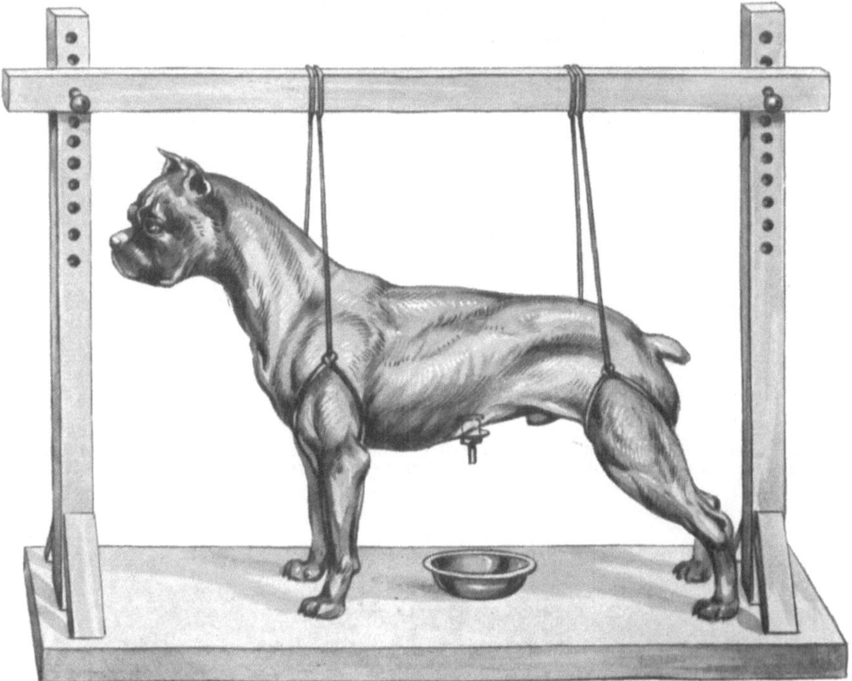

Abb. 244. Der Hund mit der Magenfistel steht im Versuchsgestell.

folgt die Vereinigung der Bauchdeckenwunde mit Catgutknopfnähten
in drei Etagen bis auf die Durchtrittsstelle der Fistelröhre. Hierauf
ziehen wir über der Haut die zwei starken, durchgreifenden Seidenfäden an, so daß die Magenwand mit der vorderen Bauchwand in
breiter Ausdehnung verwachsen kann. Die Fistelröhre muß genügend
Spielraum für geringe Bewegungen haben, darf also nicht zu festsitzen. Es bilden sich sonst leicht durch Druck Usuren, besonders an der
Magenschleimhaut, Gewebsnekrose mit anschließender Phlegmone und
den anderen nachteiligen Folgen. E. S. LONDON bestreicht die Wundumgebung der Kanüle mit einer desinfizierenden und adstringierenden
Salbe:

<pre>
Rp. Menthol 0,1
    Acidi salicylic. 0.3
    Zinci oxydati ⎫
                   ⎬ . . . .âā 6,0
    Amyli tritici ⎭
    Vaselini ⎫
              ⎬ . . . . . . âā 15,0
    Lanolini ⎭
</pre>

Die Salbe wird dick aufgetragen und auch an die Kanüle geschmiert. Diese Maßnahme erreicht einen dichten Abschluß. Der Verband bleibt mindestens 3 Wochen liegen, bis die Fistelröhre einheilt und derbes Narbengewebe dieselbe umgibt. Der Hund erhält erst 24 Stunden nach der Operation etwas Fressen. Am 16. Tage nach der Operation entferne ich die beiden durchgreifenden Seidennähte. Vor dem Herausziehen werden sie gründlich mit 96 proz. Alkohol benetzt. Dadurch geraten die Hautbacterien weniger virulent in die tieferen Gewebsschichten. Gleichzeitig beseitigt man noch vorhandene Catgutnähte der Haut (S. 124).

Während des Experimentes stehen die Hunde in einem einfachen Gestell. Zügel an den Extremitäten verhindern das Fortlaufen. Morphium-Atropininjection und die Darreichung anderer Präparate sind bei einem Verdauungsversuche zu berücksichtigen. Erhebliche Fehlerquellen können sich dadurch einschleichen.

2. Gastroenterostomie und Enteroanastomose.

Die operative Technik der Gastroenterostomie stimmt mit derjenigen einer Enteroanastomose überein.

Die Verbindung des Magens mit dem Darme läßt sich zurzeit nur bei den größeren Versuchstieren, nämlich Affen, Hunden und Katzen, ausführen. Der dünnwandige Darm der Kaninchen, Meerschweinchen, Ratten und Mäuse erlaubte bisher keine Darmnaht. Die Herstellung der Magen-Darmfistel gestattet zwei Wege: die Fistelbildung mit der vorderen oder hinteren Magenwand. Wegen der großen Beweglichkeit des Duodenums verläuft der Eingriff ohne Schwierigkeiten. Die Anastomosenbildung (S. 274) glückt mit einem Murphyschen Knopfe oder durch eine Seit-zu-Seit-Vereinigung (S. 262, 263). Das Seit-zu-End-Verfahren, auch Y-Form nach Roux genannt, lehne ich im Tierversuch ab. Leicht entstehen an der Einpflanzungsstelle Stenosen. Auch die Benutzung des Murphyschen Knopfes hat ihre Schattenseiten. Insbesondere genügt oft nicht das kleine Loch. Ferner treten nicht selten schwerste Komplikationen bei den Tieren nach dem Abgange dieses Knopfes auf. Im einzelnen verläuft die Seit-zu-Seit-Vereinigung folgendermaßen:

Beim Hunde eröffnet in Morphiumanästhesie ein medianer Bauchdeckenschnitt von 10 cm Länge, zweiquerfingerbreit unterhalb des Schwertfortsatzes beginnend, das Abdomen. Die gewählte Darmschlinge wird mit den Fingern ausgestrichen und eine weich fassende Darmklemme angelegt. Das Miterfassen der zugehörigen Mesenterialgefäße bedeutet einen Kunstfehler. Das Ergreifen der vorderen Magenwand geschieht mit einem Gazestreifen, damit sie nicht zwischen den Fingern wegrutscht. Sodann erfolgt das Anlegen einer zweiten weich fassenden

Darmklemme an den Magen. Die Gefäße der kleinen und großen Kurvatur bleiben außerhalb der Klemme. In welcher Richtung die Klemme
anzulegen ist, ob längs, quer oder schräg, schreibt die Versuchsanordnung vor. Das gleiche gilt von der iso- oder antiperistaltischen Lagerung

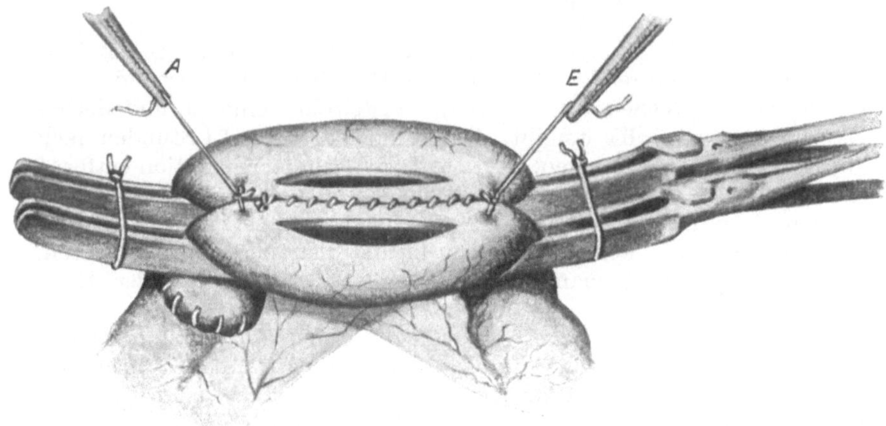

Abb. 245a. I. Akt. Die Klemmen sind angelegt. Fortlaufende hintere (äußere) sero-seröse Naht.
Anfang- (A) und Endfaden (E) angeschiebert. Beide Lumina eröffnet.

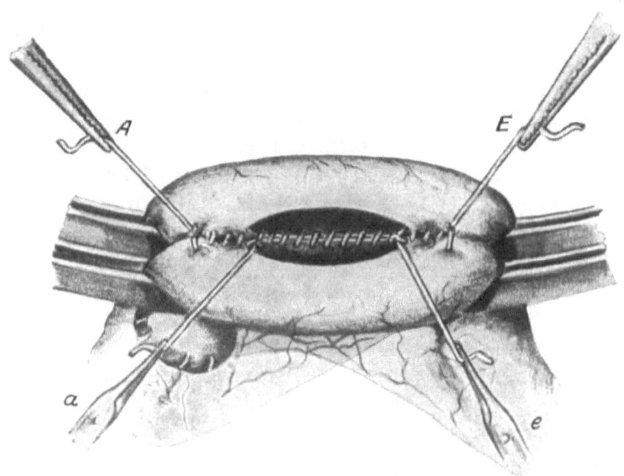

Abb. 245b. II. Akt. Die hintere durchgreifende (innere) fortlaufende Naht ist vollendet. An deren
Anfang- (a) und Endfaden (e) hängen HALSTEDsche Klemmen.

der Darmschlinge. Hierauf legen wir zwischen die Magenwand und die
Darmschlinge eine schmale, feuchte Rollgaze, bringen die Klemmen
dicht zusammen und fixieren ihre Enden gegeneinander mit einem
starken Seidenfaden. Feuchtwarme Kompressen (mit Normosallösung)
decken die Anastomosenstelle gegen die Umgebung ab. Die geplante
Größe der Magen-Darmverbindung richtet sich nach der Fragestellung.

Zunächst legt der Operateur eine fortlaufende LEMBERTsche Sero-Serosanaht (S. 272), wobei die Nadel die Muscularis erfaßt, mit einem

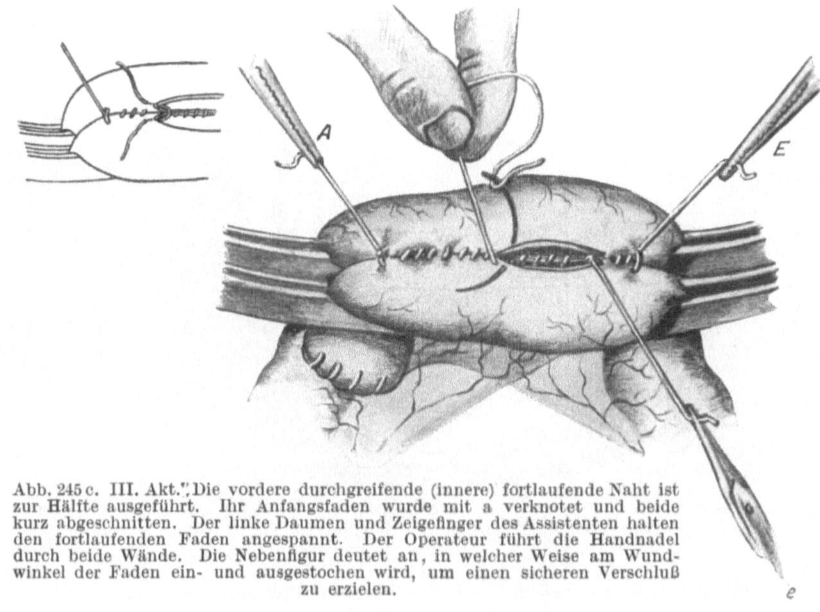

Abb. 245 c. III. Akt. Die vordere durchgreifende (innere) fortlaufende Naht ist zur Hälfte ausgeführt. Ihr Anfangsfaden wurde mit a verknotet und beide kurz abgeschnitten. Der linke Daumen und Zeigefinger des Assistenten halten den fortlaufenden Faden angespannt. Der Operateur führt die Handnadel durch beide Wände. Die Nebenfigur deutet an, in welcher Weise am Wundwinkel der Faden ein- und ausgestochen wird, um einen sicheren Verschluß zu erzielen.

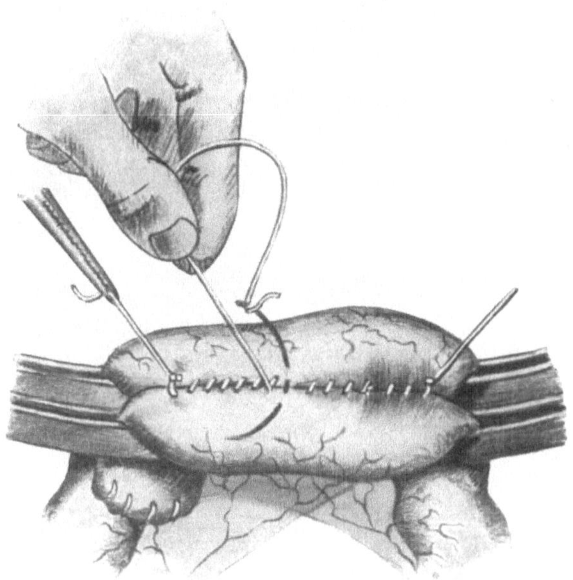

Abb. 245 d. IV. Akt (Schlußakt). Die vordere durchgreifende (innere) fortlaufende Naht ist beendet. Ihr Endfaden wurde mit e verknotet und beide kurz abgeschnitten. Der Operateur hat die vordere (äußere) Sero-serosa-Naht zur Hälfte ausgeführt, den Anfangsfaden mit A verknotet und beide angeschiebert. Zwei Finger des Assistenten spannen den fortlaufenden Faden an.

Seidenfaden Nr. I an. An den Anfangs-(A) und Endfaden (E) kommt je eine KOCHERsche Klemme. $1/4 — 1/2$ cm von dieser ersten Naht eröffnet eine Schere beide Lumina. Ein Tupfer beseitigt die darin liegenden Verdauungsreste. Nun beginnt eine die Darmwand durch-

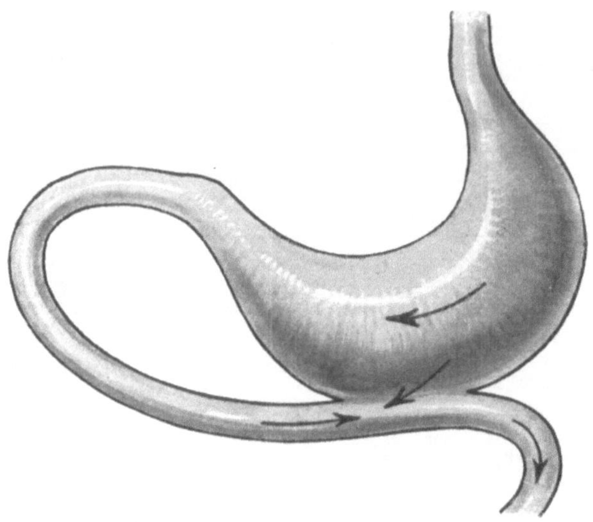

Abb. 246. Gastroenterostomie. — Die Darmschlinge liegt antiperistaltisch.

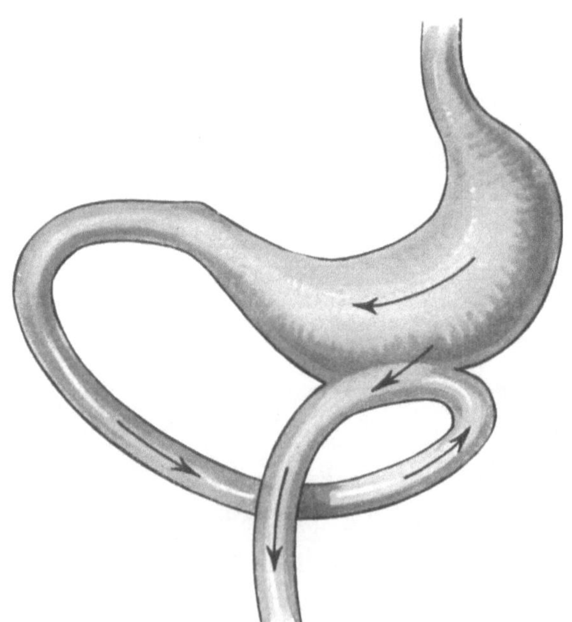

Abb. 247. Gastroenterostomie. — Die Darmschlinge liegt isoperistaltisch.

greifende fortlaufende Naht mit Catgut oder Seide, welche nicht ganz der Länge der ersten Naht entspricht. Anklemmen dieses Anfangs-(a) und Endfadens (e) mit HAL-
STEDschen Klemmen. Daran
schließt sich die vordere
durchgreifende fortlaufende
Sutur mit Catgut oder Seide
an. Bei a durchsticht die
Nadel beide Wundränder.
Nach dem Einkrempeln der
Wundränder mit einer ana-
tomischen Pinzette wird der
Faden geknotet, mit a verknüpft und die zwei Fadenenden abgeschnitten. Wäh-
rend dieser fortlaufenden
durchgreifenden Naht stülpt
der Experimentator selbst
mit einer Darmpinzette die
Wundränder ein. Nach der
Beendigung dieser Sutur
knotet er das Fadenende in
sich und verknüpft es mit e.
Abschneiden dieser Fäden.
Jetzt dürfen beide Darm-
klemmen ohne Gefährdung
der Asepsis fortfallen. Nun
fängt wieder bei A eine LEM-
BERTsche Sero-Serosanaht
bei gleichzeitigem Erfassen
der Muscularis an, die bei E
aufhört. Man verknüpft den
Anfangsfaden mit A, klemmt
nochmals die beiden Fäden
an, beendigt diese vordere
Naht und verknotet den Endfaden in sich und danach
nochmals mit E. Fortnahme
der Rollgaze und Abdeck-
kompressen. Zwei Knopf-
nähte am Anfang und Ende
der Anastomosenstelle als
Aufhängenähte beschließen
den Eingriff. Wenn keine
Galle, Pancreassekret sowie
Zwölffingerdarminhalt in den
Magen einfließen und kein
Circulus vitiosus (s. u.) ein-

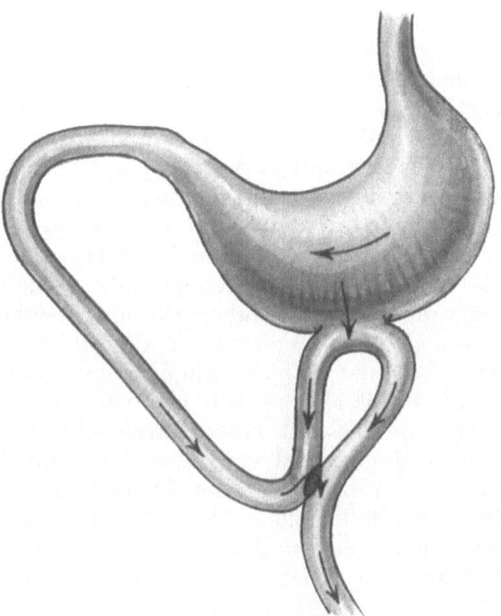

Abb. 248. Gastroenterostomie mit BRAUNscher Anastomose.

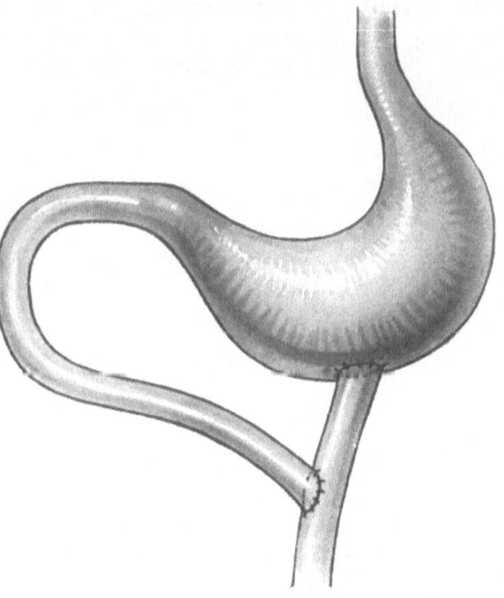

Abb. 249. Gastroenterostomie nach ROUX.

treten darf, so fügt BRAUN noch eine Seit-zu-Seit-Anastomose zwischen den beiden Dünndarmschenkeln hinzu. Dasselbe Ziel erstrebt ROUX mit der Y-Anastomose, welche ich aber aus oben angegebenen Gründen nicht empfehle.

Wir nähen mit großen, feinen, gebogenen Handnadeln. Nur bei kleinen Anastomosen scheint eine gebogene Darmnadel mit Nadelhalter vorteilhafter. Die einzelnen Einstiche sollen wegen der Gangrängefahr nicht zu nahe liegen, etwa 2 mm voneinander entfernt.

Vielfach erlauben die topographischen Verhältnisse beim Tiere nicht das Anlegen der Darmklemmen. In derartigen Fällen beansprucht die Blutstillung an den durchschnittenen Magen- bzw. Darmwänden oft relativ viel Zeit. Manchmal erweisen sich die fortlaufenden Darmnähte als ungeeignet. Nur Knopfnähte umgehen die Schwierigkeiten. Oft stört die starke Darmkontraktion, welche selbst bei vorsichtigem Anfassen sich zuweilen einstellt, die Bildung einer Anastomose. Subkutane Atropin- oder Papaverininjektionen, 1:1000, à 2 ccm, lösen derartige Krampfzustände. — Bei der Wahl der hinteren Magenwand zur Vereinigungsstelle mit einer Darmschlinge drängt der linke Daumen die hintere Magenwand vor. An einer gefäßfreien Stelle schlitzt eine anatomische Pinzette in der rechten Hand stumpf die dort befindliche Bauchfellduplikatur. Der Magen tritt durch diesen Spalt. Einige Knopfnähte heften ihn daran. Eine derartige Maßnahme beseitigt die Gefahr einer inneren eingeklemmten Hernie.

3. Querresektion des Magens.

Der Eingriff verlangt einen leeren Magen mit Hilfe des Morphiums (S. 97) oder einer Ausheberung (S. 100). Zum Eröffnen des Abdomens dient dieselbe Schnittführung wie bei der Gastroenterostomie. Vorlagerung des Magens. Abtragen der anhaftenden Ligamente im Bereiche des wegzunehmenden Magenteiles. Dieses Vorgehen deckt sich mit der Technik der stückweisen Abtragung des Mesenteriums (S. 278, Abb. 271). Peripher und central von dem zu resezierenden Abschnitte werden je zwei PAYRsche Magenklemmen angelegt. Nach sorgfältiger Abstopfung mit feuchtwarmen Kompressen durchtrennt ein Glühbrenner (S. 130) zwischen jeder der beiden Klemmen das Gewebe.

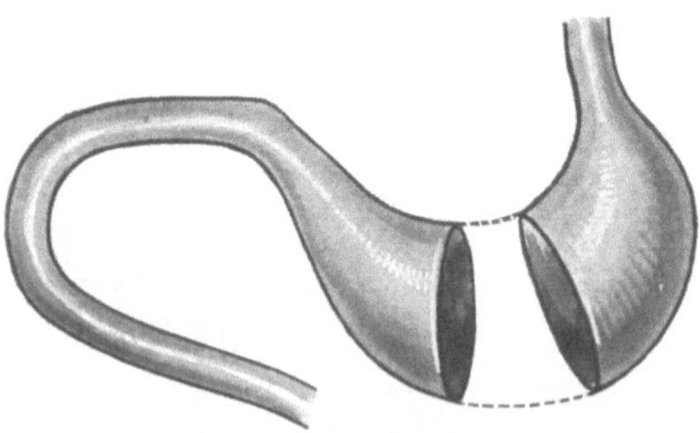

Abb. 250. Querresektion des Magens.

Auch ein Messer genügt oft dafür. Jedoch übt die Glühhitze zugleich eine desinfizierende Wirkung auf das eröffnete Magenlumen aus. Nach der Fortnahme des Resektionsstückes sind die Magenstümpfe wieder zu vereinigen. PAYR legt zuerst an der Rückseite LEMBERTsche Knopfnähte

an, welche nur durch die Serosa und Muscularis gehen, und knüpft sie
nicht, sondern hält die zwei Enden eines jeden Fadens mit einer KOCHER-
schen Klemme zusammen. Erst wenn sämtliche Nähte liegen, beginnt
das Knoten dieser Fäden. Dadurch erfährt die hintere Naht eine wesentliche Erleichterung. Anlegen zweier Haltefäden an die Stelle der kleinen
und großen Kurvatur. Hierauf vernäht man die beiden hinteren Magen-
wände mit einer durchgreifenden (Schleimhaut, Muscularis, Serosa) fortlaufenden Sutur. Den Anfang des geknoteten Fadens verknüpft der
Operateur mit dem Haltefaden an der kleinen Curvatur. Nach Beendigung der Naht knotet er das Fadenende mit dem Haltefaden an der großen
Kurvatur. Alsdann folgt die fortlaufende durchgreifende Sutur an der
vorderen Wand von einem Haltefaden zum anderen und dessen Verknüpfung mit den Fadenenden. Darüber kommt die Serosa-Muscularis-
naht, deren Fadenenden ebenfalls mit den Haltefäden geknotet werden.
Knopfnähte besorgen die Schließung der Schlitze in den beiden Liga-
menten.

4. Pylorusresektion.

Die Schmerzbetäubung, Lagerung der Tiere sowie Eröffnung der
Bauchhöhle stimmen mit den vorher beschriebenen Versuchsanordnungen überein. Nach dem Vorlagern des Magens durchtrennt eine gebogene Schere die Befestigungsbänder und die ernährenden Gefäße in
dem zu entfernenden Abschnitt (Technik S. 278, Abb. 271). Besondere
Beachtung beanspruchen die Eintrittsstellen des Ductus choledochus
und der ein bis vier Pancreasausführungsgänge in das Duodenum.

Das Anlegen einer PAYRschen Magenklemme an den Pylorus leitet
die Resektion ein. Der Anfangsteil des Zwölffingerdarmes wird nach
vorhergehender Durchquetschung zugebunden, vom Pylorus abge-
trennt und zweimal
mit LEMBERTSCHEN
Nähten übernäht.
Auch eine Tabaks-
beutelnaht (S. 275 u.
276) eignet sich zur
Versorgung und Ver-
senkung des Duo-
denalstumpfes. Das
vorherige Abstop-
fen der Umgebung
mit feuchtwarmen
Kompressen und
Durchziehen einer
feuchtwarmen Roll-
gaze unter die Pylo-
rusgegend schützen

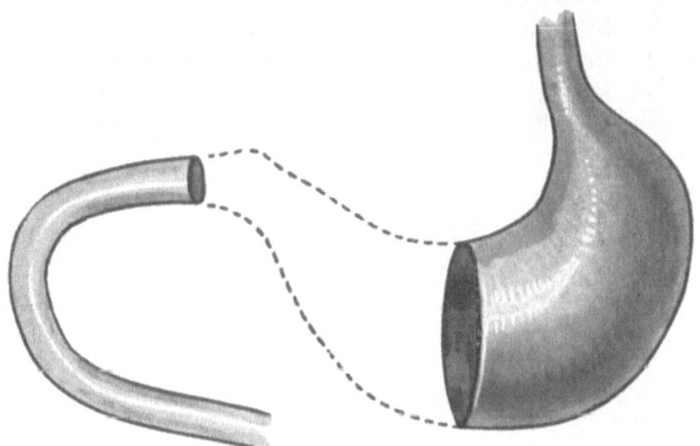

Abb. 251. Pylorusresektion. — Die punktierten Linien zeigen die
Umrisse des resezierten Stückes und seine ursprüngliche Lage an.

vor Peritonitis und Infektion der Bauchwundränder. Hierauf schlagen
wir den Magenstumpf nach der linken Körperseite des Tieres. Eine
Magenquetsche quetscht den Magen an der geplanten Resektionsstelle.
Beiderseits dieser Quetschfurche legen die meisten Autoren nochmals

je eine PAYRsche Magenklemme an. Zwischen diesen beiden Klemmen durchtrennt ein Paquelin den Magen. Das resezierte Stück fällt fort. Die Versorgung des Magenstumpfes beginnt mit einer durchgreifenden fortlaufenden Sutur mit starker Seide von der kleinen bis zur großen Kurvatur dicht an der PAYRschen Klemme. Anfangs- und Endfaden sind mit KOCHER-Klemmen zu versehen. Abnahme der Magenklemme. Sodann müssen noch zwei übereinander liegende, eingestülpte, fortlaufende Serosa-Muscularisnähte das Magenende verschließen, um eine Sprengung des Nahtverschlusses zu verhüten. Jetzt steht uns die Aufgabe zu, den Magen wiederum mit dem Darm in Verbindung zu setzen.

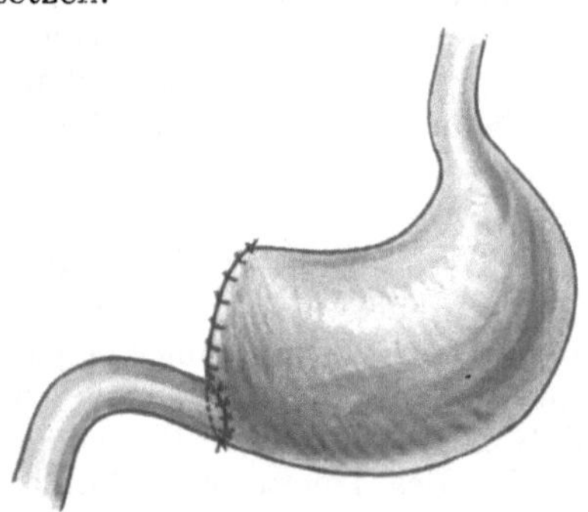

Abb. 252. Pylorusresektion nach BILLROTH sog. BILLROTH I.

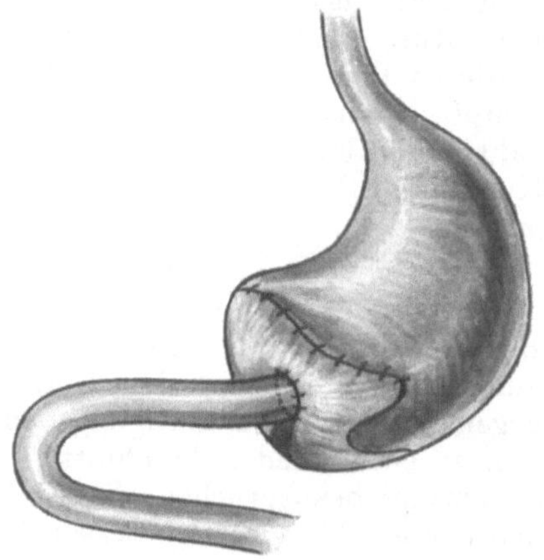

Abb. 253. Pylorusresektion nach KOCHER.

Nach der ersten BILLROTHschen Methode (vgl. u.) verschließt man den Magenstumpf so weit, daß in den unteren Wundwinkel noch ein Einpflanzen des nicht verschlossenen, sondern nur abgeklemmten Duodenums gelingt. Dieses Verfahren hat den Nachteil, daß an der oberen Vereinigungsstelle des Duodenums mit dem Magen drei Nahtlinien zusammenstoßen. Dadurch besteht eine gewisse Unsicherheit der Naht. Deshalb fügt KOCHER den Stumpf des Zwölffingerdarmes auf der Rückseite des Magens und neben der Magennaht ein. Die Technik der Einpflanzung deckt sich mit dem Vorgehen bei der Magenresektion (s. o.). Der Operateur legt zuerst an der Rückseite LEMBERTsche Knopfnähte an, die nur durch die Serosa und Muscularis gehen, und knüpft sie nicht,

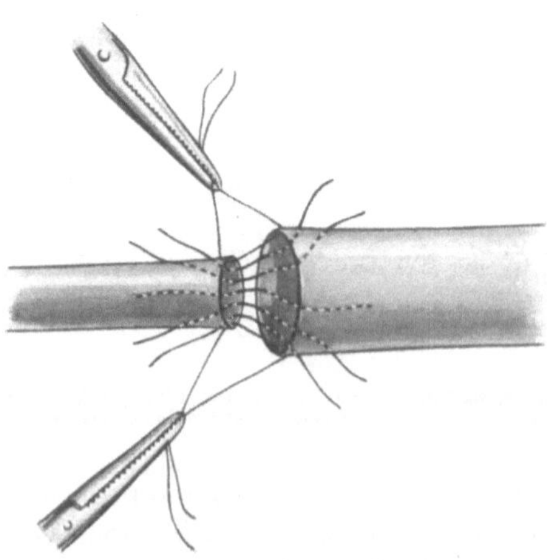

Abb. 254. Vereinigung zweier verschieden großer Öffnungen durch „einsparende“ Nähte.

sondern hält die zwei Enden eines jeden Fadens mit einer Klemme zusammen usw. (S. 273). — Ferner können „einsparende" Nähte einen schmalen Magenstumpf mit dem beim Tiere sehr beweglichen Duodenal-

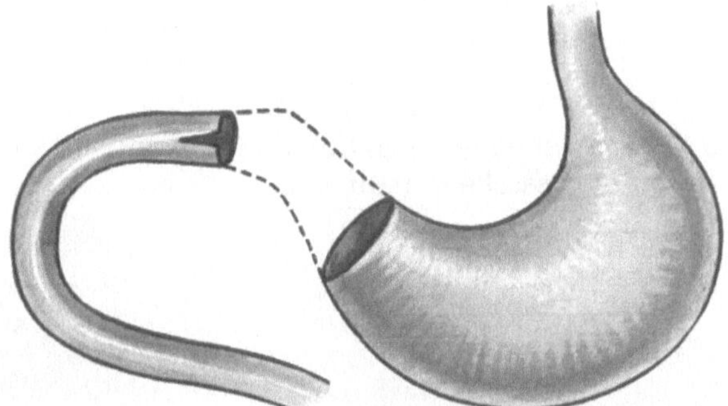

Abb. 255. Erweiterungsschnitt am Duodenum, um dieses mit der Magenöffnung vereinigen zu können. I. Akt.

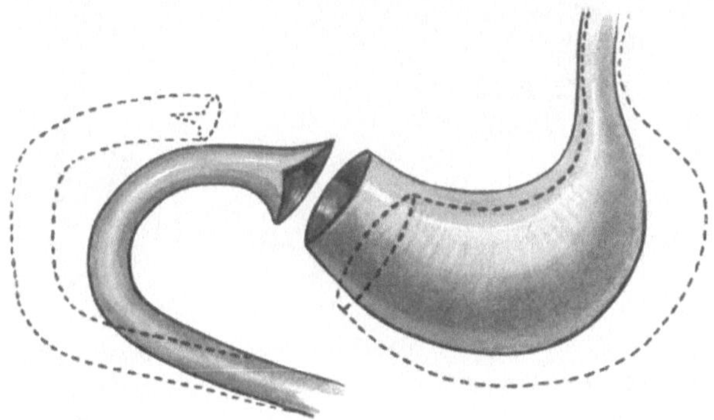

Abb. 256. Das Duodenum ist an die Magenöffnung angepaßt. II. Akt. — Die punktierten Linien deuten die ursprüngliche Lage des Magens und Duodenums vor der Pylorusresektion an.

stumpfe vereinigen; z. B. liegen am Magenteile die Nähte in 3—4, am Zwölffingerdarme in 2 mm Abstand (Abb. 254). Oder ein Längsschnitt an der Vorderseite des Duodenalstumpfes bringt die Öffnung zum weiteren Klaffen, analog den gefäßerweiternden Schnitten (S. 189). Dadurch passen sich die Lumina an und gestatten eine leichte Vereinigung. Un-

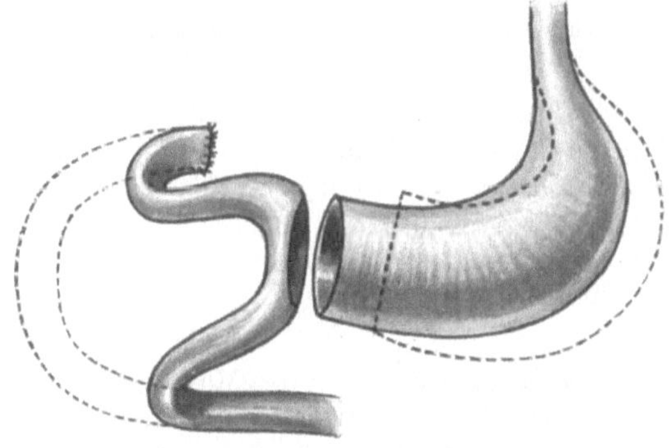

Abb. 257. Mobilisation des Duodenums und seitliche Anastomosenbildung mit dem Magen. — Die punktierten Linien veranschaulichen die ursprüngliche Lage des Magens und Duodenums vor erfolgter Pylorusresektion.

ter Umständen läßt sich das verschlossene Duodenum genügend mobilisieren. Auf diese Weise glückt eine seitliche Anastomose mit dem Magenstumpfe (Abb. 257). REICHEL wählt eine obere Dünndarmschlinge und bildet mit ihr eine seitliche Vereinigung mit der quer durchtrennten Magenwand (Abb. 258). Am häufigsten üben wir die vordere oder hintere Gastroenterostomie (s. o.) nach der ausgeführten Pylorus-(Magen)resektion (= sog. zweite BILLROTHsche Methode, vgl. o.). Die Verbindungsstelle kommt nahe

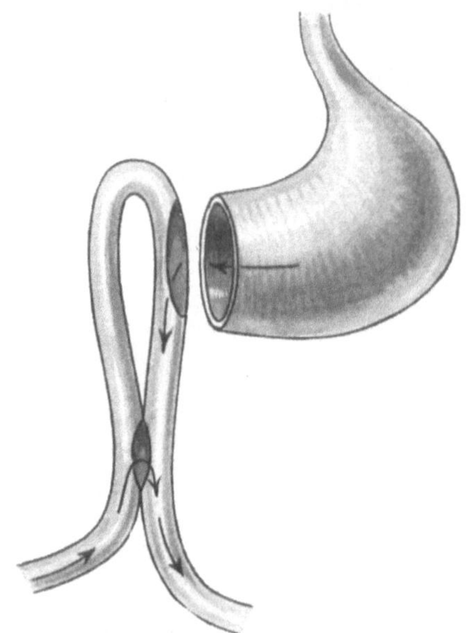

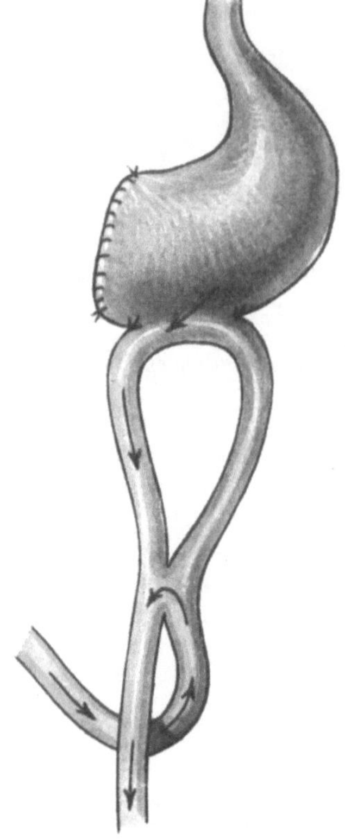

Abb. 258. Verbindung des Magens mit dem Dünndarm nach REICHEL. — An den Darmschenkeln ist eine BRAUNsche Anastomose ausgeführt.

Abb. 259. Gastroenterostomie nach BILLROTH sog. BILLROTH II. mit BRAUNscher Sicherheitsanastomose an den Dünndarmschenkeln.

an den Stumpf zu liegen, damit der Mageninhalt sich nicht in dem Magenende staut. Nach der Bildung einer Magen-Darmfistel läuft zuweilen Mageninhalt in den zuführenden Schenkel, also in den Zwölffingerdarm. Dort findet eine Stauung statt. Diesen unangenehmen Zustand verhütet die BRAUNsche Anastomose zwischen den beiden Darmschenkeln.

5. Verschluß des Pylorus.

Nach dem Zuschnüren des Magenpförtners mit einem starken Seidenfaden bleibt der Pylorus nur für kürzere Zeit verschlossen. Der Faden schneidet allmählich durch, gelangt in das Lumen des Duodenums und wird mit den Faeces ausgeschieden. Die Durchgängigkeit der abgeschnürten Stelle stellt sich bald wieder her. Dieses Geschehen findet

auch an anderen Darmabschnitten statt. Deshalb empfehlen Bogol-
juboff und Wilms den Verschluß mit einem schmalen Fascienstreifen
aus der vorderen Rectusscheide oder Fascia lata. Polya bevorzugt
hierzu das Ligamentum teres hepatis, Momburg einen Netzzipfel. Diese
frei transplantierten Gewebsstücke werden
wie die erste Schlinge des Schifferknotens
(S. 128) um den präparierten Pylorus kräftig
angezogen. Drei Seidenknopfnähte halten
dieselbe zusammen. Sodann vereinigen
mehrere Lembertsche Seidenknopfnähte den
Darm circulär über der Einschnürungsstelle
(Abb. 260).

6. Erweiterung des Pylorus.

α) *Pyloromyotomie.*

E. Payr erweitert den Pylorus mit der
Durchschneidung des Schließmuskels = extramuköse Pyloromyotomie. Der Zeigefinger
der linken Hand hält durch Eindrücken seiner Spitze vom Duodenum her den Magenpförtner fest. Ein Messerschnitt durchtrennt

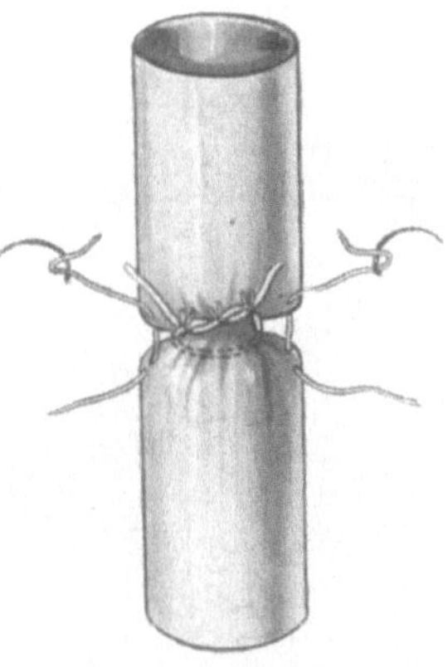

Abb. 260.

vorsichtig die Serosa, Längs- und Ringmuskulatur bis zur Submucosa.
Hierauf schiebt man eine Hohlsonde zwischen die Submucosa und die
Muskulatur des Pylorus und spaltet die auf der Sonde liegenden Muskelschichten. Diese ziehen sich sofort zurück. Einige Seidenknopfnähte
vereinigen die Serosa. Falls bei dem Eingriffe das Skalpell die Magenschleimhaut verletzt, so schließt eine fortlaufende Catgutnaht den
Defekt.

β) *Pylorusplastik.*

Diese Operation besteht in einem Längsschnitt durch den Pylorus
mit nachfolgender querer Vernähung.

c) Operationen am Darme.

1. Darmnaht.

Das Peritoneum besitzt die Eigenschaft der raschen Verklebung
und Verwachsung. Anstatt die schmale Wundfläche der durchtrennten
Darmwand zu vereinigen, sticht Lembert jederseits einige Millimeter
vom Wundrande ein und am Wundrande selbst wieder aus. Falls die
Nadel nur durch die Serosa geht, handelt es sich um eine sero-seröse
Naht (Abb. 261). Beim Miterfassen der Muscularis sprechen wir
von sero-muskulärer Naht, welche einen festeren Halt gewährleistet.
Knopfnähte oder ein fortlaufender Faden bewerkstelligen die Sutur.
Auf diese Weise liegen nach dem Zusammenziehen der Fäden zwei
2—3 mm breite Serosaflächen aneinander, welche rasch verkleben und
verwachsen. Die Schleimhaut, die keine Neigung zur Verwachsung zeigt,

bleibt dabei unberührt. Über eine solche erste Nahtreihe kann unter Umständen noch eine zweite folgen (LEMBERT-CZERNYsche Doppelnaht). Zur LEMBERTschen Naht verwende ich stets feine Seide, nur in besonderen Fällen Catgut.

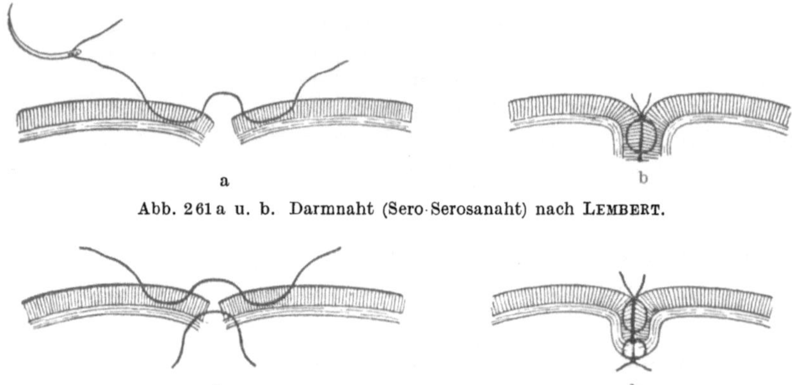

Abb. 261a u. b. Darmnaht (Sero-Serosanaht) nach LEMBERT.

Abb. 262a u. b. LEMBERT-CZERNYsche Doppelnaht.

α) Seitlicher Darmverschluß.

Bei der Naht einer Darmwunde bringen wir nahe den Wundwinkeln je einen Haltefaden an und üben einen Zug daran aus. Alsdann erfolgt die durchgreifende Darmnaht (Serosa-Muscularis-Schleimhaut—Schleimhaut-Muscularis-Serosa). Darüber kommt die LEMBERTsche Sutur (s. o.). Zerfetzte und unregelmäßig gestaltete Wundränder schneidet der Experimentator mit einer COOPERschen Schere glatt. Bei einer mehr runden Gestalt der Wunde ziehen zwei Haltefäden die Wundränder zu einem Spalt zusammen. Weil die Naht einer Längswunde oft eine spätere Darmverengerung hervorruft, so vernäht man die Längswunde quer, analog bei Gefäßwunden (S. 186). Allzugroße Darmwunden verlangen die Darmresektion.

β) Circuläre Darmnaht.

Durch die Serosa, Muscularis und Schleimhaut zweier offener, temporär abgeklemmter Darmenden (S. 277, Darmresektion unten) wird ein durchgreifender Haltefaden am Mesenterialansatze und an dem der ihm gegenüberliegenden freien Seite angelegt. Nach dem Anspannen dieser Fäden vereinigen durchgreifende Nähte die Rückseite beider Darmlumina. Dasselbe geschieht auf der dem Operateur zugekehrten Seite. Hierauf zieht die linke Hand den äußeren Haltefaden b (Abb. 263) stark nach oben, so daß die Außenfläche der Rückseite sich nach vorn dreht. Jetzt beginnt eine LEMBERTsche Naht vom Haltefaden a bis zum Haltefaden b. Wiederholung desselben Vorganges an der Vorderseite. Die jeweiligen Verhältnisse gebieten Knopf- oder fortlaufende Nähte. Nach der Beendigung dieser zweireihigen Naht schneidet man die Fäden kurz ab und führt über den zwei Knoten je eine LEMBERTsche

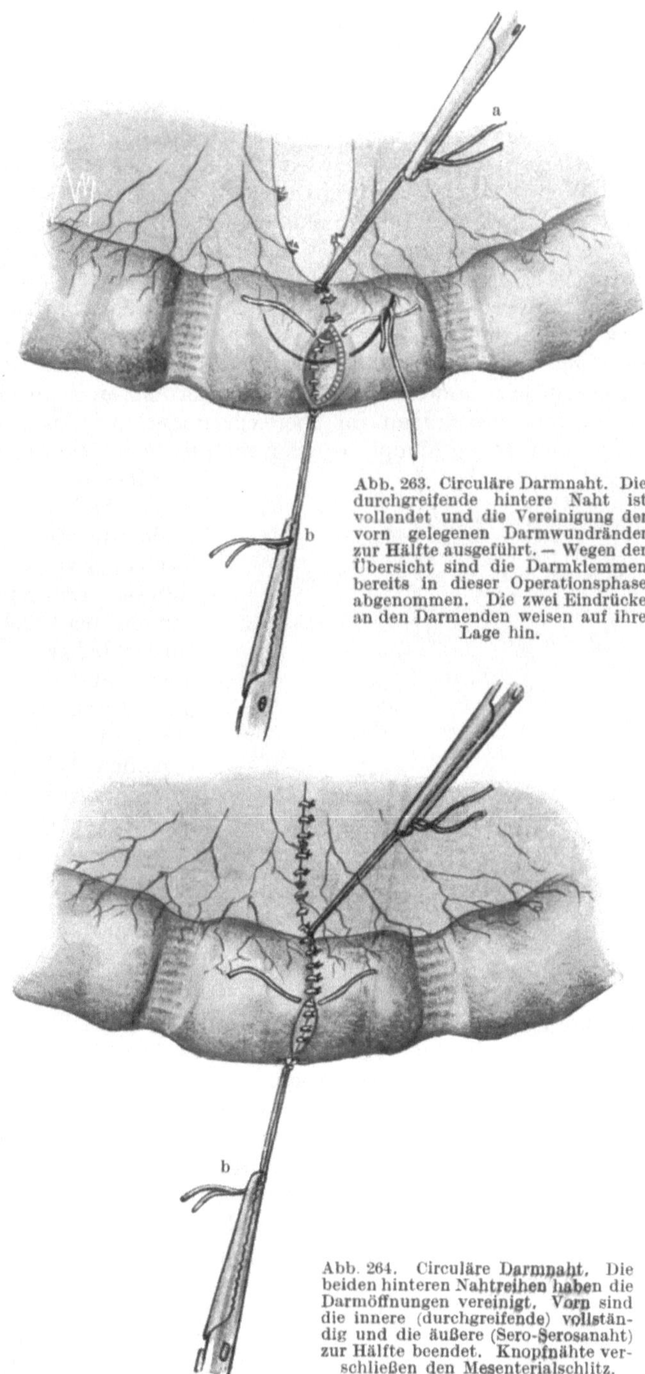

Abb. 263. Circuläre Darmnaht. Die durchgreifende hintere Naht ist vollendet und die Vereinigung der vorn gelegenen Darmwundränder zur Hälfte ausgeführt. — Wegen der Übersicht sind die Darmklemmen bereits in dieser Operationsphase abgenommen. Die zwei Eindrücke an den Darmenden weisen auf ihre Lage hin.

Abb. 264. Circuläre Darmnaht. Die beiden hinteren Nahtreihen haben die Darmöffnungen vereinigt. Vorn sind die innere (durchgreifende) vollständig und die äußere (Sero-Serosanaht) zur Hälfte beendet. Knopfnähte verschließen den Mesenterialschlitz.

Knopfnaht aus. Abnahme der Darmklemmen, Fortnahme der Abdeckkompressen und Schließung des Mesenterialschlitzes mit einigen Knopfnähten beenden den Eingriff.

Diese geschilderte Methode hat zwei erhebliche Nachteile: a) die
circuläre Naht verengt den Darm; b) bei der circulären Lumenvereinigung
entstehen zuweilen Nekrosen an den Wundrändern. — Oft besteht eine
verschiedene Weite der Darmöffnungen. Bei geringeren Differenzen
genügt meist ein stärkeres Anspannen des Wundrandes der kleineren
Öffnung für einen Ausgleich. Oder der Experimentator frischt den
engeren Darmteil schräg an, wobei auf der dem Mesenterialansatz entgegengesetzten Seite etwas mehr wegfällt. Vielfach leistet das bei der
Pylorusresektion erwähnte „Einsparungsverfahren" (S. 268) gute Dienste.
Bei vollständiger Inkongruenz der beiden zu vereinigenden Darmteile
treten die End-zu-Seit- und die Seit-zu-Seit-Anastomosen in ihre Rechte.

Einige Autoren bevorzugen im Tierexperiment zur Anastomosenbildung den MURPHYSchen Knopf, welchen man in verschiedenen Größen
vorrätig hält. Bei die-
sem einfachen Verfahren
drohen die oben angedeu-
teten unerwünschten Er-
eignisse. Den Knopf bil-
den ein männlicher und
ein weiblicher Teil, welche
übereinander geschoben
und durch Druck fest
vereinigt werden. Jeder
von den beiden Teilen
wird in das Darmlumen
eingelegt und mit einer
Schnürnaht so befestigt,
daß die Serosafläche nach
außen sieht. Wenn wir
die beiden Knopfhälften
zusammendrücken, so
kommen die Serosa-

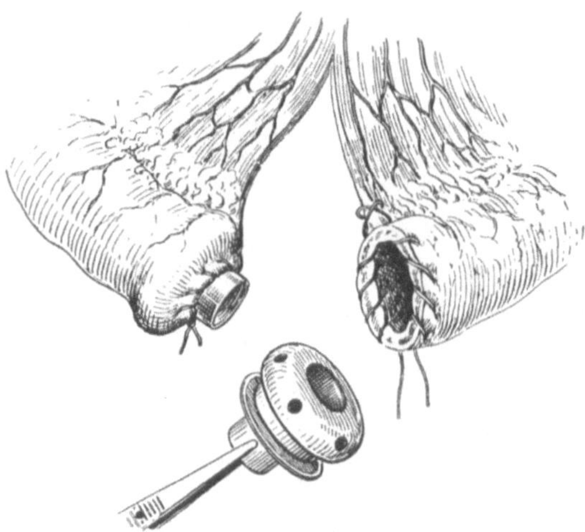

Abb. 265. Das Einbinden des MURPHYknopfes.

flächen aufeinander. Sie verkleben rasch. Der centrale Teil, welcher
einen starken Druck erleidet, stirbt ab. Nach einiger Zeit verläßt der
Knopf den Darm auf natürlichem Wege. Der MURPHYSche Knopf gestattet auch die Anastomose zwischen End-zu-Seit oder Seit-zu-Seit (s. u.).
Manche Chirurgen verwenden ihn zur Gastroenterostomie (S. 261).

Die dünne Wandung des Darmes in der niederen Tierreihe, wie
Kaninchen, Meerschweinchen usw., erlaubte bisher keine Darmnaht. Ich
versuchte mit Hilfe kleiner MURPHYScher Knöpfe aus dem resorbierbaren Galalith Darmvereinigungen bei diesen Tieren zu erzwingen.

γ) *Seitliche Darmanastomose.*

bietet sehr große Vorteile gegenüber der circulären Darmnaht. Eine
Darmverengerung entsteht nicht. Die günstigen Ernährungsbedingungen

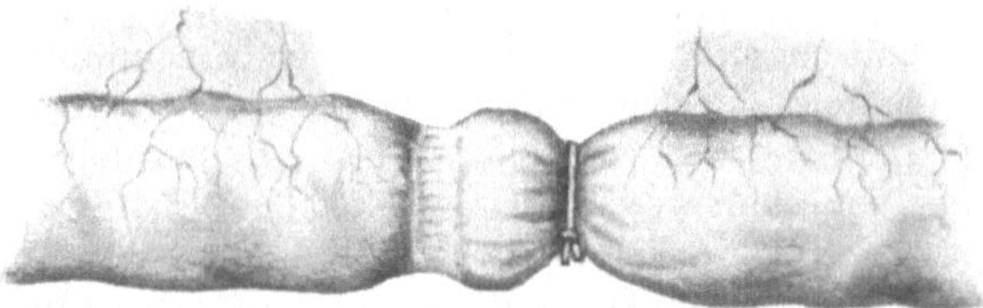

Abb. 266. Darmresektion. I. Akt. — Anlegen zweier Quetschfurchen. In der rechten Furche liegt der zugezogene und geknotete Schnürfaden.

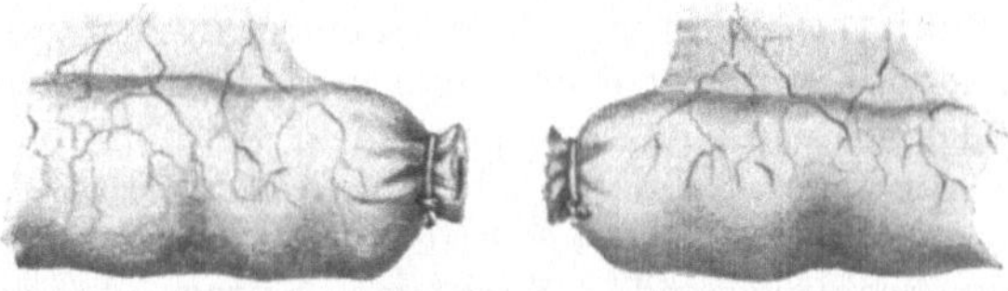

Abb. 267. Darmresektion. II. Akt. — Durchtrennung des Darmes zwischen den zugebundenen Stellen.

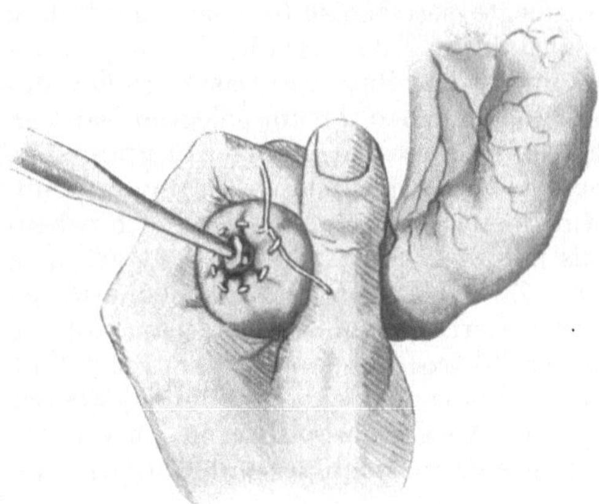

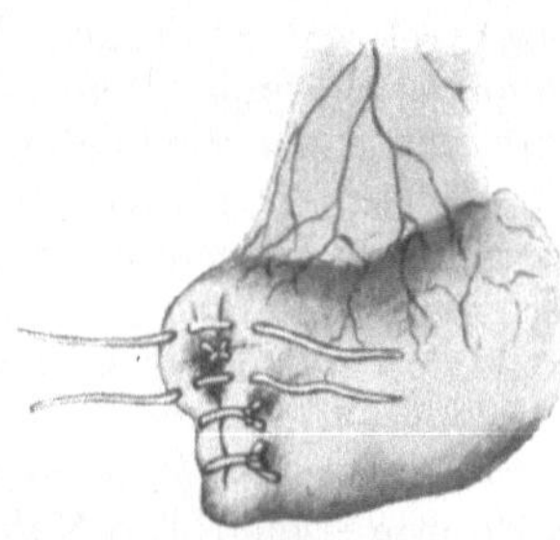

Abb. 268. Darmresektion. III. Akt. — Verschluß des Darm-endes mit einer Tabaksbeutelnaht. Die linke Hand hält in der Faust das zugeschnürte Darmende. Die rechte Hand stülpt mit einer anatomischen Pinzette den Bürzel ein.

Abb. 269. Darmresektion. IV. Akt. — Die Tabaksbeutelnaht ist zugezogen und der Bürzel versenkt. Mit LEMBERTschen Knopfnähten übernäht und sichert der Operateur den Darmverschluß.

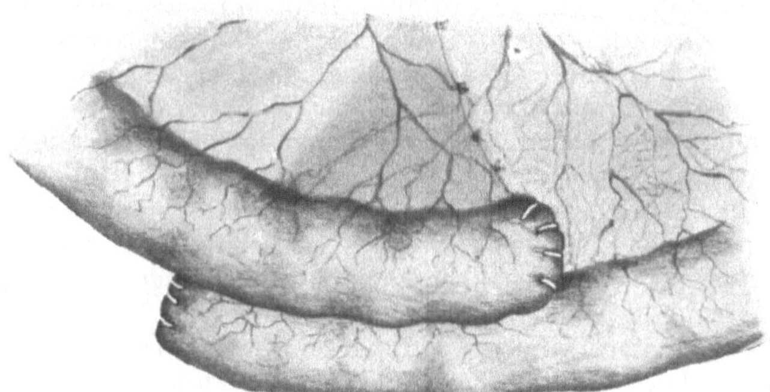

Abb. 270. Seitliche Darmanastomose (nach Darmresektion).

18*

verhüten Randnekrosen (s. o.). Die Sutur verbürgt genügende Festigkeit und Sicherheit gegenüber der Infektion der Bauchhöhle vom Darme
her. Dagegen dauert der Eingriff länger.

Eine Darmquetsche quetscht den Darm an der geplanten Durchtrennungsstelle, nachdem von außen zwei Finger den Darminhalt zu-
rückgestrichen haben. Innerhalb der breiten Quetschfurche schnüren
zwei dicke Seidenfäden im Abstande von mindestens 2 cm den Darm
fest zu. Mit Hilfe einer Hohlsonde wird von hier aus das Gekröse radiär-
wärts auf etwa 2—3 cm schrittweise durchtrennt, entsprechend dem
auf S. 278 geschilderten Vorgange (vgl. auch Abb. 271, aber nicht am
Darme entlang, sondern in der Richtung auf die Radix mesenterii). Abstopfen mit feuchtwarmen Kompressen. Ein Glühbrenner, Paquelin,
durchschneidet den Darm an dieser Stelle zwischen den beiden Schnür-
fäden. Auf diese Weise entleert sich kein Darminhalt. Die angewandte
Glühhitze wirkt desinfizierend. Nach dem Kürzen der Schnürfaden-
enden versenkt je eine Tabaksbeutelnaht das centrale und periphere
Stumpfende des Darmes. Unter Tabaksbeutelnaht versteht man
eine um einen Punkt circulär angelegte sero-seröse bzw. sero-muskuläre
Naht (Abb. 268). Beim Zuziehen dieser Sutur erfaßt eine feine anatomische Pinzette den Stumpf und stülpt ihn ein. Das Ergreifen des
Darmendes mit der linken Hohlhand und den darum gelegten Daumen
erleichtert die Technik. Mehrere darüber ausgeführte LEMBERTsche
Knopfnähte verstärken den centralen und peripheren Darmverschluß.
Jetzt lagern wir die beiden Darmenden iso- oder antiperistaltisch nebeneinander und streichen abermals mit zwei Fingern den Inhalt aus dem
centralen und peripheren Ende. Zwei DOYENsche Klemmen erfassen
diese in ihrer Längsrichtung. Der weitere Verlauf der Enteroanastomose
deckt sich mit der Ausführung der Gastroenterostomie (s. S. 262 u. 263,
Abb. 245a—d). Die Versuchsanordnung entscheidet die Länge der
Darmöffnung. Erst nach beendeter Anastomose entferne ich die Abdeckkompressen. Die Naht des Mesenterialschlitzes mit Catgutknopfnähten beschließt den Eingriff.

δ) *End-zu-Seit-Vereinigung.*

geschieht mit der Darmnaht oder dem MURPHYschen Knopfe.

Zunächst muß an der geplanten Durchtrennungsstelle des Darmes
das Mesenterium radiär gespalten werden. Hierauf klemmt der Operateur
mit einer DOYENschen Klemme den Darm in seiner Querrichtung ab und
legt etwa 5 cm peripher davon eine Quetschfurche an. Innerhalb derselben schnürt er den Darm mit einem dicken Seidenfaden ab. Abstopfen
mit feuchtwarmen Kompressen. Zwischen dem Schnürfaden, im Abstand
von ungefähr $1/_2$ cm, und der Klemme durchtrennt ein Messer den Darm.
Sodann verschließt man das periphere Darmende in der oben beschriebenen Weise mit der Tabaksbeutelnaht und einigen LEMBERTschen
Nähten. Danach streichen wiederum zwei Finger von außen her den Inhalt aus demjenigen Teile des peripheren Darmes, in welchen der Experimentator das centrale Darmende seitlich einpflanzen will. Zwei
DOYENsche Darmklemmen klemmen den abführenden Darmabschnitt auf

etwa 10 cm Länge in seiner Querrichtung ab. Ein Messer oder eine Schere eröffnet an dieser Stelle das Darmlumen gegenüber dem Mesenterialansatz so weit, daß mit einer zweireihigen circulären Darmnaht das centrale offene Darmende sich gut an den Einschnitt adaptieren läßt.

Auch die Wahl des Darmknopfes ist erlaubt. Bei dieser Technik nähen wir die eine Knopfhälfte in die Incisionsstelle des peripheren Darmteiles ein. Die andere Hälfte gehört an das centrale Darmende (Abb. 265). Nach dem Zusammendrücken der beiden Metallteile liegen die Serosaflächen gut aneinander. Einige LEMBERTsche Knopfnähte sorgen für vermehrten Halt.

Die Abnahme der drei Darmklemmen, Beseitigen der Kompressen und Vernähen des Mesenterialschlitzes beschließen die Operation.

2. Darmresektion.

Die Fortnahme eines Darmabschnittes mit oder ohne nachfolgende Vereinigung des centralen und peripheren Darmteiles heißt Darmresektion. Zunächst wird an dem zu resezierenden Darmstücke das Mesenterium abgetragen, welches die den Darmabschnitt ernährenden Gefäße enthält. Dies erfolgt in Keilform, die Basis dem Darme zugekehrt. Mit einer Führungsrinne bildet der Operateur eine Bresche in das Gekröse, dort, wo das zu entfernende Darmstück ansetzt (Abb. 271 nächste Seite). Dabei sollen nur die durchaus notwendigen Gefäßligaturen ausgeführt werden. Die Darmteile erleiden sonst später in ihrer Ernährung Schaden. Aus dem betreffenden Darmabschnitte streichen zwei Finger von außen her den Inhalt fort. Eine Klemme quetscht das centrale und periphere Ende des wegfallenden Darmabschnittes. Hierauf schnüren Fäden innerhalb der Quetschfurchen den Darm ab. Neben diese kommen je zwei leichtfassende DOYENsche Klemmen in querer Richtung. Oder nochmalige Umschnürungen des Darmes mit Seidenfäden ersetzen die Instrumente, je nach der Art der späteren Vereinigung der Darmstümpfe (s. o.). Sorgfältiges Abstopfen des Operationsfeldes mit feuchtwarmen Kompressen bzw. Rollgaze. Das Durchtrennen des Darmes zwischen den beiden Klemmen übernimmt das Messer oder der Paquelin (S. 130 unten). Über den Verschluß der Darmenden vergleiche die obigen Angaben. Bei der Anastomose bevorzuge ich das Seit-zu-Seit-Verfahren. Wenn das Experiment die circuläre Darmnaht oder die End-zu-Seit-Anastomose wünscht, so bedeutet der Gebrauch des Paquelins einen Fehler. Denn die Glühhitze setzt an der Schnittfläche einen Gewebstod, welcher die Gefahr der späteren Randnekrose (s. o.) noch verstärkt.

3. Appendektomie.

Der kurze, dicke Wurmfortsatz bei den Affen, Hunden und Katzen läßt sich in ähnlicher Weise wie beim Menschen entfernen. Beim Vorhandensein eines Mesenteriolums trägt der Operateur zunächst dieses mit Hilfe einer untergeschobenen Hohlsonde ab. Das Abtragen entspricht dem soeben beschriebenen Vorgange (Abb. 271). Weil der Appendix sehr breitbasig auf dem Darme aufsitzt, so verzichten die meisten auf eine Tabaksbeutelnaht. Eine Darmquetsche quetscht die Basis des Wurmfortsatzes. Innerhalb der Quetschfurche legen wir zwei Seiden-

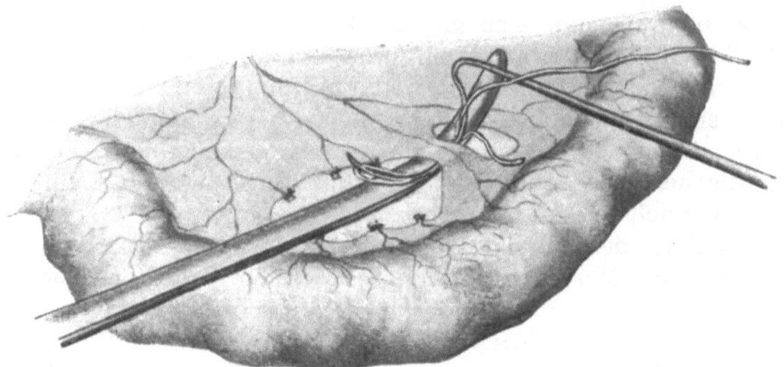

Abb. 271. Abtragen des Darmes vom Mesenterium zwecks Darmresektion.

ligaturen an und nehmen zwischen ihnen den Appendix mit einem Glühbrenner fort. Vier LEMBERTsche Seidenknopfnähte genügen (Serosa-Muscularis) zum sicheren Verschluß dieser Darmstelle.

Bei den anderen Tieren lege ich anstatt der LEMBERTschen Nähte einen Netzzipfel auf den Appendix-Stumpf und befestige ihn mit dem Verschlußfaden (S. 261).

4. Darmfisteln.

α) Die Herstellung der Darmfisteln ohne Fistelröhren.

1. Jejunostomie. Zur direkten Nahrungszufuhr in eine Dünndarmschlinge bei Umgehung der Speiseröhre und des Magens dient die Jejunostomie. Damit die Darmsäfte, Galle und Pancreassecret nicht herauslaufen, durchtrennt MAYDL den Darm und pflanzt das centrale Darmende bei *a* seitlich in den peripheren Darmabschnitt. Alsdann näht er das freibewegliche periphere Darmende in die Bauchdecken. Wegen der oben geschilderten Gründe empfehle ich statt der seitlichen Implantation eine

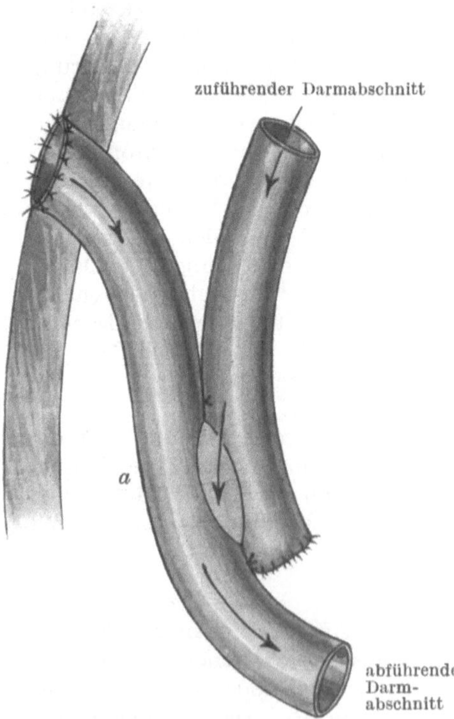

Abb. 272. Jejunostomie nach MAYDL — jedoch mit Seit-zu-Seit-Anastomose des zu- und abführenden Darmschenkels.

Seit-zu-Seit-Anastomose. Wenn das einzunähende Darmstück lang genug ist, so befestigen viele das weit hervorgezogene Darmende noch- mals mit Seidenknopfnähten an die Bauchhaut. MAJO-ROBSON machen zuerst eine Enteroanastomose zwischen einer Dünndarmschlinge und führen die Dünndarmfistel an dem ausgeschalteten Stücke aus (Abb. 273). Dabei heften sie den Darm zunächst in geschlossenem Zustande circulär mit engen Seidenknopfnähten an das Peritoneum. Nach der Fixation

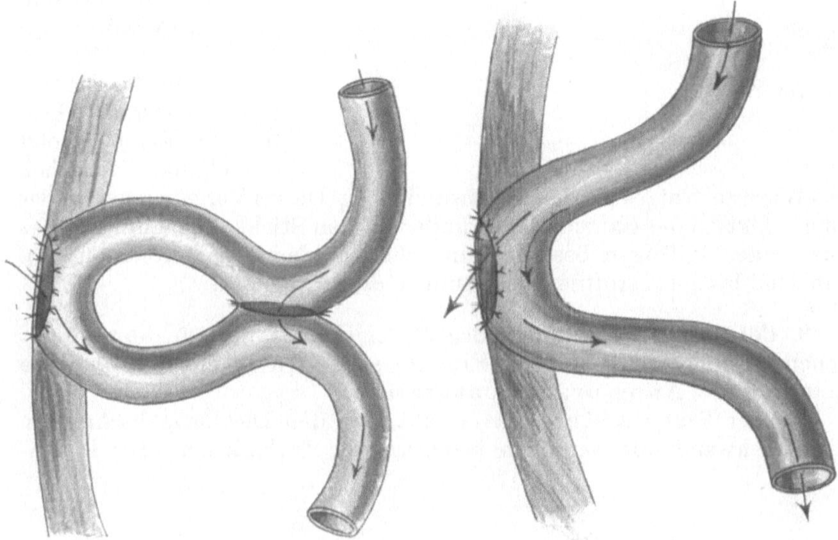

Abb. 273. Jejunostomie nach MAYO-ROBSON.   Abb. 274. Jejunostomie ohne Anastomosenbildung.

an das Bauchfell fädele ich das Ende eines jeden Fadens von neuem in die Nadel ein, steche diese durch den benachbarten Hautwundrand und verknüpfe nochmals den Faden in sich. Auf diese Weise liegt auch die Haut dicht an dem Darm. Erst nach 10 Tagen eröffnet ein spitzer Glühbrenner den Darm. Die Hitze verhütet eine Blutung aus dem Darme. Die auf S. 261 angegebene Paste schützt die an der Darmfistel angrenzende Haut vor einem Ekzem durch das ausfließende Darmsecret. Die Jejunostomie eignet sich nicht nur zur Nahrungszufuhr, sondern auch zur Entnahme von Darminhalt.

2. Appendicostomie. Eine Darmfistel mit dem vorgelagerten Wurm- fortsatze ist leicht hergestellt. Die verschiedene Lage des Appendix läßt sich am besten von dem Medianschnitte aus feststellen. Hier- auf kommt durch eine neue, etwa 3 cm lange Bauchdeckenöffnung, welche genau über dem Wurmfortsatze liegt, das Gebilde vor die Bauchdecken. Nach der Schließung der medianen Bauchwandwunde befestigen mehrere Seidenknopfnähte den Appendix circulär an die Haut. 12 Tage später brennt ein Paquelin den vorgelagerten Darm- teil auf.

Bei den Tieren mit dünnwandigem Darme, z. B. Kaninchen, Meerschweinchen, Ratten, Vögeln usw., legen wir einen Seidenfaden (H) um das

Abb. 275. Appendicostomie.

Ende des Wurmfort-
satzes, ziehen ihn durch
einen engen Bauch-
deckenschlitz und fi-
xieren den Appendix
an die Bauchdecken-
haut. Ein Vioformgaze-
streifen umgibt die Aus-
trittsstelle des heraus-
gezogenen Organs. Erst
nach 8 Tagen erfolgt
das circuläre Annähen
des Wurmfortsatzes an den Hautwundrand. Dieses Vorgehen vermeidet
eine Infektion der Bauchdeckenwunde von den Stichkanälen des Darmes
aus. Nach 12 Tagen beseitigt ein Scherenschlag den Haltefaden (H).
Ein Glühbrenner eröffnet das Lumen des Appendix.

3. Colostomie. Unter den Begriff der Colostomie fällt die vorübergehende temporäre Kotfistel = Fistula stercoralis und eine dauernde
Colostomie = Anus praeternaturalis.

Bei der Fistula stercoralis näht man den Dickdarmabschnitt in
die Bauchwand mit der oben beschriebenen Technik ein. Die Bauch-

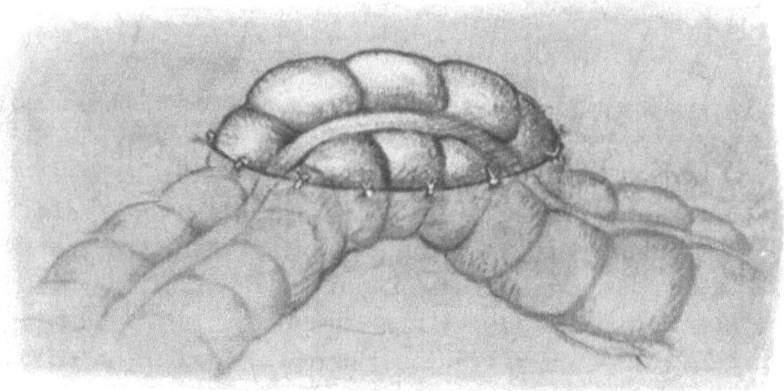

Abb. 276. Fistula stercoralis.

decken werden über diesem Darmteile gespalten. Das Aufbrennen der
Darmwand geschieht erst nach 10 Tagen.

Zur Bildung des Anus praeternaturalis lagert der Experimentator den betreffenden Dickdarmabschnitt vor die Bauchhöhle. Dabei
führt er durch das anhaftende Mesenterium ein 3—4 cm langes, dickes,
abgerundetes, steriles Metallstück, welches an seinem Ende zwei Löcher
besitzt. Danach verbinden mehrere LEMBERTsche Seidenknopfnähte
die beiden Darmschenkel auf etwa 2—3 cm. Knopfnähte befestigen
diese an das Peritoneum und an die Haut. Der nächste Operationsakt
stellt den Metallstab quer zum vorgelagerten Darme und fixiert das In-

strument an dessen Enden mit zwei Seidenknopfnähten an die Haut. Dadurch kann sich die Darmschlinge nicht in die Bauchhöhle zurückziehen. Ob dabei der abführende Darmteil offenbleibt oder zu unterbinden ist, entscheidet die Fragestellung. Nach 10 Tagen fällt das Metallstück fort. Ein Paquelin brennt den Darm auf. Will man die Fistel wieder beseitigen und war das periphere Ende nicht verschlossen, so legt DUPUYTREN eine Darmquetsche für mehrere Tage an. Infolge der Drucknekrose an den Darmwänden stellt sich die Darmpassage wieder her. Die Tiere verlangen bei diesem Vorgehen einen gut gepolsterten Verband, damit die Klemme keine Komplikationen hervorruft.

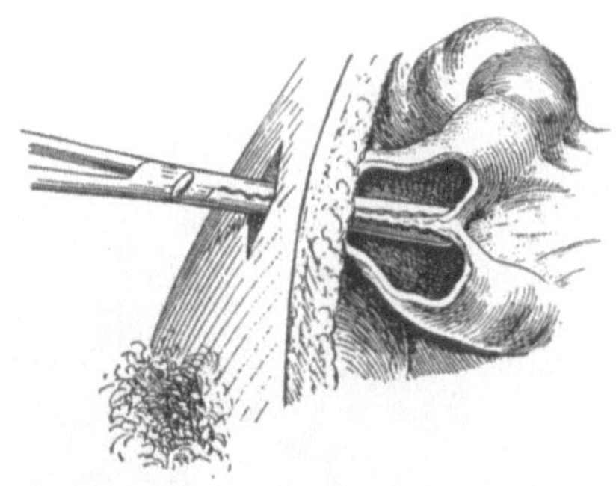

Abb. 277. DUPUYTRENsche Darmquetsche, am Darmsporn angelegt.

In der experimentellen Chirurgie besitzt das Anlegen eines Anus praeternaturalis bei den Vögeln und den anderen Tieren mit einer Kloake (S. 52. Fußnote) eine große Bedeutung. Das Rectum und die Harnröhre münden bei diesen Vertebraten in die gemeinsame Kloake.

Für Stoffwechselversuche an Vögeln hat W. VÖLTZ ein Verfahren angegeben, welches ein getrenntes Auffangen von Kot und Urin gestattet. Zunächst wird ein Anus praeternaturalis gebildet. Die Tiere erhalten einen speziell konstruierten Kot- und Harnbeutel aus Gummi, womit sie sich frei bewegen können. Aus der VÖLTZschen Arbeit sei das Wichtigste herausgegriffen:

24 Stunden vor der Operation bekommt das Tier nur Wasser. Die Federn zwischen Brustbein, Kloake und den Schenkeln sowie die Schwanzfedern sind kurz abzuschneiden. Als Narkoticum dient der Äther. Der Eingriff verläuft unter aseptischen Kautelen. Zwischen dem Brustbeine (F) und der Kloake (E) eröffnet der Operateur durch einen 1 cm langen Schnitt in der Linea alba das Abdomen. Sodann schneidet er mit einer gebogenen Schere ein rundes Loch von etwa 1 cm Durchmesser in die Bauchdecken und das Peritoneum. Hierauf holt eine DESCHAMPSsche Aneurysmanadel eine Schlinge des Rectums aus der Tiefe hervor. Zwei Klemmen, welche ein etwa 1 cm langes Darmstück zwischen sich lassen, fixieren dieselbe (Abb. 279, C und D). Jetzt folgt die Durchtrennung dieses Darmstückes mit einem Querschnitt (Abb. 279 B). Der Experimentator vernäht das zur Kloake führende Ende (Abb. 279 B) und bringt es in die Bauchhöhle zurück. Die Ureteren führen erst kurz vor der Mündung der Kloake in letztere, so daß man überhaupt nur eine oberhalb ihrer Mündung befindliche Darmschlinge herausbringen kann. — Nach dem Einnähen des Randes jenes anderen Darmstückes (Abb. 279 A) in den Wundrand der eröffneten Bauchdecken ist ein Anus praeternaturalis (Abb. 279 A) geschaffen. Einige Tage später sind die Tiere geheilt und dürfen zu Stoffwechsel-

versuchen benutzt werden. Das tägliche Bougieren des künstlichen Afters verhütet eine Verengerung infolge Narbenstriktur.

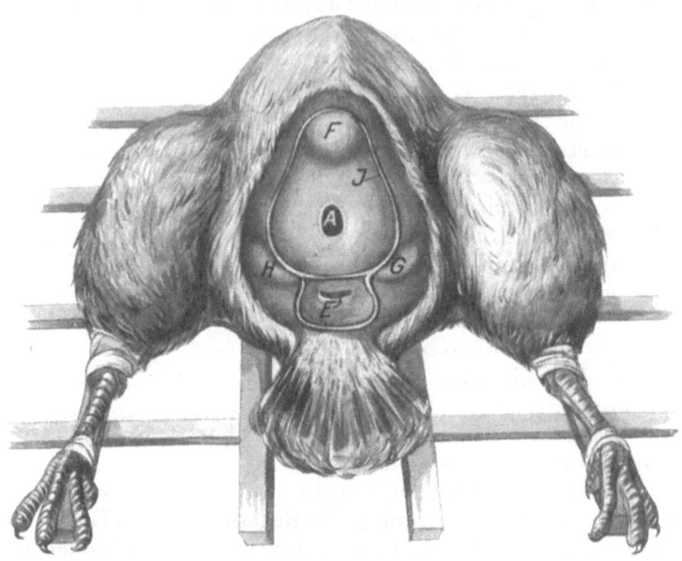

Abb. 278. Das Anlegen eines Anus praeternaturalis bei Vögeln nach W. VÖLTZ. I. Akt. — A. Runde Öffnung in den Bauchdecken, E. Kloake. F. Brustbein. G. u. H. Sitzbein. J. Schambein.

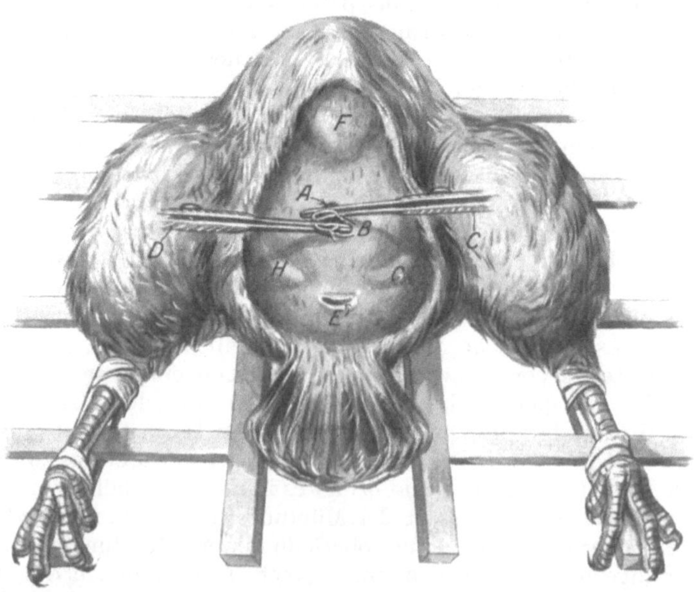

Abb. 279. Das Anlegen eines Anus praeternaturalis bei Vögeln nach W. VÖLTZ. II. Akt. — A. Der zentrale, zuführende Teil des Rektums, welchen die Klemme C erfaßt hat, wird in den Wundrand der Bauchdecken eingenäht. B. Der periphere, abführende Teil des Rektums, an dem die Klemme D liegt, wird abgebunden, vernäht und ins Abdomen versenkt. E. Kloake. F. Brustbein. G. u. H. Sitzbein.

Den Kot- und Harnbeutel befestigt W. Völtz mit einem verzinkten Draht. „... Derselbe ist, entsprechend den anatomischen Verhältnissen des Tieres, zu biegen und zu löten. Der obere, die Kloake umgebende Drahtring wird unterhalb des bügelförmigen Sitzbeines (*G* und *H*) (Abb. 278 u. 279 *G* und *H*) des Huhnes fixiert, welche er vollständig umgibt. Eine Verschiebung des Ringes wird durch daran angebrachte kleine Lederriemen verhindert, welche an einen Leinwandgurt angeschnallt werden, der den Rumpf des Tieres umgibt. Der Gurt ist in seinem mittleren Teile, der den Thorax bedeckt, breit, wird dann zweiteilig (Abb. 281, *E* und *F*), um die Oberarme

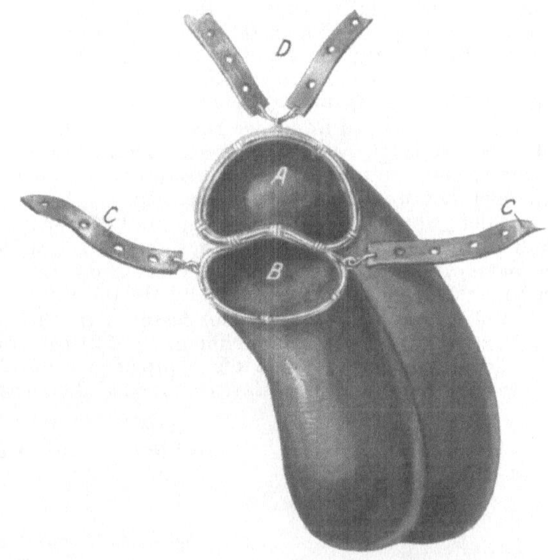

Abb. 280. Kot- und Harnbeutel für Vögel nach W. Völtz. — A. für Kot. B. für Harn. C. und D. Riemen.

Abb. 281. Das Tier mit dem angeschnallten Kot- und Harnbeutel. — A. für Kot. B. für Harn. C. und D. Riemen. D. Riemen. E. und F. Gurt.

durch den Schlitz zu führen. Auf diese Weise bleiben die Flügel frei. Die Gurtenden werden auf dem Rücken des Tieres festgeschnallt. Der hintere Gurt (Abb. 281 *F*) trägt die Schnallen (Abb. 280 *C* und *D*), an denen Harnbeutel (Abb. 280 u. 281, *B*), sowie Kotbeutel (Abb. 280 u. 281, *A*) durch Riemen (Abb. 280 u. 281 *C* und *D*) befestigt werden.

Auf den unteren Rand des Drahtringes, welcher die Kloake umgibt und den Harnbeutel trägt, wird ein zweiter Drahtring nach genauer Anpassung aufgelötet; derselbe umfaßt den Kunstafter, trägt den Kotbeutel. Durch Riemen an dem Leinwandgurt wird er befestigt.

Eine gute Fixierung des Harn- und Kotbeutels ist dadurch zu erreichen, daß man die zugehörigen Drahtringe am inneren Rande der Sitzbeine, bei genauer Anpassung an letztere, herum und durch die Lücke, welche sich zwischen den rudimentären Schambeinen befindet, hindurchführt (vgl. Abb. 278 *J*).

Die Gummibeutel (Abb. 280) fassen 250—300 ccm und vermögen den Kot und Harn eines Tages aufzunehmen. — Man hat bei den Stoffwechselversuchen der Vögel zu beachten, daß die Hauptmenge des *N* in fester Form als Harnsäure (sogenannter fester Harn) ausgeschieden wird."

Über die anderen Kot- und Harnbeutel vergleiche die auf S. 305 gemachten Angaben.

β) *Die Herstellung der Darmfisteln mit Fistelröhren.*

Die Fisteln am Darme haben die Neigung, sich spontan zu verschließen. Sie erfordern unter Umständen täglich ein 2—3maliges Bougieren, damit ihre Öffnung genügend weit bleibt. Diesen Nachteil beseitigen die Fistelröhren. Dieselben bestehen aus Neusilber, rosten nicht und werden mit der gleichen Technik an die gewünschten Darmteile angelegt wie eine Magenkanüle (S. 258 u. 259). Wir verfügen über einfache, zweikammerige und zerlegbare Fistelröhren. Der Rand des Kanülenendes, welcher in das Darmlumen kommt, ist ovalär. Auf diese Weise paßt er sich besser an als die runde Form. Die Duodenalkanüle[1]) besitzt ein Lumen von 2 cm und 6 cm Länge. Der Durchmesser des Randes beträgt 3—3,5 cm. Vielfach sind die Fistelröhren im Innern noch mit einem feinen Röhrchen versehen, welches am Kanülenende (darmwärts) rechtwinklig abbiegt wie Abb. 282 zeigt. Durch dasselbe kann man in den Darm Flüssigkeiten einspritzen, ohne daß diese wieder aus der Kanüle heraus-

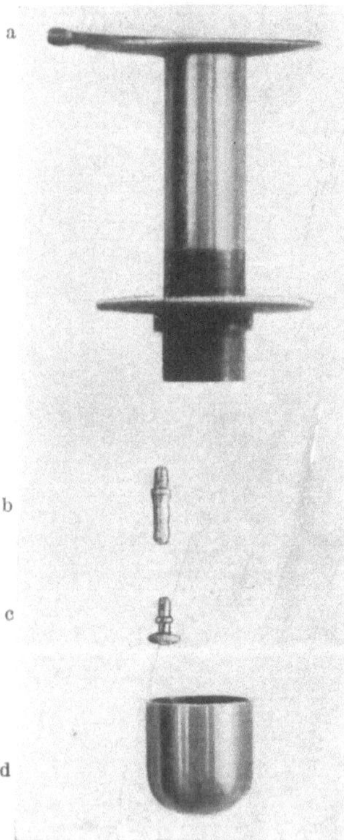

Abb. 282. Duodenalkanüle. — a. Mündung des inneren Röhrchens, welches in die Kanüle eingefügt ist, um Flüssigkeiten darmwärts einzuspritzen. b. Aufschraubbarer Ansatz für Gummischlauch an das Innenröhrchen. c. Aufschraubbarer Verschluß für dieses Röhrchen. d. Aufschraubbarer Verschluß für die Kanüle.

---

[1]) Lieferant: Fr. Runne, Rohrbach bei Heidelberg.

laufen. Den Verschluß besorgt ein Stopfen aus Kork, entfetteter Watte oder eine aufschraubbare Kapsel.

Derartige Fistelbildungen lassen mannigfache Variationen und Kombinationen zu. Durch das Einführen eines aufblasbaren Ballons, z. B. in den Pylorusteil, gelingt das Auffangen des reinen Duodenalinhaltes ohne Magensaft, wenn der aufgeblasene Ballon den Magenpförtner fest verschließt. E. S. Lonⁿoⁿ konstruierte zwei Arten von Ballonapparaten: 1. gerade und 2. knieförmig gebogene.

Eine weitere Modifikation stammt von Katsch.

Zum Studium der Magenentleerung legt dieser Autor zwei Duodenalkanülen ein und verbindet dieselben während des Versuches mit einer passenden, U-förmig gebogenen Glasröhre.

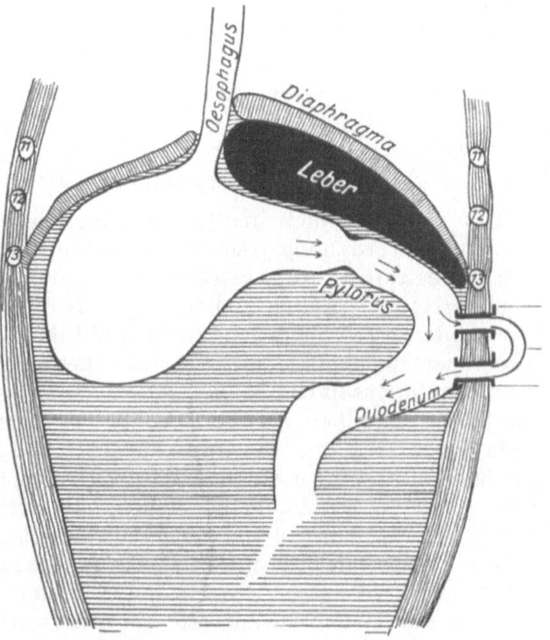

Abb. 283. Doppelduodenalkanüle nach Katsch.

Über die Enden gehören Gummirohrstückchen, damit die Röhre luftdicht den beiden Duodenalkanülen aufsitzt. Die Versuchsanordnung zeigt Abb. 284.

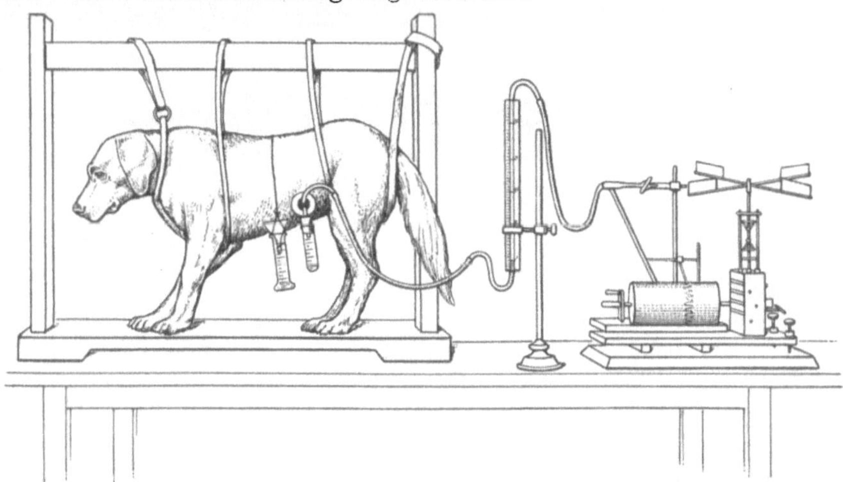

Abb. 284. Hund mit Magen- und Dünndarmfistel, angeschlossen an Registrierapparat.
(Aus: Archives des Sciences biologiques de St. Petersburg. Bd. 11, S. 27.)

Die Methode der Polyfisteln stammt von E. S. London (1905). Derselbe zerlegt den Verdauungstractus nach dem Anlegen vieler Fisteln in eine Anzahl voneinander abgegrenzte Abschnitte. Auf diese Weise vermag man das Schicksal verschiedenartiger Substanzen bei ihrem Fortschreiten durch einzelne Teile des Verdauungsapparates zu verfolgen. Ferner liefern sie die während der Verdauung abgesonderten Säfte, wie Galle, Pancreassaft, Darmsaft (nach E. S. London).

γ) *Die Fistelbildung mit reseziertem Darmabschnitte.*

Um einen Einblick in die physiologischen Vorgänge einzelner Abschnitte des Verdauungstractus zu erhalten, empfiehlt 1894 J. P. Pawlow eine Operationsmethodik der operativen Isolierung eines Abschnittes unter Erhaltung der secretorisch-nervösen Verbindung zwischen dem zu- und abführenden Teile. Nach dem Eröffnen der Bauchhöhle mittels eines medianen Schnittes reseziert der Operateur im Zusammenhange mit dem Mesenterium einen Darmabschnitt und lagert denselben vor die Bauchhöhle. Das eine, oralwärts gelegene Ende dieses Darmstückes wird in der auf S. 275 angegebenen Weise durch Zubinden, Tabaksbeutelnaht und Lembertsche Seidenknopfnähte geschlossen. Das caudale, distale Ende erhält nur einen provisorischen Verschluß, damit kein heraustretender Darminhalt das Abdomen infiziert. Die zu- und abführenden Darmteile vereinigt eine laterale Anastomose (S. 262 u. 263). Hierauf durchsticht ein spitzes Messer von innen her die Bauchwand an der Stelle, wo das offene caudalwärts gelegene Ende des resezierten Darmes herauskommen soll. Eine Kornzange erfaßt die Messerspitze. Unter Drehung des Messers um 90° (S. 245, Abb. 226) zieht die rechte Hand dasselbe zurück. Die Kornzange ragt in die Bauchhöhle hinein, ergreift das distale Darmende und zieht es durch die Bauch-

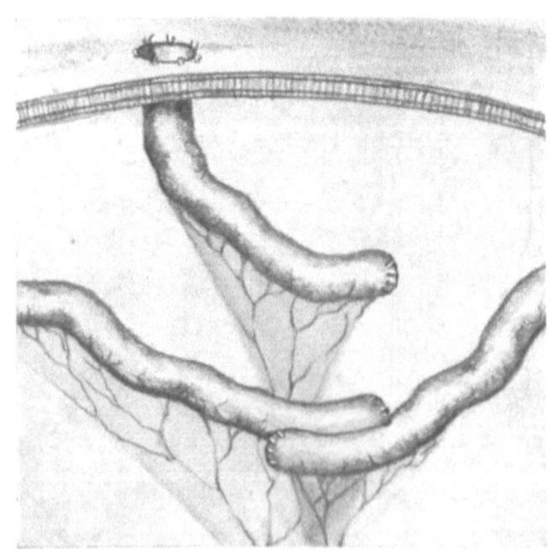

Abb. 285. Pawlowsche Darmfistel (halbschematisch).

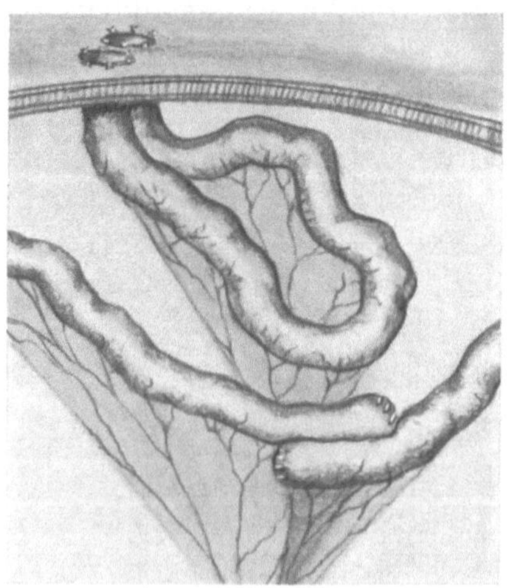

Abb. 286. Thiry-Vellasche Darmfistel (halbschematisch).

deckenwunde. Mehrere Seidenknopfnähte heften den Darm circulär an die Haut (Abb. 285). Der Bauchdeckenkanal darf nicht zu eng sein und soll nicht das an dem Darm befindliche Mesenterium abknicken. Ein gewisser Spielraum verbürgt die ausreichende Ernährung des durchgezogenen Darmes. Nach der 3-Etagennaht des medianen Bauchdeckenschnittes sorgt aufgestrichenes Collodium elasticum für den Schutz dieser Wunde. Sodann lege ich um das herausgezogene und fixierte Darmende einen Vioformgazestreifen, eröffne das Darmende und nähe nochmals mit Seidenknopfnähten den Wundrand des Darmes derart an die Haut, daß die herausgekrempelte Darmwand den Gazestreifen bedeckt. Es folgt ein vorsichtiges Ausspülen des resezierten Darmabschnittes mit warmer Normosallösung, um nach Möglichkeit seinen Inhalt einschließlich Infektionserreger zu beseitigen. Im Gegensatz zu der Jejuno- und Colostomie verlangt dieser Eingriff eine sofortige Eröffnung des Darmes, damit die Secrete, Excrete und Gasansammlung sich nicht stauen. Weil das caudale Ende des abgetrennten Darmstückes in die Haut eingenäht ist, so wird durch die Peristaltik von selbst der Darminhalt entleert. Die LONDONsche Paste (S. 261) schützt die umliegende Haut vor einem Ekzem. Die Entfernung der Gazestreifen geschieht zwischen dem 5. bis 7. Tage post operationem. Selbstverständlich gestattet die Methode auch die Verwendung von Fistelkanülen, welche die Darmlumina gut offen halten.

Bei der THIRY-VELLAschen Darmfistel sind beide Enden des isolierten Darmstückes in der oben angegebenen Weise einzunähen. Mehrere Knopfnähte verbinden die zwei Darmschenkel. Diese Maßnahme verhindert, daß später eine andere Darmschlinge oder ein Netzzipfel dazwischen gerät = innere Hernie. Beide Darmenden münden durch zwei gesonderte Bauchdeckenschlitze nach außen. Zwischen der zu- und abführenden Darmöffnung bleibt eine mindestens 3 cm breite Haut-Weichteil-Peritonealbrücke bestehen (Abb. 286).

Anhang: Oesophagusplastik.

Zum Ersatze der Speiseröhre wird nach ROUX ein genügend langes Darmstück ausgeschaltet und in Verbindung mit seinem Mesenterium vom Epigastrium aus so weit wie möglich unter der Haut kopfwärts geführt und das Ende herausgeleitet. Sodann legt der Operateur eine Anastomose zwischen dem distalen Teile dieses Darmstückes und dem Magen an. Hierauf bildet er an einer gut zugänglichen Stelle der Vorderwand des Magens eine Magenfistel (S. 257). Durch diese findet die Nahrungszufuhr für den Hund etwa 6 Wochen lang statt. Nach dem Freilegen des Oesophagus im Halsabschnitt (Technik S. 249) muß die Speiseröhre durchtrennt, ihr peripherer Teil geschlossen und das centrale Ende in die Haut eingenäht werden. 3 Wochen später bildet man zwischen der Oesophagusöffnung und dem auf der Brust eröffneten Darmende einen Hautschlauch durch einen rechtwinkligen Hautlappen und vernäht circulär beide Enden.

d) Operationen an der Leber und den Gallenwegen.

Für sämtliche Operationen an der Leber und den Gallengängen reicht der Mittelschnitt vom Proc. xiphoideus etwa 10—15 cm caudalwärts aus. Ein unter die Rücken-Lendenwirbel untergeschobenes, fest gepolstertes Kissen erleichtert den Zugang zu der größten Drüse des Körpers. Das aufgespannte Tier nimmt eine Beckentieflagerung ein, d. h. das Kopfende des Tisches steht höher als das Fußende. Außerdem liegt der Körper nach links geneigt. Auf diese Weise fallen die Baucheingeweide nach unten und links, so daß sie das Operationsfeld nicht stören. Feuchte Abstopfkompressen verhüten ein Vorfallen der anderen Organe. Ein Bauchdeckenhalter nach FRITSCH zieht den rechten Rippenbogen nach rechts oben. Ein GOSSETscher automatischer Wundhaken drückt den Magen und das Duodenum nach unten und rechts. Diese Maßnahmen schaffen eine vortreffliche Übersicht über die Leber, Gallenblase und die extrahepatischen Gallengänge. Nur bei Experimenten, welche ein Vorziehen der Eingeweide verbieten, wähle ich den KEHRschen Wellenschnitt vom Schwertfortsatz an nach der rechten Seite unter dem rechten Rippenbogen. Die Blutstillung dieser Bauchdeckenwunde muß sorgfältig geschehen, damit später keine Hämatome entstehen.

Das Leberparenchym der Tiere zerreißt leicht und verträgt keinen Druck. Gewebsnekrosen durchkreuzen unter Umständen eine Versuchsanordnung. Die ungerinnbare Galle kann aus einem feinen Leberrisse in die Bauchhöhle sickern und erzeugt Gallenperitonitis. Ein unerhebliches Zerren an den die Leber versorgenden Nerven, Sympathicus und Parasympathicus, haben Dysfunktionen dieses Organes zur Folge.

1. Leber.

Eine Leberwunde nähen wir mit runden, nicht schneidenden Nadeln. Als Nahtmaterial dienen etwas stärkere Catgutfäden, die nicht durchschneiden dürfen. Falls die Wundränder sich nicht vereinigen lassen, so leistet ein Stückchen frei überpflanztes Muskelgewebe (S. 222) oder Netz bei der Blutstillung gute Dienste. Die Gewebsstücke kommen in die Leberwunde. Einige Catgutknopfnähte fixieren das Transplantat. Auch ein Netzzipfel erfüllt denselben Zweck, wenn der herangezogene Netzstrang später keine Störungen hervorruft. Bei kleineren Wunden reicht eine zeitweilige Tamponade mit Vioformgaze aus.

Die Wegnahme eines Leberstückchens geschieht mittels keilförmiger Exzision. Darauf erfolgt sofort das Vereinigen der Wundränder mit durchgreifenden Katgutknopfnähten. Das Aufdrücken eines Vioformgazetupfers auf die Operationsstelle bewirkt eine schnelle Blutstillung aus den Stichkanälen.

Die Entfernung eines Leberlappens stößt bei unseren Versuchstieren auf keine nennenswerten Schwierigkeiten, wenn schmale Gewebsbrücken die einzelnen Lappen verbinden. Der Operateur muß wissen, daß meist jeder Leberlappen einen Gallenausführungsgang besitzt, welcher mit den anderen extrahepatischen Gallengängen in Verbindung steht. Mit einer DESCHAMPSschen (S. 131) Aneurysmanadel sind zwei Katgutfäden um solch eine Gewebsbrücke zu legen. Nach dem Knoten dieser Fäden löst zwischen ihnen ein Messer oder eine Schere die Verbindung. Sodann schiebt der Operateur eine Hohlsonde unter den aus diesem Leberlappen entspringenden Gallengang und bindet ihn ab. Dasselbe geschieht mit dem anhaftenden Lig. hepato-duodenale und den in den betreffenden Leberlappen ein- und austretenden Gefäßen. Ein Scherenschlag cranialwärts der Ligaturen macht den Leberlappen frei. Falls kein Zwischenraum zwischen der Vena cava bzw. dem Hauptstamm der Vena portae sowie den Venae hepaticae und dem zu entfernenden Leberlappen besteht, d. h. ein Teil des Lappens haftet fest an der Vena cava oder Vena portae, so setzt der Eingriff technische Übung voraus. Mit einer Klemme quetscht man vorsichtig den Lappen an seinem Stiele, aber weit genug von den großen, venösen Gefäßen. Bei der nun folgenden Ligatur dürfen letztere nicht verengt werden, weil sonst die anderen, zurückgelassenen Leberlappen geschädigt werden. Das weitere Vorgehen entspricht dem oben Gesagten. Den Verlust von $^1/_3$ der gesamten Lebersustanz vertragen die Tiere ohne nennenswerte Stoffwechselstörungen.

Die vollständige Leberexstirpation gehört zu den schwierigsten Eingriffen, wenn der Hund die Operation längere Zeit überleben soll. MANN und MAGATH erreichen dies dadurch, daß der venöse Blutstrom vorher umgeschaltet wird. MELCHIOR führt die Fortnahme der Leber in 3 Sitzungen aus. Zunächst legt er eine ECKsche Fistel an ohne Ligatur der Vena portae (vgl. S. 194 u. 195). Darauf unterbindet er die Vena cava cranialwärts der Anastomosenstelle. ENDERLEN legt dort eine Doppelligatur an und durchschneidet die untere Hohlvene, um mit Sicherheit eine Durchgängigkeit dieses Gefäßes zu verhindern. 4 Wochen später unterbindet MELCHIOR die Pfortader oberhalb der Einmündung der Vena pancreatica-duodenalis. Sämtliches Blut der Bauchorgane sowie der Hinterbeine muß durch die Bauchdecken auf dem Wege der Kollateralen gehen. Nach dem Ablauf eines weiteren Monates entfernt der genannte Autor in der III. Sitzung das Organ. Bei diesem Akte macht ENDERLEN darauf aufmerksam, es sei am besten „wenn man zuerst die Cava unterbindet, dann an die Arteria hepatica geht und darauf langsam weiter die Leber löst. Nun kommt der schwierigere Teil. Durchtrennen wir oben die Cava und ziehen ziemlich fest an, dann kommt das Zwerchfell herunter, man schneidet leicht ein, und im Moment ist der Pneumothorax fertig. Man kann natürlich mit Überdruck arbeiten. Wenn man etwas vorsichtig vorgeht, kann man das auch ohne Überdruck ausführen . . .“

2. Exstirpation der Gallenblase.

Von unseren Versuchstieren besitzen Ratten und Tauben keine Gallenblase. Die Cholecystektomie gehört zu den leichtesten Abdominaloperationen. Das Tier wird nach den auf S. 288 oben gemachten Vorschriften gelagert. Ein etwa 10 cm langer Medianschnitt, welcher direkt am Schwertfortsatz beginnt, eröffnet die Bauchhöhle. Abstopfen derselben mit einem Bauchtuche und Einsetzen des GOSSETschen auto-

matischen Wundhakens. Ich pflege einen Zwirnhandschuh über die
linke Hand anzuziehen und halte mit dem Daumen und linken

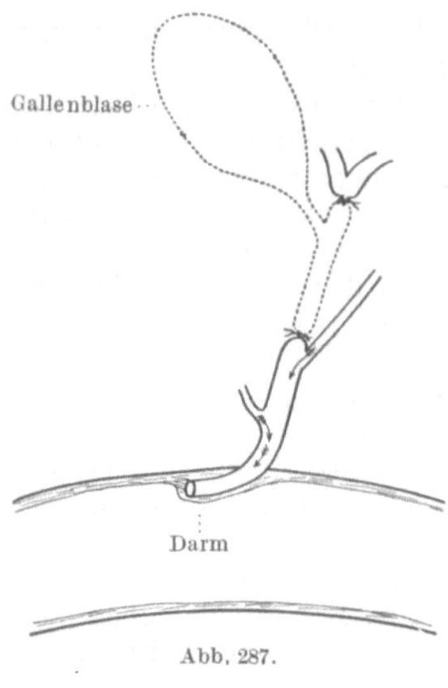

Abb. 287.

Zeigefinger die beiden Leberlappen zurück, welche die Vesica fellea und den
D. cysticus verdecken. Nach der Ein-
stellung des D. cysticus wird dieser
mit einer feinen anatomischen Pinzette
präpariert. Um den freigelegten Gang
einschließlich der Art. cystica führt
man zwei Seidenfäden mit einer Aneurysmanadel (S. 131) und unterbindet
nahe am D. communis. Sodann durchtrennt ein Messer gallenblasenwärts von
den beiden Ligaturen den D. cysticus
und schält mit der COOPERschen Schere
die Vesica fellea aus ihrem Leberbett.
Falls es bei diesem Akte der Cholecystektomie blutet, so genügt eine
kurzdauernde Kompression der Leber-
wundfläche mit Vioformgaze.

Ohne Schaden für das Tier kann
außer der Gallenblase auch noch der
Teil des D. choledochus zwischen den
D. hepatici und dem links einmündenden Gallengang entfernt werden
(punktierte Strecke in Abb. 287). Die Galle findet durch Umleitung in
die anderen extrahepatischen Gallengänge ihren Weg in den Darm.

3. Gallenblasenfistel.

Zur Gewinnung der Galle gab 1890 DASTRE die Gallenblasenfistel
an. Dazu eignen sich nur Hunde mit breitem Thorax und stumpfem
Rippenbogenwinkel, z. B. Boxer, Spitze usw. Von einem Medianschnitt
aus unterbindet man zunächst den Ductus communis (= choledochus)
nahe am Duodenum, damit die Galle nicht in den Darm abfließt. Der
isolierte Gang darf nicht vollständig von seinen Bindegewebshüllen ent-
kleidet werden. Ein dünner Faden zur Ligatur des D. communis schneidet allmählich durch. Nach einiger Zeit stellt sich die Kommunikation wieder her wie beim Zuschnüren des Darmes (S. 270 unten). Deshalb lege ich
eine doppelte Ligatur an, durchtrenne dazwischen den gemeinsamen
Gallengang und knicke nochmals den centralen Stumpf nach oben ab.

Im nächsten Operationsakte schlitzt ein Skalpell den Peritonealüberzug der Vesica fellea an seiner Umschlagsstelle auf die Leber.
Hierauf löst der Experimentator teils stumpf, teils schneidend mit
einer gebogenen Schere das Organ aus dem Leberbette. Sodann drückt
der linke Zeigefinger etwas Vioformgace auf das blutende Leberparenchym (s. oben). Bald hört es auf zu bluten. Jetzt beginnt unter
Schonung der Arteria cystica die Mobilisation des Ductus cysticus bis
zur Einmündung in den D. communis. Der weitere Verlauf gestattet
2 gangbare Wege zur Fistelbildung:

1. ohne Kanüle,
2. mit Fistelröhre.

Die Technik der erstgenannten Methode zeigt Abb. 288. Von dem medianen Bauchschnitte aus ergreift eine chirurgische Pinzette die Kuppe der Gallenblase und führt sie einer KOCHERschen Klemme zu. Diese ist durch einen 2 cm langen Bauchdeckenschnitt mit dem auf S. 245 geschilderten Verfahren ins Abdomen hineingebracht. Nunmehr erfaßt das Instrument ebenfalls die Kuppe der Vesica fellea und zieht sie durch das unter dem Rippenboge gelegene Loch. Mehrere Seidenknopfnähte sorgen für einen festen Halt an dem Hautwundrande. Das Eröffnen der vorgelagerten Gallenblasenwand mit einem

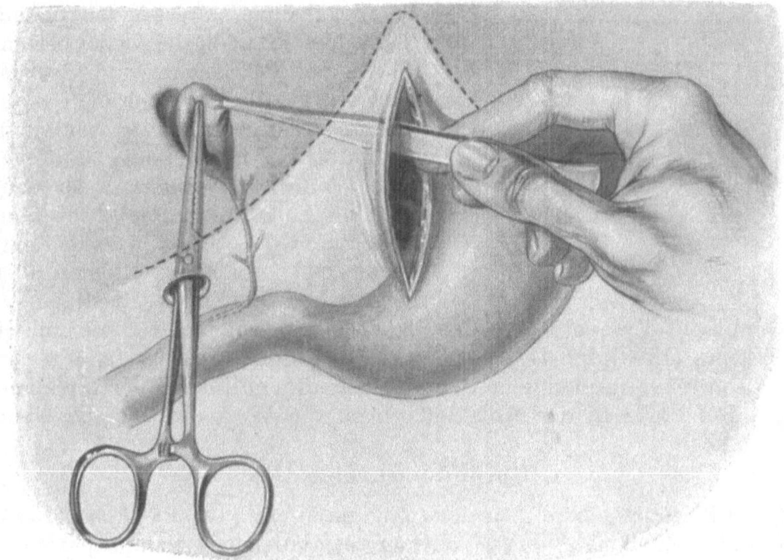

Abb. 288. Verlagerung der Gallenblasenkuppe durch den seitlichen Bauchdeckenschnitt. Eine KOCHERsche Klemme erfaßt die frei präparierte Vesica fellea.

Glühbrenner beschließt den Eingriff. Tägliches Bougieren verhindert einen spontanen Verschluß.

Die Bildung der Gallenblasenfistel mit Hilfe einer Kanüle macht diese Arbeit überflüssig. Das Auslösen der Blase und Beweglichmachen des Ductus cysticus deckt sich mit dem soeben geschilderten. Danach indiciert der Experimentator die Kuppe der Gallenblase und bindet eine Fistelröhre[1]) ein. Letztere wird gleichfalls etwas rechts vom medianen Bauchschnitte, unterhalb des rechten Rippenbogens, durch die Bauchdecken herausgeleitet und an die Haut geheftet. Sämtliche produzierte Galle tritt nach außen. Zweckmäßig befestigen noch einige Seiden-

---

[1]) Gallenfistelkanülen liefert E. ZIMMERMANN, Leipzig-Stötteritz, Wasserturmstraße 33.

knopfnähte die Gallenblasenkuppe an das Peritoneum. Das Umhüllen der Fistelröhre mit einem Netzzipfel gewährt Schutz gegen eine Gallenperitonitis.

In geschickter Weise lösen ADLER und BREHM die Aufgabe der dauernden Entnahme absolut steriler Gesamtgalle bei Hunden. Es ist ohne weiteres verständlich, daß mit den zwei beschriebenen Operationen die Galle nicht steril aufgefangen werden kann, weil von außen die Keime hineingelangen. An Stelle der Kanüle nähen die beiden genannten Autoren einen Pezzerkatheter in die Gallenblase ein, nachdem sie den D. choledochus unterbunden haben. Nach dem Fixieren des Gallenblasenfundus ans Peritoneum und Herausleiten des Katheters durch die Bauchdecken befestigen sie an diesen einen Gummibeutel mit einem Dreiwegehahn. Auf diese Weise kann der Beutel ohne Abnahme gereinigt werden. Der Gummibeutel liegt in einer Zinkblechkapsel, welchen 2 Riemen über den Rücken des Tieres befestigen.

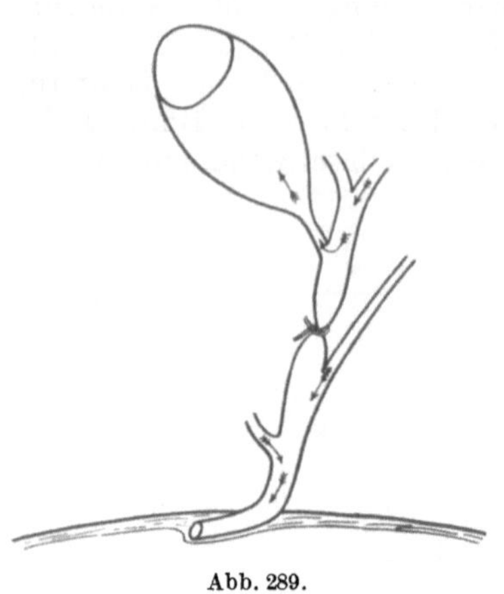

Abb. 289.

Damit ein Teil der Galle dem Körper erhalten bleibt, unterbindet TSCHERMAK (1900) den D. communis nicht an der Eintrittsstelle in den Darm, sondern zwischen dem D. cysticus und dem linken oberen Gallengang. Die Pfeile in der Abb. 289 zeigen die Wege, welche die Galle benutzt.

4. Choledochusfistel[1]).

Die Choledochusfistel wurde zum erstenmal von PAWLOW (1908) hergestellt. Zunächst gilt es, das Pancreas vorsichtig abzupräparieren, damit der erste Pancreasgang fortfällt (S. 13, Abb. 10). Seine Durchtrennung erfolgt zwischen zwei Ligaturen. Die von PAWLOW angegebene Technik lehnen wir ab, weil sie die Nerven nicht schont. Außerdem leidet das excidierte umgeklappte Darmwandstück durch dieses Abknicken in seiner Ernährung.

Ich schneide mit einem großen ovalären Schnitt die VATERsche Papille aus der Darmwand heraus, ohne den D. communis (=choledochus) dabei zu verletzen. Doppelte Unterbindung und Durchschneidung des benachbarten Pancreasganges. Eine Längs- oder Quernaht (S. 272) in zwei Etagen verschließt die Lücke der Duodenalwand. Sodann durchstößt ein dicker Trokar vom Peritoneum aus am rechten unteren Rippenbogen die Bauchwand. Eine Kornzange erfaßt das Instrument, welches der Operateur wieder in das Abdomen zurückzieht. Die Kornzange

---

[1]) Die übliche Bezeichnung „Choledochus"fistel ist falsch. Die Veterinärmedizin kennt bei den Tieren nur einen Ductus communis, der beim Menschen dem D. choledochus entspricht.

gleitet in die Bauchhöhle, ergreift vorsichtig das excidierte Darmstück und zieht es durch den Bauchdeckenkanal. Bei einer Gewebsspannung

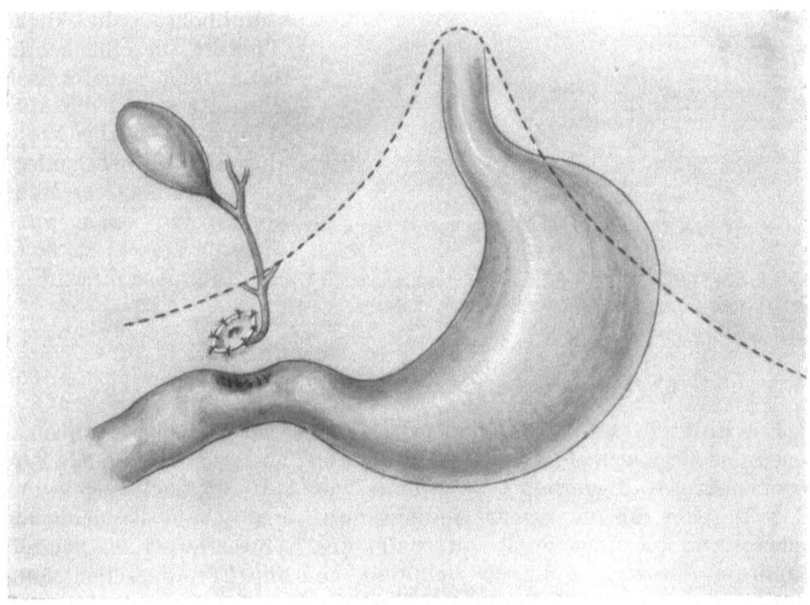

Abb. 290. Fistelbildung des Ductus communis (schematisch).

mobilisiert eine anatomische Pinzette den D. communis. Sodann beginnt das Annähen des ovalären Darmwandstückes an die Haut in der oben beschriebenen Weise. Der Bauchdeckenkanal darf nicht zu eng sein (vgl. o.). Von der vorgelagerten VATERschen Papille aus läßt sich in den Gallengang leicht ein Ureterenkatheter (S. 302) einführen und die Galle bequem auffangen. Der Eingriff gestattet eine Kombination mit gleichzeitiger Cholecystektomie. Es bleibt der Fragestellung vorbehalten, ob man nach etwa 14 Tagen die Magenschleimhaut abpräpariert bzw. die Papille mit fortnimmt.

Um die schädlichen Folgen der Entziehung der Galle für den Organismus zu bekämpfen, spritzen einige Autoren die aufgefangene Galle durch die Magensonde in den Magen.

Bei der sogenannten Kontinuitätsfistel des D. communis nach LEWASCHEW wird der Gallengang dicht an seiner Einmündungsstelle in den Zwölffingerdarm ligiert und centralwärts durchschnitten. Hierauf kommt in den D. communis eine Fistelröhre, welche durch die Bauchdecken nach außen führt. Die Technik deckt sich mit dem Vorgehen bei der Gallenblasenfistel.

Das Einpflanzen des durchschnittenen D. communis in das Duodenum glückt mit der WITZELschen Schrägfistel (S. 257).

Für einen Schrägkanal an der oberen Duodenalwand falten mehrere
LEMBERTsche Seidenknopfnähte über dem Ende des D. choledochus
die Darmwand. Hierauf durchbohrt ein dicker Trokart dieselbe schräg. Eine feine anatomische Pinzette steckt die Mündung des Gallenganges durch das Darmloch. Zwei LEMBERTsche Nähte sorgen für einen guten äußeren Verschluß. Dabei

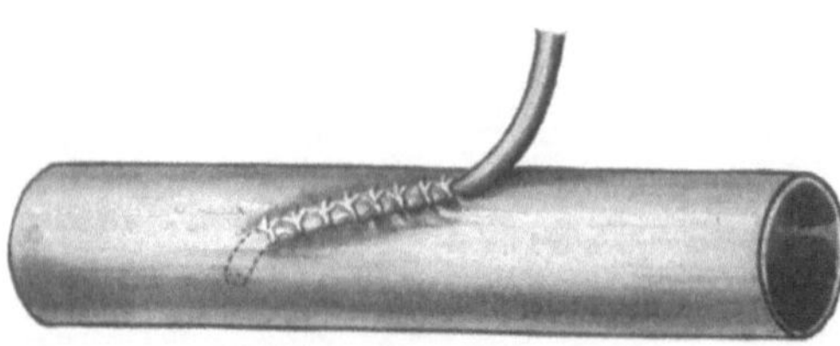

Abb. 291. Einpflanzung des Ductus communis in den Darm.

fassen sie die Bindegewebshülle des D. communis mit. Auf diese Weise
bleibt der Gang in seinem neuen Lager.

e) Operationen an der Bauchspeicheldrüse.

Die Eingriffe an dem Pancreas verlangen ein sehr behutsames Anfassen des Organs wegen der Gefahr der den Tod hervorrufenden Fettgewebsnekrose. Lagerung des Tieres wie bei der Cholecystektomie
(S. 289). Ein 10 cm langer Medianschnitt spaltet die Bauchdecken,
welcher zweiquerfingerbreit unterhalb des Schwertfortsatzes beginnt.
Wenn ein Assistent fehlt, so bevorzuge ich den COLMERSschen Querschnitt, von einem Rippenbogen zum anderen, beginnend und endi-
gend in der Mammillarlinie. Das Abstopfen des Abdomens mit feuchtwarmen Kompressen und den Gebrauch des GOSSETschen Wundhakens
üben wir wie bei den vorhergehenden Operationen. Vor allem muß die
Bauchdeckenwunde mit Abdecktüchern geschützt werden, weil be-
netzender Pancreassaft die späteren Katgutnähte zu schnell auflöst.

Die Anzahl der Ausführungsgänge des Pancreas ist bei den gleichen Tiergattungen, z. B. Hunden, Katzen, Kaninchen, sehr verschieden. Erstere haben
einen bis drei Ausführungsgänge. Oft sind auch vier Gänge vorhanden. Der erste
Pancreasgang mündet beim Hunde in der Regel gemeinsam mit dem D. communis (S. 292, Fußnote) in die VATERsche Papille. Der zweite Pancreasgang
befindet sich gewöhnlich 2—3 cm oberhalb der Stelle, an welcher die Pancreas-
drüse sich vom Duodenum entfernt. Einzelheiten stehen bei den betreffenden
Tieren im Allgemeinen Teil dieses Buches.

Bei der Exstirpation des Pancreas ist es ausschlaggebend,
ob das Organ restlos entfernt werden soll, d. h. keine Spuren von Drüsen-
gewebe darf zurückbleiben. Diese Aufgabe vermag in vielen Fällen
der Operateur nicht zu erfüllen, wenn der Pancreaskopf in größerer
Ausdehnung mit dem Duodenum und dem Endabschnitte des D. communis feste Verwachsungen aufweist. Bei noch so sorgfältigem Abpräparieren der Bauchspeicheldrüse vom Zwölffingerdarme und pein-
lichster Schonung der Gefäße entsteht an der freien Darmseite eine
Gewebsschädigung durch Ernährungsstörung. In 3—4 Tagen stellt sich
eine etwa 10-pfennigstückgroße Nekrose der Duodenalwand mit Peritonitis ein, an welcher die Hunde krepieren. Wenn von einigen Autoren

empfohlen wird, bei derartigen topographischen Verhältnissen die Resektion dieses Darmabschnittes zu machen mit nachfolgender Enteroanastomose, so haben diese ihren Vorschlag sicherlich nicht praktisch ausgeführt. Denn in die Resektionsstelle fällt das Ende des gemeinsamen Gallenganges, welcher erst wieder zu inplantieren wäre. Bei jungen Tieren mit reichlichem Fettpolster liegen durchschnittlich die Verhältnisse günstiger.

Ich rate daher, zunächst den D. communis an seiner Eintrittstelle in das Duodeum aufzusuchen und seine Beziehungen zum Pancreas festzustellen. Falls dort die Bauchspeicheldrüse mit dem Darme zu fest verwachsen ist, sehen wir von der weiteren Operation ab und heben den Hund für andere Versuche auf.

Während der Fortnahme der Drüse beachtet man ständig die Arteria und Vena pancreatica-duodenalis superior und inferior, welche das Pancreas und Duodenum gemeinsam versorgen. Das Stromgebiet dieser Gefäße trifft dort zusammen, wo der Kopf der Bauchspeicheldrüse den Darm umfaßt. Nach WITZEL darf der zur Pars libera descendens duodeni verlaufende Ramus pancreaticus inferior der Art. pancreaticoduodenalis inferior unterbunden werden. Sodann tragt der Operateur schrittweise das an der Pars descendens des Pancreas anhaftende Gewebe wie das Mesenterium ab (vgl. S. 278, Abb. 271), indem er dicht am Rande der Drüse bleibt. Bei dem Auslösen des oberen Pancreasschwanzes liegt das Schwergewicht auf der Schonung der Arteria pancreaticaduodenalis superior, welche meist in einer hinteren Rinne des Pancreas und später in der Substanz der letzteren verläuft. Dieser Stamm muß möglichst weit nach unten durchgängig erhalten bleiben, um ein Gangrän des Duodeums zu vermeiden. Alsdann erfolgt das Abtragen des Pancreaskopfes am Duodenum vorwiegend mit 2 feinen anatomischen Pinzetten und der Hohlsonde. Wiederum richtet sich dabei die Aufmerksamkeit auf das Schonen der Gefäßstämme, welche den Zwölffingerdarm ernähren. Eine gewissenhafte Ligatur der Drüsenausführungsgänge an ihren Einmündungsstellen in den Darm mit Seidenfäden verhütet später eine Peritonitis. Außerdem decke ich Operationsstelle mit einem Netzzipfel. Nach dem Eingriffe hat der Experimentator die ausreichende Ernährung jenes Darmabschnittes zu prüfen. Die vorhandene Peristaltik beweist nicht mit Sicherheit, daß später keine umschriebene Wandnekrose eintreten könne. Eine leichte Cyanose deutet das unerwünschte Ereignis an. Nur die frischgerötete Darmserosa sowie gleichzeitige Darmperistaltik weist auf ein Gelingen hin.

Die teilweise Entfernung der Bauchspeicheldrüse, d. h. Schwanz oder Schwanz und Mittelstück des Pancreas, geschieht in der gleichen Weise. Die Drüse soll nicht gequetscht werden (s. o.). Ein Messer durchtrennt quer das Gewebe. Feinste Katgutknopfnähte vereinigen das Peritoneum über der glatten Schnittfläche. Wenn der Bauchfellüberzug nicht ausreicht, so steppt man einen Netzzipfel auf den Stumpf. Wegen der drohenden Fettgewebsnekrose fassen die Nähte nicht die Drüsensubstanz mit.

Die Bildung der **Pancreasfisteln** beruht auf demselben Prinzip wie die Herstellung der Speichel- (S. 245) und der Choledochusfistel (S. 293). Ein spitzes Messer schneidet ein oväläres Stück aus der Darmwand heraus, in dessen Mitte die Papille des zweiten Ausführungsganges (s. o.) liegt. Eine doppelreihige Quernaht verschließt das Loch im Duodenum. Sodann durchsticht ein Messer die Bauchdecke über der ursprünglichen Lage dieser Papille vom Abdomen aus, d. h. also etwa 4 cm rechts vom Medianschnitte, ungefähr in der rechten Mamillarlinie. Eine Kornzange ergreift die Spitze des Messers. Der Operateur dreht das Skalpell um 90°, zieht es zurück und leitet auf diese Weise die Kornzange in die Bauchhöhle. Jetzt erfaßt das Instrument vorsichtig das excidierte Darmstück und führt es durch den Bauchdeckenkanal. Eine Anzahl Seidenknopfnähte fixieren den vorgelagerten Darmteil an die Haut. Damit dieser nicht gespannt wird, heften vier Seidenknopfnähte das Duodenum an das Peritoneum parietale an: der Pancreaskopf liegt der Bauchwand direkt an. Ob diese Nähte durch die Bauchdeckenwand geführt und über der Haut geknüpft werden, wie die Fäden *a* in Abb. 243, S. 259, oder intraabdominell zu knoten sind, scheint belanglos zu sein. Wenn der Versuch den gesamten produzierten Pancreassaft verlangt, so unterbinde ich vor der Ausschneidung des Darmstückes die anderen etwa vorhandenen Ausführungsgänge des Organes.

Nach SCHEPOWALNIKOW wird der Pancreassaft im zymogenen Zustande aus der Bauchspeicheldrüse ausgeschieden und nur durch die Kinase der Papillenschleimhaut aktiviert. Deshalb ist es notwendig, für die Gewinnung des unveränderten Pancreassecretes nach etwa 10 Tagen die Schleimhaut und die Papille sorgfältig abzupräparieren. Zum Verhüten einer Obliteration des Pancreasganges gehört tägliches Bougieren, früh und abends, mit einer Knopfsonde.

f) Operationen an der Milz.

Die Wegnahme der Milz gelingt bei leerem Magen leicht. Das Lig. gastrolienale verbindet diesen mit der Splen. Zunächst eröffnet ein Medianschnitt die Bauchhöhle. Wenn man den Magen nach rechts zieht, so stellt sich die Milz in das Operationsfeld von selbst ein. Die Milz der Affen, Hunde, Katzen und Kaninchen verträgt ein Anfassen und Vorziehen (s. u.). Das schrittweise Abtragen des Organes von dem Lig. gastrolienale gleicht dem Vorgange auf S. 278, Abb. 271. Zwischen doppelten Ligaturen durchtrennt die Schere die Gewebsbrücke mit den zu- und abführenden Gefäßen (Kollateralkreislauf S. 131).

Bei den kleinen Tieren, wie Meerschweinchen, Ratten, Mäusen usw., soll der Operateur nur den Magen vorziehen und nicht die leicht zerreißliche Milz berühren. Das kleine Gebilde hängt an der linken Magenseite. Während der linke Daumen und linke Zeigefinger den Magen halten, führt die rechte Hand eine Hohlsonde unter das Ligament und schiebt das Instrument 1 cm weiter durch dieses zarte Band. Es folgt

das typische Durchführen der zwei feinen Catgutfäden mit einer kleinen
DESCHAMPSschen Nadel (S. 131), Knüpfung der Fäden und Durchschneidung derselben. Auf diese Weise glückt das Entfernen der Milz,
ohne sie anzufassen. Die leichte Zerreißlichkeit der zarten Gefäße verbietet jedes Zerren.

g) Operationen am Netz.

Das Netz eignet sich in hervorragendem Maße für freie und gestielte Transplantationen (s. S. 174, 231, 278, 295, 298, 300).

Die Wegnahme eines Netzstückes oder des ganzen Omentums geschieht
mit der auf S. 278 beschriebenen Technik zur Abtragung des Mesenteriusms
vom Darme.

XI. Operationen am Urogenitalsystem.

a) Niere.

Bei einem Eingriffe an der rechten Niere wird das in Rückenlage
aufgespannte Tier schräg nach links gelagert. Das Höherstellen des Kopf-
endes bewirkt eine Beckentieflagerung (S. 167). Die Baucheingeweide
fallen nach links sowie nach unten und stören nicht das Operationsfeld.
Affen, Hunde, Katzen und Kaninchen erhalten eine fest gepolsterte
Rolle unter die Lendenwirbelsäule. Die Darstellung der linken Niere
verlangt die Lagerung des Körpers nach rechts. Die Nieren, Harnleiter und Blase liegen retroperitoneal. Sämtliche Eingriffe an diesen
Organen führen wir bei den Säugetieren transperitoneal aus. Die Eröffnung des Abdomens erfolgt mit einem großen Schnitte in der Mamillarlinie. Feuchtwarme Abstopfkompressen verhindern ein Vorfallen
der Eingeweide. Eingesetzte Bauchspatel dienen dem gleichen Zwecke.

1. Dekapsulation.

Am lateralen Rande der freigelegten Niere ritzt ein feines Messer die
Kapsel ein. Von der Einschnittstelle aus schiebt der Experimentator eine
Hohlsonde unter die Kapsel nach dem oberen Nierenpol und spaltet
auf dem Instrumente die Bindegewebshülle. Hierauf führt er dasselbe
in umgekehrter Richtung unter der Kapsel bis zum unteren Nierenpol und schlitzt ebenfalls das Gewebe. Jetzt erfaßt eine anatomische
Pinzette die aufgeschnittene Kapsel und zieht sie vorsichtig von der
vorderen und hinteren Nierenseite bis zum Hilus ab. Ein Scherenschlag durchtrennt die durch die Kapsel eintretenden Gefäße. Zur
Blutstillung genügt die Kompression mit einem Tupfer. Falls die Kapsel
etwas fest an der Niere haftet, so löse ich mit einer COOPERschen Schere
stumpf die Verbindung. Die Kapsel ist am Hilus abzuschneiden. Bei
dem Zurücklegen des Organes muß die ursprüngliche Lage beibehalten
werden, damit die Gefäße nicht abknicken und keine Ernährungsstörungen entstehen.

2. Incision und Naht.

Die Incision und Spaltung der Niere, Nephrotomie, pflegt mit einer stärkeren Blutung einherzugehen. Nach ZONDEK soll der Schnitt etwas lateral und parallel der Mittellinie verlaufen. Dadurch bleiben die größeren Gefäße unverletzt.

Zur Naht taugen nur gebogene, runde, nicht schneidende Nadeln. Der Gebrauch mittelstarker Katgutfäden verhindert ein Durchschneiden. Die Niere verträgt das Durchführen der Fäden durch das Parenchym. Feinere Katgutknopfnähte verschließen die Kapsel.

3. Fistelbildung.

Drei Wege gestatten die Entnahme des Urins aus der Niere: 1. eine Fistelbildung vom Nierenbecken aus, 2. die Einpflanzung des Harnleiters in die Bauch- oder Rückenhaut, 3. der Ureterenkatheterismus. Angaben über die beiden letztgenannten Methoden stehen auf S. 300.

Das Anlegen einer Nierenbeckenfistel gelang uns bisher nur bei großen, ausgewachsenen Hunden. Die Größe des Nierenbeckens weist oft erhebliche Unterschiede auf. Seine intraparenchymatöse Lage stellt uns oft vor schwierige Aufgaben. Zur besseren Darstellung klemmt man temporär den Harnleiter nahe der Niere ab. Der gestaute Urin erweitert das Becken. Zweckmäßig säuft der Hund $^{1}/_{4}$ Stunde vor der Operation kaltes Wasser oder Milch, um die Nierenfunktion für die beschleunigte Harnsekretion anzuregen. Diesen Vorgang unterstützen die Äthernarkose und subcutane Injektion von Campher und Coffein. Morphium und Chloralhydrat bewirken das Gegenteil. Nach der Präparation des Nierenbeckens durchstößt ein Trokar (S. 167 u. 169) von der Bauchhöhle die dem Nierenbecken gegenüberliegende Rückenmuskulatur unter Schonung der Gefäße und der Nervengeflechte. Auf den Zwerchfellansatz ist besonders zu achten, um Pleura nicht zu beschädigen. Hierauf desinfiziert man die Spitze des Mandrins und zieht dieses bauchwärts heraus. Die Hülse des Trokars bleibt liegen. Danach stecke ich vom Abdomen aus die Fistelröhre oder das Gummidrain in diese Hülse. Alsdann folgt die Entfernung derselben durch Herausziehen von der Haut aus. Die Fistelröhre bzw. das Gummirohr soll mindestens 2 cm über dem Fell hervorragen. Diese Technik gewährleistet eine zuverlässige Aseptik. Sodann wird oberhalb der Abgangsstelle des Ureters eine Tabaksbeutelnaht (S. 275) angelegt, falls dies die anatomischen Verhältnisse gestatten, und in ihrer Mitte mit einem spitzen Messer das Nierenbecken eröffnet — Pyelotomie. Abnahme der Klemme am Harnleiter. Abstopfkompressen saugen den herauslaufenden Urin auf. Der nächste Operationsakt bringt die Kanüle, deren stumpfer Rand etwas nach außen ragt, oder das Gummidrain in das Loch. Jetzt zieht der Operateur die Tabaksbeutelnaht fest zu, knüpft die zwei Fäden und fixiert mit mehreren Katgutknopfnähten einen Netzzipfel um das Rohr, damit ein sicherer Verschluß entsteht. Eine Fixation des Rohres an der Haut fällt fort. Der Schluß der Bauchdeckenwunde beendet den Eingriff.

Die Kanüle soll Spielraum haben. Leicht entsteht durch Druck Gewebsnekrose der Nierenbeckenwand. In den ersten 10 Tagen bleibt das
Rohr offen. Mehrfach täglich gewechselter Verbandstoff saugt den austretenden Urin auf. Später verschließt ein Pfropfen die Fistelröhre,
um nur nach Bedarf Urin aufzufangen. Die LONDONsche Paste (S. 251)
schützt die Haut vor den Schädigungen des Harnes.

Bei diesem Vorgehen entleert sich der Urin sowohl aus der Kanüle
als auch aus dem Harnleiter. Zum Auffangen der gesamten secernierten
Harnmenge dient das Einpflanzen des Ureters in die Bauch- bzw.
Rückenhaut, der Ureterenkatheterismus oder die zweigeteilte Blase
mit Blasenfistel (s. u.).

4. Exstirpation.

Mit feinen anatomischen Pinzetten präpariert man die Nierengefäße.
Ihre Lage und Zahl zeigen bei ein und derselben Tiergattung oft erhebliche
Unterschiede. Zuerst sind die Arterien, daraufhin die Venen doppelt
mit der auf S. 131 geschilderten Technik zu unterbinden. Ein Scherenschlag durchtrennt das Gefäß zwischen zwei Ligaturen. Wenn die
Venen zuerst zugeschnürt werden, so tritt in dem Organ eine Blutstauung ein. Diese kann bei der nachträglichen mikroskopischen Untersuchung Schwierigkeiten bereiten.

Die Nierenexstirpation für Transplantationsversuche wurde gleichzeitig mit den anderen Organverpflanzungen auf S. 234 besprochen.

b) Nebennieren.

Die Nebennieren produzieren das für den Organismus wichtige
Adrenalin. Über die Wechselbeziehungen zwischen der Glandula
suprarenalis und dem dorsalen, sympathischen Vaguskern beim Zuckerstich unterrichten die auf S. 213 gemachten Angaben. Der Exstirpation des Organs geht die Freilegung der Niere voraus (S. 297). Seine
Lage wechselt bei den einzelnen Versuchstieren. Näheres darüber
steht im Allgemeinen Teil dieses Buches. Meist liegen die Nebennieren
mehr am oberen Pole der Niere, medianwärts. Beim Meerschweinchen
ist die rechte Nebenniere in die Wand der Vena cava hineingewachsen.
Besondere Beachtung beanspruchen die akzessorischen Nebennieren,
welche z. B. bei Ratten sehr häufig vorkommen. Zur Herausnahme
isolieren wir zunächst mit zwei feinen anatomischen Pinzetten die Gl.
suprarenalis von dem umgebenden Binde- und Fettgewebe. Schrittweise durchtrennt ein feines Skalpell auf der untergeschobenen Hohlsonde nach erfolgter doppelter Unterbindung die zahlreichen kleinen
Gefäßstämmchen und das anhaftende Gewebe. Danach liegt das Gebilde im retroperitonealen Raume frei.

c) Harnleiter.

1. Fistelbildung.

Für die Operationen am Harnleiter und der Blase eignen sich nur
weibliche Tiere. Bei Hunden stört der Penisknochen.

Ein medianer Bauchschnitt, welcher oberhalb der Symphyse beginnt, spaltet die Bauchdecken. Bei Fröschen und Kröten verläuft der Schnitt lateral von der Mittellinie wegen der Vena cutanea magna (S. 74). Nach dem Beiseiteschieben der Darmschlingen ritzt ein Skalpell den dorsalwärts gelegenen Bauchfellüberzug ein. Mit zwei anatomischen Pinzetten gelingt ohne Mühe das Präparieren des Harnleiters. Dieses transperitoneale Vorgehen gestattet eine gute Übersicht. Für die Fistelbildung kann der Ureter an der Weiche oder an den vorderen Bauchdecken herausgeleitet werden. Der letzte Weg erscheint bei länger dauernden Versuchen vorteilhafter, weil sich dort besser Urinale anbringen lassen. Ferner klemmt die sehr kräftige Rückenmuskulatur den dorthin verlagerten Ureter etwas ab. Die Durchschneidung des Harnleiters und die Einpflanzung seines offenen centralen Stumpfes in die Bauchdecken hat dieselben Schattenseiten wie dieses Vorgehen bei dem D. communis (S. 292). Eine Längsspaltung des durchschnittenen Lumens auf $1/_2$—1 cm vergrößert die quere Schnittfläche (= volumenerweiternder Schnitt). Diese Maßnahme erleichtert das zuverlässige Annähen der Harnleiteröffnung an die Haut. —

Ich benutze bei der Fistelbildung des Harnleiters unzerbrechliche Glaskanülen[1]) wegen der damit verbundenen Vorteile. Nach der Präparation des Ureters führt man mit meiner Technik (S. 167 u. f.) das Rohr durch die Rückenmuskulatur bzw. Bauchwand gegenüber der geplanten Durchtrennungsstelle des Harnleiters. Hierauf folgt die Ligatur desselben. Ein Scherenschlag durchschneidet ihn unmittelbar darüber, d. h. centralwärts. Sodann spaltet der Operateur das Gebilde auf $1/_2$ cm in seiner Längsrichtung und schließt daran das Einbinden der Kanüle, entsprechend dem Vorgange bei den Blutgefäßen (S. 176). Ein um das Rohr geschlagener Netzzipfel, mit zwei bis drei Katgutnähten befestigt, sichert den Verschluß. Schließung der medianen Bauchdeckenwunde. Auf das herausgeleitete Kanülenende kommt ein Gummischlauch, welcher den Urin in das Urinal leitet. Regelmäßiges Spülen verhindert die drohende Inkrustation des Gummirohres bzw. der Kanüle.

Befriedigende Resultate gibt die Verlagerung des Ureters im Zusammenhang mit seinem Orificium externum: Mit einem spitzen Messer schneidet der Operateur ein ovaläres Stück aus der Blasenwand, in dessen Mitte die Harnleitermündung liegt. Eine zweireihige Katgutknopfnaht verschließt den Blasenwanddefekt, ohne daß deren Schleimhaut mit in die Naht fällt (s. u.). Sodann wird etwas seitlich von dem Medianschnitt die Bauchdecke mit einem Skalpell in der oben beschriebenen Weise durchstoßen (S. 291), die herausgeschnittene Blasenwand vorgelagert und mit sechs Seidenknopfnähten an die durchtrennte Haut circulär fixiert. —

Bei vielen Versuchen ist nach Eingriffen an den Nieren der Urin getrennt aufzufangen, z. B. nach der einseitigen periarteriellen Sympathektomie (S. 198) der Nierenarterie, Dekapsulation und dergleichen. Diese Aufgabe verlangt die beiderseitige Vorlagerung des Harnleiters oder die Zweiteilung der Blase. (S. 302.)

---

[1]) Ureterkanülen liefert E. ZIMMERMANN, Leipzig-Stötteritz, Wasserturmstraße 33.

2. Verschiedene Eingriffe am Harnleiter.

Die Operationen am Ureter gleichen im wesentlichen den Gefäßoperationen (S. 185 u. f.). Eine Wunde des Harnleiters vernäht man
quer, um einer späteren Verengerung vorzubeugen. Bei allen Suturen
am Harnleiter, Nierenbecken und der Blase dürfen die Fäden die
Schleimhaut nicht berühren. Der Urin verursacht eine Inkrustation
des Nahtmateriales.

Bei der End-zu-End-Vereinigung wählen die meisten Autoren
im Tierexperiment die schräge Anfrischung, um die Nahtfläche zu vergrößern. Andere empfehlen einen Längsschnitt in beide Ureteren-
stümpfe analog den gefäßerweiternden Operationen (S. 189) oder die
Kombination beider Methoden.

Die laterale Anastomose der Harnleiterstümpfe eignet sich
nicht für Tiere. Dagegen gelingt mühelos die End-zu-Seit-Ein-
pflanzung: Das Ende des peripheren Stückes schnürt ein Seidenfaden zu. Sodann macht van Hook eine etwa 1 cm lange Längs-
incision und schiebt mit einer feinen anatomischen Pinzette den offenen,
proximalen Ureterstumpf hinein. Mehrere feine Seidenknopfnähte
heften die Wand des eingepflanzten Stückes an den distalen Harnleiter-
abschnitt, ohne die Innenwand mitzufassen.

Die Implantation des Ureters in die Blase verläuft in derselben
Weise wie das Einpflanzen des Ductus communis (= choledochus) in
das Duodenum (S. 294). Eingefülltes warmes Wasser dehnt die leere, kon-
trahierte Blase aus (s. u.). An der Einpflanzungsstelle legt der Operateur eine Tabaksbeutelnaht an und incidiert in deren Mitte die Blase.
Schnell erfaßt er mit einer anatomischen Pinzette das offene Ureterende
und führt es in die Blase hinein. Das Zuziehen der Tabaksbeutelnaht
erfordert Übung. Denn ein zu starkes Zusammenziehen verengt das
Lumen des Harnleiters. Eine zu lose Knüpfung verfehlt ihren Zweck.
Es folgt die Faltenbildung der Blasenwand über dem Ureter auf eine
etwa 1—2 cm lange Strecke = sogenannter Schrägkanal nach Witzel
(vgl. auch S. 257).

Dieselbe Technik gestattet das Einpflanzen des Harnleiters in den
Darm.

d) Blase.

Die Blase liegt extraperitoneal. Als Versuchsobjekte nehmen wir
zur Sectio alta Hündinnen, ♀ Katzen oder ♀ Kaninchen. Lokalanästhesie (S. 101) beseitigt die Schmerzen. Zweckmäßig füllt man die Vesica
urinaria vor der Operation mit warmem Wasser oder Normosallösung,
um das Organ auszudehnen. Das Messer eröffnet von dem medianen
Bauchdeckenschnitt dicht oberhalb der Schamfuge des Abdomens. Abdecken des Operationsfeldes mit trockenen Kompressen und Einsetzen
des Gossetschen Wundhakens. Hierauf legt der Experimentator zwei
Haltefäden zu beiden Seiten des geplanten Blasenschnittes an und ver-
sieht sie mit Klemmen. Anheben dieser Haltefäden. Zwischen diesen
durchtrennt das Skalpell die Blasenwand in der Längsrichtung. Tupfer
saugen die herausfließende Flüssigkeit auf. Jetzt kann bei genügend

großem Schnitte das Innere der Blase übersehen und vor allem die Einmündung der Ureteren, sowie die Urinausscheidung studiert werden. Das extraperitoneale Freilegen der Vesica urinaria mißlingt meist bei Tieren wegen der Zartheit des Bauchfellüberzuges.

Die Blasennaht erfolgt mit fortlaufender Katgutnaht in zwei Etagen. Dabei bleiben die Wundränder der Schleimhaut (s. o.) unberührt.

Mehrfach versuchten wir, die mit Wasser maximal angefüllte Blase samt den Harnleitern zu exstirpieren und in der Medianlinie vor die Bauchdecken zu lagern. Nach dem Aufschneiden der Vesica urinaria ist der Blasengrund mit den beiden Uretermündungen gut zugänglich. Wenn der Eingriff ohne wesentliche Schädigungen der die Blase versorgenden Gefäße und Nerven glückt, so pflegt keine Gangrän der vorgelagerten Teile einzutreten.

Nach der sorgfältigen Bauchdeckennaht in drei Etagen (S. 124) erhalten die Hunde einen Harnfänger, der eine Scheidewand besitzt (s. u.). Diese Vorrichtung erlaubt ein getrenntes Auffangen des Harns aus der rechten und linken Niere. Mit Hilfe eingeführter Ureterenkatheter (s. u.) können wir ebenfalls bei den späteren Versuchen den Urin getrennt auffangen. Bei der Funktionsprüfung sind die verabfolgten Medikamente (Morphium!) zu berücksichtigen.

Zum getrennten Auffangen des Harnes aus beiden Nieren empfehlen Pawlow-Friedenthal die Zweiteilung der Blase. Dabei wird das Organ genau in der Mittellinie durchtrennt. Die 2 Ureterenmündungen liegen bei Hunden genügend voneinander entfernt, um bei der doppelreihigen fortlaufenden Naht dieselben zu schonen. In der Gegend des Blasenhalses sind die Gefäße zu schonen, damit die Ernährung der Blase gesichert bleibt. Die Teilung muß ausgiebig erfolgen, damit keine spätere Vermischung des rechten und linken Nierenharns eintritt. — Koennecke näht die offenen Kuppen der beiden Blasenschläuche in die Bauchwand ein und legt einen Pezzerkatheter ein.

Das Cystoskopieren glückt bei den großen ♀ Versuchstieren mit dem Kindercystoskope. Ebenfalls läßt sich nach einiger Übung der Ureterenkatheterismus bei großen ♀ Hunden ohne Narkose oder schmerzlinderndes Mittel ausführen. Beim Einführen des Instrumentes in die Blase ist die Vagina tunlichst nach vorn zu ziehen und zu dehnen, um das weit rückwärts liegende Orificium exterum urethrae zu finden (s. unten).

e) Gewinnung des Urins.

Über die Fistelbildung an der Niere und dem Harnleiter zum Auffangen des Urins unterrichten die vorhergehenden Ausführungen.

Hunde urinieren leicht, sobald sie eine Strecke rennen. Die Tiere bleiben vorher mehrere Stunden in dem Zwinger. Sodann läuft der Wärter mit ihnen im Freien herum. Dabei hält dieser ein Glasgefäß in der Hand. Sowie das Tier sich anschickt, Wasser zu lassen, hält er das Gefäß darunter.

Eine andere Methode, die Tretbahn, beruht auf demselben Prinzip. Abb. 292 zeigt das Modell von C. Lehmann, welches ein Motor bewegt. Manche Tiere müssen die Scheu vor dem Urinieren auf der Tretbahn erst allmählich überwinden.

Gleichfalls defäcieren die Hunde, wenn sie die Nacht über eingesperrt waren und frei herumlaufen dürfen. Meist urinieren die Tiere zuerst und setzen nach kurzer Zeit ihren Kot ab.

Die subcutane Injektion von $^1/_2$—1 ccm einer 1 proz. Morphiumlösung übt im allgemeinen bei Hunden und Katzen die gleiche Wirkung aus (S. 97).

Abb. 292. Hund auf einer Tretbahn mit Urinfänger (10). — Absorptionsapparat für Versuche in Ruhe und Arbeit. — Der Absorptionsapparat besteht aus je zwei Absorptionsflaschen zur Aufnahme der zur Oxydation des Alkohols erforderlichen Bichromatschwefelsäurelösung und einem dahinter geschalteten längeren Absorptionsrohr. Die ausgeatmeten Gase werden während der Arbeitsleistung des Tieres von dem einen Flaschenpaar absorbiert, bei den Ruhepausen geschieht die Absorption, nachdem der eine Hahn geschlossen, der zweite geöffnet ist, in dem zweiten Flaschenpaar.

Wenn Hunde fremden Urin riechen, so werden sie zum Urinieren veranlaßt. Sie bedecken den fremden mit ihrem eigenen Harn, damit der fremde Harngeruch schwindet. Auf diese Weise riechen die Hunde ihre eigene Spur. Dieser Vorgang spielt sich täglich auf einer belebten Straße ab. Deshalb tränke ich einen Gazebausch mit Hundeurin und klemme ihn vorn an das Halsband. Manche Tiere lassen dann sehr bald spontan Urin.

Für das getrennte Auffangen von Urin und Kot kommen die Stoffwechselkäfige in Frage. Ihr Gebrauch hat den Nachteil, daß die Tiere nicht unter den normalen, natürlichen Verhältnissen leben. Insbesondere fallen bei Affen, Hunden und Katzen die für den Stoffwechsel so notwendigen Bewegungen fort. Ebenso fehlt die frische Luft. Ins Freie darf man derartige Käfige nicht stellen, weil die Tiere die Freiheit verlangen und ihr Nervensystem dabei leidet. Gleichfalls sollen in demselben Raum nicht zwei oder mehrere Stoffwechselkäfige stehen. Die Insassen erregen sich gegenseitig (S. 92).

Erst allmählich gewöhnen sich die Versuchsobjekte an ihren neuen Aufenthaltsraum.

Die Stoffwechselkäfige bestehen aus verzinkten Eisen mit Glaswänden. Den Boden bildet ein Drahtnetz. Darunter steht ein Glasgefäß, welches den Urin auffängt. Der Kot bleibt auf dem Drahtnetze. Diarrhoische Stühle verhindern ein getrenntes Auffangen. Tiere, die sich im Kote herumwälzen oder

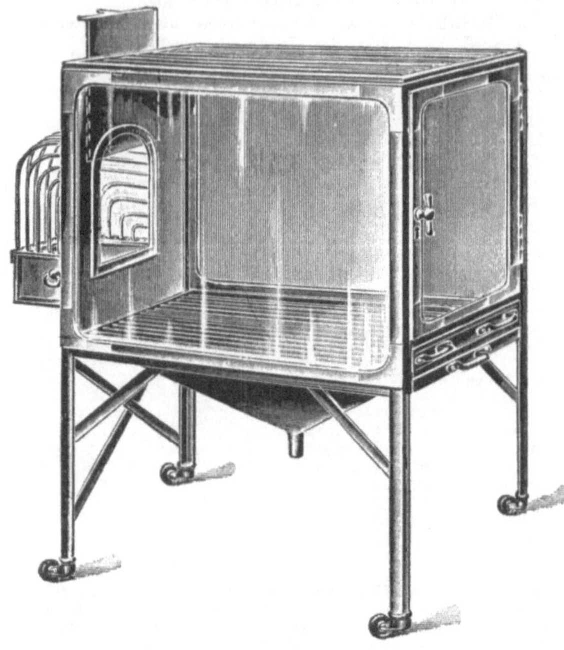

Abb. 293. Stoffwechselkäfig mit außen angefügtem Futtertrog.

gern hineintreten, sind für derartige Stoffwechselversuche unbrauchbar. Auf die Koprophagen, z. B. Kaninchen (S. 33), sei hingewiesen. Maulkörbe bieten nicht vollständige Sicherheit gegen das Kotfressen. Das Haarkleid muß früh und abends ausgekämmt werden, damit das Tier die ausgefallenen Haare nicht mitfrißt und sich nicht Fehlerquellen durch das stickstoffhaltige Haar einstellen. Das Kurzschneiden des Haarkleides oder vollständiges Rasieren erscheint mir nicht unbedenklich. Die Wärmeabgabe und die Einwirkung der Außentemperatur erfährt dadurch eine Änderung.

Die Stoffwechselkäfige hat man häufig mit salzsaurem Wasser zu spülen, weil Urinreste an dem Drahtgeflecht hängen bleiben. Durch ammoniakalische Gärung würden Verluste eintreten. Die Berechnung berücksichtigt selbstverständlich das Spülwasser.

Ein Beispiel zum Auffangen des Harnes bei Fischen gibt der HERTERsche Apparat. M. HENZE macht darüber folgende Angaben:

„Dem Tiere wird eine Kanüle in den Sinus urogenitalis eingebunden, die durch einen nicht zu kurzen Gummischlauch mit einem durch einen Kork auf dem Wasser flottierend erhaltenen Reagensrohre in Verbindung steht. In dem Maße, als sich letzteres mit Harn füllt, entweicht die verdrängte Luft durch ein BUNSENsches Ventil. Der Apparat wird durch einen Stich an der Rückenflosse des Tieres angeheftet und stört die freien Bewegungen desselben durchaus nicht.“

Um das Auffangen des Harnes leichter zu gestalten, hat W. VÖLTZ ein praktisches Urinal angegeben. Dieses schnallt er dem Hunde um und fixiert es hinreichend durch einen Riemen. Der Autor gibt darüber folgende Darstellung:

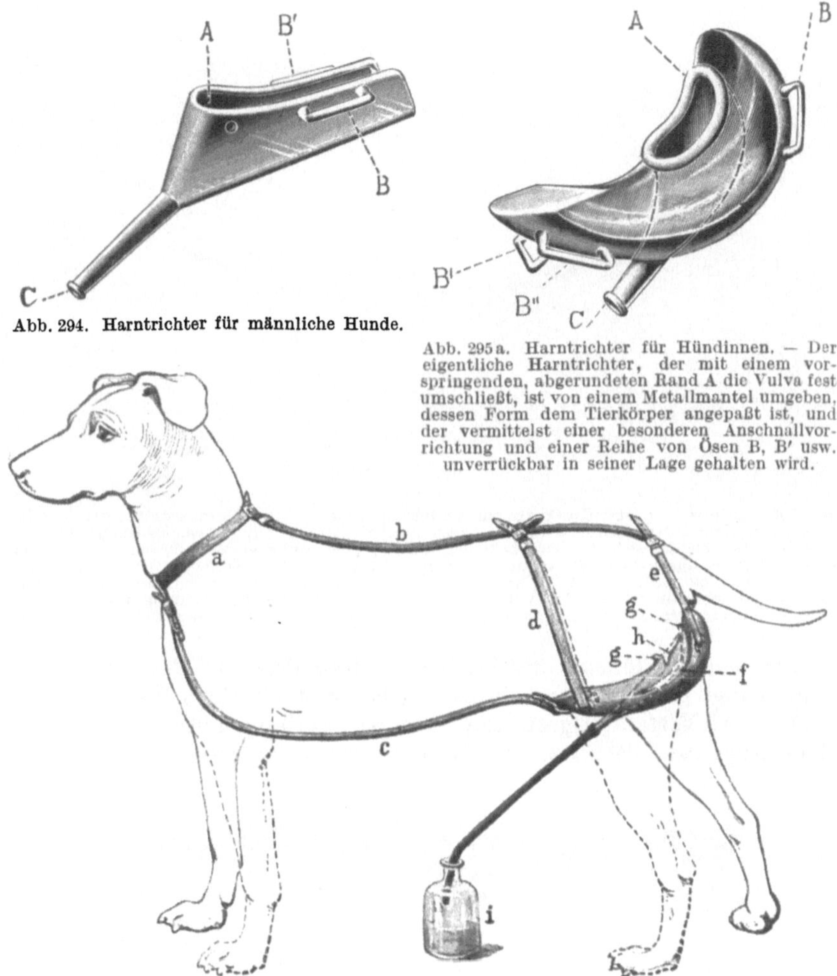

Abb. 294. Harntrichter für männliche Hunde.

Abb. 295a. Harntrichter für Hündinnen. — Der eigentliche Harntrichter, der mit einem vorspringenden, abgerundeten Rand A die Vulva fest umschließt, ist von einem Metallmantel umgeben, dessen Form dem Tierkörper angepaßt ist, und der vermittelst einer besonderen Anschnallvorrichtung und einer Reihe von Ösen B, B' usw. unverrückbar in seiner Lage gehalten wird.

Abb. 295b. Harntrichter für Hündinnen, angeschnallt.

„Der Trichterrand besteht aus einem starken Messingdraht (Abb. 295a, *A*), dazu einem Ringe, der in der aus Abb. 295a ersichtlichen Form gebogen und mit der aus Zinkblech bestehenden Trichterwand (Abb. 294 *A*) verlötet wird. Der Trichter reicht etwa vom Proc. xiphoideus des Brustbeins bis vor das Scrotum und paßt Hunden recht verschiedener Größe. Die parallelen Seitenflächen des Trichters werden über den Penis geschoben, so daß letzterer dem Trichterboden aufliegt, hierauf schnallt man den Riemen in der Lendengegend fest. An das vordere Ende des Trichterbodens ist ein Ansatzrohr (Abb. 295a, *C*) von etwa 1 cm Durchmesser gelötet, auf das ein Gummischlauch gestreift wird.“

Der Hund kommt auf eine Tretbahn, der Schlauch wird in ein Gefäß geleitet.

Völtz konstruierte auch für Hündinnen ein zweckmäßiges Urinal. Die beiden Abb. 295a u. b veranschaulichen den Apparat.

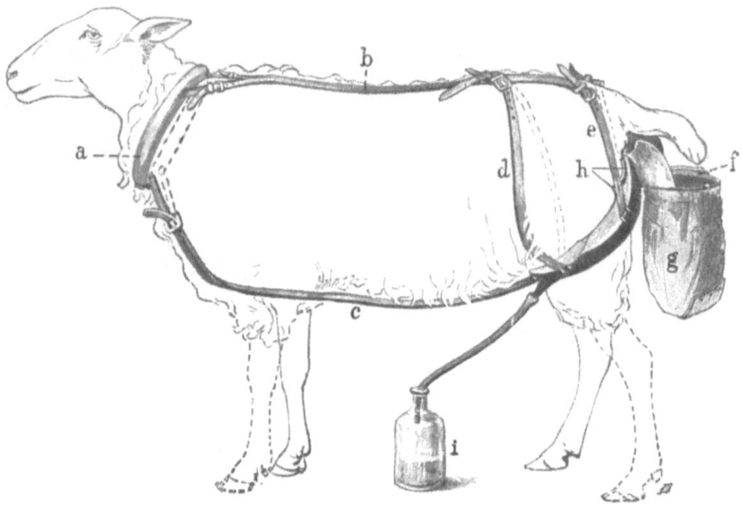

Abb. 296. Harntrichter und Kotfänger für weibliche Schafe. — Der Harntrichter entspricht im allgemeinen dem unter Abb. 295a beschriebenen Harntrichter für Hündinnen, jedoch ist der vordere Teil, an welchem sich die Ösen befinden, durch ein Scharnier verstellbar, um dem Trichter bessere Anpassungsmöglichkeit an den Tierkörper zu geben. Der Kotfänger entspricht genau dem für männliche Schafe. — Die Vorrichtung bewirkt, was bisher nie erreicht worden ist, trotz der sehr geringen Entfernung von Vulva und Anus eine quantitative Trennung von Harn und Fäces. Sie bleibt beim Stehen, Liegen und sogar beim Laufen des Tieres unverändert in ihrer Lage.

Bei den vorstehend beschriebenen Methoden zur Gewinnung des Urins hängt es vom Tiere ab, zu welcher Zeit sie Harn lassen wollen. Drei andere Verfahren gestatten sofort das Auffangen des Urins. 1. Die Expression der Blase, 2. Das Komprimieren der Nieren. 3. Der Katheterismus.

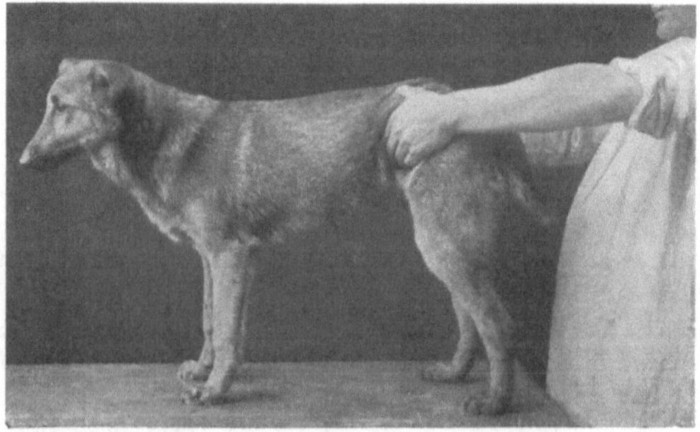

Abb. 297. Die Expression der Harnblase.

1. Die Expression der Blase mit beiden Händen gelingt nicht immer, weil die Tiere dabei die Bauchdecken zu sehr spannen. Die Daumen beider Hände werden auf die Lendenwirbelgegend des Tieres gelegt. Die anderen Finger üben auf die Blase einen leichten, zunehmenden Druck aus.

1. Oft tritt das Urinieren durch eine Kompression der Nieren- bzw. Harnleitergegend ein. Dieser Handgriff löst einen Reflex aus, welcher die Blase zur Kontraktion und damit zur Entleerung bringt (Abb. 298). Die von einem großen Hunde gelieferte normale Harnmenge beträgt täglich etwa 1—1$^1/_2$ Liter.

3. Der Katheterismus bereitet beim männlichen Hunde wegen des Penisknochens Schwierigkeiten. Die Veterinärmediziner verwenden dazu einen sterilen elastischen Seidenkatheter von 30—50 cm Länge und 0,2—0,3 cm Durchmesser.

Der Hund liegt dabei in Seitenlage aufgeschnallt. Das linke Hinterbein bleibt frei. Falls ein

Abb. 298. Die Kompression der Nieren- bzw. Harnleitergegend zwecks Uringewinnung.

Wärter zur Verfügung steht, so genügt das Halten (s. S. 17, Abb. 15). Der Bauch darf nicht gespannt sein. Beide Hinterbeine sind etwas

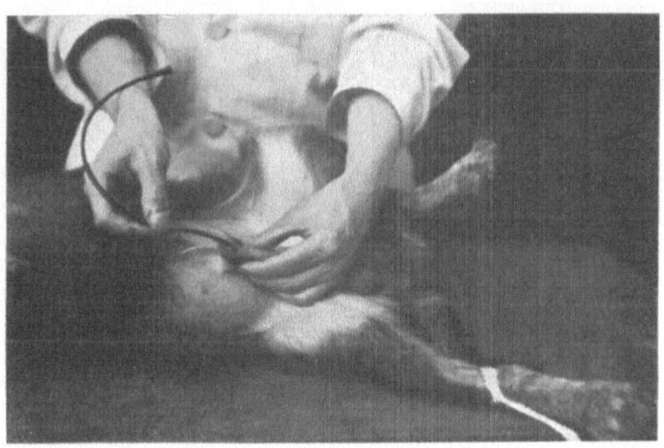

Abb. 299. Der Katheterismus beim ♂ Hunde.

angezogen. Sodann ziehen der linke Daumen und Zeigefinger das Präputium nach hinten, um die Harnröhrenöffnung gut zugänglich zu machen. Reinigung des Gliedes mit 1 promill. Sublimatlösung durch

Gazetupfer. Die rechte Hand schiebt langsam den eingeölten Katheter durch die Harnröhre in die Blase ein. Nicht selten besteht dabei ein Krampf des Schließmuskels der Vesica urinaria. In solchen Fällen wartet man die Lösung des Krampfes ab. Oft muß der Operateur den eingefetteten linken Zeigefinger ins Rektum einführen, damit der Katheter die richtige Führung in die Blase erhält.

Die Einführung des Katheters beim weiblichen Hunde ist schwer. Anatomische Kenntnisse des weiblichen Geschlechtsapparates und Übung gehören dazu, um diesen Eingriff sicher ohne Narkose oder schmerzlinderndes Mittel auszuführen.

In der Vulva sind eine obere und untere Falte sichtbar, Valvula vaginae. Bei mittelgroßen Hunden beträgt die Entfernung von der Vulvaspitze bis zur

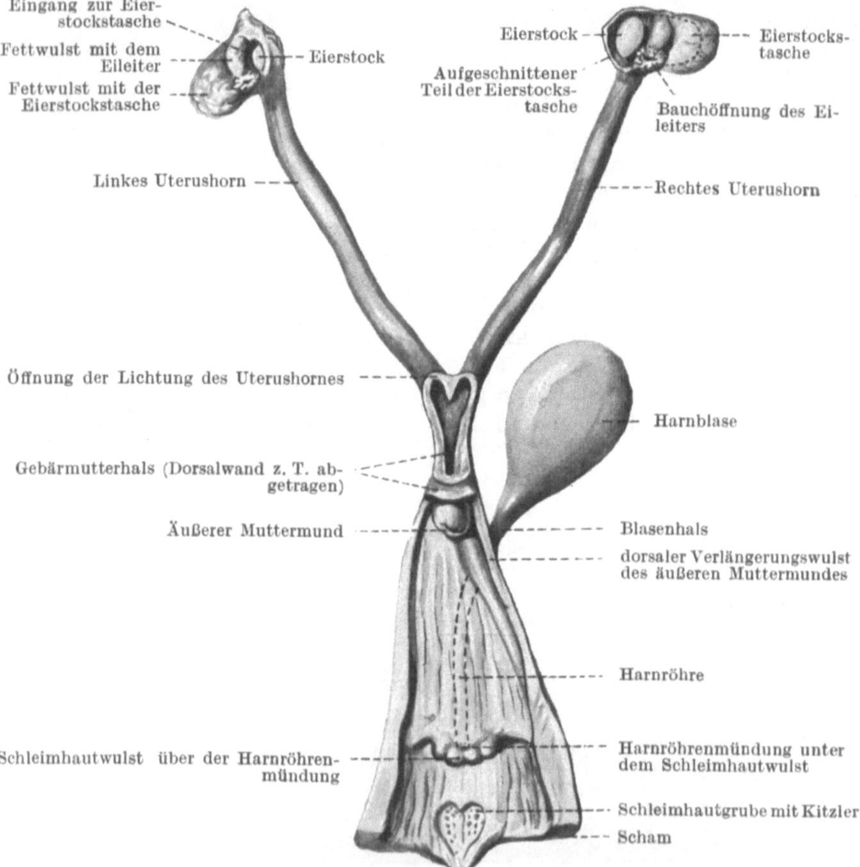

Abb. 300. Die Geschlechtsorgane einer Hündin, von hinten — Rücken — gesehen. (Nach MARTIN.)

Harnröhrenmündung etwa 6 cm. Diese liegt von der Valvula vaginae bauchdeckenwärts, innerhalb des Vestibulum vaginae. Die Länge der weiblichen Hundeharnröhre mißt im Durchschnitt 9 cm.

Damit der Katheter nicht in die Scheide gleitet, dringt der eingeölte linke Zeigefinger einige Zentimeter in die Vagina bis hinter die Valvula vaginae. Dadurch versperren wir den falschen Weg. Bei bestehender stärkerer Taschenbildung gestaltet sich der Katheterismus oft sehr schwierig. Stärkeres nach Vorn- und Auseinanderziehen der Vagina erleichtert das Auffinden der äußeren Harnröhrenmündung. Die viel verwendeten Specula verursachen insbesondere bei kleineren und eng gebauten Hunden erhebliche Beschwerden. Die Tiere zeigen dann meist bei dem zweiten und späteren Katheterismus große Unruhe.

f) Eingriffe am Uterus.

Ein oder mehrere Föten können schwangeren Hunden, Katzen, Kaninchen, Meerschweinchen und Ratten entfernt werden, ohne daß sie diesen Eingriff mit ihrem Leben bezahlen. Nach dem Eröffnen der Bauchhöhle mit einem Medianschnitt zwischen Nabel und Symphyse wird das gewünschte Uterushorn eingestellt. Die Abtragung des trächtigen Gebärmutterteiles von seinem Aufhängebande mit dessen stark erweiterten Gefäßen geschieht mit der gleichen Technik wie die Wegnahme des Mesenteriums vom Darm (S. 278, Abb. 271). Sodann schnüren zwei Catgutfäden die Gewebsstrecke zwischen dem Ende des schlauchförmigen Uterus und dem Ovarium ab. Ein Scherenschlag durchtrennt zwischen den beiden Fäden die Gewebsbrücke. Dort, wo der gravide Uterus konzentrische Einziehungen besitzt, befindet sich kein Placentargewebe. Mit einer Hinterstichnaht nähen wir diese Stelle ab, legen 1 cm davon ovarialwärts eine Ligatur und durchschneiden zwischen dieser und der Naht das Gewebe. Dadurch fällt der betreffende Gebärmutterteil mit dem Foetus ab. Eine zweireihige LEMBERTsche Naht (S. 272) sorgt für einen sicheren Verschluß und gute Peritonealisierung des Uterusstumpfes. Wieviel von dem Uterus zu opfern ist, hängt von der wissenschaftlichen Frage ab.

g) Kastration.

Sämtliche Versuchsergebnisse an den Keimdrüsen müssen mit äußerster Vorsicht bewertet werden. Auf die Periodizität des An- und Abschwellens der Ovarien und Testes wurde im Allgemeinen Teil dieses Buches bei den einzelnen Tieren aufmerksam gemacht. Auch die Brunstzeit bzw. Läufigkeit eines Tieres hat einen maßgebenden Einfluß auf den Ablauf des Experimentes.

Die Entfernung der seitlich gelegenen Eierstöcke bei Tieren spielt sich in derselben Weise ab wie das Abtragen eines Netzzipfels (S. 278 u. 297). Die Röntgentiefenbestrahlung kann das specifische Eierstocksgewebe zerstören. Das gleiche gilt beim Hoden.

Die Freilegung des Hoden erfolgt mit einem 3 cm langen Schnitte. Dieser beginnt am Ansatze des Scrotums und verläuft in der Leistenbeuge. Ein solches Vorgehen benutzt man nur bei denjenigen Tieren, deren Testis sich nicht in die Bauchhöhle zurückdrängen läßt. Dies betrifft Affen, Hunde und Katzen mit ihrem engen Canalis inguinalis.

Die sekundäre Infektionsgefahr dieses Hautschnittes ist selbst bei treppenförmiger Anlage (S. 123) groß. Die Operationswunde am Scrotum vereitert sehr leicht. Bei Kaninchen, Meerschweinchen, Ratten und Mäusen lagere ich von einem kleinen seitlichen unteren Bauchschnitte aus die Keimdrüse vor die Bauchdecken. Falls der Hoden bei diesen Tieren im Scrotum liegt, so drücken zwei Finger vorsichtig denselben ins Abdomen. Als Anaestheticum genügt bei den erstgenannten Vertebraten Lokalanästhesie. Die anderen Säuger erhalten Urethan (S. 98).

Über die Hodenimpfung und Transplantation vergleiche S. 158 u. 232.

Zur Kastration unterbinden wir den Samenleiter sowie die anderen Gebilde des Samenstranges mit je einem Catgutfaden und trennen den Funiculus spermaticus durch. Damit die Ligatur auf das um den Ductus deferens befindliche Sympathicusgeflecht keinen Druck ausübt, verlangt der Versuch unter Umständen ein vorheriges Abpräparieren dieses Nervengeflechtes = perideferentielle Sympathektomie (HABER-LAND.)

Die bei Katern viel geübte Kastration verläuft in der Veterinärpraxis sehr einfach. Das Tier kommt mit dem Kopfe und dem übrigen Körper in einen Rockärmel. Diese Maßnahme verhindert jedes Widersträuben. Hierauf schlitzt der Operateur den Hodensack, zieht den Testis vor und quetscht ihn mit einer sogenannten Kastrationszange ab. Es entsteht dabei keine Blutung. Die Wunde bleibt offen. Manche Tierärzte verzichten auf eine Incision des Scrotums und kneifen die betreffende Hodensackhälfte einschließlich des vorgezogenen Hodens gleichzeitig ab. Wir können uns diesem grausamen Vorgehen nicht anschließen und geben bei dieser Art der Kastration einen Ätherrausch.

Da bei Vögeln die Hoden in der Nähe der Nieren liegen, so legt ein 3 cm langer Schnitt parallel der Lendenwirbel die Geschlechtsdrüse (= den Stein) vom Rücken her frei. Ohne Ätherrausch und ohne Aseptik krepieren dabei etwa 50 v.H. Narkose und keimfreies Operieren verringert die Mortalität auf 25 v.H. Der Hoden wird mit einer kleinen COOPERschen Schere stumpf aus seiner Umgebung entfernt.

Schrifttum.

ABDERHALDEN, E.: Handbuch der biochemischen Arbeitsmethoden Bd. 1—4. Berlin-Wien: Urban & Schwarzenberg 1910. — Ders.: Handbuch der biologischen Arbeitsmethoden. 13 Abt. Berlin-Wien: Urban & Schwarzenberg 1923.

BAYER, JOS. u. EUG. FRÖHNER: Handbuch der tierärztlichen Chirurgie und Geburtshilfe. 1. Bd.: Operationslehre 1906. 2. Bd.: Allgemeine Chirurgie. Wien u. Leipzig: Wilhelm Braumüller 1905.

BREHMS Tierleben, Allgemeine Kunde des Tierreiches. 13 Bde. 4. Aufl. Leipzig u. Wien: Bibliograph. Institut 1914.

ECKER, A. u. R. WIEDERSHEIMS Anatomie des Frosches. Auf Grund eigener Untersuchungen neu bearbeitet von ERNST GAUPP. 3 Abt. Braunschweig: Friedr. Vieweg u. Sohn 1896, 1899, 1904.

FUCHS, R. F.: Physiologisches Praktikum für Mediziner. Wiesbaden: J. F. Bergmann 1906.

GAUPP, E.: Anatomie des Frosches. In 3 Abt. Siehe ECKER.

GERHARDT, U.: Das Kaninchen. Leipzig: Dr. Werner Klinkhardt 1909.

GUTTMANN, W.: Medizinische Terminologie. Berlin-Wien: Urban & Schwarzenberg.

HAACKE, W. u. W. KUHNERT: Das Tierleben der Erde. 3 Bde. Berlin: Martin Oldenbourg.

HABERLAND, H. F. O.: Die anaerobe Wundinfektion. Neue Deutsche Chirurgie Bd. 27. Stuttgart: F. Enke 1922. —- Ders.: Chirurgische Operationslehre, gemeinsam mit AD. OBERST. 2. Aufl. Berlin: S. Karger 1922.

HAGENBECK, CARL: Von Tieren und Menschen. Berlin-Ch.: Vita Deutsches Verlagshaus.

HAGEMANN, O.: Die vegetative Physiologie der Haus-Säugetiere. II. Band. 1. Teil und Die animale Physiologie. II. Band. 2. Teil des Lehrbuches der Anatomie und Physiologie der Haus-Säugetiere. Verlag Eugen Uhner, Stuttgart. 1923.

HEIM, L.: Lehrbuch der Bakteriologie. 6. u. 7. Aufl. Stuttgart: F. Enke 1922.

HEMPELMANN, F.: Der Frosch. Leipzig: Dr. Werner Klinkhardt 1908.

HESSE, R. u. F. DOFLEIN: Tierbau und Tierleben. Leipzig u. Berlin: B. G. Teubner 1914.

JEGER, E.: Die Chirurgie der Blutgefäße und des Herzens. Berlin: Aug. Hirschwald 1913.

KISSKALT, K.: Bakteriologie. 3. Aufl. Jena: Gustav Fischer 1914.

KLIMMER, M.: Technik und Methodik der Bakteriologie und Serologie. Berlin: Julius Springer 1923.

KREHL, LUDOLF: Pathologische Physiologie. 10. Auflage. Leipzig. Verlag: F. C. W. Vogel. 1920.

KÜKENTHAL, W.: Leitfaden für das Zoologische Praktikum. 7. Aufl. Jena: Gustav Fischer 1918.

LANDOIS, L. u. ROSEMANN: Lehrbuch der Physiologie des Menschen. 14. Aufl. Berlin-Wien: Urban & Schwarzenberg 1916.

LEXER, E.: Lehrbuch der allgemeinen Chirurgie. 10. u. 11. Aufl., 2 Bde. Stuttgart: Friedr. Enke 1920.

MARPMANN, KARL: Die rationelle Rasse-Kaninchenzucht. 3. verb. Aufl. Leipzig: Ernstsche Verlagsbuchhdl.

MARTIN, P.: Lehrbuch der Anatomie der Haustiere, 4. Bd. 2. Aufl. Stuttgart: Schickhardt & Ebner 1923.

MELCHIOR, E.: Grundriß der allgemeinen Chirurgie. 2. Auflage. Verlag: J. F. Bergmann, München, 1925.

MEYER, H. u. R. GOTTLIEB: Die experimentelle Pharmakologie als Grundlage der Arzneibehandlung. 4. Aufl. Berlin-Wien: Urban & Schwarzenberg 1920.

MIVART, GEORGE: The Cat. London, Albenarle Street: John Murray 1881.

OBERST-HABERLAND: Chirurgische Operationslehre. 2. Aufl. Berlin: S. Karger 1922.

RAEBIGER, H.: Das Meerschweinchen. Hannover: M. & H. Schaper 1923.

ROSEMANN: Lehrbuch der Physiologie Siehe LANDOIS.

ROST, FRANZ: Pathologische Physiologie des Chirurgen (Experimentelle Chirurgie). 2. Aufl. Leipzig: F. C. W. Vogel 1921.

RÖSELER, P. u. H. LAMPRECHT: Handbuch für biologische Übungen. Zoologischer Teil. Berlin: Julius Springer 1914.

SCHAUDER, W.: Anatomie der Impfsäugetiere und der Hausvögel. In: PAUL MARTIN, Lehrbuch der Anatomie der Haustiere, 4. Bd., Lief. 3. 2. Aufl. Stuttgart: Schickhardt & Ebner 1923.

SCHMEIL, O.: Lehrbuch der Zoologie. 33. Aufl. Leipzig: Quelle & Meyer 1912.

SCHÖNE, G.: Die heteroplastische und homoplastische Transplantation. Berlin: Julius Springer 1912.

TIGERSTEDT, ROBERT: Handbuch der physiologischen Methodik. Leipzig: S. Hirzel 1910. — Ders.: Physiologische Übungen und Demonstrationen für Studierende. Leipzig: S. Hirzel 1913.

TRENDELENBURG, W.: Methodik der Physiologie des Zentralnervensystems von Wirbeltieren. In: ABDERHALDEN: Handbuch der biologischen Arbeitsmethoden Abt. V, Teil 5B, S. 93—372.

VERWORN, M.: Allgemeine Physiologie. 3. Aufl. Jena: Gustav Fischer 1901. — Ders.: Physiologisches Praktikum für Mediziner. 2. Aufl. Jena: Gustav Fischer 1912.

WIEDERSHEIM, R.: Vergleichende Anatomie der Wirbeltiere. 6. Auflage des „Grundriß der vergl. Anatomie der Wirbeltiere" Jena. Verlag von Gustav Fischer. 1906.

Sachverzeichnis.

Aal 87. 88. 201.
Abdecken 93.
— des Operationsfeldes 118. 119.
Abdeckkompresse 115. 118. 256.
Abdecktücher 116. 118.
Abdomen 256 f.
Abhärtung 4.
Abimpfen 144.
Abklemmen 130.
—, zeitweises, eines Gefäßes 175.
Abkühlung der Hirnrinde 211.
Abortanlage 2.
Abriegelung 219.
Absaugen zur Entfernung bestimmter Hirnteile 216.
Abschuppen 94.
Abstopfen der Bauchhöhle mit Kompressen 256. 258. 267.
— des Operationsfeldes 167.
Abwehr, Stadium der 105.
Acanthopterygii 87.
Acarus folliculorum 20.
— Räude 20.
Accessorische Nebennieren 299.
— Nebenschilddrüse 248.
Achorionpilz 36.
Acid. carbolic. liquef. 96.
Adaption 124. 133. 222.
Adrenalin 101. 184. 234. 299.
—, Tupfer mit 217.
Adrenalinabscheidung 213.
Äther 104. 118.
— pro narcosi 105.
Ätherdämpfe 105.
Äthernarkose 167.
Ätherrausch 156. 310.
Äthylester 98. 104.
Äußeres Ohr 241.
Affe 6. 119. 130. 143. 144. 148. 153. 157. 158. 199. 277. 296. 297. 303. 309.
Affenkäfig 9.
After, künstlicher 280. 282.
Afterdrüse (Fisch) 85.
Afterflosse 83. 84.
Akaziengummi 181.
Akklimatisation 4. 7. 93.
Albinos 27.
Algenfilz 79.

Alkohol 116. 117. 118. 119. 138. 145. 146. 148. 169. 171. 172. 261.
Alkoholinjektion 199.
Alkoholinjektionen in die Gefäßwand 199. 219.
— in das Gehirn 211.
— in die Nerven 219.
Allgemeiner Teil 92—145.
Allgemeinanästhesie 96—100, 104—109.
Allgemeininfektion 158.
Alloplastik 232.
Alopecie 35.
Alter 102.
— der Versuchsobjekte 4.
Aluminiumbronzedraht 229.
Alypin 101.
Amboß 241.
Ammocoetes 82.
Ammoniumoxalat 179. 183.
Amphibien 72. 80. 242.
Amphioxus lanceolatus 82.
Anämisierung des Gehirns 211.
Anästhesie 96 f.
Anästheticum 96 f.
Analdrüse (Fisch) 85.
Anaphylaxie 146.
Anastomosenklemme nach Jeger 190. 192. 193.
Anatomische Bemerkungen über Affe 6.
— — über Eidechse 57.
— — über Feuersalamander 80.
— — über Fisch 83.
— — über Frosch 73.
— — über Froschlurche 73.
— — über Huhn 46—52.
— — über Hund 10.
— — über Kaninchen 27.
— — über Katze 21.
— — über Kröte 73.
— — über Maus 42.
— — über Meerschweinchen 36.
— — über Natter 62.
— — über Ratte 39.
— — über Ringelnatter 62.
— — über Salamander 80.
— — über Schlange 62.
— — über Schildkröte 67.
— — über Schwanzlurche 80.

Anatomische Bemerkungen über Taube 46.
— — über Vogel 46.
— Pinzette 123.
Aneurysmanadel 131. 281. 288. 290. 297.
Angioplasie 197.
Angiostomie 166.
Anschnallen zur Operation 17. 18.
antiperistaltisch 276.
Antiperistaltische Lagerung 262. 264.
Anura 72.
Anus praeternaturalis 280. 282.
Aorta 166. 167. 254.
Aortenbogen 203.
— (Eidechse) 59.
— (Frosch) 74. 75.
— (Schlange) 64.
— (Schwanzlurche) 80.
Appendektomie 277.
Appendicostomie 279. 280.
Aqua cresolica 94.
Aquarium 1. 3. 88. 138. 164.
Arteria (zur Plastik) 196.
— brachialis (Pulszählen) 139.
— carotis (Eidechse) 59.
— — (Fisch) 85.
— — (Schildkröte) 68.
— — comm. (Frosch) 75.
— — — (Hund) 10. 174. 211.
— — — (Kaninchen) 27. 28. 219.
— — — Pulszählen) 139.
— — — (Schlange) 64.
— — — (Taube) 50.
— — int. (Hund) 10. 220.
— — — (Kaninchen) 220.
— — — (Katze) 22. 220.
— — primaria 50.
— costalis 251.
— femoralis 176. 177.
— — (Hund) 139. 140. 163.
— hepatica 174.
— mammaria 200. 253.
— ophthalmica 241.
— optica 290.
— pulmo-cutanea (Frosch) 75.
— renalis 174.
— subclavia 28. 29.
— — (Frosch) 75.
— — (Schildkröte) 68.
— — (Taube) 50.
— thyreoidea (Schlange) 64.
— vertebralis (Hund) 10. 174. 211.
— — (Katze) 22.
— — (Schlange) 64.
— — (Taube) 50.
Arterie, Impfen in eine 158.
Arterienbulbus (Fisch) 83.
Arteriotomia 186.
Aseptik 116 u. f. 310.

Asepsis 116f. 123. 137. 146. 148. 165. 171. 215. 265.
Atembewegungen 255.
Atemkasten 255.
Atemlähmung bei Vögeln 51. 113.
Atemstillstand 109.
Atmung 134.
—, künstliche 109. 110. 113. 180. 199.
Atropin. sulfur. 96. 98. 261.
Auer-Meltzersche intratracheale Insufflation 109. 112.
Aufbewahren des Äthers 105.
Auffangen des Harns 305.
Aufhalten eines Maules 18.
Aufplatzen der Nähte 137.
Aufspannen und Hypnose 113.
Aufsprung 13. 31. 40.
Aufzeichnung der Herztätigkeit 202.
Auge 101. 154. 240.
— Impfung 154.
Augenentzündung (Kaninchen) 36.
Augenkammer 240.
— vordere, zum Impfen 154.
Augenlid, Auseinanderhalten der 154. 155.
Ausführungsgang des Pankreas 267.
Aushebern 95.
Ausheberung des Magens 266.
Auskochen 116.
Ausschaltung einzelner Teile der Hirnrinde 211.
Ausschneiden umschriebener Hirnteile 211.
Ausräuchern 41. 45.
Autogenes Plasma 235.
Automatischer Wundhaken 167. 171. 199.
Autonomes Nervensystem 219.
Autoplastik 231.

Bacillus avisepticus 55.
— erysipelatis suis 46.
— murisepticus 46.
— des Rotlaufs 46.
— tuberculosis avium 56.
Backendrüse 11.
Backhaus-Klemme 106.
Baderaum für Tiere 1. 2.
Bäuschchennaht 130.
Bakteriologisches Laboratorium 3.
Balantidium entozoon 80.
Ballonapparat 285.
Ballonspritze 148.
Bandage 134.
— renversé 136.
Bandwurmerkrankung 21. 26.
Barbe 82. 87.
Barsch 89.
Baryum sulfurat. technic. 94.
Bastarde 4. 10.

Bauchbrustverband 135.
Bauchdeckenschnitt 123.
Bauchfenster 256.
Bauchflosse 83. 84.
Bauchhöhle 256 f.
Bauchluftsack 50. 51.
Bauchoperationen 115. 118. 124.
Bauchpunktion 153.
Bauchschild 67.
Bauchspeicheldrüse s. Pankreas.
Bauchverband 135.
Baumvogel 54.
Baumwollstoff 115.
Beckenhinterbeinverband 135.
Beckentieflagerung 288. 297.
Begattungsvorgang bei Vögeln 52.
Belassieren 114.
Belegen 13. 31.
Beleuchtung 2. 95.
— des Operationsfeldes 95.
Belgische Riesen 27.
Belladonna 98.
Beobachtungskäfige 33.
Beobachtungssaal 1. 2.
Bergeidechse 61.
Bestrahlung des Empfangsbodens 235.
Bestrahlungszimmer 2.
Betäubung 96—100. 104—109.
— Stadium der 105.
Bewegungsstörungen bei Ohrverlet-
    zungen 241.
Bewegungssystem 222.
Biersche Lumbalanästhesie 102.
Billroth I 268.
— II 270.
Billrothbattist 106. 136. 171.
Binde 115. 158. 171.
Bindentouren 134. 135.
Bindenverband 134.
Blähung 33.
Blase, Harn- 157. 297. 301. 306. 307.
— Zweiteilung 302.
Blasennaht 302.
Blasenpflaster 233.
Blasenpunktion 157.
Bleiplattennaht 130.
Blinddarmentzündung 9.
Blut 39.
— des Aales 87.
— der Muräne 87.
Blutbahn, Impfen in die 158.
Blutdruckbestimmung 178.
— arterielle u. venöse, im Gehirn 211.
Bluteinspritzung ins Knochenmark
    183. 230.
Blutentnahme 161.
Blutentziehung 164.
Bluterguß 137. 222.
Blutersatz 180.
Blutgerinnsel 178.

Blutgerinnung 164. 178. 185.
— Hemmung der 164. 179. 183.
Blutgerinnungswidrige Flüssigkeit 179.
    181. 183.
Blutinjektion 183.
— intramuskuläre 183.
— intraperitoneale 183.
— intravenöse 183.
— ins Knochenmark 183.
— subkutane 183.
Blutkörperchen, kernhaltige 50.
Blutkreislauf 166.
Blutleere 130. 227.
Blutleiter 207.
Blutserum 137. 236.
Blutstauung 134.
Blutstillung 120. 130. 186. 187. 196.
    202. 204. 208. 216. 217. 232. 266.
    279. 288. 290. 310.
— am Knochen 208.
Blutstrom, Unterbrechung eines 174.
Bluttransfusion 183ff. 232.
Bluttransfusionsapparat 185.
Blutung 130. 165. 170. 174. 175.
Blutverlust 95. 120. 130. 164. 174.
    186. 193.
Blutzucker 213.
Bogengang 241. 242.
Bohrer zum Impfen 147. 148.
Bolzung, Knochen 229. 230.
Bougie 117.
Bougieren 282. 284. 291. 296.
Bowmansche Membran 240.
Boxen 32.
Brauner Frosch 72.
Braunsche Anastomose 265. 266. 270.
Brechetsche Cysticula 242.
Brieftaube 54.
Briefwage 143.
Briesel 253.
Bronchi fistularii 50.
Bronchialschleimhaut 254.
Bronchialsystem 50.
Bronchusverschluß 254.
Brunstzeit 309.
Brunst 250 f.
Brustbauchhöhle 51. 68.
Brustbauchverband 135.
Brustbein 199. 250.
Brustbeinarmmuskel 47.
Brustdrüse, innere 253.
Brustfell 250.
Brustflosse 83. 84.
Brusthöhle, Impfung in die 156.
Brustluftsack 51.
Brustluftzelle 51.
Brustlymphsack 150.
Brustschild 67.
Brustverband 135.
Brustwand 250.

Bruthenne 53.
Brutkiste 40. 44.
Brutöfen 3.
Brutzeit bei Vögeln 53.
Bücherei 2.
Bufo vulgaris 72.
Bulbus arteriosus (Frosch) 74.
— corotis (Eidechse) 59.
— — (Frosch) 74. 75. 203.
Bursa analis (Schildkröte) 70.

C siehe auch unter K.
C siehe auch unter Z.
Cadaver 144. 145.
Callophis 63.
Camera oculi anterior 155.
Campanula Halleri 84.
Campher 98. 99.
Canales semicirculares 241. 242. 243.
Canalis inguinalis 309.
— transversarius 50.
Canis 10.
Carbaminsäure 98.
Carbolsäure 96. 98.
Catarrhini 6.
Catgut 117. 124. 175.
Cauda equina 6. 102. 103.
Cavia cobaya 36.
Cavum tympani 241.
Cella interclavicularis 51.
Cellae cervicales 51.
— pelvinae 51.
— thoracicae craniales et caudales.
Cellulae mastoideae 241. 243.
Centralnervensystem 153. 206.
Cercopithecidae 6.
Cerebrospinalflüssigkeit 216.
Chersides 67.
Chiasma opticum 241.
Chinin 133.
Chironomus 89.
Chirurgischer Knoten 128. 130.
Chirurgische Pinzette 123.
Chloräthyl 219.
Chloralhydrat 96. 100.
Chloroform 104. 143.
Cholecystektomie 289. 290. 293.
Choledochusfistel 292. 293.
Cholera gallinarum 55.
— Geflügel- 119.
Chorda dorsalis 82.
Chronischer Verschluß, Methode des 175.
Cinurro 16.
Circuläre Darmnaht 272. 273.
— Gefäßnaht 186.
Cocain 101. 154. 202. 205.
Coccidiosis 36.
Coccidium cuniculi 36.
Coelioanastomose 238.

Coitus 13. 31. 40.
Colatorium 213.
Collaps der Lungen 110. 250.
Collodium elasticum 133. 151. 153.
Colostomie 280.
Colubrida austrica 65.
Columba 46.
Columella 49. 67. 74. 241.
Communisfistel 292. 293.
Conus arteriosus (Fisch) 85.
Coopersche Schere 93. 122. 134. 192. 199. 200. 208. 216. 217. 233. 240. 251. 272. 310.
Cornea 146. 154. 240.
Coronargefäße 181.
Corpus pineale 215.
Corpus striatum (Wärmestich) 212.
— vitreum 155.
Craniotom 207. 209.
Cresol 94.
Curare 104.
Cyankalium 143.
Cyclostomata 82. 242.
Cysticercus fasciolaris 27. 46.
Cystoskopieren 302. 242.
Czernysche Naht 272.

Dahlgrensches Craniotom 207.
Dampf, gesättigter, zum Sterilisieren 116. 117.
Dampfheizung 1.
Dampfsterilisationsapparat 117.
Darm 166. 271ff. 287.
— Impfen in den 157.
Darmanastomose 274.
Darmfistel 278 f.
Darmkatarrh (Kaninchen) 33.
— (Ratte) 42.
— (Vögel) 56.
Darmklemme 261 f.
Darmnadel 266.
Darmnaht 261. 271.
Darmresektion 272. 277.
Darmtätigkeit 138.
Darmtrichine 42.
Darmtuberkulose 34.
Darmverschluß 272 f.
Dauerdrainage des Gehirnventrikels 197.
Deckakt 30. 31. 40.
Defibrinieren 181. 183.
Definitive Blutstillung 130. 131.
Dekapitation des Frosches 143.
Dekapsulation der Niere 297.
Dekubitalgeschwür 138.
Demonstrationsgegenstände 2. 3.
Depilatorium 94.
Dermatokoptesräude 35.
Dermatophagusräude 20. 26.
Descemetsche Membran 240.

Descensus testiculorum 30. 31. 37. 40. 43.
Deschampssche Aneurysmanadel s. Aneurysmanadel.
Desinfektion 94. 95. 116. 117. 118. 144. 146. 147. 276.
— Hände 117.
— Instrumente 116.
— Operationsgebiet 117. 118.
— Tücher 116.
— Tupfer 116. 117.
— Verbandmaterial 116.
— bei der Lumbalanästhesie 103.
Desinfektionsmittel 116.
Desinfektionsraum 2.
Desinficiens 117.
Diarrhöe s. Durchfall.
Diathermie 235.
Diphtherie (Vögel) 56.
Dipnoi 87.
Direkte Muskelreizung 218.
— Transfusion 184.
Direktorzimmer 2.
Disposition 18. 119. 120.
— konstitutionelle 10. 96. 119. 120. 235.
Distomum clavigerum 80.
— crystallinum 80.
— cygnoides 80.
— cylindraceum 80.
— retusum 80.
— variegatum 80.
Diurese 213.
Dogg ill 16.
Dolabra reversa 134.
Doppelduodenalkanüle 285.
Dornfortsätze 217.
Dorsch 88.
Dosierung 96.
Doyensche Klemme 276.
— Kugelfräse 207. 209.
Draht 229.
Drahtgeflecht 44. 150. 160.
Drahtmaulkorb 18. 105. 106. 135.
Drahtsäge nach Gigli 210.
Drainage der Gallenwege 198.
— des Gehirnventrikels 197.
— der Pleura 252.
Dressur 5.
Druckbestimmung im Gefäßsysteme 178.
— im Schädelraum 210.
Druckdifferenzverfahren 110—112.
Drucksteigerung im Gehirn bei dem Impfen 153.
Drüsenmagen 51.
Ductus choledochus 267. 290. 292. 294.
— communis 290. 293. 294.
— cysticus 290. 291.
— deferens 310.

Ductus hepaticus 290.
— thoracicus 205.
Dünger 3.
Dünndarmfistel 278 f.
Dunkelkammer 1. 3.
Duodenalkanüle 284.
Duodenalsondierung 157.
Duodenalstumpf, Versorgung des 267.
Duodenum 293. 294. 295.
Dupuytrensche Darmquetsche 281.
Dura mater 102. 153. 154. 207. 208. 212. 217.
Duraersatz (Fascie) 226.
Durchfall (Eidechse) 62.
— (Kaninchen) 34. 36.
— (Maus) 44. 45. 46.
— (Meerschweinchen) 39.
— (Ratte) 41. 42.
— (Schildkröte) 71.
— (Vögel) 55. 56.
Durchspülung 181.
— des Herzens 204.
Durchspülungsflüssigkeit 180. 181.
Durchtrennung der Gewebe 120 f.
— (Knochen) 227.
— des Rückenmarkes 216.

Echinococcus 21.
Echte Rassen 4. 10. 27. 36.
Ecksche Fistel 193—196. 289.
Edingersche Gelatineröhrchen 196. 218.
Eidechse 57. 114. 118.
Eierstock 309.
Eigenbluttransfusion 183. 232.
Eimeria Stiedae 36.
Einbinden einer Kanüle 175.
Einehe 52.
Einheilungsbedingungen 232.
Einleitung 1—5.
Einmanschettierung 218. 226.
Einsatzschale 116.
Einschleichen bei der Narkose 106.
Einseifen 93.
Einsparende Nähte 268. 269.
Einspritzung 97. 102. 146 f.
Einteilung der Wirbeltiere 6.
Eisenmennige 246.
Ekzem 94. 118.
Elektrische Fische 87. 91.
Elektrisieren 235.
Elevatorium 208. 229.
Elfenbeinstift zur Knochenbolzung 230. 232.
Embolie, Luft- 177.
Embiotociden 88.
Embryonalextrakt 236.
Empfänglichkeit 4.
— für Bakterien 120.
Emydes 67.
Emys orbicularis 67.

Endarterie 174.
Enddarm 52.
Endocard 205.
Endoneurale Injektion 102. 219.
Endothelium camerae anterioris 240.
End-zu-Seitgefäßanastomose 190.
End-zu-Seit-Vereinigung des Darmes 276.
En masse, Transplantation 234. 235.
Entbluten 143. 179.
Entblutung 179.
Enteratio bulbi 240.
Enteroanastomose 236. 261. 275. 276. 294.
Entfernen der Federn 93. 94.
— der Haare 93. 94.
— der Schuppen 93. 94.
Entfernung eines Teiles der Lunge 254.
Enthaaren 94.
Enthaarungsmittel 94.
Enthaupten 143.
Entnervung 218.
Entspannungsnaht 130.
Enucleatio bulbi 241.
Eosin 117.
Epicard 205.
Epidermistransplantation 233.
Epineurium 217. 218.
Epiphyse 215.
Epiphysenfuge 228.
Epithelbrei 233.
Epithelkörperchen 22. 248.
Epithelverletzung 118.
Erdkröte 72.
Erhöhung des Hirndruckes, Vorrichtung zur 210.
Ernährung, künstliche 99. 140. 141.
— (Skelettsystem) 227.
Ernährungsflüssigkeit 180. 181. 235.
Eröffnung des Bauches 256.
— der Brust 110. 199. 200—206.
— des Schädels 206 f.
Erregung, Stadium der 105.
Erregungsstadium 114.
Erregungszustand nach Morphium 96. 97.
Erstickungsnarkose 107.
Erwachen, Stadium des 105.
Esmarchsche Blutleere 130.
Etagenboxen 32.
Eustachische Röhre 241.
Eutergeschwüre (Kaninchen) 36.
Exairesis 251.
Exenteratio bulbi 241.
Expression der Blase 306. 307.
Exstirpation eines Teiles der Lunge 254.
Extramuköse Pyloromyotomie 271.
Exairese 173.

Fadenführung für einen zeitweisen Gefäßverschluß 177.
Fallen für Affe 7.
— für Kaninchen 33.
— für Katze 24.
— für Maus 45.
— für Ratte 41.
— für Taube 54.
Falz 230.
Familie 6.
Fangen: Affe 7.
— Eidechse 62.
— Feuersalamander 82.
— Fisch 89.
— Frosch 79.
— Froschlurche 79.
— Hund 15.
— Kaninchen 33.
— Katze 23.
— Kröte 79.
— Maus 45.
— Meerschweinchen 38.
— Natter 66.
— Ratte 41.
— Ringelnatter 66.
— Salamander 82.
— Schildkröte 71.
— Schlange 66.
— Schwanzlurche 82.
— Taube 54.
— Vogel 54.
Fanggabel für Affe 8.
Fangkiste 23.
Fangstange für Hund 15.
Fascia lata 271.
Fascie 226. 271.
Faßzange 149.
Favus 36.
Febris catarrhalis et nervosa canum 16.
Federfressen 54.
Federmücke als Fischfutter 89.
Federstrichrichtung 94.
Federzupfen 54.
Feldmaus 42.
Felis 21.
Fenestra ovalis 242.
Fenster, Bauch- 256.
— Gehirn- 210.
Fernplastik mit Wanderlappen 231.
Fesselung: Affe 9.
— Eidechse 62.
— Feuersalamander 82.
— Fisch 90. 91.
— Frosch 80. 142. 143.
— Froschlurche 80.
— Huhn 55.
— Hund 15—18.
— Kaninchen 34.
— Katze 25. 140.
— Kröte 80.

Fesselung: Maus 45. 150. 160.
— Meerschweinchen 38.
— Natter 67.
— Ratte 42. 149.
— Ringelnatter 67.
— Salamander 82.
— Schildkröte 71.
— Schlange 67.
— Schwanzlurche 82.
— Taube 55.
— Vogel 55.
Fester Harn 52.
Fettgewebe 226.
Fettkörper (Eidechse) 59.
— (Frosch) 77.
— (Schlange) 65.
Fettschicht zum Schutze gegen Infektionen 144.
Feuersalamander 80.
Fibrinogen 236.
Fieber 137. 139.
— experimentelles 212.
Fieberkurve 139.
Fiebermessung 139.
Finne 21. 46.
Fisch 82. 114. 118. 137. 138. 144. 180. 201. 242.
Fischbrett 90.
Fischherz 85.
Fischnarkose 90. 99.
Fischräuber 84.
Fischwanderung 88.
Fistel, Choledochus- 292.
— Ductus communis- 292. 293.
— Gallenblase 290.
— Pankreas- 296.
Fistelbildung 166—174, 258, 260, 284, 291. 293. 298. 299. 302.
— am Darme 278 f.
— am Ductus thoracicus 205.
— am Harnleiter 299.
— am Magen 256.
— an der Niere 298.
— an den Speicheldrüsen 244.
— an der Speiseröhre 248.
Fistelröhre 284ff. 291.
— nach Katsch 285.
— nach London 168.
— für Magen 256.
— nach Pawlow 258. 259.
Fistula stercoralis 280.
Flandrische Riesen 27.
Floh 10.
Flossen 67.
Flügelvene (Blutentnahme) 162.
Flußaal 88.
Flußneunauge 87.
Foramen occipitale 216.
— pneumaticum 49. 50.
Formalin 145. 196.

Formalinlösung 144.
Formalininjektion in das Gehirn 211.
Fortlaufende Naht 125. 262ff.
— — (beim Darm und Magen) 262—270.
— — (bei Gefäßen) 187. 190. 191.
Fortpflanzung 4.
Fox 10.
Fräse 209.
Fragestellung 4. 5.
Fraktur, subkutan 114.
Freie Transplantation 196. 230. 231.
Freilegung der Gefäße 165.
— des Herzens 199.
Fremdkörperzyste 172.
Freßnapf 4.
Frosch 72. 114. 166. 179. 201. 202. 203. 299.
— Impfen 150.
— Zwangsfütterung 142.
Froschei 78.
Froschhalter 80.
Froschherzkanüle 203.
Froschlarve 78.
Froschlurche 72.
Frühjahrsmauser 54.
Frühstunden zum Operieren 95.
Führungsrinne 123. 131. 277. 278.
Fütterung 4. 137. 140. 141.
— beim Impfen in den Magen 157.
—, Schein- 249.
—, Zwang 140. 141.
Fugugift 87.
Funiculus spermaticus 310.
Funktionelle Beanspruchung 233.
— — des Gelenks 230.
— — des Knochens 227.
— — des Muskels 222.
— — der Sehne 223.
Funktionsprüfung 166. 172.
Furcula 48.
Futterbehälter 4.
Futterraum 1. 2.

Gabelknochen (Taube) 48.
Galalith 274.
Galle, Ungerinnbarkeit 288.
Gallenblase 288. 291. 292.
— Exstirpation 289.
—, Impfen in die 157.
Gallenblasenfistel 290.
Gallengangsplastik 196.
Gallenwege, Operationen an den 288 f.
Ganglion cervicale inf. 220.
Ganglion thoracicum 220.
Gasbrandödem 119.
Gasmaske als Behelf für Überdruck in Lungen 111.
Gastroenterostomie 261—266.
Gastrostomie 256. 257.

Gaze 115. 168. 171. 175. 201. 288.
Gazeläppchen 134. 184.
Gazeschleier 134. 136.
Gebärmutter 309.
Gebärmuttervorfall 36.
Gefäß, s. auch Arterie und Vene.
Gefäß, Freilegen des 165.
Gefäßanastomosen 183—185.190—196. 236. 237.
Gefäßendothel 165.
Gefäßerweiternde Schnitte 187. 189. 190.
Gefäßerweiterung nach der periarteriellen Sympathektomie 199.
—, Kunstgriffe zur 158. 159.
Gefäßfistel 166.
Gefäßinjektion mit Kontrastmitteln 203. 204.
Gefäßkanüle 176. 177.
Gefäßklemme 123. 130. 131. 175. 188.
Gefäßkompression 130.
Gefäßkrampf 165. 199.
Gefäßligatur 130. 131.
Gefäßnadel 168. 186. 195. 203.
Gefäßnaht 185. 235.
Gefäßplastik 196. 197.
Gefäßprothese 185. 190.
Gefäßpunktion 172.
Gefäßscheide 165.
Gefäßspasmus 158.
Gefäßstomosierung 166.
Gefäßsystem, Operationen am 165 f.
Gefäßtorsion 133.
Gefäßtransplantation 173. 174. 196.
Gefäßunterbindung 130. 131.
— an den Lungen 254.
Gefäßverengerung durch Adrenalin 101.
— durch Austrocknen 185.
— durch Trauma 199.
Gefäßverschluß 175.
— durch Thrombus 137.
Geflügelcholera 55. 119.
Geflügeldiphtherie 56.
Geflügelpest 57.
Geflügelpocken 56.
Geflügelringe 55.
Geflügeltyphoid 55.
Gegengift des Chloralhydrats 100.
— des Morphiums 98.
Gehirn s. auch unter Hirn.
Gehirn: Affe 6.
— Fisch 83.
— Frosch 73. 74.
— Hund 12.
— Kaninchen 29.
— Katze 22.
— Meerschweinchen 36.
— Taube 49.
Gehirnhaut 153.

Gehirnoperationen 95. 206ff.
Gehirnventrikel, Dauerdrainage 197.
Gehörgang 241. 242. 243.
Gehörknöchel 241.
Gehörorgan 241.
Geifer 66.
Geigenbogenhaltung 121.
Geknöpfte Schere 131.
Gekröse 277. 278.
Gelatine 181.
Gelatineröhrchen 196. 218.
Gelenkflüssigkeit 230.
Gelenkknorpel 151.
Gelenktransplantation 230.
Gelenktuberkulose (Vögel) 56.
Gelenkversteifung, künstliche 231.
Geplättete Wäsche 117.
Gerinnungshemmende Flüssigkeit 179. 181. 183.
— Mittel 164. 179. 183.
Geruchorgan 243.
Geschlechtsdrüse 309. 310f.
Geschlechtskrankheiten (Kaninchen) 36.
Geschlechtsorgane einer Hündin 308.
Gestielte Transplantation 196. 230. 231. 232.
Gewebsdurchtrennung 120 f.
Gewebskulturen 235.
Gewebsnekrose 127. 170. 174.
Gewebsschädigung 120. 146.
Gewebsüberpflanzung s. Transplantation.
Gewichtshaken 124.
Gewichtskurve 139.
Gewinnung des Urins 305 f.
Gewöhnung an Medikamente 96.
— an Verbände 95.
Gibbon 6.
Giftdrüse (Fisch) 87.
Giftfisch 87.
Giftige Fische 87.
Giftlose Schlangen 62.
Giftschlangen 62.
Giftzahn 62.
Gigerium 51.
Giglische Drahtsäge 210. 229.
Gips 136.
Gipsverband 136.
Glandula parathyreoidea 248.
— parotis 244.
— pituitaria 213.
— submaxillaris 244.
— suprarenalis 299.
— thyreoidea 248.
— zygomatica 11.
Glasgefäß 143. 160. 183.
— als Käfig 41. 43. 45.
Glasglocke 143.
Glaskanüle 184. 185.

Glaskörper 240.
— (Impfen) 155.
Glaskolben 183.
Glasrolle 117.
Glasschutzdächer 1. 2.
Glassockel für Gewebskulturen 236.
Glasspritze 147. 148.
Glasstab 148. 183.
Glucke 53.
Glühbrenner 266. 268. 276. 277. 278. 279. 281. 291.
Glühhitze 266.
Glykosurie nach Zuckerstich 213.
Gossetsche Wundhaken 290. 301.
— automatische Wundhaken 167.
Grasfrosch 72.
Graue Maus 42. 44.
Greifhaken 116.
Greifwerkzeug 7.
Greifzange 116.
Griechische Schildkröte 67.
Grind 36.
Grüner Frosch 72.
Gummi arabicum 181.
Gummi bei Plastiken 197. 198.
Gummibinde 158.
Gummidrain 175.
Gummihandschuhe 117. 118. 144.
Gummikatheter 117. 156.
Gurren 53.
Gyrus 6.

Haar 304.
Haarausfall 35.
Haarbeseitigung 93.
Hackerscher Handgriff 204.
Hämatom 137. 222.
Hämoglobin, Veränderung des, bei zu hoher Temperatur 184.
Hämolyse 184.
Hämothorax 252.
Händedesinfektion 117.
Häsin 30. 31.
Häutung (Eidechse) 60. 61.
— (Frosch) 77.
— (Schlange) 65. 66.
Hai 84.
Haifisch 82.
Haken nach Langenbeck 167. 171.
Haken für Wunden 124.
Hals 246 f.
Halskrause 136.
Halsluftsack 51.
Halsrippe (Taube) 46.
Halstedsche subkutane Hautnaht 130.
— Klemme 123. 175. 177. 185. 199. 205. 262. 263. 265.
Haltefaden 205.
— (Darm) 262. 263. 273.

Haltefaden (Gefäß) 173. 187—189. 190. 191. 192. 193—195.
Halten: Affe 9.
— Eidechse 62.
— Feuersalamander 82.
— Fisch 90.
— Frosch 80. 142. 143.
— Froschlurche 80.
— Huhn 55.
— Hund 15—18.
— Kaninchen 34. 141.
— Katze 25. 140.
— Kröte 80.
— Maus 45. 150. 160.
— Meerschweinchen 38. 152.
— Natter 66.
— Ratte 42. 149.
— Ringelnatter 66.
— Salamander 82.
— Schildkröte 71. 156.
— Schlange 66.
— Schwanzlurche 82.
— Taube 55.
— Vogel 55.
Hammer 206. 207.
— (Ohr) 241.
Handbohrer 209.
Handnadel 124. 266.
Handschuhe 116. 117.
Harn s. auch Urin.
— fester 52.
Harnauffangen 305.
Harnbeutel 281. 283.
Harnblase 301.
— Impfen in die 157.
Harnlassen 306. 307.
Harnleiter 297. 298. 299 f.
— Kompression der 307.
Harnmenge beim Hunde 13. 307.
Harnretention, künstliche 157.
Harnröhrenöffnung 307.
Harnröhrenplastik 196.
Harnsäure 52.
Harnsamenleiter (Frosch) 77.
Harntrichter 305.
Harte Hirnhaut 102. 207. 208.
Hase 27.
Hauptarterie 174.
Haushuhn 53.
Haushund 10.
Hauskatze 21.
Hausmaus 42.
Haustaube 46.
Hauswage 143.
Haut des Hundes 10.
Hautblasen (Transplantation 233.
Hautdesinfektion 117. 118. 144. 146. 161. 167.
Hautekzem 94.
Hautfalte (Fisch) 84.

322   Sachverzeichnis.

Haut-Weichteil-Periost-Knochen-
   lappen 208. 215.
Hautnaht 124ff. 133.
Hautplastik 287.
Hautpfropfung 233.
Hautquaddel 101. 102.
Hauttransplantation 233.
Hautzahn 84.
Hecht 82. 87. 89.
Heilungsverlauf 138.
Heimweh der Tiere 93.
Heizkörper 2.
Heloderma horridum 57.
— suspectum 57.
Henne 53.
Heftpflaster 134.
Herbstmauser 54.
v. Herffsche Klammer 130. 175.
Hering 88.
Hernie 123.
Herz, Impfen in das 158.
Herzbeutel 202.
Herzdurchspülung 204.
Herzgift 143.
Herzkatheter 203.
Herzklappen 205.
Herzlungenpräparat 254.
Herzmassage 109. 179.
Herznaht 204.
Herzoperationen 199f. 254.
Herzpunktion 161.
Herzschlag, Zählen des 140.
Herzstich 143.
Herztätigkeit, Aufzeichnung der 202.
Herztod bei Chloroformnarkose 104.
   143.
Heterogenes Plasma 235.
Heteroplastik 232.
Heu 33. 34.
Heuschrecke 114.
Hinterbeinbeckenverband 135.
Hinterhirn (Fisch) 84.
Hinterstichnaht 309.
Hirn s. Gehirn.
Hirnanhang 213.
Hirndrucksteigerung 153.
Hirnfenster 210.
Hirnhaut 153.
Hirnhautentzündung (Vögel) 56.
Hirudin 181. 183.
Hitze, Anwendung der, bei Blutung
   130.
Hoden s. auch Testis.
Hoden 309. 310.
—, Impfen in den 157.
Höhensonne, künstliche 235.
Hörsaal 2.
Hohlmeißel 206.
Hohlmeißelzange 207. 209. 216. 227.
   241.

Hohlsonde 123. 131. 132. 196. 198. 276.
   277. 278. 297. 299.
Hohlvene 28. 74. 173. 193—195.
Holocephala 84.
Holzbock 21.
Holzpfropf 258.
Holzschienen 136.
Holzspatel 140. 142.
Homogenes Plasma 235.
Homoioplastik 232.
Homoplastik 232.
Hornhaut 154. 240.
Hornhautanästhesie 101.
Hornhautimpfung 154.
Hühnercholera 55.
Hülsenbandwurm 21.
Hund 10. 114. 130. 143. 144. 153. 157.
   158. 167. 199. 277. 294. 296. 297.
   301. 303. 305. 306. 309.
Hundebandwurm 21.
Hundefloh 21.
Hundehaarmaschine 93.
Hundekeks 15.
Hundekuchen 15.
Hunderäude 20.
Hundeseuche 16. 18.
Hundsaffe 6.
Hundshai 82. 84. 90.
Hydrostatischer Apparat beim Frosch
   74.
Hydrostatisches Organ 86.
Hylobates 6.
Hypnonarkose 113. 114.
Hypnose 113.
Hypophyse 213.
Hypophysenoperation 118.

Immunität 120. 146.
Impfen 120. 146.
Impflanzette 148.
Impfnadel 147.
Impftechnik 146—161.
Impfung in den Rückenmarkskanal
   154.
Impfversuch 146f.
Impfzylinder 161.
Indirekte Muskelreizung 218.
— Transfusion 183.
Indische Methode 231.
Individuelle Disposition 119. 120.
Infektion 119f. 137. 144. 169.
Infiltrationsanästhesie 101.
Infiltrationswall 101.
Infusion 180.
Inger 82.
Ingulvies 49.
Inhalationsnarkose 104.
Injektion 102. 143.
— Alkohol 199.
— von Blut 183.

Injektion intracardiale 161.
— Nerven- 219.
Injektionsspritze 148.
Innere Brustdrüse 253.
Inneres Ohr 241.
Institutsleiter 2.
Instrumente 116.
Instrumentenschrank 116.
Insufflation 199.
— intratracheale 109. 112.
Intentionem, per primam 120.
Intercostalnerven 251.
Intercostalraum 199. 250. 251.
Intertarsalgelenk (Vogel) 48.
Intraartikuläre Impfung 151.
Intracardiale Injektion 143. 161.
Intracerebrale Impfung 154.
Intracutane Impfung 148.
Intradurale Durchschneidung der Wurzeln 216. 217.
Intramuskuläre Impfung 151.
Intraperitoneale Impfung 151.
Intratracheale Impfung 155.
— Insufflation 199.
Intravenöse Injektion 158f.
Intraventrikuläre Impfung 154.
Invagination 198.
Invaginationsmethode nach Murphy 185.
Involution der Thymus 253.
Irispinzette 155.
Irrigator 180.
Isogenes Plasma 235.
Isolierstall 1. 2. 3.
Isoperistaltisch 276.
Isoperistaltische Lagerung 262. 264.
Isoplastik 232.
Isotonisch 180.
Isthmus der Schilddrüse 11.
Italienische Methode 231.
Ixodida 21.

Jejunostomie 278.
Jochdrüse 11. 244.
Jodkatgut 117.
Jodoform 133.
Jodtinktur 118. 119.
Johimbin 31.

K siehe auch unter C.
Kadaver 1. 145.
Käfig für Affe 7. 9.
— für Eidechse 61.
— für Fisch 88.
— für Frosch 78.
— für Huhn 54.
— für Hund 14.
— für Kaninchen 31. 32.
— für Katze 23.
— für Kröte 78.

Käfig für Maus 44.
— für Meerschweinchen 38.
— für Ratte 40.
— für Salamander 81.
— für Schlange 66.
— für Taube 54.
Kaiserlingsche Lösung 145.
Kalbsarterie 196.
Kaliwasserglas 136.
Kalk, schwefelsaurer 136.
Kaltblütergewebe 235.
Kaltblütertuberkelbazillen 67. 71.
Kamala 21. 27.
Kammerwasser 154. 155.
Kaninchen 27. 114. 119. 130. 144. 153. 154. 156. 159. 199. 280. 294. 296. 297. 301. 304. 309. 310.
— Gelenkimpfung 151.
— Zwangsfütterung 141.
Kaninchenkäfig 32.
Kaninchenohr 159.
Kaninchenstaupe 36.
Kaninchenwage 142.
Kanüle 116. 148. 149. 175. 176. 177. 179. 180. 181. 183. 184. 185. 199. 203. 204. 284. 285. 291. 298. 300.
Kapillarattraktion 178.
Karbolsäure 26.
Karpfen 82. 87. 88.
Kastenkäfige 32.
Kastration 309. 310.
Kastrationszange 310.
Kater 21. 23.
Katheter 112. 116. 156. 157. 177. 292. 293. 302. 307.
—, Herz- 203.
Katheterismus 157. 306. 307. 308. 309.
Katze 21. 23. 25. 26. 114. 143. 144. 153. 154. 155. 157. 158. 199. 201. 277. 294. 296. 297. 301. 303. 309. 310.
— Zwangsfütterung 140.
Katzendarm 117.
Katzenfalle 24.
Katzenseuche 26.
Kaulquappe 78.
Kaumagen 51.
Kautschukbougie 117.
Kehlkopf 247.
Kehrscher Wellenschnitt 288.
Keilförmige Osteotomie 228.
Keimdrüse 309.
Kerbschnitt 229.
Kernhaltige rote Blutkörperchen 50.
Kesselraum 1.
Kiemen (Fisch) 83. 85.
— (Frosch) 73. 78.
— (Salamander) 81.
Kiemenarterien (Fisch) 85.
Kiemenarterienstamm (Fisch) 85.

Kiemenblättchen (Fisch) 85. 89.
Kiemenbogen (Fisch) 85.
Kiemendarm 82.
Kiemendeckel (Fisch) 85.
Kiemengefäße (Fisch) 85.
Kiemenspalten (Fisch) 85.
Kieselsaures Kalium 136.
— Natrium 136.
Kinase 296.
Kittdrüse (Fisch) 86.
Kittmittel 246.
Klammer für Hautwunde 130.
Klappenbildung an Venen 198.
Klasse 6.
Klaviersaitendraht 229.
Klebstoff 134. 136.
Klebeverband 134.
Kleiderablage 2.
Kleinhirnentfernung 215.
Klemme 173. 175. 205. 262—265.
— für Abdecktuchbefestigung 118.
— nach Backhaus 106.
— für Darm 261 f.
— Gefäß- 175. 188.
— nach Halsted 123.
— nach Kocher 123.
Klemmpinzette 158.
Klima 4.
Kloake 52. 281. 282.
Kniegelenk, Impfen ins 151.
Knochen, sterile, für Alloplastik
    232.
Knochenbolzung 229. 230.
Knochenfisch 82. 84. 242.
Knochenfragment 229. 230.
Knochenheilung 4. 227.
Knochenhöhle 230.
Knochenmark 227.
— Blutinjektion ins 183.
Knochenmark (Vogel) 49.
Knochenmarkverpflanzung 230.
Knochenmehl 153. 209. 227.
Knochenmesser 200. 206. 210. 243.
Knochennaht 229.
Knochenplombe 232.
Knochenrinne, Bildung der 209.
Knochenschere 202. 227.
Knochenschienung 229.
Knochenspan 229. 230.
Knochensplitter 227.
Knochentuberkulose (Vögel) 56.
Knochenverriegelung 229.
Knochenverschraubung 229.
Knopfnaht 125. 127. 128. 137. 186.
    187. 190. 271.
Knopfsonde 171. 209. 296.
Knorpelfisch 82.
Knoten des Fadens 127. 128. 129.
Knüpftechnik 129.
Kochapparate 116.

Kochersche Klemme 123. 124. 126.
    256. 267. 268. 291.
Kochtopf zum Sterilisieren 116. 147.
Kochsalzlösung 120. 121. 148. 153. 164.
    165. 179. 180. 183. 185.
Körpertemperatur 12. 50. 79. 139.
Kohlenraum 2.
Kohlensaures Natrium 116.
Kollaps nach Blutentziehung 164.
Kollateralkreislauf 10. 131. 174.
Kollodium 133.
— elasticum 133.
Kolophonium 246.
Komplementärraum 174.
Kompresse 115. 124. 165. 167. 171.
    276. 277. 288. 294. 298. 301.
— Gaze 258. 262. 266. 267.
Kompressionsverband 137.
Komprimieren der Nieren 307.
Kondylus (Vogel) 49.
Konservierung der Präparate 145.
Konstitutionelle Disposition 10. 96.
    119. 120. 235.
Konstriktionsbinde 158.
Kontentivverband 134.
Kontrollversuch 4. 151.
Kopf 240 f.
Kopfarmarterie 50.
Kopfverband 134.
Kopfhalter: Affe 9.
— Hund 15.
— Kaninchen 34.
— Katze 25.
— Schildkröte 71.
— Taube 55.
Kopfhaube 118.
Koprophagen 33. 304.
Korkplatten 144.
Korkverschluß 258.
Kornzange 41. 115. 160. 286.
Kosten für Affen 9.
Kot, Auffangen von 281 f.
Kotbeutel 281. 283.
Kotfistel 280.
Kotfressen 304.
Krätze 20. 26. 35. 42.
Kramersche Schiene 25. 91.
Krankheit 119.
Krankheiten: Affe 9.
— Eidechse 62.
— Feuersalamander 82.
— Fisch 91.
— Frosch 80.
— Froschlurche 80.
— Huhn 55.
— Hund 16.
— Kaninchen 34.
— Katze 26.
— Kröte 80.
— Maus 46.

Krankheiten: Meerschweinchen 39.
— Natter 67.
— Ratte 42.
— Ringelnatter 67.
— Salamander 82.
— Schildkröte 71.
— Schlange 67.
— Schwanzlurche 82.
— Taube 55.
— Vogel 55.
Krebs 114.
Kreis 6.
Kreislauf des Blutes 166.
Kresolliniment 20. 26.
Kresolseifenlösung 32. 95.
Kriechtier 57.
Kristallwasser 136.
Kröte 72. 299.
Krokodil 114. 118.
Kropf 47. 49. 53. 54. 142.
Krusteneidechse 57.
Kühlung der Hirnrinde 211.
Künstlicher After 280. 282.
Künstliche Atmung 109. 110. 112. 113.
    180. 199.
— Beleuchtung 95.
— Ernährung 99. 140. 141.
— Höhensonne 235.
Künstliches Ödem 102.
— Seewasser 89.
Kugelfräse 207. 209.
Kulturen, Bakterien 148.
— Gewebs- 235.
Kurare 166.
Kurve für Gewicht 139.
— für Puls 139.
— für Temperatur 139.
Kymographion 179. 202.

Laboratorium 1. 3.
Labyrinth 241. 242.
Lacerta 57.
— agilis 61.
— viridis 57.
— vivipara 61.
Lachs 82. 88. 89.
Lähme 39.
Läufigkcit 300.
Lagena 241.
Lagereflex, tonischer 113.
Lagerung, antiperistaltische 262. 264.
— zu Bauchoperationen 18.
— zu Brustoperationen 17. 250.
— zu Halsoperationen 17.
— isoperistaltische 262. 264.
— zu Nierenoperationen 17.
— zur Operation 17. 18.
— zu Rückenmarksoperationen 216.
Laich 77. 78. 87.
Laichen 77.

Laichzeit 78. 88.
Lamina elastica anterior 240.
— — posterior 240.
Lamprete 87.
Landfrosch 72.
Landschildkröte 67.
Langarmaffe 6.
Langenbeckscher Haken 167.
— Knochenhaken 200.
Langendorfsche Lösung 181.
Lanzette, Impf- 148.
Lanzettfisch 82.
Laparotomie 138. 256 f.
Lappen (Zahn) 14.
Larven (Fisch) 82.
— (Frosch) 78.
— (Salamander) 81.
Laryngofissur 247.
Laufknochen (Vogel) 48.
Launen eines Tieres 93.
Laus 10.
Lebensalter 120.
Lebensweise 92.
— Affe 7.
— Eidechse 60.
— Feuersalamander 81.
— Fisch 87.
— Frosch 77.
— Froschlurche 77.
— Huhn 53.
— Hund 13.
— Kaninchen 30.
— Katze 22.
— Kröte 77.
— Maus 43.
— Meerschweinchen 37.
— Natter 65.
— Ratte 40.
— Ringelnatter 65.
— Salamander 81.
— Schildkröte 70.
— Schlange 65.
— Schwanzlurche 81.
— Taube 52.
— Vogel 52.
Leber, Impfen in die 157.
— Operationen an der 288 f.
Leberexzision 288.
Leberexstirpation, totale 289.
Leberlappen, Entfernung eines 288.
Leberwunde 288.
Leberzirrhose 33. 38.
Lefzen 16.
Leitungsanästhesie 102.
Lembertsche Naht 157. 257. 263. 265.
    266. 267. 268. 271. 272. 275. 276.
    277. 278. 286. 294. 309.
Lembert-Czernysche Doppelnaht 272.
Leptocardii 82.
Lepus caniculus 27.

Leuciscus rutilus 82. 84.
Lidspreizer 154.
Ligamentum cricothyreoideum medium 248.
— teres hepatis für Pylorusverschluß 271.
Ligatur 130. 131. 174.
Linse 155.
Liquorverlust 216.
Listonsche Knochenschere 200. 227.
Lockesche Lösung 180.
Löwe 114.
Lokalanästhesie 101. 153. 156. 165. 184. 208. 234. 301. 310.
Londonsche Kanüle 168.
— Salbe 261.
Lüersche Kanüle 247.
— Zange 71. 207. 209. 217.
Lues 6.
Luftembolie 177. 179.
Luftröhrenkatheter 112.
Luftröhrenschnitt 246.
Luftsack 47. 50. 51. 113.
Luftsacksystem 50.
Luftzellen 49.
Lumbalanästhesie 102. 154.
Lumbalpunktion bei Vögeln 49.
Lunge, Fixation 110.
— Impfen in die 155.
Lungencollaps 110. 250.
Lungenentzündung s. Pneumonie.
Lungengefäße 254.
Lungennaht 255.
Lungenoperationen 254.
Lungenparenchym 255.
Lungenpfeife 50.
Lungensack 68. 74.
Lurche 72. 80.
Lurchfisch 87.
Lymphherz (Frosch) 76.
Lymphplasma 236.
Lymphsack 150.
— (Frosch) 74.
Lymphsystem, Operationen am 165. 205.
Lysollösung 35. 36.
Lyssa 21. 119.

Mäuseblut 39.
Mäusefresser 93.
Mäuseglas 43. 44. 45.
Mäusehalter 46.
Mäusekäfig 44.
Mäuseseptikämie 46.
Mäusetyphus 46. 119.
Mäusezucht 44.
Magen 256f. 266.
— Impfen in den 157.
Magenausheberung, Vermeiden einer 157.

Magen-Darmfistel 261.
Magen-Darmkatarrh 20. 33. 34.
Magenfistel 250. 256. 258—260. 287.
Magenklemme nach Payr 266.
Magenpförtner 267. 270. 271.
Magenquetsche 267.
Magensäure 157.
Magensaftsekretion 98.
Magensonde 95. 100. 140. 141. 248.
Magenspülung 95.
Magnesia usta 157.
Magnesiumprothesen 190.
Magnesiumringe für Gefäßvereinigung 185.
Magnesiumsulfat 179.
Mahlmagen 51.
Makake 6.
Makakus rhesus 6.
Maladie des chiens 16.
Manometer 178. 211.
— bei Überdrucknarkose 110.
Mantel, Operations- 116.
Markdurchtrennung 216.
Marke 34. 38.
Markierung: Affe 9.
— Eidechse 62.
— Feuersalamander 82.
— Fisch 90.
— Frosch 80.
— Froschlurche 80.
— Huhn 55.
— Hund 15.
— Kaninchen 34.
— Katze 25.
— Kröte 80.
— Maus 45.
— Meerschweinchen 38.
— Natter 66.
— Ratte 42.
— Ringelnatter 66.
— Salamander 82.
— Schildkröte 71.
— Schlange 66.
— Schwanzlurche 82.
— Taube 55.
— Vogel 55.
Massage des Herzens 109.
Massenligatur 132.
Mastisol 119. 134. 136. 171.
Matratzennaht 130. 192.
Mauleisen 16.
Maulgatter 15. 19.
Maulkorb 15. 18. 105. 106. 135. 136. 304.
Maus 42. 137. 138. 139. 160. 310.
— Impfen 150.
— Sektion einer 144.
Mauserung 54. 57.
Mediastinalflattern 110.
Mediastinum 200.

Medulla oblongata 143. 216.
Meerfisch 82.
Meerkatze 6.
Meerneunauge 87.
Meerschweinchen 36. 114. 119. 137.
   138. 154. 156. 199. 280. 299. 309.
   310.
— Impfen 151. 152.
— Zwangsfütterung 142.
Meerschweinchenlähme 39.
Meißel 206. 207. 217. 227.
Membrana altlanto-occipitalis 154.216.
Mendeljeffscher Kitt 245. 246.
Menschenaffe 6.
Menses bei Hündinnen 14.
Mesenterialgefäß 261.
Mesenterium 277. 278.
Messer s. auch Skalpell.
— 116. 121. 147. 148. 154.
Messerbänkchen 116.
Messerschärfe 116.
Messerschneide 122. 123.
Messung, Temperatur 139.
Messung, Fieber 139.
Metallinstrumente 116.
Metallschienen 25. 136.
Metamorphose (Fisch) 88.
Michelsche Klammer 130. 203.
Mikuliczsche Klemme 256.
Milben 20. 35.
Milch (des Fisches) 87.
— (der Tauben 53.
Milchbrustgang 205. 206.
Milchlappen 14.
Milz 296.
— Impfen in die 157.
Mischinfektion 120. 146.
Mischrassen 4. 10.
Mistgrube 3.
Mittelhirn (Frosch) 73. 74.
Mittelohr 241. 243.
Moderlieschen 88.
Mondfisch 87.
Morphium 95. 96. 97. 100. 107. 167.
   258. 261. 266. 303.
Müller-Formol 145.
Müllersche Gang 81. 86.
Mullbinde 171.
Mundfäule 67. 91.
Mundkeil 157.
Mundtuch 118.
Muraena helena 87.
Murphyscher Darmknopf 261. 274.
Mus decumanus 39.
— musculus 42.
Musculus brachiocephalicus 11. 21.
— quadriceps femoris für Impfungen
   151.
Muskel 222.
— (Transplantation) 208. 235.

Muskelgewebe 236. 288.
Muskelhämatom 222.
Muskelinterstitium 123.
Muskelmagen 47. 51.
Muskelreizung 218.
Muskeltransplantation am Herzen 205.
Muskeltrichine 42.
Muskuläre Neurotisation 218.
Myocard 205.
Myxinoides 82. 242.

Nachbehandlung 95. 137ff. 168. 171.
Nachblutung 137. 138. 227.
Nachhirn (Frosch) 73. 74.
Nackenschlag zum Tiertöten 143.
Nadel 168. 288.
Nadeln zum Impfen 147.
Nadelhalter 124. 266.
Nähmaterial 116.
Nährboden 146. 151.
— für Bakterien 122. 127.
— für Gewebskulturen 235.
Nährflüssigkeit 180. 181.
Nagelreiniger 117.
Nahrung, Affe 7.
— Eidechse 61.
— Feuersalamander 82.
— Fisch 89.
— Frosch 79.
— Froschlurche 79.
— Huhn 54.
— Hund 14.
— Kaninchen 33.
— Katze 23.
— Kröte 79.
— Maus 44.
— Meerschweinchen 38.
— Natter 66.
— Ratte 41.
— Ringelnatter 66.
— Salamander 82.
— Schildkröte 71.
— Schlange 66.
— Schwanzlurche 82.
— Taube 54.
— Vogel 54.
Naht des Darmes 271 f.
— einsparende 268.
— am Herzen 204.
— einer Leberwunde 288.
— einer Lungenwunde 255.
— des Peritoneums 256.
— der Wunde 124 f.
Narbenbildung 133.
Narkose 104ff. 114. 118. 138. 167. 184.
   199. 243.
Narkosebehelf 106.
Narkosenbreite 98. 105.
Narkoseneimer 108.
Narkoseflasche 106.

Narkosenmaske 105. 106. 110.
Narkosentechnik 105. 106.
Narkosezwischenfall 109.
Nasenbremsen 113.
Nasenentzündung (Kaninchen) 36.
Natrium citricum 164. 179. 181. 183. 185.
— kohlensaures 116.
Natriumsulfat 179.
Natronwasserglas 136.
Natter 62. 65.
Nebennieren 213. 299.
— akzessorische 299.
Nebennierenexstirpation 114.
Nebennierenpräparat 101.
Nebenschilddrüse 248.
Nekrose des Gewebes 127. 170. 174.
— Gewebs- 288.
Nephrotomie 298.
Nerv 102. 196.
Nervendefekt 218.
Nervenhaken 217.
Nervennaht 217.
Nervenplastik 218.
Nervensystem 206. 217. 303.
Nerv-Muskelpräparat 218.
Nervus abducens 241.
— acusticus 241.
— cochlearis 241.
— costalis 251.
— depressor 22. 27. 28. 219. 220.
— intercostalis 251.
— laryngeus superior 27. 28. 220.
— oculomotorius 241.
— olfactorius 244.
— opticus 241.
— phrenicus 27. 28. 173. 202. 220. 221.
— recurrens 14. 28. 105. 109. 220. 221. 247. 248.
— sympathicus 28. 219. 220.
— vagosympathicus 220.
— vagus 27. 28. 36. 98. 219.
— vertebralis 220.
— vestibularis 241.
Nestflüchter 53.
Nesthocker 53.
Netz 297.
— für Blutstillung 288.
— zu Transplantationszwecken 174.
Neunauge 82. 242.
Neurexairese 218. 221. 251.
Neurotisation 218.
Neutralisierung der Magensäure bei Impfversuchen 157.
Nidamentalorgan 86.
Niere 297ff.
— Dekapsulation der 297.
— Exstirpation der 299.
— Fistelbildung an der 298.
— Impfen in die 157.

Niere Incision der 298.
— Komprimieren der 306. 307.
— Naht der 298.
— Spaltung der 298.
Nierenbecken 298.
Nierentransplantation 234.
Normosal 95. 99. 121. 124. 164. 165. 184. 194. 262. 287.
Nosoparasit(is)mus 120.
Novoprotein 20.
Nuckscher Gang 244.
Nyctotherus cordiformis 80.

Obduktion 143 f.
Oberflächenanästhesie 101.
Oberlicht 3.
Obstipation (Kaninchen) 34.
Occipitalhirn (Affe) 6.
Odylen 20.
Ödem bei der Infiltrationsanästhesie 102.
Öl 308. 309.
— (bei Herzoperationen) 205.
Oehleckersche Bluttransfusionsapparat 185.
Oesophagus 255.
Oesophagusfistel 248. 249.
Oesophagus- und Magenfistel 249.
Oesophagusplastik 287.
Ohr 241.
Ohrmarken 34. 38.
Ohrmuschel 241.
Ohrräude 20. 35.
Ohrvene (Kaninchen) 159. 163.
Okklusivverband 155.
Opalina ranarum 80.
Operationen in der Bauchhöhle 256 f.
— an der Bauchspeicheldrüse 294 f.
— am Bewegungssystem 222.
— an der Brust 250 f.
— an der knöchernen Brustwand 250.
— am Darme 271 f.
— an den Gallenwegen 288 f.
— am Gefäß- und Lymphsystem 165 f.
— am Halse 246.
— am Herzen 199 f. 254.
— an der Hirnoberfläche 211.
— am Kopfe 240 f.
— an der Leber 288 f.
— an der Lunge 254.
— am Magen 256 f.
— an der Milz 296.
— am Nervensystem 206.
— am Netz 297.
— am Urogenitalsystem 297 f.
Operationsbrett 237.
Operationshaus 1—3.
Operationsmantel 116.
Operationsraum 1. 2. 95.
Operationstisch 16.

Ophidia 62.
Orang-Utan 6.
Ordnung 6.
Organimpfung 153.
Os lumbosacrale 47. 48.
— quadratum (Eidechse) 57.
— — (Schildkröte) 67.
—- — (Schlange) 62.
Osteoplastische Freilegung des Herzens 199. 200.
— Trepanation 208.
Osteotomie 136. 227.
Ostitis fibrosa 9.
Otolith 242.
Ovarien, Impfen in die 157.
Ovarium 309.
Oxalat 179. 183.
Oxycyanat 118.

Paarung 43.
— Eidechse 60.
— Frosch 77.
— Salamander 81.
— Schildkröte 70.
— Schlange 65.
— Taube 52.
— Vögel 53.
Pancreas 294 f.
— Entfernung des 295.
— Exstirpation 294.
— Fistelbildung des 296.
Pankreassaft 294. 296.
Panzerschild 67.
Papilla Vateri 292. 294.
Pappschiene 136.
Paquelin 266. 268. 276. 277. 278. 279. 281.
Paquelinsche Glühbrenner 130.
Parabiose 236.
Paraffin 232. 236.
Paraffinum liquidum 164. 179. 185. 186. 205.
Paraffinöfen 3.
Parasympathicus 219. 288.
Parenchymatöse Blutung 130.
Paste 133.
Patentöhr (Gefäßnadel) 186.
Paukenhöhle (= Trommelhöhle) 241. 242.
Pavian 6.
Pawlowsche Gläschen 245. 246.
— Darmfistel 286. 287.
—- Fistelröhre 258. 259. 260.
Payrsche Gefäßnadel 168.
— Magenklemme 266. 267.
Penisknochen 307.
Pepton 181.
Per primam intentionem 134.
Periarterielle Sympathektomie 198. 219.

Pericard 202.
Perideferentielle Sympathektomie 310.
Perimysium 222.
Perineurale Injektion 102. 219.
Perineurium extenums 217.
Periost 153. 227. 243. 250. 252.
Periostaler Türflügellappen 250. 251.
Peripheres Nervensystem 217.
Peritoneum 256.
— für Gefäßplastiken 197.
— für Herzbeutel 202.
Perkostale Naht 252.
Perkutane Blutentnahme 162. 163.
— Impfung 148.
Permanente Fistel 244.
Perubalsam 20.
Pest (Vögel) 57.
Pesttier 147.
Petroleum 134. 171.
Petromyzon 82.
— fluviatilis 87.
— marinus 87.
Peuschscher Tracheotubus 247.
Pezzerkatheter 292. 302.
Pferd 114.
Pflege 5.
— der Tiere 92.
Pförtnerzimmer 2.
Pfortader 173. 193—195.
Pfropfen der Haut 233.
Phenol 96.
Phlebotomia 186.
Photographischer Raum 1. 3.
Phrenicotomie 174.
Phrenicusexairese 173.
Physostomie 84.
Pinzette, anatomische 123. 290.
Piqure 213.
Piqurenadel 212. 213.
Pirquetsche Reaktion 148.
Piscis 82.
Pithecus 6.
Placenta 309.
Placoidschuppe 84.
Plätten der Wäsche 117.
Plasma 236.
— autogenes, heterogenes, homogenes und isogenes 235.
Plastik 231.
— Gefäß 196. 197.
— Nerv 218.
— am Pylorus 271.
— mit Schildpatt 71.
— Speiseröhre 287.
Plastron 67. 201.
Platinnadel 153.
Platiniridium 148.
Platinösen zum Impfen 147.
Pleura 250. 251. 252. 254.
Pleuraepithel 252.

Pleuraerguß 252.
Pleuraverletzung 199.
Pleuritis 256.
Plica pro vena bulbi (am Froschherzen) 203.
Plötze 82.
Pneumatischer Knochen 49.
Pneumatisches System bei Vögeln 50. 51. 113.
Pneumonie 9. 18. 26. 39. 99. 100.
Pneumothorax 109. 110. 156. 199. 200. 201. 251. 253. 256.
Pocken (Vögel) 56.
Poikilotherm 78.
Polyfistelmethode am Darm 286.
— an den Gefäßen 166.
Polyneuritis (bei Vögeln) 54. 57.
Polystomum integerrimum 80.
Postoperative Komplikation 95. 137.
Postnarkotischer Zustand 109. 138.
Präparate-Sammlung 2. 3.
Präparieren 121.
Präpariertupfer 115. 201.
Preis für Affen 9.
Pricke 87.
Primäre Wundheilung 119. 120. 122. 137. 232.
Processus falciformis (Fisch) 84.
— mastoideus 243.
Prodromalstadium 92.
Promenadenmischung 10.
Proteroglyphen 62.
Prothese für Gefäßoperationen 185. 190.
Protokoll 4. 144.
Protuberantia occipitalis 216.
— — lateralis (Taube) 243.
Proventriculus 51.
Pterygopodien 86.
Puder 117. 134.
Pulmo s. Lunge.
Puls 12. 139.
Pulskurve 139.
Punktion der Augenkammer 240.
— des Bauches 153.
— der Bauchhöhle 153.
— der Blase 157.
— eines Blutergusses 137.
— eines Gefäßes 172.
— der Gelenke 151.
— des Herzens 161. 164.
— der Trachea 247.
Punktionskanüle 157.
Pustulöser Ausschlag bei Hunden 20.
Pyelotomie 298.
Pygostyl 48.
Pyloromyotomie 271.
Pylorus 267.
Pylorusplastik 271.
Pylorusresektion 267 f.
Pylorusverschluß 270.

Quaddelbildung 101.
Quappe s. Kaulquappe 78.
Quecksilberchlorid 117.
Querder 82.
Querresektion des Magens 266.
Quetschung der Nerven 219.

Rachitis 9.
Radium 235.
Räude 20. 26. 35. 42.
Räudemilbe 35.
Rajidea 84.
Rammler 31.
Rana esculenta 72.
— temporaria 72.
Rasieren 93.
Rasiermesser zur Transplantation 233.
Raspatorium 208. 211. 214. 250.
Rassehunde 10.
Rassekaninchen 27.
Ratte 39. 137. 143. 156. 280. 299. 309. 310.
Rattenblut 39.
Rattenkäfig 40.
Raufe 33.
Regeneration bei der Eidechse 61.
Reibungskoeffizient 178.
Reichelsche Anastomose 270.
Reimplantation 231.
Reinfusion 183.
Reinigungsbad 94.
Reisfütterung 57.
Reispuder 117.
Reizleitungssystem 204.
Reizung der Hirnzentren 211.
Rekordspritze 148. 183. 184.
Rektalmessung 139.
Renversé 134.
Replantation 231.
Reptilia 57.
Reptilien 241.
Resektion des Darmes 272. 277.
— des Magens 266.
— des Pylorus 267.
— der Rippe 174.
Resorptionsfieber 137.
Retransfusion 183. 232.
Rhabdonema nigrovenosum 80.
Rhesusaffe 6.
Rhinitis contagiosa cuniculorum 36.
Ricinusöl 21. 133.
Riechkolben (Frosch) 73. 74.
Rindenkühlung 211.
Ringe für Vögel 55.
Ringelnatter 62.
Ringersche Flüssigkeit 236.
— Lösung 180. 181. 202. 203. 205.
Rippenresektion 174. 250.
Rochen 82. 84.

Röhren zur Fistelbildung 168. 258. 260.
   284. 285. 291. 293. 298. 299. 302.
Röhrenherzen 82.
Röntgenstrahlen 235.
Röntgenzimmer 2.
Rogen 87.
Roggenstroh 33.
Rollgaze 115. 124. 258. 262. 267. 277.
Rostellum 26.
Rosten der Instrumente 116.
Rostfreier Draht 229.
Rostfreie Instrumente 116.
Rotlaufbazillus 46.
Rotunde 7.
Rouxsche Anastomose 265. 266.
Ruderschwanz 78. 81.
Rückenflosse 83. 84.
Rückenmark 144. 216.
Rückenmarksdurchschneidung 216.
Rückenmarksfreilegung 216.
Rückenmarkskanal 154.
Rückenmarkswurzeln 217.
Rückenmarkszerstörung 144. 217.
Rückenschild 67.
Ruhigstellung 136.
Rundmaul 82.
Rutenknochen 22.

Sachverzeichn's 313ff.
Säkchen — sacculus — 241. 242.
Säge 227.
Sägemehl 43.
Sägespan 43.
Salamander 118.
Salamandra maculosa 80.
Salbe 260. 261.
Salizylsäure 118.
Samentasche 81.
Sammlung 2.
Sandtopf 23.
Sarcoptes minor 26. 35.
— scabiei 20.
— squamiferus 20.
Sarcoptesräude 42.
Sauerstoff 120.
Sauerstoffbombe zu Überdrucknar-
   kosen 110.
Saufbehälter 4.
Saugglocke 216.
Sauria 57.
Scabies 20. 26. 35.
— auricularis 20.
Scala tympani 241.
— vestibuli 241.
Scalpell 121.
Scarification der Haut 148.
Schafdarm 117.
Schalendrüse (Fisch) 86.
Schallblase (Frosch) 74.
Scharfe Haken 124.

Scheidenvorfall (Kaninchen) 36.
Scheinfütterung 249.
Schenkelporen (Eidechse) 59.
Schere 121. 201.
— zum Enthaupten 143.
Schichtpackung der Handschuhe 117.
Schiene 136. 229.
— Kramer 25.
Schienung, Knochen 229.
Schifferknoten 128. 271.
Schilddrüse 248.
Schildkröte 67. 156.
Schildkrötenhalter 71.
Schildkrötenherz 201. 203.
Schildpatt 67.
Schildpattplastik 71.
Schlag 54.
Schlange 62. 114. 137. 241.
Schleichsche Anästhesie 101.
— Quaddel 101. 149.
Schleie 87.
Schleimaal 82.
Schlingenbildung 19.
Schlitztuch 9. 93. 118.
Schlundkopf (Fisch) 83.
Schlundsonde 140. 141. 157.
Schmalnasen 6.
Schmarotzerekzem 10.
Schmerzableitung 113.
Schmerzbetäubung 96.
Schmerzstillende Mittel 96 f.
Schmierseife zum Reinigen 94.
Schmuckkatze 21.
Schmutz, Beseitigung des 118.
Schnecke (Ohr) 241.
Schneckenkanal 241.
Schneidende Instrumente 116.
Schnittführung 123.
Schnupfen 34. 35.
Schock 184.
Schreibfederhaltung 121.
Schreibtrommel 179. 202.
Schrifttum 311. 312.
Schulterhöhe 15.
Schultervorderbeinverband 134.
Schusterspan 136.
Schutzkräfte 120. 146.
Schutzserum gegen Kaninchenstaub 36.
Schutzverband 135. 136. 148.
Schwanzflosse 83. 84. 164.
Schwanzlurche 80.
Schwanzwurzel für das Impfen 150.
Schwefel 94.
Schwefeläther 105.
Schwefelblüte 35.
Schwefelsäure, konzentrierte, zum Auf-
   lösen der Tierkadaver 145.
Schwefelsaurer Kalk 136.
Schwimmblase (Fisch) 83. 86.
Sclera 154. 240.

Scyllium canicula 82. 84.
Sechster Sinn 86.
Seefisch 89.
Seeschildkröte 70.
Seewasser 89.
Sehne 223.
Sehnendurchtrennung 223.
Sehnenfreilegung 223.
Sehnennaht 224.
Sehnenplastik 224. 225.
Sehnenscheidenplastik 196.
Sehnenüberpflanzung 224.
Sehnenverkürzung 224.
Sehnenverlängerung 224.
Sehorgan 240.
Seide 117. 124. 204.
Seidenkatheter 117.
Seife 93.
Seife zur Desinfektion 117. 118.
Seitenlinie (Fisch) 86.
Seitenorgan (Fisch) 86.
Seitliche Darmanastomose 274 f.
— Gefäßnaht 185.
Seitlicher Darmverschluß 272.
— Gefäßverschluß 185.
Seit-zu-Endgefäßanastomose 190.
Seit-zu-Seit-Anastomose des Gefäßes 191 f.
— — des Darmes 278. 279.
Seit-zu-Seit-Vereinig. d. Darmes 274 f.
— der Gefäße 191 f.
— des Magen-Darmes 261 f.
Sektion 143 f.
Sektionsbrett 144.
Sektionshandschuhe 94.
Sektionstechnik 144.
Sekundäre Wundinfektion 93. 94. 130. 138. 149. 171.
Selachier 82.
Selbstschutz 114. 140.
Septikämie der Mäuse 46.
— der Vögel 56.
Sero-muskuläre Naht 271. 272.
Sero-seröse Naht 262. 263. 271. 272.
Serpens 62.
Serre fine 158. 160. 173. 175.
Simia satyrus 6.
Sinus caroticus 220.
— longitudinalis 215.
— sagittalis 215.
— urogenitalis (Fisch) 86.
— — (Schildkröte) 70.
— venosus (Fisch) 85.
Sinusverletzung 207.
Situationsnaht 127.
Situs: Eidechse 58.
— Fisch 83.
— Frosch 72.
— Kaninchen 28.
— Schildkröte 68. 69.

Situs: Schlange 63. 64.
— Taube 47.
Skalpell s. auch Messer.
— 151. 171.
Skelett des Fisches 83.
— der Schlange 62. 63.
— der Taube 46. 48.
Skelettsystem 227.
Skolex 46.
Smaragdeidechse 57.
Soda 116. 148.
Sodawasser 116.
Sonde 147. 151.
Solenoglyphen 62.
Sonnenbarsch 88.
Sonnendach 3.
Sonnenfisch 87.
Spargelbüchse für Impfungen 152. 153.
Spatel 147. 148. 157.
Speicheldrüsensekretion 98.
Speichelfistel 244. 245. 246.
Speichelfluß (Kaninchen) 34.
Speiseröhre 248. 255. 287.
Sperling 119.
Spezieller Teil 146 — Schluß.
Spiritus 94.
Spirochäten-Übertragung 148.
Splenektomie 296.
Splitterpinzette 198.
Spritze 116. 148.
— zum Impfen 147. 148.
Spritzloch (Fisch) 90.
Spülflüssigkeit 179.
Spülraum 2.
Spültrog 3.
Squalidea 83.
Stadium der Erregung 114.
Stärkeverband 136.
Stakessche Operation 243.
Stallhase 27.
Stallkaninchen 27.
Stallung 120. 137. 138.
Stallung: Affe 7. 9.
— Eidechse 61.
— Feuersalamander 81.
— Fisch 88.
— Frosch 78.
— Froschlurche 78.
— Huhn 54.
— Hund 14.
— Kaninchen 31.
— Katze 23.
— Kröte 78.
— Maus 43.
— Meerschweinchen 38.
— Natter 66.
— Ratte 40.
— Ringelnatter 66.
— Salamander 81.—
— Schildkröte 70.

Stallung: Schlange 66.
— Schwanzlurche 81.
— Taube 54.
— Vogel 54.
Stammbronchus 50.
Standvogel 54.
Starmesser 192. 240.
Staubsichere Käfige 147.
Staupe 16. 26. 36. 120.
Staupeexanthem 20.
Staupeserum 20.
Stauung, Blut- 134.
— Wärme- 134.
Steigbügel (Ohr) 241.
Stein 310.
Stempellose Spritze 148.
Stenzmasse 71. 214.
Sterilisation 116 f. 148. 169.
Sterilisationsraum 1. 2.
Sterilisator 3. 116. 117.
Sternalplatte (Frosch) 74.
Sternum 199. 250.
Steuerfeder 48.
Stimmbanddurchschneidung 14.
Stimmbandlähmung 105. 247.
Stirnhirn 154.
— Schädigung des 153.
Stirnlampe 95.
Stirntropfvorrichtung 106.
Stör 82. 88.
Stoffwechsel 92.
— (Leber) 289.
Stoffwechselkäfig 303. 304.
Stoffwechseluntersuchung 166. 172.
Stoffwechselversuche 140. 141. 281.
    304.
Stomosierung der Gefäße 166.
Stridor 222.
Stroh 33. 34.
Strontium sulfuricum 94.
Strychnin 100.
Stumpfe Haken 124.
Subcutane Fraktur 114.
— Impfung 149.
— Matratzennaht 130.
— Osteotomie 228.
— Sehnendurchtrennung 153.
— Tenotomie 223.
Subdurale Impfung 153.
Sublimat 117. 144. 145. 307.
Subperiostale Naht 251. 252.
Suboccipitalstich 154. 216.
Sulcus parietooccipitalis (Affe) 6.
Sumpfschildkröte 67.
Suprarenin 101.
Supravaginale Sehnentransplantation
    226.
Sympathektomie, periarterielle 198. 219.
— perideferentielle 310.
Sympathicus 219. 288.

Sympathicus (Kaninchen) 28.
Syphilis 119.

Tabaksbeutelnaht 255. 256. 258. 259.
    260. 267. 275. 276. 286. 298. 301.
Taenia crassicollis 26. 46.
— echinococcus 21.
Tageslicht 95.
Tamponade 130. 137.
Tamponkanüle 247.
Tannin 41. 45.
Taschenbildung bei der subkutanen
    Impfung 151.
Taschentuch als Abdecktuch bei Ope-
    rationen 117.
Taube 46. 138. 139. 151.
— (Gehörgang) 242.
— (Zwangsfütterung) 142.
Taubenkäfig 54.
Taubenkrankheit 56.
Taubenmilch 53.
Taubenschlag 54.
Tauber 53.
Teerpräparate 26.
Teichfrosch 72.
Teichschildkröte 67.
Teleostei 84.
Temperatur 12. 30. 50. 79. 139.
Temperaturkurve 139.
Temperaturmessung 139.
Temperatursteigerung 137. 212.
Temporäre Fistel 244.
— Unterbrechung des Blutstromes 175.
Tenonsche Kapsel 240.
Tenotom 223.
Terpentin 133.
Terrarium 1. 3. 61. 66. 70. 78. 81.
Testis s. auch Hoden.
— 309. 310.
Testudo 67.
— graeca 67. 70.
Tetanie 248.
Tetrodonarten 87.
Thermokauter 130.
Thiry-Vellasche Darmfistel 287.
Thoracoplastik 251.
Thoracotomie 250. 251.
Thorax 250 f.
Thrombus 137. 173. 178. 186.
Thymektomie 253.
Thymus 200.
Thymusdrüse 253.
Thyreoidea 248.
Tierhaus 2. 3.
Tierhypnose 113.
Tierinfektion 119 f.
Tierkadaver 1. 145.
Tierkrankheiten 119.
Tierküche 1. 2.
Tieroperationsraum 95.

Tierpassage 148.
Tierpflege 4. 5. 92. 137.
Tierställe 1—3.
Tierverbände 115. 133.
Tiervisite 3.
Tiger 114.
Tischmesserhaltung 121.
Töten der Tiere 143.
Toleranz gegen Morphium 97.
Tollkirsche 98.
Tollwuterkrankung 21.
Tonus 113.
Torpedineen 82.
Torsion des Gefäßes 133.
Trachealkanüle 14. 199. 247. 255.
Tracheotomie 199. 221. 246.
Tracheotubus 247.
Tränkplätze der Affen 7.
Transfusion, direkte 184.
— indirekte 183.
Transplantation 196. 230. 231. 297. 299.
— Blut 232.
 der Cornea 240.
— en masse 235.
— der Epithelkörperchen 22.
— Fascie 226.
— Fett 227.
— freie 230. 231.
— Gefäß 173. 174. 196.
— Gelenke 230.
— gestielte 230. 231. 232.
— Haut 233.
— am Herzen 205.
— der Hornhaut 240.
— — Hypophyse 215.
— Knochen 229. 230.
— Knorpel 230.
— Muskel 222.
— Nerv 218.
— Organe 235.
— Periost 230.
— Sehne 224—226.
Traubenzucker (nach dem Zuckerstich) 213.
Trendelenburgsche Beckenhochlagerung 103. 151.
— — umgekehrte 167. 289.
— Tampokanüle 247.
Trepanation 153. 207. 240.
— Knochen 183.
Treppenförmige Osteotomie 228.
— Schnittführung 122. 123. 233.
Treppenhaus 1. 2.
Tretbahn 303. 306.
Trichina spiralis 42.
Trichinosis 42. 46.
Trockenfütterung 34. 95.
Trokar 167. 168.
Trommelfell 242.
Trommelhöhle s. unter Paukenhöhle.

Trommelsucht 34. 39.
Tropfflasche 106.
Tropidonotus natrix 62.
Tropocain 103.
Truncus arteriosus 80.
— — (Frosch) 74. 75.
— — (Schildkröte) 67. 69.
— brachio-cephalicus 50.
Tuba auditiva 241.
Tuberkelbazillus 119.
Tuberkulose 9. 20. 36. 39. 56. 71. 119.
Tuberkulosediagnostik (beim Meerschweinchen) 37.
Tuchklemme 9. 106. 118.
Tücher zum Abdecken 116.
Türflügellappen, periostaler 250. 251.
Tunfisch 87.
Tupfer 115. 116.
Tutocain 101. 102.
Typhus (Maus) 46.
Tyrodesche Lösung 180.

Überbelastung des Herzens 165.
Überbrücken der Defekte bei Gefäß 196. 197.
— Knochen 229. 230.
— Nerv 218.
— Sehne 225.
Überdosierung bei Äther 105.
Überdruck 110. 250. 255.
Überdrucknarkose 111. 199.
Überempfindlichkeit 146.
Überhängenden Gehirns, Methode des 215.
Überimpfen 146.
Überpflanzung s. Transplantation.
Umklammerung (Frosch) 77. 78.
Umschneiden bestimmter Hirnteile 211.
Umstechung 132.
Umstechungsnaht 171.
U-Naht 186. 187. 205.
Unempfindlichkeit 96.
Ungeziefer 10. 21. 36. 55.
Unterbindung 130. 131. 174.
— der Gefäße 131.
Unterbindungsfaden 131.
Unterbindungsmaterial 116.
Unterbindungsnadel 131.
Unterbrechung d. Blutstromes 131. 177.
— der Gefäße 131. 177.
— der Nervenleitung 219.
Unterdruck 110.
Unterkunft 137. 138.
Unterordnung 6.
Unterricht 2.
Unterschneidung an der Hirnrinde 211.
Urari 104.
Ureter 297. 298.
Ureterenkatheter 293. 302.
Ureterenkatheterismus 302.

Ureterplastik 196.
Urethan 96. 98. 166. 201. 310.
Urin s. auch Harn.
— Auffangen des 281 f.
Urinale 300. 305.
Uringewinnung 302.
Urinieren 306. 307.
Urinretention, künstliche 157.
Urodela 80.
Uterus 309.
— bicornis 13.
Utriculus 242.

Vagina bei Hündinnen 302. 308. 309.
Vaguskern (Zuckerstich) 213.
Valvula vaginae 308. 309.
Vas deferens-Plastik 196.
Vasa vasorum 165.
Vasculäre Polyfistelmethode 166.
Vaseline 205.
Vatersche Papille 292. 294.
Vegetatives Nervensystem 219.
Vella, Thiry-Vellasche Darmfistel 287.
Vena anonyma (Schlange) 65.
— brachialis, Injektion 159.
— — (Taube) 159.
— caudalis (Eidechse) 59.
— cava 167. 198. 203. 289.
— — (Ecksche Fistel) 193—196. 289.
— — (Eidechse) 59.
— — (Frosch) 74.
— — (Kaninchen) 28.
— — (Schildkröte) 68.
— — (Schlange) 65.
— — (Schwanzlurche) 80.
— cubitalis (Affe) 162.
— cutanea magna (Frosch) 74. 76.
  159. 163. 201.
— — — (Salamander, Schwanz-
  lurche) 80.
— femoralis (Einbinden einer Kanüle)
  176. 177. 180.
— — (Hund) 162. 163.
— — Injektion 159.
— — Ligatur 174.
— femoroabdominalis (Eidechse) 59.
— hepatica 65. 174. 289.
— jugularis (Einbinden einer Kanüle)
  176. 177. 180.
— — (Kaninchen) 28. 219.
— — (Ligatur) 174.
— — (Schlange) 65.
— — ext. 203. 206.
— — — Injektion 159.
— lienalis (Angiostomie) 173.
— mammaria 202.
— pancreatico-duodenalis 194. 195.
  196. 289. 295.
— portae 198. 289.
— — (Angiostomie) 167 f.

Venaportae(EckscheFistel)193.196.289.
— renalis (Angiostomie) 173.
— subclavia 206.
— subclavia (Kaninchen) 28.
— — (Kaninchen) 28.
— — (Ligatur) 174.
— — (Taube) 50.
— vertebralis (Schlange) 65.
Vene, Hinterbein des Hundes 159.
—• Impfen in eine 158.
— Ohr (Kaninchen) 159. 163.
— Schwanz (Fisch) 164.
— — (Maus) 160. 163.
— — (Ratte) 161.
Venensinus (Eidechse) 59.
— (Frosch) 75.
Venenstauung 158. 162.
Venöses Herz (Fisch) 85.
Ventrikel, Gehirn-, Dauerdrainage 197.
Ventrikelverletzung 154.
Verband 94. 95. 133. 138. 155. 171. 227.
  233. 253. 258. 261.
Verbandgaze 115.
Verbandmaterial 115. 116.
Verbandstoffe 2. 115. 116.
Verbandtrommel 117.
Verbandwechsel 139.
Verbrennungsofen 1. 145.
Verdauungsversuch 261.
Vereisung der Nerven 219.
Verfütterung (Impfen) 157.
Verklebung der Wunde 133.
Verlängertes Mark 216.
Verlust des Liquor 216.
Verriegelung, Knochen 229.
Verschluß eines Gefäßes 175.
—, Methode des chronischen 175.
Verschraubung, Knochen- 229.
Verstäuber 155.
Verstaubungsraum 155.
Versteifung der Gelenke 231.
— der Wirbelsäule 229. 230.
Verstopfung (Kaninchen) 34.
Versuchstiere 6—91.
Vesica fellea 289. 290. 291.
— urinaria 157. 301. 308.
Vestibulum 241.
Viernierentier 234.
Vioformgaze 130. 288. 290.
Vivipari 81. 88.
Vögel 144. 280.
Vogel 114. 199. 201.
Vogelbecken 48.
Vorbereiten der Tiere 92.
Vorbereitungszimmer 1. 2.
Vorderbeinschulterverband 134.
Vorderhirn (Frosch) 73. 74.
Vorhof (Ohr) 241.
Vorhofsnaht 205.
Vormagen 51.

Voroperation 173.
— bei Eingriffen am Gehirn 210.
Vorratsräume 2.
Vulva 308.

Wachs 183. 246.
— zur Blutstillung 208. 216.
Wachsplombe 208. 243.
Wachstumsperiode 4.
Wärmezentrum 212.
Wärmemesser 139.
Wärmestich 212.
Wärterwohnung 1.
Wäsche, Operations- 116.
Wage 142. 143.
Wagnersche Lappen 208. 215.
Waldeidechse 61.
Wanderlappenfernplastik 231.
Wanderratte 39.
Wanderung (Fisch) 88.
Warmhaus 7.
Waschbecken 3.
Wasserbecken 1. 2.
Wasserberieselung bei Fischen 90.
Wasserdampf 116.
Wasserfrosch 72.
Wasserglas 136.
Wasserschlange 65.
Watte 115.
Wattebausch f. perkutanes Impfen 148.
Wechselwarme Tiere 118. 133.
— Wirbeltiere 57. 67. 72. 78. 80. 84.
Weibchen 4.
Weiberknoten 128.
Weichfutter 33.
Weiße Maus 42.
Wellenschnitt nach Kehr 288.
Widerstandsfähigkeit 120. 122.
Wiederbelebungsversuch 109.
Wiedervereinigung der durchtrennten
    Gewebe 120. 124.
Wiegen 143.
Wilde Dressur 5.
Winkelstück 214.
Winterfutter 2.
Winterlaicher 87.
Winterschlaf (Eidechse) 59. 60. 61.
— (Fisch) 87.
— (Frosch) 77. 79.
— (Kröte) 79.
— (Kröte) 79.
— (Schildkröte) 71.
— (Schlange) 65. 66.
Wirbelbogen 216. 217.
Wissenschaftliches Arbeiten 5.
Witterungswechsel 4.
Witzelsche Schrägfistel 257. 293.
Wohnung für Assistenten 2.
— für Institutsleiter 2.
— für Wärter 1.

Wolf 114.
Wolffscher Gang 81. 86.
— Körper 86.
Woorara 104.
Wunde 120.
— Läufe 36.
Wundfläche 120.
Wundhaken 124. 167. 171.
— automatische 199.
Wundheilung 119. 120. 122. 123. 133.
    137. 232.
Wundinfektion 119. 130. 133. 137. 138.
Wundklammer 130.
Wundnaht 124.
Wundpaste 133.
Wundrand 122. 124.
Wundsalbe 260. 261.
Wundschutz 133. 136.
Wundsekret 115.
Wundsekretion 133.
Wundverklebung 133.
Wurali 104.
Wurara 104.
Wurzeln des Rückenmarks 217.
Wurmkrankheit 71.
Wurmtreibendes Mittel 21.

Xylol 159.

Z s. auch unter C.
Zahme Dressur 5.
Zange beim Impfen 149.
Zauneidechse 61.
Zecke 21.
Zellstoff 115.
Zellteilungsstudium 80. 81.
Zentralnervensystem 6.
Zermalmung des Knochens 228.
Ziegendarm 117.
Zinkpflaster bei Plastik 198.
Zirbeldrüse 215.
Zitronenschalen gegen Dekubitalge-
    schwüre 138.
Zubinden eines Hundemaules 15—17.
Zucht 4.
Zuchthenne 53.
Zuckerstich 213.
Zugfestigkeit der Seidenfäden 169.
Zugrichtung für Fadenknotung 128. 130.
Zugvogel 54.
Zunge, rhythmisches Vorziehen der, bei
    Narkosenzwischenfall 109.
Zusammenhängen 13.
Zwangsfütterung 99. 140. 141. 142. 157.
Zweiteilung der Blase 302.
Zwergwels 88.
Zwirn 117. 124.
Zwirnhandschuh 118. 290.
Zwischenhirn (Frosch) 73. 74.
Zwischenlappen der Hypophyes 213.
Zwischennaht 127.

Grundriß der gesamten Chirurgie. Ein Taschenbuch für Studierende und Ärzte. Allgemeine Chirurgie. Spezielle Chirurgie. Frakturen und Luxationen. Operationskurs. Verbandlehre. Von Professor Dr. **Erich Sonntag,** Vorstand des Chirurgisch-Poliklinischen Instituts an der Universität Leipzig. Zweite, vermehrte und verbesserte Auflage. XX, 937 Seiten. 1923. Gebunden RM 14.—

Die Chirurgie des Anfängers. Vorlesungen über chirurgische Propädeutik. Von Dr. **Georg Axhausen,** a. o. Professor für Chirurgie an der Universität Berlin. Mit 253 Abbildungen. IV, 443 Seiten. 1923. Gebunden RM 14.—

Anatomie des Menschen. Ein Lehrbuch für Studierende und Ärzte. Von **Hermann Braus,** o. ö. Professor an der Universität, Direktor der Anatomie Würzburg. In drei Bänden.
Erster Band: **Bewegungsapparat.** Mit 400 zum großen Teil farbigen Abbildungen. X, 836 Seiten. 1921. Gebunden RM 16.—
Zweiter Band: **Eingeweide.** (Einschließlich periphere Leitungsbahnen. I. Teil.) Mit 329 zum großen Teil farbigen Abbildungen. VII, 697 Seiten. 1924. Gebunden RM 18.—
Dritter (Schluß-) Band: **Periphere Leitungsbahnen.** (II. Spezieller Teil.) **Zentral- und Sinnesorgane. Generalregister.** Erscheint 1927

Treves-Keith, Chirurgische Anatomie. Nach der sechsten englischen Ausgabe übersetzt von Dr. **A. Mülberger.** Mit einem Vorwort von Geh. Med.-Rat Prof. Dr. E. Payr, Direktor der Chirurgischen Universitätsklinik zu Leipzig und mit 152 Textabbildungen von Dr. O. Kleinschmidt und Dr. C. Hörhammer, Assistenten an der Chirurgischen Universitätsklinik zu Leipzig. VIII, 478 Seiten. 1914. Gebunden RM 12.60

Topographische Anatomie dringlicher Operationen. Von **J. Tandler,** o. ö. Professor der Anatomie an der Universität Wien. Zweite, verbesserte Auflage. Mit 56 zum großen Teil farbigen Abbildungen im Text. IV, 118 Seiten. 1923. Gebunden RM 10.—

Physiologisches Praktikum. Chemische, physikalisch-chemische, physikalische und physiologische Methoden. Von Professor Dr. **Emil Abderhalden,** Geh. Med.-Rat, Direktor des Physiologischen Instituts der Universität zu Halle a. d. S. Dritte, neubearbeitete und vermehrte Auflage. Mit 310 Textabbildungen. XII, 350 Seiten. 1922. RM 12.60

Praktische Übungen in der Physiologie. Eine Anleitung für Studierende. Von Dr. **L. Asher,** ord. Professor der Physiologie, Direktor des Physiologischen Instituts der Universität Bern. Zweite, verbesserte und wesentlich vermehrte Auflage. Mit 40 Abbildungen. XIV, 260 S. 1924. RM 9.—

Handbuch für biologische Übungen. Von Professor Dr. **Paul Röseler,** Direktor der Luisenschule zu Berlin, und **Hans Lamprecht,** Oberlehrer an der Friedrichs-Werderschen Oberrealschule zu Berlin. Zoologischer Teil. Mit 467 Textfiguren. XII, 574 Seiten. 1914. RM 27.—